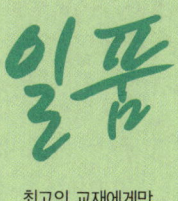

최고의 교재에게만
허락되는 이름

「일품」 합격수험서로 녹색자격증 취득한다!
자격증 취득은 원리에 충실해야 합니다. 최적의 길잡이가 되어드리겠습니다.

「일품」 합격수험서로 녹색직업 부자된다!
다른 수험서와 차별화된 차이점은 조그마한 부분에서부터 시작됩니다.

365일 저자상담직통전화
010-7209-6627

지난 40여 년 동안 수많은 수험생들이 세화출판사의 안전수험서로 합격의 기쁨을 누렸습니다.

많은 독자들의 추천과 선택으로 대한민국 안전수험서 분야 1위 석권을 꾸준히 지키고 있는 도서출판 세화는 항상 수험생들의 안전한 합격을 위해 최신기출문제를 백과사전식 해설과 함께 빠르게 증보하고 있습니다.
저희 세화는 독자 여러분의 안전한 합격을 응원합니다.

40년의 열정, 40년의 노력, 40년의 경험

정부가 위촉한 대한민국 산업현장 교수!
안전수험서 판매량 1위 교재 집필자인
정재수 안전공학박사가 제안하는
과목별 **321** 공부법!!

[되고 법칙]

돈이 없으면 벌면 되고 잘못이 있으면 고치면 되고 안되는 것은 되게 하면 되고, 모르면 배우면 되고, 부족하면 메우면 되고, 잘 안되면 될때까지 하면 되고, 길이 안보이면 길을 찾을때까지 찾으면 되고, 길이 없으면 길을 만들면 되고, 기술이 없으면 연구하면 되고, 생각이 부족하면 생각을 하면 된다.

*수험정보나 일정에 대하여 궁금하시면 세화홈페이지(www.sehwapub.co.kr)에 접속하여 내려받으시고 게시판에 질문을 남기시거나 궁금한 점이 있으시면 언제든지 아래의 번호로 전화하세요.

3단계 대비학습 | **365일 합격상담직통전화** | **010-7209-6627**

---

1 필기 합격

- **3단계 — 합격단계** · 합격날개 · 과목별 필수요점 및 문제
⇩
- **2단계 — 기본단계** · 필수문제 · 최근 3개년 3단계 과년도
⇩
- **1단계 — 만점단계** · 알짬QR · 1주일에 끝나는 합격요점

2 필기 과년도 33년치 3주 합격

- **3단계 — 합격단계**
  · 기사─공개문제 22개년도 (2003~2024년)기출문제
  · 산업기사─공개문제 23개년도 (2002~2024년)기출문제
⇩
- **2단계 — 기본단계**
  · 기사─미공개문제 11개년도 (1992~2002년)기출문제
  · 산업기사─미공개문제 10개년도 (1992~2001년)기출문제
⇩
- **1단계 — 만점단계**
  · 알짬QR
  · 1주일에 끝나는 계산문제총정리
  · 미공개 문제 및 지난과년도

산업안전 우수 숙련 기술자 (숙련 기술장려법 제10조)

정/직한 수험서!
재/수있는 수험서!
수/석예감 수험서!

• 특허 제 10-2687805호 •

아래와 같은 방법으로 공부하시면 반드시 합격합니다.

자격증 취득은 기초부터 차근차근 다져나가는 것이 중요합니다. 필기에서는 과목별 요점정리와 출제예상문제를, 과년도에서는 최근 기출문제와 계산문제 총정리를, 실기 필답형에서는 합격예상작전과 과년도 기출문제를, 실기 작업형에서는 최근 기출문제 풀이 중심으로 공부하시면 됩니다.

필기시험 합격자에게는 2년간 실기시험 수험의 응시가 주어지고, 최종 실기시험 합격자는 21C 유망 녹색자격증 취득의 기쁨이 주어지게 됩니다.

일품 필기 일품 필기 과년도 일품 실기 필답형 일품 실기 작업형

---

3 실기 필답형 4주 합격

3단계 합격단계 — 과목별 필수요점 및 출제예상문제

2단계 기본단계
• 기본 : 과년도 출제문제 (1991~2000년)
• 필수 : 과년도 출제문제 (2001~2024년)

1단계 만점단계
• 알짬QR •
• 실기필답형 1주일 최종정리
• 1991~2010년 기출문제

4 실기 작업형 1주 합격

3단계 합격단계 — 과년도 출제문제 (2017~2024년)

2단계 기본단계 — 각 과목별 필수 요점 및 문제

1단계 만점단계
• 알짬QR •
• 2000~2016년 기출문제

*산재사고로 피해를 입으신 근로자 및 유가족들에게 심심한 조의와 유감을 표합니다.

2026 개정5판 총6쇄

▶ ISO 9001:2015 인증
▶ 안전연구소 인정

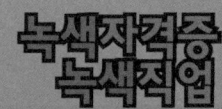
녹색자격증
녹색직업

세계유일무이
365일 저자상담직통전화
010-7209-6627

NCS기준을 적용한 백과사전식 **14**개년 기출문제 해설
ONLY ONE 합격교재 안전관리 수험분야 NO.1

산업안전지도사
[III] 기업진단·지도 *과년도*

대한민국 산업현장교수/기술지도사
안전공학박사/명예교육학박사   **정재수** 지음

자문/산업안전지도사 심상민
산업보건지도사 임근택·김관오

동영상 강의
에듀피디   에어클래스
이패스코리아   한솔아카데미

1차 필기

「산업안전 우수 숙련기술자 선정」

지도사·건설안전기사·산업안전기사·기능장·기술사 등 관련자격 및 의문사항에 대하여
365일 성심 성의껏 답변해 드리고 있습니다. 저자와 상담 후 교재를 구입하세요.
www.sehwapub.co.kr

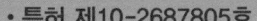

대한민국 최초, 최다, 최고, 최상, 최적 적중률의 안전관리 완벽합격!

• 특허 제10-2687805호 •
명칭 : 국가직무능력표준에 따른 자격사 교육 콘텐츠 생성 자동화 방법, 장치 및 시스템

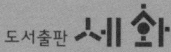
도서출판 세화

2026년 산업안전지도사를 취득해야 하는 이유가 있다. 건강, 장수, 재산이다. 건강하고 장수하고 부자가 되려면 산업안전지도사에 합격하면 성취가 가능하다. 대한민국 1[%] 이내 부자도 될 수 있다. 보통사람들이 소망하는 성공과도 동일하다.

본 산업안전지도사 교재는 합격을 위한 수험서이다. 산업안전지도사는 기계안전분야·전기안전분야·화공안전분야·건설안전분야 등으로 구분되어 있다. 공통필수 1차 필기 3과목은 동일하다. 지도사는 2025년 3월 29일 제15회 1차시험을 실시하여 ○○○명이 합격하여 현재 안전분야 최고의 안전전문가 또는 CEO로 활동하고 있다.

정부에서도 박사·기술사만이 응시하는 것을 대한민국 국민이면 남녀노소·학력·성별 제한없이 누구나 응시가 가능하도록 하였다.

「되고법칙」
돈이 없으면 돈은 벌면 되고, 잘못이 있으면 잘못은 고치면 되고, 안 되는 것은 되게 하면 되고, 모르면 배우면 되고, 부족하면 메우면 되고, 잘 안되면 될 때까지 하면 되고, 길이 안보이면 길을 찾을 때까지 찾으면 되고, 길이 없으면 길을 만들면 되고, 기술이 없으면 연구하면 되고, 생각이 부족하면 생각을 하면 된다.

지도사는 공부하면 합격된다.
교재를 만나는 순간 산업안전지도사 합격의 기쁨이 올 것이다.
본서는 연구용도 참고용도 아니며 오로지 산업안전지도사 합격을 위하여 꼭 필요한 내용으로만 구성하였다.
본서의 특징은 산업안전지도사 자격증 취득을 대비해 이렇게 구성하였다.

① 본서의 내용은 과년도풀이집으로 알짜배기만으로 구성했다.
② 문제 1회에서 이해하지 못했다면 다음 기출문제에서 반드시 이해할 수 있도록 하였다.
③ 한 문제(1항목)를 이해하면 열 문제(10항목)를 해결할 수 있게 상세풀이로 구성하였다.
④ 본서는 과년도문제를 빠짐없이 수록하여 어떤 교재와도 차별화가 되도록 구성하였다.
⑤ 산업안전지도사 자격 취득의 결론은 본서의 해설과 기출문제 등으로 합격이 가능할 수 있도록 엮었다.

PREFACE

⑥ 보충학습에 최근 개정된 예규와 법 등을 수록하여 답의 확신과 신뢰를 주었다.
⑦ 문제마다 중요점을 강조하여 반드시 합격이 가능할 수 있도록 구성하였다.

본 산업안전지도사가 세상에 출간되기까지 밤잠을 설쳐가며 인고의 고통을 함께 한 세화출판사의 박 용 사장님을 비롯한 임직원께 고맙게 생각하며 오늘이 있기까지 변함없이 153의 은혜와 사랑을 주시는 나의 하나님께 진정으로 감사드린다.

저자 씀

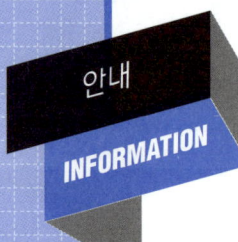

원서접수방법 및 유의사항

산업안전(보건)지도사 시험은 인터넷을 통해서만 접수가 가능합니다.

① 한국산업인력공단 인터넷 원서 접수 사이트(www.q-net.or.kr)로 접속합니다.
② 회원가입을 해야만 접수할 수 있습니다. 오른쪽 상단에 있는 (회원가입)아이콘을 클릭하면 회원가입 동의를 묻는 회원가입 약관 창이 나옵니다.
③ 회원가입 약관 창에서(동의)를 클릭하시고 인적사항 입력 창에서 성명, 주민등록번호, 우편번호, 주소 등을 입력하고 원서와 자격증에 부착할 사진을 지정하여 올립니다. 입력항목 중에서 ＊표시가 있는 항목은 반드시 입력합니다.

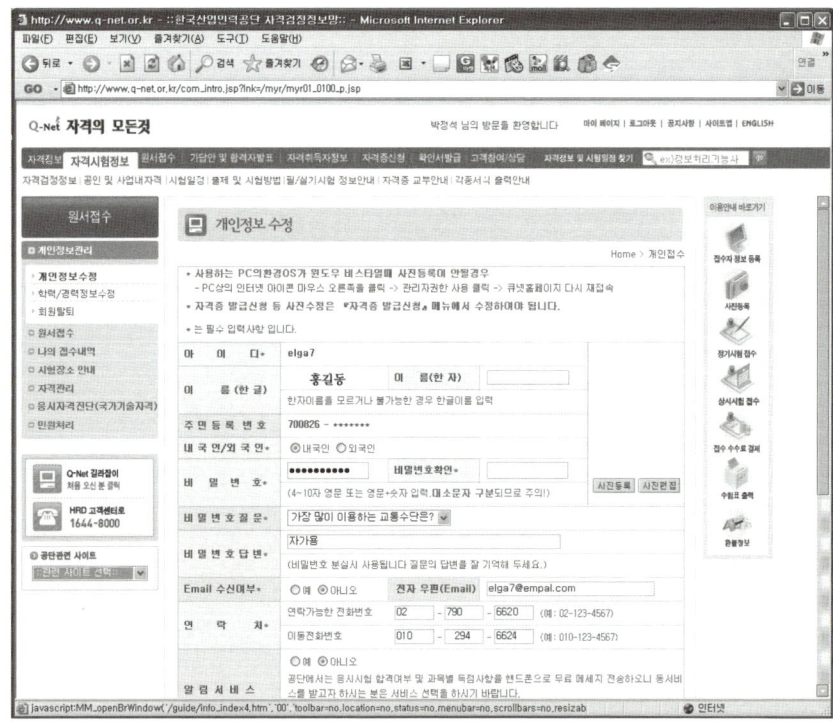

※ 알림서비스를 (예)로 선택하시면 응시한 시험의 합격 여부 및 과목별 득점 내역을 핸드폰 메시지로 무료 전송해주므로 편리합니다.

④ 회원가입 화면에서 필수 항목을 모두 입력하고 (확인)을 클릭하면 가입이 완료됩니다.
⑤ 접수를 하려면 먼저 로그인을 하셔야 합니다. 주민등록번호와 비밀번호를 입력하고 로그인하면 원서 접수창이 열립니다.

⑥ 왼쪽 상단에 있는 '원서 접수'를 클릭하면 현재 접수할 수 있는 자격시험이 정기와 상시로 구분되어 나타납니다. 지도사는 정기시험만 있습니다.
⑦ 응시 시험을 선택하면 응시 시험에서 선택할 수 있는 응시 종목이 나타납니다. 원하는 종목을 클릭하면 이제 까지 입력한 정보에 맞게 수검원서가 나타납니다. (다음)을 클릭하면 시험장을 선택할 수 있는 화면이 나타납니다.
⑧ 시험장을 선택하면 시험일자와 시간을 선택하는 화면이 나타납니다.

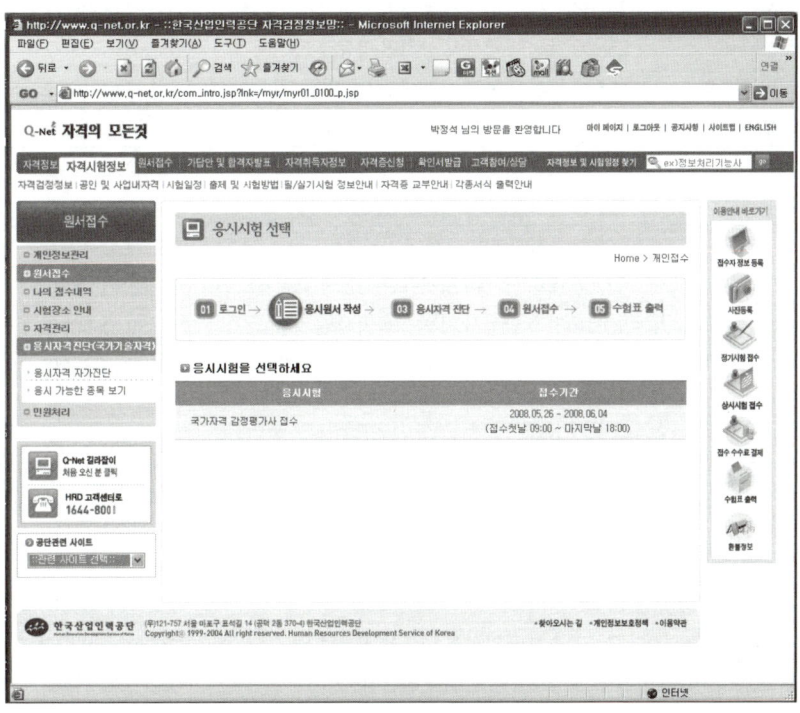

⑨ 응시할 시험장소를 클릭하세요 수검 비용을 결제하는 화면이 나타납니다. (카드결제)와 (계좌이체)중에서 선택하세요.
⑩ 결제를 성공적으로 마친 후(결제성공)을 클릭하면 수험표가 나타납니다. 이 수험표는 시험 볼 때 꼭 필요하므로 반드시 인쇄하여 보관해야 합니다. 아울러 정확한 시험 날짜 및 장소를 확인하세요.

※ 자세한 사항은 www.q-net.or.kr에 접속하여 Q-Net 길라잡이를 이용하세요.

전국 한국 산업인력공단 시험안내 전화번호

지사명	주소	검정안내 전화번호
한국산업인력공단	44538 울산광역시 중구 종가로 345	1644-8000
서울지역본부	02512 서울 동대문구 장안벚꽃로 279	02-2137-0590
서울서부지사	03302 서울 은평구 진관3로 36	02-2024-1700
서울남부지사	07225 서울 영등포구 버드나루로 110	02-876-8322
강원지사	24408 강원도 춘천시 동내면 원창고개길 135	033-248-8500
강원동부지사	25440 강원도 강릉시 사천면 방동길 60	033-650-5700
부산지역본부	46519 부산시 북구 금곡대로 441번길 26	051-330-1910
부산남부지사	48518 부산시 남구 신선로 454-18	051-620-1910
경남지사	51519 경남 창원시 성산구 두대로 239	055-212-7200
경남서부지사	52733 경남 진주시 남강로 1689	055-791-0700
울산지사	44538 울산광역시 중구 종가로 347	052-220-3224
대구지역본부	42704 대구 달서구 성서공단로 213	053-580-2300
경북지사	36616 경북 안동시 서후면 학가산 온천길 42	054-840-3000
경북동부지사	37580 경북 포항시 북구 법원로 140번길 9	054-230-3200
경북서부지사	39371 경북 구미시 산호대로 253	054-713-3005
인천지역본부	21634 인천 남동구 남동서로 209	032-820-8600
경기지사	16626 경기도 수원시 권선구 호매실로 46-68	031-249-1201
경기북부지사	11780 경기도 의정부시 추동로 140	031-850-9100
경기동부지사	13313 경기도 성남시 수정구 성남대로 1217	031-750-6200
경기서부지사	14488 경기도 부천시 길주로 463번길 69	032-719-0800
경기남부지사	17561 경기도 안성시 공도읍 공도로 51-23	031-615-9000
광주지역본부	61008 광주광역시 북구 첨단벤처로 82	062-970-1700
전북지사	54852 전북 전주시 덕진구 유상로 69	063-210-9200
전남지사	57948 전남 순천시 순광로 35-2	061-720-8500
전남서부지사	58604 전남 목포시 영산로 820	061-288-3300
제주지사	63220 제주 제주시 복지로 19	064-729-0701
대전지역본부	35000 대전광역시 중구 서문로 25번길 1	042-580-9100
충북지사	28456 충북 청주시 흥덕구 1순환로 394번길 81	043-279-9000
충남지사	31081 충남 천안시 서북구 천일고1길 27	041-620-7600
세종지사	30128 세종특별자치시 한누리대로 296	044-410-8000

자격시험 안내사항

INFORMATION

1. 시험일정 정보

시험관련 상세정보는 산업안전(보건)지도사 홈페이지(www.q-net.or.kr/site/indusafe)와 산업보건지도사(www.q-net.or.kr/site/indusani)참조

2. 시험과목 및 시험방법

가. 시험과목

구분	교시	시험과목		시험시간	배점
제1차 시험	1	공통 필수 (3)	・공통필수Ⅰ(산업안전보건법령) ・공통필수Ⅱ(산업안전일반6범위/산업위생일반5범위) ・공통필수Ⅲ(기업진단·지도)	90분 - 5지 택일형 : 과목당 25문제	과목당 100점
제2차 시험	1	전공 필수 (택1)	산업안전 지도사	・기계안전공학	100분 -주관식 논술형 4개(필수 2/ 택1) -주관식 단답형 5문제(전항 작성)	-주관식 논술형 : 75점(25점*3문제) -주관식 단답형 : (5점*5문제)
				・전기안전공학		
				・화공안전공학		
				・건설안전공학		
	1	전공 필수 (택1)	산업보건 지도사	・직업환경의학		
				・산업위생공학		
제3차 시험	-	-	・면접시험		1인당 20분 내외	10점

나. 과목별 출제범위
1) 제1차시험(3과목)

	산업안전지도사		산업보건지도사		시험방법
	과목	출제범위	과목	출제범위	
1차 공통 필수	산업안전보건법령(Ⅰ)	「산업안전보건법」, 같은 법 시행령, 같은 법 시행규칙, 「산업안전보건기준에 관한 규칙」	산업안전보건법령(Ⅰ)	산업안전지도사와 동일	객관식 5지택일형
	산업안전일반6범위(Ⅱ)	산업안전교육론,안전관리 및 손실방지론, 신뢰성공학, 시스템안전공학, 인간공학, 산업재해 조사 및 원인 분석 등	산업위생일반5범위(Ⅱ)	산업위생개론, 작업관리, 산업위생보호구, 건강관리, 산업재해 조사 및 원인 분석 등	
	기업진단지도(Ⅲ)	경영학(인적자원관리, 조직관리, 생산관리), 산업심리학, 산업위생개론	기업진단지도(Ⅲ)	경영학(인적자원관리, 조직관리, 생산관리), 산업심리학, 산업안전개론	

2) 제2차시험(택 1과목)

구분		산업안전지도사				산업보건지도사	
		기계안전분야	전기안전분야	화공안전분야	건설안전분야	작업환경의학분야	산업위생분야
과목		기계안전공학	전기안전공학	화공안전공학	건설안전공학	직업환경의학	산업위생공학
전공필수	시험범위	-기계·기구·설비의 안전 등(위험기계·양중기·운반기계·압력용기 포함) -공장자동화설비의 안전기술 등 -기계·기구·설비의 설계·배치·보수·유지기술 등	-전기기계·기구 등으로 인한 위험방지 등(전기방폭설비 포함) -정전기 및 전자파로 인한 재해예방 등 -감전사고 방지기술 등 -컴퓨터·계측제어 설비의 설계 및 관리기술 등	-가스·방화 및 방폭설비 등, 화학장치·설비안전 및 방식기술 등 -정성·정량적 위험성 평가, 위험물 누출·확산 및 피해 예측 등 -유해위험물질 화재폭발 방지론, 화학공정 안전관리 등	-건설공사용 가설구조물·기계·기구 등의 안전기술 등 -건설공법 및 시공방법에 대한 위험성 평가 등 -추락·낙하·붕괴·폭발 등 재해요인별 안전대책 등 -건설현장의 유해·위험요인에 대한 안전기술 등	-직업병의 종류 및 인체발병경로, 직업병의 증상 판단 및 대책 등 -역학조사의 연구방법, 조사 및 분석방법, 직종별 산업의학적 관리대책 등 -유해인자별 특수 건강 진단 방법, 판정 및 사후관리 대책 등 -근 골 격 계 질환, 직무스트레스 등 업무상 질환의 대책 및 작업관리방법 등	-산업환기 설비의 설계, 시스템의 성능검사·유지관리기술 등 -유해인자별 작업환경측정 방법, 산업위생통계 처리 및 해석, 공학적 대책 수립기술 등 -유해인자별 인체에 미치는 영향·대사 및 축적, 인체의 방어기전 등 -측정시료의 전처리 및 분석 방법, 기기 분석 및 정도관리기술 등

3. 시험과목

가. 제2차 시험

1) 산업안전지도사

구분	과목명(응시분야)	출제범위
제2차 시험	기계안전공학	○기계·기구·설비의 안전 등(위험기계·양중기·운반기계·압력용기 포함) ○공장자동화설비의 안전기술 등 ○기계·기구·설비의 설계·배치·보수·유지기술 등
	전기안전공학	○전기기계·기구 등으로 인한 위험 방지 등(전기방폭설비 포함) ○정전기 및 전자파로 인한 재해예방 등 ○감전사고 방지기술 등 ○컴퓨터·계측제어 설비의 설계 및 관리기술 등
	화공안전공학	○가스·방화 및 방폭설비 등, 화학장치·설비안전 및 방식기술 등 ○정성·정량적 위험성 평가, 위험물 누출·확산 및 피해 예측 등 ○유해위험물질 화재폭발 방지론, 화학공정 안전관리 등
	건설안전공학	○건설공사용 가설구조물·기계·기구 등의 안전기술 등 ○건설공법 및 시공방법에 대한 위험성 평가 등 ○추락·낙하·붕괴·폭발 등 재해요인별 안전대책 등 ○건설현장의 유해·위험요인에 대한 안전기술 등

2) 산업보건지도사

구분	과목명(응시분야)	출제범위
제2차 시험	산업의학	○직업병의 종류 및 인체발병경로, 직업병의 증상 판단 및 대책 등 ○역학조사의 연구방법, 조사 및 분석방법, 직종별 산업의학적 관리대책 등 ○유해인자별 특수건강진단 방법, 판정 및 사후관리대책 등 ○근골격계질환, 직무스트레스 등 업무상 질환의 대책 및 작업관리 방법 등
	산업위생공학	○산업환기설비의 설계, 시스템의 성능검사·유지관리기술 등 ○유해인자별 작업환경측정 방법, 산업위생통계 처리 및 해석, 공학적 대책 수립기술 등 ○유해인자별 인체에 미치는 영향·대사 및 축적, 인체의 방어기전 등 ○측정시료의 전처리 및 분석 방법, 기기 분석 및 정도관리기술 등

4. 출제영역

가. 산업안전지도사(I과목)

과목명	주요항목	세부항목
산업 안전 보건 법령	1. 산업안전보건법 2. 산업안전보건법 시행령 3. 산업안전보건법 시행규칙 4. 산업안전보건기준에 관한 규칙	1. 총칙 등에 관한 사항 2. 안전·보건관리체제 등에 관한 사항 3. 안전보건관리규정에 관한 사항 4. 유해·위험 예방조치에 관한 사항(산업안전보건기준에 관한 규칙 포함) 5. 근로자의 보건관리에 관한 사항 6. 감독과 명령에 관한 사항 7. 산업안전지도사 및 산업보건지도사에 관한 사항 8. 보칙 및 벌칙에 관한 사항

산업안전지도사(II과목)

과목명	주요항목	세부항목
산업 안전 일반	1. 산업안전교육론	1. 교육의 필요성과 목적 2. 안전·보건교육의 개념 3. 학습이론 4. 근로자 정기안전교육 등의 교육내용 5. 안전교육방법(TWI, OJT, OFF.J.T 등) 및 교육평가 6. 교육실시방법(강의법, 토의법, 실연법, 시청각교육법 등)
	2. 안전관리 및 손실방지론	1. 안전과 위험의 개념 2. 안전관리 제이론 3. 안전관리의 조직 4. 안전관리 수립 및 운용 5. 위험성평가 활동 등 안전활동 기법
	3. 신뢰성공학	1. 신뢰성의 개념 2. 신뢰성 척도와 계산 3. 보전성과 유용성 4. 신뢰성 시험과 추정 5. 시스템의 신뢰도

과목명	주요항목	세부항목
산업안전일반	4. 시스템안전공학	1. 시스템 위험분석 및 관리 2. 시스템 위험분석기법(PHA, FHA, FMEA, ETA, CA 등) 3. 결함수분석 및 정성적, 정량적 분석 4. 안전성평가의 개요 5. 신뢰도 계산 6. 위해위험방지계획
	5. 인간공학	1. 인간공학의 정의 2. 인간-기계체계 3. 체계설계와 인간요소 4. 정보입력표시(시각적, 청각적, 촉각, 후각 등의 표시장치) 5. 인간요소와 휴먼에러 6. 인간계측 및 작업공간 7. 작업환경의 조건 및 작업환경과 인간공학 8. 근골격계 부담 작업의 평가
	6. 산업재해조사 및 원인분석	1. 재해조사의 목적 2. 재해의 원인분석 및 조사기법 3. 재해사례 분석절차 4. 산재분류 및 통계분석 5. 안전점검 및 진단

산업안전지도사(Ⅲ과목)

과목명	주요항목	세부항목
기업진단·지도	1. 경영학(인적자원관리, 조직관리, 생산관리)	1. 인적자원관리의 개념 및 관리방안에 관한 사항 2. 노사관계관리에 관한 사항 3. 조직관리의 개념에 관한 사항 4. 조직행동론에 관한 사항 5. 생산관리의 개념에 관한 사항 6. 생산시스템의 설계, 운영에 관한 사항 7. 생산관리 최신이론에 관한 사항
	2. 산업심리학	1. 산업심리 개념 및 요소 2. 직무수행과 평가 3. 직무태도 및 동기 4. 작업집단의 특성 5. 산업재해와 행동 특성 6. 인간의 특성과 직무환경 7. 직무환경과 건강 8. 인간의 특성과 인간관계
	3. 산업위생개론	1. 산업위생의 개념 2. 작업환경노출기준 개념 3. 작업환경 측정 및 평가 4. 산업환기 5. 건강검진과 근로자건강관리 6. 유해인자의 인체영향

나. 산업보건지도사(I과목)

과목명	주요항목	세부항목
산업안전보건법령	1. 산업안전보건법 2. 산업안전보건법 시행령 3. 산업안전보건법 시행규칙 4. 산업안전보건기준에 관한 규칙	1. 총칙 등에 관한 사항 2. 안전·보건관리체제 등에 관한 사항 3. 안전보건관리규정에 관한 사항 4. 유해·위험 예방조치에 관한 사항(산업안전보건기준에 관한 규칙 포함) 5. 근로자의 보건관리에 관한 사항 6. 감독과 명령에 관한 사항 7. 산업안전지도사 및 산업보건지도사에 관한 사항 8. 보칙 및 벌칙에 관한 사항

산업보건지도사(II과목)

과목명	주요항목	세부항목
산업위생일반	1. 산업위생개론	1. 산업위생의 정의, 목적 및 역사 2. 작업환경노출기준 3. 산업위생통계 4. 작업환경측정 및 평가 5. 산업환기 6. 물리적(온열조건 이상기압, 소음진동 등) 유해인자의 관리 7. 입자상물질의 종류, 발생, 성질 및 인체영향 8. 유해화학물질의 종류, 발생, 성질 및 인체영향 9. 중금속의 종류, 발생, 성질 및 인체영향
	2. 작업관리	1. 업무적합성 평가 방법 2. 근로자의 적정배치 및 교대제 등 작업시간 관리 3. 근골격계 질환예방관리 4. 작업개선 및 작업환경관리
	3. 산업위생보호구	1. 보호구의 개념 이해 및 구조 2. 보호구의 종류 및 선정방법
	4. 건강관리	1. 인체 해부학적 구조와 기능 2. 순환계, 호흡계 및 청각기관구조와 기능 3. 유해물질의 대사 및 생물학적 모니터링 4. 직무스트레스 등 뇌심혈관질환 예방 및 관리 5. 건강진단 및 사후 관리
	5. 산업재해 조사 및 원인 분석	1. 재해조사의 목적 2. 재해의 원인분석 및 조사기법 3. 재해사례 분석절차 4. 산재분류 및 통계분석 5. 역학조사 종류 및 방법

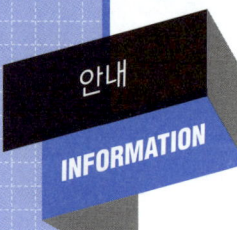

산업보건지도사(III과목)

과목명	주요항목	세부항목
기업진단·지도	1. 경영학(인적자원관리, 조직관리, 생산관리)	1. 인적자원관리의 개념 및 관리방안에 관한 사항 2. 노사관계관리에 관한 사항 3. 조직관리의 개념에 관한 사항 4. 조직행동론에 관한 사항 5. 생산관리의 개념에 관한 사항 6. 생산시스템의 설계, 운영에 관한 사항 7. 생산관리 최신이론에 관한 사항
	2. 산업심리학	1. 산업심리 개념 및 요소 2. 직무수행과 평가 3. 직무태도 및 동기 4. 작업집단의 특성 5. 산업재해와 행동 특성 6. 인간의 특성과 직무환경 7. 직무환경과 건강 8. 인간의 특성과 인간관계
	3. 산업안전개론	1. 안전관리의 개념 및 이론 2. 기계, 화학설비의 위험관리 개요 3. 전기, 건설작업의 위험관리 개요 4. 안전보건경영시스템 개요 5. 위험성 평가 등 안전활동기법 6. 안전보호구 및 방호장치

산업안전보건법
제9장 산업안전지도사 및 산업보건지도사

제142조(산업안전지도사 등의 직무) ① 산업안전지도사는 다음 각 호의 직무를 수행한다.
1. 공정상의 안전에 관한 평가·지도
2. 유해·위험의 방지대책에 관한 평가·지도
3. 제1호 및 제2호의 사항과 관련된 계획서 및 보고서의 작성
4. 그 밖에 산업안전에 관한 사항으로서 대통령령으로 정하는 사항
② 산업보건지도사는 다음 각 호의 직무를 수행한다.
1. 작업환경의 평가 및 개선 지도
2. 작업환경 개선과 관련된 계획서 및 보고서의 작성
3. 근로자 건강진단에 따른 사후관리 지도
4. 직업성 질병 진단(「의료법」 제2조에 따른 의사인 산업보건지도사만 해당한다) 및 예방 지도
5. 산업보건에 관한 조사·연구
6. 그 밖에 산업보건에 관한 사항으로서 대통령령으로 정하는 사항
③ 산업안전지도사 또는 산업보건지도사(이하 "지도사"라 한다)의 업무 영역별 종류 및 업무 범위, 그 밖에 필요한 사항은 대통령령으로 정한다.

제143조(지도사의 자격 및 시험) ① 고용노동부장관이 시행하는 지도사 자격시험에 합격한 사람은 지도사의 자격을 가진다.
② 대통령령으로 정하는 산업 안전 및 보건과 관련된 자격의 보유자에 대해서는 제1항에 따른 지도사 자격시험의 일부를 면제할 수 있다.
③ 고용노동부장관은 제1항에 따른 지도사 자격시험 실시를 대통령령으로 정하는 전문기관에 대행하게 할 수 있다. 이 경우 시험 실시에 드는 비용을 예산의 범위에서 보조할 수 있다.
④ 제3항에 따라 지도사 자격시험 실시를 대행하는 전문기관의 임직원은 「형법」 제129조부터 제132조까지의 규정을 적용할 때에는 공무원으로 본다.
⑤ 지도사 자격시험의 시험과목, 시험방법, 다른 자격 보유자에 대한 시험 면제의 범위, 그 밖에 필요한 사항은 대통령령으로 정한다.

제144조(부정행위자에 대한 제재) 고용노동부장관은 지도사 자격시험에서 부정한 행위를 한 응시자에 대해서는 그 시험을 무효로 하고, 그 처분을 한 날부터 5년간 시험응시자격을 정지한다.

제145조(지도사의 등록) ① 지도사가 그 직무를 수행하려는 경우에는 고용노동부령으로 정하는 바에 따라 고용노동부장관에게 등록하여야 한다.
② 제1항에 따라 등록한 지도사는 그 직무를 조직적·전문적으로 수행하기 위하여 법인을 설립할 수 있다.
③ 다음 각 호의 어느 하나에 해당하는 사람은 제1항에 따른 등록을 할 수 없다.
1. 피성년후견인 또는 피한정후견인
2. 파산선고를 받고 복권되지 아니한 사람

3. 금고 이상의 실형을 선고받고 그 집행이 끝나거나(집행이 끝난 것으로 보는 경우를 포함한다) 집행이 면제된 날부터 2년이 지나지 아니한 사람
4. 금고 이상의 형의 집행유예를 선고받고 그 유예기간 중에 있는 사람
5. 이 법을 위반하여 벌금형을 선고받고 1년이 지나지 아니한 사람
6. 제154조에 따라 등록이 취소(이 항 제1호 또는 제2호에 해당하여 등록이 취소된 경우는 제외한다)된 후 2년이 지나지 아니한 사람

④ 제1항에 따라 등록을 한 지도사는 고용노동부령으로 정하는 바에 따라 5년마다 등록을 갱신하여야 한다.

⑤ 고용노동부령으로 정하는 지도실적이 있는 지도사만이 제4항에 따른 갱신등록을 할 수 있다. 다만, 지도실적이 기준에 못 미치는 지도사는 고용노동부령으로 정하는 보수교육을 받은 경우 갱신등록을 할 수 있다.

⑥ 제2항에 따른 법인에 관하여는 「상법」 중 합명회사에 관한 규정을 적용한다.

제146조(지도사의 교육) 지도사 자격이 있는 사람(제143조제2항에 해당하는 사람 중 대통령령으로 정하는 실무경력이 있는 사람은 제외한다)이 직무를 수행하려면 제145조에 따른 등록을 하기 전 1년의 범위에서 고용노동부령으로 정하는 연수교육을 받아야 한다.

제147조(지도사에 대한 지도 등) 고용노동부장관은 공단에 다음 각 호의 업무를 하게 할 수 있다.
1. 지도사에 대한 지도·연락 및 정보의 공동이용체제의 구축·유지
2. 제142조제1항 및 제2항에 따른 지도사의 직무 수행과 관련된 사업주의 불만·고충의 처리 및 피해에 관한 분쟁의 조정
3. 그 밖에 지도사 직무의 발전을 위하여 필요한 사항으로서 고용노동부령으로 정하는 사항

제148조(손해배상의 책임) ① 지도사는 직무 수행과 관련하여 고의 또는 과실로 의뢰인에게 손해를 입힌 경우에는 그 손해를 배상할 책임이 있다.

② 제145조제1항에 따라 등록한 지도사는 제1항에 따른 손해배상책임을 보장하기 위하여 대통령령으로 정하는 바에 따라 보증보험에 가입하거나 그 밖에 필요한 조치를 하여야 한다.

제149조(유사명칭의 사용 금지) 제145조제1항에 따라 등록한 지도사가 아닌 사람은 산업안전지도사, 산업보건지도사 또는 이와 유사한 명칭을 사용해서는 아니 된다.

제150조(품위유지와 성실의무 등) ① 지도사는 항상 품위를 유지하고 신의와 성실로써 공정하게 직무를 수행하여야 한다.

② 지도사는 제142조제1항 또는 제2항에 따른 직무와 관련하여 작성하거나 확인한 서류에 기명·날인하거나 서명하여야 한다.

제151조(금지 행위) 지도사는 다음 각 호의 행위를 해서는 아니 된다.
1. 거짓이나 그 밖의 부정한 방법으로 의뢰인에게 법령에 따른 의무를 이행하지 아니하게 하는 행위
2. 의뢰인에게 법령에 따른 신고·보고, 그 밖의 의무를 이행하지 아니하게 하는 행위
3. 법령에 위반되는 행위에 관한 지도·상담

제152조(관계 장부 등의 열람 신청) 지도사는 제142조제1항 및 제2항에 따른 직무를 수행하는 데 필요하면 사업주에게 관계 장부 및 서류의 열람을 신청할 수 있다. 이 경우 그 신청이 제142조제1항 또는 제2항에 따른 직무의 수행을 위한 것이면 열람을 신청받은 사업주는 정당한 사유 없이 이를 거부해서는 아니 된다.

제153조(자격대여행위 및 대여알선행위 등의 금지) ① 지도사는 다른 사람에게 자기의 성명이나 사무소의 명칭을 사용하여 지도사의 직무를 수행하게 하거나 그 자격증이나 등록증을 대여해서는 아니 된다.

② 누구든지 지도사의 자격을 취득하지 아니하고 그 지도사의 성명이나 사무소의 명칭을 사용하여 지도사의 직무를 수행하거나 자격증·등록증을 대여받아서는 아니 되며, 이를 알선하여서도 아니 된다.

제154조(등록의 취소 등) 고용노동부장관은 지도사가 다음 각 호의 어느 하나에 해당하는 경우에는 그 등록을 취소하거나 2년 이내의 기간을 정하여 그 업무의 정지를 명할 수 있다. 다만, 제1호부터 제3호까지의 규정에 해당할 때에는 그 등록을 취소하여야 한다.

1. 거짓이나 그 밖의 부정한 방법으로 등록 또는 갱신등록을 한 경우
2. 업무정지 기간 중에 업무를 수행한 경우
3. 업무 관련 서류를 거짓으로 작성한 경우
4. 제142조에 따른 직무의 수행과정에서 고의 또는 과실로 인하여 중대재해가 발생한 경우
5. 제145조제3항제1호부터 제5호까지의 규정 중 어느 하나에 해당하게 된 경우
6. 제148조제2항에 따른 보증보험에 가입하지 아니하거나 그 밖에 필요한 조치를 하지 아니한 경우
7. 제150조제1항을 위반하거나 같은 조 제2항에 따른 기명·날인 또는 서명을 하지 아니한 경우
8. 제151조, 제153조제1항 또는 제162조를 위반한 경우

산업안전보건법 시행령
제9장 산업안전지도사 및 산업보건지도사

제101조(산업안전지도사 등의 직무) ① 법 제142조제1항제4호에서 "대통령령으로 정하는 사항"이란 다음 각 호의 사항을 말한다.
  1. 법 제36조에 따른 위험성평가의 지도
  2. 법 제49조에 따른 안전보건개선계획서의 작성
  3. 그 밖에 산업안전에 관한 사항의 자문에 대한 응답 및 조언
② 법 제142조제2항제6호에서 "대통령령으로 정하는 사항"이란 다음 각 호의 사항을 말한다.
  1. 법 제36조에 따른 위험성평가의 지도
  2. 법 제49조에 따른 안전보건개선계획서의 작성
  3. 그 밖에 산업보건에 관한 사항의 자문에 대한 응답 및 조언

제102조(산업안전지도사 등의 업무 영역별 종류 등) ① 법 제145조제1항에 따라 등록한 산업안전지도사의 업무 영역은 기계안전·전기안전·화공안전·건설안전 분야로 구분하고, 같은 항에 따라 등록한 산업보건지도사의 업무 영역은 직업환경의학·산업위생 분야로 구분한다.
② 법 제145조제1항에 따라 등록한 산업안전지도사 또는 산업보건지도사(이하 "지도사"라 한다)의 해당 업무 영역별 업무 범위는 별표 31과 같다.

제103조(자격시험의 실시 등) ① 법 제143조제1항에 따른 지도사 자격시험(이하 "지도사 자격시험"이라 한다)은 필기시험과 면접시험으로 구분하여 실시한다.
② 지도사 자격시험 중 필기시험의 업무 영역별 과목 및 범위는 별표 32와 같다.
③ 지도사 자격시험 중 필기시험은 제1차 시험과 제2차 시험으로 구분하여 실시하고 제1차 시험은 선택형, 제2차 시험은 논문형을 원칙으로 하되, 각각 주관식 단답형을 추가할 수 있다.
④ 지도사 자격시험 중 제1차 시험은 별표 32에 따른 공통필수Ⅰ, 공통필수Ⅱ 및 공통필수Ⅲ의 과목 및 범위로 하고, 제2차 시험은 별표 32에 따른 전공필수의 과목 및 범위로 한다.
⑤ 지도사 자격시험 중 제2차 시험은 제1차 시험 합격자에 대해서만 실시한다.
⑥ 지도사 자격시험 중 면접시험은 필기시험 합격자 또는 면제자에 대해서만 실시하되, 다음 각 호의 사항을 평가한다.
  1. 전문지식과 응용능력
  2. 산업안전·보건제도에 관한 이해 및 인식 정도
  3. 상담·지도능력
⑦ 지도사 자격시험의 공고, 응시 절차, 그 밖에 시험에 필요한 사항은 고용노동부령으로 정한다.

제104조(자격시험의 일부면제) ① 법 제143조제2항에 따라 지도사 자격시험의 일부를 면제할 수 있는 자격 및 면제의 범위는 다음 각 호와 같다.
  1. 「국가기술자격법」에 따른 건설안전기술사, 기계안전기술사, 산업위생관리기술사, 인간공학기술사, 전기안전기술사, 화공안전기술사 : 별표 32에 따른 전공필수·공통필수Ⅰ 및 공통필수Ⅱ 과목

2. 「국가기술자격법」에 따른 건설 직무분야(건축 중 직무분야 및 토목 중 직무분야로 한정한다), 기계 직무분야, 화학 직무분야, 전기·전자 직무분야(전기 중 직무분야로 한정한다)의 기술사 자격 보유자 : 별표 32에 따른 전공필수 과목
3. 「의료법」에 따른 직업환경의학과 전문의 : 별표 32에 따른 전공필수·공통필수Ⅰ 및 공통필수Ⅱ 과목
4. 공학(건설안전·기계안전·전기안전·화공안전 분야 전공으로 한정한다), 의학(직업환경의학 분야 전공으로 한정한다), 보건학(산업위생 분야 전공으로 한정한다) 박사학위 소지자 : 별표 32에 따른 전공필수 과목
5. 제2호 또는 제4호에 해당하는 사람으로서 각각의 자격 또는 학위 취득 후 산업안전·산업보건 업무에 3년 이상 종사한 경력이 있는 사람 : 별표 32에 따른 전공필수 및 공통필수Ⅱ 과목
6. 「공인노무사법」에 따른 공인노무사 : 별표 32에 따른 공통필수Ⅰ 과목
7. 법 제143조제1항에 따른 지도사 자격 보유자로서 다른 지도사 자격 시험에 응시하는 사람 : 별표 32에 따른 공통필수Ⅰ 및 공통필수Ⅲ 과목
8. 법 제143조제1항에 따른 지도사 자격 보유자로서 같은 지도사의 다른 분야 지도사 자격 시험에 응시하는 사람 : 별표 32에 따른 공통필수Ⅰ, 공통필수Ⅱ 및 공통필수Ⅲ 과목

② 제103조제3항에 따른 제1차 필기시험 또는 제2차 필기시험에 합격한 사람에 대해서는 다음 회의 자격시험에 한정하여 합격한 차수의 필기시험을 면제한다.

③ 제1항에 따른 지도사 자격시험 일부 면제의 신청에 관한 사항은 고용노동부령으로 정한다.

제105조(합격자의 결정 등) ① 지도사 자격시험 중 필기시험은 매 과목 100점을 만점으로 하여 40점 이상, 전과목 평균 60점 이상 득점한 사람을 합격자로 한다.

② 지도사 자격시험 중 면접시험은 제103조제6항 각 호의 사항을 평가하되, 10점 만점에 6점 이상인 사람을 합격자로 한다.

③ 고용노동부장관은 지도사 자격시험에 합격한 사람에게 고용노동부령으로 정하는 바에 따라 지도사 자격증을 발급하고 관리해야 한다. 〈신설 2023. 6. 27.〉[제목개정 2023. 6. 27.]

제106조(자격시험 실시기관) ① 법 제143조제3항 전단에서 "대통령령으로 정하는 전문기관"이란 「한국산업인력공단법」에 따른 한국산업인력공단(이하 "한국산업인력공단"이라 한다)을 말한다.

② 고용노동부장관은 법 제143조제3항에 따라 지도사 자격시험의 실시를 한국산업인력공단에 대행하게 하는 경우 필요하다고 인정하면 한국산업인력공단으로 하여금 자격시험위원회를 구성·운영하게 할 수 있다.

③ 자격시험위원회의 구성·운영 등에 필요한 사항은 고용노동부장관이 정한다.

제107조(연수교육의 제외 대상) 법 제146조에서 "대통령령으로 정하는 실무경력이 있는 사람"이란 산업안전 또는 산업보건 분야에서 5년 이상 실무에 종사한 경력이 있는 사람을 말한다.

제108조(손해배상을 위한 보증보험 가입 등) ① 법 제145조제1항에 따라 등록한 지도사(같은 조 제2항에 따라 법인을 설립한 경우에는 그 법인을 말한다. 이하 이 조에서 같다)는 법 제148조제2항에 따라 보험금액이 2천만원(법 제145조제2항에 따른 법인인 경우에는 2천만원에 사원인 지도사의 수를 곱한 금액) 이상인 보증보험에 가입해야 한다.

② 지도사는 제1항의 보증보험금으로 손해배상을 한 경우에는 그 날부터 10일 이내에 다시 보증보험에 가입해야 한다.

③ 손해배상을 위한 보증보험 가입 및 지급에 관한 사항은 고용노동부령으로 정한다.

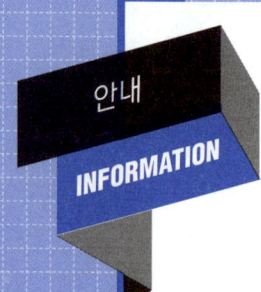

[별표 31]

지도사의 업무 영역별 업무 범위
(제102조제2항 관련)

1. **법 제145조제1항에 따라 등록한 산업안전지도사(기계안전 · 전기안전 · 화공안전 분야)**
   가. 유해위험방지계획서, 안전보건개선계획서, 공정안전보고서, 기계 · 기구 · 설비의 작업계획서 및 물질안전보건자료 작성 지도
   나. 다음의 사항에 대한 설계 · 시공 · 배치 · 보수 · 유지에 관한 안전성 평가 및 기술 지도
    1) 전기
    2) 기계 · 기구 · 설비
    3) 화학설비 및 공정
   다. 정전기 · 전자파로 인한 재해의 예방, 자동화설비, 자동제어, 방폭전기설비 및 전력시스템 등에 대한 기술 지도
   라. 인화성 가스, 인화성 액체, 폭발성 물질, 급성독성 물질 및 방폭설비 등에 관한 안전성 평가 및 기술 지도
   마. 크레인 등 기계 · 기구, 전기작업의 안전성 평가
   바. 그 밖에 기계, 전기, 화공 등에 관한 교육 또는 기술 지도

2. **법 제145조제1항에 따라 등록한 산업안전지도사(건설안전 분야)**
   가. 유해위험방지계획서, 안전보건개선계획서, 건축 · 토목 작업계획서 작성 지도
   나. 가설구조물, 시공 중인 구축물, 해체공사, 건설공사 현장의 붕괴우려 장소 등의 안전성 평가
   다. 가설시설, 가설도로 등의 안전성 평가
   라. 굴착공사의 안전시설, 지반붕괴, 매설물 파손 예방의 기술 지도
   마. 그 밖에 토목, 건축 등에 관한 교육 또는 기술 지도

3. **법 제145조제1항에 따라 등록한 산업보건지도사(산업위생 분야)**
   가. 유해위험방지계획서, 안전보건개선계획서, 물질안전보건자료 작성 지도
   나. 작업환경측정 결과에 대한 공학적 개선대책 기술 지도
   다. 작업장 환기시설의 설계 및 시공에 필요한 기술 지도
   라. 보건진단결과에 따른 작업환경 개선에 필요한 직업환경의학적 지도
   마. 석면 해체 · 제거 작업 기술 지도
   바. 갱내, 터널 또는 밀폐공간의 환기 · 배기시설의 안전성 평가 및 기술 지도
   사. 그 밖에 산업보건에 관한 교육 또는 기술 지도

4. **법 제145조제1항에 따라 등록한 산업보건지도사(직업환경의학 분야)**
   가. 유해위험방지계획서, 안전보건개선계획서 작성 지도
   나. 건강진단 결과에 따른 근로자 건강관리 지도
   다. 직업병 예방을 위한 작업관리, 건강관리에 필요한 지도
   라. 보건진단 결과에 따른 개선에 필요한 기술 지도
   마. 그 밖에 직업환경의학, 건강관리에 관한 교육 또는 기술 지도

[별표 32]

지도사 자격시험 중 필기시험의 업무 영역별 과목 및 범위
(제103조제2항 관련)

구분		산업안전지도사				산업보건지도사	
		기계안전 분야	전기안전 분야	화공안전 분야	건설안전 분야	직업환경의학 분야	산업위생 분야
과목		기계안전공학	전기안전공학	화공안전공학	건설안전공학	직업환경의학	산업위생공학
전공필수	시험범위	-기계·기구·설비의 안전 등 (위험기계·양중기·운반기계·압력용기 포함) -공장자동화설비의 안전기술 등 -기계·기구·설비의 설계·배치·보수·유지기술 등	-전기기계·기구 등으로 인한 위험방지 등(전기방폭설비 포함) -정전기 및 전자파로인한 재해예방 등 -감전사고 방지기술 등 -컴퓨터·계측제어 설비의 설계 및 관리기술 등	-가스·방화 및 방폭설비 등, 화학장치·설비안전 및 방식기술 등 -정성·정량적 위험성 평가, 위험물 누출·확산 및 피해예측 등 -유해위험물질 화재폭발 방지론, 화학공정 안전관리 등	-건설공사용 가설구조물·기계·기구 등의 안전기술 등 -건설공법 및 시공방법에 대한 위험성 평가 등 -추락·낙하·붕괴·폭발 등 재해요인별 안전대책 등 -건설현장의 유해·위험요인에 대한 안전기술 등	-직업병의 종류 및 인체발병경로, 직업병의 증상 판단 및 대책 등 -역학조사의 연구방법, 조사 및 분석방법, 직종별 산업의학적 관리대책 등 -유해인자별 특수건강진단 방법, 판정 및 사후관리 대책 등 -근골격계질환, 직무스트레스 등 업무상 질환의 대책 및 작업관리방법 등	-산업환기설비의 설계, 시스템의 성능검사·유지관리 기술 등 -유해인자별 작업환경측정 방법, 산업위생통계 처리 및 해석, 공학적 대책 수립기술 등 -유해인자별 인체에 미치는 영향·대사 및 축적, 인체의 방어기전 등 -측정시료의 전처리 및 분석방법, 기기 분석 및 정도관리기술 등
공통필수 I		산업안전보건법령					
	시험범위	「산업안전보건법」, 「산업안전보건법 시행령」, 「산업안전보건법 시행규칙」, 「산업안전보건기준에 관한 규칙」					
공통필수 II		산업안전 일반				산업위생 일반	
	시험범위	산업안전교육론, 안전관리 및 손실방지론, 신뢰성공학, 시스템안전공학, 인간공학, 위험성평가, 산업재해 조사 및 원인 분석 등				산업위생개론, 작업관리, 산업위생보호구, 위험성평가, 산업재해 조사 및 원인 분석 등	
공통필수 III		기업진단·지도					
	시험범위	경영학(인적자원관리, 조직관리, 생산관리), 산업심리학, 산업위생개론				경영학(인적자원관리, 조직관리, 생산관리), 산업심리학, 산업안전개론	

산업안전보건법 시행규칙

제9장 산업안전지도사 및 산업보건지도사

제225조(자격시험의 공고) 「한국산업인력공단법」에 따른 한국산업인력공단(이하 "한국산업인력공단"이라 한다)이 지도사 자격시험을 시행하려는 경우에는 시험 응시자격, 시험과목, 일시, 장소, 응시 절차, 그 밖에 자격시험 응시에 필요한 사항을 시험 실시 90일 전까지 일간신문 등에 공고해야 한다.

제226조(응시원서의 제출 등) ① 영 제103조제1항에 따른 지도사 자격시험에 응시하려는 사람은 별지 제89호서식의 응시원서를 작성하여 한국산업인력공단에 제출해야 한다.

② 한국산업인력공단은 제1항에 따른 응시원서를 접수하면 별지 제90호서식의 자격시험 응시자 명부에 해당 사항을 적고 응시자에게 별지 제89호서식 하단의 응시표를 발급해야 한다. 다만, 기재사항이나 첨부서류 등이 미비된 경우에는 그 보완을 명하고, 보완이 이루어지지 않는 경우에는 응시원서의 접수를 거부할 수 있다.

③ 한국산업인력공단은 법 제166조제1항제12호에 따라 응시수수료를 낸 사람이 다음 각 호의 어느 하나에 해당하는 경우에는 다음 각 호의 구분에 따라 응시수수료의 전부 또는 일부를 반환해야 한다.

1. 수수료를 과오납한 경우 : 과오납한 금액의 전부
2. 한국산업인력공단의 귀책사유로 시험에 응시하지 못한 경우 : 납입한 수수료의 전부
3. 응시원서 접수기간 내에 접수를 취소한 경우 : 납입한 수수료의 전부
4. 응시원서 접수 마감일 다음 날부터 시험시행일 20일 전까지 접수를 취소한 경우 : 납입한 수수료의 100분의 60
5. 시험시행일 19일 전부터 시험시행일 10일 전까지 접수를 취소한 경우 : 납입한 수수료의 100분의 50

④ 한국산업인력공단은 제227조제2호에 따른 경력증명서를 제출받은 경우 「전자정부법」 제36조제1항에 따른 행정정보의 공동이용을 통하여 신청인의 국민연금가입자가입증명 또는 건강보험자격득실확인서를 확인해야 한다. 다만, 신청인이 확인에 동의하지 않는 경우에는 해당 서류를 제출하도록 해야 한다.

제227조(자격시험의 일부 면제의 신청) 영 제104조제1항 각 호의 어느 하나에 해당하는 사람이 지도사 자격시험의 일부를 면제받으려는 경우에는 제226조제1항에 따라 응시원서를 제출할 때에 다음 각 호의 서류를 첨부해야 한다.

1. 해당 자격증 또는 박사학위증의 발급기관이 발급한 증명서(박사학위증의 경우에는 응시분야에 해당하는 박사학위 소지를 확인할 수 있는 증명서) 1부
2. 경력증명서(영 제104조제1항제5호에 해당하는 사람만 첨부하며, 박사학위 또는 자격증 취득일 이후 산업안전·산업보건 업무에 3년 이상 종사한 경력이 분명히 적힌 것이어야 한다) 1부

제228조(합격자의 공고) 한국산업인력공단은 영 제105조에 따라 지도사 자격시험의 최종합격자가 결정되면 모든 응시자가 알 수 있는 방법으로 공고하고, 합격자에게는 합격사실을 알려야 한다.

제228조의2(지도사 자격증의 발급 신청 등) ① 영 제105조제3항에 따라 지도사 자격증을 발급받으려는 사람은 별지 제90호의2서식의 지도사 자격증 발급·재발급 신청서에 다음 각 호의 서류를 첨부하여 지방고용노동관서의 장에게 제출해야 한다.

1. 주민등록증 사본 등 신분을 증명할 수 있는 서류
2. 신청일 전 6개월 이내에 찍은 모자를 쓰지 않은 상반신 명함판 사진 1장(디지털 파일로 제출하는 경우를 포함한다)
3. 이전에 발급 받은 지도사 자격증(재발급인 경우만 해당하며, 자격증을 잃어버린 경우는 제외한다)

② 영 제105조제3항에 따른 지도사의 자격증은 별지 제90호의3서식에 따른다..

제229조(등록신청 등) ① 법 제145조제1항 및 제4항에 따라 지도사의 등록 또는 갱신등록을 하려는 사람은 별지 제91호서식의 등록·갱신 신청서에 다음 각 호의 서류를 첨부하여 주사무소를 설치하려는 지역(사무소를 두지 않는 경우에는 주소지를 말한다)을 관할하는 지방고용노동관서의 장에게 제출해야 한다. 이 경우 등록신청은 이중으로 할 수 없다.
1. 신청일 전 6개월 이내에 촬영한 탈모 상반신의 증명사진(가로 3센티미터 × 세로 4센티미터) 1장
2. 제232조제4항에 따른 지도사 연수교육 이수증 또는 영 제107조에 따른 경력을 증명할 수 있는 서류(법 제145조제1항에 따른 등록의 경우만 해당한다)
3. 지도실적을 확인할 수 있는 서류 또는 제231조제4항에 따른 지도사 보수교육 이수증(법 제145조제4항에 따른 등록의 경우만 해당한다)

② 지방고용노동관서의 장은 제1항에 따라 등록·갱신 신청서를 접수한 경우에는 법 제145조제3항에 적합한지를 확인하여 해당 신청서를 접수한 날부터 30일 이내에 별지 제92호서식의 등록증을 신청인에게 발급해야 한다.

③ 지도사는 제2항에 따른 등록사항이 변경되었을 때에는 지체 없이 별지 제91호서식의 등록사항 변경신청서를 지방고용노동관서의 장에게 제출해야 한다.

④ 지도사는 제2항에 따라 발급받은 등록증을 잃어버리거나 그 등록증이 훼손된 경우 또는 제3항에 따라 등록사항의 변경 신고를 한 경우에는 별지 제93호서식의 등록증 재발급신청서에 등록증(등록증을 잃어버린 경우는 제외한다)을 첨부하여 지방고용노동관서의 장에게 제출하고 등록증을 다시 발급받아야 한다.

⑤ 지방고용노동관서의 장은 제2항부터 제4항까지의 규정에 따라 등록증을 발급하거나 재발급하는 경우에는 별지 제94호서식의 등록부와 별지 제95호서식의 등록증 발급대장에 각각 해당 사실을 기재해야 한다. 이 경우 등록부와 등록증 발급대장은 전자적 처리가 불가능한 특별한 사유가 있는 경우를 제외하고는 전자적 방법으로 관리해야 한다.

제230조(지도실적 등) ① 법 제145조제5항 본문에서 "고용노동부령으로 정하는 지도실적"이란 법 제145조제4항에 따른 지도사 등록의 갱신기간 동안 사업장 또는 고용노동부장관이 정하여 고시하는 산업안전·산업보건 관련 기관·단체에서 지도하거나 종사한 실적을 말한다.

② 법 제145조제5항 단서에서 "지도실적이 기준에 못 미치는 지도사"란 제1항에 따른 지도·종사 실적의 기간이 3년 미만인 지도사를 말한다. 이 경우 지도사가 둘 이상의 사업장 또는 기관·단체에서 지도하거나 종사한 경우에는 각각의 지도·종사 기간을 합산한다.

제231조(지도사 보수교육) ① 법 제145조제5항 단서에서 "고용노동부령으로 정하는 보수교육"이란 업무교육과 직업윤리교육을 말한다.

② 제1항에 따른 보수교육의 시간은 업무교육 및 직업윤리교육의 교육시간을 합산하여 총 20시간 이상으로 한다. 다만, 법 제145조제4항에 따른 지도사 등록의 갱신기간 동안 제230조제1항에 따른 지도실적이 2년 이상인 지도사의 교육시간은 10시간 이상으로 한다.

③ 공단이 보수교육을 실시하였을 때에는 그 결과를 보수교육이 끝난 날부터 10일 이내에 고용노동부장관에게 보고해야 하며, 다음 각 호의 서류를 5년간 보존해야 한다.

1. 보수교육 이수자 명단
2. 이수자의 교육 이수를 확인할 수 있는 서류

④ 공단은 보수교육을 받은 지도사에게 별지 제96호서식의 지도사 보수교육 이수증을 발급해야 한다.
⑤ 보수교육의 절차·방법 및 비용 등 보수교육에 필요한 사항은 고용노동부장관의 승인을 거쳐 공단이 정한다.

제232조(지도사 연수교육) ① 법 제146조에 따른 "고용노동부령으로 정하는 연수교육"이란 업무교육과 실무수습을 말한다.
② 제1항에 따른 연수교육의 기간은 업무교육 및 실무수습 기간을 합산하여 3개월 이상으로 한다.
③ 공단이 연수교육을 실시하였을 때에는 그 결과를 연수교육이 끝난 날부터 10일 이내에 고용노동부장관에게 보고해야 하며, 다음 각 호의 서류를 3년간 보존해야 한다.
1. 연수교육 이수자 명단
2. 이수자의 교육 이수를 확인할 수 있는 서류

④ 공단은 연수교육을 받은 지도사에게 별지 제96호서식의 지도사 연수교육 이수증을 발급해야 한다.
⑤ 연수교육의 절차·방법 및 비용 등 연수교육에 필요한 사항은 고용노동부장관의 승인을 거쳐 공단이 정한다.

제233조(지도사 업무발전 등) 법 제147조제3호에서 "고용노동부령으로 정하는 사항"이란 다음 각 호와 같다.
1. 지도결과의 측정과 평가
2. 지도사의 기술지도능력 향상 지원
3. 중소기업 지도 시 지원
4. 불성실·불공정 지도행위를 방지하고 건실한 지도 수행을 촉진하기 위한 지도기준의 마련

제234조(손해배상을 위한 보험가입·지급 등) ① 영 제108조제1항에 따라 손해배상을 위한 보험에 가입한 지도사(법 제145조제2항에 따라 법인을 설립한 경우에는 그 법인을 말한다. 이하 이 조에서 같다)는 가입한 날부터 20일 이내에 별지 제97호서식의 보증보험가입 신고서에 증명서류를 첨부하여 해당 지도사의 주된 사무소의 소재지(사무소를 두지 않는 경우에는 주소지를 말한다. 이하 이 조에서 같다)를 관할하는 지방고용노동관서의 장에게 제출해야 한다.
② 지도사는 해당 보증보험의 보증기간이 만료되기 전에 다시 보증보험에 가입하고 가입한 날부터 20일 이내에 별지 제97호서식의 보증보험가입 신고서에 증명서류를 첨부하여 해당 지도사의 주된 사무소의 소재지를 관할하는 지방고용노동관서의 장에게 제출해야 한다.
③ 법 제148조제1항에 따른 의뢰인이 손해배상금으로 보증보험금을 지급받으려는 경우에는 별지 제98호서식의 보증보험금 지급사유 발생확인신청서에 해당 의뢰인과 지도사 간의 손해배상 합의서, 화해조서, 법원의 확정판결문 사본, 그 밖에 이에 준하는 효력이 있는 서류를 첨부하여 해당 지도사의 주된 사무소의 소재지를 관할하는 지방고용노동관서의 장에게 제출해야 한다. 이 경우 지방고용노동관서의 장은 별지 제99호서식의 보증보험금 지급사유 발생확인서를 지체 없이 발급해야 한다.

차례

2012년 산업안전지도사(시행일 2012년 6월 23일) 복기문제
    3과목 : 기업진단·지도 ·· 3

2013년 산업안전지도사(시행일 2013년 4월 20일)
    3과목 : 기업진단·지도 ·· 67

2014년 산업안전지도사(시행일 2014년 4월 12일)
    3과목 : 기업진단·지도 ·· 99

2015년 산업안전지도사(시행일 2015년 4월 20일)
    3과목 : 기업진단·지도 ·· 129

2016년 산업안전지도사(시행일 2016년 5월 11일)
    3과목 : 기업진단·지도 ·· 157

2017년 산업안전지도사(시행일 2017년 3월 25일)
    3과목 : 기업진단·지도 ·· 187

2018년 산업안전지도사(시행일 2018년 3월 24일)
    3과목 : 기업진단·지도 ·· 217

2019년 산업안전지도사(시행일 2019년 3월 30일)
    3과목 : 기업진단·지도 ·· 255

2020년 산업안전지도사(시행일 2020년 7월 25일)
 3과목 : 기업진단·지도 ··· 295

2021년 산업안전지도사(시행일 2021년 3월 13일)
 3과목 : 기업진단·지도 ··· 323

2022년 산업안전지도사(시행일 2022년 3월 19일)
 3과목 : 기업진단·지도 ··· 361

2023년 산업안전지도사(시행일 2023년 4월 1일)
 3과목 : 기업진단·지도 ··· 393

2024년 산업안전지도사(시행일 2024년 3월 30일)
 3과목 : 기업진단·지도 ··· 429

2025년 산업안전지도사(시행일 2025년 3월 29일)
 3과목 : 기업진단·지도 ··· 467

부록
 - 참고문헌 및 자료
 - 답안카드

안전관리헌장

개정 : 안전행정부고시 제2014-7호

재난 및 안전관리기본법 제7조에 의하여 안전관리헌장을 다음과 같이 개정 고시합니다.

2014년 1월 29일
안전행정부장관

안전은 재난, 안전사고, 범죄 등의 각종 위험에서 국민의 생명과 건강 그리고 재산을 지키는 가장 중요한 근본이다.

모든 국민은 안전할 권리가 있으며, 안전문화를 정착시키는 일은 국민의 행복과 국가의 미래를 위해 반드시 필요하다.

이에 우리는 다음과 같이 다짐한다.

Ⅰ. 모든 국민은 가정, 마을, 학교, 직장 등 사회 각 분야에서 안전수칙을 준수하고 안전 생활을 적극 실천한다.

Ⅰ. 국가와 지방자치단체는 국민의 안전기본권을 보장하는 안전종합대책을 수립하고, 안전을 위한 투자에 최우선의 노력을 하며, 어린이, 장애인, 노약자는 특별히 배려한다.

Ⅰ. 자원봉사기관, 시민단체, 전문가들은 사고 예방 및 구조 활동, 안전 관련 연구 등에 적극 참여하고 협력한다.

Ⅰ. 유치원, 학교 등 교육 기관은 국민이 바른 안전 의식을 갖도록 교육하고, 특히 어릴 때부터 안전 습관을 들이도록 지도한다.

Ⅰ. 기업은 안전제일 경영을 실천하고, 위험 요인을 없애 사고가 발생하지 않도록 적극 노력한다.

국가직무능력표준(NCS)

▶ **NCS 자격검정 활용**

가. 자격종목

　1) 개념

　자격종목은 국가기술자격의 등급을 직종별로 구분한 것으로 국가기술자격 취득의 기본단위를 말함(국가기술자격별 2조). 자격종목 개편은 국가기술자격 종목 신설의 필요성, 기존 자격종목의 직무내용, 범위 및 난이도, 산업현장 적합도 등을 고려하여 새로운 국가기술자격을 신설하거나 기존의 국가기술자격을 통합, 폐지하는 것을 의미함

　2) 구성요소
　자격종목 개편은
　① 자격종목　　　　　　　　　② 직무내용
　③ 검토대상 능력군　　　　　　④ 검정필요여부
　⑤ 출제기준과 비교　　　　　　⑥ 검토의견
　⑦ 추가·삭제가 포함되어야 함.

구성요소	세부 내용
자격종목	검토대상 국가기술자격 종목 제시
직무내용	자격종목의 직무내용 제시
검토대상 능력군	검토대상 능력군의 능력단위, 능력단위요소, 수행준거 제시
검정필요여부	수행준거 중 자격검정에 필요한 부분 제시
출제기준과 비교	검정이 필요한 수행준거와 출제기준을 비교
검토의견	비교를 통해 현행 국가기술자격의 출제기준 검토
추가·삭제	출제기준 검토를 통해 추가나 삭제가 필요한 부분 제시

나. 출제기준

　1) 개념

　출제기준은 자격검정의 대상이 되는 종목의 과목별 출제의 대상범위를 나타낸 것으로 출제문제 작성방법과 시험내용범위의 기준을 의미함(국가기술자격법 시행규칙 제38조)

2) 구성요소
출제기준은
① 직무분야
② 자격종목
③ 적용기간
④ 직무내용
⑤ 필기검정방법
⑥ 문제수
⑦ 시험기간
⑧ 필기과목명
⑨ 필기과목 출제 문제수
⑩ 실기검정방법
⑪ 시험기간
⑫ 실기과목명
⑬ 필기, 실기과목별 주요항목
⑭ 세부항목
⑮ 세세항목이 포함되어야 함

구성요소		세부 내용
직무분야		해당 자격이 활용되는 직무분야
자격종목		국가기술자격의 등급을 직종별로 구분한 것 국가기술자격 취득의 기본단위
적용기간		작성된 출제기준이 개정되기 전까지 실제 자격검정에 적용되는 기간
직무내용		자격을 부여하기 위하여 개인의 능력의 정도를 평가해야 할 내용
필기과목	필기검정방법	필기시험의 검정방법 현행 국가기술자격에서는 객관식, 단답형 또는 주관식 논문형이 있음
	문제수	필기시험의 전체 문제수 제시
	시험기간	필기시험 시간
	필기과목명	기술자격의 종목별 필기시험과목
	출제 문제수	필기시험의 문제수

[대한민국 헌법 제34조]
 - 국가는 재해를 예방하고 그 위험으로부터 국민을 보호하기 위하여 노력하여야 한다. -

산업안전지도사(과년도)
(Ⅲ) 기업진단 · 지도

2012년 6월 23일 산업안전지도사
2013년 4월 20일 산업안전지도사
2014년 4월 12일 산업안전지도사
2015년 4월 20일 산업안전지도사
2016년 5월 11일 산업안전지도사
2017년 3월 25일 산업안전지도사
2018년 3월 24일 산업안전지도사
2019년 3월 30일 산업안전지도사
2020년 7월 25일 산업안전지도사
2021년 3월 13일 산업안전지도사
2022년 3월 19일 산업안전지도사
2023년 4월 1일 산업안전지도사
2024년 3월 30일 산업안전지도사
2025년 3월 29일 산업안전지도사

산업안전지도사 · 과년도기출문제

2012년도 6월 23일 필기문제 : 근거 저자응시 복기문제

산업안전지도사 자격시험
제1차 시험문제지

제3과목 기업진단·지도	총 시험시간 : 90분 (과목당 30분)	문제형별 A

수험번호	20120623	성 명	도서출판 세화

【수험자 유의사항】

1. 시험문제지 표지와 시험문제지 내 **문제형별의 동일여부** 및 시험문제지의 **총면수·문제번호 일련순서·인쇄상태** 등을 확인하시고, 문제지 표지에 수험번호와 성명을 기재하시기 바랍니다.
2. 답은 각 문제마다 요구하는 **가장 적합하거나 가까운 답 1개**만 선택하고, 답안카드 작성 시 시험문제지 **형별누락, 마킹착오**로 인한 불이익은 전적으로 **수험자에게 책임**이 있음을 알려 드립니다.
3. 답안카드는 국가전문자격 공통 표준형으로 문제번호가 1번부터 125번까지 인쇄되어 있습니다. 답안 마킹 시에는 반드시 **시험문제지의 문제번호와 동일한 번호**에 마킹하여야 합니다.
4. **감독위원의 지시에 불응하거나 시험 시간 종료 후 답안카드를 제출하지 않을 경우** 불이익이 발생할 수 있음을 알려 드립니다.
5. 시험문제지는 시험 종료 후 가져가시기 바랍니다.

【안 내 사 항】

1. 수험자는 **QR코드를 통해 가답안을 확인**하시기 바랍니다.
    (※ 사전 설문조사 필수)
2. 시험 합격자에게 '**합격축하 SMS(알림톡) 알림 서비스**'를 제공하고 있습니다.

▲ 가답안 확인

- 수험자 여러분의 합격을 기원합니다 -

3. 기업진단·지도

01 유기적 조직구조의 특징으로 옳지 않은 것은?

① 권한이 분산되어 있고, 규칙과 절차가 많지 않다.
② 일의 분할이 엄격하고, 관리의 폭이 넓다.
③ 조직상황이 불안정한 경우에 보다 적합하다.
④ 인간의 잠재능력 활용을 중시한다.
⑤ 조직내 조정활동이 개인적 비공식적으로 이루어진다.

답 ②

해설

공식적 조직구조

(1) 기계적 조직과 유기적 조직
　① 조직의 형태를 분류하는 가장 기본적인 방법으로 기계적 조직과 유기적 조직을 들 수 있다.
　② 기계적 조직(mechanistic organization)은 정형화된 규정이나 절차에 따라 운영된다.
　③ 유기적 조직(organic organization)은 변화하는 환경에 탄력적으로 반응하면서 수시로 조직의 형태를 변화시킬 수 있다.

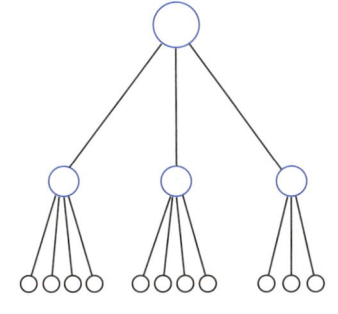

[그림] 기계적 조직

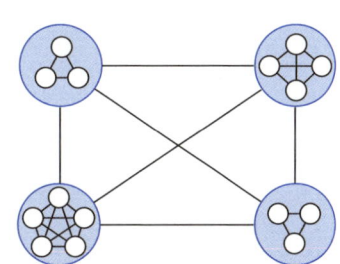

[그림] 유기적 조직

[표] 기계적 조직과 유기적 조직

목표	기계적 조직	유기적 조직
	효율의 극대화, 생산성 향상	유연성, 적응력 향상
조직구조 ① 공식화 ② 권한배분 ③ 분화	높다 집권화 고도의 전문화, 엄격한 부문화, 좁은 통제범위	낮다 분권화 낮은 전문화, 교차적 기능별 팀, 넓은 통제범위
조직활동 ① 의사소통 ② 의사결정 ③ 조정	공식적 커뮤니케이션, 하향적 커뮤니케이션 명확한 명령계통 조직지위에 의한 상급자의 조정	비공식적 커뮤니케이션, 쌍방적 커뮤니케이션 자유로운 정보흐름 개인의 능력에 의한 상호조정 또는 자발적 조정
조직설계의 관점	관료제론(bureaucracy)	애드호크라시(adhocracy)이론

[표] 유기적 조직구조와 기계적 조직구조의 특징

특 징	기계적 조직구조	유기적 조직구조
전문화	높은 전문화	낮은 전문화
권한의 보유	상위층의 몇몇 사람	기술과 능력이 있는 사람
갈등해결방법	상사에 의해	상호작용에 의해
커뮤니케이션의 기반	지시나 명령	조언, 상담, 정보
충성심의 대상	조직시스템에	프로젝트나 집단에
권위	시스템 내 직위에 기초	개인능력에 기초
규칙	많음	거의 없음
환경	안정적, 간단	동태적, 복잡
정보의 흐름	비교적 제한되고 하향적	상하로 비교적 자유로움
공식화	높음	낮음

02 노사관리의 발달과정에서 나타난 노사관계 유형에 관한 설명으로 옳지 않은 것은?

① 전제적 노사관계 : 사용자의 일방적인 의사로 결정되고 명령과 절대 복종의 관계

② 온정주의적 노사관계 : 경영의 자본효율성을 높이고 노동자는 사용자가 베푸는 은혜에 보답하는 관계

③ 기능적 노사관계 : 기업규모가 확대되고 자본의 집중력에 의한 경영과 자본의 분리현상이 나타나는 상태

④ 항쟁적 노사관계 : 노동조건의 결정은 오직 노사의 실력항쟁에 의해 결정되며 경영자의 지위나 태도는 모두 노사의 주도권 획득을 위한 대립관계

⑤ 민주적 노사관계 : 노사가 대등한 입장에서 임금, 작업 및 노동조건을 교섭하는 단체로 자본주의가 고도로 발달함에 따라 형성된 형태

답 ③

해설

1. 노사관계관리의 의의와 발전과정

(1) 의의
 ① 노사관계란 사용자와 노동조합 간에 노동조건의 결정이라는 대립적 경쟁관계를 기초로 한 사회관계를 나타낸다.
 ② 노사관계관리란 노사의 대립적 관계를 사용자측의 태도나 특정 제도(단체교섭, 경영협의회, 노사위원회 등)로 조정·완화시키고, 나아가서는 협력관계를 형성하기 위하여 행하여지는 일련의 활동이다.

(2) 발전과정
 노사관계는 대개 전제적 노사관계, 온정적 노사관계, 근대적 노사관계, 민주적 노사관계 등으로 발전해왔다.
 ① 전제적 노사관계(~19C)
  ㉮ 사용자가 임금, 작업시간 등의 근로조건을 일방적·전제적으로 결정하며, 노동자는 조직화 되어 있지 않고, 사용자의 결정에 복종하는 단계이다.
  ㉯ 그러므로 생산성 제고에 실패하였고, 근로자의 저항을 야기하였다.
 ② 온정적 노사관계 : 생산성 저하의 문제를 해결하고, 노동자의 노동조합형성운동을 저지하기 위하여, 가부장적 온정주의에 입각한 복리후생시설을 마련해 주는 단계이다.(19C~20C)
 ③ 근대적 노사관계(완화적 노사관계 19C말 출현)
  ㉮ 자본과 경영의 분리에 따라, 경영자단체와 노동조합이 형성·발전되는 단계이다.
  ㉯ 경영자가 노동조합을 인정하고, 종업원의 복리증진과 의사소통을 통한 노사관계의 긴장완화를 추구하며 자본의 일방적 지배는 어느 정도 제한하지만, 노동의 조직력이 자본과 대등한 지위까지는 이르지 못하였다.
 ④ 계급투쟁적 노사관계(20C초 일부 국가에서 출현)
  사회주의적 노사관계 형태로서 근로조건 등이 노사간 실력투쟁에 의해 결정
 ⑤ 민주적 노사관계
  ㉮ 자본주의가 고도로 발전함에 따라 산업별 노동조합이 발전하게 되고 전문경영자가 책임자로서 전면적으로 등장하는 단계이다.
  ㉯ 노동조합과 전문경영자가 대등한 입장에서 임금, 작업조건 등을 공동으로 결정한다.

2. 노동조합의 가입방법(shop system : 숍제도)

(1) 클로즈드 숍(closed shop)
 ① 사용자가 노동조합의 조합원만을 고용할 수 있는 제도이다.
 ② 조합원자격이 고용의 전제조건이 되므로 노동공급을 가장 강력하게 통제할수 있는 제도이다.

(2) 유니온 숍(union shop)

사용자가 비조합원을 채용할 수는 있지만, 채용된 노동자는 채용 후 일정기간 내에 노동조합에 가입해야 하는 제도이다.

(3) 오픈 숍(open shop)
① 사용자는 조합원이든 비조합원이든, 차별을 두지 않고 채용할 수 있으며, 노동조합에의 가입여부는 전적으로 노동자의 의사에 따르는 제도이다.
② 노동조합의 안정도에서 보면 가장 취약하다.→ 우리 나라는 대부분 이 제도를 채택

(4) 기타
① agency shop : 조합원이든 조합원이 아니든 모든 종업원에게 조합회비를 징수하는 제도이다.
② maintenace of membership shop : 조합원이 되면 일정 기간 동안 조합원으로 머물러 있어야 하는 제도이다.
③ preferential shop : 채용시 조합원에게 우선권을 주는 제도이다.

참고

조합비일괄공제제도(check off system)

조합비의 확보를 통하여 노조의 안정을 유지하기 위한 제도로, 회사의 급여계산시에 조합비를 일괄적으로 공제하여 조합에 인도하는 제도이다. 노동조합은 조합원 2/3 이상의 동의가 있으면 그의 세력확보수단으로 체크오프조항을 들 수 있다. 조합비일괄공제제도는 숍시스템과 더불어 노조의 안정을 유지하기 위한 제도임과 동시에 단체협약의 주요 내용이 된다.

[표]노동조합의 권력확보 과정

	주요과제	달성수단
양적인 면	조합원의 확보를 어떻게 할 것인가?	숍제도(shop system)
질적인 면	자금확보를 어떻게 할 것인가?	체크오프제도(check off system)

03 공급사슬관리(SCM)에 관한 설명으로 옳은 것은?

① 자재의 조달에서 제조, 판매, 고객까지의 물류 및 정보의 흐름을 종합관리하고 전체적인 관점에서 생산과 공급을 최적화하는 것
② 필요한 제품을 필요할 때에 필요한 양만큼 생산하여 공급하는 것
③ 제품의 수주에서부터 설계, 생산, 출하에 이르기까지 모든 기능과 공정을 컴퓨터와 관련기술을 통해 자동화·정보화·통합화하는 것
④ 인사, 재무, 생산 등 기업 전 부문에 걸쳐 독립적으로 운영되던 인사정보시스템, 재무정보시스템, 생산관리시스템을 통하여 기업내의 인적·물적자원의 활용을 극대화하는 것
⑤ 자재소요계획을 컴퓨터에 기초하여 수요의 소요량과 소요시간, 주문의 독촉·취소·지연 등을 효율적으로 관리하는 것

답 ①

해설

공급사슬관리의 기본개념

1. 공급사슬관리의 개요
 (1) 공급사슬
  ① 공급사슬(supply-chain)이란 자재와 서비스의 공급자로부터 생산자의 변환과정을 거쳐 완성된 산출물을 고객에게 인도하기까지의 상호 연결된 연쇄구조(chain)를 말한다.
  ② 공급사슬은 내부공급사슬(internal supply-chain)과 외부공급사슬(external supply-chain)로 구분할수 있다.
   ㉮ 내부공급사슬이란 기업내에서의 자재의 흐름과 관련된 사슬을 말한다.
   ㉯ 외부공급사슬이란 기업의 외부 공급자와 고객을 말한다.
 (2) 공급사슬관리
  ① 의의 : 공급사슬관리(Supply-Chain Management : SCM)란 공급자로부터 기업내 변환과정, 유통망을 거쳐 최종고객에 이르기까지의 자재, 서비스 및 정보의 흐름을 전체 시스템의 관점(total system approach)에서 관리함을 말한다.
  ② 공급사슬관리의 필요성
   ㉮ 제조과정 이외에서 발생되는 부가가치가 높음
   ㉯ 수요변동 등 불확실성의 심화
   ㉰ 공급사슬구조가 확대되고 복잡화됨
   ㉱ 고객의 대량개별화 요구의 증대
   ㉲ 공급사슬 내 복잡한 정보흐름을 지원할 수 있는 기반기술의 발전
  ③ 공급사슬관리의 목적 : 공급사슬상에서 자재의 흐름을 효과적·효율적으로 관리하고 불확실성과 위험을 줄임으로써 재고수준, 리드타임(lead time) 및 고객 서비스수준을 향상시키는 데 있다.

2. 공급사슬관리의 특징
 (1) 공급사슬경영 프로세스 중 가장 중요한 것은 고객의 수요변동에 대한 능동적 대응이다.
 (2) 그러나 우수 고객 수요에 대한 예측 불가능한 변동에 대한 미진한 대응이 문제가 된다.
  ① 공급사슬 내에서 역으로 거슬러 올라갈수록 불확실성 때문에 그 변동폭이 커지게 된다. → 채찍효과(bullwhip effect)
  ② 수요변동에 대해 공급이 부응하지 못하면, 각 단계에 재고누적, 재고부족, 주문지체가 발생한다.

③ 채찍효과가 나타나는 이유는 수요변동의 불확실성에 대한 각 개체별 과잉반응 때문이다.
(3) 채찍효과를 제거하기 위해서는 전체 공급사슬의 실시간 정보공유를 통한 전략적 제휴시스템이 필요하다. → 동기화(synchornization)

3. 공급사슬의 통합과정
성공적인 공급사슬관리를 위해서는 고도의 기능적·조직적 통합이 요구된다.
(1) 1단계
외부의 공급자와 고객은 기업과는 독립적으로 간주된다. → 또한 내부적으로도 구매, 생산통제 및 배급기능은 독립적으로 운영되며, 각각 다른 기능은 고려하지 않고 자신의 활동만을 최적화한다.
(2) 2단계
기업은 구매, 생산통제 및 배급을 자재관리부서로 결합시킴으로써 내부적인 통합을 시작한다.
(3) 3단계
내부공급사슬과 외부의 공급자 및 고객과의 통합을 추구한다. → 이를 위해서는 경영의 초점을 제품이나 서비스 지향으로부터 고객 지향으로 바꾸어야 한다.

4. SCM의 분류
(1) 공급자 측면의 프로세스 : 공급자로부터 제조사까지의 공급사슬 프로세스
  ① 이 프로세스의 효율성을 위해서는 ⓐ 물류비, 시간 등을 고려한 적절한 공급사 네트워크 구성, 입지선정, 제조사와의 정보공유, 전략적 제휴 ⓑ 표준화, 모듈화 등을 고려한 사전·사후 제품 및 생산설계, 크로스도킹, 자동발주시스템이 중요
  ② 크로스도킹 : 배달된 상품을 수령 즉시 배송지점으로 배송하는 것
(2) 고객 측면의 프로세스 : 고객으로부터 제조사까지의 공급사슬 프로세스
  프로세스의 효율성을 위해서는 ①효과적인 유통전략, 판매점의 네트워크 구성, 입지선정 ②주문방법 ③고객수요 변동에 대한 예측 ④정보공유를 위한 전략적 제휴 ⑤판촉활동의 최적화 등이 중요

보충학습

① JIT(적시생산방식):Just-in-time(JIT)는 재고를 쌓아 두지 않고서도 필요할 때 적기에 제품을 공급하는 생산 방식
② CIM(Computer intergrated manufacturing, 컴퓨터 통합생산 시스템) : CIM(Computer intergrated manufacturing)은 컴퓨터 통합생산 시스템으로 제조, 개발 판매로 연결되는 정보흐름의 과정을 일련의 정보시스템으로 통합한 종합적인 생산관리 시스템
③ ERP(Enterprise Resource Planning, 전사적 자원관리)
  기업의 모든 업무 프로세스를 유기적으로 통합, 상호 간에 정보를 실시간 공유하고 활용함으로써 모든 자원을 가장 효율적으로 배분할 수 있게 하고 나아가 기업의 가치를 극대화할 수 있도록 해주는 통합형 업무시스템
④ 업무 재설계 : (BPR : business process reeingineering)
  ㉮ 기존의 업무방식을 근본적으로 고려하여 비즈니스시스템 전체를 재구축하는 것
  ㉯ 프로세스를 근본단위로 업무, 조직, 기업문화까지의 전부문에 대해 성취도를 대폭적으로 증가시키는 것

2012년도 6월 23일 필기문제 : 근거 저자응시 복기문제

04 조직에서 응용하고 있는 부분화(departmentalization)의 유형 중 기능별 부문화에 관한 설명으로 옳은 것은?

① 특정의 제품이나 제품라인에만 주의와 노력집중이 가능하다.

② 조직에 신축성을 부여하며, 상이한 분야간의 협동을 자극한다.

③ 전반적 능력을 지닌 경영자가 더 필요하며, 인적자원의 낭비를 초래한다.

④ 회사가 다양한 계층의 고객을 다루고, 각 고객의 욕구가 상이할 때 채택한다.

⑤ 병원·대학·정부와 같은 비영리조직이나 은행·보험·운수업과 같은 서비스 조직에 적합하다.

답 ②

해설

조직설계의 기본변수와 상황요인

1. 조직구조의 설계변수

조직의 구조를 설계하기 위해서는 분화(전문화, 복잡성), 집권화 또는 분권화, 공식화 등을 주요 변수로 다루게 된다.

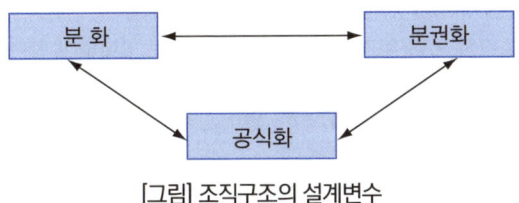

[그림] 조직구조의 설계변수

(1) 분화/분업화(또는 복잡성)

① 의의

㉮ 어떤 조직이든 목표를 효율적으로 달성하기 위하여 필요한 일들을 명확히 하고, 세분하여, 담당자에게 할당하게 되는데, 이를 전문화, 분업화 또는 분화라고 한다.

㉯ 과업이 분화가 많이 되면 복잡성(complexity)이 높다고 한다.

분화↑ ┬ 숙련도↑ → 효율성↑ → 훈련↓
　　　 └ 연결비용↑ → 갈등, 조정문제 발생

[그림] 분화

② 분화의 종류 : 분화는 수평적 분화와 수직적 분화로 나눌수 있다.

㉮ 수평적 분화와 부문화

㉠ 수평적 분화는 분업의 원리에 따라 일을 세분화해가는 직무전문화(job specialization)와 세분화된 업무를 유사성에 따라 집단화(grouping)시키는 부문화(departmentalization)에 관심이 있다.

㉡ 분업의 원리로 각 담당자가 각각의 세분된 일을 하게 되면 자기업무에서 가장 수월한 방식들을 개발할 수 있고, 그에 따라 작업수행능력이 향상된다.

㉢ 복잡성의 증가로 전문화된 일이 너무 많아지면, 업무의 중복에 따른 낭비가 초래되므로 비슷한 업무를 결합하여 더 효율성을 높일 수 있는 것이다.

㉯ 수직적 분화

㉠ 수직적 분화는 조직의 상하관계를 구분하는 것이다.

㉡ 수직적 분화로 계층(hierachy)이 형성되며 직위(position)가 결정된다.

③ 분화에의 영향 요소
  ㉮ 감독폭
    ㉠ 분화에 영향을 주는 대표적 요소로 감독폭 또는 통제폭(span of control)을 들 수 있다.
    ㉡ 감독폭은 한 감독자가 다루어야 될 부하의 수를 나타낸다.
    ㉢ 감독폭이 넓어지면 평면구조의 형태가 되며, 감독폭이 좁아지면 고층구조의 형태가 된다.

$$\text{감독폭} \uparrow \begin{cases} \text{상하간 의사소통} \downarrow, \text{ 수직적 분화} \downarrow \\ \text{관리비용} \downarrow, \text{ 관리의 질} \downarrow \end{cases}$$

[그림] 감독폭

  ㉯ 감독폭 외에 분화에 영향을 주는 요인으로 규모의 경제, 조정, 업무성격 등이 있다.
(2) 집권화 또는 분권화(권한의 배분)

$$\begin{cases} \text{집권화} \uparrow \rightarrow \text{하위층의 책임회피, 사기저하, 창의성 감소,} \\ \qquad\qquad\qquad \text{관리능력의 한계} \\ \text{분권화} \uparrow \rightarrow \text{외부상황에 신속히 대처} \end{cases}$$

[그림] 집권화·분권화

① 집권화(centralization)는 의사결정 및 통제의 권한이 상위층에 집중되어 있는 형태를 말하며, 분권화(decentralization)는 조직의 여러 계층에 대폭 위양되어 있는 형태를 말한다.
② 집권화(분권화)는 수직적 분권화와 수평적 분권화로 나눌 수 있다.
③ 수직적 분권화는 의사결정권을 하위층에 위임한 것이고, 수평적 분권화는 자기 지위계층 밖에 타부서나 타인에게 위임한 것이다.

[표] 집권적 조직과 분권적 조직의 특성

	집권적 조직	분권적 조직
장점	• 의사결정속도나 의사소통속도가 빠르다. • 구성원이 일사분란하게 움직여 효율성이 높다. • 부문간의 갈등조정이 신속하다.	• 각 구성원이 창의성을 발휘할 수 있다. • 각 구성원이 적극적으로 참여하고 자율적으로 업무를 한다. • 직무만족도가 높아진다.
단점	• 하위자에게 권한없이 책임만 주어지는 경우가 있다. • 종업원들이 수동적이고 타율적인 행동을 보인다.	• 기능과 업무가 중복될 수 있다. • 부서이기주의에 의해 갈등이 나타날 수 있다. • 비효율적이다.

(3) 공식화

$$\text{공식화} \uparrow \begin{cases} \text{관리노력} \downarrow \\ \text{융통성} \downarrow, \text{ 재량권} \downarrow, \text{ 창의성} \downarrow, \text{ 비인간화,} \\ \text{전체적인 조화} \downarrow \end{cases}$$

[그림] 공식화

① 의의 : 공식화(formalization)는 조직 내 업무의 표준화 정도를 말한다.
② 장점
  ㉮ 공식화를 하게 되면 종업원의 개인차에 의해 나타날 수 있는 업무행위의 편차를 최소화하고, 업무 흐름의 일관성과 명확성을 높여서 효율적으로 조직을 운영할 수 있게 한다.
  ㉯ 업무의 영역과 책임, 권한이 명확해 갈등의 조정에도 유리하다.
  ㉰ 고객에 대한 제품 및 서비스의 수준을 일정하게 유지하도록 하여 고객에게 만족감을 줄 수 있다.

③ 단점
  ㉮ 공식화가 심화되면 조직이 경직적으로 운영되어 급변하는 환경에 대처하기가 어려워진다.
  ㉯ 업무의 성격에 따라서 공식화의 정도를 결정해야 한다.

2. 조직설계에 영향을 주는 외부요인들
(1) 조직설계에 영향을 주는 대표적 요인들로서 환경, 기술, 규모, 등을 들 수 있다.
(2) 최근에는 경영전략, 자원과 정보처리 전략, 조직의 수명주기, 사회문화 등도 많이 고려되고 있다.

조직설계의 상황변수 ─┬─ 환경 : 번즈와 스톨커, 로렌스와 로쉬,
                         에머리와 트리스트, 톰슨, 던칸
                  ├─ 기술 : 우드워드, 페로우, 톰슨
                  └─ 규모 : 에스톤그룹, 블라우, 차일드

[그림] 조직설계에 상황변수와 관련학자

3. 부문화 유형
① 제품별 ② 기능별 ③ 지역별 ④ 고객별

> **보충학습**

기능적 부문화
① 기능적 부문화(functional departmentalization)는 가장 일반적이면서도 보편적인 부문화의 방법이다.
② 기능적 부문화는 유사하거나 같은 작업 활동들을 포함하는 직무들을 중심으로 집단화하는 것이다.
③ 경영자의 하부조직으로 생산부, 판매부, 관리부 등과 같이 유사한 업무를 묶어 집단화시키는 방법을 들 수 있다.

05 다음 보기에 설명하는 인사고과 기법에 관한 내용으로 옳은 것은?

> ㉠ 주로 관리직급의 직무지원자들을 평가한다.
> ㉡ 다수의 평가자들이 평가를 한다.
> ㉢ 다양한 수행평가 방법들이 사용된다.

① 직무수행에 따른 예기치 않은 사실을 피고과자별로 기록, 보관한다.
② 종업원별로 목표를 정하고, 그 목표달성을 기초로 해서 평가하는 것이다.
③ 작업의 질적 수준과 같은 직무와 관련된 특성에 대하여 서열화시키는 방법이다.
④ 집단내의 다른 사람들의 수행과 비교하여 개인의 수행을 평가하는 것이다.
⑤ 승진이나 임금결정 등에 있어서 종업원들을 서로 비교하여 결정하는 데 활용된다.

답 ④

해설

(1) 인사고과의 의의 및 목적
① 인사고과(merit rating)란 조직 내의 여러 직무에 종사하고 있는 각 종업원의 현재적·잠재력 유용성을 체계적으로 평가하려는 제도이다.
② 인사고과를 통해 공정한 임금관리, 인사이동(배치, 승진, 전직, 해고 등), 교육훈련의 기초자료를 제공할 수 있다.
③ 인사고과는 종업원의 직무수행능력의 개선·발전에도 이용할 수 있다.

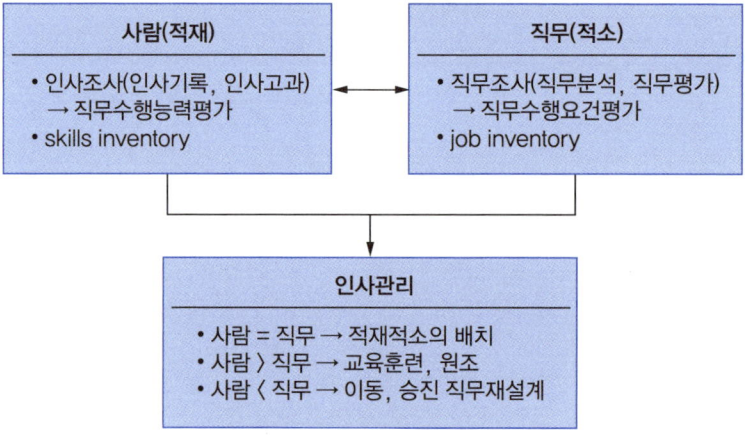

[그림] 인사고과와 인사관리

[표] 인사고과의 변화

전통적 인사고과	현대적 인사고과
① 업적중심의 고과	→ 능력·적성·의욕의 고과
② 임금·승진관리를 위한 고과(직무중심적)	→ 능력개발·육성을 위한 고과경력(경력중심적)
③ 포괄적·획일적 고과(다목적고과)	→ 승급·상여 등 목적별 고과
④ 평가자중심의 고과	→ 피고과자의 참여에 의한 고과
⑤ 추상적 기준에 의한 고과	→ 구체적 기분에 의한 고과
⑥ 연공중심고과(인간중심, 주관적)	→ 성과중심고과(능력중심, 객관적)

(2) 직무평가와 인사고과
① 직무평가 : 직무의 상대적 가치를 결정하는 것이다.
② 인사고과 : 종업원의 상대적 가치를 결정하는 것이다.

(3) 인사고과방법의 분류
① 자기고과 : 자기고과(self appraisal)는 능력개발을 목적으로 하며, 개인이 가진 결함의 파악과 개선에 효과가 있기 때문에 주로 상위자의 고과에 보충적 기법으로 사용된다.
② 상위자에 의한 고과 : 상위자는 하위자를 비교적 잘 알고 있는 장점이 있으나 고과가 주관적으로 되기 쉽다.
③ 동료에 의한 고과 : 동료에 의한 고과(appraisal by peers, buddy rating)는 상사보다는 동료가 더 정확히 평가할 수 있다는 생각에서 착안한 것으로 이해를 바탕으로 한 고과라 할 수 있으나, 동료들은 친구로서 혹은 경쟁자로서 편파적일 수 있다.
④ 하위자에 의한 고과 : 하위에 의한 고과는 상위자가 「무엇을」할 것인가의 문제보다는 「어떻게」할 것인가의 문제를 해결해 주는 방법이 될 수도 있다.
⑤ 인사관리자나 전문가에 의한 고과 : 객관성을 유지하기 위해 고과전문가에게 맡기는 것으로, 현장토의법(field review)이나 인적평정센터법(assessment center)에 의한 고과 등이 여기에 속한다.
⑥ 다면적 고과 : 다면적 고과(복수평정)는 앞의 방법을 두 개 이상 종합하여 사용하는 방법이다. 이는 고과자의 주관과 편견을 감소시키기 위해 사용한다.

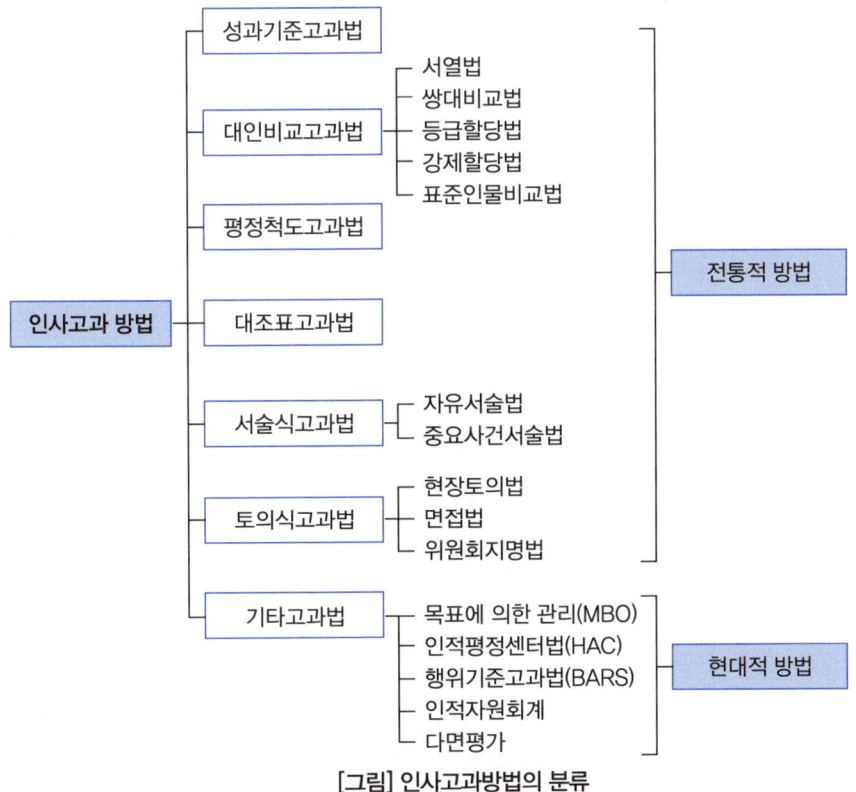

[그림] 인사고과방법의 분류

06 품질관리의 기능으로 옳지 않은 것은?

① 품질의 설계(plan)　　② 공정의 관리(do)
③ 품질의 조사(action)　　④ 품질의 전략(strategic)
⑤ 품질의 보증(check)

답 ④

해설

(1) 품질의 관리(Quality Control : QC)의 정의
　소비자의 요구에 알맞는 제품 및 서비스를 경제적으로 수행하기 위한 수단의 체계로서 근대적 품질관리는 통계적인 방법을 채택하므로 통계적인 품질관리라 한다.

> TQC(Total Quality Control) : 전사적인 품질정보의 교환으로 품질향상을 기도하는 기법

(2) 품질관리 사이클(PDCA Cycle)
　① Plan(계획, 설계) : 목표를 어떻게 달성할 것인지 방법과 일정을 정한다.
　② Do(실행, 관리) : 계획된 방법과 일정을 그대로 실행한다.
　③ Check(검토) : 계획과 일정을 결과와 비교하여 점검한다.
　④ Action(조치, 개선) : 차이의 분석을 실시하여 원인을 추구하여 다음 계획에 반영한다.

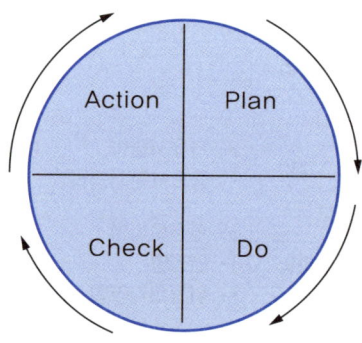

[그림] 품질관리4-cycle

- 품질관리 시스템의 4M : Man, Machine, Material, Method, Management(5M)
- 품질관리기능의 사이클 : 품질설계 - 공정관리 - 품질보증 - 품질개선
- 관리사이클 : 계획(P) → 실행(D) → 검토(C) → 조처(A)

(3) 생산관리(Operations Management : OM)의 개념
　특정 기업의 생산제품이나 서비스를 창출하여 시스템의 디자인을 운영·개선하여 고객의 만족을 경제적으로 달성할 수 있도록 생산활동이나 생산과정을 체계적으로 관리하는 것을 말한다.

(4) 생산관리의 목적
  ① 비용(Cost)
  ② 품질(Quality)
  ③ 납기(Delivery Data)
  ④ 유연성(Flexibility) : 소비자의 다양한 기호와 취향에 맞추어 신제품이나 서비스를 개발할 수 있는 능력을 말한다.
(5) 생산시스템의 특성
  ① 집합성
  ② 관련성
  ③ 목적추구성
  ④ 환경적응성
(6) 생산계획의 목표
  ① 이윤의 최대화
  ② 생산비용의 최소화
  ③ 고객서비스의 최적화
  ④ 재고량의 최소화
  ⑤ 생산변동의 최소화
  ⑥ 고용변동의 최소화
  ⑦ 잔업의 최소화
  ⑧ 설비이용의 최대화
(7) 생산계획에 이용되는 정보
  ① 기업 내의 정보 : 설비능력, 작업능력, 고용수준, 재고수준, 생산자원 정보 등
  ② 기업 외의 정보 : 제도 및 법규, 경제사정, 경쟁업체정보, 고객요구, 시장수요 등
(8) 공정관리의 목표
  ① 납기의 이행
  ② 공정시간의 최소화
  ③ 생산시간의 최소화
  ④ 원료조달시간의 최소화

07 (주)안전화학은 두 가지 제품 A, B를 배치(batch)생산 방식을 통해 제조하고 있다. 다음은 두 제품에 대한 수요와 생산관련 자료를 요약한 표이다.

관련 자료 항목	제품A	제품B
내년도 수요량	40,000개/년	70,000개/년
배치크기	50개/배치	70개/배치
개당 공정시간	5분/개	3분/개
배치당 작업준비(setup)시간	100분/배치	80분/배치

두 제품은 같은 금형사출성형기계에서 생산되는데, (주)안전화학은 현재 이 기계를 2대 보유하고 있다. 기계는 대당 1년에 250일, 하루에 15시간 가동된다. 기계당 완충생산능력(capacity cushion)을 20[%] 감안할 때, 내년도 수요를 만족시키기 위한 생산능력(production capacity)계획 방안으로 옳은 것은?

① 초과근무를 통해 현재의 기계를 하루 20시간 가동한다.
② 기계당 완충생산능력을 90[%]로 늘린다.
③ A와 B의 배치크기를 각각 현재의 두 배로 늘린다.
④ 기계를 2대 더 증설한다.
⑤ 현재의 생산능력으로도 내년의 수요를 만족시킬 수 있다.

답 ④

해설

생산능력계획

(1) 연간필요한 총 기계 시간(R)

R = 필요한 처리시간 + 가동준비시간
 = 총 수요량 × 단위당 작업시간 + 배치(로트)수 × 작업준비시간
 = $\left(40,000개 \times 5분 + \dfrac{40,000개}{50개} \times 100분\right) + \left(70,000개 \times 3분 + \dfrac{70,000개}{70개} \times 80분\right)$
 = 570,000분

(2) 기계 한 대당 가공가능시간(H)

H = 기계 한 대당 연 작업일 × 하루작업시간 × $\left(1 - \dfrac{완충생산능력}{100}\right)$
 = 250일 × 15시간 × 60분 × (1 - 0.2)
 = 180,000분

(3) 필요한 기계 대수(M)

$M = \dfrac{R}{H} = \dfrac{570,000}{180,000} = 3.16$대, 즉 4대

[결론] 기계를 2대 더 증설하면 내년의 수요를 만족시킬 수 있다.

(4) 현재 가능한 기계 가용시간

180,000분 × 2대 = 360,000분

∴ 현재의 생산능력으로 수요를 만족시킬 수 없다.
즉, 생산능력의 확충이 필요하다.

① 하루 기계 시간 20시간으로 늘릴 경우
 $H = 250일 \times 20시간 \times 60분 \times (1-0.2)$
  $= 240,000분$
 240,000분 × 2대 = 480,000분으로 목표량을 달성할 수 없다.

② 완충생산능력 10[%]로 조정시(문제의 90[%]로 늘린다는 것을 이렇게 해석함)
 $H = 250일 \times 15시간 \times 60분 \times (1-0.1)$
  $= 202,500분$
 202,500분 × 2대 = 405,000분으로 목표량을 달성할 수 없다.

③ 배치의 크기를 두 배로 늘릴 경우
 $R = [40,000개 \times 5분 + \dfrac{40,000개}{100개} \times 100분] + [70,000개 \times 3분 + \dfrac{70,000개}{140개} \times 80분]$
  $= 49,000분$
 $H = 180,000분$이므로, 180,000분 × 2대 = 360,000분으로 목표량을 달성할 수 없다.

08 다음은 조직행동들의 기본사상에 영향을 미치는 경영관리이론에 관한 설명이다. 이를 조직행동 기본사상의 발전순서대로 올바르게 나열한 것은?

> ㉠ 과학적 연구방법과 복잡한 수학기법을 경영문제 해결에 응용하려고 한다.
> ㉡ 종업원들이 만족을 느낄 때 더 열심히 일하게 된다는 가정에 기초를 두고 있다.
> ㉢ 조직은 의식적 또는 무의식적으로 상황조건에 적합한 조직구조와 관리 시스템을 구축하도록 해야 한다.
> ㉣ 조직을 환경과 상호작용하면서 환경으로부터 자원을 투입하고 산출물로 변형시키는 실체로 설명하고 있다.
> ㉤ 합리성, 능률성, 표준화가 핵심적 주제를 이루고 있으며, 조직에게서 개인이나 집단의 역할은 관심을 두지 않는다.

① ㉡ → ㉤ → ㉠ → ㉣ → ㉢
② ㉡ → ㉢ → ㉠ → ㉤ → ㉣
③ ㉤ → ㉡ → ㉠ → ㉣ → ㉢
④ ㉡ → ㉠ → ㉤ → ㉢ → ㉣
⑤ ㉤ → ㉡ → ㉣ → ㉠ → ㉢

답 ③

해설

1. 조직행위론의 정의

조직행위론(Organizational Behavior : OB)은 개인목표와 조직목표의 동시달성이라는 인간·조직의 공존을 전제로 하여, 조직에서의 개인과 집단 그리고 조직행위를 연구하고, 조직의 성과를 높임과 동시에 인간복지를 강화하고자 하는 학문이다.

2. 조직행위론의 특징

(1) 통합적 성격
  ① 심리학, 사회학 등의 행동과학으로부터 기초를 마련하였고, 사회과학(정치학, 경제학)도 중요한 영향을 미쳤다.
  ② 개인, 집단, 조직 전체를 포괄적으로 통합하여 연구하는 학문이다.
(2) 과학적 방법론
  이론구성이나 문제해결에 있어 엄격한 과학적 방법론을 채택하고, 실증연구에 바탕을 둔다.
(3) 인간중심성(humanistic tone)
  인간에 대해 낙관적이고 긍정적인 견해에 바탕을 둔다.
(4) 성과지향성(performance drientation)
  ① 조직에서 인간과 조직행위를 이해하는 데 그치지 않고, 이를 응용하여 성과를 높이려는 성과지향적 측면을 지니고 있다.
  ② 성과는 조직유효성(organizational effectivenss)으로 표현되며 조직이 얼마나 잘 되고 있느냐 또는 효과적인가를 나타내는 개념이다. → 그러므로 조직변화의 필요성이 발생함
(5) 상황적응적 접근
  기업이 처해 있는 상황을 고려하여 상황에 적합한 이론이나 원리를 도출한다.

[표] 상황이론과 중범위이론

구분	기본관점	적용이론
대범위이론	보편주의	시스템이론
중범위이론	개별주의	상황이론
소범위이론	구체적 개별주의	개체이론

3. 조직행위론의 구성
- 조직행위론은 미시조직론과 거시조직론으로 나눌 수 있다.
- 미시조직론은 개인과 집단의 문제를 다루고, 거시조직론은 조직의 문제를 다룬다.
(1) 미시조직론
　① 개인적 차원 : 조직에 참여하는 개인을 대상으로 분석하며, 개인행위에 영향을 미치는 요인(지각, 타인평가, 학습, 행위변화전략, 성격, 태도 등), 동기부여, 창의성 개발, 스트레스 관리 등을 다룬다.
　② 집단적 차원 : 조직내의 집단을 대상으로 분석하며 집단행위의 이해와 분석체계, 의사소통, 집단의사결정, 권력, 갈등, 리더십 등을 다룬다.
(2) 거시조직론 : 조직적 차원
　조직을 하나의 전체로 파악하고, 조직특성과 조직변화, 조직설계, 조직개발 등을 다룬다.

4. 조직행위론의 발전과정
(1) 조직행위론의 발전과정 중 최근이론에 영향을 주고 있는 상황이론은 상황과 조직특성의 적합이 조직의 유효성을 결정한다는 전제하에 전개된 이론이다.
(2) 즉, 조직행위론의 최근이론은 시스템이론의 추상성을 극복하고, 이를 조직이나 경영에 있어서 보다 현실적인 이론으로 병행한 것이다.

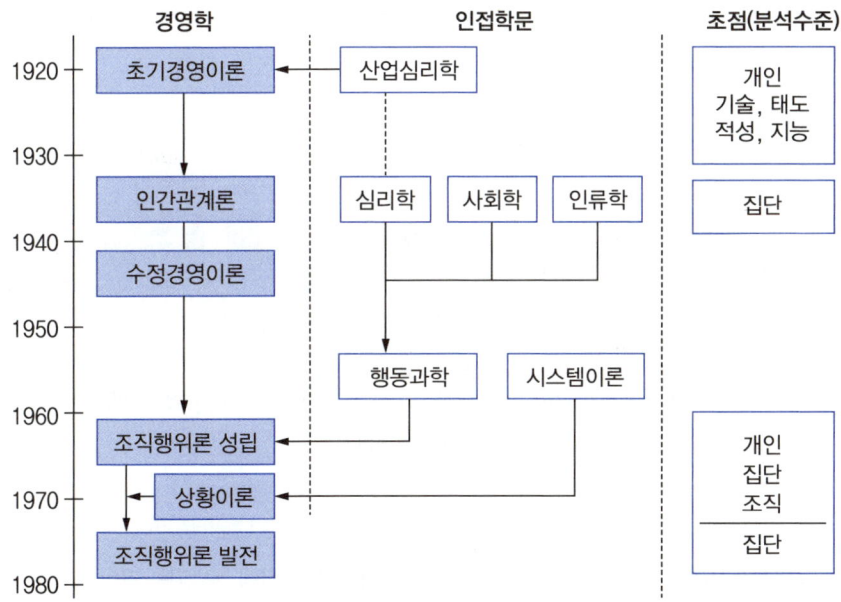

[그림] 조직행위론의 발전과정

> 참고
> ① 초기경영이론=과학적 관리론
> ② 수정경영이론=근대적 조직론

09 신제품개발 절차 중 빈칸에 들어갈 내용을 순서대로 나열한 것은?

아이디어창출 → ( ) → ( ) → ( ) → 시장시험생산 → 최종설계 → 시장생산

① 예비설계, 사업타당성분석, 제품컨셉개발
② 사업타당성분석, 예비설계, 제품컨셉개발
③ 제품컨셉개발, 예비설계, 사업타당성분석
④ 제품컨셉개발, 사업타당성분석, 예비설계
⑤ 사업타당성분석, 제품컨셉개발, 예비설계

답 ④

해설

1. 신제품 개발과정

(1) 신제품 개발은 나름대로 정형화된 과정으로 진행된다. 신제품 개발과정은 기업의 형태나 규모에 상관없이 적용 가능하며, 유형의 제품뿐만 아니라 서비스 제품에도 적용할 수 있다.

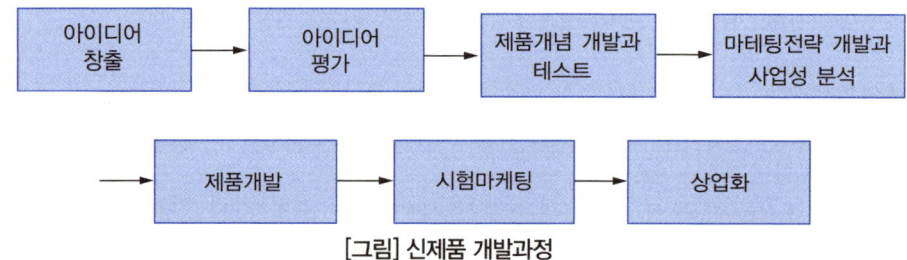

[그림] 신제품 개발과정

(2) 제품설계(product design)란 개발대상으로 선정된 제품아이디어를 제품으로 구체화시키는 것을 말하며 대개 6단계를 거친다.

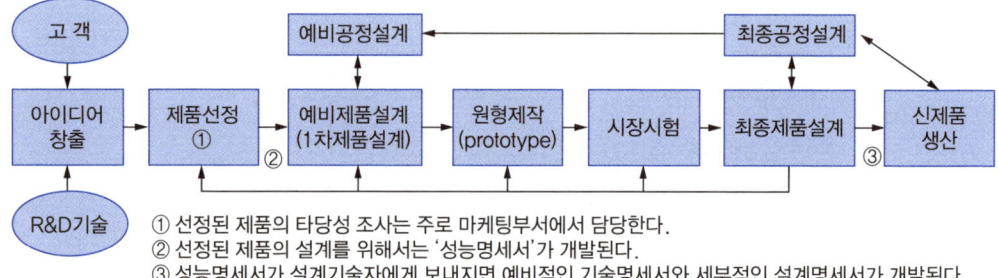

① 선정된 제품의 타당성 조사는 주로 마케팅부서에서 담당한다.
② 선정된 제품의 설계를 위해서는 '성능명세서'가 개발된다.
③ 성능명세서가 설계기술자에게 보내지면 예비적인 기술명세서와 세부적인 설계명세서가 개발된다.

[그림] 신제품 설계과정

> 참고
> 예비공정설계는 예비제품설계와 최종공정설계는 최종제품설계와 각각 동시에 개발되는 것이 효율적이다.

(3) 제품선정과정은 여러 아이디어 중 최상의 아이디어를 가려내는 것으로 ①시장잠재력 ②재무적 타당성 ③생산적 합성 등 3가지 테스트를 거친다.

(4) 제품 선정을 위한 대표적인 분석법으로는 체크리스트 점수법이 있다.

2. 최종제품설계의 내용

(1) 기능설계(funtional design)
① 제품의 기능 내지 성능을 구체화시키는 과정으로, 시장품질수준, 신뢰성, 원가간의 관계, 유지보수성(서비스 용이성) 등을 고려하여 결정한다.
② 기능설계는 마케팅부서로부터 제시된 성능명세서를 충족시키고자 한다.

(2) 형태설계(form design) 또는 스타일설계(style design)
① 제품의 선, 모양, 색채 등 제품의 외관에 대한 설계이다.
② 제품의 기능과 유기적으로 결합하여 결정한다.

(3) 생산설계(production design)
① 제품의 기능과 형태에 영향을 주지 않으면서 경제적·효율적 생산이 가능하도록 하는 과정이다.
② 제품의 재료, 구조, 모양, 가공방법, 생산설비 등을 고려하여 결정한다.
③ 생산설계는 용이성 및 비용을 주로 고려하며 일반적으로 단순화, 표준화 모듈화 설계를 이용한다.
④ 제조용이성 설계(DFM : Design For Manufacturability)라고도 한다.

3. 동시설계

(1) 의의
① 동시설계(concurrent design) 또는 동시공학(CE : concurrent engineering)은 개별부서에 의해 순차적으로 이루어지던 설계과정을, 설계팀에 의해 동시에 이루어지도록 하는 설계 방법이다.
② 신제품개발단계에서 특히 중요하다.
③ CE는 제품의 설계, 기술, 생산, 마케팅, 서비스 등의 서로 다른 여러 부서로부터 다기능팀(multi-functional team)을 구성하고, 팀워크를 중시하며 제품의 설계단계에서부터 가능한 빨리 각 부서의 경험을 적절하게 반영함으로써, 제품개발기간을 단축하고, 비용절감 및 품질향상을 달성하고자 하는 설계방식이다.

(2) 장점
① CE는 개발과정에 필요한 모든 과정이 동시에 제품개발에 참여하기 때문에 제품개발과정을 단축시킬 수 있다.
② 시행착오로 인한 재작업률도 크게 줄일 수 있다.

(3) 단점
CE는 보다 많은 과업이 병렬적으로 수행되기 때문에 일정계획이 더 복잡해진다.

4. 품질기능전개

(1) 품질기능전개(QFD : Quality Function Deployment)란 고객의 요구를 설계나 생산에서 사용되는 기술적 명세(또는 기술적 특성)로 바꾸기 위한 방법을 말한다.
(2) QFD를 위한 도구로 '품질의 집(house of quality)'을 많이 이용한다.

5. 가치공학과 가치분석

(1) 기업이 경쟁력을 계속 유지하기 위해서는 제품과 서비스를 끊임없이 개선해야 하며, 이를 위해서는 기본적으로 제품혁신이 요구된다.
(2) 가치공학(VE : Value Engineering)과 가치분석(VA : Value Analysis)은 제품과 서비스의 가치를 증대시키기 위하여 사용하는 대표적인 혁신기법이다.

6. 가치공학(VE)과 가치분석(VA)의 기본개념

(1) VA/VE의 의의
① VA/VE는 특정 제품(서비스)의 기능을 최소의 원가로 제공할 수 있는 방법을 찾으려는 기법이다.
② 즉 제품이나 공정의 기능을 감소시키지 않으면서 원가를 절감하거나, 일정한 원가로 기능을 향상시킴으로써, 고객에게 제품을 제공함과 동시에 기업의 경쟁력을 제고시키고자 하는 것이다.

(2) VA/VE의 주요 분석내용
① 품목의 재설계나 결합을 통한 단순화와 표준화 가능성
② 불필요한 특성의 제거 가능성
③ 원재료비, 노무비, 재조간접비 등의 적절성
④ 더 저렴한 공급처의 존재 여부

> **참고**
>
> **VE와 VA**
>
> '가치 = $\dfrac{기능}{원가}$'에서 기능과 원가의 비율을 개선함으로써 그 가치를 증대시킬 수 있다.

> **참고**
>
> **전통적 설계와 동시설계의 차이점**
>
> 전통적(순차적)설계에서는 설계부서에서 제품의 설계, 검사 및 원형개발이 이루어진 후에야 다른 부서들의 의견이 반영되지만, 동시설계에서는 설계, 검사 및 원형개발과정에서 설계부서뿐만 아니라 다른 여러 부서의 의견이 반영된다. 그러므로 제품설계와 공장설계를 공통의 활동으로 통합하고자 하는 것이다.

> **참고**
>
> **게스트 엔지니어링(guest engineering)**
>
> 자동차나 전자제품처럼 수많은 부품을 조립하여 완성품을 만드는 산업에서, 부품업체를 손님처럼 귀하게 여겨 동반자적인 관계를 유지하고, 기술개발에 참여시켜 기술을 공여하고자 하는 것을 게스트 엔지니어링이라 한다. 게스트 엔지니어링을 실시하면 협력업체 기술진들이 완성품 조립라인을 둘러보면서 부품이 사용되는 시스템을 이해하고 완성품 품질의 중요성을 느끼게 되어 협력업체가 일체감을 조성하는 데 효과가 크다.

2012년도 6월 23일 필기문제 : 근거 저자응시 복기문제

10 다음 중 조직이 산업현장에서 사고(accident)를 예방하기 위해 취하는 적합한 조치들을 모두 나열한 것은?

> ㉠ 안전하지 못한 행동에 처벌을 가하여 행동을 수정한다.
> ㉡ 일탈적인 반사회적 행동을 하는 직원을 채용하지 않는 사원선발제도를 만든다.
> ㉢ 안전문제와 관련된 절차와 관행을 공론화하는 풍토를 만든다.
> ㉣ 장비와 물리적 환경에 관한 비용을 절감하여 시스템의 효율성을 높인다.

① ㉠, ㉡
② ㉡, ㉢
③ ㉠, ㉢
④ ㉠, ㉡, ㉢
⑤ ㉠, ㉡, ㉢, ㉣

답 ②

해설

1. 산업재해의 4개 기본원인

(1) 안전의 기둥이라고 하는 4개의 M(재해의 기본원인)은
  ① Man(error를 일으키는 인간요인)
  ② Machine(기계설비의 결함, 고장 등의 물적요인)
  ③ Media(작업의 정보, 방법, 환경 등의 요인)
  ④ Management(관리상의 요인)이다.

(2) 재해원인의 연쇄관계에서 설명한 것은 직접원인의 배후요인을 2차원인과 기초원인으로 나누었다.

Bird의 이론에서는 기본원인으로 총괄한 것이라고 이해할 수 있다. 산업재해발생의 연쇄관계에 대한 새로운 생각은 (그림)과 같이 되며 재해의 직접원인인 불안전상태나 불안전행동을 발생시키는 근본이 되는 기본원인이 4개의 M이라고 생각한다.

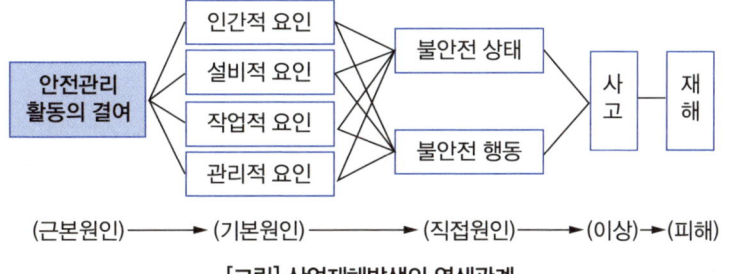

[그림] 산업재해발생의 연쇄관계

[표] 산업재해의 4개 기본원인(4M)

Man (사람)	① 심리적 원인 : 망각, 주변적 동작, 생각(고민 등), 무의식 행동, 위험감각, 지름길반응, 생략행위, 억측판단, 착오, 착각 등 ② 생리적 원인 : 피로, 수면부족, 신체기능, 질병 등 ③ 직장적 원인 : 직장의 인간관계, 의사소통, 통솔력 등
Machine(설비)	① 기계, 설비의 설계상의 결함 ② 위험방호의 불량 ③ 근본 안전화의 미흡 ④ 점검, 정비의 불량 등

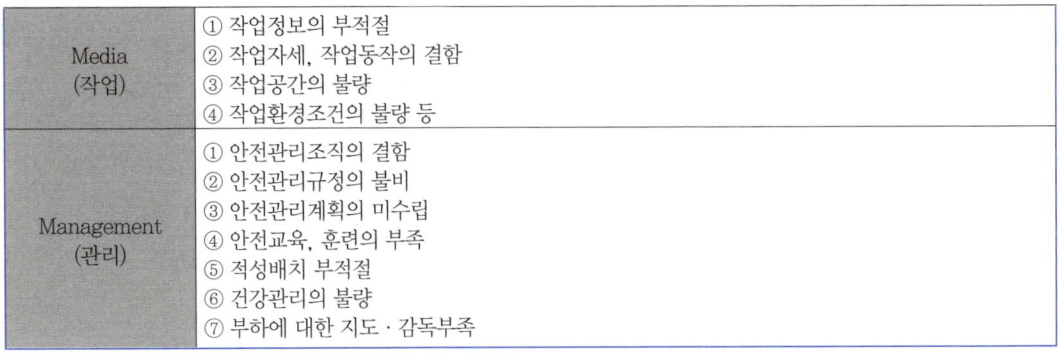

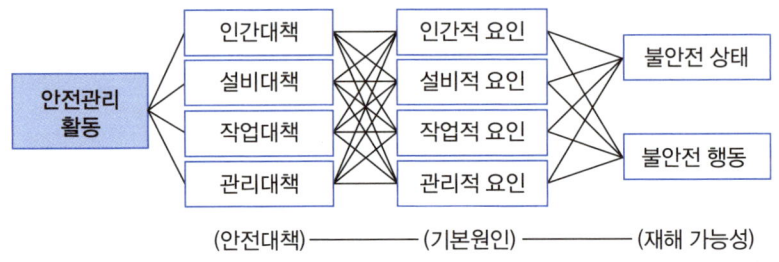

[그림] 안전대책과 재해 Potential의 관계

2. 재해예방의 4원칙

하인리히는 재해를 예방하기 위한 "재해예방 4원칙"이란 예방이론을 제시하였다. 사고는 손실우연의 법칙에 의하여 반복적으로 발생할 수 있으므로 사고발생 자체를 예방해야 한다고 주장하였다.

(1) 손실우연의 원칙

　재해손실은 사고발생 시 사고대상의 조건에 따라 달라지므로 한 사고의 결과로서 생긴 재해손실은 우연성에 의해서 결정된다.

(2) 원인계기의 원칙

　재해발생은 반드시 원인이 있다.

(3) 예방가능의 원칙

　재해는 원칙적으로 원인만 제거하면 예방이 가능하다

(4) 대책선정의 원칙

　재해예방을 위한 가능한 안전대책은 반드시 존재한다.

3. 사고예방대책의 기본원리 5단계(사고예방원리 : 하인리히)

(1) 1단계 : 조직(안전관리조직)

　① 경영층의 안전목표 설정

　② 안전관리조직(안전관리자 선임 등)

　③ 안전활동 및 계획수립

(2) 2단계 : 사실의 발견(현상파악)

　① 사고 및 안전활동의 기록 검토

　② 작업분석

　③ 안전점검, 안전진단

　④ 사고조사

　⑤ 안전평가

　⑥ 각종 안전회의 및 토의

　⑦ 근로자의 건의 및 애로 조사

(3) 3단계 : 분석·평가(원인규명)
① 사고조사 결과의 분석
② 불안전상태, 불안전행동 분석
③ 작업공정, 작업형태 분석
④ 교육 및 훈련의 분석
⑤ 안전수칙 및 안전기준 분석
(4) 4단계 : 시정책의 선정
① 기술의 개선
② 인사조정
③ 교육 및 훈련 개선
④ 안전규정 및 수칙의 개선
⑤ 이행의 감독과 제재강화
(5) 5단계 : 시정책의 적응
① 목표설정
② 3E(기술, 교육, 관리)의 적용

4. 재해방지의 단계

(1) 안전관리조직
  유효한 안전관리조직을 구성한다. 전 근로자에 대해 안전의 관심을 환기(喚起)하고 유지한다.
(2) 안전지식
① 안전공학 : 재해발생의 원인, 경과 및 방지대책에 대한 계통적인 지식을 이해한다.
② 안전기준 : 안전공학상의 지식에 의거한 구체적이고 상세한 안전기준을 작성한다.
③ 안전교육 : 안전기준을 내용으로 하는 근로자의 안전교육 및 훈련을 실시한다.
(3) 안전조사
① 사전조사
  ㉮ 적성검사 : 신체검사, 건강진단, 기타의 적성을 검사하고 적성배치 또는 배치전환을 행한다.
  ㉯ 작업분석 : 작업의 분석을 행하여 잠재적인 위험작업을 발견하고 이것을 제거한다.
  ㉰ 안전점검 : 미리 점검표를 작성하고 정기적으로 설비, 환경의 안전점검을 실시하고 잠재적인 위험상태를 발견한다.
② 사후조사
  ㉮ 재해기록 : 사고의 직후에 재해사실의 조사를 행하고 기록을 취한다. 또 재해통계에 의해서 높은 빈도의 재해를 적출(摘出)한다.
  ㉯ 재현실험 : 원인확인을 위해 사고를 재현(再現)하는 실험을 행한다.
(4) 원인분석
① 직접원인 : 물체 또는 인적원인 중 어느 것이 있는가를 검토한다.
② 2차원인 : 기술적, 교육적, 신체적 및 정신적 원인 중 어느 것에 해당하는가를 검토한다.
③ 기초원인 : 관리적, 학교교육적 원인에 대하여 검토한다.
(5) 대책의 선정
① 기술적 대책 : 기술적 원인에 대해 설비환경의 개선, 작업방법의 개선 등을 행한다.
② 교육적 대책 : 교육적 원인에 대해 안전교육 및 훈련을 실시한다.
③ 의학적 대책 : 신체적 원인에 대해 의료, 휴양, 직장이탈, 배치전환 등을 행한다.
④ 정신적 대책 : 정신적 원인에 대해 규율의 유지, 근로의욕의 향상, 심리학적 조사, 배치전환 등을 행한다.
⑤ 관리적 대책 : 관리적 원인에 대해 최고관리자의 책임의 자각, 안전관리 조직의 개선 등이 필요하다.
⑥ 대책의 실시 : 재해방지대책을 결정하였을 때는 이것을 신속하고 확실하게 실시한다.

11 근로자 A는 근무중 업무에 집중하기 힘들 정도로 일을 많이 한 느낌이며, 동료에 대해 냉소적이고 냉담하게 행동하며, 자기가 업무를 통해 가치있는 것을 성취하지 못하고 있다는 느낌을 받고 있다. 근로자 A가 경험하고 있는 주된 심리적 증상은 무엇인가?

① 직무탈진
② 역할갈등
③ 정서노동
④ 직무불만족
⑤ 역할과부하

답 ②

해설

1. 역할이론

(1) 슈퍼(Super)의 역할이론
  ① 역할갈등(Role Conflict) : 작업 중에 상반된 역할이 기대되는 경우가 있으며, 그럴 때 갈등이 생긴다.
  ② 역할기대(Role Expectation) : 자기의 역할을 기대하고 감수하는 수단이다.
  ③ 역할조성(Role Shaping) : 개인에게 여러 개의 역할기대가 있을 경우 그중의 어떤 역할기대는 불응, 거부할 수도 있으며 혹은 다른 역할을 해내기 위해 다른 일을 구할 때도 있다.
  ④ 역할연기(Role Playing) : 자아탐색인 동시에 자아실현의 수단이다.

(2) 집단에서의 인간관계
  ① 경쟁 : 상대보다 목표에 빨리 도달하려고 하는 것
  ② 도피, 고립 : 열등감에서 소속된 집단에서 이탈하는 것
  ③ 공격 : 상대방을 압도하여 목표를 달성하려고 하는 것

(3) 욕구저지의 상황적 요인
  ① 외적 결여 : 욕구만족의 대상이 존재하지 않음
  ② 외적 상실 : 욕구를 만족해오던 대상이 사라짐
  ③ 외적 갈등 : 외부조건으로 인해 심리적 갈등이 발생
  ④ 내적 결여 : 개체에 욕구만족의 능력과 자질이 부족
  ⑤ 내적 상실 : 개체의 능력 상실
  ⑥ 내적 갈등 : 개체내 압력으로 인해 심리적 갈등 발생

(4) 갈등상황의 3가지 기본형
  ① 접근-접근형
  ② 접근-회피형
  ③ 회피-회피형

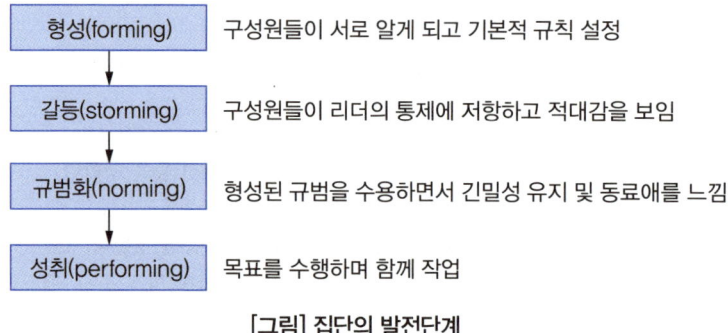

[그림] 집단의 발전단계

2. 집단구조

집단구조는 과업달성을 위해 조직화된 방식을 말하며, 다른 집단과 구별되는 특성을 나타낸다. 집단구조는 규범, 역할, 지위, 응집성 등으로 파악할 수 있다.

(1) 규범

규범(norm)은 집단구성원들 모두에게 공유되어지고 통용되는 '행동의 기준'을 말한다.

(2) 역할

① 역할(role)은 어떤 직위를 가진 사람들이 해야 할 것으로 기대되는 행위를 말한다.
② 역할은 직위에 대한 기대이지 개인에 대한 특성이 아님을 주의해야 한다.
③ 역할과 관련해서는 다음과 같은 문제가 발생할 수 있다.

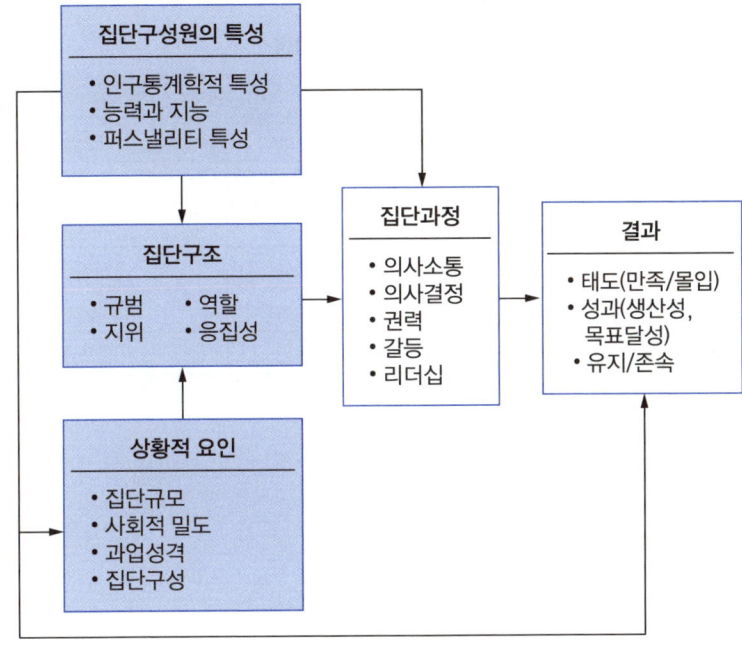

[그림] 집단행위의 분석체계

㉮ 역할갈등 : 주로 하위층이 느끼는 문제로, 양립할 수 없는 두 가지 이상의 기대가 동시에 주어질 때 발생한다.
  ㉠ 역할내부 갈등(intrarole conflict) : 하나의 역할수행자에게 상이한 행동 요구 시 나타난다.
  ㉡ 역할간 갈등(interrole conflict) : 둘 이상의 역할수행자에게 양립할 수 없는 행동을 요구할 경우 나타난다.
㉯ 역할모호성 : 주로 상위층이 느끼는 문제로, 역할과 관련된 정보를 충분히 갖고 있지 못할 때 발생한다.
㉰ 역할과중 : 시간이나 능력면에서 너무 많은 업무부담이 주어질 때 나타난다.
㉱ 역할미발휘 : 자기능력의 일부밖에 사용 못하는 경우 나타난다.

(3) 지위

① 지위(status)는 집단내에서 개인의 상대적 가치(직위 : positoin)와 서열을 말한다.
② 한 사람의 지위는 여러 요소가 복합되어 결정되는데, 어떤 관점에서 보면 지위가 높으나 다른 관점에서 보면 지위가 낮을 때 지위불일치(status incongruence)를 느끼게 된다.
③ 지위불일치는 집단성과에 부정적 영향을 끼친다.

(4) 응집성

① 집단의 응집성(cohesiveness)은 집단의 성과에 영향을 줄 수 있다.
② 집단의 목표와 조직의 목표가 일치할 때 높은 성과가 달성되겠지만 목표가 불일치할 때는 높은 응집성이 오히려 역기능을 초래할 수도 있다.

③ 집단의 목표달성 열의에 따라서도 집단의 성과는 달라진다.

		응집성	
		고	저
①집단의 목표달성의 열의	고	높은 성과	보통 성과
	저	낮은 성과	약간 낮은 성과
②집단에 의한 경영진의 지지여부	지지하는 집단	높은 성과	낮은 성과
	지지하지 않는 집단	낮은 성과	높은 성과

[그림] 응집성과 성과

[표] 집단규모의 영향

변수	집단크기	
	작으면	크면
참여도, 응집력, 만족도	높다	낮다
건설적, 비판	적다	많다
의사소통, 의사결정속도	빠르다	느리다
결근율, 이직률	낮다	높다
생산성, 집단성과	불명확	불명확

2012년도 6월 23일 필기문제 : 근거 저자응시 복기문제

12 성격특질과 사고와의 관계에 관한 연구들을 통합 분석한 결과 성격의 5요인인 외향성(Extraversion), 신경증(Neuroticism), 성실성(Conscientiousness), 경험에 대한 개방성(Openness to experience), 원만성(Agreeableness)중 사고와 연관이 있는 것으로 밝혀진 성격특질은?

① 낮은 원만성, 높은 신경증

② 높은 신경증, 낮은 성실성

③ 낮은 외향성, 높은 성실성

④ 높은 경험에 대한 개방성, 낮은 성실성

⑤ 낮은 경험에 대한 개방성, 낮은 원만성

답 ②

해설

성격의 5요인 모델(Five-Factor Model : FFM)

(1) 역사적 배경

　5요인은 애초에 사전적 접근에서 발견되었고, 나중에 질문지 접근이 들어오게 되었다.

　사전적 접근에서 완성된 것이 Goldberg의 Big Five이고. 5요인을 측정하는 질문지(NEO-PI)를 만든 사람은 Costa와 MaCrae이다. '5요인 모델'이라고 할 때는 둘 다를 포함하기도 하지만, 후자만을 의미하기도 한다.

(2) 사전적 접근

　사전적 접근은 성격기술의 자연언어, 즉 일반인들이 자신이나 남들의 성격을 기술할 때 쓰는 단어(특히 형용사)들을 분석하는 것으로 일을 시작하였다. 그 출발점은 Allport와 Odbert가 만든 '심리사전'을 Cattell이 사용한 것이다.

(3) 5요인의 첫 발견

　5요인은 Cattell의 35개 변인목록을 토대로 특질평점의 차원구조를 알아보는 연구에서 나왔다. Big Five라는 말을 처음 사용한 학자는 Goldberg(1981)였지만. 그것을 발견한 영광은 Tupes와 Christal(1961)에게 돌아간다. 그들은 Cattell의 변인들을 토대로 한 8개의 표본들 -모두 또래나 상사가 한 타인 평정 - 에서 나온 상관행렬을 재분석하여 "5개의 비교적 강하고 반복적인 요인들"을 얻었다. 그들은 이 요인들에 외향성(Surgency 또는 Extraversion), 호의성(Agreeableness), 신뢰성(Dependability), 정서적 안정성(Emotional Stadility), 문화(Culture)라는 이름을 붙였다. 이 간결한 요인들은 본질적으로 변화하지 않은 채 오늘날의 5요인 모델의 "원조"가 되었다.

　미 공군 인사 선발 심리학자였던 Tupes와 Christal의 미발표 논문의 바톤을 Norman(1936)이 이어받았다. 그는 새로 나온 영어사전에서 성격특질어들을 찾아 Allport와 Odbert의 목록에 170여 개를 추가하고 나서 다시 Cattell의 절차를 밟았다. 그는 이중 '안정된 특질'을 나타낸다고 생각되는 2,700개의 단어를 추려서 대학생들에게 적합도 평정을 시켜 1,400여개로 줄이고 이들을 Tupes와 Christal의 5개 차원에서 맞느냐에 따라 분류하였다. Norman은 '특질 사전'을 구조화하여 다음과 같은 번호(로마자)와 이름을 붙였다.

　　Ⅰ. 외향성(Extraversion or Surgency)

　　Ⅱ. 호의성(Agreeableness)

　　Ⅲ. 양심성(Conscientiousness)

　　Ⅳ. 정서적 안정성(Emotional Stability)

　　Ⅴ. 문화(Culture)

번호가 앞일수록 그 범주에 들어간 특질단어들이 많다는 것이 된다. 즉 아래로 갈수록 요인이 상대적으로 작아지는 것이다. 인간관계 행동의 특질들을 나타내주는 '외향성'과 '호의성'이 성격평정들의 변량의 가장 큰 부분을 설명해 준다 '신뢰성'은 과제활동, 사회적으로 정해진 충동통제를 말하며, 가장 작은 두 요인 중 '정서적 안정성'은 침착하고 편안한 자신감과 긴장, 불안 성향을 대비시키고, '문화'(교양으로 번역되기도 한다)는 정신생활의 깊이, 복잡성, 질을 서술한다.(Johd.1989)

요인들의 의미를 설명하기 위해, 각 요인에서 낮은 점수를 받은 사람과 높은 점수를 받은 사람들을 기술하는 특성 형용사들의 목록을 제시했다. 신경증은 불안, 슬픔, 짜증, 신경과민, 긴장이 포함된 다양한 부정적인 감정들로, 정서적 안정성과는 대조적이다. 경험에 대한 개방성은 개인의 정신적 삶과 경험적 삶의 폭, 깊이, 복잡성을 지칭한다, 외향성과 우호성은 모두 대인관계적인 특성을 요약한 것으로, 사람들이 다른 사람에게 어떻게 하는지, 또는 목표 지향적인 행동과 사회적으로 요구되는 충동통제를 나타내준다.

[표] 성격 5요인 비교

높은 점수	요인	낮은 점수
걱정이 많은, 과민한, 감정적인, 불안정한, 부적절한, 건강염려증적인	신경증(N) 적응 대 정서적 불안정성의 평가, 심리적인 고통, 비현실적인 생각, 과도한 욕망이나 충동, 부적응적인 대처 반응을 평가	침착한, 이완된, 이지적인, 강인한, 안정된, 자기만족의
사교적인, 활동적인, 수다스러운, 사람 지향적인, 낙천적인, 즐거움을 추구하는, 인정 많은	외향성(E) 대인관계 상호작용의 양과 강도에 대한 평가 : 활동성의 수준 : 자극에 대한 추구, 즐거워 할 수 있는 능력을 평가	개성적인, 침착한, 생기가 없는, 초연한, 과업지향적인, 나서기 싫어하는, 조용한
호기심 있는, 관심의 범위가 다양한, 창조적인, 독창적인, 상상력이 풍부한, 관습적이지 않은	개방성(O) 혁신성의 추구와 경험 자체에 대한 존중에 대한 평가 : 친숙하지 않은 것의 탐색과 수용을 평가	관습적인, 실질적인, 관심의 범위가 좁은, 비예술적인, 분석적이지 않은
마음이 따뜻한, 온후한, 믿을 만한, 유용한, 관대한, 순진한, 정직한	우호성(A) 동정심에서 적대감에 이르기까지 사고, 감정, 행동의 연속선상에서 한 개인이 지향하는 대인 관계적 특성을 평가	냉소적, 무례한, 의심하는, 비협조적인, 복수심이 강한, 무자비한, 성마른, 조종하는
조직화된, 신뢰할 수 있는, 근면한, 자제하는, 시간을 엄수하는, 꼼꼼한, 단정한, 야심있는, 참을성 있는	성실성(C) 목표 지향적 행동을 하는데 있어서 한 개인의 동기, 끈기 조직화 정도를 평가, 신뢰롭고 까다로운 사람과 열의가 없고 부주의한 사람의 비교평가	목표가 없는, 신뢰롭지 않은, 게으른, 부주의한, 느슨한, 태만한, 의지가 약한, 쾌락주의적인

2012년도 6월 23일 필기문제 : 근거 저자응시 복기문제

13 조직시민행동은 핵심적인 과업요건 이상으로 조직에 도움이 되는 행동으로 정의되며 5가지 차원으로 구성되어 있다. 다음 중 조직시민행동의 차원들에 관한 설명으로 옳지 않은 것은?

① 조직덕목 : 사회생활에 책임감을 갖고 참여하는 것

② 예의 : 다른 사람들의 권리를 염두에 두고 존중하는 것

③ 이타주의 : 조직와 관련된 과업이나 문제를 가지고 있는 특정한 사람들을 기꺼이 도와주는 것

④ 스포츠맨십 : 불평, 사소한 불만, 험담을 하지 않고, 있지도 않은 문제를 과정에서 이야기 하지 않는 것

⑤ 성실성 : 시간을 정확하게 지키고, 집단의 규준보다 모임에 더 많이 참석하고, 회사의 규칙, 규정, 절차들을 잘 따르는 것

답 ①

해설

(1) 조직시민행동(OCB)의 5가지 요소

① Altruism(이타성) : 도움이 필요한 상황에 처한 다른 구성원들을 아무 대가 없이 자발적으로 도와주는 것으로 업무 처리가 늦어지는 동료의 일을 함께 처리해 준다든지 새로 입사한 사원이 조직에 빨리 적응할 수 있도록 도와 주는 것과 같은 행동을 말한다.

② Conscientiousness(양심성) : 각 구성원들이 자신의 양심에 따라 조직의 명시적, 암묵적 규칙을 충실히 준행하는 것이다. 예컨대 필요 이상의 휴식 시간을 취하지 않는 것, 회사의 비품을 개인 소유처럼 아껴 쓰는 것과 같은 행동이 여기에 포함된다.

③ Sportsmanship(스포츠맨십, 신사적 행동) : 정정당당히 행동하는 것을 말하는데, 조직이나 다른 구성원과 관련하여 불만이나 불평이 생겼을 경우 이를 뒤에서 험담하고 소문내며 이야기 하고 다니기보다 긍정적 측면에서 이해하고자 노력하는 행동을 말한다.

④ Courtesy(예의성) : 자신의 업무나 개인적 사정과 관련하여 다른 구성원들에게 갑작스레 당황스러운 일이 발생하지 않도록 미리 조치를 취하는 것을 말한다. 즉, 자신의 의사결정이나 행동에 따라 영향을 받을 수 있는 다른 구성원들과 사전적으로 연락을 취해 필요한 양해를 구하고 의견을 조율하는 행동이라 하겠다.

⑤ Civic virtue(시민정신) : 조직 내 다양한 공식적, 비공식적 활동에 관심을 갖고 적극 참여하는 행동이다. 조직 내 동아리 및 친목회 참여 등 다른 구성원들과 개인적인 교류를 맺는 사회적 활동, 조직 발전에 도움이 될 만한 개선안을 제안하는 것과 같은 변화주도적 활동 등이 여기에 포함된다.

(2) 조직시민행동

① 조직시민행동(Organizational Citizenship Behavior : OCB)이란 조직에서 공식적으로 부과된 직무 이상으로 수행하는 행동을 말하며 철수행동과는 상된 개념이다.

② 조직시민행동의 예로 주어진 책임 이상으로 다른 사람들을 돕거나, 고무시키고, 조언하는 행동 등을 들 수 있다.

③ 조직시민행동은 충성, 복종, 사회적 참여, 변화주도적 참여, 기능적 참여 등으로 측정한다.

④ 조직의 구성원들은 조직과의 고용관계가 신뢰적이고, 가치관을 공유하며, 형평성 있게 관리되고 있다고 믿을수록 더 높은 조직시민행동을 보인다.

⑤ 직무만족은 조직시민행동을 통하여 직무 업적에 간접적인 영향을 미친다는 연구 결과가 있다.

산업안전지도사 · 과년도기출문제

14 핵만(Hackman)과 올드햄(Oldham)의 직무특성 모델에서는 동기를 유발하는 특별한 직무특성을 5가지의 핵심차원인 자율성, 기술다양성, 과업정체성, 과업중요성, 과업피드백 등으로 제시하였다. 이들 차원들에 기초하여 동기부여 잠재력 점수를 계산할 때 아래의 공식에서 a, b, c에 들어가는 3가지 차원은?

$$동기부여\ 잠재력\ 점수 = \frac{a+b+c}{3} \times d \times e$$

① 과업정체성, 과업중요성, 과업피드백
② 과업중요성, 자율성, 과업피드백
③ 기술다양성, 과업정체성, 자율성
④ 과업정체성, 과업중요성, 자율성
⑤ 기술다양성, 과업정체성, 과업중요성

답 ⑤

해설

직무특성 모델(Job Caracteristics Model)

(1) 정의

직무특성 모델은 직무설계에 잘 알려진 접근 방법 중의 하나이다. Hackman과 Oldham이 제시한 모델로 개인의 직무에 〈동기부여〉를 추가하여야 한다는 Herzberge의 의견이 받아들여 졌지만 위생요인(불만족 요인)보다는 동기요인(만족요인)을 강조한 듯 하다. 테일러식 직무설계의 한계를 극복하고 직무설계에 인간의 심리상태가 얼마나 큰 영향을 미치는지 제시하면서 인간중심의 직무설계로 전향하도록 만들었다.

어떤 직무의 특성 요인이 → 동기부여하여 → 결과에 차이를 보인다.

결과에는 반드시 인간의 동기부여와 같은 심리적 상태가 존재하기 마련이다, 여기에는 인간을 고려한 인간 중심적 직무설계 철학이 존재하고 보다 인본주의 적인 의도가 담겨있다고 평가할 수 있다.

- 직무설계와 성과간의 관계를 보다 과학적으로 규명한 것으로
- 직무의 내재적 특성이 성과로 연결되는 심리적 과정을 제시
- 직무 특성에 따라 → 직무와 관련된 심리상태가 형성되고 → 이는 개인과 작업의 결과를 좌우한다는 것이다.

(2) 직무특성 5가지는 3가지 직무관련 심리상태 형성에 영향을 미치는데 3가지 심리상태가 긍정적이라면 자기 스스로 만들어지는 내재적 보상에 기초한 강력한 동기부여의 강화 사이클이 작동하여 개인과 작업의 결과를 향상시킨다는 것이다.

① 〈개인적 특성〉 직무특성 모형은 지식과 기술, 성장욕구 강도, 작업환경에 대한 만족과 같은 개인차이에 따라 다른 결과를 만들어 낼 수 있다. 이러한 개인적 차이는 〈직무특성〉과 〈개인과 작업의 결과〉 사이에서 여러 가지 방식으로 영향을 미치기 때문에 직무설계자는 이점을 고려해야 한다는 것이다.

② 직무특성 모델은 기술의 다양성, 과업정체성, 과업중요성, 자율성, 피드백 수준을 증가시킨다는 것을 의미한다. 중요한 심리상태 3가지, 작업에 대한 의미부여, 책임감, 피드백 없이는 종업원을 강하게 동기부여하지 못한다는 의미와 같다.

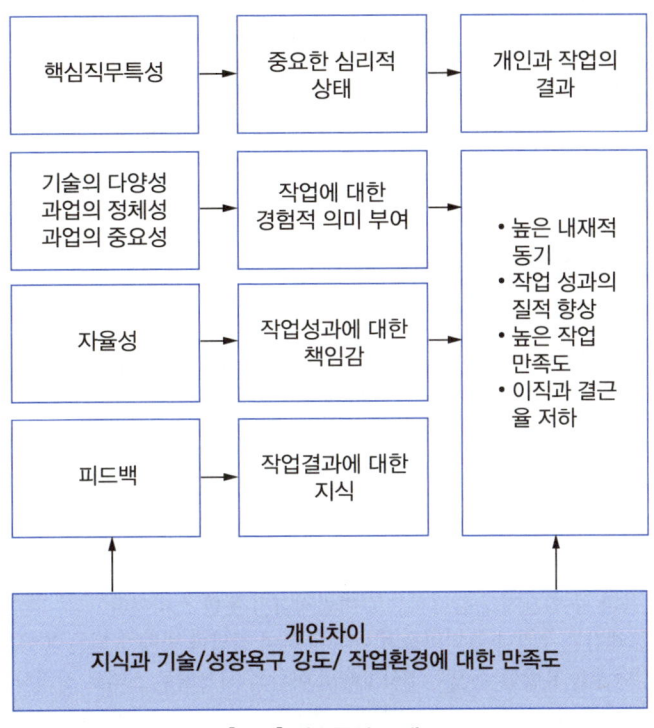

[그림] 직무특성 모델

③ 기술다양성 : 직무수행에 있어 다양한 작업자의 능력을 요구하는 정도(얼마나 다양한 기능과 재능을 필요로 하는가)
④ 과업 정체성 : 종업원이 작업 전체가 어떻게 돌아가는지 파악하여 시작부터 결과물의 마지막까지 작업을 수행하는 정도(하나의 제품을 만드는 데 모든 과정을 다 수행하면 정체성이 높고, 어느 한 부분만 수행하고, 전체를 모르고 무조건 만들 때는 정체성 낮음)
⑤ 과업 중요성 : 종업원이 작업의 결과가 내외부적으로 타인의 삶이나 업무에 얼마나 영향을 미치는지 인식하는 정도
⑥ 자율성 : 작업을 위한 일정계획, 작업방법, 작업절차를 스스로 결정하고 선택할 수 있는 자유, 독립성, 재량권을 허용하는 정도
⑦ 피드백 : 수행되는 직무와 관련한 작업이, 종업원의 성과의 유효성에 대해 직접적이고 명확한 정보를 주는가 정도

(3) 검증
Hackman과 Oldham은 직무특성이론을 검증하기 위해서 직무진단조사(JDS : Job Diagnostic Survey)설문지를 개발하였다. 여기에는 종업원의 지각, 심리상태, 개인 차원과 업무 차원의 결과, 성장욕구의 강도 등을 측정하였다. 이를 이용하여 각 직무의 동기유발 점수(MPS : Motivating Potentail Score)를 계산할 수 있었다.

$$MPS = (다양성 + 정체성 + 중요성)/3 * 자율성 * 피드백$$

이렇게 MPS가 낮은 종업원은 직무에 대한 종업원의 동기유발 가능성을 높이기 위해서 직무를 재설계할 필요가 있다.
① 분리된 과업을 결합하여 → 기능 다양성, 과업 정체성을 향상시킨다.
② 자연적 업무단위를 형성하여 → 과정의 정체성, 과정의 주요성을 높인다.
③ 고객과 접촉할 수 있는 관계를 수립하여 → 과업의 정체성, 자율성, 피드백을 높인다.
④ 권한을 위임하여 → 자율성을 높인다.
⑤ 피드백 경로를 개방하여 → 피드백 수준을 높인다.

15 작업환경과 안전·건강에 관한 설명 중 옳지 않은 것은?

① 직장에서 소음에 대한 노출은 청각손상뿐만 아니라 심장혈관계 질병과도 관계가 있다.

② 직장 사고를 예방하는 데 있어 부딪히게 되는 주된 난관은 종업원의 협력을 얻는 것이다.

③ 시급에 따라 급여를 받을 때보다 생산성에 따라 급여를 받을 때 조립라인 근로자들은 더 안전하게 행동한다.

④ 반복사용 긴장성 증후군을 줄일 수 있는 한 가지 전략은 종업원들에게 휴식시간을 자주 제공하는 것이다.

⑤ 장기적으로 85[dB]을 넘는 크기의 소음에 높은 빈도로 노출된다면 영구적으로 청력에 손상을 입을 수 있다.

답 ③

해설

소음

(1) 소음의 정의
 ① 공기의 진동에 의한 음파 중 인간에게 감각적으로 바람직하지 못한 소리이다.
 ② 지나치게 강렬하게 불쾌감을 주거나 주의력을 빗나가게 하여 작업에 방해가 되는 음향을 말하는 것으로 산업안전보건법에서는 소음성난청을 유발할 수 있는 85[dB(A)] 이상의 시끄러운 소리로 정의하고 있다

(2) 소음공해의 특징
 ① 축적성이 없다.
 ② 국소다발적이다.
 ③ 대책 후에 처리할 물질이 발생되지 않는다.
 ④ 감각적 공해이다.
 ⑤ 민원발생이 많다.

(3) 청각기의 구조 및 기능
 ① 외이
  ㉮ 귓바퀴와 외이도로 구성된다.
  ㉯ 공기진동에 의한 음을 모으는 역할을 한다.
  ㉰ 외이도의 길이는 약 2.5[cm] 정도이다.
 ② 중이
  ㉮ 고막과 공기로 차 있는 공간을 말한다.
  ㉯ 고막의 진동은 청소골(추골, 침골, 등골)의 운동을 일으키며 특히 청소골 중 등골의 진동에 의해 내이로 전달된다.
  ㉰ 청소골은 음에너지를 난원창에 전달하며 내이를 보호해 주는 방어기능이 있다.
 ③ 내이
  ㉮ 내이 중 청각을 담당하는 곳은 달팽이관이며 전정계, 중간계, 고실계로 구성된다.
  ㉯ 중간계에 기저막에는 청각기관인 코르티 기관이 있으며 그곳에 유모세포(hair cell)가 있다.

(4) 소음의 단위
소음수준(noise level)은 소음계로 측정한 음원수준을 말하며 소음계에는 청감보정회로가 들어있어 이를 통해 측정한 음압수준을 의미하며 단위는 dB, sone, phon 등이 있다.
 ① dB
  ㉮ 음압수준을 표시하는 한 방법으로 사용하는 단위로서 dB(decibel)로 표시한다.
  ㉯ 사람이 들을 수 있는 음압은 $0.00002 \sim 60[N/m^2]$의 범위이며 이것을 dB로 표시하면 $0 \sim 130[dB]$이 되므로 음압을 직접 사용하는 것보다 dB로 변환하여 사용하는 것이 편리하다.

② sone
  ㉮ 감각적인 음의 크기(Loudness)를 나타내는 양이며 1,000[Hz]에서의 압력수준 [dB]을 기준으로 하여 등감곡선을 소리의 크기로 나타내는 단위이다.
  ㉯ 1,000[Hz] 순음의 음의 세기레벨 40[dB]의 음의 크기를 1[sone]으로 정의한다.

③ phon
  ㉮ 감각적인 음의 크기를 나타내는 양이다.
  ㉯ 1,000[Hz] 순음의 크기와 평균적으로 같은 크기로 느끼는 1,000[Hz] 순음의 음의 세기레벨로 나타낸 것이 phone이다.
  ㉰ 1,000[Hz]에서 압력수준 [dB]을 기준으로 하여 등감곡선을 소리의 크기로 나타낸 단위이다.

④ 음의 크기[sone]와 음의 크기레벨[phon]의 관계

$$S = 2^{\frac{(L_L - 40)}{10}} [\text{sone}] \ ; \ L_L = 33.3 \log S + 40 [\text{phon}]$$

여기서, S : 음의 크기[sone]
    L_L : 음의 크기레벨[phon]

(5) 소음의 계산
  ① 합성소음도(전체소음, 소음원 동시 가동시 소음도)

$$L = 10 \log (10^{\frac{L_1}{10}} + 10^{\frac{L_2}{10}} + \cdots + 10^{\frac{L_n}{10}}) [\text{dB}]$$

여기서, L : 합성소음도[dB]
    $L_1 \sim L_n$: 각각 소음원의 소음[dB]

  ② 소음도 차이

$$L' = 10 \log (10^{\frac{L_1}{10}} - 10^{\frac{L_2}{10}}) [\text{dB}] (단, L_1 > L_2)$$

  ③ 평균소음도

$$\overline{L} = 10 \log \left\{ \frac{1}{n} (10^{\frac{L_1}{10}} + 10^{\frac{L_2}{10}} + \cdots + 10^{\frac{L_n}{10}}) \right\} [\text{dB}]$$

여기서, $\overline{L}$: 평균소음도[dB]
    n : 소음원의 개수

기본예제

01 세 개의 소음원의 소음수준을 한 지점에서 각각 측정해보니 첫 번째 소음원만 가동될 때 88[dB], 두번째 소음원만 가동될 때 86[dB], 세 번째 소음원만이 가동될 때 91[dB]이었다. 세 개의 소음원이 동시에 가동될 때 그 지점에서의 음압수준은?

[해설]

합성소음도$(L) = 10\log\left(10^{\frac{88}{10}} + 10^{\frac{86}{10}} + 10^{\frac{91}{10}}\right) = 93.59$[dB]

02 어떤 공장에 80[dB]인 선반기가 4대 있다. 이때 작업장 내 소음의 합성음압도는?

[해설]

합성소음도$(L) = 10\log\left(10^{\frac{80}{10}} \times 4\right) = 86.02$[dB]

16 동기이론과 그에 관한 설명이 올바르게 연결된 것은?

① 목표설정이론 : 가장 주요한 원리는 효과의 법칙이다.

② 활동이론 : 사람들이 자신의 능력에 대해 갖고 있는 신념이 중요하다.

③ 자기효능감이론 : 인지에 기반하고 있는 이론으로 개인들을 자기 자신의 행동 원인으로 본다.

④ 강화이론 : 사람들의 행동은 그들이 내적으로 가지고 있는 의도, 목적들에 의해 동기화된다는 것이다.

⑤ 기대이론 : 사람들은 자신의 행동으로 원하는 보상이나 결과물을 얻게 될 것이라고 믿는 경우에만 동기화될 것이다.

답 ⑤

해설

1. 동기부여이론의 체계

(1) 동기부여이론은 내용이론(content theory)과 과정이론(process theory)으로 나눌 수 있다.
(2) 내용이론은 '무엇이' 행동에 대한 동기를 유발하는가를 연구하였다.
(3) 과정이론은 '어떠한 과정'을 통해 동기가 유발되는가를 연구하였다.

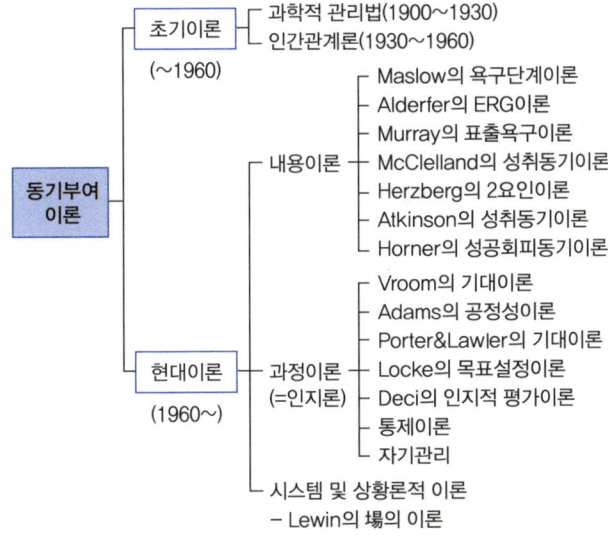

[그림] 동기부여이론의 체계

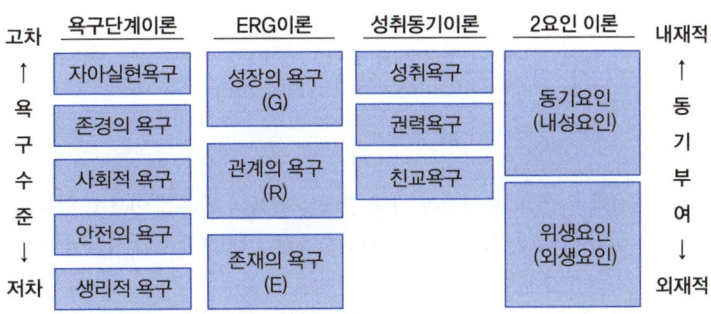

[그림] 내용이론

2. 브룸의 기대이론

(1) 의의

① 브룸(Vroom)은 개인이 여러 행동대안이 있을 때 어떤 심리적인 과정을 통해서 특정 행동을 선택하는가를 연구하였다.

② 즉, 한 개인의 어떤 행위에 대한 모티베이션의 정도는 ㉮ 특정 행위가 성과를 가져다 줄 가능성(기대), ㉯ 성과가 보상을 가져다 주리라는 주관적 확률치(수단성), 그리고 ㉰ 행위가 가져다 주는 결과의 매력 정도(유의성) 등에 의해 결정된다는 이론이다.

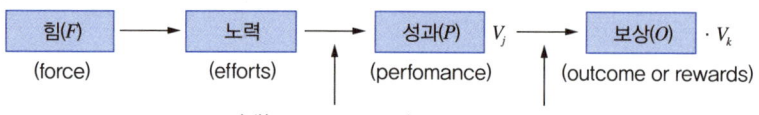

- 기대(E) : 행위나 노력이 성과를 가져올 것이라는 주관적 가능성(확률)
- 수단성(I) : 성과가 보상이나 결과와 연결될 주관적 확률
- 유의성(V_k) : 개인에게 있어서 결과의 중요성(또는 가치의 정도)

[그림] 브룸의 기대이론

(2) 구성요소 간의 관계

$$P=f(M \times A)$$
$$\downarrow$$
$$M=f(V_j \times E)$$
$$\downarrow$$
$$V_j=f(V_j \times I)$$

① $P=f(M \times A)$: 성과(P)는 동기부여(힘 : M)와 능력(A)의 곱의 함수이다.

② $M=f(V_j \times E)$: 행동에 대한 동기부여(M)는 1차 수준의 결과에 대한 유의성(V_j)과 기대(E)와의 곱의 함수이다.

③ $V_j=f(V_k \times I)$: 1차 수준의 결과에 대한 유의성(V_j)은 2차 수준의 결과에 대한 유의성(V_k)과 수단성(I)의 곱의 함수이다.

(3) 기대이론의 특성

① 인지적(cognitive) 성격을 갖는다.

② 곱셈모형이다.

③ 개인 내(within-person) 모형이다. → 즉, 다른 사람들과의 관계는 배제하고 설명하였다.

④ 극대화모형이다.

(4) 문제점

① 이론의 내용이 너무 복잡하여 검증이나 응용이 어렵다.

② 인간의 합리성을 가정하고 있으나 인간은 비합리적인 경우도 많다.

③ 행위에 영향을 주는 변수들이 주관적인 값이다.

(5) 시사점

① 브룸의 이론에서 유의성과 수단성, 유의성과 기대 간에는 곱셈의 관계를 이루고 있다.

㉮ 즉, 조직에서 높은 성과에 대해 아무리 큰 보상이 주어진다 해도 충분한 시간과 자원이 없다면(기대가 낮다면) 동기부여의 수치는 적어지게 된다.

㉯ 그리고 과거의 경험상 자기가 속한 조직이 성과에 대한 보상을 제대로 하지 않는 것을 알고 있다면(수단성에 대한 지각이 낮다면) 동기부여 또한 적어지는 것이다.

② 종업원을 동기부여하기 위해서는 ㉮ 기대(노력하면 성과를 얻을 수 있다는 믿음)를 크게 해주어야 하며, ㉯ 수단성(성과와 보상의 연결 정도)을 분명히 하여 증진시키고, ㉰ 유의성(보상에 대한 매력 정도)도 높여주어야 한다.

3. 로크의 목표설정이론
로크(Locke)는 인간행동은 가치와 의도(즉, 성취의향, intentioin to perform 또는 목표)에 의해 결정된다고 주장하고, 목표 그 자체의 특성과 성과에 영향을 주는 상황변수들을 제시하였다.

(1) 목표설정이론의 체계

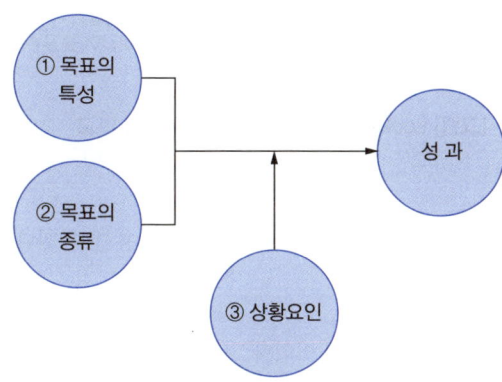

[그림] 목표설정이론의 체계

① 목표의 특성(속성)
㉮ 난이도 : 능력 범위 내라면 약간 어려운 것이 좋다.
㉯ 구체성 : 수량, 기간, 절차, 범위가 구체적으로 정해진 목표가 좋다.
② 목표의 종류
㉮ 수용성 : 일방적으로 지시한 것보다는 상대가 동의한 목표가 좋다.
㉯ 참여성 : 목표설정과정에 당사자가 참여할수록 좋다.
③ 상황 요인
㉮ 피드백 : 목표이행 정도에 대해 당사자가 아는 것이 좋다.
㉯ 단순성 : 과업목표는 단순할수록 좋다.
㉰ 합리적 보상 : 목표달성에 준하는 보상이 있어야 한다.
㉱ 경쟁 : 약간의 경쟁은 있는 것이 좋다.
㉲ 능력 : 능력이 높을수록 어려운 목표가 좋다.
④ 관점에서 볼 때 목표설정과정에 당사자가 '참여'한다면 위에서 일방적으로 주어진 목표보다 수용을 잘 할 것이고 그가 수용하는 범위 내에서 설정될 것이기 때문에 더욱 동기화될 것은 분명하다.

(2) 특징
① 목표이론은 개인의 인지에 근거를 두고 있다.
② 미래지향적이다.

(3) 적용
목표설정이론을 바탕으로 실무에서 많이 적용되고 있는 기법이 목표관리기법(MBO : Management By Objective)이다.

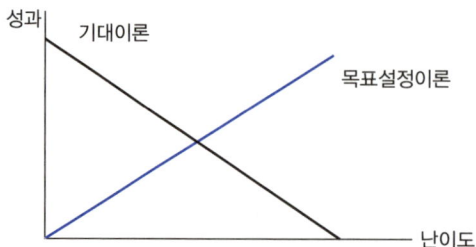

목표설정이론에서는 목표가 어려울수록 동기효과가 커진다고 했고, 기대이론에서는 난이도가 쉬울수록(즉, 기대값이 높을수록) 동기효과가 커진다고 주장하였다.

[그림] Locke의 이론과 Vroom의 이론의 비교

(4) 장점

목표설정이론은 이해가 쉽고 개념이 간단하여 누구나 쉽게 현실에 적용할 수 있다.

(5) 단점

① 모든 목표를 계량화해야 한다.
② 복수 목표들 간의 중요성과 우선순위의 조정이 어렵다.
③ 목표간 갈등이 생길 여지가 있다.
④ 처음에 목표가 설정되어 성과가 높았더라도, 시간이 지남에 따라 자극 정도가 무디어져서 성과수준이 떨어지는 경향이 있다. → 그러므로 높은 성과수준을 계속 유지할 수 있는 방안이 모색되어야 한다.

17
준거(criterion)는 종업원의 수행을 판단하는 기준이 되며, 실제준거와 이론준거로 구분된다. 다음 중 준거에 관한 설명으로 옳지 않은 것은?

① 보험판매원의 보험판매나 기상예보관의 날씨예측은 이론준거의 예이다.
② 준거결핍은 실제준거가 이론준거 자체를 적절하게 포괄하지 못하는 현상이다.
③ 준거구체성은 실제준거가 측정하려고 하는 이론준거를 평가하는 정도를 말한다.
④ 준거오염은 실제준거가 측정하고 있는 부분으로서 이론준거가 아닌 부분을 말한다.
⑤ 준거복잡성을 다루기 위한 방법 중 복합준거방식은 개별 종업원의 수행을 비교하려고 할 때 좋은 방식이다.

답 ③

해설

개념준거(Conceptual Criterion)와 실제준거(Actual Criterion)의 의미

(1) 개념준거(Conceptual Criterion)는 연구자가 측정하고자 하는 준거를 이론적으로 정의한 것이다. 즉, 개념준거는 이론적 개념으로서 실질적으로 측정할 수 없는 추상적인 개념에 해당한다.
(2) 개념준거는 그 자체로서 측정이 불가능하므로 이를 측정이 가능한 현실적인 요인으로 변환해야 한다. 이와 같이 측정할 수 없는 개념준거를 측정이 가능하도록 조작적으로 변환한 것을 실제준거(Actual Criterion)라고 한다.

[표] 개념준거와 실제준거

구 분	특 징
준거 (criterion)	사물, 사람, 혹은 사건을 평가할 때 사용하는 기준
개념준거 (conceptual criterion)	연구자가 연구를 통하여 이해하고자 하는 이론적인 기준 즉, 추상적, 가설적인 개념
실제준거 (actual criterion)	연구자가 측정하거나 평가하는 데 사용하는 조직적 혹은 실제적 기준

기본예제

01 성공적인 대학생을 정의하기 위한 개념준거와 실제준거

개념준거	실제준거
지적 성장	대학 평균학점
정서적 성장	정서적 성숙에 대한 지도교수의 평정치
시민의식	대학에서 가입하고 있는 자원봉사 조직의 수

(3) 준거결핍, 준거적절성, 준거오염
　① 준거결핍(criterion deficiency) : 실제준거가 개념준거를 나타내지 못하고 있는 정도 즉, 실제준거에 개념준거가 얼마나 결핍되어 있는지를 나타낸다. 실제준거들을 신중하게 선택함으로써 준거결핍을 완전히 제거할 순 없지만, 감소시킬 수 있다.
　② 준거적절성(criterion relevance) : 실제준거와 개념준거가 일치되는 정도. 개념준거와 실제준거들 간의 일치가 크면 클수록 준거적절성은 더 커진다.
　③ 준거오염(criterion contamination) : 실제준거가 개념준거와 관련되어 있지 않은 부분이다. 실제준거가 개념준거가 아닌 다른 어떤 것을 측정하고 있는 정도를 나타낸다.
　　㉮ 편파 : 실제준거가 체계적으로 혹은 일관성 있게 개념준거가 아닌 다른 것을 측정하고 있는 정도
　　㉯ 오류 : 실제준거가 어떤 것과도 관련되어 있지 않는 정도

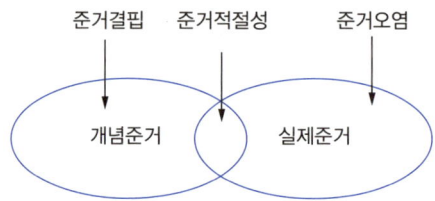

[그림] 개념준거, 실제준거

18 리더십의 상황이론에 대한 설명으로 가장 적절한 것은?

① 이상적인 리더십 스타일은 인간에 대한 관심과 생산에 대한 관심이 모두 높은 경우이다.

② 하우스(House)는 리더십을 지시적, 후원적, 참여적, 성취지향적 스타일로 구분하여 각각에 적합한 의사결정 상황을 제시하고 있다.

③ 일반적으로 전제적(authoritative) 리더보다 민주적(democratic) 리더가 높은 성과를 내는 경향이 있다.

④ 허시(Hersey)와 블랜차드(Blanchard)의 상황모형에 의하면, 리더-부하간 관계와 부하의 성숙도에 따라 리더십 스타일이 달라질 필요가 있다.

⑤ 피들러(Fiedler)는 리더십의 상황요인으로 과업구조(task structure)와 직위권력(position power)을 제시하고 있다.

답 ⑤

해설

1. 리더십

(1) 의의

리더십(leadership)은 일정한 상황하에서 목표를 달성하기 위하여, 개인이나 집단의 행위에 영향력을 행사하는 과정이다.

특성추구이론 → 행위이론 → 상황이론

(2) 특성추구이론(trait theory)

① 리더에게는 리더가 아닌 사람과 구별할 수 있는 남다른 특성이 있다고 보고, 이러한 개인적 특성을 추출하고자 한 연구를 말한다.

② 특성의 일관성 결여, 상황적 요소와 리더에 대한 설명부족 등의 한계가 있다.

(3) 행위이론(behavioral theory)

① 리더의 행위(리더십 스타일)와 성과 간의 관계를 밝히고자 하는 연구이다.

② 리더의 행동을 기준으로 리더십의 유형을 구분하고, 유형 간의 차이와 가장 바람직한 유일·최선의 리더십 유형을 찾아내려는 데 초점을 두었다.

③ 그러나 어떤 상황에서는 특정한 스타일의 리더십이 유효한 것으로 나타나지만, 다른 상황에서는 반대의 결과가 나타난다. → 즉, 리더가 처한 변수가 달라짐에 따라 효과적인 리더십 유형도 달라진다.

(4) 상황이론(cituational theory, contingency theory)

① 어떤 상황에서나 유효한 최선의 리더십 유형은 없으며, 지도자의 지도행태가 구체적인 상황에 가장 잘 부합될 때 리더십은 효과적인 것이 될 수 있다는 이론이다.

② 즉, 효과적인 리더십 유형은 상황에 따라 결정되어야 한다는 이론이다.

참고

① : 행위이론의 관리격자이론에 대한 설명임.
② : 먼저 종업원 특성과 작업환경 특성에 따라 상황을 분류하고 이에 적합한 리더십 스타일을 제시함.
③ : 행위이론에 대한 설명임.
④ : 리더-부하 간의 관계는 피들러이론의 상황변수임.

[표] 아이오의 리더십연구

유효성변수 \ 리더십스타일	민주형 스타일	권위형 스타일	방임형 스타일
① 리더와 집단과의 관계	호의적이다.	수동적이다. 주의환기를 요한다.	리더에 무관심이다.
② 집단행위의 특성	응집력이 크다. 안정적이다.	노동이동이 많다. 냉담·공격적이 된다.	냉담하거나 초조하다.
③ 리더 부재시의 구성원 태도	계속작업을 유지한다.	좌절감을 갖는다.	불변(불만족)이다.
④ 성과(생산성)	우위를 결정하기 힘들다.		최악이다.

2. 피들러의 상황적응적 이론(contingency model)

(1) 정의

피들러(Fiedler)는 리더십상황이론의 대표적 학자이며, 리더와 상황의 조화를 강조하였다. 그가 주장하는 '리더상'은 인간관계지향적 리더십과 과업지향적 리더십의 두 가지이다. '상황'은 세 가지 변수를 도입하여 리더에게 유리한 상황에서 불리한 상황까지 8가지로 분류하였다.

(2) 상황변수 : 상황의 호의성
  ① 리더의 직위권한
    ㉮ 리더의 직위권한(position power)은 강(S : strong), 약(W : weak)으로 구분하였다.
    ㉯ 직위권한이 강할수록 지도력 행사가 용이하고 리더에게 호의적 상황이 된다.
  ② 과업구조(task structure)
    ㉮ 과업이 어느 정도 명확하게 규정되어 있는가 하는 정도로 구조적(S : structured)과 비구조적(U : unstructured)으로 구분하였다.
    ㉯ 구조화될수록 성과통제가 용이하고 리더에게 호의적 상황이 된다.
  ③ 리더-구성원 관계(leader-member relations)
    ㉮ 구성원들이 리더를 어느 정도 신뢰하고 좋아하는가 하는 정도에 따라 양, 불량으로 구분하였다.
    ㉯ 좋은 관계가 리더에게 호의적 상황이 된다.
  ④ 상황변수의 종합
    ㉮ 세 가지 상황변수의 결합이 리더에 대한 상황의 호의성(상황이 리더로 하여금 집단에 영향력을 행사할 수 있게 하는 정도)을 결정한다.
    ㉯ 강력한 직위권한, 높은 과업구조화, 양호한 리더와 구성원관계 등

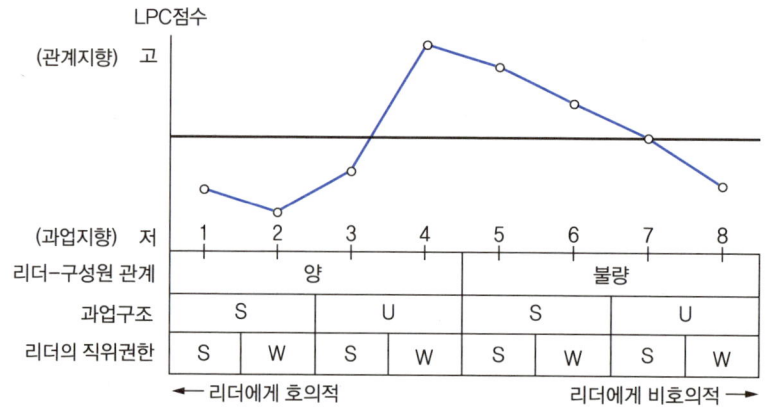

[그림] 피들러의 상황적합이론

2012년도 6월 23일 필기문제 : 근거 저자응시 복기문제

19 조선소에서 블록 내의 얼음을 제거하기 위하여 오전 동안 밀폐된 공간에서 이동식 팬을 사용하지 않고 LPG와 산소를 이용하여 보호구 없이 토치 용접작업을 하였다. 오후부터 호흡이 곤란하여 응급실을 방문하였고 흉부 방사선 사진상 폐부종 소견을 보였으며 급성 호흡곤란 증후군으로 진단되었다면 **특수건강진단 대상 가스 상태 물질 중 가능성이 가장 높은 원인물질은?**

① 포스핀 ② 오존
③ 일산화탄소 ④ 일산화질소
⑤ 아황산가스

답 ③

해설

(1) 특수건강진단 대상 가스 상태 물질류(14종)
① 불소(Fluorine)
② 브롬(Bromine)
③ 산화에틸렌(Ethyleane oxide)
④ 삼수소화비소(Arsine)
⑤ 시안화수소(Hydrogen cyanide)
⑥ 염소(Chlorine)
⑦ 오존(Ozone)
⑧ 이산화질소(Nitrogen dioxide)
⑨ 이산화황[아황산가스(Sulfur dioxide)]
⑩ 일산화질소(Nitric oxide)
⑪ 일산화탄소(Carbon monoxide)
⑫ 포스겐(Phosgene)
⑬ 포스핀(인화수소, Phosphine)
⑭ 황화수소(Hydrogen sulfide)
⑮ ①부터 ⑭까지에 따른 물질을 용량비율 1[%] 이상 함유한 혼합물

참고

산업안전보건법 시행규칙 [별표 22] 특수건강진단 대상 유해인자

(2) 일산화탄소(CO)
① 유기물이 불완전 연소시에 일산화탄소가 발생한다.

[표] CO가 인체에 미치는 영향

농도	인체의 영향
600~700[ppm]	1시간 노출로 영향을 인지
2,000[ppm](0.2[%])	1시간 노출로 생명이 위험
4,000[ppm](0.4[%])	1시간 이내에 치사

② 일산화탄소(CO)의 특징
  ㉮ 탄소 또는 탄소화합물이 불완전 연소할 때 발생되는 무색무취의 기체
  ㉯ 혈액 중 헤모글로빈과의 결합력이 매우 강하여 체내 산소공급 능력을 방해하므로 대단히 유해함(생체내에서 혈액과 화학작용을 일으켜서 질식을 일으키는 물질)
  ㉰ 정상적인 작업환경 공기에서 CO농도가 0.1[%]로 되면 사람의 헤모글로빈 50[%]가 불활성화됨
  ㉱ CO농도 1[%](10,000[ppm])에서 1분 후에 사망에 이름(COHb : 카복시헤모글로빈 20[%]됨)
  ㉲ 물에 대한 용해도 23[mL/L]
  ㉳ 중추신경계에 강하게 작용하여 사망에 이르게 함
  ㉴ 고용노동부 노출기준은 TWA로 50[ppm]이며 STEL은 400[ppm]임
  ㉵ 산업안전보건규칙상 관리대상 유해물질의 가스상 물질류임

(3) 아황산가스(SO_2)의 특성
  ① 자극적인 냄새가 나는 가스
  ② 유황의 제조, 표백제 등에 이용되고 주요 사용공정은 합성, 비료, 표백, 기폭제 등에 쓰임
  ③ 물에 대한 용해도는 25[℃]에서 8.5[%] 정도
  ④ 호흡기에서 체내로 유입, 호흡기 자극증상을 일으키며 티아노제, 폐수종으로 사망
  ⑤ 만성중독으로는 치아산식증, 빈혈, 만성기관지 폐렴, 간장장해가 나타남
  ⑥ 단기간의 대량폭로보다 장기간의 소량폭로 쪽이 장애도가 강함
  ⑦ 고용노동부 노출시간 TWA로 2[ppm], STEL은 8[ppm]임
  ⑧ 인간에 대한 발암가능성은 의심되나 근거자료가 부족한 물질군(A_4)

(4) 오존(O_3)의 특징
  ① 매우 특이한 자극성 냄새를 갖는 무색의 기체로 액화하면 청색을 나타냄
  ② 물에 잘 녹으며 알칼리용액, 클로로포름에도 녹음
  ③ 강력한 산화제이므로 화재의 위험성이 높고 약간의 유기물 존재시 즉시 폭발을 일으킴
  ④ 0.1[ppm]을 2시간 흡입하면 폐활량이 20[%] 감소하고 1[ppm]을 6시간 흡입하면 두통, 기관지염 유발
  ⑤ 고용노동부 노출기준은 TWA로 0.1[ppm]이며, STEL은 0.3[ppm]임
  ⑥ 발암성은 의심되나 근거자료가 부족한 물질군(A_4)에 포함
  ⑦ 산업안전보건규칙상 관리대상 유해물질의 가스상 물질류임

[표] 주요 연소생성물의 영향

연소가스	현상
$COCl_2$(포스겐)	매우 독성이 강한 가스로서 연소시에는 거의 발생하지 않으나 사염화탄소 약제사용시 발생 예 제1차 세계대전 독가스
CH_2CHCHO(아크롤레인)	석유제품이나 유지류가 연소할 때 생성
SO_2(아황산가스)	황을 함유하는 유기화합물이 완전 연소시에 발생
H_2S(황화수소)	황을 함유하는 유기화합물이 불완전 연소시에 발생, 달걀 썩는 냄새가 나는 가스
CO_2(이산화탄소)	연소가스 중 가장 많은 양을 차지, 완전 연소시 생성
CO(일산화탄소)	불완전 연소시에 다량 발생, 혈액 중의 헤모글로빈(Hb)과 결합하여 혈액 중의 산소운반 저해하여 사망
HCl(염화수소)	PVC와 같이 염소가 함유된 물질의 연소시 생성

(5) 포스핀(Phosphine)의 특징
  ① 인화수소라고도 함
  ② 불쾌하고 마늘 같은 냄새가 나며 가연성이 있고 매우 독성이 강한 무색의 기체
  ③ 화학식은 PH_3, 백린에 강염기 또는 뜨거운 물을 반응시키거나 물을 인화칼슘(Ca_3P_2)과 반응시켜 얻는다. 포스핀은 구조적으로는 암모니아(NH_3)와 유사하지만 암모니아만큼 좋은 용매는 아니며 암모니아보다 물에 훨씬 덜 녹는다. 탄소와 수소, 탄소와 인 사이의 결합을 가진 유기화합물을 포스핀의 유도체라고 한다. 1·2·3개의 수소 원자가 유기 원자단으로 치환된 인화수소는 각각 일차·이차·삼차 포스핀으로 명명된다. 따라서 포스핀의 수소 원자 하나가 메틸기($-CH_3$)로 치환된 메틸포스핀(CH_3PH_2)은 일차포스핀이다. 금속염은 인화물이라고 하고 양성자가 첨가된 형태는 포스포늄 화합물이라고 한다. 포스핀의 유기 치환체는 보통 쉽게 이용할 수 있는 삼염화인(PCl_3)의 치환반응으로 만들어진다.

(6) 일산화질소의 특징
  ① 산화질소(II)라고 불리기도 하며, 더 간단하게는 산화질소라고 하기도 한다.
  ② 일산화질소는 무색 기체로 녹는점 -163.7[℃], 끓는점 -151.8[℃]
  ③ 잘 액화(液化)되지 않으며 공기보다 약간 무겁다.
  ④ 공기와 접촉하면 곧 적갈색의 이산화질소가 된다.
  ⑤ 물에는 약간 녹는다.
  ⑥ 대기중의 일산화질소는 공기중의 질소가 고온에서 산화돼 발생하는 것으로 질소산화물의 일종으로 인체에 매우 유독한 가스성 물질로 알려져 있다.
  ⑦ 기타
    그러나 최근의 연구에 의하여 일산화질소는 인체의 여러 세포에서 발생하며 면역계에서는 항암 및 항미생물의 작용을 나타내는 방어물질로, 신경계에서는 신경전달물질로, 순환기계에서는 혈관확장물질로 알려지게 되었다. 발기불능 치료제 비아그라도 일산화질소가 혈관을 확장해주는 구실을 한다는 점에 착안해 몸안에서 일산화질소가 분해되는 것을 막아 계속 발기상태를 유지하도록 한 것이다. 일산화질소는 협심증과 고혈압, 동맥경화 등 심장혈관계통 질환 치료제로 사용되고 있다.1998년엔 심장계 혈관의 수축과 확장 과정에서 새로운 신호물질인 일산화질소(NO)를 발견하고 이의 역할을 규명한 미국의 푸르고트(Robert Furchgott)교수, 이그나로(Louis Ignarro)교수, 무라드(FeridMurad)교수가 노벨 생리·의학상을 받기도 했다.

20 사업장의 작업환경측정 결과 또는 특수건강진단 실시 결과에 따라 **특수건강진단 주기를 2분의 1로 단축하여야 하는 경우가 아닌 것은?**

① 특수건강진단을 실시한 결과 직업병 유소견자가 발견된 모든 사업장 근로자

② 작업환경을 측정한 결과 노출기준 이상이 작업공정에서 해당 유해인자에 노출되는 모든 근로자

③ 특수건강진단을 실시한 결과 직업병 유소견자가 발견된 작업공정에서 해당 유해인자에 노출되는 모든 근로자

④ 특수건강진단을 실시한 결과 해당 유해인자에 대하여 특수건강진단 실시 주기를 단축하여야 한다는 의사의 판정을 받은 근로자

⑤ 임시건강진단을 실시한 결과 해당 유해인자에 대하여 특수건강진단 실시 주기를 단축하여야 한다는 의사의 판정을 받은 근로자

답 ①

해설

근로자 건강진단

제202조(특수건강진단의 실시 시기 및 주기 등) ① 사업주는 법 제130조제1항제1호에 해당하는 근로자에 대해서는 별표 23에서 특수건강진단 대상 유해인자별로 정한 시기 및 주기에 따라 특수건강진단을 실시하여야 한다.

② 제1항에도 불구하고 법 제125조에 따른 사업장의 작업환경측정 결과 또는 특수건강진단 실시 결과에 따라 다음 각 호의 어느 하나에 해당하는 근로자에 대해서는 다음 회에 한정하여 관련 유해인자별로 특수건강진단 주기를 2분의 1로 단축하여야 한다.

1. 작업환경을 측정한 결과 노출기준 이상인 작업공정에서 해당 유해인자에 노출되는 모든 근로자
2. 특수건강진단, 법 제130조제3항에 따른 수시건강진단 또는 법 제131조제1항에 따른 임시건강진단을 실시한 결과 직업병 유소견자가 발견된 작업공정에서 해당 유해인자에 노출되는 모든 근로자. 다만, 고용노동부장관이 정하는 바에 따라 특수건강진단·수시건강진단 또는 임시건강진단을 실시한 의사로부터 특수건강진단 주기를 단축하는 것이 필요하지 않다는 소견을 받은 경우는 제외한다.
3. 특수건강진단 또는 임시건강진단을 실시한 결과 해당 유해인자에 대하여 특수건강진단 실시 주기를 단축하여야 한다는 의사의 판정을 받은 근로자

③ 사업주는 법 제130조제1항제2호에 해당하는 근로자에 대해서는 직업병 유소견자 발생의 원인이 된 유해인자에 대하여 해당 근로자를 진단한 의사가 필요하다고 인정하는 시기에 특수건강진단을 실시하여야 한다.

④ 법 제130조제1항에 따른 특수건강진단을 실시하여야 할 사업주는 특수건강진단 실시 시기를 안전보건관리규정 또는 취업규칙에 규정하는 등 특수건강진단이 정기적으로 실시되도록 노력하여야 한다.

참고

산업안전보건법 시행규칙

21 유해인자에 관한 설명으로 옳은 것은?

① 자기장의 단위는 가우스(Gauss)이며, 전류의 크기에 따라 변한다.
② 공기 중 그람양성박테리아 농도가 높다면 엔도톡신(endotoxin) 농도도 높을 것으로 예측할 수 있다.
③ 흄(fume)은 상온에서 고체상태의 물질을 높은 온도로 가열하여 증기화되어 생기는 증기상 물질을 말하며 미세한 크기를 갖는다.
④ 각각 80[dB(A)]와 60[dB(A)]의 음압수준이 발생되는 소음원이 동시에 가동될 때 음압수준의 합산값은 140[dB(A)]이다.
⑤ 상온에서 액체 상태의 트리클로로에틸렌(TCE)을 세척제로 사용하는 근로자가 향긋한 냄새를 느낀다면 호흡기를 통해 TCE 가스에 노출되고 있는 것으로 예측할 수 있다.

답 ③

해설

용어정의

(1) 자기장
  ① 공간에 전하(電荷)가 존재하면 그 주위에 정전기장(靜電氣場)이 생성되고, 전하가 시간적으로 진동하게 되면 교류 전기장이 발생한다. 그리고 자석 주위에는 정자기장(靜磁氣場)이 존재하고, 전류가 흐르고 있는 도선 주위에는 교류 자기장이 발생한다.
  ② 전기장은 1[m]당 전압(볼트 V), 즉 [V/m]의 단위를 쓰고, 자기장의 기본단위는 1[m]당 전류(암페어 A) [A/m]이나, 통상 자속(磁束)밀도, 즉 1[m²]당 자속(자기장의 세기에 매질의 투자율을 곱한 것)으로 나타내며 테슬러[T]의 단위를 쓴다. 언론 등에서 자기장의 단위로 가우스[G]를 쓰기도 하는데 1[T]는 10^4[G]이다.

(2) 입자상 물질의 특징
  ① 입자상 물질(aerosol)은 공기 중에 포함된 고체 및 액체상의 미립자를 말한다. 입자상 물질은 먼지 또는 에어로졸(aerosol)로 통용되고 있으며 주로 물질의 파쇄, 선별 등 기계적 처리 혹은 연소, 합성, 분해시에 발생하는 고체상 또는 액체상의 미세한 물질이다.
  ② 고체상 물질은 먼지, 흄, 검댕 등이고 액체미립자는 미스트, 스모그, 박무 등이다.
  ③ 스모그와 스모크 등은 고체이거나 액체로 존재한다.
  ④ 대기 중에 존재하는 입자상 물질은 태양 및 지구의 복사에너지를 분산시키거나 흡수하기도 하는데, 특히 0.1~1[μm] 크기의 입자가 가시거리에 많은 영향을 미친다.

(3) 에어로졸(aerosol)
  ① 정의 : 유기물의 불완전 연소시 발생한 액체나 고체의 미세한 입자가 공기 중에 부유되어 있는 혼합체이며 가장 포괄적인 용어이다. 또한 연무체 또는 연무질이라고도 한다.
  ② 특성
    ㉮ 비교적 안정적으로 부유하여 존재하는 상태를 에어로졸이라고도 한다.
    ㉯ 기체 중에 콜로이드 입자가 존재하는 상태의 의미도 있다.

(4) 먼지(dust)
  ① 정의 : 입자의 크기가 비교적 큰 고체입자로서 대기 중에 떠다니거나 흩날리는 입자상 물질을 말한다.
  ② 특성
    ㉮ 입자의 크기는 1~100[μm] 정도이다.
    ㉯ 입경이 커서 지상으로 낙하하는 먼지를 강하먼지(dust fall)라고 부른다.

(5) 분진(particulate)
  ① 정의 : 일반적으로 공기 중에 부유하고 있는 모든 고체의 미립자로서 공기나 다른 가스에 단시간 동안 부유할 수 있는 고체입자를 말한다.

② 특성
  ㉮ 산업보건에서는 근로자가 작업하는 장소에서 발생하거나 흩날리는 미세한 분말상의 물질을 분진으로 정의하고 있다.
  ㉯ 분진입자의 크기는 보통 0.1~30[μm] 정도인데 직경이 작을수록 공기 중에 떠다니는 시간이 길어지고 인체에 흡입될 수 있는 가능성이 높아지게 된다.
  ㉰ 입자의 크기에 따라 폐까지 도달되어 진폐증을 일으킬 수 있는 분진을 호흡성 분진이라 하며 크기는 0.5~5.0[μm] 정도이다.

(6) 미스트(mist)
  ① 정의 : 액체의 입자가 공기 중에 비산하여 부유확산되어 있는 것을 말하며 입자의 크기는 보통 100[μm] 이하이다.
  ② 특성
  ㉮ 증기의 응축 또는 화학반응에 의해 생성되는 액체입자로서 주성분은 물로서 안개와 구별된다.
  ㉯ 수평 시정거리가 1[km] 이상으로 회백색을 띤다.
  ㉰ 미스트가 증발되면 증기화될 수 있다.
  ㉱ 미스트를 포집하기 위한 장치로는 벤투리 스크러버(venturi scrubber) 등이 사용된다.

(7) 흄(fume)
  ① 정의 : 금속이 용해되어 액상물질로 되고 이것이 가스상 물질로 기화된 후 다시 응축된 고체 미립자로 보통 크기가 0.1 또는 1[μm] 이하이므로 호흡성 분진의 형태로 체내에 흡입되어 유해성도 커진다. 즉 fume은 금속이 용해되어 공기에 의해 산화되어 미립자가 분산하는 것이다.
  ② 특성
  ㉮ 흄의 생성기전 3단계는 금속의 증기화, 증기물의 산화, 산화물의 응축이다.
  ㉯ 흄도 입자상물질로 육안으로 확인이 가능하며 작업장에서 흔히 경험할 수 있는 대표적 작업은 용접작업이다.
  ㉰ 일반적으로 흄은 금속의 연소과정에서 생긴다.
  ㉱ 입자의 크기가 균일성을 갖는다.
  ㉲ 활발한 브라운(Brown) 운동에 의해 상호충돌에 의해 응집하며 응집한 후 재분리는 쉽지 않다.

(8) 섬유(fiber)
  ① 정의 : 길이가 5[μm] 이상이고 길이 대 너비가 3 : 1 이상인 가늘고 긴 먼지로 석면섬유, 식물섬유, 유리섬유, 암면 등이 있다.
  ② 특성 : 석면은 폐포에 침입하여 섬유화를 유발, 호흡기능 저하 및 폐질환을 발생시키는데 이 현상을 석면폐증(asbestosis)이라고 한다.

(9) 안개(fog)
  ① 정의 : 증기가 응축되어 생성되는 액체 입자이며 크기는 1~10[μm] 정도이다.
  ② 특성 : 습도가 100[%] 정도이며 수평가시거리는 1[km] 미만이다.

(10) 연기(smoke)
  ① 정의 : 매연이라고도 하며 유해물질이 불완전연소하여 만들어진 에어로졸의 혼합체로서 크기는 0.01~1.0[μm] 정도이다.
  ② 특성 : 기체와 같이 활발한 브라운 운동을 하며 쉽게 침강하지 않고 대기 중에 부유하는 성질이 있다.

(11) 스모그(smog)
  smoke와 fog가 결합된 상태이며 광화학 생성물과 수증기가 결합하여 에어로졸이 된다.

(12) 검댕(soot)
  ① 정의 : 탄소함유 물질의 불완전연소로 형성된 입자상 오염물질로서 탄소입자의 응집체이다.
  ② 특성 : 검댕의 대표적 물질인 PAH(다환방향족 탄화수소)는 발암물질로 알려져 있다.

22 국제암연구소(IARC)의 발암성물질 분류표기와 설명이 옳게 짝지어진 것은?

① Group A1 : 인체에 대한 충분한 발암성 근거가 있는 물질
② Group 1A : 인체에 대한 충분한 발암성 근거가 있는 물질
③ Group B : 인체에 발암 가능성이 있는 물질
④ Group R : 인체에 발암 가능성이 있는 물질
⑤ Group 4 : 인체에 발암성이 없다고 추정되는 물질

답 ⑤

해설

1. 국제암연구소(IARC)의 발암물질 구분

(1) Grop 1 : 인체 발암성 확인물질
 ① 사람, 동물에게 발암성 평가
 ② 인체에 대한 발암물질로서 충분한 증거가 있음(sufficient evidence).
 ③ 확실하게 발암물질이 과학적으로 규명된 인자
 ④ 벤젠, 알코올, 담배, 다이옥신, 석면

(2) Grop 2A : 인체 발암성 예측·추정물질
 ① 동물에게만 발암성 평가
 ② 발암물질로서 증거는 불충분함(단, 동물에는 충분한 증거가 있음 : limited evidence)
 ③ 발암가능성이 십중팔구 있다고(probably) 인정되는 인자
 ④ 자외선, 태양램프, 방부제 등

(3) Grop 2B : 인체 발암성 가능물질
 ① 발암물질로서 증거는 부적절함(Inadequate evidence)
 ② 인체 발암성 가능 물질을 말함
 ③ 사람에 있어서 원인적 연관성 연구결과들이 상호 일치되지 못하고 아울러 통계적 유의성도 약함
 ④ 실험동물에 대한 발암성 근거가 충분하지 못하여 사람에 대한 근거 역시 제한적임
 ⑤ 아마도, 혹시나, 어쩌면 발암 가능성이 있다고 추정되는 인자
 ⑥ 커피, pickle, 고사리, 클로로포름, 삼삼화안티몬 등

(4) Group 3 : 인체 발암성 미분류물질
 ① 발암물질로서 증거는 부적절함(Inadequate evidence)
 ② 발암물질로 분류하지 않아도 되는 인자
 ③ 인간 및 동물에 대한 자료가 불충분하여 인간에게 암을 일으킨다고 판단할 수 없는 물질
 ④ 카페인, 홍차, 콜레스테롤 등

(5) Group 4 : 인체 비발암성 추정물질
 ① 십중팔구 발암물질이 아닌 인자(발암물질일 가능성이 거의 없음)
 ② 동물실험, 역학조사 결과 인간에게 암을 일으킨다는 증거가 없는 물질

2. 미국산업위생전문가협의회(ACGIH)의 발암물질 구분

(1) A1 : 인체 발암 확인(확정)물질
(2) A2 : 인체 발암이 의심되는 물질(발암 추정물질)
(3) A3
 • 동물 발암성 확인물질
 • 인체 발암성을 모름

(4) A4
- 인체 발암성 미분류물질
- 인체 발암성이 확인되지 않은 물질

(5) A5 : 인체 발암성 미의심 물질

3. 암의 발생원인 기여도
노화 > 부적절한 음식 섭취 > 담배흡연 = 만성감염 > 호르몬 > 직업 > 환경오염

4. 화학물질에 의한 다단계 암 발생이론(발암과정)
(1) 개시(initiation)
(2) 촉진(promotion)
(3) 전환(conversion)
(4) 진행(progression)

5. 정상세포와 악성종양세포의 차이점
(1) 정상세포의 세포질/핵 비율이 악성종양세포보다 높다. 즉 발암성은 세포질/핵의 비율이 낮을 경우 관계가 있다.
(2) 정상세포는 세포와 세포연결이 정상적이고 악성종양세포는 세포와 세포연결이 소실되어 있다.
(3) 정상세포는 전이성, 재발성이 없고 악성종양세포는 전이성, 재발성이 있다.
(4) 성장속도는 정상세포가 느리고 악성종양세포는 빠르다.

6. 화학적 발암작용 기전인 체세포 변이원설의 증거
(1) 암이란 세포차원, 즉 세포에서 다음 세대의 세포로 유전된다.
(2) 암세포는 한 개의 분지계로부터 유래된다.
(3) 발암물질들은 그 자체로서 또는 대사됨으로써 DNA와 공유결합을 형성한다.
(4) 대다수의 발암물질은 또한 돌연변이원으로서도 작용한다.
(5) 실험관 내에서 유전자의 손상을 야기시키는 물질은 거의 모두 발암원으로 작용한다.
(6) 전부는 아니지만 대부분의 암은 염색체 이상을 나타낸다.

7. 화학적인 발암물질의 분류
(1) 유전독성 발암물질
 ① 대사적인 활성화의 필요없이 화학물질 자체가 직접적으로 DNA에 작용하여 암유발하는 물질 : 알킬화제(Alkylating Agents)
 ② 대사적 활성화가 필요하여 간접적으로 작용하는 발암물질(대사산물이 암을 초래하는 인자) : PAHs, CCl_4
 ③ 무기 발암물질 : 비소, 니켈, 크롬
(2) 비유전독성 발암물질
 ① 후천적인 기전에 의하여 암을 유발시키는 것이다.
 ② 암의 촉진제들은 후천적인 발암기전에 의하여 암의 유발을 촉진시킨다.
 ③ 물질의 예로는 면역기능 억제제, 석면, 호르몬, Phenobarbital 등이 있다.
 ④ 후천적인 발암기전에 대한 배경
  ㉮ 암이란 세포의 분화가 비정상적으로 발생된다.
  ㉯ 암형성에는 일부에 한하여 가역적인 단계도 있다.
  ㉰ 암은 돌연변이 물질이 아닌 것에 의해서도 발생된다.
  ㉱ 발암원은 항상 돌연변이를 발생하지 않는다.
  ㉲ DNA의 메틸화의 변화만으로도 암이 발생된다.

8. 조발암물질
(1) 단독 투여시 발암물질이 아니지만 발암물질과 함께 투여시 발암효과를 증진시키는 화학물질을 조발암물질이라 한다.
(2) 조발암물질의 암형성 작용기전
    ① 발암물질이 세포 내에서 흡수되는 것을 도와준다.
    ② 발암물질의 대사적 활성화의 정도를 증가시키며 반면에 해독기능은 억제시킨다.
    ③ DNA 수복기전을 억제시킨다.
    ④ DNA 손상을 가중시켜 영구적인 변화의 결과를 가져온다.
(3) 조발암물질의 예로는 담배(벤조피렌, 니트로사민), 에탄올 등이 있다.

9. 발암촉진제
(1) 물질 자체로는 발암물질이 아니지만 발암과정을 촉진시키는 물질을 발암촉진제라 한다.
(2) 발암촉진제의 예
    ① 담즙산 : 대장암의 촉진제
    ② 사카린 : 방광암의 촉진제
    ③ 프로락틴 : 유방암의 촉진제
    ④ TPA : 암형성 촉진제

10. 경태반 발암
태반을 통한 화학물질의 이동으로 인하여 다음 세대에까지 암을 일으킨다는 것을 의미한다.

11. 발암개시단계 및 발암촉진단계
(1) 발암개시단계
    ① 비가역적인 세포내 변화가 초래되는 시기이다.
    ② 형태학적으로 정상세포와 구분이 되지 않는다.
    ③ 발암원에 의해 단순돌연변이가 발생한다.
(2) 발암촉진단계
    ① 돌연변이가 세포분열을 통하여 유전자내에서 분리되는 시기이다.
    ② 암세포의 증식과 발현을 쉽게 하는 과정이다.
    ③ 정상적인 면역작용에서 탈피된다.

23 고용노동부에서 고시하고 있는 노출기준의 내용 중 일부이다. 이에 대한 해석으로 옳은 것은?

유해물질의 명칭		노출기준				비고
국문표기	영문표기	TWA		STEL		(CAS번호 등)
		ppm	mg/m³	ppm	mg/m³	
나프탈렌	Naphthalene	10	50	15	75	[91 - 20 - 3] 발암성 2
노말 - 부틸알코올	n - Butyl alcohol	C 50	C 150	-	-	[71 - 36 - 3] Skin

① 나프탈렌은 시험동물에서 발암성 증거가 충분히 있는 물질이다.

② 노말 - 부틸알코올은 피부 자극성 물질이므로 피부접촉이 되지 않도록 주의해야 한다.

③ 노말 - 부틸알코올에 대한 노출기준을 준수하기 위해서는 1일 8시간 평균농도로 150[mg/m³]을 초과하지 않도록 해야 한다.

④ 나프탈렌의 공기 중 농도가 1일 8시간 평균 10[ppm] 이하 수준에서는 모든 근로자에게 건강상 나쁜 영향을 미치지 아니한다고 할 수 있다.

⑤ 나프탈렌을 취급하는 작업장 근로자의 1일 8시간 평균 노출농도는 8[ppm]이고, 작업 중 15분간 20[ppm]의 농도로 노출되었다면 노출기준을 초과한 것이다.

답 ④

해설

노출기준

(1) 노출기준의 정의

"노출기준"이란 근로자가 유해인자에 노출되는 경우 노출기준 이하 수준에서는 거의 모든 근로자에게 건강상 나쁜 영향을 미치지 아니하는 기준을 말하며 1일 작업시간 동안의 시간가중 평균노출기준(Time Weighted Average : TWA)와 단시간 노출기준(Short Term Exposure Limit : STEL) 또는 최고 노출기준도(Ceiling : C)으로 표시한다.

① "시간가중 평균노출기준(TWA)"이란 1일 8시간 작업을 기준으로 하여 유해인자의 측정치에 발생 시간을 곱하여 8시간으로 나눈 값을 말하며 산출 공식은 다음과 같다.

$$TWA 환산값 = \frac{C_1 \cdot T_1 + C_2 \cdot T_2 + \cdots + C_n \cdot T_n}{8}$$

㉮ C : 유해인자의 측정치(단위 : [ppm], [mg/m³] 또는 [개/cm³])
  T : 유해인자의 발생시간(단위 : 시간)

② "단시간 노출기준(STEL)"이란 15분간의 시간가중 평균노출값으로서 노출농도가 시간가중 평균노출기준(TWA)을 초과하고 단시간 노출기준(STEL)" 이하인 경우에는 1회 노출 지속시간이 15분 미만이어야 하고, 이러한 상태가 1일 4회 이하로 발생하여야 하며, 각 노출의 간격은 60분 이상이어야 한다.

③ "최고 허용 농도(C)"라 함은 근로자가 1일 작업시간 동안 잠시라도 노출되어서는 안 되는 기준을 말하며, 노출기준 앞에 "C"를 붙여 표시한다.

(2) 노출기준 사용상의 유의 사항

① 각 유해인자의 노출기준은 해당 유해인자가 단독으로 존재하는 경우의 노출기준을 말하며, 2종 또는 그 이상의 유해인자가 혼재하는 경우에는 각 유해인자의 상가작용으로 유해성이 증가할 수 있으므로 혼합물이 2종 이상 혼재하는 경우에 따라 산출하는 노출기준을 사용하여야 한다.

② 노출기준은 1일 8시간 작업을 기준하여 제정된 것이므로 이를 이용할 때에는 근로시간, 작업의 강도, 온열조건, 이상기압 등이 노출기준 적용에 영향을 미칠 수 있으므로 이와 같은 제반 요인을 특별히 고려하여야 한다.

③ 유해인자에 대한 감수성은 개인에 따라 차이가 있으며 노출기준 이하의 작업환경에서도 직업성 질병에 이환되는 경우가 있으므로 노출기준은 직업병 진단에 사용하거나 노출기준 이하의 작업환경이라는 이유만으로 직업성 질병의 이환을 부정하는 근거 또는 반증자료로 사용할 수 없다.

④ 노출기준은 대기오염의 평가 또는 관리상의 지표로 사용할 수 없다.

(3) 적용 범위

① 노출기준은 법 제39조(보건 조치)에 따른 작업장의 유해인자에 대한 작업환경개선기준과 법 제125조에 따른 작업환경측정 결과의 평가기준으로 사용할 수 있다.

② 고시에 유해인자의 노출기준이 규정되지 아니하였다는 이유로 법, 영, 시행규칙 및 산업안전보건기준에 관한 규칙의 적용이 배제되지 아니하며 이와 같은 유해인자의 노출기준은 미국산업위생전문가협회(ACGIH)에서 매년 채택하는 노출기준(TLUs)을 준용한다.

24 유해인자별 측정 및 평가 방법에 관한 설명으로 옳은 것은?

① 공기 중 석면 농도를 측정하기 위해 PVC 여과지를 장착한 카세트의 상단부 뚜껑을 열고 채취하였다.

② 극성 물질인 페놀을 측정하기 위해 실리카겔을 이용하여 포집하였으며, 탈착용매로 이황화탄소를 사용하였다.

③ 공시료로 보정하여 공기 중 납 농도를 분석한 결과 2.0[mg/mm³]이었으며, 이때 평균회수율이 110[%]이었다면 최종평가농도는 2.2[mg/m³]이다.

④ 활성탄관을 이용하여 1[m³]의 공기를 채취한 후 공기 중 벤젠 양이 활성탄관의 앞층에서는 1.0[mg], 뒤층에서는 0.3[mg]으로 분석되어 공기 중 농도를 1.3[mg/m³]로 평가하였다.

⑤ 소음측정결과를 고용노동부 노출기준과 비교 평가하기 위해 누적소음노출량측정기를 Criteria 90[dB], Exchange Rate 5[dB], Threshold 80[dB]로 설정하여 측정하였다.

답 ⑤

해설

1. 소음의 측정 및 평가

(1) 소음의 측정
① 소음계의 종류로는 주파수 범위와 청감보정 특성의 허용범위의 정밀도 차이에 의해 정밀소음계, 지시소음계, 간이소음계의 3종류로 분류한다.
② 개인의 노출량을 측정하는 기기로는 누적소음노출량측정기(noise dose meter)를 사용하며 노출량(dose)은 노출기준에 대한 백분율(%)로 나타낸다.
③ 누적소음노출량측정기의 법정 설정기준
   ㉮ Criteria : 90[dB]
   ㉯ Exchange rate : 5[dB]
   ㉰ Threshold : 80[dB]

(2) 소음의 평가
① 등가소음레벨(등가소음도 : Leq)
   ㉮ 변동이 심한 소음의 평가방법이며 이렇게 변동하는 소음을 일정시간 측정하여 그 평균에너지 소음레벨로 나타낸 값이 등가소음도이다.
   ㉯ 관련식

$$\text{등가소음도}(Leq) = 16.61 \log \frac{n_1 \times 10^{\frac{L_{A1}}{16.61}} + \cdots + n_n \times 10^{\frac{L_{An}}{16.61}}}{\text{각 소음레벨 측정치의 발생시간 합}}$$

여기서, Leq : 등가소음레벨[dB(A)]
L_A : 각 소음레벨의 측정치[dB(A)]
n : 각 소음레벨 측정치의 발생시간(분)

$$\text{일정시간간격 등가소음도}(Leq) = 10 \log \frac{1}{n} \sum_{i=1}^{n} 10^{\frac{L_i}{10}}$$

여기서, n : 소음레벨 측정치의 수
L_i : 각 소음레벨의 측정치[dB(A)]

② 누적소음폭로량
   ㉮ 단위작업장소에서 소음의 강도가 불규칙적으로 변동하는 소음 등을 누적소음노출량측정기로 측정하여 평가한다.
   ㉯ 관련식

$$누적소음폭로량(D) = \left(\frac{C_1}{T_1} + \frac{C_2}{T_2} + \cdots + \frac{C_n}{T_n}\right) \times 100[\%]$$

여기서, D : 누적소음폭로량[%]
  C : 각 소음레벨 측정치[dB]
  T : 각 폭로허용시간(TLV)[min]

$$TWA = 16.61\log\left(\frac{D(\%)}{100}\right) + 90[dB(A)]$$

여기서, TWA : 시간가중 평균소음수준[dB(A)]
  D : 누적소음폭로량[%]
  100 : ($12.5 \times T$: T = 노출시간)

③ 기타 평가단위
   ㉮ SIL : 회화방해레벨
   ㉯ PSIL : 우선회화방해레벨
   ㉰ NC : 실내소음평가척도
   ㉱ NRN : 소음평가지수(소음평가치)
   ㉲ TNI : 교통소음지수
   ㉳ Lx : 소음통계레벨
   ㉴ Ldn : 주야평균소음레벨
   ㉵ PNL : 감각소음레벨
   ㉶ WECPNL : 항공기소음평가량

기본예제

01 다음 측정값의 등가소음레벨(Leq)은?
소음레벨[dB] 80, 85, 90, 95
소음지속시간[min] 15, 8, 5, 2

해설
$$Leq = 16.61\log\frac{15 \times 10^{\frac{80}{16.61}} + 8 \times 10^{\frac{85}{16.61}} + 5 \times 10^{\frac{90}{16.61}} + 2 \times 10^{\frac{95}{16.61}}}{30} = 85.8[dB(A)]$$

02 다음 측정값의 등가소음레벨(Leq)은?
소음도구간[dB] 60~65, 65~70, 70~75, 75~80
소음지속시간[min] 11, 8, 24, 17

해설

소음도 구간으로 주어지면 중앙값으로 계산한다.

$$Leq = 16.61\log\frac{11\times10^{\frac{62.5}{16.61}}+8\times10^{\frac{67.5}{16.61}}+24\times10^{\frac{72.5}{16.61}}+17\times10^{\frac{77.5}{16.61}}}{60} = 73.1[dB(A)]$$

03 5초 간격으로 10번의 소음을 측정한 결과 다음과 같다. Leq은?
측정치 : 75, 78, 80, 74, 80, 90, 88, 82, 76, 72

해설

$$Leq = 10\log\frac{1}{10}[10^{7.5}+10^{7.8}+10^{8.0}+10^{7.4}+10^{8.0}+10^{9.0}+10^{8.8}+10^{8.2}+10^{7.6}+10^{7.2}] = 83.47[dB(A)]$$

2. 소음관리 및 예방대책

(1) 실내소음의 저감량

흡음대책에 따른 실내소음 저감량(감음량 : NR)

$$NR = SPL_1 - SPL_2 = 10\log\left(\frac{R_2}{R_1}\right) = 10\log\left(\frac{A_2}{A_1}\right) = 10\log\left(\frac{A_1+A_a}{A_1}\right)$$

여기서, NR : 감음량(dB)
SPL_1, SPL_2 : 실내면에 대한 흡음대책 전후의 실내 음압레벨[dB]
R_1, R_2 : 실내면에 대한 흡음대책 전후의 실정수[m², sabin]
A_1, A_2 : 실내면에 대한 흡음대책 전후의 실내 흡음력[mm², sabin]
A_a : 실내면에 대한 흡음대책 전 실내흡음력에 부가된(추가된) 흡음력[m², sabin]

기본예제

01 작업장에서 현재 총흡음량은 600[sabin]이다. 이 작업을 천장과 벽부분에 흡음재를 이용하여 3,000[sabin]을 추가하였을 때 흡음대책에 따른 실내소음의 저감량은?

해설

$$NR(저감량) = 10\log\frac{대책전\ 총흡음력+부가된\ 흡음력}{대책전\ 총흡음력}$$
$$= 10\log\frac{600+3,000}{600} = 7.78[dB]$$

02 현재 총흡음량은 1,200[sabin]인 작업장에 천장에 흡음물질을 첨가하여 2,800[sabin]을 더 할 경우 예측되는 소음감음량(NR)?

해설

$$NR(저감량) = 10\log\frac{1,200+2,800}{1,200} = 5.2[dB]$$

(2) 잔향시간
  ① 실내에서 음원을 끈 순간부터 음압레벨이 60[dB]감소하는 데 소요되는 시간을 의미한다.
  ② 관련식

$$잔향시간(T) = \frac{0.161V}{A} = \frac{0.161V}{\overline{\alpha} \cdot S}$$

  여기서, T : 잔향시간[sec]
          V : 실의 체적[m³]
          A : 실내면의 총흡음력[m², sabin]
          S : 실내면의 총표면적[m²]
          $\overline{\alpha}$: 실내 평균흡음력

(3) Sabin method
  ① 공장내부에 기계 및 설비가 복잡하게 설치되어 있는 경우에 작업장 기계에 의한 흡음이 고려되지 않아 실제 흡음보다 과소평가되기 쉬운 흡음측정 방법이다.
  ② 관련식

$$평균흡음률(\overline{\alpha}) = \frac{0.161V}{ST}$$

  ③ Eyring method → 큰 실내에서 공기흡음을 고려하고 $\overline{\alpha} > 0.3$ 이상의 큰 흡음률을 가질 경우 흡음측정 방법이다.

(4) 차음
  ① 투과율

$$투과율 = (\tau) = \frac{I_t}{I_i}$$

  여기서, I_t : 입사음의 세기[w/m²]
          I_i : 투과음의 세기[w/m²]

  ② 투과손실

$$투과손실(TL) = 10\log\frac{1}{\tau} \rightarrow \tau = 10^{-\frac{TL}{10}}$$

  여기서, TL : 투과손실[dB]

  ③ 질량법칙(수직입사)

$$TL = 20\log(m \cdot f) - 43 [dB]$$

  여기서, m : 차음재의 면밀도[kg/m²]
          f : 입사 주파수[Hz]

기본예제

01 소음에 대한 차음효과는 벽체의 단위면적에 대하여 벽체의 무게를 2배로 할 때마다 몇 [dB]씩 증가하는가?(단, 음파가 벽면에 수직입사하며 질량법칙 적용)

해설

투과손실$(TL) = 20\log(m \cdot f) - 43$[dB]
에서 벽체의 무게와 관계는 m(면밀도)만 고려하면 된다.
$TL = 20\log 2 = 6$[dB]
즉 면밀도가 2배 되면 늑6[dB]의 투과손실치가 증가된다.(주파수도 동일)

(5) 소음대책
　① 발생원 대책(음원 대책)
　　㉮ 발생원에서 저감 : 유속저감, 마찰력감소, 충돌방지, 공명방지, 저소음형 기계의 사용(병타법을 용접법으로 변경, 단조법을 프레스법으로 변경, 압축공기 구동기기를 전동기기로 변경)
　　㉯ 소음기 설치
　　㉰ 방음 커버
　　㉱ 방진, 제진
　② 전파경로 대책
　　㉮ 흡음 : 실내 흡음처리에 의한 음압레벨 저감
　　㉯ 차음 : 벽체의 투과손실 증가
　　㉰ 거리감쇠
　　㉱ 지향성 변환
　③ 수음자 대책
　　㉮ 청력보호구 : 귀마개, 귀덮개
　　㉯ 작업방법 개선
(6) 고체음의 대책
　① 가진력 억제(강제력 저감)
　② 방사면 축소(방사율의 저감)
　③ 공명방지
　④ 제진(차진, 방진)
(7) 공기음(기류음)의 대책
　① 분출유속의 저감
　② 관의 곡률 완화
　③ 밸브의 다단화
(8) 관(tube)토출시 발생하는 취출음의 대책
　① 소음기 부착
　② 토출 유속 저하
　③ 음원을 취출구 부근에 집중(음의 전파를 방지)
(9) 소음기 성능 표시
　① 삽입손실치(IL) : 소음원에 소음기를 부착하기 전과 후의 공간상의 어떤 특정 위치에서 측정한 음압레벨의 차와 그 측정위치로 정의

② 감쇠치(ΔL) : 소음기 내의 두 지점 사이의 음향파워의 감쇠치로 정의
③ 감음량(NR) : 소음기가 있는 상태에서 소음기 입구 및 출구에서 측정된 음압레벨의 차
④ 투과손실치(TL) : 소음기를 투과한 음향출력에 대한 소음기에 입사된 음향출력의 비(입사된 음향출력/투과된 음향출력)를 상용대수 취한 후 10 곱한 값

(10) 배경소음 보정
① 측정소음도가 배경소음도보다 3~9[dB(A)] 차이로 크면 배경소음의 영향이 있기 때문에 측정소음도에 보정표에 의한 보정치를 보정한 후 대상소음도를 구한다.

[표] 보정표[단위 : [dB(A)]

측정소음도와 배경소음차	3	4	5	6	7	8	9
보정치	-3	-2	-2	-1	-1	-1	-1

② 측정소음도가 배경소음도보다 10[dB(A)] 이상 크면 배경소음의 영향이 극히 작기 때문에 배경소음의 보정없이 측정소음도를 대상소음도로 한다.

산업안전지도사 · 과년도기출문제

25 25[℃]에서 수은의 증기압이 0.0013[mmHg]이면 밀폐공간에서 포화증기농도(SVC)는 약 얼마인가? (단, 이때 기압은 760[mmHg]이다.)

① 1.7[ppm]
② 5.6[ppm]
③ 13.0[ppm]
④ 28.5[ppm]
⑤ 56.3[ppm]

답 ①

해설

1. 공기 중 가스와 증기

(1) 공기 중 농도는 일정한 온도, 기압에서는 최고(포화)농도를 갖는다.

$$\text{최고(포화)농도} = \frac{P}{760} \times 10^2 [\%] = \frac{P}{760} \times 10^6 [\text{ppm}]$$

$$= \frac{0.0013}{760} \times 10^6 = 1.7 [\text{ppm}]$$

여기서, P : 물질의 증기압(분압)

(2) 공기 중에서 증기 발생률의 영향 인자
  ① 온도
  ② 압력
  ③ 물질 사용량
  ④ 노출 표면적
  ⑤ 물질의 비점(증기압)

(3) 더운 공기가 차가운 공기보다 많은 증기를 포함하고 어떤 온도와 압력에서도 공기는 최대의 증기량을 포함한다.

(4) 오염된 공기 중에 포함되어 있는 아주 소량의 증기 유효비중(혼합비중)은 순수한 공기비중과 거의 동일하다.

(5) 환기시설 설계시 오염물질만의 비중만 고려하여 후드 설치 위치를 선정하면 안 된다. 즉 유효비중(혼합비중)을 고려하여 설계하여야 한다.

기본예제

01 15[℃], 1기압인 밀폐된 작업장에 어떤 물질이 증발하고 있다. 이 온도에서 이 물질의 증기압이 11.5[mmHg]라고 할 때 공기 중 이 물질의 포화농도[ppm]는?

해설

$$포화농도 = \frac{분압(증기압)}{760} \times 10^6$$
$$= \frac{11.5}{760} \times 10^6$$
$$= 15,132[ppm]$$

02 정상적인 공기 중의 산소함유량은 21[%]이며 그 절대량, 즉 산소분압은 해면에 있어서는 몇 [mmHg]인가?

해설

$$포화농도(\%) = \frac{분압(증기압)}{760} \times 10^2$$
$$21 = \frac{분압}{760} \times 10^2$$

분압 = 159.6[mmHg]

03 사염화탄소가 7,500[ppm]인 경우 유효비중은 얼마인가?(단, 공기비중 1.0, 사염화탄소 비중 5.7)

해설

$$유효비중 = \frac{(7,500 \times 5.7) + (992,500 \times 1.0)}{1,000,000} = 1.0353$$

04 작업장에 퍼져 있는 트리클로로에틸렌(T.C.E)의 농도가 10,000[ppm]이고, 트리클로로에틸렌의 비중이 5.3이라면 오염공기의 유효비중은?

해설

$$유효비중 = \frac{(10,000 \times 5.3) + (990,000 \times 1.0)}{1,000,000}$$
$$= 1.043 (문제상 공기비중을 주어지지 않으면 1로 계산함)$$

05 벤젠 1[L]가 모두 증발하였다면 벤젠이 차지하는 부피는?(단, 벤젠의 비중은 0.88이고 분자량은 78, 21[℃] 1기압)

> **해설**
> 벤젠 사용량을 우선 구하면
> $1[L] \times 0.88[g/mL] \times 1,000[mL/L] = 880[g]$
> 벤젠 발생부피는
> $78[g] : 24.1[L] = 880[g] : x(부피)$
> ∴ $x(부피) = 272[L]$

06 벤젠 1[kg]이 모두 증발하였다면 벤젠이 차지하는 부피는?(단, 벤젠의 비중 0.88, 분자량 78, 21[℃] 1기압)

> **해설**
> 벤젠 사용량(1[kg])이 문제에서 주워졌으므로 벤젠 발생 부피는
> $78[g] : 24.1[L] = 1,000[g] : x(부피)$
> ∴ $x(부피) = 309[L]$

07 실내공간이 50[m³]인 빈 실험실에 MEK가 2[mL]가 기화되어 완전히 혼합되었다고 가정하면 이때 실내의 MEK 농도는 몇 [ppm]인가?(단, MEK 비중 = 0.805, 분자량 = 72.1, 25[℃] 1기압 기준)

> **해설**
> MEK 발생 농도를 중량단위[mg/m³]로 구하면
> $\dfrac{2[mL]}{50[m^3]} \times 0.805[g/mL] = 0.032[g/m^3] \times 1,000[mg/g] = 32.2[mg/m^3]$
> 중량농도를 용량단위[ppm]로 구하면
> $ppm = 32.2[mg/m^3] \times \dfrac{24.45}{72.1} = 10.92[ppm]$

08 공기 100[L] 중에서 톨루엔(분자량 78.1, 비중 0.866) 1[mL]가 모두 증발하였다면 톨루엔의 농도는 몇 [ppm]인가? (25[℃] 1기압 기준)

> **해설**
> 톨루엔 발생농도를 중량단위[mg/m³]로 구하면
> $\dfrac{1[mL]}{100[L]} \times 0.866[g/mL] = 0.00866[g/L] \times 1,000[mg/g] \times 1,000[L/m^3] = 8,660[mg/m^3]$
> 중량농도를 용량단위[ppm]으로 구하면
> $ppm = 8,660[mg/m^3] \times \dfrac{24.45}{78.1} = 2,711[ppm]$

SAFETY ENGINEER

Note

산업안전지도사 자격시험
제1차 시험문제지

2013년도 4월 20일 필기문제

제3과목 기업진단·지도	총 시험시간 : 90분 (과목당 30분)	문제형별 A

수험번호	20130420	성 명	도서출판 세화

【수험자 유의사항】

1. 시험문제지 표지와 시험문제지 내 **문제형별의 동일여부** 및 시험문제지의 **총면수·문제번호 일련순서·인쇄상태** 등을 확인하시고, 문제지 표지에 수험번호와 성명을 기재하시기 바랍니다.
2. 답은 각 문제마다 요구하는 **가장 적합하거나 가까운 답 1개**만 선택하고, 답안카드 작성 시 시험문제지 **형별누락, 마킹착오**로 인한 불이익은 전적으로 **수험자에게 책임**이 있음을 알려 드립니다.
3. 답안카드는 국가전문자격 공통 표준형으로 문제번호가 1번부터 125번까지 인쇄되어 있습니다. 답안 마킹 시에는 반드시 **시험문제지의 문제번호와 동일한 번호**에 마킹하여야 합니다.
4. **감독위원의 지시에 불응하거나 시험 시간 종료 후 답안카드를 제출하지 않을 경우** 불이익이 발생할 수 있음을 알려 드립니다.
5. 시험문제지는 시험 종료 후 가져가시기 바랍니다.

【안 내 사 항】

1. 수험자는 **QR코드를 통해 가답안을 확인**하시기 바랍니다.
   (※ 사전 설문조사 필수)
2. 시험 합격자에게 '**합격축하 SMS(알림톡) 알림 서비스**'를 제공하고 있습니다.

▲ 가답안 확인

- 수험자 여러분의 합격을 기원합니다 -

3. 기업진단·지도

01 테일러(Taylor)의 과학적 관리법(scientific management)에 관한 설명으로 옳은 것만을 모두 고른 것은?

> ㄱ. 부품을 표준화하고, 작업이 동시에 시작하여 동시에 끝나므로 동시관리라고도 한다.
> ㄴ. 과업 중심의 관리로 인간의 심리적, 사회적 측면에 대한 문제의식이 부족하다.
> ㄷ. 동일작업에 대하여 과업을 달성하는 경우 고임금, 달성하지 못하는 경우에는 저임금을 지급한다.
> ㄹ. 작업을 전문화하고 전문화된 작업마다 직장(foreman)을 두어 관리하게 한다.
> ㅁ. 작업환경에 관계없이 작업자의 동기부여가 작업능률을 증가시키는 결과를 보여주었다.

① ㄱ, ㅁ
② ㄷ, ㄹ
③ ㄴ, ㄷ, ㄹ
④ ㄴ, ㄹ, ㅁ
⑤ ㄱ, ㄷ, ㄹ, ㅁ

답 ③

해설

Taylor system의 과학적 관리

(1) 시간연구와 동작연구를 통한 과업관리(task management)
  ① 과학적 관리법이 실시되기 이전에는 인습적이고 방임적인 관리가 성행하였는데, 이러한 비능률적인 관리를 개선하기 위해서 능률증진 운동의 일환으로 정상적 능력을 가진 작업자가 건강을 해치지 않을 정도로 온종일 할 수 있는 일(a large daily work)로 정의할 수 있다.
  ② 과업을 책정하기 위하여 시간 및 동작연구가 요구되는 것이다.
  ③ 높은 임금과 낮은 노무비의 원리(high wage and low labour cost)로서 표준관리의 4대 원리는 다음과 같다.
    ㉮ 공정한 일일 과업
    ㉯ 표준화된 제 조건
    ㉰ 성공에 대한 고임금 지급
    ㉱ 실패한 경우의 근로자의 손실

(2) 기능적 관리(functional management) : 기능식 직장제도
  ① 일반 작업자보다는 직장(foreman)의 태업을 방지하는 데 목적을 둔 것이다.
  ② 직장의 직무 성격상 직장을 과업이라는 수단으로 묶어 태업을 방지할 수 없으므로, 테일러는 조직의 재편성을 통해 기능적 직장제도를 마련하였다.
  ③ 종래에 일반 작업자가 수행하던 계획기능 및 과업관리 중에서 계획기능을 분리시켜 직장이 맡도록 하고, 일반 작업자는 과업관리만을 맡도록 함으로써 분업에 의한 전문화의 이점을 얻으려고 했던 것이다.

(3) 차별성과급제(Differential piece-rate system) : 과업관리를 통하여 누구나 할 수 있는 하루의 공정량(일일과업량)을 산출한 후 일일과업량에 도달한 작업자에게는 고율의 임률을 적용하지만, 일일과업량에 도달하지 못한 작업자(태업을 한 작업자로 간주)에게는 저율의 임률을 적용하여 성과급을 지급

(4) 계획부 제도(planning department) : 차별성과급제를 도입하게 되면 고임금을 받는 근로자가 점점 증가하게 됨에 따라 주기적으로 동작연구와 시간연구를 통하여 표준시간과 표준동작을 조정해 주는 계획부를 두어 그 기능을 담당

(5) 작업지도표 제도(Instruction card system) : 표준적인 작업의 순서와 동작, 표준시간 등이 기입된 표로 직장들은 이 작업지도표에 의거하여 종업원들을 관리·감독

(6) 테일러의 과학적 관리법의 한계 : 조직 전체에 대한 연구가 아닌 작업자의 활동에만 초점을 둠으로써 경영을 전체적으로 보지 못하였다는 한계점

> [보충학습]

Ford system

(1) 20세기에 들어와서 생산의 기계화가 실현되고 노동조합이 출현하고 기업규모가 거대화됨에 따라 과업 및 차별적 성과급을 중심으로 하는 테일러시스템만으로는 작업자의 작업의욕이나 의사를 통제할 수 없게 되었다. 즉 작업자인 인간만을 대상으로 하여 능률을 최고도로 향상시키는 데에는 한계가 있음이 나타나게 되었다.
(2) 생산능률의 향상을 작업조직의 철저한 합리화로 달성하려고 개발된 작업체계가 포드시스템(Ford system)이다.
(3) 포드시스템의 특징
　① 제품의 표준화, 부분품의 규격화, 공장의 전문화, 기계 및 공구의 전문화, 작업의 표준화 등을 포함한 생산의 표준화이다.
　② 컨베이어시스템을 활용한 이동조립 방법이다.
(4) 컨베이어시스템에 의한 이동조립방식(moving assembly method)은 만일 한 부분에서 작업을 중단하게 되면 전체 작업이 중단되기 때문에 이와 같이 작업을 종합화함으로써 태업을 방지하고 능률향상을 기할 수 있게 되어 제조산업의 발전에 커다란 기여를 하였다.
(5) 포드자동차 회사에서는 이 방법을 사용하여 포드자동차의 생산원가를 크게 절감하고 판매가격을 인하하면서도 종업원에게 고임금을 지급할 수 있었다.
(6) 이동조립생산의 방법은 단일 제품의 대량생산이 그 전제조건이어야 하고, 공장 전체의 표준화가 선행되어야 한다.

[표] 테일러시스템과 포드시스템

구분	테일러시스템	포드시스템
제창자	F. W. Taylor	H. Ford
일반통칭	과업관리(task management)	동시관리(management by synchronization)
적용목적	주로 개별생산의 공장, 특히 기계제작 공장에 있어서의 관리기술의 합리화가 목적	연속생산의 능률향상 및 관리의 합리화가 목적 (테일러시스템의 결점을 보완)
일관된 근본정신	고임금, 저노무비의 원칙 (high wage and low labour cost principle)	저가격, 고임금의 원칙 (low price, high wage principle)
원리 기본이념	① 최적과업 결정 ② 제조건의 표준화 ③ 성공에 대한 우대 ④ 실패 시 노동자 손실	최저생산비로 사회에 봉사한다는 경영이념
수단방법 (구체적 전제)	과업관리 합리화를 위한 수단 ① 기초적 시간 연구 ② 직능식 조직 ③ 차별적 성과급제 ④ 지도표 제도의 채용	동시관리 합리화를 위한 전제 ① 생산의 표준화(제품의 단순화, 부분품의 규격화, 기계공구의 전문화, 작업의 단순화) ② 이동조립법(conveyor system) ③ 일급제 급여 ④ 대량소비 시장의 존재

2013년도 4월 20일 필기문제

02 재고의 기능에 따른 분류에 관한 설명으로 옳지 않은 것은?

① 안전재고 : 제품 수요, 리드타임 등의 불확실한 수요에 대비하기 위한 재고

② 분리재고 : 공정을 기준으로 공정전·후의 재고로 분리될 경우의 재고

③ 파이프라인 재고 : 공장에서 물류센터, 물류센터에서 대리점 등으로 이동 중에 있는 재고

④ 투기재고 : 원자재 고갈, 가격인상 등에 대비하여 미리 확보해두는 재고

⑤ 완충재고 : 생산 계획에 따라 주기적인 주문으로 주문기간 동안 존재하는 재고

답 ⑤

해설

완충재고
① 시가가 앙등했을 때에는 현물을 방출한다.
② 시가가 폭락했을 때에는 현금으로 사들여서 시가의 안정을 꾀한다.
　예) 국제주석협정에서는 국제적인 완충재고가 설치되어 있다.
③ 경기가 불안함에 따라 오는 충격을 완충하는 재고를 말한다.

보충학습

1차산품 수출국은 국제시세의 대폭적인 변동을 막고 자국의 수출소득안정을 꾀하는 1차산품의 국제적 완충재고 설치를 위한 공동기금의 설립을 UNCTAD(국제연합 무역개발회의) 등을 통해 선진국 측에 요구하여 왔는데, 1980년 6월의 교섭회의에서는 1차산품 완충재고에 대한 융자인 제1계정에 4억 달러, 바나나 등 재고가 불가능한 1차산품에 대한 연구개발·생산성 향상·시장개발을 위한 융자인 제2계정에 3억 5,000만 달러, 도합 7억 5,000만 달러의 1차산품 공동기금 설립에 합의하였다.

[표] 재고형태에 따른 재고감축방법

재고의 형태	1단계 고려사항	2단계 고려사항	해결방식
주기재고	Q를 줄인다. → 주문횟수. 생산준비비 고려	주문, 준비비용을 절감한다.	JIT
		반복성을 증가시킨다.	GT, FMS
안전재고	필요한 시점에서 주문한다. → 불확실성 고려	수요예측을 더 정확하게 한다.	예측기법개선
		리드타임 축소	
		공급의 불확실성 축소	생산계획을 납품업자에게 공지
		여유설비, 여유노동력 보유	생산율 극대화
예상재고	수요율에 따라 산출률 조절	수요율의 평준화	신제품 개발, 디마케팅, 동시화마케팅
수송중 재고	생산 → 유통기간의 단축	리드타임의 감소	재고의 전방배치 더 빠른 공급자의 발견 컴퓨터시스템의 도입 로트(Q)크기 감소

보충학습

재고의 구분

(1) 주기재고
   ① 주기재고란 재고관리비용을 감소시키기 위해 보유하는 재고를 말한다.
   ② 적정량의 주기재고의 결정(또는 로트의 크기 결정)은 주문과 주문시간 간격에 달려 있다.
   ③ 주기가 길수록 주기재고는 커지게 된다.
(2) 안전재고
   ① 안전재고란 수요, 리드타임, 공급 등의 불확실성에 대처하기 위해 사용되는 재고이다.
   ② 안전재고의 결정은 주문도착시간(리드타임)의 크기에 달려 있다.
(3) 예상재고
   ① 예상재고란 사업상 직면되는 불규칙 수요와 공급에 대비하기 위한 재고를 말한다.
   ② 에어컨과 같은 계절상품은 수요가 많은 여름에 생산량을 늘리는 것보다 수요가 적은 기간에 생산을 평준화하여 재고를 비축하는 것이 생산성 면에서 유리하다.
(4) 수송중 재고
   ① 수송중 재고(예정입고, 기발주주문)란 한 지점에서 다른 지점으로 이동중인 재고를 말하며 이미 발주하였으나 아직 도착하지 않은 주문량의 합이다.
   ② 수송중 재고는 대금이 지불되었으나 아직 입고되지 않은 원재료, 공장 내부에 수송중인 재공품, 선적되었으나 대금을 받지 못한 완제품 등을 포함한다.
(5) 분리재고 : 공정을 기준으로 공정전·후의 재고로 분리될 경우의 재고를 말한다.
(6) 파이프라인 재고 : 공장에서 물류센터, 물류센터에서 대리점 등으로 이동 중에 있는 재고를 말한다.
(7) 투기재고 : 원자재 고갈, 가격인상 등에 대비하여 미리 확보해 두는 재고를 말한다.
(8) 완충재고 : 특정상품의 가격안전과 수급 조절을 위한 재고를 말한다.

03 생산시스템에 관한 설명으로 옳지 않은 것은?

① 모듈생산시스템(MPS : Modular Production System)은 단납기화 요구강화와 원가절감을 위하여 부품 또는 단위의 조합에 따라 고객의 다양한 주문에 대응하는 생산시스템이다.

② 자재소요계획(MRP : Material Requirements Planning)은 주일정계획(기준생산일정)을 기초로 하여 완제품 생산에 필요한 자재 및 구성부품의 종류, 수량 시기 등을 계획하는 시스템이다.

③ 적시생산시스템(JIT : Just In Time)은 제품생산에 요구되는 부품 등 자재를 필요한 시기에 필요한 수량만큼 적기에 생산, 조달하여 낭비요소를 근본적으로 제거하려는 생산시스템이다.

④ 유연생산시스템(FMS : Flexible Manufacturing System)은 CAD, CAM 및 MRP 등의 기술을 도입, 생산 설비를 빠르게 전환하여 소품종 대량생산을 효율적으로 행하는 시스템이다.

⑤ 셀생산시스템(CMS : Cellular Manufacturing System)은 숙련된 작업자가 컨베이어라인이 없는 셀(cell) 내부에서 전체공정을 책임지고 완수하는 사람중심의 자율생산시스템이다.

답 ④

해설

유연생산시스템(Flexible Manufacturing System : FMS) 제도

(1) 개요
　① 다양한 제품생산을 자동으로 행하는 유연자동화의 개념에 의하여 자동생산 관리기술(여러 대의 공작기계와 산업용 로봇, 자동착탈장치, 무인운반차 등)과 이들을 종합적으로 관리·제어하는 컴퓨터, 소프트웨어 등의 생산관리기술을 생산시스템으로 합성한 자동생산시스템
　② 대량생산시스템의 자동흐름라인과 소량생산의 NC(numerical control : 수치제어) 기계시스템간의 간격을 메워주는 중간 역할을 한다.

(2) FMS의 효과
　① 다양한 부품의 생산·가공
　② 가공준비 및 대기시간의 단축에 의한 제조시간의 최소화
　③ 설비 이용률 향상
　④ 생산 인건비의 감소
　⑤ 제품 품질의 향상
　⑥ 공정 재공품의 감소
　⑦ 종합생산 system에 의한 생산관리능력 향상

04 프로젝트 관리에 활용되는 PERT(Program Evaluation & Review Technique)와 CPM(Critical Path Method)의 설명으로 옳은 것은?

① PERT는 개개의 활동에 대해 낙관적 시간치, 최빈 시간치, 비관적 시간치를 추정한 후 그들이 정규분포를 이룬다고 가정하여 평균기대 시간치를 구한다.

② CPM은 프로젝트의 완성시간을 앞당기기 위해 최소비용법을 활용하여 주공정상에 위치하는 작업들의 비용관계를 분석하여 소요시간을 줄인다.

③ 과거자료나 경험을 기초로 한 PERT는 활동중심의 확정적 시간을 사용하고, 불확실한 작업을 기초로 한 CPM은 단계중심의 확률적 시간 추정치를 사용한다.

④ PERT/CPM은 활동의 전후 관계를 명확히 하고 체계적인 일정 및 예상통제로 효율적 진도관리를 위해 간트(Gantt)차트와 같은 도식적 기법을 활용한다.

⑤ PERT/CPM은 TQM(Total Quality Management)과 연계되어 있어 제품 및 서비스에 대한 고객만족 프로세스를 지향하는 프로젝트 관리도구로 적합하다.

답 ②

해설

PERT/CPM

(1) 개요
① PERT(Program Evaluation and Review Technique)란 network를 이용하여 사업계획을 효과적으로 수행할 수 있도록 이를 일정, 노력 및 비용 등과의 관련 하에 과학적으로 계획하고 관리하는 종합적인 일정관리기법으로서 시간에 중점을 둔 것을 PERT/time, 비용절감도 동시에 고려할 수 있는 것을 PERT/cost라고 한다.
② CPM(Critical Path Method)은 project 관리에서 공기의 단축이 요구될 때 작업자나 설비를 초과 투입하여 주공정상의 어느 작업을 단축해 최소비용 증가로 공사기간을 최소화하는 기법으로, 각 작업의 시간당 비용증가를 비교하여 최소비용증가 작업부터 단계적으로 단축함으로써 공사비용의 증가를 최소화하는 방법으로 비용과 시간을 동시에 고려한다.
③ 초기의 PERT는 단계중심의 확률모델인 반면, CPM은 활동중심의 확정모델이라 할 수 있는데 현재는 불확실성 하의 일정관리기법을 PERT/CPM이라 통칭하고 있다.

(2) PERT/CPM의 장점
① 상세한 계획을 수립하기 쉽고, 변화나 변경에 곧 대처할 수 있다.
② 작업착수 전에 network 상의 문제점을 명확히 하고 종합적으로 파악할 수 있고 중점적인 일정관리가 가능하다.
③ 총소요기간의 정도가 높다.
④ 제 자원의 효율화를 기할 수 있다.
⑤ 주공정이 들어간 network는 계획내용을 상대방에게 설명하는 데 유력한 자료가 되고, 상호간의 의사소통의 유력한 수단이 된다.
⑥ 정확한 계획, 분석이 가능하다.
⑦ 시간을 단축하고, 비용을 절감할 수 있다.
⑧ 의사소통이나 정보교환이 용이하고 보고제도의 확립으로 팀웍이 좋아진다.
⑨ 경험이 적은 사람에 대한 교육적 효과에 기여하는 바가 크다.

(3) PERT/CPM의 도입에 따른 이점
① 효과적인 예산통제가 가능하다.
② 과학적인 자료를 제시할 수 있다.
③ 경영층에서의 과학적인 의사결정이 가능하다.
④ 요소작업 상호간의 연관성이 명백해진다.
⑤ 최저비용으로 공기단축이 가능하다.
⑥ 참가인원들의 참여의식이 높아진다.

(4) PERT/CPM의 운용에 따른 이점
　① 진도관리의 정확화와 관리통제를 강화할 수 있다.
　② 사전예측 및 사전조치가 가능하다.
　③ 지연작업의 합리적인 만회가 가능하다.
　④ 불필요한 야간작업을 배제할 수 있다.
　⑤ 작업연결 미지로 인한 착수지연을 방지할 수 있다.
　⑥ 책임소재가 명확해진다.

보충학습

(1) PERT/CPM의 특징
프로젝트는 1회성, 비반복적 특성을 갖는 업무로서 목표지향성, 복잡성, 불확실성, 특이성, 일시성의 특징이 있다. 프로젝트의 관리는 공정계획, 일정계획, 진도관리의 과정으로 전개되며, 일정이나 시간이 중점적으로 관리되는 일정관리가 중심이 되는데 간트차트나 PERT/CPM의 기법이 주로 적용된다.

[표] PERT(Porgram Evaluation & Review Technique)와 CPM(Critical Path Method)

구분	PERT	CPM
탄생배경	NASA의 폴라리스 미사일 일정계획 사업목적	듀퐁사의 설비보전 비용의 원가절감 목적
주목적	공기단축(Time)	원가절감(Cost)
모형	확률적 모형	확정적 모형
대상 프로젝트	신규사업, 비반복사업, 경험이 없는 사업	반복사업, 경험이 있는 사업
일정 계산	Event 중심의 일정계산 일정계산이 복잡	Activity 중심의 일정계산 일정계산이 자세하고 작업간 조정이 용이
최소 비용	특별한 이론이 없음	CPM의 핵심이론

(2) TQM(Total Quality Management, 종합적 품질경영)
　① 품질경영(Quality Management)과 종합적 품질관리(Total Quality Control)의 개념이 모두 포함된 개념
　② 최고경영자의 품질방침에 따라 고객이 만족할 수 있는 품질의 제품이나 서비스를 만들기 위하여 모든 조기구성원들이 참여하여 제품과 생산공정을 지속적으로 개선하는 기업의 총체적인 전략
　③ 조직의 기본 생활방식이고 기업문화이자 기업철학이 될 수 있음

(3) TQM(Total Quality Management, 종합적 품질경영)의 기본요소
　① 고객만족
　② 전원참여
　③ 지속적 개선

05 직무와 관련된 설명으로 옳은 것은?

① 직무충실화는 허즈버그(F.Herzberg)가 2요인 이론을 직무에 구체적으로 적용하기 위하여 제창한 것이다.

② 직무분석에는 서열법, 분류법, 점수법, 요소비교법 등의 방법들이 활용된다.

③ 직무기술서에는 직무수행에 요구되는 기능, 지식, 육체적 능력과 교육수준이 기술되어 있다.

④ 직무명세서에는 직무가치와 직무확대에 대한 구체적인 지침이 제시되어 있다.

⑤ 직무평가의 1차적 목적은 직무기술서나 직무명세서를 작성하는 것이며, 2차적으로는 조직, 인사관리를 위한 자료를 제공하는 것이다.

답 ①

해설

직무분석

(1) 직무분석법의 종류
　① 면접법
　② 관찰법
　③ 질문서법
　④ 종합적 방법

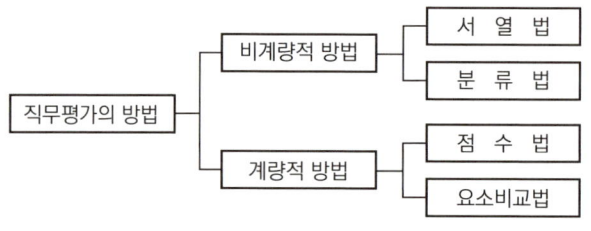

[그림] 직무평가의 방법

(2) 직무기술서(직무해설서)
　① 직무기술서(job description)는 직무분석을 통하여 얻은 직무에 관한 자료와 정보를 직무의 특성에 중점을 두고 정리·기록한 문서이다.
　② 구성요소
　　㉮ 직무표식(job identification : 직무명, 직무번호, 소속부서명 등)
　　㉯ 직무개요(job summary : 다른 직무와 구별될 수 있는 직무수행의 목적이나 내용의 약술)
　　㉰ 직무내용(job content)
　　㉱ 직무요건(job requirement : 직무의 수행에 필요한 책임, 전문지식, 정신적·신체적 요건 등)

(3) 직무명세서
　① 직무명세서(job specification)란 직무기술서의 내용을 기초로 직무요건만을 분리하여 구체적으로 작성한 문서이다.
　② 직무요건 중에서 특히 성공적인 직무수행을 위하여 필요한 인적 요건에 큰 비중을 두고 정리·기록한 문서이다.
　③ 구성요소
　　㉮ 직무표식(job identification)
　　㉯ 직무개요(job summary)
　　㉰ 인적 요건(성별, 연령, 신장과 체중, 성격, 지능, 지식, 기술과 경험의 정도, 교육수준과 이해력 수준, 기타 인적 요건)

[표] 직무기술서와 직무명세서의 비교

구분	직무기술서	직무명세서
차이점	① 직무의 내용과 요건에 동일한 비중 ② 종업원과 감독자에게 직무에 관한 개괄적 자료 제공	① 직무내용보다는 직무요건에, 특히 인적 요건에 큰 비중 ② 고용, 훈련, 승진, 전직에 기초자료 제공
공통점	직무분석의 결과를 일정한 서식으로 정리·기록한 문서	

(4) 그 밖의 사항
  ① 직무분석에는 관찰법, 면접법, 질문서법, 경험법, 중요사건서술법, 종합법 등의 방법들이 활용된다.
  ② 직무기술서에는 직무의 명칭, 내용, 수행방법 및 절차, 원재료, 설비작업도, 작업조건 등이 기술되어 있다.
  ③ 직무명세서에는 특정 직무를 수행함에 있어서 갖추어야 할 직무담당자의 자격요건(인적특성)이 제시되어 있다.
  ④ 직무평가의 목적은 임금수준의 결정, 인력배치와 확보를 위한 기초자료, 구성원의 능력개발 등이다.

참고

2013년 4월 20일(문제 14번)

보충학습

허즈버그(F.Herzberg)
(1) 동기-위생 이론
허즈버그의 동기 - 위생이론(動機-衛生理論 : Herzberg's motivation-hygiene theory) 또는 2요인 이론(二要因理論 : two-factor theory)은 현실적인 기업의 관리에 있어서 어떠한 상황이 고차적인 욕구를 충족시킬 수 있는 동기(motivation)가 되는가를 탐구해야 한다. 프레더릭 허즈버그(Frederick Herzberg)가 제안한 것으로 이러한 것을 탐구하기 위한 유력한 학설이다.

(2) 인간 동기(motivation)에 대한 가설
허즈버그는 인간에게 동기(motivation)를 주는 욕구로 아래 두 가지를 제시했다.
① 불쾌감을 회피하려는 욕구
② 정신적으로 성장하고 자기실현을 추구하려는 욕구
  또한 위의 두 가지 욕구는 완전히 이질적인 것이며, 별개의 요소에 의하여 충족되는 것이라는 가설을 세웠다.

06 커뮤니케이션과 의사결정에 관한 설명으로 옳은 것은?

① 암묵지를 체계적, 조직적으로 형식지화한다고 하여도 의사결정의 가치창출 수준은 높아지지 않는다.
② 커뮤니케이션 효과를 높이기 위하여 메시지 전달자는 공식 서신, 전자우편, 전화, 직접 대면 등 다양한 방식 중 한 가지 방식에 집중할 필요가 있다.
③ 커뮤니케이션의 문제 상황이 복잡한 경우 공식적인 수치와 공식적 서신이 소통방식으로 적합하다.
④ 공식적인 서신과 공식적인 수치는 대면적 의사소통에 비하여 의미있는 정보를 전달할 잠재력이 높다.
⑤ 제한된 합리성이론에 따르면 '의사결정자가 현 상태에 만족한다면 새로운 대안 모색에 나서지 않는다.'라고 한다.

답 ⑤

해설

커뮤니케이션과 의사결정
① 암묵지를 체계적, 조직적으로 형식지화하면 의사결정의 가치창출 수준은 높아진다.
② 커뮤니케이션 효과를 높이기 위하여 메시지 전달자는 공식 서신, 전자우편, 전화, 직접 대면 등 다양한 방식을 활용할 필요가 있다.
③ 커뮤니케이션의 문제 상황이 복잡한 경우 비공식적인 수치와 비공식적 서신이 소통방식으로 적합하다.
④ 공식적인 서신과 공식적인 수치는 대면적 의사소통에 비하여 의미 있는 정보를 전달하기 어렵다.
⑤ 제한된 합리성이론에 따르면 '의사결정자가 현 상태에 만족한다는 새로운 대안 모색에 나서지 않는다'라고 한다.

[표] 집단의사결정 기법 간 유효성 비교

구분	집단의사결정 기법				
	상호작용	브레인스토밍	명목집단	델파이	통계통합
아이디어의 수	적다	중간	많다	많다	적용불가능
아이디어의 질	낮다	중간	높다	높다	적용불가능
구성원 간 압력	높다	낮다	중간	낮다	없음
시간/비용	중간	낮다	낮다	높다	낮다
과업지향성	낮다	높다	높다	높다	높다
갈등유발가능성	높다	낮다	중간	낮다	낮다
성취감	다양(높고/낮다)	높다	높다	중간	낮다
해결책 추구노력	높다	관련없음	중간	낮다	낮다
집단응집력	높다	높다	중간	낮다	중간

07 임금관리 공정성에 관한 설명으로 옳은 것은?

① 내부공정성은 노동시장에서 지불되는 임금액에 대비한 구성원의 임금에 대한 공평성 지각을 의미한다.

② 외부공정성은 단일 조직 내에서 직무 또는 스킬의 상대적 가치에 임금 수준이 비례하는 정도를 의미한다.

③ 직무급에서는 직무의 중요도와 난이도 평가, 역량급에서는 직무에 필요한 역량기준에 따른 역량 평가에 따라 임금수준이 결정된다.

④ 개인공정성은 다양한 직무 간 개인의 특질, 교육정도, 동료들과의 인화력, 업무 몰입수준 등과 같은 개인적 특성이 임금에 반영되는 정도를 의미한다.

⑤ 조직은 조직구성원에 대한 면접조사를 통하여 자사 임금수준의 내부, 외부 공정성 수준을 평가할 수 있다.

답 ③

해설

직무급과 직능급의 비교

구분	직무급	직능급
성격	직무를 중심으로 한 임금	직무수행능력을 중심으로 한 임금 (직무를 전제로 한 사람에 대한 임금)
필요도구	직무분석, 직무평가, 직위분류제도	직능분류, 직능자격제도
임금산정기준	직무의 상대적 가치	직무수행능력
전제조건	직무의 표준화와 전문화 적정배치가 충분히 이루어짐	직능이 신장될 수 있는 직종 적정배치 충분하지 않아도 됨

08 막스 베버(M. Weber)가 제시한 관료제의 특징은?

① 조직의 활동을 합리적으로 조정하기 위해서는 업무처리를 위한 절차가 명확하게 규정되어야 한다.

② 조직구성원 간 의사소통의 활성화를 위해 수평적 조직구조를 선호한다.

③ 환경에 대한 적절한 대응을 위해 조직구성원 간의 정보공유를 중시한다.

④ '기계적 관료제'라 불리며 복잡한 환경의 대규모 조직에 효과적이다.

⑤ 하급자는 상급자의 감독과 통제 하에 놓이게 되나 성과 평가를 할 때에는 하급자도 상급자의 평가과정에 참여한다.

답 ①

해설

리더십

(1) 카리스마적 리더십(Charismatic Leadership)
    ① 카리스마적 리더십이란 카리스마적 권위에 기초하는 리더십을 말한다.
    ② Weber는 카리스마적 리더십을 하급자의 리더에 대한 지각(perception)이라고 보고, 리더가 남들이 갖고 있지 못한 천부적인 특성을 갖고 있다고 하급자들이 느끼게 될 때, 리더는 카리스마적 리더십을 발휘할 수 있게 된다고 하였다.
    ③ 리더가 갖는 어떤 특성을 실제보다 큰 것처럼 느끼게 됨으로써 리더를 믿고 따르게 된다는 것이다.

(2) 막스 베버(M.Weber)가 제시한 관료제의 특징
    베버는 권한의 유형을 카리스마적 권한, 전통적 권한 및 합리적·법적 권한으로 구분하였으며, 이 중 합리적·법적 권한에 근거하여 운영될 때 조직은 능률적이고 합리적으로 운영된다고 간주한다.
    ① 위계서열 중시
    ② 분업화를 통한 능률 극대화
    ③ 규칙과 절차를 공식화
    ④ 분명한 책임소재 및 공사결정 내용 문서화
    ⑤ 공식적인 교육·훈련 및 시험을 통한 구성원의 기술력 중시
    ⑥ 관리자는 직업적인 전문경영자로 정의

09 BSC(Balanced Score Card)에 관한 설명으로 옳지 않은 것은?

① 내부 프로세스 관점과 학습 및 성장 관점도 평가의 주요 관점이다.

② 재무적 관점 이외에 고객관점도 평가의 주요 관점이다.

③ 로버트 카플란(R. Kaplan)과 노튼(D. Norton)이 제안한 성과 평가 방식이다.

④ 균형잡힌 성과 측정을 위한 것으로 대개 재무와 비재무지표, 결과와 과정, 내부와 외부, 노와 사 간의 균형을 추구하는 도구이다.

⑤ 전략 모니터링 또는 전략 실행을 관리하기 위한 도구로 활용하는 경우에는 성과 평가 결과를 보상에 연계시키지 않는 것이 바람직하다는 견해가 있다.

답 ④

해설

지표 간의 균형
(1) 재무적 지표와 비재무적 지표의 균형 : BSC는 재무성과지표에 과도하게 의존하는 결점을 미래 성과동인들 간의 균형을 통해 극복하기 위해 고안되었다.
(2) 조직 내부요소와 외부요소 간의 균형
　① BSC에 있어서 주주와 고객은 외부요소를 대표하며, 직원과 내부 프로세스는 내부요소를 대표한다.
　② BSC는 전략을 효과적으로 실행할 수 있도록 이러한 구성요소들 간의 상충하는 요구에 균형을 이루게 한다.
(3) 선행지표와 후행지표 간의 균형
　① 후행지표들은 과거 성과를 나타낸다.
　② 고객만족, 매출 등이 전형적인 후행지표의 예이다.
　③ 후행지표들은 객관적이고 쉽게 접근할 수 있지만 미래를 예측하는 능력은 결여되어 있다.
　④ 선행지표들은 이러한 후행지표들을 달성할 수 있게 해주는 성과동인이다. 예를 들어, 적시배송은 고객만족이라는 후행지표의 선행지표가 된다.

10 A과장은 근무평정을 할 때 자신의 부하직원 B가 평소 성실하다는 이유로 자신이 직접 관찰하지 않아서 잘 모르는 B의 창의성, 도덕성, 기획력 등을 모두 높게 평가하였다. 이러한 경우 A과장은 어떤 평정오류를 범하고 있는가?

① 관대화오류
② 후광오류
③ 엄격화오류
④ 중앙집중오류
⑤ 대비오류

답 ②

해설

고과자에 의한 오류

(1) 중심화, 관대화, 가혹화 경향
 ① 고과자가 평가방법을 잘 이해하지 못하거나, 낮게 평가하면 대립이 있을 것을 우려하는 경우 평균치에 집중하여 평가하는 경향이 나타난다.
 ② 평가자 자신에 대한 인정을 얻기 위해 피평가자를 인정하는 것이 필요할 때 관대하게 평가하게 된다.
 ③ 피평가자가 평가자 자신의 고유가치를 나타내지 못한다고 느낄 때 가혹하게 평가하게 된다.

(2) 논리적 오류
 논리적 오류(logical errors)란 평가요소 간에 논리적 상관관계가 있는 경우, 어떤 한 요소가 우수하면 다른 요소도 우수하다고 속단하는 경향을 말한다.

(3) 대비오류
 대비오류(contrast errors)란 피평가자를 평가할 때 자신이 지닌 특성과 비교하여 평가하는 오류를 말한다.

(4) 규칙적 오류
 규칙적 오류(systematic errors)는 항상오류(constant errors)라고도 하는데, 고과자의 고과목적에 따라 후한 평정을 하거나 그 반대로 평가하는 경우를 말한다.

(5) 그 밖의 오류
 ① 상동적 태도
 ② 현혹효과
 ③ 주관의 객관화
 ④ 대비효과
 ⑤ 유사효과

(6) 후광 현상의 구분
 ① 인사 평가의 차원에서 한 차원이 높으면 다른 차원도 높은 경우가 많으며, 반대로 모든 차원에서 직무행동이 저조하게 나타나는 근로자도 드물지 않다. 따라서 평가자가 직무 수행 차원별로 비슷한 평가를 내렸다고 해서 이를 모두 후광현상이라고 단정할 수는 없다.
 ② 평가자의 전반적 인상이 각각의 평가 차원에 미치는 효과와, 차원들 간의 상관으로 인해 관찰된 후광은 영향을 받는다. 그리고 평가 점수로 나타나는 후광의 경향은 진상관과 후광 오류(또는 착시 후관 : illusory nalo)가 섞여 있는것이다.

관찰된 후광 = 진 상관 + 후광 오류(착시 후광)

 ③ 관찰된 후광을 통상 후광 효과(halo effect)라고 하며, 후광효과를 "각 평가차원의 점수들 간의 평균 상관관계가 높은 것"이라고 조작적으로 정의한다.

[표] 후광 현상의 분류

조작적 정의	측정 방법 및 내용
차원 간의 상관	타인을 평가하는 차원 점수들 간에 나타난 상관계수의 평균으로 측정하며, 상관계수의 평균이 클수록 후광 현상이 많다는 의미임
변산성 (변량, 표준편차)	타인에 대한 평가 차원 간의 변산성의 크기를 측정해서 이 변산성이 평균적으로 작으면 후광효과가 있다는 의미임
평가요소 간 상호작용항의 변산성	평가자, 피평가자, 평가 차원을 고려한 삼원변량(분산) 분석을 통해서 평가자×피평가자×평가 차원 상호작용 효과의 유의미성을 측정하여, 상호작용항이 통계적으로 유의미하면 후광효과가 존재함을 의미함
차원 간 부분상관	차원별 행동에 대한 평가와 일반요인에 대한 평가를 통계적으로 분할하여 후광효과를 간접적으로 측정하는 방법으로, 일반요인(전반적 인상)을 통제한 후 부분상관을 분석했을 때 통제 전의 상관보다 낮으면 후광효과가 있음
요인구조 불명확	평가문항들에 대해 요인분석을 실시한 결과 차원이 원래 개발한 차원보다 적은 요인이나 한 개의 요인이 도출되면 후광효과가 존재함을 의미함
진상관과 차이	전문가의 판단이 후광 오류에서 자유롭다는 가정 하에, 전문가 평가(즉, 진점수)와 평가자들의 점수를 비교하여 차이가 크면 후광 오류가 있음을 의미함

참고

2013년 4월 20일(문제 18번)

11 직무만족의 선행변인에 관한 설명으로 옳은 것은?

① 통제소재에서 내재론자들은 외재론자들보다 자신들의 직무에 대해 더 만족한다.
② 직무특성과 직무만족 간의 상관은 질문지로 측정한 연구에서는 나타나지 않았다.
③ 집단주의적 아시아 문화권에서는 직무특성과 직무만족 간에 상관이 높은 것으로 나타났다.
④ 급여만족은 분배공정성보다 절차공정성이 더 밀접한 관련이 있다.
⑤ 직무특성 차원과 직무만족 간의 상관을 산출해 본 결과 직무만족과 가장 낮은 상관을 나타내는 직무특성은 기술 다양성이었다.

답 ①

해설

직무만족의 종류
① 직무만족에는 두 종류가 있어 각각 다른 측면을 다루고 있다.
② 정서적 직무만족은 근로자가 자신의 전반적인 직무에 대해 느끼는 긍정적 정서이며, 인지적 직무만족은 임금, 복지, 근무시간 등과 같은 요소에 대한 개인의 만족도이다.
③ 다른 측면을 다루는 만큼 각 직무만족은 다른 설문지로 측정된다.
④ 정서적 직무만족 측정에는 2012년 톰슨과 푸아가 개발한 정서적 직무만족의 간략한 측정 질문지가 사용된다.
⑤ 측정 방식은 자기보고식 설문지로 총 4개 문항으로 이루어져 있다.
⑥ 인지적 직무만족은 1969년 스미스 등에 의해 개발된 직무 기술 질문지를 이용하여 측정되며 임금, 승진 혹은 승진 기회, 동료, 상사, 직무 그 자체의 다섯 가지 요인에 대해 총 15개 문항에 답하게 된다.

보충학습

직무만족의 선행변인
① 통제소재에서 내재론자들은 외재론자들보다 자신들의 직무에 대해 더 만족한다.
② 직무특성과 직무만족 간의 상관은 질문지로 측정한 연구에서 나타난다.
③ 집단주의적 아시아 문화권에서는 직무특성과 직무만족 간에 상관이 낮은 것으로 나타났다.
④ 급여만족은 절차공정성보다 분배공정성이 더 밀접한 관련이 있다.

12. 사회적 권력(social power)의 유형에 대한 설명으로 옳지 않은 것은?

① 합법권력 : 상사의 직책에 고유하게 내재하는 권력

② 강압권력 : 상사가 징계, 해고 등 부하를 처벌할 수 있는 능력

③ 보상권력 : 상사가 부하에게 수당, 승진 등 보상해 줄 수 있는 능력

④ 전문권력 : 상사가 보유하고 있는 지식과 전문기술 등에 근거하는 능력

⑤ 참조권력 : 상사가 부하에게 규범과 명확한 지침을 전달하고, 문제발생 시 도움을 줄 수 있는 능력

답 ⑤

해설

리더십의 권한의 역할
① 보상적 권한 : 지도자가 부하에게 보상할 수 있는 능력
② 강압적 권한 : 지도자가 부하들을 처벌할 수 있는 권한
③ 합법적 권한 : 조직의 규정에 의해 공식화된 권한
④ 위임된 권한 : 부하직원들이 지도자를 따르고 지도자와 함께 일하는 것
⑤ 전문성의 권한 : 지도자가 집단 목표수행에 전문적인 지식을 갖고 있는가와 관련한 권한

보충학습

리더의 세력

구분	내용
강압적 세력(coercive power)	부하들이 바람직하지 않은 행동을 했을 때 처벌을 줄 수 있는 권한
보상적 세력(reward power)	바람직한 행동을 했을 때 보상을 줄 수 있는 세력(승진, 휴가 등)
합법적 세력(legitimate power)	조직의 공식적 권력구조에 의해 주어진 권한
전문적 세력(expert power)	리더가 그 분야의 지식을 갖추고 있는 정도에 의해 전문적 권한이 결정됨
참조적 세력 (referent power, attraction power)	부하들이 리더의 생각과 목표를 동일시하거나 존경하고 매력을 느껴 리더를 참조하고픈 데서 파행된 권한(진정한 리더십이라 할 수 있다)

13 와르(Warr)의 정신 건강 구성요소에 대한 설명으로 옳지 않은 것은?

① 정서적 행복감 : 쾌감과 각성이라는 두 가지 독립된 차원을 가지고 있다.

② 결단 : 환경적 영향력에 저항하고 자신의 의견이나 행동을 결정할 수 있는 개인의 능력을 의미한다.

③ 역량 : 생활에서 당면하는 문제들을 효과적으로 다룰 수 있는 충분한 심리적 자원을 가지고 있는 정도를 의미한다.

④ 포부 : 포부수준이 높다는 것은 동기수준과 관계가 있으며, 새로운 기회를 적극적으로 탐색하고, 목표 달성을 위하여 도전하는 것을 의미한다.

⑤ 통합된 기능 : 목표달성이 어려울 때 느끼는 긴장감과 그렇지 않을 때 느끼는 이완감 사이에 조화로운 균형을 유지할 수 있는 정도를 의미한다.

답 ②

해설

와르(Warr)의 정신 건강 구성요소 5가지

(1) 정서적 행복감
 ① 쾌감과 각성이라는 두 가지 독립된 차원을 가지고 있다.
 ② 특정 수준의 쾌감을 얻기 위해서는 높거나 혹은 낮은 수준의 각성이 있어야 한다.

(2) 역량
 ① 심리적 건강의 정도는 대인관계, 문제해결, 직무수행 등과 같은 다양한 활동에서 개인이 어느 정도나 성공하였는지 또는 어느 정도의 역량을 발휘하고 있는지에 의해 부분적으로 알 수 있다.
 ② 역량있는 사람은 생활에서 당면하는 문제들을 효과적으로 다룰 수 있는 충분한 심리적 자원을 가지고 있다.

(3) 자율
 ① 환경적 영향력에 저항하고 자신의 의견이나 행동을 결정할 수 있는 개인의 능력을 말한다.
 ② 개인이 생활에서 어려움에 처했을 때 무기력하지 않고 스스로 영향력을 발휘할 수 있다는 생각을 가지고 동하는 경향성이다.

(4) 포부
 ① 개인의 포부수준이 높다는 것은 동기수준이 높고, 새로운 기회를 적극적으로 탐색하고, 목표달성을 위하여 도전하는 것을 의미한다.
 ② 건강한 사람들의 포부수준은 특히 개인이 어려운 환경에 처했을 때 그 진가를 발휘한다.

(5) 통합된 기능
 ① 전체로서의 개인을 말한다.
 ② 통합된 기능을 할 수 있는 사람은 목표달성이 어려울 때 느끼는 긴장감과 그렇지 않을 때 느끼는 이완감 사이에 조화로운 균형을 유지할 수 있는 사람이다.

14 직무분석에 대한 설명으로 옳지 않은 것은?

① 특정직무에 대한 훈련 프로그램을 개발하기 위해서는 직무의 속성과 요구하는 기술을 알아야 한다.

② 효과적인 수행을 하기 위한 직무나 작업장을 설계하는 데 도움을 준다.

③ 작업시 시간과 노력의 낭비를 제거할 수 있고 안전 저해요소나 위험요소를 발견할 수 있다.

④ 특정직무에 대한 직무분석을 하는 기법으로 면접법, 질문지법, 관찰법, 행동기법, 중대사건기법, 투사기법 등이 있다.

⑤ 과업수행에 사용되는 도구, 기구, 수행목적, 요구되는 교육훈련, 임금수준 및 안전저해요소 등에 대한 정보가 포함되어 있다.

답 ④

해설

직무분석

(1) 의의
   직무분석(job analysis)이란 조직이 요구하는 직무(job)의 내용이나 요건을 정리·분석하는 과정을 말한다.

(2) 직무분석의 목적
   ① 직무분석의 목적은 인사관리가 일관성있고 공정하게 수행될 수 있도록 직무에 관한 객관적 자료를 제공하는 것이다.
   ② 직무분석은 조직의 합리화를 위한 기초작업으로 권한과 책임의 한계를 명확하게 하고, 합리적 채용·배치·이동의 기준을 제공하며, 업무개선의 기초자료를 제공한다.
   ③ 종업원 교육훈련과 직무급 등 임금결정의 기초자료로 활용된다.

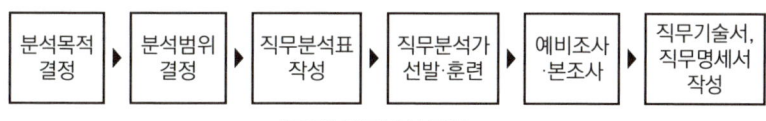

[그림] 직무분석 절차

(3) 직무분석의 용도
   ① 모집 및 선발
   ② 성과평가
   ③ 직무평가
   ④ 보상관리
   ⑤ 종업원 교육훈련

(4) 직무분석 방법
   ① 관찰법
   ② 면접법
   ③ 질문서법
   ④ 경험법
   ⑤ 중요사건서술법
   ⑥ 종합법

참고

2013년 4월 20일(문제 5번)

보충학습

(1) 직무평가의 의의
    조직 내 직무들을 일정한 기준에 의하여 서로 비교하여 직무들 간의 상대적인 가치를 결정하는 과정
(2) 직무평가의 목적
    ① 임금수준의 결정
    ② 인력배치와 확보를 위한 기초자료
    ③ 구성원의 능력개발
(3) 직무평가 방법
    ① 서열법 : 직무를 종합적 가치에 따라 평가해서 서열을 정하는 방법
    ② 분류법(등급법) : 분류할 직무의 등급을 미리 설정한 후 직무를 적절히 판정하여 등급별로 구분하는 방법
    ③ 점수법 : 직무를 평가요소에 따라 분해하고 각 요소별로 가중치를 둔 후 가중치별 점수를 합산하여 직무의 가치를 평가하는 방법
    ④ 요소비교법 : 몇 개의 기준직무를 선정하여 평가요소별로 순위를 결정하고 임금을 평가요소별로 배분한 후 직무를 요소별로 기준직무와 비교하여 직무의 상대적 가치를 평가하는 방법

15 호프스테드(Hofstede)의 문화간 차이를 이해하는 4가지 차원에 속하지 않는 것은?

① 불확실성 회피
② 개인주의-집합주의
③ 남성성-여성성
④ 신뢰-불신
⑤ 세력차이

답 ④

해설

호프스테드(Hofstede)의 문화간 차이를 이해하는 4가지 차원
① 불확실성 회피(uncertainty avoidance)
② 개인주의-집합주의(individualism-collectivism)
③ 남성성-여성성(masculinity-femininity) : 과업 지향성-인간 지향성
④ 세력차이(power distance, 권력격차) : 사회 계급의 견고성

16 작업장 스트레스의 대처방안 중 조직차원의 기법에 해당하는 것만을 모두 고른 것은?

> ㄱ. 바이오 피드백
> ㄴ. 작업 과부하의 제거
> ㄷ. 사회적 지지의 제공
> ㄹ. 이완훈련
> ㅁ. 조직분위기 개선

① ㄱ, ㄴ, ㄷ
② ㄱ, ㄷ, ㄹ
③ ㄴ, ㄷ, ㅁ
④ ㄴ, ㄹ, ㅁ
⑤ ㄷ, ㄹ, ㅁ

답 ③

해설

작업장 스트레스에 대한 대처방안

(1) Kreitner 스트레스 대처 방법
　① 상황적 관리
　② 타인에 대한 자신의 개방
　③ 자기 자신의 조절
　④ 운동과 피로의 해소
(2) 개인 차원의 관리기법
　① Hellriegel의 개인적 관리
　　㉮ 긍정적 사고방식
　　㉯ 현실적으로 타당한 작업종료 시간 설정
　　㉰ 규칙적인 운동
　　㉱ 적절한 휴식
　　㉲ 기술과 자신감을 개발시켜줌
　　㉳ 개인이 처한 상황을 변화시키는 기술을 교육함
　② Greenberg의 신체적 관리
　　㉮ 체중조절
　　㉯ 교육 및 명상
　　㉰ 적절한 운동
　　㉱ 전반적 건강관리
(3) 집단(조직) 차원의 관리기법
　① 개인별 특성요인을 고려한 작업 근로 환경
　② 작업계획 수립 시 적극적 참여 유도
　③ 사회적 지위 및 일 재량권 부여
　④ 근로자 수준별 작업 스케줄 운영
　⑤ 적절한 작업과 휴식시간

17 심리검사 결과를 분석할 때 **상관계수**를 이용하여 검증하는 타당도(validity)를 모두 고른 것은?

> ㄱ. 구성 타당도
> ㄴ. 내용 타당도
> ㄷ. 준거관련 타당도
> ㄹ. 수렴 타당도
> ㅁ. 확산 타당도

① ㄱ, ㄴ, ㄹ
② ㄱ, ㄴ, ㅁ
③ ㄷ, ㄹ, ㅁ
④ ㄱ, ㄴ, ㄷ, ㄹ
⑤ ㄱ, ㄷ, ㄹ, ㅁ

답 ⑤

해설

타당도의 종류 4가지
① 구성 타당도(수렴 타당도, 변별 타당도)
② 준거관련 타당도(동시, 예측)
③ 내용 타당도
④ 안면 타당도

보충학습

(1) 타당도(Validity)
   검사가 측정하고자 하는 것을 제대로 측정하고 있는지를 나타내는 정도이다.
(2) 내용 타당도
   ① 검사의 문항들이 검사가 측정하고자 하는 구성개념을 대표하는 내용으로 구성되었는지에 대해 관련 전문가들이 평가함으로써 도출되는 타당도이다.
   ② 측정하고자 하는 행동을 예측변인이 얼마나 잘 대표하는지를 의미한다.
   ③ 내용 타당도는 상관계수를 통해 제시되는 것이 아니며 검사가 다루는 분야의 전문가들의 평가로써 제시된다.

18 작업자의 수행을 평가할 때 평가자에 의한 관대화 오류가 가장 많이 발생할 수 있는 방법은?

① 종업원 순위법

② 강제배분법

③ 도식적 평정법

④ 정신운동능력 평정법

⑤ 행동기준 평정법

답 ③

해설

관대화 오류

① 평가자가 평가대상자의 실제 수행수준과는 달리 지나치게 많은 사람들의 수행을 높게 평가하는 평정오류를 말한다.

② 주로, 근무성적평정 등에서 평정 결과의 분포가 우수한 쪽에 집중되는 경향을 말하는 것으로, 관대화 경향은 평정자가 부하 직원과의 비공식적 유대 관계의 유지를 원하는 경우 등에 나타난다.

③ 관대화 경향의 폐단을 막기 위해서는 강제배분법을 활용한다.

참고

2013년 4월 20일(문제 10번)

19 우리나라와 세계적으로 널리 인용되고 있는 노출기준에 대해 명칭과 제정기관이 옳은 것만을 모두 고른 것은?

보기	노출기준의 명칭	제정기관(국가)
ㄱ	PEL	HSE(영국)
ㄴ	REL	OSHA(미국)
ㄷ	TLV	ACGIH(미국)
ㄹ	WEEL	NIOSH(미국)
ㅁ	허용기준	고용노동부(대한민국)

① ㄱ, ㄴ
② ㄱ, ㄷ
③ ㄷ, ㄹ
④ ㄷ, ㅁ
⑤ ㄹ, ㅁ

답 ④

해설

노출기준

(1) 정의
 ① 일반적 정의 : 근로자가 유해인자에 노출되는 경우 거의 모든 근로자에게 건강상 나쁜 영향을 미치지 아니하는 수준을 말함
 ② ACGIH 정의 : 거의 모든 근로자가 건강상 장해를 입지 않고 매일 반복하여 노출될 수 있다고 생각되는 공기 중 유해인자의 농도 또는 강도(미국)

(2) 특징
 유해인자에 대한 감수성은 개인에 따라 차이가 있으며 노출기준 이하의 작업환경에서도 직업성 질병에 이환되는 경우가 있으므로 노출기준을 직업병 진단에 사용하거나 노출기준 이하의 작업환경이라는 이유만으로 직업성 질병의 이환을 부정하는 근거 또는 반증자료로 사용할 수 없다.

[표] 노출기준의 명칭

노출기준의 명칭	제정기관(국가)
PEL	OSHA(영국)
REL	NIOSH(미국)
WEEL	AIHA(미국)

20 축전지 제조 작업장에서 측정된 5개의 공기 중 카드뮴 시료의 농도가 0.02, 0.08, 0.05, 0.25, 0.01 [mg/m^3]일 때, 다음 중 옳은 것은?

① 측정치들은 정규분포를 하고 있다.

② 대표치는 노출기준을 초과하였다.

③ 측정치의 변이가 너무 커서 재측정하여야 한다.

④ 측정치의 대표치인 기하평균(GM)은 0.082[mg/m^3]이다.

⑤ 측정치의 변이인 기하표준편차(GSD)는 약 0.098이다.

답 ②

해설

노출지수(EI : Exposure Index)

① 2가지 이상의 독성이 유사한 유해화학물질이 공기 중에 공존할 때는 대부분의 물질은 유해성의 상가작용(additive effect)을 나타내기 때문에 유해성 평가는 다음의 식에 의하여 계산된 노출지수에 의하여 결정한다.

$$노출지수(EI) = \frac{C_1}{TLV_1} + \frac{C_2}{TLV_2} + \cdots + \frac{C_n}{TLV_n}$$

여기서, C : 각 혼합물질의 공기 중 농도,
TLV : 각 혼합물질의 노출기준

② 노출지수가 1을 초과하면 노출기준을 초과한다고 평가한다.

③ 다만, 혼합된 물질의 유해성이 상승작용 또는 상가작용이 없을 때는 각 물질에 대하여 개별적으로 노출기준 초과여부를 결정한다.(독립작용)

보충학습

대표치
관찰된 자료가 어느 위치에 집중되어 있는가의 수치로 집중화 경향의 척도(평균, 중앙값, 최빈값 등)

21 작업환경 측정방법에 관한 설명으로 옳은 것은?

① 일반적으로 입자상 물질의 측정결과 단위는 mg/m³ 또는 ppm으로 표기한다.

② 시너와 같은 비극성 유기용제를 공기 중에서 시료채취하기 위해서는 실리카겔관을 매체로 사용한다.

③ 일반적으로 실내에서 온열환경을 측정하기 위해서는 자연습구온도(NWBT)와 흑구온도(GT)만 측정한다.

④ 작업장 근로자의 소음 노출수준을 측정하기 위해 사용하는 지시소음계는 'fast' 모드로 설정하여 측정하여야 한다.

⑤ MCE 여과지를 이용하여 석면을 포집하기 전·후에 실시하는 시료채취펌프의 유량보정을 실제보다 낮게 평가했다면 최종 측정결과인 공기 중 석면농도는 과소평가하게 된다.

답 ③

해설

습구흑구온도지수(WBGT)

① 사업장의 온도평가를 위해서 가장 보편적으로 많이 쓰이는 것이 자연습구온도와 흑구온도, 건구온도를 근거로 하는 온열지수로 WBGT(Wet Bulb Globe Temperature Index)이다.

② 온열지수는 우리들이 흔히 알고 있는 대기온도의 단위인 섭씨온도[℃]와는 다르다.

③ 대기온도가 30[℃]라고 하는 것은 건구온도를 기준으로 하는 것이고 WBGT[℃]는 여기에 자연습구온도와 흑구온도를 정해진 공식에 대입하여 계산해 낸 결과이기 때문에 만약 습기가 많아 습구온도가 높게 되면 WBGT[℃]는 대기온도인 30[℃]보다 더 높아질 지수이다.

④ 아울러 기류는 고려되어 있지 않다.

⑤ 온열지수 계산식

> · 옥내 또는 옥외(태양광선이 내리쬐지 않는 장소) : WBGT = 0.7NWB + 0.3GT
> · 옥외(태양광선이 내리쬐는 장소) : WBGT = 0.7NWB + 0.2GT + 0.1DT
>   여기서, NWB : 자연습구온도, GT : 흑구온도, DT : 건구온도

⑥ 통상 고온 사업장에 대한 노출기준은 습구온도계와 건구온도계를 사용하여 측정된 온도와 작업의 강도를 고려하여 적정 작업시간과 휴식시간이 결정된다.

[표] 작업장 온·습도 측정방법

구분	측정기기	측정시간
습구온도	0.5 간격의 눈금이 있는 아스만 통풍건습계, 자연습구온도를 측정할 수 있는 기기 또는 이와 동등 이상의 성능이 있는 측정기기	·아스만 통풍건습계 : 25분 이상 ·자연습구온도계 : 5분 이상
흑구 및 습구흑구온도	직경이 5[cm] 이상 되는 흑구온도계 또는 습구흑구온도(WBGT)를 동시에 측정할 수 있는 기기	·직경이 15[cm]일 경우 25분 이상 ·직경이 7.5[cm] 또는 5[cm]일 경우 5분 이상

22 국소배기시스템에 관한 설명으로 옳은 것은?

① 후드 개구면에서 유해물질까지의 거리를 가깝게 하면 필요환기량이 증가한다.

② 외부식 포집형 후드(capture type hood)의 제어속도를 측정하는 대표적인 기구는 피토관(pitot tube)이다.

③ 후드에서 덕트로 공기가 유입될 때의 속도압이 같다면 유입계수(C_e)가 큰 후드일수록 후드정압이 더 커진다.

④ 베르누이 정리는 덕트내에서 유체가 흐를 때, 에너지 손실은 유체밀도, 유체의 속도 및 관의 직경에 비례하며, 유체의 점도에는 반비례한다는 것을 의미한다.

⑤ 사업장에서 탈지제로 사용되는 사염화에틸렌에 대한 국소배기시스템을 설계할 때는 공기보다 비중이 높다는 점을 고려할 필요 없이 후드는 정상적으로 설치하면 된다.

답 ⑤

해설

후드선택 시 유의사항

① 필요환기량을 최소화하여야 한다.
② 작업자의 호흡영역을 유해물질로부터 보호해야 한다.
③ ACGIH 및 OSHA의 설계기준을 준수해야 한다.
④ 작업자의 작업방해를 최소화할 수 있도록 설치되어야 한다.
⑤ 상당거리 떨어져 있어도 제어할 수 있다는 생각, 공기보다 무거운 증기는 후드 설치 위치를 작업장 바닥에 설치해야 한다는 생각의 설계오류를 범하지 않도록 유의해야 한다.
⑥ 후드는 덕트보다 두꺼운 재질을 선택하고 오염물질의 물리화학적 성질을 고려하여 후드 재료를 선정한다.

보충학습

후드의 형태

후드의 형태는 작업형태(작업공정, 유해물질의 발생특성, 근로자와 발생원 사이의 관계 등에 의해서 결정되며 일반적으로 포위식(부스식), 외부식, 레시버식 후드로 구분하고 포집효과는 포위식, 부스식, 외부식 순으로 크다.

23 다음 작업에서 발생하는 유해요인과 건강장애가 옳게 짝지어진 것은?

① 유리가공작업 - 적외선 - 백내장(cataract)

② 페인트칠작업 - 카드뮴 - 백혈병(leukemia)

③ 금속세척작업 - 노말헥산 - 진폐증(pneumoconiosis)

④ 굴착작업 - 진동 - 사구체신염(glomerulonephritis)

⑤ 목재가공작업 - 목분진 - 간혈관육종(hepatic angiosarcoma)

답 ①

해설

진폐증

(1) 개요
   ① 호흡성분진(0.5~5[μm]) 흡입에 의해 폐에 조직반응을 일으킨 상태, 즉 폐포가 섬유화되어(굳게 되어) 수축과 팽창을 할 수 없고 결국 산소교환이 정상적으로 이루어지지 않는 현상을 진폐증이라 한다. 또한 호흡기를 통하여 폐에 침입하는 분진은 크게 무기성 분진과 유기성 분진으로 구분된다.
   ② 진폐증의 대표적인 병리소견인 섬유증이란 폐포, 폐포관, 모세기관기 등을 이루고 있는 세포들 사이에 콜라겐 섬유가 증식하는 병리적 현상이다.
   ③ 일반적으로 진폐증의 유병률과 노출기간은 비례하는 것으로 알려져 있다.

(2) 진폐증 발생에 관여하는 요인
   ① 분진의 종류, 농도 및 크기
   ② 폭로시간 및 작업강도
   ③ 보호시설이나 장비 착용유무
   ④ 개인차

보충학습

(1) 카드뮴(Cd)
   ① 개요
      ㉮ 1945년 일본에서 '이타이 이타이'병이란 중독사건이 생겨 수많은 환자가 발생한 사례가 있다.
      ㉯ 우리나라에서는 1988년 한 도금업체에서 카드뮴 노출에 의한 사망 중독사건이 발표되었으나 정확한 원인규명은 하지 못했다.
      ㉰ 이타이 이타이 병은 생축적, 먹이사슬의 축적에 의한 카드뮴 폭로와 비타민 D의 결핍에 의한 것이다.
   ② 발생원
      ㉮ 납광물이나 아연제련 시 부산물
      ㉯ 주로 전기도금, 합금에 이용(카드뮴은 전기도금에 많이 사용)
      ㉰ 축전기 전극
      ㉱ 도자기, 페인트의 안료
      ㉲ 니켈카드뮴 배터리 및 살균제

(2) 아세톤 : 인화성이 강한 물질이기 때문에 취급에 주의해야 하며, 장기적인 피부 접촉은 심한 염증 유발

(3) 크롬 : 강력한 산화제로서 표피와 점막을 자극시키는 발암물질

(4) 삼염화에틸렌 : 눈에 심한 자극을 주며 암을 유발

(5) 라돈 : 폐암을 일으키는 주요 원인물질

(6) 납 : 신경독성, 복통, 혈색소 합성이 저해되어 빈혈 증상이 나타나며, 중추신경계 장애를 유발

24 유해인자별 건강장애에 관한 설명으로 옳은 것은?

① 아세톤에 만성적으로 노출되면 다발성 신경염이 발생한다.

② 크롬은 손톱 및 구강점막의 색소침착, 모공의 흑점화, 간장애를 일으킨다.

③ 삼염화에틸렌은 스펀지의 원료로 사용되며, 화재시 치명적인 가스를 발생시켜 폐수종을 일으킨다.

④ 라돈은 방사성 물질 중 유일한 기체상의 물질이며, 폐포나 기관지에 침착되어 β-입자를 방출한다.

⑤ 납에 의한 건강상의 영향은 신경독성, 복통, 혈색소 합성이 저해되어 나타나는 빈혈 증상 등을 들 수 있다.

답 ⑤

해설

전신독(Systemic Poisons)
(1) 혈액에 흡수되어 전신 장기에 중독을 나타내는 물질
(2) 종류
   ① 신경계 침입물질
      ㉮ 4에틸납
      ㉯ 이황화탄소
      ㉰ 메틸알코올
   ② 혈액과 호흡기에 관련된 물질
      ㉮ 일산화탄소
      ㉯ 비소
      ㉰ H_3
   ③ 조절기능 장해를 일으키는 물질(급성 전신중독 시 독성이 강한 순서 : 톨루엔 > 크실렌 > 벤젠)
      ㉮ 벤젠
      ㉯ 톨루엔
      ㉰ 크실렌
   ④ 유독성 비금속의 무기물질
      ㉮ 비소
      ㉯ 인
      ㉰ 유황
      ㉱ 불소
   ⑤ 중금속 중독물질
      ㉮ 납
      ㉯ 수은
      ㉰ 카드뮴
      ㉱ 망간
      ㉲ 베릴륨
   ⑥ 발암성 유발물질
      ㉮ 크롬화합물
      ㉯ 비소
      ㉰ 니켈
      ㉱ tar(PAH)
      ㉲ 석면
      ㉳ 방사선

25 산업위생과 관련된 설명 중 **옳은 것은?**

① 작업환경 중 유해요인으로부터 근로자의 건강을 보호하기 위해 국제적으로 통일하여 제정한 노출기준은 MAK이다.
② 최근 사업장에 도입되고 있는 위험성 평가(risk assessment)는 산업위생분야의 작업환경측정과는 관련성이 없는 제도라고 할 수 있다.
③ 산업위생은 근로자 개인위생을 기본으로 하고 있으며, 개인의 생활습관 및 체력관리를 통하여 건강을 유지·관리하는 것을 최우선으로 하고 있다.
④ 산업위생의 궁극적 목적은 근로자의 건강을 보호하기 위한 대책을 강구하는 것으로 일반적인 대책의 우선순위는 제거-대체-공학적개선-행정적개선-개인보호구 착용 순이다.
⑤ 작업환경 중 건강 유해요인은 크게 물리적, 화학적, 생물학적, 육체적 또는 정신적 부담 요인으로 나눌 수 있으며, 이 중에서 산업위생분야는 정신적 부담 요인을 제외한 나머지를 관리대상으로 한다.

답 ④

해설

산업위생의 정의
(1) 미국산업위생학회(AIHA : 1994. American Industrial Hygiene Association)
 정의 : 근로자나 일반 대중에게 질병, 건강장애와 안녕방해, 심각한 불쾌감 및 능률저하 등을 초래하는 작업환경 요인과 스트레스를 예측, 측정, 평가하고 관리하는 과학과 기술이다.
 (예측, 인지(확인), 평가, 관리 의미와 동일)
(2) 산업보건 정의
 ① 세계보건기구(WHO)와 국제노동기구(ILO) 공동위원회
 ② 정의
  ㉮ 근로자들의 육체적, 정신적, 사회적 건강을 유지 증진
  ㉯ 작업조건으로 인한 질병 예방 및 건강에 유해한 취업을 방지
  ㉰ 근로자를 생리적, 심리적으로 적합한 작업환경에 배치
(3) 산업의학 정의
 ① Luffingham(1967)
 ② 정의 : 산업사회에 있어서 모든 근로자가 건강에 저해됨이 없이 정당하게 활용할 수 있도록 하는 것을 목적으로 하는 산업환경에 있어서 의학의 실천활동이다.

보충학습

산업위생의 목적
① 작업환경개선 및 직업병의 근원적 예방
② 작업환경 및 작업조건의 인간공학적 개선
③ 작업자의 건강보호 및 생산성 향상

참고
2020년 7월 25일(문제 27번)

2014년도 4월 12일 필기문제

산업안전지도사 자격시험
제1차 시험문제지

제3과목 기업진단·지도	총 시험시간 : 90분 (과목당 30분)	문제형별 A

수험번호	20140412	성 명	도서출판 세화

【수험자 유의사항】

1. 시험문제지 표지와 시험문제지 내 **문제형별의 동일여부** 및 시험문제지의 **총면수·문제번호 일련순서·인쇄상태** 등을 확인하시고, 문제지 표지에 수험번호와 성명을 기재하시기 바랍니다.
2. 답은 각 문제마다 요구하는 **가장 적합하거나 가까운 답 1개**만 선택하고, 답안카드 작성 시 시험문제지 **형별누락, 마킹착오**로 인한 불이익은 전적으로 **수험자에게 책임**이 있음을 알려 드립니다.
3. 답안카드는 국가전문자격 공통 표준형으로 문제번호가 1번부터 125번까지 인쇄되어 있습니다. 답안 마킹 시에는 반드시 **시험문제지의 문제번호와 동일한 번호**에 마킹하여야 합니다.
4. **감독위원의 지시에 불응하거나 시험 시간 종료 후 답안카드를 제출하지 않을 경우** 불이익이 발생할 수 있음을 알려 드립니다.
5. 시험문제지는 시험 종료 후 가져가시기 바랍니다.

【안 내 사 항】

1. 수험자는 **QR코드를 통해 가답안을 확인**하시기 바랍니다.
   (※ 사전 설문조사 필수)
2. 시험 합격자에게 '**합격축하 SMS(알림톡) 알림 서비스**'를 제공하고 있습니다.

▲ 가답안 확인

- 수험자 여러분의 합격을 기원합니다 -

3. 기업진단·지도

01 관찰 및 측정이 가능하고 직무와 관련된 피평가자의 행동을 평가기준으로 하는 행동기준고과법(BARS : Behaviorally Anchored Rating Scales)의 개발 절차를 순서대로 옳게 나열한 것은?

① 행동기준고과법 개발위원회 구성 → 중요사건의 열거 → 중요사건의 범주화 → 중요사건의 재분류 → 중요사건의 등급화 → 확정 및 실시

② 행동기준고과법 개발위원회 구성 → 중요사건의 열거 → 중요사건의 범주화 → 중요사건의 등급화 → 중요사건의 재분류 → 확정 및 실시

③ 행동기준고과법 개발위원회 구성 → 중요사건의 열거 → 중요사건의 등급화 → 중요사건의 재분류 → 중요사건의 범주화 → 확정 및 실시

④ 행동기준고과법 개발위원회 구성 → 중요사건의 열거 → 중요사건의 등급화 → 중요사건의 범주화 → 중요사건의 재분류 → 확정 및 실시

⑤ 행동기준고과법 개발위원회 구성 → 중요사건의 열거 → 중요사건의 재분류 → 중요사건의 범주화 → 중요사건의 등급화 → 확정 및 실시

답 ①

해설

행동기준고과법(BARS)의 개발 절차
① 행동기준고과법 개발위원회 구성
② 중요사건의 열거
③ 중요사건의 범주화
④ 중요사건의 재분류
⑤ 중요사건의 등급화
⑥ 확정 및 실시

02 카플란(Kaplan)과 노턴(Norton)에 의해 개발된 균형성과표(BSC : Balanced Scorecard)의 운용체계는 4가지 관점에서 파생되는 핵심성공요인(KPI : Key Performance Indicators)들의 유기적 인과관계로 구성되는데, 4가지 관점으로 모두 옳은 것은?

① 재무적 관점, 고객 관점, 외부 경쟁환경 관점, 학습·성장 관점
② 재무적 관점, 고객 관점, 내부 프로세스 관점, 학습·성장 관점
③ 재무적 관점, 자재 관점, 외부 경쟁환경 관점, 학습·성장 관점
④ 재무적 관점, 고객 관점, 외부 경쟁환경 관점, 직무표준 관점
⑤ 재무적 관점, 자재 관점, 내부 프로세스 관점, 직무표준 관점

답 ②

해설

균형성과표(BSC)

(1) 균형성과표(Balanced Scorecard : BSC)는 전통적인 회계나 재무시각만으로 기업경영을 보지 말고 ① 재무 ② 고객 ③ 내부 프로세스 ④ 학습·성장 등 네 가지 관점 간의 균형잡힌 시각에서 기업경영을 바라보아야 한다는 관리시스템이다.

(2) BSC의 4가지 핵심성공요인
　① 재무적 관점 : 우리 회사는 주주들에게 어떻게 보일까?
　② 고객 관점 : 고객들은 우리 회사를 어떻게 보는가?
　③ 기업 내부 프로세스 관점 : 우리 회사는 무엇에서 탁월하여야 하는가?
　④ 성장과 학습의 관점 : 우리 회사는 가치를 지속적으로 개선하고 창출할 수 있는가?

2014년도 4월 12일 필기문제

03 도요타생산방식(TPS : Toyota Production System)에서 낭비를 철저하게 제거하기 위한 방법으로 활용된 적시생산시스템(JIT : Just In Time)에 관한 설명으로 옳은 것만을 모두 고른 것은?

> ㄱ. 기본적 요소는 간판(kanban)방식, 생산의 평준화, 생산준비시간의 단축과 대로트화, 작업 표준화, 설비배치와 단일기능공제도이다.
> ㄴ. 오릭키(Orlicky)에 의하여 개발된 자재관리 및 재고통제기법으로, 종속 수요품의 소요량과 소요시기를 결정하기 위한 시스템이다.
> ㄷ. 자동화, 작업자의 라인정지 권한 부여, 안돈(andon), 오작동 방지, 5S의 활성화로 일관성 있는 고품질을 달성하고 있는 시스템이다.
> ㄹ. 고객 주문에 의해 생산이 시작되며, 부품의 생산과 공급이 후속 공정의 필요에 의해 결정되는 풀(pull)시스템의 자재흐름 체계이다.
> ㅁ. 생산준비비용(주문비용)과 재고유지비용의 균형점에서 로트 크기(lot size)를 결정하며, 로트 크기가 큰 것을 추구하는 시스템이다.

① ㄱ, ㄹ
② ㄴ, ㅁ
③ ㄷ, ㄹ
④ ㄱ, ㄷ, ㄹ
⑤ ㄴ, ㄷ, ㅁ

답 ③

해설

적시관리(JIT : Just In Time)시스템

(1) 의의
 ① JIT시스템은 재고가 생산의 비능률을 유발하는 원인이 되기 때문에 이를 없애야 한다는 사고방식 기법이다.
 ② 적시에 적량의 필요한 부품을 생산에 공급하도록 하는 생산 또는 재고관리시스템이다.
 ③ 무재고시스템(zero inventory system), 도요타 생산방식이다.

(2) 수단(목표) : 낭비의 제거
 JIT시스템의 궁극적인 목적은 비용절감, 재고감소 및 품질향상을 통한 투자수익률의 증대에 있다. 이러한 목적은 낭비를 제거하고 작업자를 생산공정에 더 많이 참여시킴으로써 달성된다.
 ① JIT생산 : 생산과잉·대기·재고의 낭비 제거
 ② 소로트생산 : 재고의 낭비 제거
 ③ 자동화 : 가공 및 동작의 낭비 제거
 ④ TQC 및 현장개선 : 운반·가공·동작·불량의 낭비 제거

(3) 자동화, 작업자의 라인정지 권한 부여, 안돈(andon), 오작동 방지, 5S의 활성화로 일관성 있는 고품질을 달성하고 있는 시스템이다.
 * 안돈(aodon) : 등(lamp)의 의미를 갖는 일본말로서 생산현장에서 작업자들이 도움을 요청할 때 사용되어지는 시각적 관리장치(Visual Control)를 말한다.

(4) 5S의 일본식 영어표기
 ① 정리(Seiri)
 ② 정돈(Seiton)
 ③ 청소(Seiso)
 ④ 청결(Seiketsu)
 ⑤ 습관화(Seitsuke)

(5) 린생산시스템(Lean Production)이라고도 함 : 낭비요소를 제거하여 생산에 필요한 입력, 공간, 재고, 시간과 불량품을 최소화

보충학습

자재소요계획(MRP : Material requirement Planning)
① 제품생산에 필요한 부품의 투입시점과 투입량을 관리하는 시스템
② 주일정계획(기준생산일정)을 기초로 하여 완제품 생산에 필요한 자재 및 구성부품의 종류, 수량, 시기 등을 계획
③ 자재, 구성품, 반조립품 등의 구매주문과 작업명령을 발생시키는 컴퓨터화 된 자재관리 및 재고통제기법
④ 미국 IBM사의 오리키(J.Orlicky)에 의하여 개발

04 혁신적인 품질개선을 목적으로 개발된 기업 경영전략인 6시그마 프로젝트 수행단계(DMAIC)에 관한 설명으로 옳지 않은 것은?

① 정의(Define) : 문제점을 찾아내는 첫 단계

② 측정(Measurement) : 문제 수준을 계량화하는 단계

③ 통합(Integration) : 원인과 대책을 통합하는 단계

④ 분석(Analysis) : 상태 파악과 원인분석을 하는 단계

⑤ 관리(Control) : 관리계획을 실행하는 단계

답 ③

해설

6시그마 : M Harry & R. Schroeder(1986)

(1) 정의
  ① 6시그마(six sigma)는 단계별 고품질 접근 프로그램으로 3.4[PPM] 수준을 목표로 한다.
  ② 6시그마는 조직 내 자원낭비 최소화 및 고객만족 최대화를 위해 조직활동을 설계·운영하여 수익성을 향상시키려는 비즈니스 프로세스이다.
  ③ 6시그마의 기본원리 : 품질 좋은 제품이 나쁜 제품보다 비용이 더 적게 소요된다.

(2) 설계(DFSS : Design For Six Sigma)의 목적
  ① 자원의 능률적 사용
  ② 높은 수율의 달성
  ③ 공정 변동의 최소화

(3) 프로젝트 수행 5단계(DMAIC)
  ① 정의(Define) : 품질에 결정적 영향을 미치는 핵심품질특성(CTQ : Critical Of Quality)의 규명
  ② 측정(Measure) : 개선할 프로세스의 품질수준을 측정하고 문제에 대한 계량적 규명을 시도
  ③ 분석(Analysis) : 결함이 발생한 장소·시점 및 문제의 형태·원인을 규명 → 그래프, 특성요인도 등 통계적 기법 사용
  ④ 개선(Improve) : 문제나 프로세스의 개선
  ⑤ 관리(Control) : 개선 효과 분석 및 개선 프로세스의 지속방법 모색

05 생산시스템을 설계하고 계획, 통제하는 초기단계로 총괄생산계획(APP : Aggregate Production Planning), 주생산일정계획(MPS : Master Production Schedule), 자재소요계획(MRP : Material Requirement Planning) 등에 기초자료로 활용되는 수요예측(demand forecasting) 방법에 관한 설명으로 옳지 않은 것은?

① 패널법(panel consensus)은 다양한 계층의 지식과 경험을 기초로 하고, 관련예측정보를 공유한다.

② 소비자조사법(market research)은 설문지 및 전화에 의한 조사, 시험판매 등을 활용하여 예측한다.

③ 단순이동평균법(simple moving average method)의 예측값은 과거 n기간 동안 실제 수요의 산술평균을 활용한다.

④ 시계열분해법(time series method)은 시계열을 4가지 구성요소로 분해하여 수요를 예측하는 방법이다.

⑤ 델파이법(delphi method)은 설득력 있는 특정인에 의해 예측결과가 영향을 받는 장점이 존재한다.

답 ⑤

해설

델파이법
① 델파이법(Delphi)은 예측대상 전문가그룹을 대상으로 여러 차례(최소한 3차례) 질문지를 돌려 그들의 답변을 정리하고, 이 결과를 전문가에게 알려주는 과정을 반복하여 의견을 수렴하는 방법이다.
② 일반적으로 시간과 비용이 많이 드는 단점이 있다.
③ 예측에 불확실성이 많거나 과거자료가 불충분할 때 사용하는 방법이다.

06 단체교섭의 절차에 관한 설명으로 옳지 않은 것은?

① 노사간의 교섭안을 차례로 제시하고 대응하며 양측의 요구사항을 수시로 수정해야 협상이 가능하다.

② 노사간의 교섭과정에서 끝까지 타협이 안 된다면 정부나 제3자의 조정 및 중재가 필요하다.

③ 노사간의 협상내용이 타결되면 단체협약서를 작성하고 협약내용을 관리할 필요가 있다.

④ 사용자가 파업근로자 대신 임시직을 채용하거나 비조합원들을 파업 장소로 이동시켜 대체할 수 있다.

⑤ 노사간의 협상이 결렬되면 양측은 서로에 대해 파업과 직장폐쇄 등으로 실력을 행사할 수 있다.

답 ④

해설

단체교섭의 특징

① 단체교섭은 근로자들이 노동조합이라는 교섭력을 바탕으로 임금을 비롯한 근로자의 근로조건의 유지·개선과 복지 증진 및 경제적·사회적 지위의 향상을 위하여 사용자와 교섭하는 것이다.
② 단체교섭은 노동조합과 사용자 대표 간, 대등한 위치에서의 쌍방적 결정이다.
③ 단체교섭은 그 자체가 목적이나 귀결점이 아닌 단체협약을 향해 나아가는 과정이다.
④ 단체교섭은 노사가 상반되는 주장에 타결점을 찾으려는 정치적 과정이다.

[표] 단체교섭의 구분

구분	단체교섭기능
근로자	① 근로조건의 유지·향상 ② 구체적인 노조활동의 자유 획득
사용자	① 노조와의 대화의 채널 ② 노사관계의 안전장치 ③ 노사문제자의 일반적 해결기구
정부	① 개별 기업들에 대한 평등한 경쟁조건 마련 ② 임금인상을 통한 구매력 증대로 시장 확대 ③ 노동생산성 향상을 통한 산업구조의 고도화

보충학습

(1) 단체교섭
　노동조합이 임금이나 근로시간 등 노동자의 권리와 관계되는 문제에 대하여 사용자 또는 사용자 단체와 상호의 조직력을 배경으로 대등한 입장에서 교섭하는 과정
(2) 단체교섭의 유형
　① 기업별 교섭
　　㉮ 특정 기업 또는 사업장에 있어서의 노동조합과 그 상대방인 사용자 간에 단체교섭이 행하여지는 교섭방식
　　㉯ 그 동안 우리나라에서 일반적으로 행하여져 온 단체교섭의 방식
　　㉰ 오늘날에 이르러서는 노동조합 입장에서 교섭력을 강화하기 위한 수단으로 기업별 교섭의 변형 형태인 대각선 교섭, 공동교섭, 집단교섭 등 다양한 교섭방식을 시도
　② 통일 교섭
　　㉮ 산업별·직종별 노동조합과 이에 대응하는 산업별·직종별 사용자 단체 간의 단체교섭 방식
　　㉯ 노동조합이 명실상부하게 산업별 또는 직종별로 조직되어 있어서 노동시장을 전국적으로 또는 지역적으로 지배하고 있는 경우에 통일적인 단체교섭을 하기 위해 행하여지는 방식
　　㉰ 최근 금융, 금속, 보건의료 등 산업별 노동조합에서 이를 시행

③ 대각선 교섭
- ㉮ 산업별 노동조합과 개별 사용자가 행하는 교섭 또는 기업별 노동조합의 상부단체가 개별 사용자와 행하는 단체교섭의 방식
- ㉯ 산업별 노동조합에 대응할 만한 사용자단체가 없거나 또는 사용자단체가 있다 하더라도 각 기업체에 특수한 사정이 있어 개별 사용자가 노동조합의 전국적인 단체에 개별적으로 행하는 단체교섭의 방식
- ㉰ 우리나라에서는 주로 산업별 노동조합과 단체교섭권을 위임 받은 산업별 연합단체가 개별 사용자와 단체교섭을 행하는 경우가 여기에 해당

④ 공동 교섭
- ㉮ 산업별 노동조합과 그 지부가 공동으로 사용자와 교섭하는 방식
- ㉯ 노동조합의 지부의 교섭에 당해 산업별 노동조합과 그 지부가 사용자와의 단체교섭에 참가하는 것
- ㉰ 산업별 노동조합 또는 산업별 연합단체가 개별 사업장의 특성을 잘 모르기 때문에 대각선 교섭에서 일어날 수 있는 취약점을 보완하기 위하여 산업별 노동조합의 지부나 개별 사업장 노동조합이 단체교섭에 공동으로 참가

⑤ 집단 교섭
- ㉮ 다수의 노동조합과 그에 대응하는 다수의 사용자가 서로 집단을 만들어 교섭에 응하는 형태
- ㉯ 기업별 단위 노동조합의 대표자들이 집단을 구성하여 사용자들이 구성한 집단과 단체교섭을 행하는 형태뿐만 아니라 산업별 노동조합이나 산업별 연합단체가 특정 분야에 대하여 특정집단을 구성하여 사용자단체와의 단체교섭을 하는 형태
- ㉰ 최근에 들어 우리나라의 경우 산업별 노조가 지역지부 단위로 집단을 구성하여 사용자에게 교섭집단을 구성하여 교섭에 임하도록 요구하여 행하여지고 있는 교섭단체가 그 예임

(3) 단체 협약
노동조합과 사용자 또는 사용자단체가 단체교섭 과정을 거쳐서 근로조건 및 기타사항에 대하여 합의를 보고 이를 협약의 형태로 서면화하는 것

(4) 노동쟁의
노사가 평화적인 단체교섭에 의해 각 주장에 합의점을 찾지 못하게 되어 단체교섭이 결렬될 경우 발생하는 사용자와 노동조합 간의 분쟁

07 기능별 조직과 프로젝트(project) 팀조직을 결합시킨 형태의 조직으로, 1명의 직원이 2명 이상의 상사로부터 명령을 받을 수 있어 명령통일의 원칙(principle of unity command)에 혼란을 겪을 수 있는 조직구조는?

① 매트릭스 조직 ② 사업부제 조직
③ 네트워크 조직 ④ 가상네트워크 조직
⑤ 가상 조직

답 ①

해설

매트릭스(Matrix) 조직구조

(1) 정의
   ① 매트릭스 조직구조는 새로운 환경변화에 적극적으로 대처하기 위해 시도된 조직으로서 기능별 조직과 같은 효율적 지향의 조직과 사업부제, 프로젝트 조직과 같은 유연성 지향 조직의 장점, 즉 효율성 목표와 유연성 목표를 동시에 달성하고자 하는 의도에서 발생하였다.
   ② 기능식 조직과 프로젝트 조직의 혼합형태이다.
(2) 매트릭스 조직의 중요한 특징
   ① 첫째, 한 사람은 두 개의 조직에 동시에 소속되며, 따라서 두 사람의 상관으로부터 명령을 받는다.
   ② 둘째, 기능별 조직구조와 제품별 조직구조를 합한 것이다.
(3) 매트릭스 조직구조의 장점
   ① 여러 개의 프로젝트를 동시에 수행할 수 있다는 것이다.
   ② 각 프로젝트는 그 임무가 완성될 때까지 자율적으로 운영이 되며 여러 프로젝트가 동시에 운영될 수 있고 동시에 여러 기능을 담당하는 부서들로 유지될 수 있다.
(4) 제품별 조직구조의 단점
   ① 명령계통 간의 혼선이 유발될 수 있다.
   ② 기능부서와 프로젝트팀에서 서로 상반되는 지시가 내려질 경우 업무에 지장을 초래할 수 있다.

08 리더십 이론에 관한 설명으로 옳은 것은?

① 행동이론 중 미시간 대학의 연구에서 직무 중심 리더는 부하의 인간적 측면에 관심을 갖고, 종업원중심 리더는 부하의 업무에 관심을 갖고 있다는 것을 규명하였다.

② 상황이론 중 경로 - 목표 이론에서는 리더행동을 지시적 리더십, 지원적 리더십, 참여적 리더십, 성취지향적 리더십으로 분류하였다.

③ 특성이론에서는 여러 특성을 가진 리더가 모든 상황에서 효과적이라고 주장하였다.

④ 행동이론 중 오하이오 주립대학의 연구에서 배려하는 리더와 부하 사이의 관계는 상호신뢰를 형성하기가 어렵다는 것을 규명하였다.

⑤ 상황이론 중 규범모형은 기본적으로 부하들이 의사결정에 참여하는 정도가 상황의 특성에 맞게 달라질 필요가 없다고 가정하였다.

답 ②

해설

미시간대의 연구는 직무 중심적 리더와 종업원 중심적 리더를 동일 차원의 양극단으로 보았다.(종업원 중심의 리더십은 발휘하지 못함)

보충학습

리더십 이론 3가지

(1) 특성추구이론(trait theory)
   ① 리더에게는 리더가 아닌 사람과 구별할 수 있는 남다른 특성이 있다고 보고, 이러한 개인적 특성을 추출하고자 한 연구를 말한다.
   ② 특성의 일관성 결여, 상황적 요소와 리더에 대한 설명부족 등의 한계가 있다.
(2) 행위이론(behavioral theory)
   ① 리더의 행위(리더십 스타일)와 성과 간의 관계를 밝히고자 하는 연구이다.
   ② 리더의 행동을 기준으로 리더십의 유형을 구분하고, 유형 간의 차이와 가장 바람직한 유일·최선의 리더십 유형을 찾아내려는 데 초점을 두었다.
   ③ 그러나 어떤 상황에서는 특정 스타일의 리더십이 유효한 것으로 나타나지만, 다른 상황에서는 반대의 결과가 나타난다. → 즉, 리더가 처한 변수가 달라짐에 따라 효과적인 리더십 유형도 달라진다.
(3) 상황이론(situational theory, contingency theory)
   ① 어떤 상황에서나 유효한 최선의 리더십 유형은 없으며, 지도자의 지도행태가 구체적인 상황에 가장 잘 부합될 때 리더십이 효과적인 것이 될 수 있는 이론이다.
   ② 효과적인 리더십은 상황에 따라 결정된다.
(4) 리더십 스타일(leadership style)
   ① 지시적 리더십
   ② 지원적 리더십
   ③ 참여적 리더십
   ④ 성취지향적 리더십

09 조직문화의 순기능에 관한 설명으로 옳지 않은 것은?

① 조직구성원들에게 일체감을 조성한다.
② 조직구성원들의 생각과 행동지침이나 규범을 제공한다.
③ 조직의 안정성과 계속성을 갖게 한다.
④ 조직구성원들에게 획일성을 갖게 한다.
⑤ 조직구성원들의 태도와 행동을 통제하는 기제(mechanism) 기능을 한다.

답 ④

해설

파스케일(R. Pascale)과 피터스(T. Peters), 워터맨(R. Waterman) 등의 조직문화 구성요소 7S
① 공유가치(Shared Value)
② 전략(Strategy)
③ 구조(Structure)
④ 관리시스템(System)
⑤ 구성원(Staff)
⑥ 기술(Skill)
⑦ 리더십 스타일(Style)

10 "신입사원 선발시험점수(예측점수)와 업무성과(준거점수)의 상관계수가 0.4이다."의 설명으로 옳은 것은?

① 선발시험점수가 업무성과 변량의 16[%]를 설명한다.

② 입사 지원자의 16[%]가 합격할 것이다.

③ 선발시험점수가 업무성과 변량의 40[%]를 설명한다.

④ 입사 지원자의 40[%]가 합격할 것이다.

⑤ 입사 지원자의 선발시험점수가 40점 이상일 경우 합격한다.

답 ①

해설

준거점수(cut-off score)

① 목표지향검사(criterion-related test)에서 달성해야 할 목표를 어느 정도 성취해야 목표를 달성했다는 증거로 볼 수 있는지 그 수준을 나타내는 검사점수이다.

② 검사결과를 상대적인 의미에서가 아니라 절대적인 의미에서 해석하는 목표지향검사는 종종 피검사자들을 목표달성 및 미달성의 2개 종목(예를 들면, 전문적인 기술자격인정시험에서의 합격 또는 불합격)으로 분류하는 데 사용된다. 이 경우에는 우선 합격과 불합격을 결정할 수 있는 성취 수준을 나타내는 준거점수(cut-off score)를 정하고 그 준거점수에 근거해 피험자들을 분류하게 된다.

③ 준거점수를 어느 수준으로 정하느냐에 따라 사실상 성취수준에 이른 사람이 그렇지 못한 사람으로 혹은 성취수준 미달의 사람이 성취수준에 이른 사람으로 판정되기도 한다. 준거점수의 설정은 판정되는 개인들에게 중요한 영향을 미치기 때문에 준거점수를 설정하는 사람은 합격과 불합격 분류 시 생길 수 있는 오류의 상대적인 중요성을 고려해 신중히 결정해야 한다.

④ 타당한 준거점수를 설정하기 위한 방법으로는 내용전문가들이 검사나 문항들의 내용을 검토하여 필수적인 학습수준을 결정하거나, 피검사자들의 반응을 기초로 통계적인 방법을 적용하여 검사에 의한 판정 적중률을 최적화시킬 수 있는 준거점수를 모색하는 방법들을 들 수 있다. 그러나 누구나 타당하다고 인정할 수 있는 준거점수를 결정한다는 것은 대단히 어려운 일이며 어떻게 결정되든지 어느 정도의 임의성은 항상 존재하게 된다.

11 동일한 길이의 두 선분에서 양쪽끝 화살표의 방향이 달라짐에 따라 선분의 길이가 서로 다르게 지각되는 착시 현상은?

① 뮬러-라이어 착시
② 유도운동 착시
③ 파이운동 착시
④ 자동운동 착시
⑤ 스트로보스코픽운동 착시

답 ①

해설

착시
물체의 물리적인 구조가 인간의 감각기관인 시각을 통하여 인지한 구조와 현저하게 일치하지 않은 것으로 보이는 현상

[표] 착시의 구분

구분	그림	설명
Müler·Lyer의 착시	(a) (b)	(a)가 (b)보다 길게 보인다.
Helmholtz의 착시	(a) (b)	(a)는 가로로 길어보이고 (b)는 세로로 길어보인다.
Herling의 착시	(a) (b)	(a)는 양단이 벌어져 보이고 (b)는 중앙이 벌어져 보인다.
Poggendorff의 착시	(a)(b)(c)	(a)와 (c)가 일직선으로 보인다.(실제는 (a)와 (b)가 일직선)
Köhler의 착시		우선 평행의 호를 보고, 바로 직선을 본 경우 직선은 호와의 반대방향으로 휘어져 보인다.(윤곽 착시)
Zöller의 착시		세로의 선이 수직선인데 휘어져 보인다.

[표] 물건의 정리(군화의 법칙)

분류	내용	도해
근접의 요인	근접된 물건끼리 정리	○○ ○○ ○○ ○○
동류의 요인	가장 비슷한 물건끼리 정리	● ○ ● ○ ● ○
폐합의 요인	밀폐된 것으로 정리	
연속의 요인	연속된 것으로 정리	(a) 직선과 곡선의 교차 (b) 변형된 2개의 조합

12 선발도구의 효과성에 관한 설명으로 옳은 것만을 모두 고른 것은?

ㄱ. 선발률이 1 이상이 되어야 선발도구의 사용은 의미가 있다.
ㄴ. 선발도구의 타당도가 높을수록 선발도구의 효과성은 증가한다.
ㄷ. 선발률이 낮을수록 선발도구의 효과성 가치는 작아진다.
ㄹ. 기초율이 100[%]라면 새로운 선발도구의 사용은 의미가 없다.
ㅁ. 선발도구의 효과성을 이해하는 데 중요한 개념은 기초율, 선발률, 타당도이다.

① ㄱ, ㄴ
② ㄱ, ㄹ
③ ㄴ, ㄷ, ㅁ
④ ㄴ, ㄹ, ㅁ
⑤ ㄷ, ㄹ, ㅁ

답 ④

해설

선발도구의 합리성

(1) 신뢰성
① 신뢰성(reliability)이란 시험결과의 일관성, 즉 어떤 시험을 동일한 환경에서 동일한 사람이 몇 번 보았을 때, 그 결과가 일치하는 정도를 나타낸다.
② 시험-재시험법(test-retest method) : 동일인에게 동일한 내용의 시험을 서로 다른 시기에 실시하여, 결과를 측정하는 방법이다.
③ 대체형식법(alternate form method) : 동일인에게 유사한 형태의 시험을 실시하여, 두 형태 간의 상관관계를 살펴보는 방법이다.
④ 양분법(half split method) : 시험내용이나 문제를 반으로 나누어 각각 검사한 다음, 양자의 결과를 비교하는 방법이다.

(2) 타당성
① 타당성(validity)은 시험이 측정하고자 하는 내용 또는 대상을 정확히 검정하는 정도를 나타낸다.
② 시험성적과 어떤 기준치(직무성과의 달성도)를 비교하는 기준관련 타당성(criterion related validity)이 대표적이다.
③ 동시타당성(concurrent validity) : 현직 종업원의 시험성적과 직무성과를 비교하여 선발도구의 타당성을 검사한다.
④ 예측타당성(predictive validity) : 선발시험에 합격한 사람들의 시험성적과 입사 후의 직무성과를 비교하여 타당성을 검사한다.
⑤ 내용타당성(contest validity) : 요구하는 내용을 시험이 얼마나 잘 나타내는가를 검토하는 것으로, 통계적 상관계수가 아닌 논리적 판단으로 검사한다.
⑥ 구성타당성(construct validity) : 시험의 이론적 구성과 가정을 측정하는 정도를 나타낸다.

산업안전지도사 · 과년도기출문제

13 효과적인 팀 수행을 위해서 공유된 정신모델(shared mental model)을 구축하고자 할 때, 주의해야 하는 잠재적·부정적 측면인 집단사고(groupthink)에 관한 설명으로 옳지 않은 것은?

① 집단사고의 예로는 1960년대 미국이 쿠바의 피그만을 침공한 것과 1980년대 우주왕복선 챌린저호의 폭발사고가 있다.
② 팀 구성원들은 만장일치로 의견을 도출해야 한다는 환상을 가지고 있다.
③ 자신이 속한 집단에 대한 강한 사회적 정체성을 느끼는 팀에서는 일어나지 않는다.
④ 팀 안에서 반대 의견을 표출하기가 힘들다.
⑤ 선택 가능한 대안들을 충분히 고려하지 않고 선택적으로 정보처리를 하는 데서 발생한다.

답 ③

해설

집단의 성과
① 집단 내 구성원들의 능력을 최대한 활용하는 경우, 집단의 규모가 클수록 그 잠재적 성과는 커질 것이다.
② 그러나 집단의 비효율성의 존재로 인해 실제성과는 잠재적 성과보다 적어지게 된다.
③ 집단의 성과는 집단의 잠재적 자산을 최대한 활용하고, 잠재적 부채를 최소화함으로써 증대시킬 수 있다.
④ 또한 상황에 따라 집단의 성과도 달라질 수 있는데, 다른 사람이 있는지(사회적 촉진, 사회적 저해)와 상호작용하는 집단인지의 여부에 따라 집단성과가 달라지게 된다.

보충학습

1. 집단행동 설명이론
① 교환이론(exchange theory) : 개인은 집단 내에서 다른 구성원과 주고(비용) 받으면서(보상) 만족감을 높이고 갈등을 줄이게 된다. → 상호작용
② 사회적 비교이론(social comparison theory) : 모든 개인은 다른 사람과의 '비교'를 통해서 자신을 평가하고 싶어한다. → 평가본능의 충족
③ 사회적 촉진(social facilitation)과 사회적 억제(social disturbance) : 사람은 혼자 있을 때보다 남들과 함께 있을 때 일을 더 잘하기도 하고, 그르치기도 한다.
④ 책임분산(diffusion of responsibility) : 집단행동의 책임은 구성원들에게 분산되므로 자신이 져야 할 책임을 타인에게 전가할 기회가 생긴다.

2. 집단사고(groupthink)
집단 구성원들 간에 강한 응집력을 보이는 집단에서, 의사 결정 시에 만장일치에 도달하려는 분위기가 다른 대안들을 현실적으로 평가하려는 경향을 억압할 때 나타나는 구성원들의 왜곡되고 비합리적인 사고방식

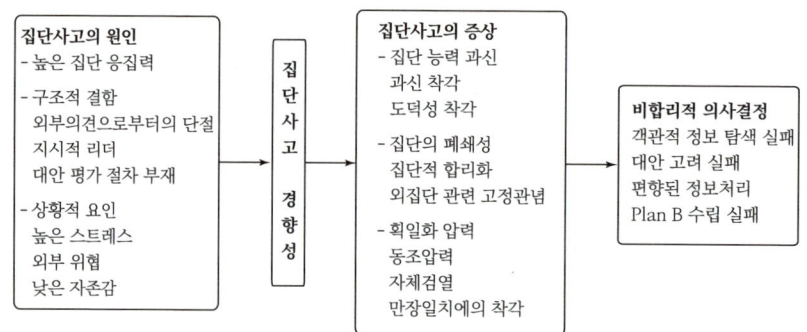

[그림] 집단사고 과정 모형(Janis, 1982)

14
브룸(Vroom)은 직무동기의 힘을 3가지 인지적 요소들에 의한 함수관계로 정의하였다. 다음 공식의 a와 b에 들어갈 요소를 순서대로 나열한 것은?

$$직무동기의 힘 = 기대 \times \sum_{1}^{n}(a \times b)$$

① 기대, 유인가
② 기대, 도구성
③ 공정성, 유인가
④ 공정성, 도구성
⑤ 유인가, 도구성

답 ⑤

해설

브룸의 기대 이론

(1) 특징
① 인지적(cognitive) 성격을 갖는다.
② 곱셈모형이다.
③ 개인 내(within-person) 모형이다. → 즉, 다른 사람들과의 관계는 배제하고 설명하였다.
④ 극대화모형이다.

(2) 문제점
① 이론의 내용이 너무 복잡하여 검증이나 응용이 어렵다.
② 인간의 합리성을 가정하고 있으나 인간은 비합리적인 경우도 많다.
③ 행위에 영향을 주는 변수들이 주관적인 값이다.

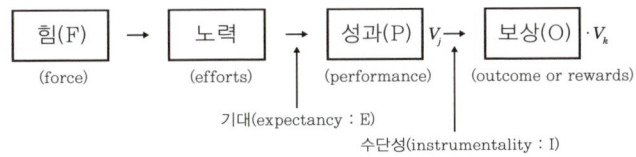

[그림] 브룸의 기대이론

- 기대(E) : 행위나 노력이 성과를 가져올 것이라는 주관적 가능성(확률)
- 수단성(I) : 성과가 보상이나 결과와 연결될 주관적 확률
- 유의성(V_k) : 개인에게 있어서 결과의 중요성(또는 가치의 정도)

참고

① 2012년 6월 23일(문제 16번) 출제
② 2023년 4월 1일(문제 14번) 출제

15 교대근무의 부정적 효과에 관한 설명으로 옳지 않은 것은?

① 야간작업은 멜라토닌 생성·조절을 방해하여 면역체계를 약화시킨다.

② 순환적 야간근무보다 고정적 야간근무가 신체·심리적 건강을 더 위협한다.

③ 교대작업은 배우자나 자녀와의 여가생활을 어렵게 하여 사회적 문제를 유발할 수 있다.

④ 순행적 교대근무보다 역행적 교대근무가 적응하기 더 어렵다.

⑤ 야간조명은 자연광선 효과를 대신할 수 없고, 낮잠은 밤에 자는 것과 같은 효과를 나타내지 못한다.

답 ②

해설

순환적 야간근무가 신체·심리적 건강을 위협한다.

16 직장 내 안전사고와 관련된 요인에 관한 설명으로 옳지 않은 것은?

① 일을 수행하는 데 안전을 위한 단계를 지켜야 한다는 종업원의 공유된 지각이 필요하다.

② 성격 5요인(Big-five) 중에서 성실성은 안전사고와 관련된다.

③ 직무만족이 높을수록 안전사고가 감소한다.

④ 일과 무관한 개인적 스트레스 요인은 안전사고에 영향을 주지 않는다.

⑤ 시간급보다 생산성에 따라 급여를 받는 능률급은 안전을 더 저해하는 요인으로 작용할 수 있다.

답 ④

해설

모든 스트레스는 안전사고에 영향을 준다.

합격키

2012년 6월 23일(문제 15번)

17 작업스트레스에 관한 설명으로 옳은 것은?

① 급하고 의욕이 강한 A유형 성격의 사람들은 스트레스 조절능력이 강해서 느긋하고 이완된 B유형의 사람들과 비교하여 심장질환에 걸릴 확률이 절반 정도로 낮다.
② 스트레스 출처에 대한 이해가능성, 예측가능성, 통제가능성 중에서 스트레스 완화효과가 가장 큰 것은 예측가능성이다.
③ 내적 통제형의 사람들은 자신들이 스트레스 출처에 대해 직접적인 영향력을 행사하려고 하지 않고 그냥 견딘다.
④ 공항에서 근무하는 소방관의 경우 한 건의 화재도 없이 몇 주 동안 대기근무만 하였을 때 스트레스가 없다.
⑤ 작업스트레스는 역할 과부하에서 주로 발생하며, 역할들 간의 갈등으로는 발생하지 않는다.

답 ②

해설

직무스트레스에 의한 건강장해 예방조치
① 작업환경·작업내용·근로시간 등 직무스트레스 요인에 대하여 평가하고 근로시간단축, 장·단기순환작업 등 개선대책을 마련하여 시행할 것
② 작업량·작업일정 등 작업계획수립시 당해 근로자의 의견을 반영할 것
③ 작업과 휴식을 적정하게 배분하는 등 근로시간과 관련된 근로조건을 개선할 것
④ 근로시간 이외의 근로자 활동에 대한 복지차원의 지원에 최선을 다할 것
⑤ 건강진단결과·상담자료 등을 참고하여 적정하게 근로자를 배치하고 직무스트레스 요인, 건강문제 발생가능성 및 대비책 등에 대하여 당해 근로자에게 충분히 설명할 것
⑥ 공기의 체적에 따른 뇌혈관 및 심장질환 발병위험도를 평가하여 금연, 고혈압 관리 등 건강증진프로그램을 시행할 것

참고
2013년 4월 20일(문제 16번)

법적근거
산업안전보건기준에 관한 규칙 제669조(직무스트레스에 의한 건강장해 예방조치)

18 일과 가정 간의 관계를 설명하는 3가지 기본 모델을 모두 고른 것은?

> ㄱ. 파급모델(spillover model)
> ㄴ. 과학자 - 실무자 모델(scientist-practitioner model)
> ㄷ. 보충모델(compensation model)
> ㄹ. 유인-선발-이탈 모델(attraction-selection-attrition model)
> ㅁ. 분리모델(segmentation model)

① ㄱ, ㄴ, ㄷ
② ㄱ, ㄷ, ㄹ
③ ㄱ, ㄷ, ㅁ
④ ㄴ, ㄷ, ㄹ
⑤ ㄴ, ㄹ, ㅁ

답 ③

해설

일과 가정 간의 관계 3가지 기본 model
① 파급모델(spillover model)
② 보충모델(compensation model)
③ 분리모델(segmentation model)

19 산업혁명 전후의 산업보건 역사에 관한 설명으로 옳지 않은 것은?

① 산업혁명으로 공장이라는 형태의 밀집된 생산시스템이 시작되었다.

② 산업혁명 이전에도 금속의 채광 및 제련업에 종사하는 사람들의 직업병 문제가 제기되었다.

③ 증기기관이 발명되어 생산의 기계화가 진행되면서 화학물질 사용량이 크게 감소하였다.

④ 굴뚝청소부 음낭암의 원인이 굴뚝의 검댕(soot)이라는 것이 밝혀졌고, 이것이 최초의 직업성암의 사례이다.

⑤ 초기의 공장은 청소, 작업복의 세탁불량, 작업장 내 식사 등 위생적인 문제 해결만으로도 작업환경이 개선되었기 때문에 산업위생이라는 이름이 붙었다.

답 ③

해설

증기기관 발달로 화학물질 사용량이 크게 증가하였다.

20 근로자 보호를 위한 작업환경 노출기준에 관한 설명으로 옳은 것은?

① 단시간 노출기준은 8시간 시간가중 평균노출기준보다 높게 설정된다.

② TLV란 미국 산업안전보건청(OSHA)에서 설정한 법적 노출기준을 말한다.

③ 단시간 노출기준은 주로 만성독성을 일으키는 물질을 대상으로 설정된다.

④ 노출기준은 직업병의 발생여부를 판단하는 기준이다.

⑤ 두 가지 이상의 화학물질에 동시에 노출될 때는 기준이 낮은 화학물질을 기준으로 노출기준여부를 판단한다.

답 ①

해설

노출기준

① "노출기준"이란 근로자가 유해인자에 노출되는 경우 노출기준 이하 수준에서는 거의 모든 근로자에게 건강상 나쁜 영향을 미치지 아니하는 기준을 말하며, 1일 작업시간 동안의 시간가중 평균노출기준(Time Weighted Average : TWA), 단시간 노출기준(Short Term Exposure Limit : STEL) 또는 최고노출기준(Ceiling : C)으로 표시한다
　㉮ 1일 8시간 작업을 기준으로 하여 각 유해인자의 측정치에 발생시간을 곱하여 8시간으로 나눈 값을 말한다.
　㉯ 산출공식은 다음과 같다.

$$TWA\ 환산값 = \frac{C_1 T_1 + \cdots + C_n T_n}{8}$$

　　여기서, C : 유해인자의 측정치(단위 : ppm, mg/m³ 또는 개/cm³)
　　　　　　T : 유해인자의 발생시간(단위 : 시간)

② 단시간 노출기준(STEL : Short Term Exposure Limit)
　㉮ 15분간의 시간가중 평균노출값이다.
　㉯ 노출농도가 시간가중 평균노출기준(TWA)을 초과하고 단시간 노출기준(STEL) 이하인 경우에는 1회 노출 지속시간이 15분 미만이어야 하고 이러한 상태가 1일 4회 이하로 발생하여야 한다.
　㉰ 각 노출의 간격은 60분 이상이어야 한다.

③ 최고노출기준(C : Ceiling)
　㉮ 근로자가 1일 작업시간 동안 잠시라도 노출되어서는 안 되는 기준
　㉯ 노출기준 앞에 "C"를 붙여 표시한다.

④ 시간가중 평균노출기준(TLV-TWA : ACGIH)
　㉮ 하루 8시간 주 40시간 동안에 노출되는 평균농도
　㉯ 작업장의 노출기준을 평가할 때 시간가중 평균농도를 기본으로 함
　㉰ 이 농도에서는 오래 작업하여도 건강장해를 일으키지 않는 관리지표로 사용
　㉱ 안전과 위험의 한계로 해석해서는 안 됨
　㉲ ACGIH에서의 노출 상한선과 노출시간 권고사항
　　▷ TLV-TWA의 3배(30분 이하)
　　▷ TLV-TWA의 5배(잠시라도 노출금지)
　㉳ 오랜 시간 동안의 만성적인 노출을 평가하기 위한 기준으로 사용

21 다음은 대표적인 직업병과 그 원인이 되는 물질을 연결한 것이다. **직업병의 원인이 되는 요인**으로 옳지 않은 것은?

① 비중격천공-크롬

② 중피종-석면

③ 신장장애-수은

④ 진폐증-유리규산

⑤ 말초신경장애-메탄올

답 ⑤

해설

말초신경장애-알코올(에탄올)

22 작업환경측정에 관한 설명으로 옳은 것은?

① 비극성 유기용제는 주로 활성탄으로 채취한다.

② 작업환경측정에서 일반적으로 개인시료는 직독식 측정기기를, 지역시료는 시료채취용 펌프를 이용한다.

③ 최고노출기준(ceiling)이 설정되어 있는 화학물질은 15분 동안 측정하여야 한다.

④ 소음노출량계로 소음을 측정할 때에는 Threshold는 80[dB], Criteria는 90[dB], Exchange rate는 5[dB]로 설정한다.

⑤ 산업안전보건법에 의하여 실시하는 작업환경측정에서 8시간 시간가중평균(8[hr]-TWA)을 측정하기 위해서는 최소한 5시간 이상 측정하여야 한다.

답 ①, ④

해설

작업환경측정

(1) 작업환경측정(산업안전보건법 제2조) 정의
작업환경의 실태를 파악하기 위하여 해당 근로자 또는 작업장에 대하여 사업주가 유해인자에 대한 측정계획을 수립한 후 시료를 채취하고 그 분석·평가를 하는 것을 말한다.

(2) 일반적 작업환경 측정 목적
① 유해물질에 대한 근로자의 허용기준 초과여부를 결정한다.
② 환기시설을 가동하기 전과 후의 공기 중 유해물질 농도를 측정하여 환기시설의 성능을 평가한다.
③ 역학조사시 근로자의 노출량을 파악하여 노출량과 반응과의 관계를 평가한다.
④ 근로자의 노출이 법적 기준인 허용농도를 초과하는지의 여부를 판단한다.
⑤ 최소의 오차범위 내에서 최소의 시료수를 가지고 최대의 근로자를 보호한다.
⑥ 작업공정, 물질, 노출요인의 변경으로 인해 근로자에 대한 과대한 노출의 가능성을 최소화한다.
⑦ 과거의 노출농도가 타당한가를 확인한다.
⑧ 노출기준을 초과하는 상황에서 근로자가 더 이상 노출되지 않게 보호한다.
⑨ ①~⑧항 중 가장 큰 목적은 근로자의 노출정도를 알아내는 것으로 질병에 대한 질병원인을 규명하는 것은 아니며 근로자의 노출수준을 간접적 방법으로 파악하는 것이다.

(3) 미국산업위생학회(AIHA) 작업환경측정 목적
① 근로자 노출에 대한 기초자료 확보를 위한 측정(유사노출 그룹별로 유해물질의 농도범위 분포를 평가하기 위한 측정)
② 진단을 위한 측정(작업장에서 근로자에게 가장 큰 위험을 초래하는 작업과 그 원인이 무엇인지를 알아내기 위한 것)
③ 법적인 노출기준 초과여부를 판단하기 위한 측정(유해물질의 노출정도를 법에서 정한 노출기준과 비교하여 적절한지를 판단하기 위한 것)

23. 작업환경 중 물리적 요인에 관한 설명으로 옳지 않은 것은?

① 우리나라 8시간 소음기준은 85[dB]이다.

② 적외선에 과다하게 노출되면 백내장을 일으킨다.

③ 진동으로 인한 대표적인 건강장애는 레이노 증후군이다.

④ 해수면으로부터 20[m]를 잠수할 경우 잠수작업자가 받는 압력은 약 3기압이다.

⑤ 자외선 중 파장이 짧은 영역은 전리방사선이며, 피부에 노출될 경우 피부암을 일으킬 수 있다.

답 ①, ⑤

해설

우리나라 소음 노출기준

8시간 노출에 대한 기준 90[dB](5[dB] 변화율)

1일 노출시간[hr]	소음수준[dB(A)]
8	90
4	95
2	100
1	105
$\frac{1}{2}$	110
$\frac{1}{4}$	115

주) 115[dB(A)]를 초과하는 소음수준에 노출되어서는 안 된다.

보충학습

방사선이란 에너지가 전자기파(electromagnetic wave)의 형태로, 한 위치에서 다른 위치로 이동하는 방식을 의미하며 파장과 진동수에 따라 이온화방사선(전리방사선)과 비이온화방사선(비전리방사선)으로 구분된다.

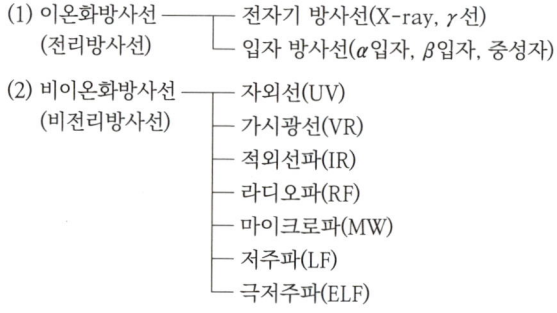

(1) 이온화방사선 ─── 전자기 방사선(X-ray, γ선)
    (전리방사선) └── 입자 방사선(α입자, β입자, 중성자)

(2) 비이온화방사선 ─── 자외선(UV)
    (비전리방사선) ├── 가시광선(VR)
                    ├── 적외선파(IR)
                    ├── 라디오파(RF)
                    ├── 마이크로파(MW)
                    ├── 저주파(LF)
                    └── 극저주파(ELF)

24 유해요인 노출로부터 근로자를 보호하기 위한 개인보호구에 관한 설명으로 옳은 것은?

① 산소농도가 18[%] 이하인 작업장에서는 방독마스크를 착용하여야 한다.
② 나노입자에 노출되는 경우 특급 방진마스크를 착용하도록 한다.
③ 발암성 유기용제에 노출되는 경우 특급 이상의 방진마스크를 착용하여야 한다.
④ 방진마스크는 여과효율이 낮을수록, 흡기저항이 높을수록 성능은 향상된다.
⑤ 방독마스크는 오래 사용하면 여과효율은 증가하지만 흡배기 저항은 감소한다.

답 ②

해설

호흡용 보호구 안전수칙
① 산소농도가 18[%] 이상인지 우선 확인한 후 여과식 또는 공기공급식 호흡용 보호구를 선택하여 착용한다.
② 분진, 미스트, 흄이 발생작업 장소에서는 사용장소에 따라 방진마스크의 등급(특급, 1급, 2급)을 확인한 후 착용한다.
③ 발생된 유해물질의 종류에 적합한 방독마스크의 정화통이 사용되었는지 여부를 확인한 후 착용한다.
④ 발생 유해물질의 농도가 2[%](암모니아는 3[%]) 이상일 경우에는 공기공급식 호흡용 보호구를 착용한다.
⑤ 호흡용 보호구의 이상여부를 점검한 후 착용한다.

보충학습
① "산소결핍"이란 공기 중의 산소농도가 18[%] 미만인 상태를 말한다.
② 나노입자에 노출되는 경우 특급 방진마스크를 착용하도록 한다.
③ 발암성 유기용제에 노출되는 경우 특급 이상의 방독마스크를 착용하여야 한다.
④ 방진마스크는 여과효율이 높을수록, 흡기저항이 낮을수록 성능은 향상된다.
⑤ 방독마스크는 오래 사용하면 여과효율은 감소하고 흡배기 저항은 증가한다.

25 작업장에 설치되어 있는 기존의 국소배기시스템에 관한 설명으로 옳지 않은 것은?

① 덕트의 길이를 줄이면 후드에서의 풍량은 감소한다.

② 송풍기 날개의 회전수를 2배 늘리면 송풍기의 풍량은 2배 증가한다.

③ 송풍기의 배출구 뒤쪽에 있는 덕트 내의 압력은 대기압보다 높다.

④ 덕트 내에 분진이 퇴적되어 내경이 좁아지면 후드정압이 감소한다.

⑤ 송풍기의 앞쪽에 있는 덕트에 구멍이 생기면 후드에서 풍량이 감소한다.

답 ①

해설

덕트(Duct)

(1) 정의
① 후드에서 흡인한 유해물질을 공기정화기를 거쳐 송풍기까지 운반하는 송풍관 및 송풍기로부터 배기구까지 운반하는 관을 덕트라 한다.
② 후드로 흡인한 유해물질이 덕트 내에 퇴적하지 않게 공기정화장치까지 운반하는 데 필요한 최소속도를 반송속도라 한다. 또한 압력손실을 최소화하기 위해 낮아야 하지만 너무 낮게 되면 입자상 물질의 퇴적이 발생할 수 있어 주의를 요한다.

(2) 덕트 설치기준(설치시 고려 사항)
① 가능한 한 길이는 짧게 하고 굴곡부의 수는 적게 할 것
② 접속부의 내면은 돌출된 부분이 없도록 할 것
③ 청소구를 설치하는 등 청소하기 쉬운 구조로 할 것
④ 덕트 내 오염물질이 쌓이지 아니하도록 이송속도를 유지할 것
⑤ 연결부위 등은 외부공기가 들어오지 아니하도록 할 것(연결 방법을 가능한 한 용접할 것)
⑥ 가능한 후드의 가까운 곳에 설치할 것
⑦ 송풍기를 연결할 때는 최소덕트 직경의 6배 정도 직선구간을 확보할 것
⑧ 직관은 하향구배로 하고 직경이 다른 덕트를 연결할 때는 경사 30[°] 이내의 테이퍼를 부착할 것
⑨ 가급적 원형덕트를 사용하며 부득이 사각형 덕트를 사용할 경우에는 가능한 정방형을 사용하고 곡관의 수를 적게 할 것
⑩ 곡관의 곡률반경은 최소 덕트직경이 1.5 이상, 주로 2.0을 사용할 것
⑪ 수분이 응축될 경우 덕트 내로 들어가지 않도록 경사나 배수구를 마련할 것
⑫ 덕트의 마찰계수는 작게 하고 분지관을 가급적 적게 할 것

참고

2013년 4월 20일(문제 22번)

2015년도 4월 20일 필기문제

산업안전지도사 자격시험
제1차 시험문제지

| 제3과목
기업진단·지도 | 총 시험시간 : 90분
(과목당 30분) | 문제형별
A |

| 수험번호 | 20150420 | 성 명 | 도서출판 세화 |

【수험자 유의사항】

1. 시험문제지 표지와 시험문제지 내 **문제형별의 동일여부** 및 시험문제지의 **총면수·문제번호 일련순서·인쇄상태** 등을 확인하시고, 문제지 표지에 수험번호와 성명을 기재하시기 바랍니다.
2. 답은 각 문제마다 요구하는 **가장 적합하거나 가까운 답 1개**만 선택하고, 답안카드 작성 시 시험문제지 **형별누락, 마킹착오**로 인한 불이익은 전적으로 **수험자에게 책임**이 있음을 알려 드립니다.
3. 답안카드는 국가전문자격 공통 표준형으로 문제번호가 1번부터 125번까지 인쇄되어 있습니다. 답안 마킹 시에는 반드시 **시험문제지의 문제번호와 동일한 번호**에 마킹하여야 합니다.
4. **감독위원의 지시에 불응하거나 시험 시간 종료 후 답안카드를 제출하지 않을 경우** 불이익이 발생할 수 있음을 알려 드립니다.
5. 시험문제지는 시험 종료 후 가져가시기 바랍니다.

【안 내 사 항】

1. 수험자는 **QR코드를 통해 가답안을 확인**하시기 바랍니다.
   (※ 사전 설문조사 필수)
2. 시험 합격자에게 '**합격축하 SMS(알림톡) 알림 서비스**'를 제공하고 있습니다.

▲ 가답안 확인

- 수험자 여러분의 합격을 기원합니다 -

3. 기업진단·지도

01 A기업에서는 평가등급을 5단계로 구분하고 가능한 정규분포를 이루도록 등급별 기준인원을 정하였으나, 평가자에 의하여 다음의 표와 같은 결과가 나타났다. 이와 같은 평가결과의 분포도상의 오류는?(평가등급의 상위순서는 A, B, C, D, E 등급의 순이다.)

평가등급	A등급	B등급	C등급	D등급	E등급
기준인원	1명	2명	4명	2명	1명
평가결과	5명	3명	2명	0명	0명

① 논리적 오류
② 대비오류
③ 관대화 경향
④ 중심화 경향
⑤ 가혹화 경향

답 ③

해설

관대화 경향(寬大化傾向 : tendency to leniency, error of leniency)

① 평가자가 자기와 가까운 사람에게 관대한 평가를 주게 되는 성향(性向), 원래는 교육심리학 용어로서 '관대의 오류'(error of leniency)라 한다.
② 직속 상관인 평가자가 자기 직원들에 대해 근무성적을 평가할 때 흔히 관대화 경향, 즉 후한 평가를 주려는 경향이 나타날 수 있다. 이러한 현상은 평가자가 평소에 부하직원들과 직장생활을 함께하여 깊은 동료애가 작용하기도 하고, 부하 직원들로부터 밉게 보이지 않으려는 데서 비롯되기도 한다. 그 밖에도 주어진 특성에 대하여 평가의 자신이 없을 때 더욱 두드러지게 나타날 수 있다.
③ 평가자가 관대화 경향으로부터 벗어나지 못하고 '관대의 오류'를 범할 경우, 그 평가의 결과는 신뢰도와 타당도가 매우 낮아질 수밖에 없다.
④ 한편 이와는 반대로 평가할 때마다 낮은 점수만을 주고자 하는 성향을 지닌 평가자가 있다. 이러한 평가자도 오류를 범하기 쉬운데, 그 오류를 '인색의 오류'(error of severity)라고 부른다.

유사문제 출제
2013년 4월 20일(문제 10번)

02 조직구조에 관한 설명으로 옳지 않은 것은?

① 가상네트워크 조직은 협력업체와 갈등해결 및 관계유지에 상대적으로 적은 시간이 필요하다.

② 기능별 조직은 각 기능부서의 효율성이 중요할 때 적합하다.

③ 매트릭스 조직은 이중보고 체계로 인하여 종업원들이 혼란을 느낄 수 있다.

④ 사업부제 조직은 2개 이상의 이질적인 제품으로 서로 다른 시장을 공략할 경우에 적합한 조직구조이다.

⑤ 라인스태프 조직은 명령전달과 통제기능을 담당하는 라인과 관리자를 지원하는 스태프로 구성된다.

답 ①

해설

네트워크 조직과 가상기업

(1) 가상기업
  ① 가상기업은 기업간 협력을 통한 기업혁신전략 중에서 가장 발달한 형태로 볼 수 있다.
  ② 가상기업이 기존의 기업간 협력형태인 전략적 제휴나 아웃소싱 등과 뚜렷이 구분되는 점은 다음과 같다.
    ㉮ 가상기업은 제품과 서비스 제공에 필요한 필수 기능을 핵심역량으로 하는 기업과 협력관계를 수립한다.
    ㉯ 가상기업은 협력기업간 통제(Control)의 정도가 낮고 정보통신 기술이나 시장변화 등에 쉽게 대응할 수 있는 유연성(flexibility)과 고객의 요구에 대한 대응성(responsiveness)이 가장 높은 기업간 협력 형태이다.
    ㉰ 가상기업은 완전 개방된 환경에서 협력 파트너를 찾고 참여 주체간 동등성(equality)을 기반으로 한다.
(2) 네트워크 조직
  ① 참여 기업들이 하나 혹은 일부 기능에 특화한다는 점이며 즉, 핵심 부분에 해당 기업의 자원과 역량을 집중한다는 의미이다.
  ② 정보의 공유를 통한 가치 창출이다.

03 인적자원관리에서 이루어지는 기능 또는 활동에 관한 설명으로 옳은 것은?

① 직접보상은 유급휴가, 연금, 보험, 학자금지원 등이 있다.
② 직무평가는 구성원들의 목표치와 실적을 비교하여 기여도를 판단하는 활동이다.
③ 현장직무교육은 직무순환제, 도제제도, 멘토링 등이 있다.
④ 직무분석은 장래의 인적자원 수요를 파악하여 인력의 확보와 배치, 활용을 위한 계획을 수립하는 것이다.
⑤ 직무기술서의 작성은 직무를 성공적으로 수행하는 데 필요한 작업자의 지식과 특성, 능력 등을 문서로 만드는 것이다.

답 ③

해설

인적자원관리 개요
(1) 기업에 있어서 인적자원은 회사의 성장의 발판이 되는 중요한 자원이기 때문에 어느 회사에서는 1[%] 인재가 나머지 99[%] 직원을 먹여살린다는 표현까지 사용하고 있다.
(2) 인적자원관리를 잘 하기 위해서는 우수한 인재를 채용할 수 있는 채용관리가 선행되어야 하며, 그 이후에 채용된 인원이 성과를 발휘할 수 있는 직무를 선별하고 이 직무를 수행하면서 성장할 수 있는 교육 등 인적자원 개발이 필요하다. 또 우수한 인재에 대한 회사의 충성심, 애사심, 업무능력 등을 향상시킬 수 있는 금전적인 보상이나 기타 복지제도가 필요하기 때문에 적절한 임금관리가 되어야 한다. 부가적으로 직원들의 애로사항 및 문제를 개선할 수 있는 제도적인 노무관리도 병행되어야 한다.
(3) 중소기업은 대기업에 비해서 비용적인 측면이 부족하기 때문에 우수한 인재를 채용하기 어렵고 우수한 인재를 채용했다고 해도 거기에 대한 적절한 관리(직무, 개발, 노무 등)가 쉽지 않다.
(4) 현장직무교육
 ① 직무순환제　　② 도제제도　　③ 멘토링

보충학습

(1) 직무분석의 의의
 인적자원관리의 기초자료를 제공하기 위하여 직무에 대한 정보를 수집하고 수집된 정보를 분석하여 직무의 내용을 파악한 후 직무의 수행에 필요한 책임, 숙련, 능력과 지식, 작업조건 등의 직무수행요건을 명확히 하는 과정
(2) 직무분석의 용도
 ① 모집 및 선발
 ② 성과평가
 ③ 직무평가
 ④ 보상관리
 ⑤ 종업원 교육훈련
(3) 직무분석 방법
 ① 관찰법
 ② 면접법
 ③ 질문서법
 ④ 경험법
 ⑤ 중요사건서술법
 ⑥ 종합법
(4) 직무평가의 의의
 조직 내 직무들을 일정한 기준에 의하여 서로 비교하여 직무들 간의 상대적인 가치를 결정하는 과정

(5) 직무평가의 목적
　① 임금수준의 결정
　② 인력배치와 확보를 위한 기초자료
　③ 구성원의 능력개발
(6) 직무평가 방법
　① 서열법 : 직무를 종합적으로 가치에 따라 평가해서 서열을 정하는 방법
　② 분류법(등급법) : 분류할 직무의 등급을 미리 설정한 후 직무를 적절히 판정하여 등급별로 구분하는 방법
　③ 점수법 : 직무를 평가요소에 따라 분해하고 각 요소별로 가중치를 둔 후 가중치별 점수를 합산하여 직무의 가치를 평가하는 방법
　④ 요소비교법 : 몇 개의 기준직무를 선정하여 평가요소별로 순위를 결정하고 임금을 평가요소별로 배분한 후 직무를 요소별로 기준직무와 비교하여 직무의 상대적 가치를 평가하는 방법

04 조직문화에 관한 설명으로 옳은 것을 모두 고른 것은?

> ㉠ 조직문화는 일반적으로 빠르고 쉽게 변화한다.
> ㉡ 파스칼과 아토스(R. Pascale and A. Athos)는 조직문화의 구성요소로 7가지를 제시하고 그 가운데 공유가치가 가장 핵심적인 의미를 갖는다고 주장하였다.
> ㉢ 딜과 케네디(T. Deal and A. Kennedy)는 위험추구성향과 결과에 대한피드백 기간이라는 2개의 기준에 의해 조직문화유형을 합의문화, 개발문화, 계층문화, 합리문화로 구분하고 있다.
> ㉣ 샤인(E. Schein)에 의하면 기업의 성장기에는 소집단 또는 부서별 하위 문화가 형성되며, 조직문화의 여러 요소들이 제도화 된다.
> ㉤ 홉스테드(G. Hofstede)에 의하면 불확실성 회피성향이 강한 사회의 구성원들은 미래에 대한 예측 불가능성을 줄이기 위해 더 많은 규칙과 규범을 제정 하려는 노력을 기울인다.

① ㉠, ㉡, ㉣
② ㉡, ㉢, ㉣
③ ㉡, ㉢, ㉤
④ ㉡, ㉣, ㉤
⑤ ㉢, ㉣, ㉤

답 ④

해설

(1) 조직문화의 개요
 조직문화란 조직 구성원들로 하여금 다양한 상황에 대한 해석과 행위를 불러일으키는 조직 내에 공유된 정신적인 가치를 의미한다. 조직문화는 조직 구성원이 환경을 해석하는 방식을 학습하는 데 필요한 '렌즈'의 역할을 하며 조직 구성원들이 공유하고 있는 '세상에 대한 관점(view of the world)'을 제공한다. 또한 조직 구성원의 행동을 유도하여 구성원들이 서로를 대하는 방식, 의사결정의 질 그리고 궁극적으로는 조직의 성공 여부에도 영향을 준다.

(2) 샤인의 조직문화
 샤인(Schein, 1992)에 따르면 조직문화는 3개의 층으로 구성되고, 하단으로 갈수록 조직 외부 사람은 이해하기 어려워진다. 첫 번째는 가시적인 수준으로서 인공물(artifacts), 테크놀로지(technology) 그리고 행동 방식(behavior patterns)이 있다. 인공물은 문화적 의미를 전달하는 물리적 환경의 측면들이고, 테크놀로지는 조직이 외부 환경으로부터 받아들이는 것들을 조직 내부에 맞게 변환하는 수단을 의미한다. 행동 방식은 단순히 조직 구성원의 행동을 뜻한다. 두 번째 수준은 조직 내의 공유된 가치(Shared values)다. 조직 내에서의 특출한 가치들은 충성, 고객 만족, 동료애 그리고 자기 보존 등 다양하다. 샤인에 따르면 가치란 외부인에게는 행동 방식보다 더 접근하기 어려운 것으로, 특별한 상징적 수단을 통해 외부인에 의해 추론되는 것이다.

05 생산시스템에 관한 설명으로 옳지 않은 것은

① VMI는 공급자주도형 재고관리를 뜻한다.
② MRP는 자재소요량계획으로 제품생산에 필요한 부품의 투입시점과 투입량을 관리하는 시스템이다.
③ ERP는 조직의 자금, 회계, 구매, 생산, 판매 등의 업무흐름을 통합관리하는 정보 시스템이다.
④ SCM은 부품 공급업체와 생산업체 그리고 고객에 이르는 제반 거래 참여자들이 정보를 공유함으로써 고객의 요구에 민첩하게 대응하도록 지원하는 것이다.
⑤ BPR은 낭비나 비능률을 점진적이고 지속적으로 개선하는 기능중심의 경영관리기법이다.

답 ⑤

해설

BPR(Business Process Reengineering)
(1) 개요
업무 재설계, 즉 BPR이란 고도로 전문화되어 프로세스가 분업화된 조직을 개혁하기 위해, 조직과 비즈니스 규칙 및 절차를 근본적으로 재검토하여 비즈니스 프로세스에 관점을 두고 조직, 직무, 업무 흐름, 관리 기구, 정보시스템을 재설계하는 경영혁신기법의 하나이다. 발달된 정보통신 기술을 기반으로 기업의 전 분야에서 정보시스템의 통일화를 이루고, 이를 통해 업무 효율을 극대화하고, 기업에 있어서 이익의 원천이자 최종 수혜자인 고객에 대한 가치를 창출하고자 하는 것이다.

(2) BPR 추진을 위해 지켜야 하는 7원칙
① 일을 업무 단위가 아닌 결과 지향적으로 설계하라.
② 프로세스의 결과를 받는 사람이 직접 프로세스를 수행하도록 하라.
③ 통제 절차와 정보 처리를 통합한다.
④ 지역적으로 흩어진 자원을 중앙 집중되어 있는 것처럼 취급하라.
⑤ 병행 업무에 대해서는 결과가 아닌 과정을 연결하도록 하라.
⑥ 의사결정 지점을 실제 업무가 수행되는 곳에 두고 통제를 처리 과정의 일부로 만들어라.
⑦ 정보는 단 한 번만 정보 발생 지역에서 파악하라.

(3) BPR을 수행하는 방법
① 고객 기반의 목표를 설정하고 전략적 목적 개발
② 현 상태 및 기존 프로세스의 이해
③ 재설계 대상 핵심 프로세스 규명
④ 필요 정보기술의 탐색
⑤ 프로세스 원형의 설계 및 구축
⑥ 새 프로세스의 운영
⑦ 새 프로세스의 평가 및 지속적 개선

보충학습

공급자 주도형 재고관리(VMI : Vender Managed Inventory)
① 공급자가 직접 판매자의 매장 재고 또는 물류센터재고를 관리
② 유통업체가 공급(제조)업체에 판매·재고정보를 전자문서교환(EDI)으로 제공하면 공급업체는 이를 토대로 과거 데이터를 분석하고 수요를 예측하여 적정 납품량을 결정하는 시스템
③ 장점 : 유통업체는 재고관리에 소모되는 인력, 시간 등의 비용절감 효과 기대, 공급업체는 적정생산 및 납품을 통해 경쟁력 유지
④ 단점 : 재고의 부담을 공급자측에 전가시키고 이득은 수요자측이 가져가는 불균형적인 이득분배시스템이라는 문제점이 있다.

06 인형을 판매하는 A사는 경제적 주문량(EOQ) 모형을 이용하여 재고정책을 수립하려고 한다. 다음과 같은 조건일 때 1회의 경제적 주문량은?

> ○ 연간수요량　　　　　　　　　　20,000개
> ○ 1회 주문비용　　　　　　　　　5,000원
> ○ 연간단위당 재고유지비용　　　　50원
> ○ 개당 제품가격　　　　　　　　　10,000원

① 1,000개　　　　　　　② 2,000개
③ 3,000개　　　　　　　④ 3,500개
⑤ 4,000개

답 ②

해설

경제적 주문량(Economic Order Quantity)

$$경제적\ 주문량(개) = \sqrt{\frac{2 \times 연간수요량 \times 1회주문비용}{연간단위당\ 재고유지비용}} = \sqrt{\frac{2 \times 20,000 \times 5,000}{50}} = 2,000개$$

07 동기부여이론에 관한 설명으로 옳지 않은 것은

① 데시(E. Deci)의 인지평가이론에 의하면 외재적 보상이 주어지면 내재적 동기가 증가된다.

② 로크(E. Locke)의 목표설정이론에 의하면 목표가 종업원들의 동기유발에 영향을 미치며, 피드백이 주어지지 않을 때보다는 피드백이 주어질 때 성과가 높다.

③ 앨더퍼(C. Alderfer)의 ERG이론은 매슬로우(A. Maslow)의 욕구단계이론과 달리 좌절-퇴행 개념을 도입하였다.

④ 브룸(V. Vroom)의 기대이론에 의하면 종업원의 직무수행 성과를 정확하고 공정하게 측정하는 것은 수단성을 높이는 방법이다.

⑤ 아담스(J. Adams)의 공정성이론에 의하면 종업원은 자신과 준거집단이나 준거인물의 투입과 산출 비율을 비교하여 불공정하다고 지각하게 될 때 공정성을 이루는 방향으로 동기유발된다.

답 ①

해설

데시(E.Deci)의 인지평가이론

(1) 내적 동기가 발휘된 과업에 외적 보상을 제공하였을 경우 오히려 과업에 대한 동기가 삭감된다는 과잉정당화효과 설명(외적 보상으로 외적 동기를 유발시켜 과업에 몰입하고자 하면 타인으로부터 통제받는 느낌을 발생시켜 오히려 과업에 대한 흥미 삭감)

(2) 이론적 전제
 ① 외재적 동기와 내재적 동기는 상호 연관되지만 병존하지 않는다.
 ② 유능감과 자기결정성 : 인간은 본능적으로 유능감과 자기결정성에 대한 욕구를 가지며 이들이 내적 동기를 유발한다.

(3) 조직경영에 주는 시사점
 ① 대상과 직무에 따른 보상 제공 : 작업자가 맡고 있는 직무가 어떤 것이냐에 따라 내적 동기를 최적화 시킬 외적 보상을 제공해야 하는데 고차원적 전문 업무를 하는 작업자에게는 단순 외재적 보상보다는 타인의 해당 작업에 대한 인정 및 긍정적 정보(칭찬)의 제공이 더 의미 있을 수 있는 반면 단순 업무를 하는 작업자에게는 외재적 금전보상이 더 효과적이다.
 ② 보상을 제공할 때에 작업자의 인지관리 필요 : 외재적 보상을 제공할 때에는 이것이 되려 작업자의 내적 동기를 삭감시킬 가능성이 있지 않은지 작업자의 인지를 관리하는 능력이 필요하다.
 ③ 높은 자율성과 참여 유도 : 직무에 대한 높은 자율성과 참여 유도는 자기결정성과 유능감을 향상시킨다.

08 단체교섭의 방식에 관한 설명으로 옳지 않은 것은?

① 기업별 교섭은 특정기업 또는 사업장 단위로 조직된 노동조합이 단체교섭의 당사자가 되어 기업주 또는 사용자와 교섭하는 방식이다.
② 공동교섭은 상부단체인 산업별, 직업별 노동조합이 하부단체인 기업별 노조나 기업단위의 노조지부와 공동으로 지역적 사용자와 교섭하는 방식이다.
③ 대각선 교섭은 전국적 또는 지역적인 산업별 노동조합이 각각의 개별 기업과 교섭하는 방식이다.
④ 통일교섭은 전국적 또는 지역적인 산업별 또는 직업별 노동조합과 이에 대응하는 전국적 또는 지역적인 사용자와 교섭하는 방식이다.
⑤ 집단교섭은 여러 개의 노동조합 지부가 공동으로 이에 대응하는 여러 개의 기업들과 집단적으로 교섭하는 방식이다.

답 ②

해설

공동교섭(共同交涉)
① 공동교섭이란 기업별 조합의 상부단체인 노동조합과 개개 기업별 조합이 공동으로 개개 기업별 조합의 상대방인 개개 기업의 사용자와의 사이에서 행하여지는 교섭을 말한다.
② 산업별 조직체계 또는 산업별 연맹체제에서 개개 기업별 노조가 상부단체에 교섭권을 일부 위임하여 공동으로 단체교섭에 참여함으로써 기업별 교섭의 약점을 어느 정도 보완할 수 있다. 이를 연명교섭이라고도 한다. 다만, 노조의 공동교섭에 대응하는 사용자단체를 구성하지 못하며 이 제도를 활용하지 못하는 경우가 있다.

보충학습

(1) 단체교섭
  노동조합이 임금이나 근로시간 등 노동자의 권리와 관계되는 문제에 대하여 사용자 또는 사용자단체와 상호의 조직력을 배경으로 대등한 입장에서 교섭하는 과정
(2) 단체교섭의 유형
  ① 기업별 교섭
    ㉮ 특정 기업 또는 사업장에 있어서의 노동조합과 그 상대방인 사용자 간에 단체교섭이 행하여지는 교섭방식
    ㉯ 그 동안 우리나라에서 일반적으로 행하여져 온 단체교섭의 방식
    ㉰ 오늘날에 이르러서는 노동조합 입장에서 교섭력을 강화하기 위한 수단으로 기업별 교섭의 변형 형태인 대각선 교섭, 공동교섭, 집단교섭 등 다양한 교섭방식을 시도
  ② 통일교섭
    ㉮ 산업별·직종별 노동조합과 이에 대응하는 산업별·직종별 사용자단체 간의 단체교섭 방식
    ㉯ 노동조합이 명실상부하게 산업별 또는 직종별로 조직되어 있어서 노동시장을 전국적으로 또는 지역적으로 지배하고 있는 경우에 통일적인 단체교섭을 하기 위해 행하여지는 방식
    ㉰ 최근 금융, 금속, 보건의료 등 산업별 노동조합에서 이를 시행
  ③ 대각선 교섭
    ㉮ 산업별 노동조합과 개별 사용자가 행하는 교섭 또는 기업별 노동조합의 상부단체가 개별 사용자와 행하는 단체교섭의 방식
    ㉯ 산업별 노동조합에 대응할 만한 사용자단체가 없거나 또는 사용자단체가 있다 하더라도 각 기업체에 특수한 사정이 있어 개별사용자가 노동조합의 전국적인 단체에 개별적으로 행하는 단체교섭의 방식
    ㉰ 우리나라에서는 주로 산업별 노동조합과 단체교섭권을 위임받은 산업별 연합단체가 개별 사용자와 단체교섭을 행하는 경우가 여기에 해당

④ 공동교섭
　㉮ 산업별 노동조합과 그 지부가 공동으로 사용자와 교섭하는 방식
　㉯ 노동조합의 지부의 교섭에 당해 산업별 노동조합과 그 지부가 사용자와의 단체교섭에 참가하는 것
　㉰ 산업별 노동조합 또는 산업별 연합단체가 개별 사업장의 특성을 잘 모르기 때문에 대각선 교섭에서 일어날 수 있는 취약점을 보완하기 위하여 산업별 노동조합의 지부나 개별 사업장 노동조합이 단체교섭에 공동으로 참가
⑤ 집단교섭
　㉮ 다수의 노동조합과 그에 대응하는 다수의 사용자가 서로 집단을 만들어 교섭에 응하는 형태
　㉯ 기업별 단위 노동조합의 대표자들이 집단을 구성하여 사용자들이 구성한 집단과 단체교섭을 행하는 형태뿐만 아니라 산업별 노동조합이나 산업별 연합단체가 특정 분야에 대하여 특정집단을 구성하여 사용자단체와의 단체교섭을 하는 형태
　㉰ 최근에 들어 우리나라의 경우 산업별 노조가 지역지부 단위로 집단을 구성하여 사용자에게 교섭집단을 구성하여 교섭에 임하도록 요구하여 행하여지고 있는 교섭단체가 그 예임

(3) 단체협약
　노동조합과 사용자 또는 사용자단체가 단체교섭 과정을 거쳐서 근로조건 및 기타사항에 대하여 합의를 보고 이를 협약의 형태로 서면화하는 것

(4) 노동쟁의
　노사가 평화적인 단체교섭에 의해 각 주장에 합의점을 찾지 못하게 되어 단체교섭이 결렬될 경우 발생하는 사용자와 노동조합 간의 분쟁

09 제품생애주기(Product Life Cycle)에 관한 설명으로 옳지 않은 것은?

① 도입기는 고객의 요구에 따라 잦은 설계변경이 있을 수 있으므로 공정의 유연성이 필요하다.

② 쇠퇴기는 제품이 진부화되어 매출이 줄어든다.

③ 성장기는 수요가 증가하므로 공정중심의 생산시스템에서 제품중심으로 변경하여 생산능력을 크게 확장시켜야 한다.

④ 성숙기는 성장기에 비하여 이익 수준이 낮다.

⑤ 성장기는 도입기에 비하여 마케팅 역할이 크게 요구되는 시기이다.

답 ④

해설

제품생애주기(Product Life Cycle)
모든 제품은 출시부터 쇠퇴까지의 모든 과정을 거치게 된다. 제품이 개발되어 시장에 출시되고 신제품으로 인해 시장에서 대체되어 쇠퇴하기까지의 전 과정을 제품생애주기(P.L.C-Product Life Cycle)라고 부르며 도입기, 성장기, 성숙기, 쇠퇴기의 총 4가지 단계로 구성되어 있다.

① 도입기
새로운 제품이 시장에 공급이 막 이루어진 시기로 제품에 대한 정보나 기술이 소비자들에게 많이 알려지지 않은 시기로 주로 얼리어답터(Eraly Adopter) 위주로 사용이 이루어지는 단계이다. 따라서 판매로 얻는 수익보다는 홍보와 마케팅에 들어가는 비용이 더 큰 시기이고, 제품판매량과 반응 정도에 따라서 시장에서 사라지기도 한다.

② 성장기(Growth)
제품이 시장과 소비자로부터 효용을 발생시켜 점차 판매량이 증가하는 시기이다. 이를 통해 시장이 점차 확장되며, 최초 사업자뿐만 아니라 경쟁기업이 늘어나게 된다. 제품의 판매량은 늘어나지만 경쟁업체의 제품으로 인해 수익의 대부분은 제품개발비로 사용되어 수익이 크지 않다. 성숙기로 넘어가면서 점차 시장을 지배하는 제품이 출현하게 된다.

③ 성숙기(Maturity)
성숙기 초반에는 경쟁이 과열되며 후반기로 갈수록 시장을 지배하는 제품이 뚜렷하게 나오면서 경쟁자가 줄어들고 지배제품 위주의 기술 및 서비스 표준화가 이루어진다. 성숙기의 경영전략은 시장점유율 또는 일정량의 수익률을 유지하기 위한 가격경쟁 및 서비스 경쟁을 통해 제품의 수명주기를 연장하려는 노력을 하게 된다.

④ 쇠퇴기(Decline)
제품에 대한 구매력이 줄어드는 시기로 새로운 기술 개발과 제품으로 시장에서 점차 사라져가는 시기이다. 이때 기업은 두 가지 전략을 선택할 수 있는데, 기업에 최소한의 손실로 재빠르게 빠져나오는 철수전략과 최대한 이익을 유지하면서 천천히 빠져나오는 수확전략이 그것이다.

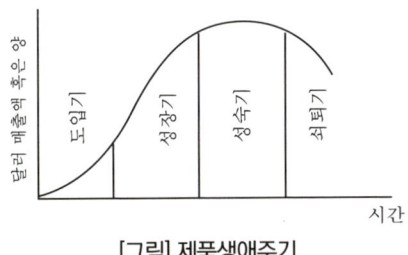

[그림] 제품생애주기

10 작업장에서 사고와 질병을 유발하는 위해요인에 관한 설명으로 옳은 것은?

① 5요인 성격 특질과 사고의 관계를 보면, 성실성이 낮은 사람이 높은 사람보다 사고를 일으킬 가능성이 더 낮다.
② 소리의 수준이 10[dB]까지 증가하면 소리의 크기는 10배 증가하며, 20[dB]까지 증가하면 20배 증가한다.
③ 컴퓨터 자판 작업이나 타이핑 작업을 많이 하는 사람들은 수근관 증후군(carpal tunnel syndrome)의 위험성이 높다.
④ 직장에서 소음에 대한 노출은 청각 손상에 영향을 주지만 심장혈관계 질병과는 관련이 없다.
⑤ 사회복지기관과 병원은 직장 폭력이 발생할 위험성이 가장 적은 장소이다.

답 ③

해설

영상표시단말기 작업관련 증상(VDT 증후군)
① 경견완 증후군
② 근골격계 증상
③ 눈의 피로
④ 피부증상
⑤ 정신 신경계 증상

참고
산업안전지도사(3. 기업진단·지도) p.245(제2조 정의)

2015년도 4월 20일 필기문제

11 심리검사에 관한 설명으로 옳은 것을 모두 고른 것은?

㉠ 성격형 정직성 검사는 생산적 행동을 예측하는 것으로 밝혀진 성격특성을 평가한다.
㉡ 속도 검사는 시간 제한이 있으며, 배정된 시간 내에 모든 문항을 끝낼 수 없도록 설계한다.
㉢ 정신운동능력 검사는 물체를 조작하고 도구를 사용하는 능력을 평가한다.
㉣ 정서지능 평가에는 특질 유형의 검사와 정보처리 유형의 검사 등이 있다.
㉤ 생활사 검사는 직무수행을 예측하지만 응답자의 거짓반응은 예방하기 어렵다.

① ㉠, ㉡, ㉣
② ㉠, ㉢, ㉣
③ ㉠, ㉣, ㉤
④ ㉡, ㉢, ㉣
⑤ ㉡, ㉢, ㉤

답 ④

해설

심리검사법 특징
① 인간의 지능, 성격, 적성 및 성과를 측정하고 정보를 제공하는 방법이다.
② 개인의 지능, 적성, 흥미, 태도, 성격 등을 측정하는 것으로 개인차를 규명하는 것
③ 기본특성 : 인간의 행동이 측정대상이 됨. 심리검사는 표준화된 조건 하에서 이루어짐. 심리검사에는 채점규칙이 있음.
④ 좋은 심리검사가 되기 위한 요건으로 적합성, 일관성, 현실성, 객관성을 지니고 있어야 한다.

[표] 심리검사 분류

분류	특징
성격형 정직성 검사	① 인성(사람의 성격)평가 검사 ② 정직성 평가
속도 검사	① 시간 제한이 있다. ② 배정된 시간 내에 모든 문항을 끝낼 수 없도록 설계한다.
정신운동능력 검사	- 물체를 조작하고 도구를 사용하는 능력을 평가한다.
정서지능 평가	- 특질 유형의 검사와 정보처리 유형의 검사 등이 있다.
생활사 검사	① 과거의 다양한 생활경험을 측정하여 개인을 이해하도록 돕는 검사로 9개 생활경험요인에서의 개인 특성 설명 ② 직무성을 예측하는 데 목적이 있다.
성격검사	- 직무수행에 관한 성격요인을 통한 특정 직무에서의 성공가능성을 예측
흥미검사	- 개인에게 적합한 직업을 선정하는 것

12 직무스트레스 요인에 관한 설명으로 옳지 않은 것은?

① 역할 내 갈등은 직무상 요구가 여럿일 때 발생한다.

② 역할 모호성은 상사가 명확한 지침과 방향성을 제시하지 못하는 경우에 유발된다.

③ 작업부하는 업무 요구량에 관한 것으로 직접 유형과 간접 유형이 있다.

④ 요구-통제 모형에 의하면 통제력은 요구의 부정적 효과를 줄이거나 완충해 주는 역할을 한다.

⑤ 대인관계 갈등과 타인과의 소원한 관계는 다양한 스트레스 반응을 유발할 수 있다.

답 ③

해설

NIOSH의 직무스트레스 모형

① NIOSH의 직무스트레스 모형에서 보면 직무스트레스 요인은 작업요인, 조직요인, 환경요인 등 3가지로 구분된다.
② 작업요인은 작업부하, 작업속도, 교대근무 등을 말한다.
③ 조직요인은 역할갈등, 관리유형, 의사결정 참여, 고용불확실 등이 포함된다.
④ 환경요인으로는 조명, 소음 및 진동, 고열, 한랭 등이 포함된다.

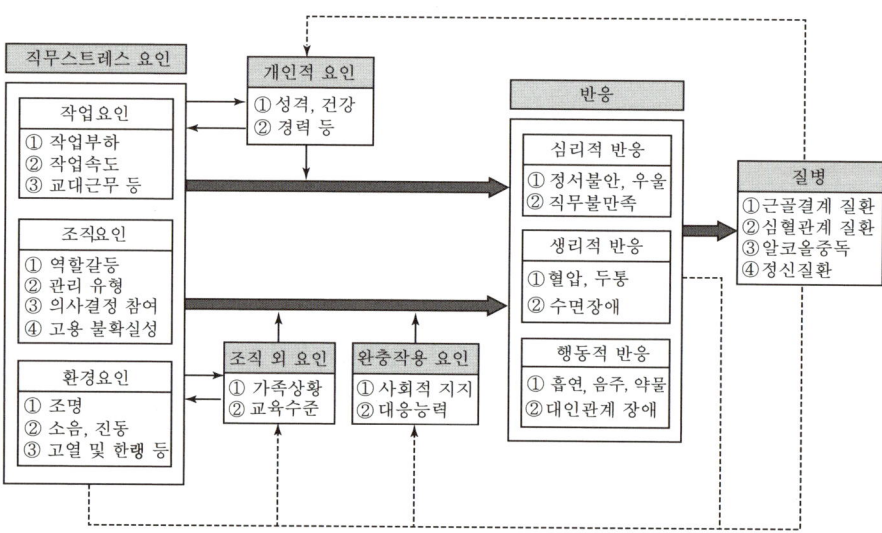

[그림] NIOSH(미국산업안전보건연구원)의 직무스트레스 모형

13 인사선발에 관한 설명으로 옳은 것은?

① 선발검사의 효용성을 증가시키는 가장 중요한 요소는 검사 신뢰도이다.

② 인사선발에서 기초율이란 지원자들 중에서 우수한 지원자의 비율을 말한다.

③ 잘못된 불합격자(false negative)란 검사에서 불합격점을 받아서 떨어뜨렸고, 채용하였더라도 불만족스러운 직무수행을 나타냈을 사람이다.

④ 인사선발에서 예측변인의 합격점이란 선발된 사람들 중에서 우수와 비우수 수행자를 구분하는 기준이다.

⑤ 선발률과 예측변인의 가치 간의 관계는 선발률이 낮을수록 예측변인의 가치가 더 커진다.

답 ⑤

해설

선발도구의 합리성

(1) 신뢰성
① 신뢰성(reliability)이란 시험결과의 일관성, 즉 어떤 시험을 동일한 환경에서 동일한 사람이 몇 번 보았을 때, 그 결과가 일치하는 정도를 나타낸다.
② 시험-재시험법(test-retest method) : 동일인에게 동일한 내용의 시험을 서로 다른 시기에 실시하여, 결과를 측정하는 방법이다.
③ 대체형식법(alternate form method) : 동일인에게 유사한 형태의 시험을 실시하여, 두 형태 간의 상관관계를 살펴보는 방법이다.
④ 양분법(half split method) : 시험내용이나 문제를 반으로 나누어 각각 검사한 다음, 양자의 결과를 비교하는 방법이다.

(2) 타당성
① 타당성(validity)은 시험이 측정하고자 하는 내용 또는 대상을 정확히 검정하는 정도를 나타낸다.
② 시험성적과 어떤 기준치(직무성과의 달성도)를 비교하는 기준관련 타당성(criterion related validity)이 대표적이다.
③ 동시타당성(concurrent validity) : 현직 종업원의 시험성적과 직무성과를 비교하여 선발도구의 타당성을 검사한다.
④ 예측타당성(predictive validity) : 선발시험에 합격한 사람들의 시험성적과 입사 후의 직무성과를 비교하여 타당성을 검사한다.
⑤ 내용타당성(content validity) : 요구하는 내용을 시험이 얼마나 잘 나타내는가를 검토하는 것으로, 통계적 상관계수가 아닌 논리적 판단으로 검사한다.
⑥ 구성타당성(construct validity) : 시험의 이론적 구성과 가정을 측정하는 정도이다.

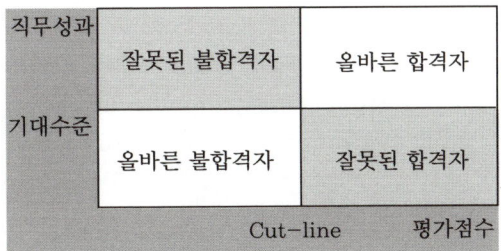

[그림] 인사선발

14 인간의 정보처리 능력에 관한 설명으로 옳지 않은 것은?

① 경로용량은 절대식별에 근거하여 정보를 신뢰성 있게 전달할 수 있는 최대용량이다.

② 단일 자극이 아니라 여러 차원을 조합하여 사용하는 경우에는 정보전달의 신뢰성이 감소한다.

③ 절대식별이란 특정 부류에 속하는 신호가 단독으로 제시되었을 때 이를 식별할 수 있는 능력이다.

④ 인간의 정보처리 능력은 단기기억에 대한 처리 능력을 의미하며, 절대식별 능력으로 조사한다.

⑤ 밀러(Miller)에 의하면 인간의 절대적 판단에 의한 단일 자극의 판별범위는 보통 5~9가지이다.

답 ②

해설

인간의 정보처리 능력

① 인간이 신뢰성 있게 정보전달을 할 수 있는 기억은 5가지 미만이며 감각에 따라 정보를 신뢰성 있게 전달할 수 있는 한계 개수가 5~9가지이다.

② 밀러(Miller)는 감각에 대한 경로용량을 조사한 결과 '신비의 수(Magical Number) 7±2(5~9)'를 발표했다.

③ 인간의 절대적 판단에 의한 단일 자극의 판별범위는 보통 5~9가지라는 것이다.

$$정보량(H) = \log_2 n = \log_2 \frac{1}{p}, \quad p = \frac{1}{n}$$

여기서, 정보량의 단위는 bit(binary digit)임

비트(bit)란, 실현가능성이 같은 2개의 대안 중 하나가 명시되었을 때 얻는 정보량임

④ 경로용량은 절대식별에 근거하여 정보를 신뢰성 있게 전달할 수 있는 최대용량이다.

⑤ 단일 자극이 아니라 여러 차원을 조합하여 사용하는 경우에는 정보전달의 신뢰성이 증가한다.

⑥ 절대식별이란 특정 부류에 속하는 신호가 단독으로 제시되었을 때 이를 식별할 수 있는 능력이다.

⑦ 인간의 정보처리 능력은 단기기억에 대한 처리 능력을 의미하며, 절대식별 능력으로 조사한다.

15 소음의 영향에 관한 설명으로 옳지 않은 것은?

① 의미 있는 소음이 의미 없는 소음보다 작업능률 저해 효과가 더 크게 나타난다.
② 강력한 소음에 노출된 직후에 일시적으로 청력이 저하되는 것을 일시성 청력 손실이라하며, 휴식하면 회복된다.
③ 초기 소음성 청력 손실은 대화 범주 이상의 주파수에서 생겨 대화에 장애를 느끼지 못하다가 이후에 다른 주파수까지 진행된다.
④ 소음 작업장에서 전화벨 소리가 잘 안 들리고, 작업지시 내용 등을 알아듣기 어려운 현상을 은폐효과(masking effect)라고 한다.
⑤ 일시적 청력 손실은 300[Hz]~3,000[Hz] 사이에서 가장 많이 발생하며, 3,000[Hz] 부근의 음에 대한 청력저하가 가장 심하다.

답 ⑤

해설

소음의 영향
(1) 청력 손실
  ① 청력 손실의 정도는 노출되는 소음 수준에 따라 증가한다.
  ② 청력 손실은 4,000[Hz]에서 가장 크게 나타난다.
  ③ 강한 소음은 노출기간에 따라 청력 손실을 증가시키지만 약한 소음의 경우에는 관계없다.
  ④ 초음파 소음
    ㉮ 가청영역위의 주파수를 갖는 소음(일반적으로 20,000[Hz] 이상)
    ㉯ 노출한계 : 20,000[Hz] 이상에서 110[dB]로 노출 한정
(2) masking 현상
  ① 두 음의 차가 10[dB] 이상인 경우 발생된다.
  ② 10[dB] 이상의 차에 의해 높은 음이 낮은 음을 상쇄시켜 높은 음만 들려 낮은 음이 들리지 않는 현상이다.
  ③ 90[dB]과 60[dB]이 발생되는 기계가 공존 시 60[dB]이 발생되는 기계는 90[dB] 소음이 발생되는 기계에 의해 상쇄되는 현상으로 90[dB]의 소리만 들린다.

[표] 음압과 허용노출관계(120[dB] 이상격벽설치)

dB기준	90	95	100	105	110	115
허용노출시간	8시간	4시간	2시간	1시간	30분	15분

[참고] 표는 강렬한 소음작업의 기준임

16 집단의사결정에 관한 설명으로 옳지 않은 것은?

① 팀의 혁신을 촉진할 수 있는 최적의 상황은 과업에 대한 구성원 간의 갈등이 중간정도일 때다.

② 집단극화는 집단 구성원의 소수가 모험적인 선택을 할 때 이를 따르는 상황에서 발생한다.

③ 집단사고는 개별 구성원의 생각으로는 좋지 않다고 생각하는 결정을 집단이 선택할 때 나타나는 현상이다.

④ 집단사고는 집단 응집성, 강력한 리더, 집단의 고립, 순응에 대한 압력 때문에 나타난다.

⑤ 집단사고를 예방하기 위해서 다양한 사회적 배경을 가진 집단 구성원이 있는 것이 좋다.

답 ②

해설

집단의사결정의 함정

① 과도한 모험선택 : 사람들은 혼자있을 때보다는 회의석상에서 더 높은 위험을 택하려 한다. 이는 집단으로 결정했을 때는 책임이 분산되기에 큰 부담없이 위험을 택하는 것이다.

② 집단 양극화(group polarization) 현상 : 개개의 생각들은 처음에 별 차이가 없었지만 집단에 들어와서 토론을 하게 될 때 의견이 완전히 갈라지는 경우가 나타난다.(집단극화 : 다수의 모험적인 선택)

③ 정당화(justification)욕구 : 다른 사람에게 일단 발설을 해 놓으면 후에 더 좋은 대안이 발견되더라도 좀처럼 의견을 굽히려 하지 않는다.

④ 도덕적 환상(illusion of morality) : 사람들은 개인의 행동에 대해서는 도덕적인 것인지 비양심적인 것인지에 대해 신랄하게 비판하려 한다. 그러나 집단이 한 행동이나 집단이 제시하는 의견에 대해서는 당연히 도덕적일 것이라는 환상을 갖고 있다.

⑤ 만장일치 환상(illusion of unanimity) : 사람들은 대개 남에게 반대하기보다는 동조하려 한다. 동조압력(conformity pressure)은 인간의 소속욕구에서 비롯되기도 하지만 자기가 가진 정보가 불확실할 때 남의 의견에 많이 의존하려 한다.

보충학습

집단의사결정의 장·단점

(1) 장점

① 집단은 개인들의 집합체이기 때문에, 보다 많은 지식과 사실에 근거한 좋은 아이디어의 수집이 가능하다.
② 구성원 상호 간의 지적 자극을 통한 시너지 효과가 있다.
③ 구성원들 간의 문제분담을 통한 일의 전문화가 가능하다.
④ 집단의사결정에 참여한 구성원의 결정사항에 대한 만족과 지지가 높다.
⑤ 의사소통의 기능을 수행한다.
⑥ 의사결정에 참여한 구성원들의 교육효과가 높게 나타난다.
⑦ 구성원의 합의에 의한 것이므로 응집력이 높아진다.

(2) 단점

① 개인의사결정에 비해 많은 시간과 에너지가 소요된다.
② 특정 구성원이나 파당에 의한 집단의 지배 가능성이 있다.
　→ 소수의 아이디어 무시
③ 타협안의 선택으로 최적안이 폐기될 가능성이 있다.
④ 의결불일치로 인한 구성원들 간의 갈등과 악의의 유발 가능성이 있다.
⑤ 신속하고 결단력 있는 행동을 저해한다.
⑥ 집단사고의 부정적 현상이 나타날 수 있다.
⑦ 높은 능력을 가진 개인의 의사결정이, 보통 능력을 가진 집단의 의사결정보다 나은 결과를 가져올 때도 있다.
⑧ 집단 내 구성원의 능력이 우수한 경우 이들은 자원을 공유하지 않으려는 경향이 있다.

2015년도 4월 20일 필기문제

17 행위적 관점에서 분류한 휴먼에러의 유형에 해당하는 것은?

① 순서 오류(sequence error)

② 피드백 오류(feedback error)

③ 입력 오류(input error)

④ 의사결정 오류(decision making error)

⑤ 출력 오류(output error)

답 ①

해설

행위적 관점 방법
(1) 인간행위 관점에서 분류하는 방법 : 관측 가능한 행동의 결과만을 가지고 에러를 분류하는 방법
(2) 심리학적 분류(Swain)의 인적오류(불확정, 시간지연, 순서착오) : 작업완수에 필요한 행동을 하는 과정에서 나타나는 오류
  ① 생략에러(Omission Errors : 부작위 실수) : 직무 또는 어떤 단계를 수행치 않음
  ② 실행에러(Commission error : 작위 실수) : 직무의 불확실한 수행(선택, 순서, 시간, 정성적 착오)
  ③ 과잉행동에러(Extraneous error : 불필요한 과오) : 수행되지 않아야 할 직무수행
  ④ 순서에러(Sequential error : 순서적 착오) : 순서에서 벗어난 직무수행
  ⑤ 시간에러(Timing error : 지연오류) : 계획된 시간 내에 직무수행 실패 너무 늦거나 일찍 수행
(3) 인간의 행동과정을 통한 분류
  ① 입력 실수(Input error)
  ② 정보처리 실수(Information error)
  ③ 의사결정 실수(Decision making error)
  ④ 출력 실수(Output error)
  ⑤ 피드백 실수(Feedback error)

보충학습

원인적 관점 방법
(1) 인간의 정보처리 수준에 근거해 에러를 분류
(2) 유형별로 적절한 대책을 강구할 수 있는 장점이 있다.

18. 직무분석을 위한 정보를 수집하는 방법의 장점과 한계에 관한 설명으로 옳은 것을 모두 고른 것은?

㉠ 관찰의 장점은 동일한 직무를 수행하는 재직자 간의 차이를 보여준다는 것이다.
㉡ 면접의 장점은 직무에 대해 다양한 관점을 얻는다는 것이다.
㉢ 질문지의 장점은 직무에 대해 매우 세부적인 내용을 얻을 수 있다는 것이다.
㉣ 질문지의 한계는 직무가 수행되는 상황을 무시한다는 것이다.
㉤ 직접수행의 한계는 분석가에게 폭넓은 훈련이 필요하다는 것이다.

① ㉠, ㉢, ㉣
② ㉡, ㉢, ㉣
③ ㉡, ㉢, ㉤
④ ㉡, ㉣, ㉤
⑤ ㉢, ㉣, ㉤

답 ④

해설

직무분석 방법

(1) 관찰법(Observation Method)의 특징
 ① 훈련된 직무분석자가 직접 직무수행자를 집중적으로 관찰함으로써 정보를 수집하는 방법이다.
 ② 간단하고 실시하기 쉽기 때문에 육체적 활동과 같이 관찰이 가능한 직무에 적절히 사용될 수 있다.
 ③ 지식업무나 고도의 능력을 필요로 하는 직무일 경우 관찰이 어렵고, 비반복적인 직무일 경우 관찰에 너무 많은 시간이 소요되어 비효율적일 수 있다.
 ④ 체크리스트 혹은 작업표로 기록된다. 관찰자가 관찰할 수 있는 자질과 역량을 갖추었는가가 가장 중요한 관건이 된다.
(2) 면접법(Interview Method)의 특징
 ① 기술된 정보, 기타 사내의 기존 자료나 실무분석을 위해 특별히 제작된 조직도, 업무흐름표(Flow Chart), 업무분담표 등을 자료로 하여 담당자(또는 감독자, 부하, 기타 관계자)를 개별적으로 혹은 집단적으로 면접하여 필요한 분석항목의 정보를 획득하는 방법이다.
 ② 면접을 통해 직접 직무정보를 얻기 때문에 정확하지만, 많은 시간이 소요될 수 있다.
(3) 질문지법(Questionnaire Method)의 특징
 ① 표준화되어 있는 질문지를 통하여 직무담당자가 직접 직무에 관련된 항목을 체크하거나 평가하도록 하는 방법이다.
 ② 비교적 단시일에 직무정보를 수집할 수 있다.
(4) 실제수행법 또는 경험법(Empirical Method) : 직무분석자가 분석대상 직무를 직접 수행해 봄으로써 직무에 관한 정보를 얻는 방법이다.
(5) 중요사건법(Critical Incidents Method) 또는 중요사건서술법
 ① 직무수행과정에서 직무수행자가 보였던 보다 중요한 또는 가치가 있는 행동을 기록해 두었다가 이를 취합하여 분석하는 방법이다.
 ② 직무의 성공적인 수행에 필수적인 행위들을 유사한 범주별로 분류하고 이를 중요도에 따라 점수를 부여한다.
 ③ 직무행동과 직무성과 간의 관계를 직접적으로 파악할 수 있으며 인사고과 척도의 개발이나 교육훈련의 내용을 선정하는 데 유용하게 활용한다.
(6) 워크샘플링법(Work Sampling Method) : 단순한 관찰법을 보다 세련되게 개발한 것으로서 전체 작업 과정 동안 무작위적인 간격으로 많은 관찰을 행하여 직무행동에 관한 정보를 얻는 방법이다.
(7) 그 밖의 직무분석 방법
 ① 두 가지 이상을 결합하여 정보를 수집하는 종합적인 방법(Combination Method)
 ② 작업수행자에게 작업일지를 작성하게 한 다음 직무사이클(Job Cycle)에 따른 작업일지의 내용을 분석하는 작업일지법(Job Diary Method) 등이 있다.

19 직무 배치 후 유해인자에 대한 첫 번째 특수건강진단의 시기 및 주기로 옳지 않은 것은?

	유해인자	첫 번째 진단 시기	주 기
①	나무 분진	6개월 이내	12개월
②	N,N-디메틸아세트아미드	1개월 이내	6개월
③	벤젠	2개월 이내	6개월
④	면 분진	12개월 이내	12개월
⑤	충격소음	12개월 이내	24개월

답 ①

해설

특수건강진단의 시기 및 주기

구분	대상 유해인자	시기 배치 후 첫 번째 특수건강진단	주기
1	N, N-디메틸아세트아미드, N, N-디메틸포름아미드	1개월 이내	6개월
2	벤젠	2개월 이내	6개월
3	1, 1, 2, 2-테트라클로로에탄, 사염화탄소, 아크릴로니트릴, 염화비닐	3개월 이내	6개월
4	석면, 면 분진	12개월 이내	12개월
5	광물성 분진, 나무 분진, 소음 및 충격소음	12개월 이내	24개월
6	제1호부터 제5호까지의 규정의 대상 유해인자를 제외한 특수건강진단 대상 유해인자의 모든 대상 유해인자	6개월 이내	12개월

20 다음 중 노출기준(occupational exposure limits)에 관한 설명으로 옳은 것은?

① 고용노동부 노출기준은 작업환경측정 결과의 평가와 작업환경 개선 기준으로 사용할 수 있다.

② 일반 대기오염의 평가 또는 관리상의 기준으로는 사용할 수 없으나, 실내공기오염의 관리 기준으로는 사용할 수 있다.

③ MSDS에서 아세톤의 노출기준은 500[ppm], 폭발하한한계(LEL)는 2.5[%]로 표시되었다면, LEL은 노출기준보다 500배 높은 수준이다.

④ 우리나라는 작업자가 노출되는 소음을 누적노출량계로 측정할 때 Threshold 80[dB], Criteria 90[dB], Exchange rate 5[dB] 기준을 적용하므로, 만일 78[dBA]에 8시간 동안 노출되었다면 누적소음량은 10~50[%] 사이에 있을 것이다.

⑤ 최고노출기준(C)은 1일 작업시간 중 잠시라도 넘어서는 안 되는 농도이므로, 만일 15분 동안 측정했다면 측정치를 15로 보정하여 노출기준과 비교한다.

답 ①

해설

노출기준

제1조(목적)

이 고시는 「산업안전보건법」제39조제2항 및 제42조, 「산업안전보건법 시행규칙」제81조의2에 따라 인체에 유해한 가스, 증기, 미스트, 흄이나 분진과 소음 및 고온 등 화학물질 및 물리적 인자(이하 "유해인자"라 한다)에 대한 작업환경평가와 근로자의 보건상 유해하지 아니한 기준을 정함으로써 유해인자로부터 근로자의 건강을 보호하는 데 기여함을 목적으로 한다.

제2조(정의)

① "노출기준"이라 함은 근로자가 유해인자에 노출되는 경우 노출기준 이하 수준에서는 거의 모든 근로자에게 건강상 나쁜 영향을 미치지 아니하는 기준을 말하며, 1일 작업시간 동안의 시간가중 평균노출기준(Time Weighted Average, TWA), 단시간 노출기준(Short Term Exposure Limit, STEL) 또는 최고노출기준(Ceiling, C)으로 표시한다.

② "시간가중 평균노출기준(TWA)"이라 함은 1일 8시간 작업을 기준으로 하여 유해인자의 측정치에 발생시간을 곱하여 8시간으로 나눈 값을 말하며, 다음 식에 따라 산출한다.

$$TWA \text{ 환산값} = \frac{C_1 T_1 + C_2 T_2 + \cdots + C_n T_n}{8}$$

주) C : 유해인자의 측정치(단위 : ppm, mg/m³ 또는 개/cm³)

T : 유해인자의 발생시간(단위 : 시간)

③ "단시간 노출기준(STEL)"이란 15분간의 시간가중 평균노출값으로서 노출농도가 시간가중 평균노출기준(TWA)을 초과하고 단시간 노출기준(STEL) 이하인 경우에는 1회 노출 지속시간이 15분 미만이어야 하고, 이러한 상태가 1일 4회 이하로 발생하여야 하며, 각 노출 간격은 60분 이상이어야 한다.

④ "최고노출기준(C)"이란 함은 근로자가 1일 작업시간 동안 잠시라도 노출되어서는 아니 되는 기준을 말하며, 노출기준 앞에 "C"를 붙여 표시한다.

21 CHARM(Chemical Hazard Risk Management) 시스템에 따른 사업장의 화학물질에 대한 위험성평가에 있어서 작업환경측정 결과를 활용한 노출수준 등급구분으로 옳지 않은 것은?

① 4등급 - 화학물질 노출기준 초과
② 3등급 - 화학물질 노출기준의 50[%] 이상~100[%] 이하
③ 2등급 - 화학물질 노출기준의 10[%] 이상~50[%] 미만
④ 1등급 - 화학물질 노출기준의 10[%] 미만
⑤ 1등급 상향조정 - 직업병 유소견자가 확인된 경우

답 ⑤

해설

CHARM의 노출수준

등급	노출수준[단위 : %]
1등급	화학물질 노출기준의 10 미만
2등급	화학물질 노출기준의 10 이상 50 미만
3등급	화학물질 노출기준의 50 이상 100 이하
4등급	화학물질 노출기준 초과

22 산업위생전문가가 수행한 활동으로 옳지 않은 것은?

① 트리클로로에틸렌을 사용하는 작업자가 하루 10시간 동안 이 물질에 노출되는 것을 발견하고, 노출기준을 보정하여 측정치를 평가하였다.

② 결정체 석영은 노출기준이 호흡성 분진으로 되어 있어 이에 노출되는 작업자에 대하여 은막여과지로 채취하였다.

③ 유성페인트를 여러 가지 유기용제가 포함된 시너로 희석하여 도장하는 작업장에서 노출평가 시 각각의 노출기준과 상호작용을 고려하여 평가하였다.

④ 발암성이 있는 목재분진도 있으므로 원목의 재질을 조사하여 평가하였다.

⑤ 폭이 넓은 도금조에 측방형 후드가 설치되어 있는 작업장에서 적절한 제어속도가 나오지 않아 이를 푸시-풀 후드로 교체할 것을 제안하였다.

답 ②

해설

여과지의 종류 및 구분
① PVC : 가볍고 흡수성이 낮기 때문에 분진의 중량분석에 사용한다.
② 은막 : 균일한 금속은을 소결하여 열적, 화학적 안정성이 있다.
③ 석면노출기준 : 8시간 가중평균농도(TWA)로 표시한다.

참고
산업안전지도사(3. 기업진단·지도) p.316(제21조 측정방법)

보충학습

석영(quartz, 石英)
① 화학식은 SiO_2이며, 다른 광물들과 달리 화학적으로 매우 순수하다. 주로 육각기둥 모양의 결정을 만들고, 쪼개짐은 없다.
② 순수한 것의 비중은 2.65이고 모스 굳기는 7이며, 무색·백색·회색·황색·갈색·흑색·자색·적색·녹색·청색 그 밖의 여러 가지 색조를 나타낸다.
③ 보통은 투명하거나 반투명한데, 때때로 거의 불투명한 것도 있다.
④ 유리상 광택이 강하며, 플루오린화수소산을 제외한 산 및 알칼리에 대해 안전한 편이다.
⑤ 광택과 화학적으로 안정한 성질 때문에 창문의 재료로 많이 쓰인다.
⑥ 많은 변종이 광범위하게 존재한다.
⑦ 물처럼 깨끗한 것은 크리스털 또는 수정(水晶)이라 불렸으며, 자수정·황수정·연수정·장미석영 등 보석광물들도 변종에 해당된다.

23 다음 유해인자의 평가 및 인체영향에 관한 설명으로 옳은 것은?

① 호흡성 입자상 물질(a)과 흡입성 입자상 물질(b)의 농도비(a/b)는 일반적으로 용접 작업장이 목재가공 작업장보다 크다.
② 석면이 치명적인 이유는 폐포에 있는 대식세포가 석면에 전혀 접근하지 못하여 탐식작용을 못하기 때문이다.
③ 옥외 작업장에서 누출될 수 있는 불화수소를 관리하기 위하여 작업환경 노출기준인 0.5[ppm]을 3으로 나누어(24시간 노출) 0.17[ppm]을 기준으로 정하였다.
④ 석영, 크리스토발라이트, 트리디마이트는 모두 실리카가 주성분인 물질로 암을 유발한다.
⑤ 주성분이 카드뮴인 나노입자는 피부흡수를 우선적으로 고려하여야 한다.

답 ①

해설

ACGIH 입자 크기별 기준(TLV)
(1) 흡입성 입자상 물질(IPM : Inspirable Particulates Mass)
   ① 호흡기 어느 부위에 침착하더라도 독성을 유발하는 분진
   ② 입경범위는 0~100[μm]
   ③ 평균입경(폐침착의 50[%]에 해당하는 입자의 크기)은 100[μm]
(2) 흉곽성 입자상 물질(TPM : Thoracic Particulates Mass)
   ① 기도나 하기도(가스교환 부위)에 침착하여 독성을 나타내는 물질
   ② 평균입경은 10[μm]
(3) 호흡성 입자상 물질(RPM : Respirable Particulates Mass)
   ① 가스교환 부위, 즉 폐포에 침착할 때 유해한 물질
   ② 평균입경은 4[μm]

보충학습

유해인자의 평가 및 인체영향
① 농도비(a/b) = $\dfrac{\text{호흡성 입자상 물질}(a)}{\text{흡입성 입자상 물질}(b)}$
② 용접 작업장의 농도비 > 목재가공 작업장의 농도비

24 다음 작업환경 측정 및 평가에 관한 설명으로 옳은 것은?

① 가스상 물질을 시료 채취할 때 일반적으로 수동식 방법이 능동식 방법보다 정확성과 정밀도가 더 높다.

② 유기용제나 중금속의 검출한계는 시료를 반복 분석하여 구할 수 있지만, 중량분석을 하는 호흡성 분진은 검출한계를 구할 수 없다.

③ 월 30시간 미만인 임시 작업을 행하는 작업장의 경우 법적으로 작업환경측정 대상에서 제외될 수 있다.

④ 작업환경측정 자료에서 만일 기하표준편차가 1미만이라면 이 통계치는 높은 신뢰성을 가졌다고 할 수 있다.

⑤ 콜타르피치, 코크스오븐배출물질, 디젤배출물질에 공통적으로 함유된 산업보건학적 유해인자 중 하나는 다핵방향족탄화수소이다.

답 ⑤

해설

가스상 물질

제23조(측정 및 분석방법) 규칙 별표 21의 작업환경측정 대상 유해인자 중 가스상 물질의 경우 개인시료채취기 또는 이와 동등 이상의 특성을 가진 측정기기를 사용하여 제2조제1항제1호부터 제5호까지의 채취방법에 따라 시료를 채취한 후 원자흡광분석, 가스크로마토그래프분석 또는 이와 동등 이상의 분석방법으로 정량분석하여야 한다.

제24조(측정위치 및 측정시간 등) 가스상 물질의 측정위치, 측정시간 등은 제22조 및 제22조의 2의 규정을 준용한다.

제25조(검지관방식의 측정) ① 제23조 및 제24조의 규정에도 불구하고 다음 각 호의 어느 하나에 해당하는 경우에는 검지관방식으로 측정할 수 있다.

1. 예비조사 목적인 경우
2. 검지관방식 외에 다른 측정방법이 없는 경우
3. 발생하는 가스상 물질이 단일물질인 경우. 다만, 자격자가 측정하는 사업장에 한정한다.

② 자격자가 해당 사업장에 대하여 검지관방식으로 측정하는 경우 사업주는 2년에 1회 이상 사업장 위탁측정기관에 의뢰하여 제23조 및 제24조에 따른 방법으로 측정하여야 한다.

③ 검지관방식의 측정결과가 노출기준을 초과하는 것으로 나타난 경우에는 즉시 제23조 및 제24조에 따른 방법으로 재측정을 하여야 하며, 해당 사업장에 대하여는 측정치가 노출기준 이하로 나타날 때까지는 검지관방식으로 측정할 수 없다.

25 산업위생 분야에 관한 설명으로 옳지 않은 것은?

① 산업위생 목적은 궁극적으로 근로환경 개선을 통한 근로자의 건강보호에 있다.

② 국내 사업장의 산업위생 분야를 관장하는 행정부처는 고용노동부이다.

③ B. Ramazzini는 직업병의 원인으로 작업환경 중 유해물질과 부자연스러운 작업 자세를 제안하였다.

④ 사업장에서 산업보건 직무담당자를 보건관리자라고 한다.

⑤ 세계보건기구는 산업보건 관련 국제연합기구로서 근로조건의 개선도모를 목적으로 1919년에 설치되었다.

답 ⑤

해설

세계보건기구[世界保健機構] : 보건 분야의 유엔전문기구(World Health Organization)

① 통칭 WHO라 부른다.
② 1948년 국제보건사업의 지도조정, 회원국정부의 보건 부문 발전을 위한 원조제공, 전염병과 풍토병 및 기타 질병 퇴치활동, 보건관계 단체 간의 협력관계 증진 등을 목적으로 발족되었다.

참고

산업안전지도사(3. 기업진단·지도) p.174(1. 산업위생의 정의)

보충학습

B.Ramazzini : 산업보건의 시조

산업안전지도사 자격시험
제1차 시험문제지

제3과목 기업진단·지도	총 시험시간 : 90분 (과목당 30분)	문제형별 A

수험번호	20160511	성 명	도서출판 세화

2016년도 5월 11일 필기문제

【수험자 유의사항】

1. 시험문제지 표지와 시험문제지 내 **문제형별의 동일여부** 및 시험문제지의 **총면수·문제번호 일련순서·인쇄상태** 등을 확인하시고, 문제지 표지에 수험번호와 성명을 기재하시기 바랍니다.
2. 답은 각 문제마다 요구하는 **가장 적합하거나 가까운 답 1개**만 선택하고, 답안카드 작성 시 시험문제지 **형별누락, 마킹착오**로 인한 불이익은 전적으로 **수험자에게 책임**이 있음을 알려 드립니다.
3. 답안카드는 국가전문자격 공통 표준형으로 문제번호가 1번부터 125번까지 인쇄되어 있습니다. 답안 마킹 시에는 반드시 **시험문제지의 문제번호와 동일한 번호**에 마킹하여야 합니다.
4. **감독위원의 지시에 불응하거나 시험 시간 종료 후 답안카드를 제출하지 않을 경우** 불이익이 발생할 수 있음을 알려 드립니다.
5. 시험문제지는 시험 종료 후 가져가시기 바랍니다.

【안 내 사 항】

1. 수험자는 **QR코드를 통해 가답안을 확인**하시기 바랍니다.
 (※ 사전 설문조사 필수)
2. 시험 합격자에게 **'합격축하 SMS(알림톡) 알림 서비스'**를 제공하고 있습니다.

- 수험자 여러분의 합격을 기원합니다 -

3. 기업진단·지도

01 인간관계론의 호손실험에 관한 설명으로 옳지 않은 것은?

① 종업원의 작업능률에 영향을 미치는 요인을 연구하였다.

② 조명실험은 실험집단과 통제집단을 나누어 진행하였다.

③ 작업능률향상은 작업장에서 물리적 작업조건 변화가 가장 중요하다는 것을 확인하였다.

④ 면접조사를 통해 종업원의 감정이 작업에 어떻게 작용하는가를 파악하였다.

⑤ 작업능률은 비공식조직과 밀접한 관련이 있다는 것을 발견하였다.

답 ③

해설

호손(Hawthorne)의 공장 실험
인간관계 관리의 개선을 위한 연구로 미국의 메이요(E. Mayo) 교수가 주축이 되어 호손 공장에서 실시되었다.
① 작업능률을 좌우하는 것은 단지 임금, 노동시간 등의 노동조건과 조명, 환기, 그 밖에 작업환경으로서의 물적 조건보다 종업원의 태도, 즉 심리적, 내적 양심과 감정이 중요하다.
② 물적 조건도 그 개선에 의하여 효과가 있을 수 있으나 종업원의 심리적 요소가 더욱 중요하다.(인간관계가 작업 및 작업설계에 영향을 줌)
③ 인간을 주목하기 시작

참고

산업안전지도사(3. 기업진단·지도) p.112(2. 인간관계 관리방법)

02 노사관계에 관한 설명으로 옳은 것은?

① 숍(shop) 제도는 노동조합의 규모와 통제력을 좌우할 수 있다.
② 체크오프(check off) 제도는 노동조합비의 개별납부제도를 의미한다.
③ 경영참가 방법 중 종업원 지주제도는 의사결정 참가의 한 방법이다.
④ 준법투쟁은 사용자측 쟁위행위의 한 방법이다.
⑤ 우리나라 노동조합의 주요 형태는 직종별 노동조합이다.

답 ①

해설

체크오프(check off) 제도

(1) 체크오프의 개요
  ① 본래 조합이 각 조합원으로부터 징수할 조합비를 사용자가 대신 징수하고 조합에 일괄하여 인도하는 것을 말한다.
  ② 징수는 조합원의 임금 중에서 공제하는 형식으로 행하여지며, 여기에는 노사간에 협정(이를 체크오프 협정이라 한다)이 체결되는 것이 보통이다.
  ③ 체크오프 그 자체는 경비원조에 해당되지 않는다고 하고 있으나 임금에서 공제하는 이상 서면협정이 없이 체크오프로 하는 것은 전액불(全額拂)의 원칙에 위반하게 된다.
  ④ 학설 중에 체크오프는 전액불원칙의 규제대상에 속하지 않으며 위반문제가 생기지 않는다고 하는 설이 있으나, 이렇게 해석하면 체크오프로 인하여 사용자는 임금지불상의 면책을 받지 못할 염려가 있어 의문점이 있으며 이 의문은 「근로기준법」 상의 요건을 충족하지 못하는 체크오프 협정을 어떻게 평가하여야 하는가 하는 문제와 관계가 있다.

(2) 체크오프 협정
  ① 체크오프 협정에는 추심위임의 효과가 인정되어 체크오프를 하게 되면 조합원의 조합 비채무가 소멸되는 것에 대하여는 의문이 없다.
  ② 문제는 체크오프 협정이 개개의 조합원을 구속하는가 즉, 지불위임의 효과가 인정되는가 하는 것이다.
  ③ 판례에는 체크오프 협정은 당연히 조합원을 구속하는 것이 아니고, 그 실시에 대한 개개 조합원의 동의가 필요하다고 하는 데 학설에도 동일한 견해가 있다.
  ④ 확실히 단체협약에 특별한 규정이 있는 경우의 임금공제는 「근로기준법」 상 전액불원칙의 위반이 성립되지 않는다는 데에 그 의미가 있을 뿐이지만 그 이외의 경우라면 개개 근로자의 동의를 필요로 하지 않으며, 그 공제는 채무변제로서의 효과가 발생되므로 체크오프도 이것과 동일하게 취급하여야 할 것이다.

(3) 판례 근거
  ① 체크오프 협정은 본래 추심위임에 관한 합의이나 「근로기준법」 규정에 의하여 지불위임의 효과가 인정된다.
  ② 협정의 폐기가 지배개입이라 하여 부당노동행위가 되는 경우가 있다. 그러나 원래 사용자에게는 편의제공의무가 없으므로 협정종료 후 신협정의 체결에 응하지 않은 것은 복수조합 간의 차별의 형태가 아니면 부당노동행위는 되지 않는다고 생각해야 할 것이다.
  ③ 판례도 근거가 되었던 협정이 만료되면 편의제공의 의무는 소멸한다고 하고 있다.

보충학습

숍 제도(shop system)

(1) 개요
  ① 노동조합이 세력의 확대와 강화를 목적으로 사용주와의 사이에서 체결하는 노동협약에 종업원으로서의 자격과 조합원으로서의 자격관계를 규정한 조항(shop clause)을 삽입함으로써 조합의 유지·발전을 도모하려는 제도다.
  ② 오픈숍(open shop), 유니언숍(union shop), 클로즈드숍(closed shop)이 숍제의 기본형이다.
  ③ 우리나라는 '노동조합 및 노동관계조정법'에 따라 공무원을 제외한 모든 근로자에게 오픈숍을 적용하고 있으며, 이를 어길 경우에는 부당노동행위로 간주한다.

(2) 숍 제도의 형태
① 오픈숍(open shop) : 종업원 자격과 조합원 자격이 무관한 것. 조합원이나 비조합원이나 모두 고용할 수 있는 것. 클로즈드숍과 반대
② 유니언숍(union shop) : 오픈숍제나 클로즈드숍제의 중간형태. 채용은 자유이나 채용 후 조합에 가입하지 않으면 해고되는 것. 2011년 7월 폐지됨
③ 클로즈드숍(closed shop) : 채용도 조합원에 국한하고, 조합을 탈퇴하면 해고하는 것. 즉 조합가입이 고용의 전제조건이 되는 가장 강력한 제도
④ 메인터넌스숍(maintenance of membership shop) : 조합원 유지숍 제도라고 하며, 이는 조합원이 되면 일정 기간 조합원으로서 머물러 있어야 한다는 제도. 종업원은 고용계속조건으로 조합원 자격을 유지해야 하는 것
⑤ 프레퍼렌셜숍(preferential shop) : 우선 숍 제도. 비조합원에게는 단체협약상의 혜택을 주지 않거나 조합원을 유리하게 대우하기로 하는 것
⑥ 에이전시숍(agency shop) : 비조합원을 위해서도 조합이 단체교섭을 맡는 것(단, 비조합원도 조합비와 동액의 금액을 조합에 납부함)

보충학습
① 지주제도 : 근로자 재산형성, 애사심 향상
② 준법투쟁 : 노동자 쟁위행위
③ 우리나라 노동조합형태 : 산업별 노동조합

03 조직문화에 관한 설명으로 옳지 않은 것은?

① 조직사회화란 신입사원이 회사에 대하여 학습하고 조직문화를 이해하기 위한 다양한 활동이다.
② 조직의 핵심가치가 더 강조되고 공유되고 있는 강한 문화(strong culture)가 조직에 끼치는 잠재적 역기능을 무시해서는 안 된다.
③ 조직문화는 하루아침에 갑자기 형성된 것이 아니고 한번 생기면 쉽게 없어지지 않는다.
④ 창업자의 행동이 역할모델로 작용하여 구성원들이 그런 행동을 받아들이고 창업자의 신념, 가치를 외부화(externalization)한다.
⑤ 구성원 모두가 공동으로 소유하고 있는 가치관과 이념, 조직의 기본목적 등 조직체 전반에 관한 믿음과 신념을 공유가치라 한다.

답 ④

해설

조직문화의 역할 및 문제점
(1) 역할
   ① 조직문화는 우선 조직구성원들에게 소속감을 주고 정체성(organizational identity)를 제공한다.
   ② 조직문화는 집단적 몰입을 가져와 가치관이나 믿음, 행동의 통일을 가져오게 된다.
   ③ 조직문화는 구성원들로 하여금 조직의 이모저모에 대해 학습하도록 함으로써 구성원의 행동을 원하는 방향으로 조작해 나갈 수 있다.
   ④ 조직의 가치를 높이고, 구성원 간의 의사소통을 원활하게 하며, 조직체계의 안전성을 가져온다.
(2) 문제점
   ① 지나치게 경직화된 조직문화는 외부환경변화에 대한 신속한 적응을 저해하며, 바람직하고 새로운 조직문화로의 전환을 어렵게 하기도 한다.
   ② 공유가치가 조직의 유효성과 합치되지 않을 경우. 조직문화는 자산이기보다는 부채로서 존재하게 된다(특히 환경이 동태적일 경우).
   조직문화 : 창업자의 신념, 가치 ← 내부화

보충학습

(1) 샤인(Schein)의 조직문화와 정의
   외부환경에 적응하고 조직내부를 통합하는 문제를 해결하는 과정에서 특정집단이 개발한 기본 믿음들이다. 이것은 오랫동안 조직구성원 간에 타당한 것으로 여겨져서 그들 사이에는 아무런 의심 없이 받아들이고 새로운 구성원들에게는 이것이 올바른 방법으로 학습되어 지는 것
   → 조직문화는 눈에는 보이지 않지만 기업을 이끄는 원동력이며, 조직의 저변에 있는 정신적 배경이므로 조직의 의사결정과 행동방향에 영향을 미치며 그로 인하여 조직의 성패가 좌우
(2) 샤인(Schein)의 조직문화 계층
   ① 기본적 믿음 계층
   ② 가치관 계층
   ③ 인공적인 창작물 계층
(3) 조직문화의 역할
   ① 조직 구성원들에게 소속감을 주고 정체성을 제공한다.
   ② 집단적 몰입을 가져와 가치관이나 믿음, 행동의 통일을 가져오게 된다.
   ③ 구성원들로 하여금 조직의 이모저모에 대해 학습하도록 함으로써 구성원의 행동을 원하는 방향으로 조작해 나갈 수 있다.
   ④ 조직의 가치를 높이고 구성원 간의 의사소통을 원활하게 하며, 조직체계의 안전성을 가져온다.

(4) 7S 조직문화 구성요소
① 리더십 스타일(Style)
② 관리기술(Skill)
③ 전략(Strategy)
④ 구조(Structure)
⑤ 제도와 절차(System)
⑥ 구성원(Staff)
⑦ 공유가치(Shared value) : Mckinsey 모델을 상호연결하는 핵심가치

[표] GE/Mckinsey 매트릭스

시장매력도		사업강점 높음	사업강점 중간	사업강점 낮음
	높음	시장지위 유지 및 집중투자	시장지위 구축 위한 투자	선별적 투자
	중간	선별적 투자	선별적 투자/독자적 수익창출	제한적 확장/단계적 철수
	낮음	시장지위 보호 및 신규진출 탐색	독자적 수익창출	철수

04 기술과 조직구조에 관한 설명으로 옳은 것을 모두 고른 것은?

> ㄱ. 모든 조직은 한 가지 이상의 기술을 가지고 있다.
> ㄴ. 비일상적 활동에 관여하는 조직은 기계적 구조를, 일상적 활동에 관여하는 조직은 유기적 구조를 선호한다.
> ㄷ. 조직구조의 영향요인으로 기술에 대하여 최초로 관심을 가진 학자는 우드워드(J. Woodward)이다.
> ㄹ. 톰슨(J. Thomson)은 기술유형을 체계적으로 분류한 학자로 중개형기술, 연속형기술, 집중형기술로 유형화했다.
> ㅁ. 여러 가지 기술을 구별하는 공통적인 주제는 일상성의 정도(degree of routineness)이다.

① ㄱ, ㄴ
② ㄷ, ㄹ
③ ㄴ, ㄷ, ㄹ
④ ㄷ, ㄹ, ㅁ
⑤ ㄱ, ㄷ, ㄹ, ㅁ

답 ⑤

해설

기술 상황 요인 3대 학자

(1) 우드워드(Woodward)
 ① 제조업을 대상으로 연구한 결과 단위생산(주문생산)기술, 대량생산기술, 연속생산기술로 복잡화되어감에 따라 적합한 조직구조가 다르다는 것을 제시하였다.
 ② 자동차조립 등의 대량생산기술의 경우에는 표준화되고 통제의 폭이 넓으며 공식화된 작업규칙과 의사소통(즉, 기계적 구조)이 필요하다.
 ③ 단위생산기술이나 석유정제공장 등 전문기술자가 필요한 연속공정생산기술에서는 비공식화와 분권화(즉, 유기적 구조)를 추구하게 된다.
(2) 페로우(Perrow)
 ① 제조업에만 국한된 우드워드 연구에 비해 서비스생산기업이나 일반조직까지 기술의 범위를 확대하여 연구하였다.
 ② 기술을 '다양화 차원'과 '분석가능성 차원'으로 분류하고 적합한 조직구조를 제시하였다.
(3) 톰슨(Thomson)
 ① '기술의 상호의존성'에 따라 중개형기술, 장치형(연결형)기술, 집약형기술로 나누었다.
 ② 중개형기술에는 낮은 복잡성, 높은 공식화, 규칙 및 절차(즉, 표준화)를 통한 조정이 적합하다.
 ③ 장치형기술에는 중간 정도의 복잡성, 공식화와 일정계획을 통한 조정이 적합하다.
 ④ 집약형기술은 높은 복잡성, 낮은 공식화, 상호조정을 통한 조정활동이 적합하다.

보충학습

(1) 비일상적 활동 : 유기적 구조
(2) 일상적 활동 : 기계적 구조
(3) 조직구조이론
 ① 블라우 : 사회학적 이론 연구
 ② 차일드 : 전략적 선택 이론 연구

05
생산시스템은 투입, 변환, 산출, 통제, 피드백의 5가지 구성요소로 설명할 수 있다. 생산시스템에 관한 설명으로 옳지 않은 것은?

① 변환은 제조공정의 경우 고정비와 관련성이 크다.

② 투입은 생산시스템에서 재화나 서비스를 창출하기 위해 여러 가지 요소를 입력하는 것이다.

③ 변환은 여러 생산자원들을 효용성 있는 제품 또는 서비스로 바꾸는 것이다.

④ 산출에서는 유형의 재화 또는 무형의 서비스가 창출된다.

⑤ 피드백은 산출의 결과가 초기에 설정한 목표와 차이가 있는지를 비교하고 또한 목표를 달성할 수 있도록 배려하는 것이다.

답 ⑤

해설

생산시스템의 구성

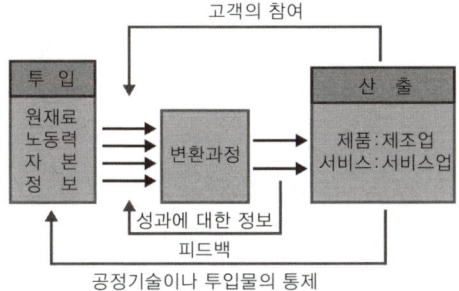

참고

산업안전지도사(3. 기업진단·지도) p.56(1. 생산 관리의 개요)

보충학습

피드백 : 생산시스템의 생산과정을 모니터하여 모니터과정에서 수집된 제품을 이용하여 다시 생산제품을 탑재하는 일련의 활동

[표] 생산시스템의 예

시스템	투입	구성요소	주기능	산출
자동차 공장	여러 부품	공구, 장비, 작업자	자동차 조립	완성된 차
대학	입학자	교수, 교재, 건물	지식 및 기술습득, 인격도야	교육된 인간
식당	이용고객	음식, 종업원, 주방기구	음식 및 서비스	만족한 고객
백화점	이용고객	판매원, 상품, 판매장	구매 동기유발, 구입, 판매, 서비스	만족한 고객
병원	환자	의사, 간호원, 의약품, 시설	진단 및 진료	건강한 개인

06 ERP시스템의 특징에 관한 설명으로 옳지 않은 것은?

① 수주에서 출하까지의 공급망과 생산, 마케팅, 인사, 재무 등 기업의 모든 기간 업무를 지원하는 통합시스템이다.

② 하나의 시스템으로 하나의 생산·재고거점을 관리하므로 정보의 분석과 피드백 기능의 최적화를 실현한다.

③ EDI(Electronic Data Interchange), CALS(Commerce At Light Speed), 인터넷 등으로 연결시스템을 확립하여 기업 간 자원 활용의 최적화를 추구한다.

④ 대부분의 ERP시스템은 특정 하드웨어 업체에 의존하지 않는 오픈 클라이언트 서버시스템 형태를 채택하고 있다.

⑤ 단위별 응용프로그램이 서로 통합, 연결되어 중복업무를 배제하고 실시간 정보관리체계를 구축할 수 있다.

답 ②

해설

ERP(전사적 자원관리)시스템의 특성

(1) 기능적 특성
① 통합업무시스템 : 통합데이터베이스에 의한 관리
② 세계적 표준 업무프로세스 : ERP는 세계 일류기업에서 수행중인 업무 프로세스 중에서 표준화시킨 프로세스이므로 ERP 도입으로 BPR의 효과를 얻을 수 있음
③ 그룹웨어와의 연계
④ 파라미터 지정에 의한 개발 : 특정 기업의 업무수행에 적합한 파라미터를 지정하여 시스템을 최적화할 수 있음
⑤ 확장 및 연계성이 뛰어난 개방적 시스템
⑥ 글로벌 대응이 가능
⑦ 관리자 정보시스템(executive information system : EIS) 기능 수행
⑧ 전자자료교환(electronics document interchange : EDI)과 전자거래 대응이 가능

(2) 기술적 특성
① 클라이언트 서버 시스템 : 클라이언트 PC에 주요 업무를 배분하는 분산 처리 구조
② 4세대언어(4-GL) 및 컴퓨터에 의한 소프트웨어 공학 기술(CASE)
　　CASE는 컴퓨터의 능력을 최대한 활용하여 필요한 소프트웨어를 자동적으로 제작하는 소프트웨어 기술
③ 관계형 데이터 베이스(relational data base management system : RDBMS)
④ 객체 지향 기술(object oriented technology : OOT)
　　ERP시스템 내의 업무처리 모듈을 자체 처리능력으로 처리하며, 필요에 따라 각 객체별로 추가·변경시킴으로써 ERP시스템 전체의 변경이나 업데이트를 가능하게 함(여러 시스템 관리)

보충학습

MRP(자재소요계획)

(1) MRP의 의의
① MRP(material requirement planning)란 그 자재보다 높은 계층에 있는 제품의 생산수량 및 일정을 기초로 하여, 그 제품의 생산에 필요한 원재료, 부품 등의 제원료의 소요량 및 소요계획을 역산하여 자재조달 계획을 수립하는 것
② 일정관리와 더불어 효율적인 재고관리를 기하고자 하는 방법
③ 종속적인 수요품을 위한 재고관리기법

(2) 종속적 수요와 독립적 수요
　① 종속적 수요
　　㉮ 종속적 수요(dependent demand)란 다른 물품의 수요에 의존하는 수요를 말함
　　㉯ 즉 자사의 제조공정에 소요되는 원재료나 부분품(재공품)의 수요를 말하며 재고관리는 MRP시스템을 이용
　② 독립적 수요
　　㉮ 독립적 수요(independent demand)란 수요가 시장상황에 좌우되며, 작업과는 독립적인 수요를 말함
　　㉯ 즉 완제품에 대한 수요를 말하며 재고관리는 고정주문량모형, 고정주문기간모형을 이용함

07 6시그마 품질혁신 활동에 관한 설명으로 옳지 않은 것은?

① 모토롤라사의 빌 스미스(Bill Smith)라는 경영간부의 착상으로 시작되었다.

② 6시그마 활동을 도입하는 조직은 규격 공차가 표준편차(시그마)의 6배라는 우수한 품질수준을 추구한다.

③ DPMO란 100만 기회당 부적합이 발생되는 건수를 뜻하는 용어로 시그마수준과 1대1로 대응되는 값으로 변환될 수 있다.

④ 6시그마 수준의 공정이란 치우침이 없을 경우 부적합품률이 10억 개에 2개 정도로 추정되는 품질수준이란 뜻이다.

⑤ 6시그마 활동을 효과적으로 실행하기 위해 블랙벨트(BB) 등의 조직원을 육성하여 프로젝트 활동을 수행하게 한다.

답 ②

해설

6시그마 : M Harry & R. Schroeder(1986)
(1) 6시그마의 정의
  ① 6시그마(six sigma)는 단계별 고품질 접근 프로그램으로 3.4[PPM] 수준을 목표로 함(②의 규격공차와 무관)
  ② 6시그마는 조직 내 자원낭비 최소화 및 고객만족 최대화를 위해 조직활동을 설계·운영하여 수익성을 향상시키려는 비즈니스 프로세스임
  ③ 6시그마의 기본원리 : 품질 좋은 제품이 나쁜 제품보다 비용이 더 적게 소요됨
(2) 6시그마 설계(DFSS : design for six sigma)의 목적
  ① 자원의 능률적 사용
  ② 높은 수율의 달성
  ③ 공정 변동의 최소화
(3) 6시그마 프로젝트 수행단계(DMAIC)
  ① 정의(define) : 품질에 결정적 영향을 미치는 핵심품질특성(CTQ : critical of quality)의 규명
  ② 측정(measure) : 개선할 프로세스의 품질수준을 측정하고 문제에 대한 계량적 규명을 시도
  ③ 분석(analysis) : 결함이 발생한 장소·시점 및 문제의 형태·원인을 규명→그래프, 특성요인도 등 통계적 기법 사용
  ④ 개선(improve) : 문제나 프로세스의 개선
  ⑤ 관리(control) : 개선 효과 분석 및 개선 프로세스의 지속방법 모색

08 JIT(Just In Time)시스템의 특징에 관한 설명으로 옳은 것은?

① 수요예측을 통해 생산의 평준화를 실현한다.
② 팔리는 만큼만 만드는 Push 생산방식이다.
③ 숙련공을 육성하기 위해 작업자의 전문화를 추구한다.
④ Fool proof 시스템을 활용하여 오류를 방지한다.
⑤ 설비배치를 U라인으로 구성하여 준비교체 횟수를 최소화한다.

답 ④

해설

적시관리(JIT : Just In Time)시스템 : 필요한 것을 필요한 때에 필요한 만큼 만드는 생산시스템
(1) 의의
① JIT시스템은 재고가 생산의 비능률을 유발하는 원인이 되기 때문에 이를 없애야 한다는 사고방식에 의해 생겨난 기법(늦어도 빨라도 안된다.)
② 적시에 적량의 필요한 부품을 생산에 공급하도록 하는 생산 또는 재고관리시스템
③ 무재고시스템(zero inventory system), 도요타 생산방식으로도 불림
(2) 수단(목표) : 낭비의 제거
JIT시스템의 궁극적인 목적은 비용절감, 재고감소 및 품질향상을 통한 투자수익률의 증대에 있다. 이러한 목적은 낭비를 제거하고 작업자를 생산공정에 더 많이 참여시킴으로써 달성됨
① JIT생산 : 생산과잉·대기·재고의 낭비 제거
② 소로트생산 : 재고의 낭비 제거
③ 자동화 : 가공 및 동작의 낭비 제거
④ TQC 및 현장개선 : 운반·가공·동작·불량의 낭비 제거
(3) JIT(Just In Time)시스템의 특성
① 칸반시스템 : 칸반시스템이란 부품을 사용하는 작업장이 요구할 때까지 부품을 공급하는 작업장에서 어떤 부품도 생산해서는 안되는 당기기(pull)식 생산방식
② 일관성 있는 고품질 : 자재 흐름의 균일 유지, 불량과 재작업 제거
③ 소규모 로트크기 : 주기재고 감소(시간 및 공간 절약), 리드타임 감소, 작업부하 균일화
④ 준비시간 단축
⑤ 작업장간 부하 균일화
⑥ 부품과 작업방식(공정)의 표준화
⑦ 공급자(납품업체)와의 유대강화(긴밀한 협조체제)
⑧ 노동력의 유연성(다기능 작업자) : 노동자가 한가지 일 이상을 수행
⑨ 제품중심
⑩ 생산자동화
⑪ 예방적 유지보수

보충학습

(1) JIT시스템의 7가지 낭비
① 과잉생산의 낭비 ② 과잉재고의 낭비 ③ 대기시간의 낭비 ④ 운반의 낭비
⑤ 가공의 낭비 ⑥ 동작의 낭비 ⑦ 불량의 낭비
(2) 4가지 기본요소
① 간판방식 ② 소롯드생산 ③ 생산의 표준화
④ 설비배치와 다기능공 제도

09 카플란(R. Kaplan)과 노턴(D. Norton)이 주창한 BSC(Balance Score Card)에 관한 설명으로 옳은 것은?

① 균형성과표로 생산, 영업, 설계, 관리 부문의 균형적 성장을 추구하기 위한 목적으로 활용된다.

② 객관적인 성과측정이 중요하므로 정성적 지표는 사용하지 않는다.

③ 핵심성과지표(KPI)는 비재무적 요소를 배제하여 책임소재의 인과관계가 명확한 평가가 이루어지도록 한다.

④ 기업문화와 비전에 입각하여 BSC를 설정하므로 최고경영자가 교체되어도 지속적으로 유지된다.

⑤ BSC의 실행을 위해서는 관리자들이 조직에서 어느 개인, 어느 부서가 어떤 지표의 달성에 책임을 지는지 확인하여야 한다.

답 ⑤

해설

BSC(Balanced Score Card)
① 1990년대 초반 하버드 비즈니스스쿨 로버트 카플란과 데이비드 노턴이 공동으로 제시한 비즈니스 성능측정 방법론으로 현재 많은 기업에서 광범위하게 채택되고 있는 경영상의 개념이다.
② 밸런스드 스코어카드는 핵심적인 성능 지표(KPI)를 재무, 내부 업무 프로세스, 고객, 교육 및 성장 등 4개로 나누고 있으며 기업의 비전과 전략을 이들 4가지 핵심성능 지표의 균형잡힌 모형으로 변화시켜 전략목표를 세우거나 조직상에서 이를 효과적으로 논의하고 더 나아가 개인, 조직 내, 부서 간에 각 역할을 배치해 준다.

보충학습

BSC 4대 관점
(1) 상부구조 2가지
  ① 재무적관점 : BSC(균형성과표)의 최종목표인 주주에게 보여주어야 하는 성과의 관점(매출, 자본수익률, EVA 등)
  ② 고객관점 : 고객에게 보여주어야 하는 성과의 관점(고객만족도, 시장점유율, 재구매율 등)
(2) 하부구조 2가지
  ① 내부 프로세스 관점 : 기업 내부적으로 일을 처리하는 방식에 대한 혁신관점(불량률, 반품률, 리드타임 등)
  ② 학습과 성장 관점 : 미래 업무의 운영을 위한 변화와 개선의 관점(자발적 이직률, 직원 만족도, 지속적 학습 등)

10 심리평가에서 검사의 신뢰도와 타당도의 상호관계에 관한 설명으로 옳은 것은?

① 타당도가 높으면 신뢰도는 반드시 높다.
② 타당도가 낮으면 신뢰도는 반드시 낮다.
③ 신뢰도가 낮아도 타당도는 높을 수 있다.
④ 신뢰도가 높아야 타당도가 높게 나온다.
⑤ 신뢰도와 타당도는 직접적인 상호관계가 없다.

답 ①

해설

산업심리검사의 구비요건
① 타당성(validity) : 측정하려고 하는 성능을 어느 정도 충실히 수행하고 있는가를 나타내는 것(충실성)
② 신뢰성(reliability) : 동일한 검사를 동일한 사람에게 시간 간격을 두고 실시할 때 그 결과가 크게 다르지 않는 것(일관성)
③ 실용성(practicability) : 검사를 실시하고 채점하기 용이하다든지, 또는 결과의 해석이나 이용의 방법이 간단하다든지, 비용이 적게 든다는 것

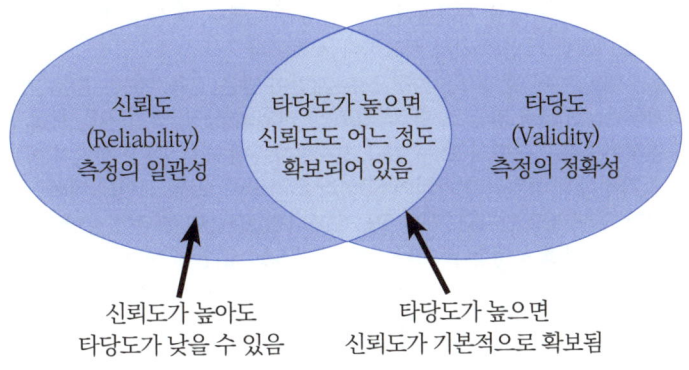

[그림] 신뢰도와 타당도의 관계

참고

산업안전지도사(3. 기업진단·지도) p.116(4. 산업심리검사의 구비요건)

11 종업원은 흔히 투입과 이로부터 얻게 되는 성과를 다른 종업원과 비교하게 된다. 그 결과, 과소보상으로 인한 불형평 상태가 지각되었을 때, 아담스의 형평이론에서 예측하는 종업원의 후속 반응에 관한 설명으로 옳지 않은 것은?

① 현재의 상황을 형평 상태로 되돌리기 위하여 자신의 투입을 낮출 것이다.
② 자신의 성과를 높이기 위하여 조직의 원칙에 반하는 비윤리적 행동도 불사할 수 있다.
③ 자신과 타인의 투입-성과간 불형평 상태에 어떤 요인이 영향을 주었을 거라는 등 해당 상황을 왜곡하여 해석하기도 한다.
④ 애초에 비교 대상이 되었던 타인을 다른 비교 대상으로 교체할 수 있다.
⑤ 개인의 '형평민감성'이 높고 낮음에 관계없이 형평 상태로 되돌리려는 행동에서 차이가 없다.

답 ⑤

해설

아담스(Adams)의 형평이론(equity theory)

① 개인이 다른 사람과 비교하여 자신을 어떻게 지각하는 지에 따라 동기가 결정된다고 주장하였는데 개인은 다른 사람, 즉 비교 대상 인물과 비교하여 자신을 지각한다는 사실에 주목했다. 핵심은 개인은 자신의 투입에 대한 산출 성과의 비율을 먼저 상정하고 그것을 타인의 것과 비교한다는 것이다.
② 투입(input)이란 직무를 수행하는 데 들어가는 자산으로, 개인이 받은 교육, 지능, 경험, 기술, 근무시간, 노력 정도, 건강 등이 포함되고 성과(outcome)란 임금, 수당, 작업조건, 지위의 상징, 장기근속, 보상 등이 모두 포함된다.
③ 투입과 성과는 모두 공통적이면서도 수량화 할 수 있다고 가정하는데 예를 들어, 개인이 직무를 수행하는 데 들인 모든 투입요소를 50이라고 가정하고 성과를 평가하여 50이라고 가정해 보면, 개인의 비율은 50 : 50이 된다.
④ 타인의 투입과 성과를 각각 50이라고 한다면, 개인 50 : 50, 타인 50 : 50이 되어 같아지는데 이처럼 개인이 지각하는 비율이 같다는 것은 형평성, 형평(공정함)을 나타내며, 개인 50 : 50인데 타인 200 : 200이라도 투입과 산출의 비율이 동일하기 때문에 형평하다고 느끼게 된다. 그렇지만 만약 개인 50 : 50인데, 타인의 비율이 50 : 75라면, 즉 투입은 개인과 타인이 50으로 같은데 성과가 타인이 75로 더 많이 얻었다면, 불형평(inequity) 혹은 불공정이 초래된다.
⑤ 불형평에 대한 개인의 감정은 긴장을 일으키고 그 개인에게는 이러한 긴장을 줄이려는 동기가 발생하는데 이와 같이 지각된 불형평으로부터 발생하는 긴장감을 바로 동기의 근원이라고 본다. 그런데 지각된 불평등을 과소지급과 과다지급으로 구분한다.
⑥ 과소지급(under payment)은 개인과 타인이 동일하게 투입했지만, 타인보다 성과가 적었다고 지각하는 경우인데 앞에서 본 사례처럼 개인 50 : 50, 타인 50 : 75의 경우이다. 보통의 사람같으면 이런 경우 자포자기할 수도 있지만 열등감이나 위기의식을 느껴서 더 분발해야겠다고 생각하게 되어 긴장감이 유발된다.
⑦ 과다지급(over payment)은 개인과 타인이 동일하게 투입했지만, 타인보다 성과가 많다고 지각하는 경우인데, 이 경우 일종의 자부심이 생길 것이고, 성취감이 더 큰 동기를 유발할 수 있다.

12 조직 내 종업원들에게 요구되는 바람직한 특성이나 성공적인 수행을 예측해주는 '인적 특성이나 자질'을 찾아내는 과정은?

① 작업자 지향 절차
② 기능적 직무분석
③ 역량 모델링
④ 과업 지향적 절차
⑤ 연관분석

답 ③

해설

직무 역량 모델링(competency modeling)

(1) 개요
  ① 역량 모델링(competency modeling)은 원하는 결과를 만들고 성과를 극대화하기 위해 필요한 역량을 체계적으로 추출하여 쓰임에 따라 지식, 기술, 태도, 지적 전략을 포함하는 역량 모델을 정의하고 만드는 활동이다(McLagan, 1989).
  ② 역량 모델링은 특정한 역할을 성공적으로 수행하는 데 중요한 역량을 도출하는 과정이라고 할 수 있다.
  ③ 역량 모델은 효과적으로 역할을 수행하고 높은 성과를 창출하는 데 필요한 지식, 기술, 가치 및 행동을 기술하여 체계화한 것으로 모집 및 선발, 성과 관리, 교육 훈련 및 개발, 승진, 보상 및 승계 계획 등과 같은 모든 인적 자본 시스템의 기초 자료를 제공한다.

(2) 맥클레랜드
  맥클레랜드(McClelland, 1973)는 역량(competency) 개념을 처음으로 제안했다. 그는 전통적인 의미의 지능 검사보다 직무에서 실제 성과로 나타나는 역량 평가가 더 의미있다고 했다. 따라서 적성 검사나 성취도 검사가 업무의 성과 또는 직업에서의 성공을 예측할 수 있지만 개선의 여지가 있기 때문에 고성과자와 평균적인 업무 수행 수준을 보이는 사람들을 비교하여 성공이나 고성과와 관련된 특성을 규명하는 데 초점을 두었다. 이러한 역량은 핵심 역량과 개인 역량으로 구분할 수 있다.

(3) 핵심 역량
  ① 핵심 역량(core competency)은 조직 내부의 기술이나 단순한 기능을 뛰어넘는 노하우를 포함한 종합적인 강점과 기술력으로서 조직 경쟁력의 원천이라고 할 수 있다.
  ② 개인 역량은 조직 구성원이 각자의 업무에 부여하는 지식, 기술, 태도의 집합체로서 높은 성과를 창출하는 고성과자로부터 일관되게 관찰되는 행동 특성이다. 역량은 어떤 사람이 보유하고 있는 지식, 기술, 태도를 바탕으로 결과를 내기 위해 취한 행동이라고 할 수 있다.
  ③ 역량 모델링과 직무분석은 많은 유사점이 있지만, 차이점 또한 있다. 직무분석은 조직구성원이 직무수행에서 요구하는 인적 요건뿐만 아니라 수행하는 일 자체도 분석하지만 역량 모델링은 주로 직무수행에 요구하는 인적 요건을 찾아내는 데에만 초점을 맞추어야 한다.

13 영업1팀의 A팀장은 팀원들의 직무수행을 긍정적으로 평가하는 것으로 유명하다. 영업1팀의 팀원들은 실제 직무수행 수준보다 언제나 높은 평가를 받는다. 한편 영업2팀의 B팀장은 대부분 팀원을 보통 수준으로 평가한다. 특히 B팀장 자신이 잘 모르는 영역 평가에서 이러한 현상이 두드러진다. 직무수행 평가 패턴에서 A와 B팀장이 각각 범하고 있는 오류(또는 편향)를 순서대로(A, B) 옳게 나열한 것은?

> ㄱ. 후광오류 ㄴ. 관대화오류
> ㄷ. 엄격화오류 ㄹ. 중앙집중오류
> ㅁ. 자기본위적 편향

① ㄱ, ㄷ
② ㄱ, ㄹ
③ ㄴ, ㄷ
④ ㄴ, ㄹ
⑤ ㄴ, ㅁ

답 ④

해설

오류분석
① 영업1팀 A팀장 : 관대화오류
② 영업2팀 B팀장 : 중앙집중오류

유사문제 출제
① 2013년 4월 20일(문제 10번)
② 2013년 4월 20일(문제 18번)

14 다음을 설명하는 용어는?

> 대부분의 중요한 의사결정은 집단적 토의를 거치기 마련이다. 이 과정에서 구성원들은 타인의 영향을 받거나 상황 압력 등에 따라 본인의 원래 태도에 비하여 더욱 모험적이거나 보수적인 방향으로 변화될 가능성이 있다.

① 집단 사고
② 집단 극화
③ 동조
④ 사회적 촉진
⑤ 복종

답 ②

해설

집단 극화(group polarization)
① 집단 극화는 집단을 이룬 뒤의 개인들의 반응 평균이 집단을 이루기 전의 반응 평균과 동일한 방향에서 더 극단적으로 되는 현상을 말한다.
② 집단 토론 전 구성원들의 개인 의사 결정의 평균이 모험적인 경향을 가지고 있을 때 집단 의사 결정은 더 모험적으로 이행하며, 개인 의사 결정의 평균이 보수적인 경향을 갖고 있을 때 집단 의사 결정은 더 보수적인 쪽으로 극화된다.

15 산업현장에서 운영되고 있는 **팀(team)의 유형**에 관한 설명으로 옳지 않은 것은?

① 전술적 팀(tactical team) : 수행절차가 명확히 정의된 계획을 수행할 목적으로 하며, 경찰 특공대 팀이 대표적임

② 문제해결 팀(problem-solving team) : 특별한 문제나 이슈를 해결할 목적으로 구성되며, 질병통제센터의 진단 팀이 대표적임

③ 창의적 팀(creative team) : 포괄적 목표를 가지고 가능성과 대안을 탐색할 목적으로 구성되며, IBM의 PC 설계 팀이 대표적임

④ 특수 팀(ad hoc team) : 조직에서 일상적이지 않고 비전형적인 문제를 해결할 목적으로 구성되며, 팀의 임무를 완수한 후 해체됨

⑤ 다중 팀(multi-team) : 개인과 조직시스템 사이를 조정(moderating)하는 메타(meta)적 성격을 갖고 있음

답 ⑤

해설

팀의 종류

(1) 가상팀(virtual team)
   ① 물리적으로 흩어져 있는 구성원을 서로 결속시켜 하나의 공동목표를 달성하기 위해 IT기술(전자문서, 인터넷 등)을 사용한다.
   ② 사회적 친밀감과 직접적 상호작용이 부족하다.
(2) 교차기능팀(cross-functional team)
   하나의 과업을 달성하기 위해 모인 다양한 분야의 사람들로 구성된 형태의 팀
(3) 작업집단과 작업팀
   ① 작업집단 : 각자의 책임하에 있는 일을 수행할 때 도움이 되는 정보를 공유하고 의사결정하는 상호작용 집단. 협력이 요구되는 공동작업을 수행할 필요나 기회가 없다. 따라서 작업집단의 성과는 집단구성원들의 개별성과의 총합이다.
   ② 작업팀 : 협력을 통해 긍정적인 시너지를 창출하고 작업팀에서 이루어지는 개인들의 노력은 개인의 투입량의 합보다 더 많은 성과를 달성한다. 핵심은 '시너지 효과'이다.
(4) 다중팀(multi-team)
   ① 일정한 순서에 따라 운영되는 다양한 팀 간의 상호작용을 통해 진행되는 시스템이다.
   ② 예로는 교통사고에 대처하는 여러 가지 팀들은 서로 상호연관성을 가진다.
(5) 기타
   ① 철학, 논리학, NLP 등을 깊게 파다보면 Meta라는 개념에 직면하게 된다.
   ② Meta는 우리가 타인을 분석하고 대화를 능동적으로 이끌기 위해서도 필요한 개념이다.

16 인사선발에서 활발하게 사용되는 성격측정 분야의 하나로 5요인(Big 5)성격모델이 있다. 성격의 5요인에 해당되지 않는 것은?

① 성실성(conscientiousness)

② 외향성(extraversion)

③ 신경성(neuroticism)

④ 직관성(immediacy)

⑤ 경험에 대한 개방성(openness to experience)

답 ④

해설

인간의 5가지 성격 특성

① 경험에 대한 개방성(openness to experience)-상상력, 호기심, 모험심, 예술적 감각 등으로 보수주의에 반대하는 성향 : 개인의 심리 및 경험의 다양성과 관련된 것으로 지능, 상상력, 고정관념의 타파, 심미적인 것에 대한 관심, 다양성에 대한 욕구, 품위 등과 관련된 특질을 포함

② 성실성(conscientiousness)-목표를 성취하기 위해 성실하게 노력하는 성향 : 과제 및 목적 지향성을 촉진하는 속성과 관련된 것으로 심사숙고, 규준이나 규칙의 준수, 계획 세우기, 조직화, 과제의 준비 등과 같은 특질을 포함

③ 외향성(extraversion)-다른 사람과의 사교, 자극과 활력을 추구하는 성향 : 사회와 현실 세계에 대해 의욕적으로 접근하는 속성과 관련된 것으로 사회성, 활동성, 적극성과 같은 특질을 포함

④ 친화성(agreeableness)-타인에게 반항적이지 않은 협조적인 태도를 보이는 성향 : 사회적 적응성과 타인에 대한 공동체적 속성을 나타내는 것으로 이타심, 애정, 신뢰, 배려, 겸손 등과 같은 특질을 포함

⑤ 신경성(neuroticism)-분노, 우울함, 불안감과 같은 불쾌한 정서를 쉽게 느끼는 성향 : 걱정, 부정적 감정 등과 같은 바람직하지 못한 행동과 관계된 것으로 걱정, 두려움, 슬픔, 긴장 등과 같은 특질을 포함(정서적 안정성은 정서적 불안정성과 반대되는 특징)

보충학습

① 다섯 가지 요소로 이루어진 모델은 영문 스펠링의 첫 자를 따서 OCEAN 모델이라고 불리기도 한다.

② 5가지 요소들은 보통 50[%]를 기준으로 측정된다.

③ 예를 들어 성실성 수치가 80[%]라면 책임감과 질서정연함을 남보다 중요하게 여긴다는 뜻이고, 외향성 수치가 5[%]라면 타인과의 교류보다는 고독함과 평정심을 즐긴다는 것을 나타낸다.

17 소음에 관한 설명으로 옳은 것을 모두 고른 것은?

> ㄱ. 소음의 크기 지각은 소음의 주파수와 관련이 없다.
> ㄴ. 8시간 근무를 기준으로 작업장 평균 소음 크기가 60[dB]이면 청력손실의 위험이 있다.
> ㄷ. 큰 소음에 반복적으로 노출되면 일시적으로 청지각의 임계값이 변할 수 있다.
> ㄹ. 소음원과 작업자 사이에 차단벽을 설치하는 것은 효과적인 소음 통제 방법이다.
> ㅁ. 한여름에는 전동 공구 작업자에게 귀마개를 착용하지 않도록 한다.

① ㄱ, ㄴ
② ㄴ, ㄷ
③ ㄷ, ㄹ
④ ㄱ, ㄹ, ㅁ
⑤ ㄴ, ㄷ, ㄹ

답 ③

해설

소음 및 진동에 의한 건강장해의 예방(산업안전보건기준에 관한 규칙)

제512조(정의) 이 장에서 사용하는 용어의 뜻은 다음과 같다.
1. "소음작업"이란 1일 8시간 작업을 기준으로 85데시벨 이상의 소음이 발생하는 작업을 말한다.
2. "강렬한 소음작업"이란 다음 각목의 어느 하나에 해당하는 작업을 말한다.
    가. 90데시벨 이상의 소음이 1일 8시간 이상 발생하는 작업
    나. 95데시벨 이상의 소음이 1일 4시간 이상 발생하는 작업
    다. 100데시벨 이상의 소음이 1일 2시간 이상 발생하는 작업
    라. 105데시벨 이상의 소음이 1일 1시간 이상 발생하는 작업
    마. 110데시벨 이상의 소음이 1일 30분 이상 발생하는 작업
    바. 115데시벨 이상의 소음이 1일 15분 이상 발생하는 작업
3. "충격소음작업"이란 소음이 1초 이상의 간격으로 발생하는 작업으로서 다음 각 목의 어느 하나에 해당하는 작업을 말한다.
    가. 120데시벨을 초과하는 소음이 1일 1만회 이상 발생하는 작업
    나. 130데시벨을 초과하는 소음이 1일 1천회 이상 발생하는 작업
    다. 140데시벨을 초과하는 소음이 1일 1백회 이상 발생하는 작업
4. "진동작업"이란 다음 각 목의 어느 하나에 해당하는 기계·기구를 사용하는 작업을 말한다.
    가. 착암기(鑿巖機)
    나. 동력을 이용한 해머
    다. 체인톱
    라. 엔진 커터(engine cutter)
    마. 동력을 이용한 연삭기
    바. 임팩트 렌치(impact wrench)
    사. 그 밖에 진동으로 인하여 건강장해를 유발할 수 있는 기계·기구
5. "청력보존 프로그램"이란 소음노출 평가, 소음노출 기준 초과에 따른 공학적 대책, 청력보호구의 지급과 착용, 소음의 유해성과 예방에 관한 교육, 정기적 청력검사, 기록·관리 사항 등이 포함된 소음성 난청을 예방·관리하기 위한 종합적인 계획을 말한다.

18 주의(attention)에 관한 설명으로 옳은 것은?

① 용량의 제한이 없기 때문에 한 번에 여러 과제를 동시에 수행할 수 있다.

② 많은 사람들 가운데 오직 한 사람의 목소리에만 주의를 기울일 수 있는 것은 선택주의(selective attention) 덕분이다.

③ 선택된 자극의 여러 속성을 통합하고 처리하기 위해 분할주의(divided attention)가 필요하다.

④ 운전하면서 친구와 대화하기처럼 두 과제 모두를 성공적으로 수행하기 위해서는 초점주의(focused attention)가 필요하다.

⑤ 무덤덤한 여러 얼굴 가운데 유일하게 화난 얼굴은 의식하지 않아도 쉽게 눈에 띄는데, 이는 무주의 맹시(inattentional blindness) 때문이다.

답 ②

해설

주의(attention)의 특성

① 선택성 : 사람의 경우 한 번에 많은 종류의 자극을 지각하거나 수용하기 곤란하기 때문에 소수의 특정한 것에 한정하여 선택하는 능력이 있다.

② 방향성 : 공간적으로 볼 때 시선의 초점이 맞추어진 곳은 잘 인지할 수 있지만 시선으로부터 벗어난 부분은 무시하기 쉽다.

③ 변동성 : 주의에는 리듬이 있어서 언제나 일정한 수준을 유지할 수 없다. 보통의 조건에서 단일의 변화하지 않는 자극을 명료하게 의식하고 있을 수 있는 시간은 기껏해야 수 초에 불과하다. 따라서 본인은 주의하려고 노력해도 실제로는 의식하지 못하는 순간이 반드시 존재하게 된다.

참고

산업안전지도사(3. 기업진단·지도) p.152(1. 주의의 특성 3가지)

19 공기 중 화학물질 농도(섬유 포함)를 표현하는 단위가 아닌 것은?

① [ppm]
② [$\mu g/m^3$]
③ [CFU/m^3]
④ [개수/cc]
⑤ [mg/m^3]

답 ③

해설

유해물질의 농도 표시

① [mg/m^3] : 일반적으로 사용되는 공기 1[m^3] 속에 들어있는 유해물질의 mg 수
② [mg/cf] : 공기 1[cubic foot] 안에 들어있는 유해물질의 mg 수, 주로 국내, 각국에서 사용(이때 공기의 양은 25[℃], 760[mmHg] 때의 값)
③ [ppm] : 공기 1[m^3] 속에 들어있는 기체의 ml 수를 나타내는 100만분의 용량비(part per million)
④ 분진 : 분진의 질, 양에 관계없이 단위공기 속에 들어있는 분자량을 표시하는 방법. 우리나라는 공기 1[ml] 속의 분진 수로 표시하나 미국에서는 1[ft^3]당 몇 백만 개인가를 표시하는 [mppcf](million particles per cubic foot)를 단위로 사용한다.

보충학습

우리나라의 주요 허용농도

(1) 총 분진
　① 제1종 분진[유리규산(SiO_2) 30[%] 이상] : 2[mg/m^3]
　② 제2종 분진[유리규산(SiO_2) 30[%] 미만, 석탄 포함] : 5[mg/m^3]
　③ 제3종 분진[유리규산(SiO_2) 1[%] 이하, 기타 분진] : 10[mg/m^3]
(2) 석면분진
　① 백석면(chysotile) 2[개/cc]
　② 황석면(amosite) 0.5[개/cc]
　③ 청석면(crocidolite) 0.2[개/cc]
(3) 제11조(표시단위)
　① 가스 및 증기의 노출기준 표시단위는 피피엠[ppm]을 사용한다.
　② 분진 및 미스트 등 에어로졸(aerosol)의 노출기준 표시단위는 세제곱미터당 밀리그램[mg/m^3]을 사용한다. 다만, 석면 및 내화성세라믹섬유의 노출기준 표시단위는 세제곱센티미터당 개수[개/cm^3]를 사용한다.

20 원형 덕트에서 반송속도가 10[m/sec]이고, 이곳을 흐르는 공기량은 20[m³/min]이다. 이 덕트 직경의 크기[mm]는?

① 약 100
② 약 200
③ 약 300
④ 약 400
⑤ 약 500

답 ②

해설

덕트 직경

① $Q = AV = \dfrac{\pi}{4} D^2 \times V$

② $D = \sqrt{\dfrac{\dfrac{Q}{V}}{\dfrac{\pi}{4}}} = \sqrt{\dfrac{4Q}{\pi V}} = \sqrt{\dfrac{4 \times \dfrac{20[\text{m}^3/\text{min}]}{60[\text{s/min}]}}{3.14 \times 10[\text{m/s}]}} = 0.206065[\text{m}] \cong 206.065[\text{mm}]$

21 다음 중 유해인자별 건강영향을 연결한 것으로 옳은 것은?

① 디젤배출물-폐암
② 수은-피부암
③ 벤젠-비강암
④ 에탄올-시각 손상
⑤ 황산-뇌암

답 ①

해설

취급물질, 산출물질에 의한 건강영향

구분	인자	건강영향	작업내용
금속	납 수은 크롬 비소 금속 흄	빈혈 구내염 비중격천공 피부각화증, 피부암 금속열	인쇄, 축전지, 염료 체온계 제조 크롬제품 제조 금속 제련소, 농약 공장 관련금속제조, 가공
유기화합물	벤젠 기타 유기용제	빈혈 마취작용, 피부, 간장애	금속세척, 크리닝, 접착제, 잉크
가스	일산화탄소 황화수소	혼수, 사망, 보행장애, 실어증 폐렴, 호흡마비	탄광폭발사고 하수공사, 펄프제조
먼지		심폐기능장애	광산, 탄광, 토석채취

보충학습1

① 에탄올 : 주정(에틸알코올)
② 벤젠 : 빈혈, 백혈구감소증, 혈소판감소증, 범혈구감소증
③ 수은 : 미나마타병
④ 황산 : 탈수작용

보충학습2

물리적 환경에 의한 건강영향

구분	인자	건강영향	작업내용
이상온도	고온	열중증	제철, 조선, 유리의 용광로 앞의 작업
	저온	동상	한랭지의 옥외작업
이상기압	고기압(급속감압)	감압병	잠수부, 터널작업
	저기압	저산소증	비행사, 등산가
방사선	자외선	각막염	전기, 아세틸렌가스로 인한 용접작업
	적외선	백내장	유리, 제철 등의 용광로 앞의 작업
	X선	빈혈, 암	X선 취급자
소리	소음	난청(C5 dip)	제철, 각종 공장 내의 소음
진동	진동	레이노씨병(백납병)	임업, 광업 등의 진동공구 사용 작업

22. 다음 중 특수건강진단 대상 유해인자가 아닌 것은?

① 염화비닐
② 트리클로로에틸렌
③ 니켈
④ 수산화나트륨
⑤ 자외선

답 ④

해설

특수건강진단 유해인자
① 화학적 인자
② 분진
③ 물리적 인자
④ 야간작업

정보제공
산업안전보건법 시행규칙 [별표 22] 특수건강진단 대상 유해인자

23 유해인자 노출평가에서 고려할 사항이 아닌 것은?

① 흡수경로(침입경로) ② 노출시간
③ 노출빈도 ④ 작업강도
⑤ 작업숙련도

답 ⑤

> **해설**

유해인자 노출평가 시 고려사항
① 흡수경로(침입경로)
② 노출시간
③ 노출빈도
④ 작업강도

24 유해인자 노출기준에 관한 설명으로 옳은 것은?

① ACGIH TLV는 미국에서 법적 구속력이 있다.
② 대부분의 노출기준은 인체 실험에 의한 결과에서 설정된 것이다.
③ 우리나라 노출기준은 미국 OSHA PEL을 준용하고 있다.
④ 노출기준이 초과하면 질병이 대부분 발생한다.
⑤ 일반적으로 노출기준 설정은 인체면역에 의한 보상 수준을 고려한 것이다.

답 ⑤

해설

유해인자 노출기준

(1) 정의
 ① 일반적 정의 : 근로자가 유해인자에 노출되는 경우 노출기준 이하 수준에서는 거의 모든 근로자에게 건강상 나쁜 영향을 미치지 아니하는 기준을 말한다.
 ② ACGIH 정의 : 거의 모든 근로자가 건강상 장해를 입지 않고 매일 반복하여 노출될 수 있다고 생각되는 공기 중 유해인자의 농도 또는 강도를 말한다.

(2) 특징
 유해요인에 대한 감수성은 개인에 따라 차이가 있으며 노출기준 이하의 작업환경에서도 직업성 질병에 이환되는 경우가 있으므로 노출기준은 직업병 진단에 사용하거나 노출기준 이하의 작업환경이라는 이유만으로 직업성 질병의 이환을 부정하는 근거 또는 반증자료로 사용할 수 없다.

(3) ACGIH(미국정부산업위생전문가 협의회)에서 권고하고 있는 허용 농도(TLV) 적용상 주의사항
 ① 대기오염평가 및 지표(관리)에 사용할 수 없다.
 ② 24시간 노출 또는 정상 작업시간을 초과한 노출에 대한 독성 평가에는 적용할 수 없다.
 ③ 기존의 질병이나 신체적 조건을 판단(증명 또는 반응자료)하기 위한 척도로 사용될 수 없다.
 ④ 작업조건이 다른 나라에서 ACGIH-TLV를 그대로 사용할 수 없다.
 ⑤ 안전농도와 위험농도를 정확히 구분하는 경계선이 아니다.
 ⑥ 독성의 강도를 비교할 수 있는 지표는 아니다.
 ⑦ 반드시 산업보건(위생) 전문가에 의하여 설명(해석), 적용되어야 한다.
 ⑧ 피부로 흡수되는 양은 고려하지 않은 기준이다.
 ⑨ 산업장의 유해조건을 평가하기 위한 지침이며 건강장해를 예방하기 위한 지침이다.

참고

2014년 4월 12일(문제 20번)

정보제공

고용노동부 고시 : 화학물질 및 물리적 인자의 노출기준

25 우리나라 산업보건 역사에 관한 설명으로 옳은 것은?

① 원진레이온 이황화탄소 중독을 계기로 산업안전보건법이 제정되었다.

② 1988년 문송면 씨 사망으로 수은 중독이 사회적 이슈가 되었다.

③ 2004년 외국인근로자 다발성 신경손상에 의한 하지마비(앉은뱅이병) 원인인자는 벤젠이었다.

④ 2016년 메탄올 중독 사건은 특수건강진단에서 밝혀졌다.

⑤ 1995년 전자부품제조 근로자 생식독성의 원인인자는 납이었다.

답 ②

해설

한국의 산업보건 역사

(1) 1988년
   ① 문송면씨의 사망 : 수은 중독 사망
   ② 온도계, 형광등 제조회사에서 발생 : 사회적 이슈가 되기 시작

(2) 1991년
   ① 원진레이온(주) : 이황화탄소(CS_2) 중독
   ② 1991년 중독 발견하고 1998년 집단적으로 발생
   ③ 사건 내용
      ㉠ 펄프를 이황화탄소와 적용시켜 비스코레이온을 만드는 공정에서 발생
      ㉡ 중고 기계를 가동하여 많은 오염물질 누출이 주원인이었으며 사용했던 기기나 장비는 직업병 발생이 사회 문제가 되자 중국으로 수출
      ㉢ 작업환경 측정 및 근로자 건강진단을 소홀히하여 예방에 실패한 대표적인 한국의 예

(3) 연도별 역사
   1926 공장보건위생법 제정
   1953 근로기준법 제정(우리나라 산업위생에 관한 최초의 법령) 공포
   1962 가톨릭의대 산업의학연구소 설립, 근로기준법 시행령(1962년) 제정
   1963 대한산업보건협회 창립, 노정국에서 노동청으로 승격
   1977 근로복지공사 설립 및 부속병원 개설, 국립노동과학연구소 설립
   1981 산업안전보건법 제정 공포
   1986 유해물질의 허용농도 제정
   1987 한국산업안전공단 설립
   1988 문송면 군의 수은 중독 사망(온도계, 형광등 제조회사에서 발생)
   1990 한국산업위생학회 창립
   1991 원진레이온 이황화탄소(CS_2) 중독(1991년 중독 발견하고 1998년 집단적으로 발생)
   1992 작업환경 측정기관에 대한 정도 관리 규정 제정
   2002 대한산업보건협회 12개 산업보건센터 운영
   2022. 2 경남 창원 소재 에어컨 부속자재 제조업체인 두성산업에서 트리클로로메탄에 의한 급성 중독자가 16명 발생

SAFETY ENGINEER

Note

2017년도 3월 25일 필기문제

산업안전지도사 자격시험
제1차 시험문제지

제3과목 기업진단·지도	총 시험시간 : 90분 (과목당 30분)	문제형별 A

수험번호	20170325	성 명	도서출판 세화

【수험자 유의사항】

1. 시험문제지 표지와 시험문제지 내 **문제형별의 동일여부** 및 시험문제지의 **총면수·문제번호 일련순서·인쇄상태** 등을 확인하시고, 문제지 표지에 수험번호와 성명을 기재하시기 바랍니다.
2. 답은 각 문제마다 요구하는 **가장 적합하거나 가까운 답 1개**만 선택하고, 답안카드 작성 시 시험문제지 **형별누락, 마킹착오**로 인한 불이익은 전적으로 **수험자에게 책임**이 있음을 알려 드립니다.
3. 답안카드는 국가전문자격 공통 표준형으로 문제번호가 1번부터 125번까지 인쇄되어 있습니다. 답안 마킹 시에는 반드시 **시험문제지의 문제번호와 동일한 번호**에 마킹하여야 합니다.
4. **감독위원의 지시에 불응하거나 시험 시간 종료 후 답안카드를 제출하지 않을 경우** 불이익이 발생할 수 있음을 알려 드립니다.
5. 시험문제지는 시험 종료 후 가져가시기 바랍니다.

【안 내 사 항】

1. 수험자는 **QR코드를 통해 가답안을 확인**하시기 바랍니다.
   (※ 사전 설문조사 필수)
2. 시험 합격자에게 '**합격축하 SMS(알림톡) 알림 서비스**'를 제공하고 있습니다.

▲ 가답안 확인

- 수험자 여러분의 합격을 기원합니다 -

3. 기업진단·지도

01 **상황적합적 조직구조이론**에 관한 설명으로 옳지 않은 것은?

① 우드워드(J.Woodward)는 기술을 단위생산기술, 대량생산기술, 연속공정기술로 나누었는데, 대량생산에는 기계적 조직구조가 적합하고, 연속공정에는 유기적 조직구조가 적합하다고 주장하였다.

② 번즈(T.Burns)와 스탈커(G. Stalker)는 안정적인 환경에서는 기계적인 조직이, 불확실한 환경에서는 유기적인 조직이 효과적이라고 주장하였다.

③ 톰슨(J.Thompson)은 기술을 단위작업 간의 상호의존성에 따라 중개형, 장치형, 집약형으로 유형화하고, 이에 적합한 조직구조와 조정형태를 제시하였다.

④ 페로우(C.Perrow)는 기술을 다양성 차원과 분석가능성 차원을 기준으로 일상적 기술, 공학적 기술, 장인기술, 비일상적 기술로 유형화하였다.

⑤ 블라우(P.Blau), 차일드(J.Child)는 환경의 불확실성을 상황변수로 연구하였다.

답 ⑤

해설

조직구조 이론
① 블라우(P.Blau) : 사회학적이론 연구
② 차일드(J.Child) : 전략적 선택이론 연구

02 파스칼(R.Pascale)과 애토스(A.Athos)의 7S 조직문화 구성요소 중 가장 핵심적인 요소는?

① 전략
② 공유가치
③ 구성원
④ 제도·절차
⑤ 관리스타일

답 ②

해설

파스칼과 애토스의 조직문화의 구성요소(7S)

구성요소	내용
공유가치 (Shared Value)	기업체 구성원들 모두가 공동으로 소유하고 있는 가치관과 이념, 그리고 전통가치와 기업의 기본목적 등 기업체의 공유가치, 핵심적인 요소
전략 (Strategy)	기업체의 장기적인 방향과 기본성격을 결정하는 경영전략으로서 기업의 이념과 목적, 그리고 기본가치를 중심으로 이를 달성하기 위한 기업체 운영에 장기적 방향을 제공
구조 (Structure)	기업체의 전략을 수행하는 데 필요한 조직구조, 직무설계, 그리고 권한관계와 방침 등 구성원들의 역할과 그들 간의 상호 관계를 지배하는 공식요소를 포함
관리시스템 (System)	기업체의 경영의 의사결정과 일상운영에 틀이 되는 관리제도와 절차 등 각종 시스템
구성원 (Staff)	구성원들의 가치관과 행동은 기업체가 의도하는 기본가치에 의하여 많은 영향을 받고 있고 인력구성과 전문성은 기업체가 추구하는 경영전략에 의하여 지배
기술 (Skill)	물리적 하드웨어는 물론 이를 사용하는 소프트웨어 기술을 포함
리더십 스타일 (Style)	구성원들을 이끌어가는 전반적인 조직관리 스타일로서 구성원들의 행동조성은 물론 그들 간의 상호관계와 조직분위기에 직접적인 영향을 주는 중요요소

03 인사고과에 관한 설명으로 옳은 것을 모두 고른 것은?

> ㉠ 카플란(R.Kaplan)과 노턴(D.Norton)이 주장한 균형성과표(BSC)의 4가지 핵심 관점은 재무관점, 고객관점, 외부환경관점, 학습·성장관점이다.
> ㉡ 목표관리법(MBO)의 단점 중 하나는 권한위임이 이루어지기 어렵다는 것이다.
> ㉢ 체크리스트법(대조법)은 평가자로 하여금 피평가자의 성과, 능력, 태도 등을 구체적으로 기술한 단어나 문장을 선택하게 하는 인사고과법이다.
> ㉣ 대부분의 전통적인 인사고과법과는 달리, 종합평가법 혹은 평가센터법(ACM)은 미래의 잠재능력을 파악할 수 있는 인사고과법이다.
> ㉤ 행동기준평가법(BARS)은 척도설정 및 기준행동의 기술 - 중요과업의 선정 - 과업행동의 평가 순으로 이루어진다.

① ㉠, ㉤
② ㉢, ㉣
③ ㉠, ㉡, ㉢
④ ㉢, ㉣, ㉤
⑤ ㉠, ㉢, ㉣, ㉤

답 ②

해설

(1) 전통적 인사고과기법

종류	특징

서열법
(Ranking Method)
	① 피고과자의 능력과 업적에 대하여 서열 또는 순위를 매기는 방법, 성적순위법, 순위비교법이라고도 한다. 종합적으로 순위를 매기는 방법과 각 요소마다 성적을 매겨 이를 종합하는 방법이 있다.
	② 피고과자들을 서로 비교하여 그 순위를 정하면서 그들을 평가하는 방법으로 단순서열법, 교대서열법 등이 있다.
	  ㉮ 단순서열법(simple or straight ranking method) : 포괄적 성과수준을 기준으로 피고과자들의 순위를 정하는 방법
	  ㉯ 교대서열법(alteration ranking method) : 가장 우수한 사람을 뽑고 이어 가장 열등한 사람을 뽑고 나머지 사람들 중에서 또 우열한 사람을 교대로 뽑아 나가는 방법
	③ 장점 : 간단하여 실시가 용이하고 비용이 적게 들며 관대화 경향이나 중심화 경향 등의 규칙적 오류를 예방할 수 있다.
	④ 단점 : 동일한 직무에 대해서만 적용이 가능하고 부서 간의 상호 비교가 불가능하다는 점, 피고과자의 수가 많으면 서열결정이 어렵다는 점 등이다.

쌍대비교법 (Paired Comparison Method)	① 모든 피고과자를 교대로 두 사람식 쌍을 지어 기준점수로 서로를 비교한 후 쌍대비교에서 우열판정을 받은 수를 기준으로 하여 고과자들의 서열을 정하는 방법이다. ② 직원들의 수가 많을 때 서열을 정하기가 편리한 방법이다.
강제할당법 (Forced Distribution Method)	① 사전에 정해 놓은 비율에 따라 피고과자를 강제로 할당하여 고과하는 방법으로 피고과자의 수가 많을 때 서열법의 대안으로 주로 사용. 이 평가방법은 피고과자의 수가 많으면 평가결과가 정규분포를 이룰 수 있다는 가정에 근거한다. ② 장점 : 관대화 경향이나 중심화 경향 같은 규칙적 오류 방지 가능하다. ③ 단점 : 정규분포를 가정하고 있으므로 피고과자의 수가 적을 때에는 타당성이 결여된다. 실제로 피고과자들의 능력과 업적 등이 정규분포곡선과 일치하지 않을 수 있다.

종류	특징
평정척도법 (Rating Scales Method)	① 피고과자의 능력과 업적을 각 평가요소별로 연속척도 또는 비연속척도에 의하여 평가하는 방법, 단계식 평정척도법과 도식 평정척도법이 있다. 　㉮ 단계식 평정척도법 : 고과요소의 척도를 몇 등급으로 구분하여 평가하는 방법 　㉯ 도식 평정척도법 : 각 평가요소에 강약도의 등급을 매긴 연속적인 수치(등급)를 도식화하고, 해당하는 곳에 체크함으로써 평가하는 방법. 사무·관리직에서는 직무지식, 판단력, 지도력 등이 큰 비중을 차지. 생산직에서는 직무의 양, 직무의 질 등이 큰 비중을 차지 ② 장점 : 피고과자를 전체적으로 평가하지 않고 각 평가요소를 분석적·계량적으로 평가하므로 평가의 타당성이 높아진다. ③ 단점 : 각 평가요소에 인위적으로 점수를 부여하므로 관대화 경향이나 중심화 경향 등의 규칙적 오류가 나타날 수 있고 헤일로 효과 같은 심리적 오류도 발생할 수 있으며 평가요소의 선정에 주관이 개입될 수 있다.
대조법, 체크리스트법 (Check-list Method)	① 직무상의 표준행동을 구체적으로 표현한 문장을 리스트로 만들어 평가자가 해당사항을 체크하여 피고과자를 평가하는 방법이다. ② 여기에는 체크만 하는 프로브스트(Probst)식과 체크를 한 후에 그 이유를 기록하는 오드웨이(Ordway)식이 있다. ③ 장점 : 고과요인이 실제 직무와 밀접하여 판단하기가 쉽고 평가결과의 신뢰성과 타당성이 높다. ④ 단점 : 직무를 전반적으로 포함한 표준행동의 선정이 어렵다.
그 밖의 기법	① 등급할당법 : 몇 개의 범주에 평가대상 인물을 할당하는 방법이다. ② 표준인물 교법 : 판단의 기준이 되는 구성원을 설정하고 그를 기준으로 다른 구성원을 평가하는 표준인물 비교법이다. ③ 성과기준고과법 : 각 구성원의 직무수행 결과가 사전에 정해놓은 성과기준에 도달하였는가의 여부에 의해서 평가하는 방법이다. ④ 기록법 : 구성원의 근무성적을 정해 놓고 기록하는 방법이다. ⑤ 직무보고법 : 피고과자가 자기의 직무상의 업적을 구체적으로 보고해서 평가받는 방법이다. ⑥ 강제선택법 : 종업원들의 직무기술서 항목 내용을 평가, 종업원들을 가장 적절히 표현하는 척도에 강제적으로 체크, 각 항목의 척도를 합산하여 평가결과 도출, 관대화 오류 감소 ⑦ 자유기술법 : 피평가자의 인상, 직무행동, 직무성과 등을 자유롭게 기술하는 방법, 가장 단순한 방법이다. ⑧ 도표척도법 : 항목별 평가된 점수를 선으로 이으면, 피평가자의 특성을 시각적으로 파악할 수 있다. 정기적으로 측정하여 시간이 흐름에 따라 특성변화를 알 수 있다.

(2) 현대적 인사고과기법

종류	특징
중요사건서술법 (CIAM)	① 피고과자의 효과적이고 성공적인 업적뿐만 아니라 비효과적이고 실패한 업적까지 구체적인 행위와 예를 기록하였다가 이 기록을 토대로 평가하는 방법이다. ② 장점 : 구성원에게 피드백이 가능하므로 개발목적에 유용하고 객관적인 증거에 기초를 두고 평가하므로 타당성이 높아진다. ③ 단점 : 고과자의 지나친 간섭이나 관찰이 행해지면 업무수행에 지장을 초래할 수 있고 어떤 사건을 기록해야 하는가의 판단에 문제가 있다.
인적평정센터법 (HACM)	① 중간관리층을 최고 경영층으로 승진시키기 위한 목적이 있다. ② 평가를 전문적으로 하는 평가센터를 만들고 여기에서 다양한 자료를 활용하여 고과하는 방법이다. ③ 피고과자의 재능을 나타내는 데 동등한 기회를 가질 수 있고 개인이 미래에 얼마나 성과 있게 잘 행동할 것인가를 예측하는 데 유용하다.
목표에 의한 관리 (MBO)	① 목표설정과 결과에 대한 평가에 종업원이 참석하여 평가하는 기법이다. ② 각 업무담당자가 첫째, 상급자로부터 각종 정보를 제공받아 자신의 목표를 측정가능 목표로 설정하고, 둘째, 상위자가 협의하여 조직목표와 비교·수정하여 목표를 확정하며, 셋째, 업무를 수행하여 기말에 업무수행과정과 결과를 목표와 비교·평가하고, 넷째, 상황적 요인을 검토하고 문제점 및 개선점을 공동으로 검토하여 다음 기의 목표를 설정하는 4단계로 설명할 수 있다. ③ 장점 : 자신에게 기대되는 것이 무엇이고, 어떻게 평가를 받는지, 목표의 기준을 정확히 알 수 있어, 동기부여, 자기계발을 유도한다. ④ 단점 : 종업원의 신뢰가 없는 경영환경에서는 효과적인 평가방법이 못된다. 일방적인 의사결정과 외부환경에 대한 지나친 의존은 실패하기 쉽고, 목표관리과정을 유지하고 실행하는 데 많은 시간이 필요하다.
균형성과평가제도 (BSC)	① 로버트 카플란과 데이비드 노턴이 제안한 조직의 성과 평가방식. 일반적으로 조직의 성과는 재무적인 성과, 매출액, 순수익 등으로 평가하는데, 이는 과거의 정보이며, 사후적 결과만을 강조하기 때문에 미래 경쟁력의 지표로 활용되기 힘들며 고객과의 관련성이 없고, 단기적 성과에 불과하다. ② 조직의 장·단기성과를 종합적으로 평가하는 BSC는 핵심적인 성능 지표(KPI)를 네 가지 측면(재무, 고객, 내부 프로세스, 학습과 성장)으로 균형있게 평가하는 성과측정기록표이다. ③ BSC평가는 조직의 성과측정, 정보시스템의 품질을 평가하는 모델로 인사평가시스템 구축 시 부서 평가나 팀 평가 시에도 많이 적용한다. ④ 전략 모니터링 또는 전략 실행을 관리하기 위한 도구로 활용하는 경우에는 성과평과 결과를 보상에 연계시키지 않는 것이 바람직하다는 견해가 있다.
행동(위)기준고과법 (BARS)	① 구성원이 실제로 수행하는 구체적인 행위에 근거하여 구성원을 평가함으로써 신뢰도와 평가의 타당성을 높인 고과방법으로 평정척도법의 결점을 시정하기 위한 시도에서 개발되었다. ② BARS는 직무 중심으로 작성된 것이기 때문에 평가될 모든 성과의 차원은 관찰 가능한 행위 위에 기초하고 있고, 평가될 직무에 적합한 것이어야 한다. ③ 구체적인 직무수행에 있어 구성원들에게 행위의 지침을 마련해 주므로 개발목적에 유용하다.
인적자원회계 (HRA)	① 인적자원을 기업의 자산으로 파악하여 평가하는 방법이다. ② 인적자원을 대차대조표와 손익계산서에 나타내는 과정에서 고과하는 것이다.
생산성평가시스템	① 생산성을 객관적으로 평가하여 종업원 생산성 향상을 목적으로 한다. ② 생산성에 대한 개인적 정보 피드백이 강조된다.
그 밖의 방법	① 자기고과법 ② 토의식 고과법(현장토의법, 면접법, 위원회 지명법) 등

(3) 균형성과표(Balanced Score card)
　① 기업의 비전과 전략을 조직 내외부의 핵심성과지표(KPI)로 재구성해 전체 조직이 목표달성을 위한 활동에 집중하도록 하는 전략경영시스템이다.
　② 1992년 하버드대의 로버트 캐플란 교수와 노턴 박사가 내부와 외부, 유형과 무형, 단기와 장기의 균형 잡힌 관점에서 성과를 측정하고 관리하기 위해 개발했다.
　③ BSC는 계속적으로 발전, 지금은 전략을 지속 가능한 프로세스로 만드는 도구로 주목받고 있다.
　④ 기업의 전체적인 전략 목표에 맞는 팀별·개인별 이행 과제를 수립해 조직의 역량을 키우는 데 초점을 맞추고 있다.
　⑤ 참가자들은 개인의 성과지표 달성 여부와 진척 상황을 수치화해 파악할 수 있다.
　⑥ 개인의 성과지표와 회사 목표가 어떻게 연동돼 있는지 한눈에 파악할 수 있다.
　⑦ 코카콜라 등 포천지 선정 100대 기업 중 절반 이상이 BSC를 활용하고 있다.

(4) 행동기준고과법(行動基準考課法, Behaviorally Anchored Rating Scales)
　① 직무와 관련된 피평가자의 구체적인 행동을 평가의 기준으로 삼는 고과방법이다.
　② 스미스(Smith, D.A.)와 켄달(Kendall, S.)에 의해 개발된 기법으로 중요사건기록법과 특성평가인 도표척도법을 결합한 것이다.
　③ 행동기준고과법의 특징
　　㉮ 평가기법 개발에 상사 및 부하가 동시에 참여한다. 따라서 행위기준고과법에 의해 평가되는 종업원들은 참여하지 않은 종업원들에 비해 직무행동에 더 몰입하고, 덜 긴장하며 더욱 만족하는 등 성과평가에 관심과 주의를 유도할 수 있다.
　　㉯ 관리자들이 부하들에게 의미 있는 중요사건 기술서의 양식으로 피드백을 제공한다는 것이다. 사건들은 상사로 하여금 좋은 성과와 나쁜 성과의 구체적인 예를 토론할 수 있게 해준다. 상사들의 모호한 성과기준보다 부하들에게 피드백이 더 잘 수용되도록 해준다. 즉 성과원인에 대한 행동규명, 성과향상에 기여하는 행동을 구체적으로 유도할 수 있다.

04 경력개발에 관한 설명으로 옳은 것은?

① 경력 정체기에 접어들은 종업원들이 보여주는 반응유형은 방어형, 절망형, 성과미달형, 이상형으로 구분된다.
② 샤인(E.Schein)은 개인의 경력욕구 유형을 관리지향, 기술-기능지향, 안전지향 등 세 가지로 구분하였다.
③ 홀(D.Hall)의 경력단계 모델에서 중년의 위기가 나타나는 단계는 확립단계이다.
④ 이중경력경로(dual-career path)는 개인이 조직에서 경험하는 직무들이 수평적 뿐만 아니라 수직적으로 배열되어 있는 경우이다.
⑤ 경력욕구는 조직이 개인에게 기대하는 행동인 경력역할과 개인 자신이 추구하려고 하는 경력방향에 의해 결정된다.

답 ①

해설

경력개발

(1) 에드가 샤인(E.H.Schein)의 조직문화
　① 가시적 수준
　② 인식적 수준
　③ 잠재적 수준

[표] 경력단계모델

구분	내용
1단계(탐색)	- 성인의 세계로 진입하는 준비, 탐색 및 입사단계이다. - 직업탐색이 일어나며, 경력, 일에 대한 정체가 형성되는 단계로서 직무 관련 기술과 지식을 중심으로 보조자 내지 학습자로 상사에게 종속된다. - 이 시기에는 안전의 욕구가 중요하다.
2단계(확립)	- 개인은 적합한 직무를 찾으면 영구적인 직장으로 정착하고자 노력한다. - 일단 특정 직무에 정착하면 성과의 향상과 발전을 가져오고 조직에 대해서는 친밀감 및 귀속감을 갖게 된다. 개인의 전 경력을 볼 때 성장하는 생산적 시기이다.
3단계(유지)	- 책임이 증가하고 타인을 지도 및 개발하는 단계로 관심이나 능력이 확대되는 시기로서 중년 정체기(mid-career plateau)라고 한다.
4단계(쇠퇴)	- 육체적으로나 정신적으로 능력이 쇠잔할 시기이며, 목표열망과 모티베이션이 줄어드는 시기이다.

(2) 이중경력경로(二重經歷經路, Dual Career Track)
　고용자의 경력개발 프로그램의 한 가지로, 개인의 경력기간 동안 관리직과 기술직 혹은 전문직간의 이동을 가능하게 하며, 종업원 유지(retention), 동기부여, 직업 만족도, 생산적인 아이디어와 제품의 생산을 높이기 위하여 채택된다.

05 프로젝트 활동의 단축비용이 단축일수에 따라 비례적으로 증가한다고 할 때, 정상활동으로 가능한 프로젝트 완료일을 최소의 비용으로 하루 앞당기기 위해 속성으로 진행되어야 할 활동은?

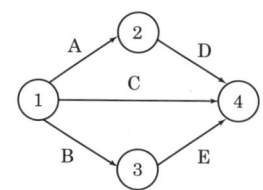

활동	직전선행활동	활동시간(일)		활동비용(만원)	
		정상	속성	정상	속성
A	-	7	5	100	130
B	-	5	4	100	130
C	-	12	10	100	140
D	A	6	5	100	150
E	B	9	7	100	150

① A
② B
③ C
④ D
⑤ E

답 ⑤

해설

최소비용계산
① 공기가 가장 긴 구간
  ㉮ B=5일
  ㉯ E=9일
  ㉰ B+E=14일
② 구간별 단축가능일수 찾기(활동시간)
  ㉮ B구간=정상 5일－속성 4일=1일
  ㉯ E구간=정상 9일－속성 7일=2일
③ 활동비용증가
  ㉮ B구간=속성 130만원－정상 100만원=30만원
  ㉯ E구간=속성 150만원－정상 100만원=50만원
④ 비용구배산출(Cost Slope)
  ㉮ B구간=$\dfrac{130만원-100만원}{5일-4일}=\dfrac{30}{1}=30만원$
  ㉯ E구간=$\dfrac{150만원-100만원}{9일-7일}=\dfrac{50}{2}=25만원$
⑤ 결론 : Cost Slope(비용구배)가 가장 작은 것은 E구간에서 1일 단축

06 동기부여이론에 관한 설명으로 옳지 않은 것은?

① 동기부여이론을 내용이론과 과정이론으로 구분할 때 알더퍼(C. Alderfer)의 ERG이론은 내용이론이다.
② 맥클랜드(D. McClelland)의 성취동기이론에서 성취욕구를 측정하기에 가장 적합한 것은 TAT(주제통각검사)이다.
③ 허츠버그(F. Herzberg)의 2요인이론에 따르면, 동기유발이 되기 위해서는 동기요인은 충족시키고, 위생요인은 제거해 주어야 한다.
④ 브룸(V. Vroom)의 기대이론은 기대감, 수단성, 유의성에 의해 노력의 강도가 결정되는데 이들 중 하나라도 0이면 동기부여가 안 된다고 한다.
⑤ 아담스(J.Adams)는 페스팅거(L,Festinger)의 인지부조화 이론을 동기유발과 연관시켜서 공정성이론을 체계화하였다.

답 ③

해설

허츠버그의 2요인이론

① 허츠버그는 만족과 불만족은 전혀 별개의 차원이고 각 차원에 작용하는 요인 역시 별개의 것이라는 가정을 세웠다.(그래서 이를 2요인이론)
② 사람들이 직무에 불만족을 느낄 때에는 그들이 일하고 있는 직무의 '환경(context)'이 문제가 되었으며, 반면에 직무에 만족을 느낄 때에는 직무의 '내용(content)'과 관련이 있음을 알아내었다.
　㉮ 첫 번째 범주의 욕구는 환경에 관한 것이고, 직무불만족을 예방하는 기본적 기능을 담당하고 있기 때문에, 이를 위생요인(hygiene factors)이라 부른다.
　㉯ 두 번째 범주의 욕구는 사람을 보다 우수한 업무수행을 하도록 동기부여하는 데 유효하기 때문에 이를 동기요인(motivators)이라 부른다.

유사문제 출제
2013년 4월 20일(문제 5번)

07 경영참가제도에 관한 설명으로 옳지 않은 것은?

① 경영참가제도는 단체교섭과 더불어 노사관계의 양대 축을 형성하고 있다.

② 독일은 노사공동결정제를 실시하고 있다.

③ 스캔론 플랜(Scanlon plan)은 경영참가제도 중 자본참가의 한 유형이다.

④ 종업원지주제(ESOP)는 원래 안정 주주의 확보라는 기업방어적인 측면에서 시작되었다.

⑤ 정치적인 측면에서 볼 때 경영참가제도의 목적은 산업민주주의를 실현하는 데 있다.

답 ③

해설

스캔론 플랜(Scanlon Plan)
① 구성원들의 경영참가를 높이기 위한 방법으로서 생산액의 변동에 임금을 연결시켜 산출하는 것이다.
② 개인 및 팀의 원가절감 아이디어 창출·운영을 목적으로 노사 모두의 대표자로 구성되는 생산위원회와 심사위원회를 중심으로 운영하며 구성원들의 생산과 품질개선을 위한 제안시스템을 가동하며 회사의 예산 수립 시 참여한다.
③ 실제로 구성원들에 대한 보상은 제안시스템을 통해 달성한 생산성 및 품질향상으로 획득한 원가절감에 의해서 실시되고 보너스는 일정기간 동안 구성원과 조직이 기대한 원가절감액에서 실제 절약한 비용을 뺀 나머지를 모든 구성원들에게 금전적 형태로 제공한다.(집단 인센티브 제도)
④ 미국의 매사추세츠 공과대학 스캔론(Scanlon, J.)교수가 고안하였다.

보충학습

1. 경영참가제도
근로자 또는 노동조합이 임금이나 근로조건 등의 문제 이외에도 경영방침, 경영능률증진 등 기업경영상의 제 문제에 관하여 함께 결정할 수 있게 하는 제도
→ 자본참가제도(예 : 종업원지주제도(ESOP)), 이익참가제도, 의사결정참가제도
(1) 자본참가 : 종업원이 출자자로 기업경영에 참여하는 것
 ① 종업원 지주제도(ESOP)
  ㉠ 안정주주의 확보라는 기업방어적인 측면에서 시작
  ㉡ 종업원이 자사 주식을 취득하여 주주의 지위를 가지게 함으로서 근로의욕과 애사심을 증진시키고 노사협력 분위기를 상호 우호적으로 조성하는 방식
(2) 이익참가 : 기업이 얻은 이윤의 일부를 임금 이외의 형태로 근로자에게 분배하는 제도
 ① 스캔론 플랜(Scanlon plan)
  ㉠ 판매금액에 대한 인건비의 비율을 일정하게 정해 놓고 판매금액이 증가하거나 인건비가 절약되었을 때 그 차액을 상여금으로 지급하는 집단 인센티브 제도
  ㉡ 생산물의 판매가치가 성과배분의 기준
 ② 럭커플랜
  ㉠ 기업이 창출한 생산(부가)가치가 성과배분의 기초
  ㉡ 임금＝생산가치(부가가치)×임금분배율
  ㉢ 조작가능성이 있어 도입률이 낮다
(3) 노사협의제도
 ① 기업의 경영활동에 관한 의사결정에 근로자와 사용자가 참여와 협력을 통해 근로자의 복지증진과 기업의 발전을 도모
 ② 임금이나 근로조건 등에 대하여는 다루지 않으며, 생산성향상, 근로자 교육훈련, 보건 및 안전 등에 관한 내용을 주로 협의
(4) 근로자중역/감사역제에 의한 참가
 ① 근로자 측을 중역회의 및 감사역 회의에 참가시키는 형태
 ② 독일의 근로자 대표의 참가가 가장 대표적(공동결정법 : 노사공동결정제)
(5) 노동자 자주 관리(Worker's Self-Management)
 ① 노동자가 자주적으로 직접 기업을 책임 경영하는 직접민주주의 방식
 ② 산업민주주의에 입각한 민주적 의사결정을 강조하는 방식
 ③ 경영부실 기업을 노동자가 인수하여 정상화를 이루는 사례
 ④ 투명경영과 노동자의 경영참여, 분배정의 실현

2. 고충처리제도
회사 경영자 등의 자의적인 행동이나 부당한 처리로부터 근로자를 보호하기 위하여 근로자가 조직 생활에서 발생하는 여러 가지 고충들을 공식적으로 처리할 수 있게 만든 제도

08 수요예측을 위한 시계열분석에 관한 설명으로 옳지 않은 것은?

① 시계열분석은 장래의 수요를 예측하는 방법으로, 종속변수인 수요의 과거 패턴이 미래에도 그대로 지속된다는 가정에 근거를 두고 있다.

② 전기수요법은 가장 최근의 수요로 다음 기간의 수요를 예측하는 기법으로, 수요가 안정적일 경우 효율적으로 사용할 수 있다.

③ 이동평균법은 우연변동만이 크게 작용하는 경우 유용한 기법으로, 가장 최근 n기간 데이터를 산술평균하거나 가중평균하여 다음 기간의 수요를 예측할 수 있다.

④ 추세분석법은 과거 자료에 뚜렷한 증가 또는 감소의 추세가 있는 경우, 과거 수요와 추세선상 예측치 간 오차의 합을 최소화하는 직선 추세선을 구하여 미래의 수요를 예측할 수 있다.

⑤ 지수평활법은 추세나 계절변동을 모두 포함하여 분석할 수 있으나, 평활상수를 작게 하여도 최근 수요 데이터의 가중치를 과거 수요 데이터의 가중치보다 작게 부과할 수 없다.

답 ④

해설

추세분석(Trend analysis)

① 과거의 추세치가 앞으로도 계속되리라는 가정 하에 과거의 시계열 자료들을 분석해 그 변화 방향을 탐색하는 미래 예측 방법을 말한다.
② 추세분석의 방법으로는 투사법(projection) 또는 외삽법(extrapolation)이 흔히 사용된다.
③ 추세분석 자료는 정책결정자에게 필수불가결한 정보가 된다.

보충학습

추세분석의 예

변화하는 주가의 움직임으로부터 추출되는 추세선을 관찰하여 주식의 매매시점을 포착하고자 하는 기법이다. 추세분석을 하는 방법은 다음과 같다.
① 주가의 바닥을 이은 지지선과 주가의 천장을 이은 저항선으로 추세선을 설정한다.
② 주가의 상향, 하향, 평형선의 추세를 판가름한다.
③ 추세선의 전환을 다른 사람보다 한발 앞서서 감지하여야 한다.

09 하우 리(H.Lee)가 제안한 공급사슬 전략 중, 수요의 불확실성이 낮고 공급의 불확실성이 높은 경우 필요한 전략은?

① 효율적 공급사슬
② 반응적 공급사슬
③ 민첩한 공급사슬
④ 위험회피 공급사슬
⑤ 지속가능 공급사슬

답 ④

해설

공급사슬전략

(1) 공급사슬관리(Supply Chain Management : SCM)
　공급자로부터 기업 내 변환과정, 유통망을 거쳐 최종고객에 이르기까지의 자재, 서비스 및 정보의 흐름을 전체 시스템의 관점(total systems approach)에서 관리함을 말한다.
(2) 공급사슬관리의 필요성
　① 제조과정 이외에서 발생되는 부가가치가 높음
　② 수요변동 등 불확실성의 심화
　③ 공급사슬구조가 확대되고 복잡화됨
　④ 고객의 대량개별화 요구의 증대
　⑤ 공급사슬 내 복잡한 정보흐름을 지원할 수 있는 기반기술의 발전
(3) 공급사슬관리의 목적 : 공급사슬상에서 자재의 흐름을 효과적·효율적으로 관리하고 불확실성과 위험을 줄임으로써 재고수준, 리드타임(lead time) 및 고객서비스 수준을 향상시키는 데 있다.
(4) 위험회피 공급사슬 : 수요의 불확실성이 낮고 공급의 불확실성이 높은 경우

참고

2012년 6월 23일(문제 3번)

10 심리평가에서 신뢰도와 타당도에 관한 설명으로 옳은 것은?

① 내적일치 신뢰도(internal consistency reliability)를 알아보기 위해서는 동일한 속성을 측정하기 위한 검사를 두 가지 다른 형태로 만들어 사람들에게 두 가지형 모두를 실시한다.

② 다양한 신뢰도 측정방법들은 모두 유사한 의미를 지니고 있기 때문에 서로 바꾸어서 사용해도 된다.

③ 검사 - 재검사 신뢰도(test-retest reliability)는 두 번의 검사 시간간격이 길수록 높아진다.

④ 준거관련 타당도 중 동시타당도(concurrent validity)와 예측타당도(predictive validity) 간의 중요한 차이는 예측변인과 준거자료를 수집하는 시점 간 시간간격이다.

⑤ 검사가 학문적으로 받아들여지기 위해 바람직한 신뢰도 계수와 타당도 계수는 70~80의 범위에 존재한다.

답 ④

해설

타당도(Validity)

① 타당도(Validity) : 검사가 측정하고자 하는 것을 제대로 측정하고 있는지를 나타내는 정도

② 준거관련 타당도 : 검사가 준거를 예측하거나 준거와 관련이 되어 있는 정도

㉠ 동시타당도 : 주로 검사로 측정되는 예측변인과 수행이나 실적 같은 준거 간의 관계를 측정하는 것으로 두 가지 측정치를 동시에 측정하여 상관계수를 통해 나타내는 타당도

㉡ 예측타당도 : 예측변인이나 특정 검사가 미래의 수행을 얼마나 잘 예측하는지의 정도를 나타내는 것으로 두 가지 측정치를 시간간격을 두고 측정하여 상관계수를 통해 나타내는 타당도

① 높은 신뢰도, 높은 타당도
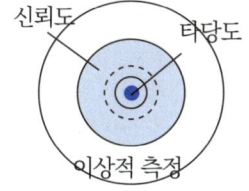
이상적 측정

② 높은 신뢰도, 낮은 타당도

체계적 오류

③ 낮은 신뢰도, 높은 타당도
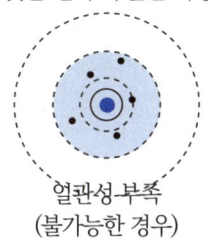
일관성 부족
(불가능한 경우)

④ 낮은 신뢰도, 낮은 타당도
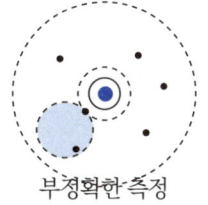
부정확한 측정

주 ① 실선 원=높음, 점선 원=낮음
② 큰원=신뢰도, 작은원=타당도
③ 표시=측정하고자 하는 실제 값

[그림] 타당도와 신뢰도의 네가지 조합

참고

① 2013년 4월 20일(문제 16번)
② 2016년 5월 11일(문제 10번)

11 직업 스트레스 모델 중 다양한 직무요구에 대해 종업원들의 외적요인(조직의 지원, 의사결정과정에 대한 참여)과 내적요인(자신의 업무요구에 대한 종업원의 정신적 접근방법)이 개인적으로 직면하는 스트레스 요인에 완충 역할을 한다는 것은?

① 자원보존(Conservation of Resources, COR)이론
② 요구 - 통제 모델(Demands-Control Model)
③ 요구 - 자원 모델(Demands-Resources Model)
④ 사람 - 환경 적합 모델(Person-Environment Fit Model)
⑤ 노력-보상 불균형 모델(Effort-Reward Imbalance Model)

답 ③

해설

직무스트레스(Job Stress) : 업무상 요구사항이 근로자의 능력이나 자원, 요구와 일치하지 않을 때 생기는 유해한 신체적, 정서적 반응

참고

① 2013년 4월 20일(문제 16번)
② 2015년 4월 20일(문제 12번)

12 개인의 수행을 판단하기 위해 사용되는 준거의 특성 중 실제준거가 개념준거 전체를 나타내지 못하는 정도를 의미하는 것은?

① 준거결핍(criterion deficiency)

② 준거오염(criterion contamination)

③ 준거불일치(criterion discordance)

④ 준거적절성(criterion relevance)

⑤ 준거복잡성(criterion composite)

답 ①

해설

준거(criterion)
① 어떤 사물의 특성을 판단하는 논리적(論理的)근거를 말한다.
② 어떤 사물이 어떤 준거를 만족시키지 못하면 그것은 그 특성을 가지지 않는다고 말할 수 있다.
③ 만약 X가 Y의 준거라면 X는 논리적으로 Y의 준거가 된다.
④ 준거는 정의(定義, definition)에 기초를 두는 결정적인 증거(decisive evidence)인 데 비하여 징후(徵候, symptom)는 경험을 통해서 알게 되는 비본질적인 증거이다.

참고

2012년 6월 23일(문제 17번)

보충학습

(1) 준거결핍
   ① 개념준거의 영역 중에서 실제준거에 의해 측정되지 않는 부분
   ② 실제준거가 개념준거를 나타내지 못하는 정도
(2) 준거적절성
   ① 실제준거와 개념준거가 일치하는 정도
   ② 일치가 클수록 준거적절성이 커짐
(3) 준거오염
   ① 실제준거가 개념준거와 관련성이 있지 않은 부분
   ② 실제준거가 개념준거가 아닌 다른 어떤 것을 측정하고 있는 정도
(4) 편파
   실제준거가 체계적이고 일관되게 개념준거가 아닌 다른 것을 측정하고 있는 정도
(5) 오류
   실제준거가 어떤 것과도 관련되어 있지 않은 정도

13 작업동기이론에 관한 설명으로 옳지 않은 것은?

① 기대이론(expectancy theory)은 다른 사람들 간의 동기의 정도를 예측하는 것보다는 한 사람이 서로 다양한 과업에 기울이는 노력의 수준을 예측하는 데 유용하다.

② 형평이론(equity theory)에 따르면 개인마다 형평에 대한 신뢰도에 차이가 있으며, 이러한 형평 민감성은 사람들이 불형평에 직면하였을 때 어떤 행동을 취할 지를 예측한다.

③ 목표설정이론(goal-setting theory)에 따르면 목표가 어려울수록 수행은 더욱 좋아질 가능성이 크지만, 직무가 복잡하고 목표의 수가 다수인 경우에는 수행이 낮아진다.

④ 자기조절이론(self-regulation theory)에서는 개인이 행위의 주체로서 목표를 달성하기 위하여 주도적인 역할을 한다고 주장한다.

⑤ 자기결정이론(self-determination theory)은 자기효능감이 긍정적인 결과를 초래할지 아니면 부정적인 결과를 초래할 지에 대한 문제를 이해하는 데 도움을 주는 이론이다.

답 ⑤

해설

자기결정이론(自起決定理論, Self-Determination Theory, SDT)

① 에드워드 데시(Edward Deci, 1942~)와 리차드 라이언(Richard Ryan, 1953년~)이 1975년 개인들이 어떤 활동을 내재적인 이유와 외재적인 이유에 의해 참여하게 되었을 때 발생하는 결과는 전혀 다른 결과가 나타남을 바탕으로 수립한 이론이다.

② 사람들의 타고난 성장경향과 심리적 욕구에 대한 사람들의 동기부여와 성격에 대해 설명해주는 이론으로 사람들이 외부의 영향과 간섭없이 선택하는 것에 대한 동기부여와 관련되어 있는 것으로 본다.

③ 자기결정이론은 개인의 행동이 스스로 동기부여되고 스스로 결정된다는 것에 초점을 둔다.

14 조직 내 팀에 관한 설명으로 옳지 않은 것을 모두 고른 것은?

㉠ 터크만(B.Tuckman)의 팀 생애주기는 형성(forming) - 규범형성(norming) - 격동(storming) - 수행(performing) - 해체(adjourning)의 순이다.
㉡ 집단사고는 효과적인 팀 수행을 위하여 공유된 정신모델을 구축할 때 잠재적으로 나타나는 부정적인 면이다.
㉢ 집단극화는 개별구성원의 생각으로는 좋지 않다고 생각하는 결정을 집단이 선택할 때 나타나는 현상이다.
㉣ 무임승차(free riding)나 무용성 지각(felt dispensability)은 팀에서 개인에게 개별적인 인센티브를 주지 않음으로써 일어날 수 있는 사회적 태만이다.
㉤ 마크(M.Marks)가 제안한 팀 과정의 3요인 모형은 전환과정, 실행과정, 대인과정으로 구성되어 있다.

① ㉠, ㉡
② ㉠, ㉢
③ ㉠, ㉢, ㉤
④ ㉢, ㉣, ㉤
⑤ ㉠, ㉡, ㉢, ㉣

답 ②

해설

조직 내 팀 설명
① 집단사고는 효과적인 팀 수행을 위하여 공유된 정신모델을 구축할 때 잠재적으로 나타나는 부정적인 면이다.
② 무임승차(free riding)나 무용성 지각(felt dispensability)은 팀에서 개인에게 개별적인 인센티브를 주지 않음으로써 일어날 수 있는 사회적 태만이다.
③ 마크(M.Marks)가 제안한 팀 과정의 3요인 모형은 전환과정, 실행과정, 대인과정으로 구성되어 있다.

15 반생산적 업무행동(CWB)에 관한 설명으로 옳지 않은 것은?

① 반생산적 업무행동의 사람기반 원인에는 성실성(conscientiousness), 특성분노(trait anger), 자기통제력(self control), 자기애적 성향(narcissism)등이 있다.

② 반생산적 업무행동의 주된 상황기반 원인에는 규범, 스트레스에 대한 정서적 반응, 외적 통제소재, 불공정성 등이 있다.

③ 조직의 재산이나 조직 성원의 일을 의도적으로 파괴하거나 손상을 입히는 반생산적 업무행동은 심각성, 반복가능성, 가시성에 따라 구분되어 진다.

④ 사회적 폄하(social undermining)는 버릇없거나 의욕을 떨어뜨리는 행동으로 직장에서 용수철 효과(spiraling effect)처럼 작용하는 반생산적 업무행동이다.

⑤ 직장폭력과 공격을 유발하는 중요한 예측치는 조직에서 일어난 일이 얼마나 중요하게 인식되는가를 의미하는 유발성 지각(perceived provocation)이다.

답 ④

해설

반생산적 업무행동(CWB)

① 반생산적 업무행동의 사람기반 원인에는 성실성(conscientiousness), 특성분노(trait anger), 자기통제력(self control), 자기애적 성향(narcissism) 등이 있다.

② 반생산적 업무행동의 주된 상황기반 원인에는 규범, 스트레스에 대한 정서적 반응, 외적 통제소재, 불공정성 등이 있다.

③ 조직의 재산이나 조직 성원의 일을 의도적으로 파괴하거나 손상을 입히는 반생산적 업무행동은 심각성, 반복가능성, 가시성에 따라 구분되어 진다.

④ 직장폭력과 공격을 유발하는 중요한 예측치는 조직에서 일어난 일이 얼마나 중요하게 인식되는가를 의미하는 유발성 지각(perceived provocation)이다.

⑤ 사회적 폄하는 불평등에 작용한다.

16 휴먼에러(human error)에 관한 설명으로 옳은 것은?

① 리전(J. Reason)의 휴먼에러 분류는 행위의 결과만을 보고 분류하므로 에러 분류가 비교적 쉽고 빠른 장점이 있다.
② 지식기반 착오(knowledge based mistake)는 무의식적 행동 관례 및 저장된 행동 양상에 의해 제어되는 것이다.
③ 라스무센(J.Rasmussen)은 인간의 불완전한 행동을 의도적인 경우와 비의도적인 경우로 구분하여 에러 유형을 분류하였다.
④ 누락오류, 작위오류, 시간오류, 순서오류는 원인적 분류에 해당하는 휴먼에러이다.
⑤ 스웨인(A.Swain)은 휴먼에러를 작업 완수에 필요한 행동과 불필요한 행동을 하는 과정에서 나타나는 에러로 나누었다.

답 ⑤

해설

Swain의 분류

① 부작위 실수(omission error) : 직무의 한 단계 또는 전체직무를 누락시킬 때 발생
② 작위 실수(commission error) : 직무를 수행하지만 잘못 수행할 때 발생(넓은 의미로 선택착오, 순서착오, 시간착오, 정성적 착오 포함)

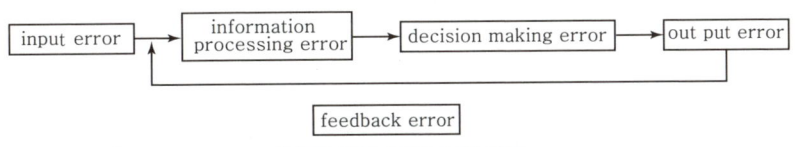

[그림] 행동과정을 통한 분류

보충학습

Rasmussen의 행동 세 가지 분류 모델

구분	특징
숙련기반행동 모델 (skill-based behavior model)	① 감각 → 실행 ② 숙련되어 마치 몸이 명령을 내리는 것처럼 행동 ③ 무의식에 의한 행동 ④ 행동 패턴에 의한 자동적 행동 ⑤ 대부분 실행과정에서 에러 발생
규칙기반행동 모델 (rule-based behavior model)	① 감각 → 지각 → 실행계획 → 실행 ② 빨간색은 정지와 같은 규칙에 의한 행동 ③ 익숙한 상황에 적용되며 저장된 규칙을 적용하는 행동 모델 ④ 상황을 잘못 인식하여 에러 발생
지식기반행동 모델 (knowledge-based behavior model)	① 감각 → 지각 → 인지 → 실행계획 → 실행 ② 신호에 대한 규칙을 모르는 경우 추론, 유추 등에 의해 판단하고 행동 ③ 생소하고 특수한 상황에서 나타는 행동 모델 ④ 익숙하지 않은 문제를 해결할 때 사용하는 모델 ⑤ 상황파악, 정보수집, 의사결정, 실행의 모든 단계를 순차적으로 실행하는 방법 ⑥ 부적절한 추론이나 의사결정에 의해 에러 발생

17 인간지각 특성에 관한 설명으로 옳지 않은 것은?

① 평행한 직선들이 평행하게 보이지 않는 방향착시는 가현운동에 의한 착시의 일종이다.

② 선택, 조직, 해석의 세 가지 지각과정 중 게슈탈트 지각 원리들이 나타나는 것은 조직 과정이다.

③ 전체적인 맥락에서 문자나 그림 등의 빠진 부분을 채워서 보는 지각 원리는 폐쇄성(closure)이다.

④ 일반적으로 감시하는 대상이 많아지면 주의의 폭은 넓어지고 깊이는 얕아진다.

⑤ 주의력의 특성으로는 선택성, 방향성, 변동성이 있다.

답 ①

해설

인간의 착각 현상

① 가현운동(β운동) : 객관적으로 정지하고 있는 대상물이 급속히 나타나든가 소멸하는 것으로 인하여 일어나는 운동으로 마치 대상물이 운동하는 것처럼 인식되는 현상
  예 영화의 영상은 가현운동(β운동)을 활용한 것
② 유도운동 : 움직이지 않는 것이 움직이는 것처럼 느껴지는 현상
③ 자동운동 : 암실에서 정지된 소광점을 응시하면 광점이 움직이는 것같이 보이는 현상

참고

산업안전지도사(III. 기업진단·지도) p.153(4. 인간의 착각현상)

보충학습

착시의 종류(현상)

학설	그림	현상
Müller-Lyer의 착시	(a) (b)	(a)가 (b)보다 길게 보인다. 실제 (a) = (b)
Helmholtz의 착시	(a) (b)	(a)는 세로로 길어 보이고, (b)는 가로로 길어보인다.
Hering의 착시		가운데 두 직선이 곡선으로 보인다.
Köhler의 착시		우선 평행의 호(弧)를 본 경우에 직선은 호의 반대방향으로 굽어 보인다.
Poggendorff의 착시	(a) (c) (b)	(a)와 (c)가 일직선상으로 보인다. 실제는 (a)와 (b)가 일직선이다.

학설	그림	현상
Zöller의 착시		세로의 선이 굽어 보인다.
Orbigon의 착시		안쪽 원이 찌그러져 보인다.
Sander의 착시		두 점선의 길이가 다르게 보인다.
Ponzo의 착시 (2019년 출제)		두 수평선부의 길이가 다르게 보인다.

18 작업환경과 건강에 관한 설명으로 옳은 것을 모두 고른 것은?

㉠ 안전한 절차, 실행, 행동을 관리자가 장려하고 보상한다는 종업원의 공유된 지각을 조직지지 지각(perceived organizational support)이라 한다.
㉡ 레이노 증후군(Raynaud's syndrome)이란 진동이나 추위, 심리적 변화 등으로 인해 나타나는 말초혈관 운동의 장애로 손가락이 창백해지고 통증을 느끼는 증상을 말한다.
㉢ 눈부심의 불쾌감은 배경의 휘도가 클수록, 광원의 크기가 작을수록 감소하게 된다.
㉣ VDT(Visual Display Terminal)증후군은 컴퓨터의 키보드나 마우스를 오래 사용하는 작업자에게 발생하는 반복긴장성 손상의 대표적인 질환이다.

① ㉠, ㉡
② ㉡, ㉢
③ ㉠, ㉢, ㉣
④ ㉡, ㉢, ㉣
⑤ ㉠, ㉡, ㉢, ㉣

답 모두정답

해설

작업환경과 건강

① 안전한 절차, 실행, 행동을 관리자가 장려하고 보상한다는 종업원의 공유된 지각을 조직지지 지각(perceived organizational support)이라 한다.
② 레이노 증후군(Raynaud's syndrome)이란 진동이나 추위, 심리적 변화 등으로 인해 나타나는 말초혈관 운동의 장애로 손가락이 창백해지고 통증을 느끼는 증상을 말한다.
③ 눈부심의 불쾌감은 배경의 휘도가 클수록, 광원의 크기가 작을수록 감소하게 된다.
④ VDT(Visual Display Terminal)증후군은 컴퓨터의 키보드나 마우스를 오래 사용하는 작업자에게 발생하는 반복긴장성 손상의 대표적인 질환이다.

19. 1900년 이전에 일어난 산업보건 역사에 해당하지 않는 것은?

① 영국에서 음낭암 발견
② 독일 뮌헨대학에서 위생학 개설
③ 영국에서 공장법 제정
④ 영국에서 황린 사용금지
⑤ 독일에서 노동자질병보호법 제정

답 ④

해설

외국의 산업보건 역사

① Percivall Pott(18세기)
  ㉮ 영국의 외과의사로 직업성 암을 최초로 보고하였으며, 어린이 굴뚝청소부에게 많이 발생하는 음낭암(sacrotal cancer) 발견
  ㉯ 암의 원인 물질은 검댕 속, 여러 종류의 다환방향족 탄화수소(PAH)
  ㉰ 굴뚝 청소부법 제정토록 함(1788년)

② Alice Hamilton(20세기)
  ㉮ 미국의 여의사이며 미국 최초의 산업위생학자, 산업의학자로 인정받음
  ㉯ 현대적 의미의 최초 산업위생전문가(최초 산업의학자)
  ㉰ 20세기 초 미국의 산업보건 분야에 크게 공헌(1910년 납 공장에 대한 조사 시작)
  ㉱ 유해물질(납, 수은, 이황화탄소) 노출과 질병의 관계 규명
  ㉲ 40년간 각종 직업병 발견 및 작업환경 개선에 힘을 기울임
  ㉳ 미국의 산업재해 보상법을 제정하는 데 크게 기여

보충학습

어른들을 위한 안데르센 동화

우라야마 아키도시 지음/구혜영 옮김/베텔스만 출판사

성냥의 황린 중독성 죽음의 진상?
〈성냥팔이 소녀〉는 1848년, 안데르센이 마흔세 살 때 쓴 책이다.

성냥이 막 발명된 직후였다. 세계 최초의 성냥은 1827년 영국에서 약제사 J.워커가 발명했다. 그런데 불이 붙는 상태가 별로 좋지 않았다. 실용적으로 보급된 것은 프랑스에서 만들어진, 성냥개비 끝에 황린을 바른 성냥이 등장하고 나서부터다. 이것은 불이 잘 붙어서 곧 유럽 전역으로 퍼졌다. 1831년의 일이다.

그렇다면 성냥이 일반화되고 나서 이 작품이 나오기까지는 17년 밖에 되지 않는다. 그런데 그 무렵 성냥은 오늘날은 상상도 하지 못할 정도로 위험한 물건이었다. 우선 조금만 마찰을 가해도 발화해 버릴 위험이 있었다. 또 황린에 독성이 있다는 사실이 밝혀지면서 1912년 성냥은 세계적으로 사용이 전면 금지되었다.

성냥팔이 소녀가 손에 들고 있던 성냥은 독성이 강한 물건이었다. 이런 점에서 짐작해 볼 때 소녀는 성냥의 황린 중독이 직접적인 원인이 되어 동사한 것이 아닌가 생각된다.

정신작용을 일으키는 약물은, 우선 체감 온도에 변화가 생기고, 환청과 환각이 나타나며, 거리감을 조절할 수 없게 되어 하늘을 쳐다보았을 때 하늘로 빨려드는 것 같은 상승감각을 동반하는 일이 있다.

이러한 작용이 일어난다는 것을 염두에 두고 성냥팔이 소녀에게 일어날 일을 살펴보자.
첫 번째 성냥을 켰을 때, 소녀는 신체 감각이 변화해서 피부가 따뜻해지는 것을 느낀다.
두 번째 성냥을 켰을 때는 환각과 환청이 더욱 명확히 나타난다. 거위구이가 포크와 나이프를 꽂은 채 소녀를 향해 뒤뚱뒤뚱 걸어왔다는 것을 보면, 꽤 깊은 환각 증상에 빠진 게 아닐까.
세 번째 성냥을 켰을 때는 상승하는 증상이 나타난다. 거대한 나무가 나타나는 것은 거리 감각과 조절 감각이 둔해지고 있다는 증거다. 환각에 빠져 화려한 총천연색의 유리 진열장으로 손을 뻗지만, 잡으려는 순간 크리스마스 트리는 소녀의 감각 속에서 사라져 버린다. 약물체험이 있는 사람이라면 이러한 감각을 알 수 있을 것이다.

20. 화학물질 및 물리적 인자의 노출기준에서 공기 중 석면 농도의 표시 단위는?

① ppm
② mg/m³
③ mppcf
④ CFU/m³
⑤ 개/cm³

답 ⑤

해설

유해물질의 농도 표시

① [mg/m³] : 일반적으로 사용되는 공기 1[m³] 속에 들어있는 유해물질의 mg 수
② [mg/cf] : 공기 1[cubic foot] 안에 들어있는 유해물질의 mg 수, 주로 국내, 각국에서 사용(이때 공기의 양은 25[℃], 760[mmHg] 때의 값)
③ [ppm] : 공기 1[m³] 속에 들어있는 기체의 ml 수를 나타내는 100만분의 용량비(part per million)
④ 분진 : 분진의 질, 양에 관계없이 단위공기 속에 들어있는 분자량을 표시하는 방법. 우리나라는 공기 1[ml] 속의 분진 수로 표시하나 미국에서는 1[ft³]당 몇 백만 개인가를 표시하는 [mppcf](million particles per cubic foot)를 단위로 사용한다.

참고

2016년 5월 11일(문제 19번)

보충학습

우리나라의 주요 허용농도

(1) 총 분진
  ① 제1종 분진[유리규산(SiO_2) 30[%] 이상] : 2[mg/m³]
  ② 제2종 분진[유리규산(SiO_2) 30[%] 미만, 석탄 포함] : 5[mg/m³]
  ③ 제3종 분진[유리규산(SiO_2) 1[%] 이하, 기타 분진] : 10[mg/m³]
(2) 석면분진
  ① 백석면(chysotile) 2[개/cc]
  ② 황석면(amosite) 0.5[개/cc]
  ③ 청석면(croscidolite) 0.2[개/cc]
(3) 제11조(표시단위)
  ① 가스 및 증기의 노출기준 표시단위는 피피엠[ppm]을 사용한다.
  ② 분진 및 미스트 등 에어로졸(aerosol)의 노출기준 표시단위는 세제곱미터당 밀리그램[mg/m³]을 사용한다. 다만, 석면 및 내화성 세라믹섬유의 노출기준 표시단위는 세제곱센티미터당 개수[개/cm³]를 사용한다.

합격정보

산업안전보건법 시행규칙 [별표 19] 유해인자의 노출농도의 허용기준

21 산업위생전문가의 윤리강령 중 사업주에 대한 책임에 해당하지 않는 것은?

① 쾌적한 작업환경을 만들기 위하여 산업위생의 이론을 적용하고 책임있게 행동한다.

② 신뢰를 바탕으로 정직하게 권고하고 결과와 개선점은 정확히 보고한다.

③ 결과와 결론을 위해 사용된 모든 자료들을 정확히 기록·보관한다.

④ 업무 중 취득한 기밀에 대해 비밀을 보장한다.

⑤ 근로자의 건강에 대한 궁극적인 책임은 사업주에게 있음을 인식시킨다.

답 ④

해설

윤리강령의 목적 및 책임과 의무

① 산업위생전문가(Industrial hygienist)는 사업장 내에 존재하는 물리적, 화학적, 생물학적, 인간공학적 및 사회·심리적 유해요인의 정성적 유무를 판단할 학문적 배경과 경험은 물론 이를 정량적으로 예측할 수 있는 능력이 있어야 한다. 또한 기업주와 근로자 사이에서 엄격한 중립을 지켜야 한다.

② 산업위생전문가의 윤리강령(미국산업위생학술원 : AAIH) : 윤리적 행위의 기준

㉮ 산업위생전문가로서의 책임
  ㉠ 성실성과 학문적 실력 면에서 최고 수준을 유지한다.(전문적 능력 배양 및 성실한 자세로 행동)
  ㉡ 과학적 방법의 적용과 자료의 해석에서 객관성을 유지한다.(공인된 과학적 방법 적용, 해석)
  ㉢ 전문 분야로서의 산업위생을 학문적으로 발전시킨다.
  ㉣ 근로자, 사회 및 전문 직종의 이익을 위해 과학적 지식을 공개하고 발표한다.
  ㉤ 기업체의 기밀은 누설하지 않는다.(정보는 비밀유지)
  ㉥ 전문적 판단이 타협에 의하여 좌우될 수 있거나 이해관계가 있는 상황에는 개입하지 않는다.

㉯ 근로자에 대한 책임
  ㉠ 근로자의 건강보호가 산업위생전문가의 일차적 책임임을 인지한다.(주된 책임 인지)
  ㉡ 위험 요인의 측정, 평가 및 관리에 있어서 외부 영향력에 굴하지 않고 중립적(객관적) 태도를 취한다.
  ㉢ 건강의 유해요인에 대한 정보와 필요한 예방조치에 대해 근로자와 상담(대화)한다.

㉰ 기업주와 고객에 대한 책임
  ㉠ 결과 및 결론을 뒷받침할 수 있도록 정확한 기록을 유지하고 산업위생사업을 전문가답게 전문부서들을 운영 관리한다.
  ㉡ 기업주와 고객보다는 근로자의 건강보호에 궁극적 책임을 두어 행동한다.
  ㉢ 쾌적한 작업환경을 조성하기 위하여 산업위생의 이론을 적용하고 책임있게 행동한다.
  ㉣ 신뢰를 바탕으로 정직하게 권하고 성실한 자세로 충고하며 결과와 개선점 및 권고사항을 정확히 보고한다.

㉱ 일반 대중에 대한 책임
  ㉠ 일반 대중에 관한 사항은 학술지에 정직하게 사실 그대로 발표한다.
  ㉡ 적정(정확)하고도 확실한 사실(확인된 지식)을 근거로 전문적인 견해를 발표한다.

22 비누거품미터의 뷰렛 용량은 500[ml]이고, 거품이 지나가는데 10초가 소요되었다면 **공기시료채취기의 유량[L/min]은?**

① 2.0
② 3.0
③ 4.0
④ 5.0
⑤ 6.0

답 ②

해설

공기채취기구(pump)의 채취유량

① 채취유량은 LPM(L/min)으로 나타낸다. 즉 비누거품이 지나간 용량(mL)에 소요되는 시간(sec or min)을 나누어준 값을 pump의 채취유량이라 한다.

$$채취유량(L/min) = \frac{비누거품이\ 통과한\ 용량(L)}{비누거품이\ 통과한\ 시간(min)} = \frac{0.5}{\frac{10}{60}} = 3.0$$

② 저유량 pump의 유량은 0.001~0.2[L/min] 범위이며 주로 흡착관을 이용, 가스나 증기채취에 이용된다.

③ 고유량 pump의 유량은 0.5~5[L/min] 범위이며 주로 여과지를 이용, 입자상 물질 채취에 이용된다.

23 근로자 건강진단 실시기준에 따른 건강관리구분 C_N의 내용은?

① 직업성 질병으로 진전될 우려가 있어 추적검사 등 관찰이 필요한 근로자
② 일반질병으로 진전될 우려가 있어 추적관찰이 필요한 근로자
③ 질병으로 진전될 우려가 있어 야간작업 시 추적관찰이 필요한 근로자
④ 질병의 소견을 보여 야간작업 시 사후관리가 필요한 근로자
⑤ 건강진단 1차 검사결과 건강수준의 평가가 곤란하거나 질병이 의심되는 근로자

답 ③

해설

건강 관리 구분

(1) 정상작업의 건강관리

구분		건강관리 구분내용
A		- 건강관리상 사후관리가 필요 없는 근로자(건강한 근로자)
C	C_1	- 직업성 질병으로 진전될 우려가 있어 추적검사 등 관찰이 필요한 근로자(직업병 요관찰자)
	C_2	- 일반질병으로 진전될 우려가 있어 추적관찰이 필요한 근로자(일반질병 요관찰자)
D_1		- 직업병 질병의 소견을 보여 사후관리가 필요한 근로자(직업병 유소견자)
D_2		- 일반 질병의 소견을 보여 사후관리가 필요한 근로자(일반질병 유소견자)
R		- 건강진단 1차 검사결과 건강수준의 평가가 곤란하거나 질병이 의심되는 근로자(제2차 건강진단 대상자)
U		-2차 검진 대상자가 30일 내에 검사 미실시로 판정을 할 수 없는 근로자

(2) "야간작업" 특수건강진단 건강관리구분 판정

구분	건강관리 구분내용
A	- 건강관리상 사후관리가 필요 없는 근로자(건강한 근로자)
C_N	- 질병으로 진전될 우려가 있어 야간작업 시 추적관찰이 필요한 근로자(질병 요관찰자)
D_N	- 질병의 소견을 보여 야간작업 시 사후관리가 필요한 근로자(질병 유소견자)
R	- 1차 검사결과 건강수준의 평가가 곤란하거나 질병이 의심되는 근로자(제2차 건강진단 대상자)

(3) 업무수행 적합여부 판정

구분	판정 기준
가	건강관리상 현재의 조건하에서 작업이 가능한 경우
나	일정한 조건(환경개선, 보호구착용, 건강진단주기의 단축 등)하에서 현재의 작업이 가능한 경우
다	건강장해가 우려되어 한시적으로 현재의 작업을 할 수 없는 경우(건강상 또는 근로조건상의 문제가 해결된 후 작업복귀 가능)
라	건강장해의 악화 또는 영구적인 장해의 발생이 우려되어 현재의 작업을 해서는 안 되는 경우

24 납 중독시 나타나는 heme 합성 장해에 관한 설명으로 옳지 않은 것은?

① 혈중 유리철분 감소
② 혈청 중 δ-ALA 증가
③ δ-ALAD 작용 억제
④ 적혈구 내 프로토포르피린 증가
⑤ heme 합성효소 작용 억제

답 ①

해설

헴(Heme)의 대사
① 세포 내에서 SH-기와 결합하여 포르피린과 Heme의 합성에 관여하는 효소를 포함한 여러 세포의 효소 작용을 방해한다.
② 헴 합성의 장해로 주요 증상은 빈혈증이며 혈색소량이 감소, 적혈구의 생존기간이 단축, 파괴가 촉진된다.

25 덕트 내 공기에 의한 마찰손실을 표시하는 레이놀즈 수(Reynolds No.)에 포함되지 않는 요소는?

① 공기 속도(velocity)

② 덕트 직경(diameter)

③ 덕트면 조도(roughness)

④ 공기 밀도(density)

⑤ 공기 점도(viscosity)

답 ③

해설

레이놀즈 수(Reynold number : R_e)
① 유체흐름에서 관성력과 점성력의 비를 무차원 수로 나타낸 것을 말한다.
② 레이놀즈 수는 유체흐름에서 층류와 난류를 구분하는 데 사용된다.
③ 유체에 작용하는 마찰력의 크기를 결정하는 데 중요한 인자이다.
④ 층류흐름 : 레이놀즈 수가 작으면 관성력에 비해 점성력이 상대적으로 커져서 유체가 원래의 흐름을 유지하려는 성질을 갖는다.(관성력<점성력)
⑤ 난류흐름 : 레이놀즈 수가 커지면 점성력에 비해 관성력이 지배하게 되어 유체의 흐름에 많은 교란이 생겨 난류흐름을 형성한다.(관성력>점성력)
⑥ 관계식

$$R_e = \frac{\rho V d}{\mu} = \frac{V d}{\nu} = \frac{관성력}{점성력}$$

여기서, R_e : 레이놀즈 수(무차원)
ρ : 유체밀도[kg/m³]
d : 유체가 흐르는 직경[m]
V : 유체의 평균유속[m/sec]
μ : 유체의 점성계수[kg/m·s(Poise)]
ν : 유체의 동점성계수[m²/sec]

⑦ 레이놀즈 수의 크기에 따른 구분 ⇒ • 층류(R_e < 2,100)
• 천이영역(2,100 < R_e < 4,000)
• 난류(R_e < 4,000)
⑧ 상임계 레이놀즈 수는 층류로부터 난류로 천이될 때의 레이놀즈 수이며 12,000~14,000 범위이다.
⑨ 하임계 레이놀즈 수는 난류에서 층류로 천이될 때의 레이놀즈 수이며 2,100~4,000 범위이다.(하임계 레이놀즈 수를 층류, 난류 구분기준인 임계레이놀즈 수로 정함)
⑩ 일반적 산업환기 배관 내 기류 흐름의 레이놀즈 수 범위는 10^5~10^6 범위이다.
⑪ 표준공기가 관 내 유동인 경우 레이놀즈 수

$$R_e = \frac{V d}{\nu} = \frac{V d}{1.51 \times 10^{-5}} = 0.666 V d \times 10^5$$

보충학습

① 층류(Laminar flow)
유체의 입자들이 규칙적인 유동상태(소용돌이, 선회운동 일으키지 않음)가 되어 질서정연하게 흐르는 상태이며 관 내에서의 속도 분포가 정상 포물선을 그리며 평균유속은 최대유속의 약 1/2이다.
② 난류(Turbulent flow)
유체의 입자들이 불규칙적인 유동상태(작은 소용돌이가 혼합된 상태)가 되어 상호간 활발하게 운동량을 교환하면서 흐르는 상태이다.

2018년도 3월 24일 필기문제

산업안전지도사 자격시험
제1차 시험문제지

제3과목 기업진단·지도	총 시험시간 : 90분 (과목당 30분)	문제형별 A
수험번호	20180324	성 명	도서출판 세화

【수험자 유의사항】

1. 시험문제지 표지와 시험문제지 내 **문제형별의 동일여부** 및 시험문제지의 **총면수·문제번호 일련순서·인쇄상태** 등을 확인하시고, 문제지 표지에 수험번호와 성명을 기재하시기 바랍니다.
2. 답은 각 문제마다 요구하는 **가장 적합하거나 가까운 답 1개**만 선택하고, 답안카드 작성 시 시험문제지 **형별누락, 마킹착오**로 인한 불이익은 전적으로 **수험자에게 책임**이 있음을 알려 드립니다.
3. 답안카드는 국가전문자격 공통 표준형으로 문제번호가 1번부터 125번까지 인쇄되어 있습니다. 답안 마킹 시에는 반드시 **시험문제지의 문제번호와 동일한 번호**에 마킹하여야 합니다.
4. **감독위원의 지시에 불응하거나 시험 시간 종료 후 답안카드를 제출하지 않을 경우** 불이익이 발생할 수 있음을 알려 드립니다.
5. 시험문제지는 시험 종료 후 가져가시기 바랍니다.

【안 내 사 항】

1. 수험자는 **QR코드를 통해 가답안을 확인**하시기 바랍니다.
   (※ 사전 설문조사 필수)
2. 시험 합격자에게 '**합격축하 SMS(알림톡) 알림 서비스**'를 제공하고 있습니다.

- 수험자 여러분의 합격을 기원합니다 -

3. 기업진단·지도

01 해크만(J. Hackman)과 올드햄(G. Oldham)이 제시한 직무특성모델(job characteristic model)에서 5가지 핵심직무차원(core job dimensions)에 포함되지 않는 것은?

① 기술다양성(skill variety)

② 성장욕구(growth need)

③ 과업정체성(task identity)

④ 자율성(autonomy)

⑤ 피드백(feedback)

답 ②

해설

핵심직무차원 5가지

해크만과 올드햄은 동기부여의 주된 독립변수로 직무의 특성에 주목하였다. 그들이 개발한 동기부여잠재점수(MPS)는 기술다양성, 과업정체성, 과업중요성, 자율성, 피드백의 곱으로 계산된다.

① 기술다양성

　직무에서 요구하는 다양하고 상이한 활동의 폭이다.

② 과업정체성

　작업자가 수행업무의 정체성을 명확히 이해하고 전체업무를 조망할 수 있는 정도로, 현재 수행하고 있는 직무와 제품, 서비스와의 관계를 인식하는 정도이다.

③ 과업중요성

　해당 직무가 다른 사람의 작업, 타인의 삶이나 조직목표달성에 영향을 주는 정도이다.

④ 자율성

　직무의 계획 및 수행에 있어서 주어지는 자유와 독립성이 주어지는 정도이다.

⑤ 피드백

　업무를 수행한 뒤, 업무수행의 효과성과 적절성에 대한 명확한 정보가 주어지는 정도이다.

보충학습

직무충실화 방안

직무특성모델에서 핵심직무차원을 효과적으로 제고할 수 있는 직무충실화 방안으로는 각각의 요소마다 고려할 수 있다.

① 과업(과업정체성 및 과업중요성)

　가장 중요한 요소로 과업수준이 높고 중요성이 크면 구성원의 능력이 더 많이 사용되어 이를 제고할 수 있다.

② 기술다양성

　직무에서 요구하는 다양한 기술을 하나의 업무로 통합되도록 해 개인에게 부여해 기술다양성을 증가시키는 것이 중요하다.

③ 자율성

　구성원과 집단에 결정권한이 크고 자유로울수록 동기부여와 성과에 영향을 끼친다.

④ 피드백

　모든 정보에 대한 피드백이 원활할수록 구성원의 적극적인 협조와 협력을 구할 수 있다.

02 직무급(job-based pay)에 관한 설명으로 옳은 것을 모두 고른 것은?

ㄱ. 동일노동 동일임금의 원칙(equal pay for equal work)이 적용된다.
ㄴ. 직무를 평가하고 임금을 산정하는 절차가 간단하다.
ㄷ. 유능한 인력을 확보하고 활용하는 것이 가능하다.
ㄹ. 직무의 상대적 가치를 기준으로 하여 임금을 결정한다.
ㅁ. 직무를 중심으로 한 합리적인 인적자원관리가 가능하게 됨으로써 인건비의 효율성을 증대시킬 수 있다.

① ㄱ, ㄴ, ㄷ
② ㄷ, ㄹ, ㅁ
③ ㄱ, ㄴ, ㄹ, ㅁ
④ ㄱ, ㄷ, ㄹ, ㅁ
⑤ ㄱ, ㄴ, ㄷ, ㄹ, ㅁ

답 ④

해설

직무급(job based pay)

(1) 의의
　① 직무평가를 기초로, 직무의 상대적가치에 따른 임금결정, 속직급(연공급:속인급)
　② 논리: 임금배분의 공정성, 동일노동 동일임금(equal pay for equal work)
　③ 일반원칙: 직무내용과 성격을 정확히 밝히는 직무분석과 직무의 상대가치를 평가한 직무평가제를 전제
(2) 구체적 방안
　① 직무중심 업무분화, 표준화
　② 직무중심 채용, 인사고과확립
　③ 직무급에 대한 공감대 형성
　④ 최저임금수준, 생계비보장
　⑤ 횡단적 노동시장
(3) 특징: 임금은 노동대가라는 원칙에 적합한 합리적 임금제도
(4) 기타: 연공중시의 동양적 기업풍토, 폐쇄적 노동시장 → 연공급에 비해 실시가 저조한편
(5) 장단점
　① 장점: 임금배분의 공정성, 유능한 인재확보·유지
　② 단점: 직무분석 및 직무평가절차가 복잡, 직무평가의 객관적기준설정 어려움, 연공중심풍토에서 도입 어려움, 노조반발

보충학습1

사전적 정의

직무급이란 동일노동, 동일임금의 원칙에 입각하여 직무의 중요성·난이도 등에 따라서 각 직무의 상대적 가치를 평가하고 그 결과에 의거하여 그 가치에 알맞게 지급하는 임금을 말한다. 직무급을 기초로 하고 직무평가, 인사고과, 종업원 훈련 등을 서로 관련시켜 유효하게 운용하는 것이다. 직무급을 도입하려면 먼저 각 직무의 직능내용이나 책임도를 명확히 하고(직무분석) 이것을 기초로 각 직무의 상대적 가치의 서열을 매겨(직무평가) 그 결과를 임금에 결부시켜야 한다.

> 보충학습2

1. 연공급(seniority based pay)
(1) 의의: 근속연수
  ① 논리: 근속 = 숙련, 속인급
  ② 문제점: 능력주의 등장(급속한 기업환경변화, 능력지향적 가치관요구, 기업인건비부담 가중)으로 의미가 약화되는 추세
  ③ 유의점: 아직도 종업원충성심과 조직몰입, 팀지향적 행동 요구될 때 주의
(2) 특징
  ① 근속: 숙련 직무수행능력
  ② 장기고용전세, 생활보장적 임금성격
  ③ 연공서열적 사회, 일본·우리나라 지배적 임금체계
(3) 장단점
  ① 장점: 고용안정·생활안정, 노사관계안정, 연공서열 중시하는 동양적 풍토, 노동이동이 낮은 폐쇄적 노동시장, 직무성과의 객관적 측정이 어려울 때
  ② 단점: 능력 있는 종업원 사기저하, 무사안일, 동일노동·동일임금의 실시곤란, 고령화에 따른 기업 인건비부담 과중, 변화하는 환경에 적응 어려움

2. 직능급
(1) 의의
  ① 의의: 직무수행능력, 자격기준설정
  ② 도입배경: 일본, 연공급과 직무급의 절충적 대안으로 능력주의 임금제도
  ③ 성공적 도입을 위한 전제
     직능자격제도 확립이 전제, 객관적인 종업원 능력평가
(2) 특징
  ① 동일직능 동일임금, 능력주의 임금체계
     (직무급은 맡고 있는 직무에 따라 임금지급하지만 직능급은 직무를 맡고 있지 않더라도 직무수행능력이 있으면 상응한 임금을 지급한다.)
  ② 직무내용에 따른 임금결정이 아니기 때문에, 비용이 많이 드는 직무분석이나 직무평가가 전제되지 않는다. 따라서 중소기업에서 많이 도입
  ③ 직능은 근속이나 경력 등 연공적 요소도 고려하므로 연공급과도 타협적 요소를 포함하고 있어서 대기업에서도 선호
(3) 직능급의 장단점
  ① 장점: 연공과도 연계, 도입이 용이, 직능개발에 대한 동기부여, 능력주의 임금체계로 인재유인, 완전한 직무급 도입이 어려운 상황에서 적합한 제도
  ② 단점: 잘못 운영하면 연공급으로 운영될 가능성, 단순노무직의 경우는 도입 어려움

3. 성과급
  ① 종업원이 달성한 성과에 비례하여 임금액을 결정
  ② 변동급의 성격

4. 수당
  ① 직무급, 연공급, 직능급 및 성과급이 임금의 공정성을 완벽하게 반영할 수 없어서 보완적으로 등장한 기준 외 임금
  ② 직책수당, 자격수당, 가족수당 및 정근수당 등

03 홍길동이 A회사에 입사한 후 3년이 지났다. 홍길동이 그 동안 있었던 승진자들을 살펴보니 모두 뛰어난 업적을 보인 사람들이었다. 이에 홍길동은 자신도 뛰어난 성과를 보여 승진하겠다는 결심을 하고 지속적으로 열심히 노력하였다. 이 경우 홍길동과 관련된 학습이론은?

① 사회적 학습(social learning)

② 조작적 학습(organizational learning)

③ 고전적 조건화(classical conditioning)

④ 작동적 조건화(operant conditioning)

⑤ 액션 러닝(action learning)

답 ①

해설

사회적 학습(社會的 學習, social learning)
① 개인간의 상호관계를 통해 이루어지는 학습. 타인과 접촉할 때 그 타인의 의도와는 관계없이 그 개인의 행동을 모방하여 자기의 행동을 수정하는 학습은 사회적 학습이다.
② 대인간(對人間)의 상호작용 없이 이루어지는 학습은 사회적 학습이라는 개념에서 제외된다.
③ 사회적 학습의 특수한 유형으로 모형(模型) 또는 시범을 통하여 타인의 행동을 모방하는 학습, 개인이 차지하는 지위에 수반되는 기대와 역할(役割)에 따라 행동하기를 배우는 역할학습 등이 있다.
④ 인간의 언어나 도덕성 같은 모방(imitation)을 통한 사회적 학습에 크게 의존한다.
⑤ 행동이 모방되는 개인은 모방자에 대해 모범인물, 모형(模型)이 된다.
⑥ 반두라(A.Bandura)는 사회적 학습을 기술하기 위해서 모범보이기 또는 시범보이기(modeling)라는 용어를 사용하였다.

보충학습1

(1) 인지학습의 유형
① 관찰학습 : Bandura는 직접 강화를 받지 않고도 행동을 학습할 수 있으며, 학습이 되었어도 수행으로 나타나지 않을 수 있다고 하였다. 모델이 강화(대리강화) 받거나 또는 처벌받는 것(대리처벌)은 어떤 사람의 학습 과정(모방)에 있어서 중요한 정보를 제공한다.
② 잠재학습 : Tolman은 새로운 환경에 노출된 동물들은 환경속의 여러 세부 특징들간 연결 즉, 환경 단서들에 대한 지도와 같이 표상(congnitive)을 형성하게 된다.
③ 통찰학습 : 통찰(insight)이란 문제 상황에서 문제의 요소들은 재구성함으로써 '아하 경험(Aha experience)'과 같이 갑작스럽게 문제 해결에 이를 수 있는 현상을 말한다. Kühler가 침팬지 술탄(sultan)을 데리고 수행한 실험이 대표적이다.

(2) 조건형성의 구분
① 고전적 조건형성 : 두 자극들 연관성의 학습에 따른 행동변화
② 조작적 조건형성 : 표출한 행동과 그 결과 간의 연관성의 학습에 따른 행동변화

보충학습2

작동적 조건화(operant conditioning, 作動的 條件化)
① 개체가 환경에 자발적으로 작용한 반응이, 반응의 결과로 생긴 환경자극의 변화에 따라 강화되고 일정 부분 안정된 반응률로 일어나게 되는 절차. 이와 같이 개체에 의한 자발적 반응은 작동적이라도 하고, 환경자극에 의해 유발된 반응은 감응적이라 하여 구분한다.
② 고등동물의 행동 중 감응적이 차지하는 비율은 낮은 대신 대부분 작동적이다.
③ 작동적 행동의 특징은 환경에 특정한 유발자극이 존재하지 않는다는 것과 그 출현빈도가 반응 결과에 따라 변화한다는 것이다.

④ 스키너는 개체가 언제나 자유롭게 반응할 수 있는 프리오페란트 상태에서, 그러한 반응률의 변화가 일정한 패턴으로 유지되는 정상 상태(steady-state)를 분석함으로써 지금까지 S-R이론의 자극 - 반응결합이라는 조합의 틀을 넘어설 수 있었다.
⑤ 행동을 설명하기 위한 구성개념을 배제하고 철저하게 관찰 가능한 행동 용어를 기술하였다.
⑥ 연구법을 넓게 실험적 행동분석이라고 한다.

보충학습3

액션 러닝(Action Learning)

(1) 특징
  ① 조직구성원이 팀을 구성하여 동료와 촉진자(facilitator)의 도움을 받아 실제 업무의 문제를 해결함으로써 학습을 하는 훈련방법이다.
  ② '행함으로써 배운다'(Learning by Doing)라는 학습원리를 근간으로 4~6명을 한 팀으로 구성, 실천현장에서 발생하는 문제(Real Problems)를 팀 학습(Team Learning)을 통해서 아이디어를 도출, 적용하는 과정에서 발생하는 학습을 강조하는 전략이다.
  ③ 문제의 답은 밖에 있지 않고 안에 있다고 가정한다.
  ④ 전문가가 일방적으로 처방해 준 해결대안보다는 외부 전문가의 도움을 받되 문제상황에 직면하고 있는 내부구성원이 문제해결을 위한 아이디어 구상과 실제 해결대안의 탐색 및 적용과정의 주체가 되어야 학습의 효과가 실천적인 성과로 연결될 수 있다는 가정을 갖고 있다.
  ⑤ 책상이나 강의장에 앉아서 수동적으로 전문가의 강의(training)를 듣는 교육보다 문제를 동료들과의 건설적인 대화를 통해 다양한 팀원들이 함께 공동의 노력으로 해결방안을 탐색하는 학습과정을 강조한다.

(2) 구성요소
  ① 액션러닝의 구성요소는 과제, 학습팀, 촉진자, 질의와 성찰과정, 실행의지, 학습의욕이다.
  ② 액션러닝의 원리는 간단하게 $L = Q1 + P + Q2$라고 표시할 수 있다. 여기서 L은 학습(Learning), Q1은 학습활동 이전에 학습자가 갖는 문제의식, P는 가공한 지식(Programmed Knowledge), Q2는 학습활동 이후 현장 적용 이전에 갖는 학습자의 문제의식을 지칭한다.
  ③ 원리에 따르면 실천학습은 학습자의 학습활동 이전과 이후에 갖게 되는 문제의식의 비중을 최대한 높이고, 전문가가 사전에 가공한 지식을 최소화시키겠다는 의도를 갖고 있다.

(3) 절차
  실천학습에서 진정한 의미의 학습이 발생하기 위해서는 학습자의 적극적인 문제의식과 자발적 참여가 이루어지는 가운데 전문가가 필요시에 도움을 줄 때 학습효과는 극대화된다는 가정을 갖고 있다. 액션러닝의 절차는 다음과 같다.
  ① 액션 러닝을 위한 상황파악
  ② 액션 러닝 팀 선정 및 조직
  ③ 브리핑 및 제한범위 설정
  ④ 팀의 상호작용 촉진
  ⑤ 해결방안 규명 및 검증권한 부여
  ⑥ 결과평가
  ⑦ 향후 방향설정의 단계

04 허츠버그(F. Herzberg)가 제시한 2요인 이론(two factor theory)에서 동기부여요인(motivators)에 포함되지 않는 것은?

① 성취(achievement)

② 임금(wage)

③ 책임(responsibility)

④ 성장(growth)

⑤ 인정(recognition)

답 ②

해설

Herzberg의 동기·위생이론

① 위생요인(유지욕구) : 인간의 동물적 욕구를 반영하는 것으로 Maslow의 욕구 단계에서 생리적, 안전, 사회적 욕구와 비슷하다.

② 동기요인(만족욕구) : 자아실현을 하려는 인간의 독특한 경향을 반영한 것으로 Maslow의 자아실현 욕구와 비슷하다.

[표] 위생요인과 동기요인

위생요인(직무환경)	동기요인(직무내용)
회사 정책과 관리, 개인 상호간의 관계, 감독, 임금, 보수, 작업 조건, 지위, 안전	성취감, 책임감, 안정감, 성장과 발전, 도전감, 일 그 자체(일의 내용)

참고

기업진단·지도 p.136(3. 동기 및 욕구이론)

05 사업부제 조직구조(divisional structure)에 관한 설명으로 옳지 않은 것은?

① 각 사업부는 사업영역에 대해 독자적인 권한과 책임을 보유하고 있어 독립적인 이익센터(profit center)로서 기능할 수 있다.
② 각 사업부들이 경영상의 책임단위가 됨으로써 본사의 최고경영층은 일상적인 업무로부터 벗어나 전사적인 차원의 문제에 집중할 수 있다.
③ 각 사업부 간에 기능의 중복현상이 발생하지 않는다.
④ 각 사업부마다 시장특성에 적합한 제품과 서비스를 생산하고 판매할 수 있게 됨으로써 시장세분화에 따른 제품차별화가 용이하다.
⑤ 각 사업부의 이해관계를 중시하는 사업부 이기주의로 인하여 사업부 간의 협조가 원활하지 못할 수 있다.

답 ③

해설

사업부제 조직구조

① 전통적인 기능적 조직구조와는 달리 단위적 분화의 원리에 따라 사업부 단위를 편성하고 각 단위에 대하여 독자적인 생산·마케팅·재무·인사 등의 독자적인 관리권한을 부여함으로써 제품별·시장별·지역별로 이익중심점을 설정하여 독립채산제를 실시할 수 있는 분권적 조직이다.
② 사업부제는 생산, 판매, 기술개발, 관리 등에 관한 최고경영층의 의사결정 권한을 단위 부서장에게 대폭 위임하는 동시에 각 부서가 마치 하나의 독립회사처럼 자주적이고 독립채산적인 경영을 하는 시스템이다.
③ 사업부제는 고객, 시장욕구에 대한 관심 제고, 사업부 간 경쟁에 따른 단기적 성과 제고 및 목표달성에 초점을 둔 책임경영체제를 실현할 수 있는 장점이 있는 반면에 사업부 간 자원의 중복에 따른 능률 저하, 사업부 간 과당경쟁으로 조직전체의 목표달성 저해를 가져올 수 있는 단점이 있다.
　예 우리나라 정부부처 안전관리의 중복(행자부, 고용부, 국토부, 산자부)

06 6시그마 경영은 모토로라(Motorola)사에서 혁신적인 품질개선의 목적으로 시작된 기업경영전략이다. 6시그마 경영과 과거의 품질경영을 비교 설명한 것으로 옳은 것은?

① 과거의 품질경영 방식은 전체 최적화였으나 6시그마 경영은 부분 최적화라고 할 수 있다.

② 과거의 품질경영 계획대상은 공장 내 모든 프로세스였으나 6시그마 경영은 문제점이 발생한 곳 중심이라고 할 수 있다.

③ 과거의 품질경영 교육은 체계적이고 의무적이었으나 6시그마 경영은 자발적 참여를 중시한다.

④ 과거의 품질경영 관리단계는 DMAIC를 사용하였으나 6시그마 경영은 PDCA cycle을 사용한다.

⑤ 과거의 품질경영 방침결정은 하의상달 방식이었으나 6시그마 경영은 상의하달 방식으로 이루어진다.

답 ⑤

해설

6시그마(Six sigma)

(1) 특징
① 제너럴일렉트릭(GE)의 전 회장 잭 웰치에 의해 유명해진 혁신적 품질경영기법을 말한다.
② 6시그마는 모토로라의 근로자였던 마이클 해리에 의해 1987년 창안되었다.
③ 당시 정부용 전자기기 사업부에서 근무하던 해리는 어떻게 하면 품질을 획기적으로 향상시킬 수 있을 것인가를 고민하던 중 통계지식을 활용하자는 착안을 하게 되었고, 이 통계적 기법과 1970년대 말부터 밥 갤빈 회장 주도로 진행되어 온 품질개선 운동을 결합해 탄생한 것이 6시그마 운동이다.
④ 해리는 모토로라 사내에 설치된 모토로라 대학 내에 '6시그마 인스티튜트'를 열고 연구를 거듭해 6시그마를 수준 높게 발전시켰다.
⑤ 그 결과 6시그마는 모토로라 이외의 기업에도 적용 가능한 경영기법으로 확립되었으며, 이후 텍사스인스트루먼트가 1992년 6시그마 운동을 도입하였고, 제너럴일렉트릭(GE)의 전 회장인 잭 웰치에 의해 알려지기 시작한 이후, 소니 등 세계적인 우량기업들이 6시그마를 채택하면서 더욱 유명해지게 되었다.
⑥ 이후 세계적으로 인정되는 기업의 경영혁신을 이루는 핵심방법론으로 평가받으며 이미 제조업에서는 보편화되어 있다.
⑦ 선진국에서는 금융·통신·의료·공공부문 등 서비스 분야까지 6시그마를 확대하여 큰 성과를 이루었다.
⑧ 국내기업 중에서는 삼성과 LG 등에서 6시그마를 도입하여 품질혁신을 이루는 데 성공하였다.
⑨ 기존 혁신 프로그램이 외부 인력에 대한 의존도가 높은 반면, 6시그마는 모든 임원과 직원들의 참여로 기업 스스로가 독자적으로 이를 추진해 나갈 수 있는 힘을 길러준다는 것이 특징이다.

(2) 품질수준
① 6시그마 품질수준이란 3.4PPM(parts per million)으로서, 이는 '100만 개의 제품 중 발생하는 불량품이 평균 3.4개'라는 것을 의미한다.
② 5시그마는 100만 번에 233회, 4시그마는 6,210회의 불량이 발생하는 수준이다.
③ 시그마 앞의 계수값이 커질수록 불량률은 기하급수적으로 줄어들고, 6시그마는 실제 업무상 실현될 수 있는 가장 낮은 수준의 에러로 인정되고 있다.
④ 이처럼 품질관리의 정도를 시그마로 나타내는 이유는 제품과 공정에 따라 달라지는 목표값과 규격한계값을 통일해 품질수준을 표시하는 단일한 기준으로 편리하기 때문이다.
⑤ 서로 다른 공정의 품질수준을 비교하는 데에도 유용할 뿐만 아니라 품질개선의 정도도 객관적인 수치로 측정할 수 있다.

(3) 해결기법

6시그마의 해결기법 과정은 DMAIC로 대표된다. 즉, 정의(define), 측정(measure), 분석(analyze) 개선(improve), 관리(control)를 거쳐 최종적으로 6시그마 기준에 도달하게 된다. 추진 조직인 시그마벨트는 ① 6시그마 이념을 제시하는 최고책임자 또는 사업부장 등의 임원을 이르는 챔피언, ② 블랙벨트의 프로젝트를 관리하고 지도하는 전문 추진 지도자인 마스터 블랙벨트, ③ 전문추진 책임자로서 강력한 리더십과 6시그마 기법을 능숙하게 활용할 수 있는 사람인 블랙벨트, ④ 현업담당자이자 기본교육 이수자인 그린벨트, ⑤ 입문자 전 직원인 화이트벨트로 구분되어진다.

보충학습

6시그마와 전통적 품질관리기법

① 생산성을 높이고 불량률을 낮추기 위해 기존에는 QC(품질관리), TQC(전사적 품질관리), TQM(전사적 품질경영) 품질관리기법이 쓰였다.
② 일본에서 시작된 QC(품질관리)는 처음에는 생산현장이 그 타깃이었으나 TQC(전사적 품질관리), TQM(종합적 품질관리)로 발전하면서 생산현장 이외의 부문에서도 이용되었다. 지금도 여러 나라에서 활용되고 있는 이 기법들은 1980년대 일본 제조업이 세계를 제패할 수 있게 해준 원천의 하나로 평가받는다.
③ 기존의 품질관리기법은 에러가 발생한 부분이나 지점에 국한된 부분 최적화에 관심을 갖거나 생산자 위주의 제조 중심 관리기법이다.
④ 6시그마는 사업 전체의 프로세스, 즉 전사 최적화가 목표인 전사적 품질경영혁신운동이므로 21세기에 좀더 적합하다는 평을 받고 있다.
⑤ 6시그마 경영은 제조뿐만 아니라 제품개발과 영업 등 기업활동의 모든 요소를 작업공정별로 계량화하고 품질에 결정적인 영향을 미치는 요소의 오차범위를 6시그마 내에 묶어두는 것이다.

07 ABC 재고관리에 관한 설명으로 옳지 않은 것은?

① 자재 및 재고자산의 차별 관리방법이며, A등급, B등급, C등급으로 구분된다.

② 품목의 중요도를 결정하고, 품목의 상대적 중요도에 따라 통제를 달리하는 재고관리시스템이다.

③ 파레토 분석(Pareto Analysis) 결과에 따라 품목을 등급으로 나누어 분류한다.

④ 일반적으로 A등급에 속하는 품목의 수가 C등급에 속하는 품목의 수보다 많다.

⑤ 각 등급별 재고 통제수준은 A등급은 엄격하게, B등급은 중간 정도로, C등급은 느슨하게 한다.

답 ④

해설

ABC 재고관리

(1) 자재의 품목별 중요도나 연간 총사용액에 따라 전 품목을 A급, B급, C급 등으로 분류하는 방법으로 일반적으로 A등급은 전체 가치의 80[%]를 차지하는 품목, B등급은 다음 15[%], C등급은 나머지 5[%]를 차지하는 품목들을 나타낸다.
(2) 등급에 따라 A등급에 대해서는 지속적인 예측치 검토와 평가, 엄격한 정확성에 입각한 재고수준 점검, 온라인 방식의 재고측정, 재주문 수량 및 안전재고 산출에 대한 빈번한 검토, 리드타임의 감축 혹은 극소화를 위한 보충확인 및 독촉 등의 가장 높은 관심을 기울인다.
(3) B등급의 경우는 A등급과 유사하나 엄격성과 주기에 있어서 보다 완화된 방식을 취한다.
(4) C등급에 있어서는 주기적 혹은 간헐적으로 관심을 기울인다.
  C등급에 대한 기본적인 방침은 단순히 보유하는 것에 의의를 둔다.
(5) 주문량은 크며 주문횟수는 적은 것이 일반적이다.
(6) 기본적인 ABC기법의 원리는 상대적으로 중요성이 낮은 품목에 대하여 적은 관심을 쏟음으로써 얻은 노력을 가치가 높은 품목을 효과적으로 통제하는 데 사용하게 만들 수 있어야 한다.
  ① A그룹
    품목은 적고 보관량과 회전수는 많다. 정기발주시스템
  ② B그룹
    품목, 보관량, 회전수가 중간 정도이다. 정량발주시스템
  ③ C그룹
    품목은 많고, 보관량과 회전수는 적다. Tow bin system 또는 JIT 방식

보충학습

(1) 재고관리
  ① 의의
    고객이 필요로 하는 물품을 즉시 제공할 수 있도록 미리 필요한 예상 수요량을 확보하는 일련의 경영활동으로 생산자의 경우에는 제품의 주문에 신속하게 생산을 할 수 있도록 원자재와 부자재를 미리 확보하는 경영활동이다.
  ② 적정재고
    계획적인 자금운용과 유지비용 및 발주비용 감소를 줄이기 위하여 가장 적정한 재고 수준을 유지하는 것을 의미한다.

> 총재고비용 = 구매비용 + 재고유지비가 최소가 되는 발주량

(2) EOQ, FOQ, POQ
  ① EOQ(경제적 주문량)
    주문비용, 재고유지비용 간의 관계를 이용하여 가장 합리적인 주문량을 결정하는 방법이다.
  ② FOQ(고정 주문량)
    매번 동일한 양을 주문하는 방법으로 공급자로부터 항상 일정한 양만큼씩 공급받는 경우에 가장 많이 사용된다.

③ POQ(주기적 주문량)
　　재고량에 대한 조사를 주기적으로 하고, 필요한 양만큼 주문을 하는 방법으로 일정기간을 설정하여 그 기간 내에 요구하는 소요량을 주문하는 방법이다.
(3) 전자상거래에 있어서 적정재고관리
　① 자동화된 방법:대형 판매점, 백화점 등
　② 수작업:소매점

[표] 품목별 관리기법

품목	내용	관리정도	로트크기	주문주기	안전재고	재고통제
A	가치는 크지만 사용량이 적은 품목	정밀관리	소로트	짧다	소량	Q System
B	가치와 용량이 중간에 속하는 품목	정상관리	중로트	중간	중량	
C	가치는 작지만 사용량은 많은 품목	대강관리	대로트	길다	대량	P system

08 수요예측을 위한 시계열 분석에서 변동에 해당하지 않는 것은?

① 추세변동(trend variation) : 자료의 추이가 점진적, 장기적으로 증가 또는 감소하는 변동

② 계절변동(seasonal variation) : 월, 계절에 따라 증가 또는 감소하는 변동

③ 위치변동(locational variation) : 지역의 차이에 따라 증가 또는 감소하는 변동

④ 순환변동(cyclical variation) : 경기순환과 같은 요인으로 인한 변동

⑤ 불규칙변동(irregular variation) : 돌발사건, 전쟁 등으로 인한 변동

답 ③

해설

시계열의 변동요인 4가지

① 추세변동(trend variation : T)은 기술의 변화, 소비 형태의 변동, 인구 변동, 인플레이션이나 디플레이션 등의 영향을 받아 시계열 자료에 영향을 주는 장기변동 요인이다.

② 계절변동(seasonal variation : S)은 주로 1년을 단위로 발생하는 시계열의 변동 요인이다.

③ 순환변동(cyclical variation : C)은 통상적으로 2년에서 10년의 주기를 가지고 순환하는 시계열의 구성 요소로 중기 변동 요인이다.

④ 불규칙변동(irregular variation : I)은 측정 및 예측이 어려운 오차 변동이다.

보충학습

① 시계열(時系列)이란 한 사건 또는 여러 사건에 대하여 시간의 흐름에 따라 일정한 간격으로 이들을 관찰하여 기록한 자료를 말한다. 즉, 시계열 자료란 시간과 더불어 관측된 자료로 이는 종단면 자료(longitudinal data)에 해당한다. 횡단면 자료(cross-sectional data)는 고정된 시간에서 측정된 자료를 의미하며 측정 시간이 고정되어 있는 반면 여러 개의 변수로 구성된다.

② 종단면 자료, 즉 시계열 자료는 주가 지수의 경우처럼 매 단위 시간에 따라 측정되어 생성되는데 횡단면 자료에 비하여 상대적으로 적은 수의 변수로 구성된다. 시계열은 어떠한 경제 현상이나 자연 현상에 비하여 상대적으로 적은 수의 변수로 구성된다. 시계열은 어떠한 경제 현상이나 자연 현상에 관한 시간적 변화를 나타내는 자료이므로 어느 한 시점에서 관측된 시계열 자료는 그 이전까지의 자료들에 의존하게 된다. 따라서 시계열분석(時系列分析, time series analysis)을 통한 예측에서는 관측된 과거의 자료들은 분석하여 이를 모형화하고, 이 추정된 모형을 사용하여 미래에 관측될 값들을 예측하게 된다. 시간이 경과함에 따라 기술진보에 의해서 경제 현상들은 성장하게 되고, 농·수산 부문과 연관된 경제 현상은 자연의 영향 특히 계절적 변동으로부터 많은 영향을 받게 된다.

09 설비배치계획의 일반적 단계에 해당하지 않는 것은?

① 구성계획(construct plan)
② 세부배치계획(detailed layout plan)
③ 전반배치(general overall layout)
④ 설치(installation)
⑤ 위치(location)결정

답 ①

해설

설비배치계획의 일반적 4단계
① 단계1 : 위치선정단계로 공장의 입지 등이 결정
② 단계2 : 전체(반)배치에서는 공장 내 주요부서들의 개략적인 크기, 형태 위치가 전체적으로 결정
③ 단계3 : 세부배치 단계에서는 각 부서의 배치될 기계, 장비 등의 위치와 필요한 공간크기가 구체저으로 결정
④ 단계4 : 배치계획에 대한 승인, 시행, 감독 등의 업무를 수행하게 되며 예를 들어 공장입지를 결정하는 경우에 단계2에서 전체적인 공간소요 등이 미리 계산되어야 공장입지를 설정하고 단계2에서 부서의 공간을 결정하기 위해서는 기계공간, 물자 이동 공간 등에 대한 자료가 수집된 후 공간소요가 결정되는 것이다.(설치)

보충학습

물자취급의 원칙

효과적이고 효율적인 물자취급을 설계하는 데 적용하기 위해서는 물자취급의 원칙이 유용하게 활용될 수 있다. 이들 원칙은 물자취급분야에 종사해온 전문가들의 의견들을 모아놓은 것으로 20가지 정도로 요약할 수 있다.

① 문제이해의 원칙 : 포괄적이고 정확한 이해 필요 - 현취급방법, 장비, 장래 구조적, 경제적 제약 등
② 계획 원칙 : 사전에 계획
③ 단위 적재의 원칙 : 가능한 많은 물자를 한 단위 또는 응집하여 취급
④ 시스템 원칙 : 입하, 검사, 제조, 조립, 포장, 저장, 출하운송 등 모든 활동 및 기능을 포함한 총합시스템의 관점
⑤ 공간이용의 원칙 : 입체공간을 효율적으로 이용, 컨베이어 - 물자의 일시적 저장공간
⑥ 표준화 원칙 : 취급방법, 장비의 표준화 - 표준화된 팔레트
⑦ 보전의 원칙 : 사전 보전과 수리계획
⑧ 인간공학 원칙 : 인간의 한계와 능력 고려, 물자취급 방법과 장비 설계
⑨ 에너지 원칙 : 장비의 정격 용량 이내의 장비사용
⑩ 환경의 원칙 : 소음, 진동, 공해 등의 환경적 영향을 최소화
⑪ 기계화 및 자동화 원칙 : 과기계화 → 예산낭비
⑫ 융통성 원칙 : 다양한 작업 수행
⑬ 단순화 원칙 : 불필요한 작업제거, 비슷한 작업의 group화
⑭ 대체 원칙 : 경제성 고려
⑮ 동력 원칙 : 중력을 이용
⑯ 안전 원칙 : 취급방법, 장비 설계 시 작업자와 운전자의 안전고려
⑰ 전산화 원칙 : 정보처리 및 장비 운영에 컴퓨터 사용 고려
⑱ 물자흐름 원칙 : 가능한 일정방향, 연속적 물자 흐름설계
　　물자흐름 + 정보흐름 → 통합
⑲ 배치 원칙 : 설비배치 계획 단계에서 물자 취급 시스템 고려
⑳ 비용 원칙 : 필요작업 수행에 가장 저렴한 비용을 갖는 취급 방법 및 장비 선택

산업안전지도사 · 과년도기출문제

10 심리평가에서 평가 센터(assessment center)에 관한 설명으로 옳지 않은 것은?

① 신규채용을 위하여 입사 지원자들을 평가하거나 또는 승진 결정 등을 위하여 현재 종업원들을 평가하는 데 사용할 수 있다.
② 관리 직무에 요구되는 단일 수행차원에 대해 피평가자들을 평가한다.
③ 기본적인 평가방식은 집단 내 다른 사람들의 수행과 비교하여 개인의 수행을 평가하는 것이다.
④ 평가도구로는 구두발표, 서류함 기법, 역할수행 등이 있다.
⑤ 다수의 평가자들이 피평가자들을 평가한다.

답 ②

해설

평가 센터(assessment center)

(1) 평가 센터의 개요
① 평가 센터는 사람들의 역량을 측정하기 위한 다양한 방식 중의 하나이다. '평가센터'라는 용어 때문에 각종 평가가 이루어지는 장소를 의미하는 것으로 오해하기 쉬우나, 실제로는 특정한 장소가 아닌 역량을 평가하는 하나의 방식을 뜻한다.
② 평가 센터의 가장 큰 특징은 '피평가자들의 실제 업무 역량을 살펴볼 수 있는 다양한 과제'들을 통해 '피평가자의 관찰된 행동'을 '훈련 받은 다수의 평가자'들이 평가한다는 것이다.
③ 평가 센터에서 사용하는 대표적인 과제로는 역할연기, 서류함 기법, 집단 토의, 프레젠테이션, 상황 면접, 사례 분석 과제 등이 있다. 각 평가 주체들은 자신의 상황과 목표에 맞게 다양한 평가 기법을 사용할 수 있다. 다만 이 과정에서 최소 1개 이상의 모의 상황(simulation) 과제가 필수적으로 포함되어야 한다.
④ 평가 센터에서 사용하는 과제들은 실제 업무 활동과 유사하게 조직되어 해당 직무에 대한 피평가자의 업무 능력을 실제적으로 평가할 수 있다.
⑤ 평가 센터에서는 다양한 과제를 통해 피평가자의 행동을 직접 관찰한다.
⑥ 평가 센터가 지필 검사, 인지능력 검사, 성격 검사, 면접 등과 구분되는 점이다. 피평가자의 행동을 직접 평가하기 때문에 평가 센터는 여타의 역량 측정 방법보다 실제 업무 관련 행동을 잘 예측할 수 있다.
⑦ 평가 센터는 피평가자의 역량을 행동으로 도출하여 관찰하기 때문에 그 평가 과정에 평가자의 개입이 필수적이다. 따라서 각 평가자는 가이드라인에 따라 사전에 훈련되어야 하며 편견에 의한 오류를 방지할 수 있어야 한다.

(2) 평가 센터의 정의
'평가 센터 가이드라인을 위한 국제 태스크포스(International Task Force on Assessment Center Guidelines)'가 발행한 〈평가 센터 운용을 위한 가이드라인과 윤리적 지침(guidelines and Ethical Considerations for Assessment Center Operations)〉은 평가 센터의 기본 구성 요소로 다음과 같은 요인을 언급하고 있다.

[표] 평가 센터의 기본 구성요소

1	Job analysis/competency modeling	평가 센터의 평정 기준을 마련하기 위해 직무 분석과 역량 모델링을 해야 함
2	Behavioral classification	참가자의 행동을 분석하기 위한 행동 범주(특성, 기술, 지식 등)를 분류해야 함
3	Assessment techniques	직무 분석의 결과에 따라 평가 방식을 확립함
4	Multiple assessment	다양한 평가 기법(지필 검사, 면접, 설문, 모의 상황 등)을 사용함
5	Simulations	직무와 관련된 모의 상황 평가가 반드시 포함되어야 함

6	Assessors	다수의 평가자가 각 피평가자를 관찰/평가해야 함
7	Assessor training	평가자는 가이드라인에 입각하여 훈련을 받아야 함
8	Recording behavior and scoring	평가자에 의해 피평가자의 행동이 체계적으로 기록되어야 함
9	Data integration	피평가자의 행동 정보가 통합되어야 함

[표] 평가 센터의 장단점

장점	단점
• 폭넓고 복잡한 역량 측정 • 다양한 업무성과 예측 • 조직 특성에 맞는 탄력적 적용 • 피평가자의 공정성 인식 • 편파 효과가 적음 • 거짓응답 줄임 • 평가자와 피평가자에 대한 교육 효과 • 조직 발전에 도움	• 고비용 • 수행의 복잡성 • 많은 인력과 시간 필요 • 평가자, 과제 특성, 평가 시기 등의 영향 • 평가자의 부담 • 평가 과제 효과의 가능성

(3) 평가 센터의 활용

평가 센터는 다양한 목적으로 활용할 수 있다. 일반적으로는 조직 구성원의 선발과 승진을 위한 평가 도구로 많이 사용하지만, 조직원들의 개발 요구 파악 및 부서 배치, 교육 및 훈련을 위해 평가 센터 기법을 사용할 수도 있다.

① 선발 및 승진: 직무에서 성공할 것으로 예측되는 개인 역량을 판별하여 조직 구성원의 선발 및 승진 평가에 활용한다. 이 과정에서 차별적인 요소가 없어져야 한다.

② 직원 요구 파악 및 부서 배치: 조직원들의 부족한 역량을 파악하고 각 조직원의 역량에 가장 적합한 직무에 배치한다. 예를 들어 벤츠(Bentz, 1967)에 따르면 미국 유통업체 시어스(Sears)는 의사소통 능력이 뛰어난 직원을 프레젠테이션이 많은 부서에 배치하고, 조직원들의 역량이 서로 보완될 수 있도록 부서를 구성한다.

③ 훈련 및 개발: 직원의 결점을 진단하고 필요한 부분에 대한 기술 훈련을 제공할 수 있다. 또한 평가 센터 기법에 참여하는 과정에서 자연스럽게 훈련 및 개발 효과가 발생하기도 한다.

보충학습

① 역할연기(role-play): 직무 중 일어날 수 있는 상황을 바탕으로 상대 역할연기 대상자(상사, 동료, 고객 등)와 상호작용하여 직무를 수행하는 과제이다. 역할연기를 통해 평가자는 피평가자의 의사소통 방식, 문제 해결 방식, 고객 응대 모습 등을 관찰할 수 있으며, 이를 통해 대인 관계에서의 갈등 해결 능력, 동기 부여 및 이해 조정 능력, 설득력 등을 평가할 수 있다.

② 서류함 기법(in-basket): 실제 업무 상황과 흡사한 자료들을 여러 정보 매체(달력, 서류, 메모, 보고서, 이메일 등)를 통해 제공하고, 피평가자들이 이 자료를 바탕으로 어떻게 하루 업무 계획을 세우고 처리하는지를 살펴보는 과제이다. 역할연기와 마찬가지로 실제 업무상황을 재현하기 때문에 업무 행동을 잘 반영할 수 있으며, 문제 해결 방식 및 판단력, 결단력, 기획력, 업무절차 설계 능력 등을 살펴볼 수 있다.

③ 집단 토의(group discussion): 특정 집단에 일정한 과제를 주는 방식이다. 정해진 형식은 없으며, 서로 협력하여 최상의 해결책을 찾거나 각자 맡은 부서를 대변하여 이익을 취하는 상황이 있을 수 있다. 리더의 존재 여부에 따라 리더 없는 집단 토론(Leaderless group discussion)과 리더가 정해진 집단 과제(Assigned-leader group task)로 구분될 수 있으며, 각 팀원에게 역할을 배정하거나 하지 않을 수도 있다. 이 과제를 통해 팀워크와 리더십, 의사소통 기술, 의사결정 기술 등을 평가할 수 있다.

④ 프레젠테이션(presentation): 기초 자료를 주고 간단한 주제에 대해 발표용 자료를 만들어 발표하게 하는 과제이다. 집단 과제로 제시할 수도 있으며, 발표 후 제한점이나 결점을 지적하여 피평가자를 스트레스 상황에 놓이게 하여 그 반응을 살펴볼 수도 있다. 이 과제를 통해 의사소통 능력, 정보 수집 및 활용 능력, 창의력 등을 평가할 수 있다.

⑤ 상황 면접(situational interview) : 업무와 관련된 사람들과 면접을 하는 방식으로 직무에서 발생 가능한 상황에 대해 예상 대응을 묻는 과제이다. 면접 과정에서 피평가자를 스트레스 상황에 처하게 해 반응을 보는 스트레스 면접도 이에 속한다. 의사소통 능력, 순발력, 문제 해결 능력 등을 살펴볼 수 있다.
⑥ 사례 분석(case or project file) : 그동안 있었던 사례나 특정 정보를 주고 문제를 분석하고 판단해 보고서를 작성하도록 하는 과제이다. 문제 분석 능력, 의사결정 능력, 정보 분석 및 활용 능력 등을 평가하며 보고 내용 및 형식에 대해서도 살펴볼 수 있다.

[표] 과제·역량 매트릭스 예

구분	역할연기	서류함 기법	집단 토의	프레젠테이션	상황 면접	사례 분석
문제 분석	○	○	○	○	○	○
전략적 사고		○		○		
의사결정 능력	○	○			○	○
팀워크			○			
친화력	○		○			
리더십			○			
계획 및 조직		○				○
구두 의사소통	○		○	○	○	
서면 의사소통		○				○

2018년도 3월 24일 필기문제

11 목표설정 이론(goal setting theory)에서 종업원의 직무수행을 향상시킬 수 있는 요인들을 모두 고른 것은?

> ㄱ. 도전적인 목표 ㄴ. 구체적인 목표
> ㄷ. 종업원의 목표 수용 ㄹ. 목표 달성 과정에 대한 피드백

① ㄱ, ㄹ
② ㄴ, ㄷ
③ ㄱ, ㄴ, ㄹ
④ ㄴ, ㄷ, ㄹ
⑤ ㄱ, ㄴ, ㄷ, ㄹ

답 ⑤

해설

목표설정의 특성

(1) 헬리겔과 슬로컴(Hellriegel & Slocum, 1978)은 조직 및 개인이 달성해야 할 목표가 적합하게 설정되어야 하고, 개인의 수행 목표는 다음과 같은 기준을 충족해야 한다고 주장한다.
① 수행 목표는 분명하고 세밀하며 모호하지 않아야 한다.
② 수행 목표는 필요조건을 정확하게 기술해야 한다.
③ 수행 목표는 조직의 정책과 절차에 일치해야 한다.
④ 수행 목표는 경쟁성을 지녀야 한다.
⑤ 수행 목표는 기대, 동기 부여, 도전감을 유발할 수 있어야 한다.

(2) 밀코비치와 부드로(Milkovich & Boudreau, 1997)는 목표 설정의 필요성을 제시하면서 다음 네 가지 조건을 주장한다.
① 첫째, 특정한 결과를 성취할 수 있도록 구체적으로 정해야 한다는 것이다. 이는 목표 구체성으로, 애매하거나 추상적인 목표보다는 양적인 명확하고 구체적인 목표를 제시할 때 효과가 높다. 이를테면 시험 기간에 목표를 세울 때, 열심히 공부하겠다거나 학점을 잘 받겠다는 목표를 설정하기보다 하루에 한 챕터를 공부하겠다거나 A학점을 받겠다고 목표를 설정하는 것이 더 효과적이다.
  > 예 래섬과 발데스(Latham & Baldes, 1975)는 제재소로 통나무를 운반하는 트럭 운전사들을 대상으로 목표 구체성에 관한 연구를 진행했다. 트럭 운전사들은 대개 최대 법적 하중으로 짐을 싣지 않았는데, 연구자들은 이를 애매한 목표 설정(예컨대 "최선을 다해라") 때문이라고 보았고, 이를 개선하기 위해 실험을 설계했다. 먼저 운전사들은 첫 8주간 최선을 다해 일하라는 지시만 받았다. 이후에는 트럭 중량의 94[%]에 해당하는 짐을 싣도록 구체적인 목표를 제시했다. 이 실험에서 운전사들은 성과 개선에 따른 보상(금전적 보상, 칭찬 등)이나, 감소에 따른 어떠한 보복 조치도 받지 않았다. 하지만 구체적인 목표 설정 이후 수행은 크게 향상되었고, 높은 실적이 유지되었다.
② 둘째, 양과 질, 영향력이 측정 가능해야 한다는 것이다.
  > 예 브룸(Vroom, 1964)은 개인이 어떤 행동을 하려고 할 때, 그 행동을 통해 어떤 결과를 얻을 수 있는가를 생각하고 그 기대에 따라 행동을 결정한다고 했다. 브룸의 기대 이론의 주요 요인으로는 기대감, 유인성, 수단성이 있다. 기대감은 개인이 일정한 수준의 노력을 기울인다면 특정한 목표를 달성할 수 있을 것이라는 기대의 주관적인 확률이다. 유인성은 개인이 특정한 목표를 달성함으로써 얻는 보상의 선호도로, 그 보상에 대해 개인이 느끼는 매력 정도를 나타낸다.
  > 마지막으로 수단성은 개인이 특정한 성과를 달성하면(1차적 결과) 이에 따라 바람직한 보상이 이어질 것(2차적 결과)이라고 믿는 기대의 주관적인 확률을 말한다. 기업에서 직원들 각자가 열심히 노력하면 좋은 평가를 받고 매력적인 보상(성과급, 승진)을 얻을 것이라고 믿는다면 그 직원들은 높은 수준으로 동기가 부여될 것이다. 이처럼 브룸의 이론은 개인의 행동과 노력이 기대라는 성취 가능성과 유인성이라는 주관적인 가치를 통해 결정되고 이루어진다고 주장한다.

③ 셋째, 설정된 목표가 직무, 조직, 경력 등과 관련하여 달성 가능하고 도전 가치가 있어야 한다는 것이다. 이는 목표 난이도와 관련한 것으로, 사람들은 목표가 어려울수록 더 몰입하게 되어 과제에 대한 흥미와 동기가 높아지고, 직무 성취도와 만족도가 올라간다. 일반적으로 사람들은 자신이 쉽게 달성할 수 있는 목표보다 난이도가 더 높은 목표에 몰입하며 목표 달성을 통한 성취감과 도전의식을 갖는다. 로크(1968)의 연구에 따르면, 개인들에게 낮은 목표, 중간 목표, 높은 목표를 제시했을 때 높은 목표를 가진 사람이 가장 생산성이 높았다.

예) 유클과 래섬(Yukl & Latham, 1978)은 타이피스트를 대상으로 한 연구에서 어려운 목표가 쉬운 목표보다 성과를 증대시킨다는 것을 확인했다. 하지만 목표가 명백하게 달성될 수 없는 경우에는 오히려 개인의 동기가 감소하여 목표를 수행하지 않게 된다. 목표는 난이도가 높으면서 달성 가능하고 도전할 만한 가치가 있을 때 효과가 극대화된다.

마지막으로, 결과를 완성할 구체적인 시간을 명시해야 한다는 것이다. 언제 완수하겠다는 목표가 명확하고 구체적일수록 더 명확한 동기를 부여하여 목표의 효과를 높일 수 있다.

12 인사선발에 관한 설명으로 옳은 것은?

① 올바른 합격자(true positive)란 검사에서 합격점을 받아서 채용되었지만 채용된 후에는 불만족스러운 직무수행을 나타내는 사람이다.
② 잘못된 합격자(false positive)란 검사에서 불합격점을 받아서 떨어뜨렸지만 채용하였다면 만족스러운 직무수행을 나타냈을 사람이다.
③ 올바른 불합격자(true negative)란 검사에서 불합격점을 받아서 떨어뜨렸고 채용하였더라도 불만족스러운 직무수행을 나타냈을 사람이다.
④ 잘못된 불합격자(false negative)란 검사에서 합격점을 받아서 채용되었고 채용된 후에도 만족스러운 직무수행을 나타내는 사람이다.
⑤ 인사선발 과정의 궁극적인 목적은 올바른 합격자와 잘못된 불합격자를 최대한 늘리고 올바른 불합격자와 잘못된 합격자를 줄이는 것이다.

답 ③

해설

(1) 인사선발의 신뢰성
  ① 신뢰성(reliability): 시험결과의 일관성, 즉 어떤 시험을 동일한 환경에서 동일한 사람이 몇 번 보았을 때, 그 결과가 일치하는 정도를 나타낸다.
  ② 시험 - 재시험법(test-retest method): 동일인에게 동일한 내용의 시험을 서로 다른 시기에 실시하여, 결과를 측정하는 방법이다.
  ③ 대체형식법(alternate form method): 동일인에게 유사한 형태의 시험을 실시하여, 두 형태 간의 상관관계를 살펴보는 방법이다.
  ④ 양분법(half split method): 시험내용이나 문제를 반으로 나누어 각각 검사한 다음, 양자의 결과를 비교하는 방법이다.

[표] 채용 후 직무성과

구분		만족(성공)	불만족(실패)
채용 여부	거 부	제1종 오류	올바른 결정
	채 용	올바른 결정	제2종 오류

(2) 인사선발의 타당성
  ① 타당성(validity)은 시험이 측정하고자 하는 내용 또는 대상을 정확히 검정하는 정도를 나타낸다.
    예 시험성적과 어떤 기준치(직무성과의 달성도)를 비교하는 기준관련 타당성(criterion related validity)이 대표적이다.
  ② 동시타당성(concurrent validity): 현직 종업원의 시험성적과 직무성과를 비교하여 선발도구의 타당성을 검사한다.
  ③ 예측타당성(predictive validity): 선발시험에 합격한 사람들의 시험성적과 입사후의 직무성과를 비교하여 타당성을 검사한다.
  ④ 내용타당성(content validity): 요구하는 내용을 시험이 얼마나 잘 나타내는가를 검토하는 것으로, 통계적 상관계수가 아닌 논리적 판단으로 검사한다.
  ⑤ 구성타당성(construct validity): 시험의 이론적 구성과 가정을 측정하는 정도를 나타낸다.

(3) 인사평가의 구성요건(평가의 원칙)
    ① 타당성: 시험이 측정하고자 하는 내용 또는 대상을 정확히 검정하는 정도
    ② 신뢰성: 어떤 시험을 동일한 환경에서 동일한 사람이 몇 번 보았을 때 그 결과가 일치하는 정도
    ③ 수용성: 인사평가제도에 대해서 피평가자들이 적법하고 필요한 것이라고 생각할 뿐만 아니라 평가는 공정하게 시행되고 있으며, 평가결과가 활용되는 평가목적에 대해서 동의하는 정도
    ④ 실용성: 인사평가제도의 도입과 운영으로 발생되는 비용보다 인사평가제도의 도입과 운영으로 인하여 발생되는 효과가 더 큰 것과 관련된 개념
(4) 인사평가 오류
    ① 규칙적 오류: 평가자가 다수의 피평가자를 평가할 때 분포가 특정방향으로 쏠리는 것
        ㉮ 관대화 경향: 모든 대상의 모든 평가요소를 긍정적으로 평가하려는 경향
        ㉯ 중심화 경향: 평가 시 긍정과 부정의 양극단은 피하고 중간점수를 주는 경향
        ㉰ 가혹화 경향: 모든 대상의 모든 평가요소를 부정적으로 평가하려는 경향
    ② 현혹효과(Halo effect, 후광효과): 어느 한 평가요소가 피평가자의 다른 평가에 영향을 미치는 오류
    ③ 유사오류: 평가자가 피평가자의 입장과 유사한 입장을 보이는 동시에 동질감을 느끼고 관대하게 평가하는 경향
    ④ 대조효과(대비오류): 여러 명의 피평가자들을 동시에 평가할 경우에 피평가자 간의 비교를 통하여 평가하게 되는 오류
    ⑤ 논리적 오류: 고과요소들 간에 상당한 논리적 상관관계가 있을 경우에 발생되는 편견
    ⑥ 상동적 태도: 사람을 평가함에 있어서 그 사람이 가지는 특성에 기초하지 않고 그 사람이 속한 집단의 특징이나 그가 속한 집단에 대한 고정관념으로 그 사람을 평가하는 오류
    ⑦ 상관 편견: 평가자가 평가항목의 정확한 차이를 이해하지 못하거나 관련성 없는 평가항목들 간에 상관관계가 있다고 생각하여 발생하는 오류
(5) 평가자 오류
    ① 후광오류: 하나가 좋으면 나머지도 좋게 평가(편견작용)
    ② 관대화 오류: 피평가자를 실제보다 관대하게 평가하는 오류로 도식적 평정법에서 가장 많이 발생
    ③ 중심화 오류: 전반적으로 중간을 선호하는 경향
    ④ 엄격화 오류: 근무성적평정 등에서 평정 결과의 점수 분포가 낮은 쪽에 집중되는 경향

13 심리평가에서 타당도와 신뢰도에 관한 설명으로 옳지 않은 것은?

① 구성타당도(construct validity)는 검사문항들이 검사용도에 적절한지에 대하여 검사를 받는 사람들이 느끼는 정도다.
② 내용타당도(content validity)는 검사의 문항들이 측정해야 할 내용들을 충분히 반영한 정도다.
③ 검사-재검사 신뢰도(test-retest reliability)는 검사를 반복해서 실시했을 때 얻어지는 검사 점수의 안정성을 나타내는 정도다.
④ 평가자 간 신뢰도(inter-rater reliability)는 두 명 이상의 평가자들로부터의 평가가 일치하는 정도다.
⑤ 내적 일치 신뢰도(internal-consistency reliability)는 검사 내 문항들 간 동질성을 나타내는 정도다.

답 ①

해설

심리평가의 타당도

① 구성타당도
  특정한 연구 계획에서 독립변인과 종속변인이 그것들이 측정하고자 하는 것을 정확하게 반영하거나 측정하는 정도
② 내용타당도(content validity) : 검사의 문항들이 측정해야 할 내용들을 충분히 반영한 정도
③ 준거관련 타당도
④ 수렴타당도
⑤ 확산타당도

보충학습

① 검사방법
  작성된 도구가 개념틀에 부합되는지를 확인하기 위해 시도하는 타당도검사로서 요인분석 같은 통계적 방법을 통해 검사
② 심리평가(심리검사) 신뢰도
  ㉮ 검사-재검사 신뢰도(test-retest reliability) : 검사를 반복해서 실시했을 때 얻어지는 검사 점수의 안정성을 나타내는 정도
  ㉯ 평가자 간 신뢰도(inter-rater reliability) : 두 명 이상의 평가자들로부터의 평가가 일치하는 정도
  ㉰ 내적 일치 신뢰도(internal-consistency reliability) : 검사 내 문항들 간의 동질성을 나타내는 정도

참고

2018년 3월 4일(문제 14번 해설)

14 인사평가 시기가 되자 홍길동 부장은 매우 우수한 성과를 보인 이순신 사원을 평가하고, 다음 차례로 이몽룡 사원을 평가하였다. 이때 이몽룡 사원은 평균적인 성과를 보였음에도 불구하고, 평균 이하의 평가를 받았다. 홍길동 부장의 평가에서 발생한 오류는?

① 후광 오류
② 관대화 오류
③ 중앙집중화 오류
④ 대비 오류
⑤ 엄격화 오류

답 ④

해설

평가 오류

(1) 인사선발 오류
인재를 제대로 선발하기는 정말 어려운 일이다. 기껏 좋은 인재라고 뽑아서 온갖 정성과 관심을 갖고 키운 인재가 몇 달 후에 다른 기업으로 가겠다고 사표를 쓰고 이직하는 경우가 종종 있다. 서류전형과 시험에 통과한 지원자들 중에서 면접을 통해 우수한 사람(오래 근무하면서, 일 잘하고, 성과도 높고, 조직에도 잘 적응할 사람)을 뽑는다. 그런데 이런 기대치가 무너지는 경우가 비일비재하다.

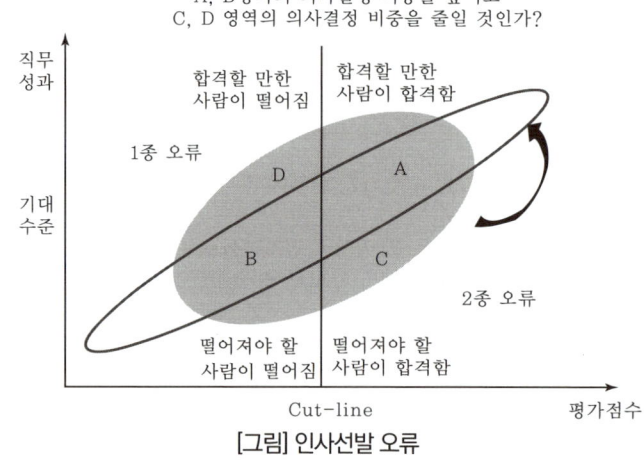

[그림] 인사선발 오류

(2) 평가자 오류
① 후광효과(halo effect)
하나가 좋으면 나머지도 모두 좋게, 하나가 나쁘면 나머지도 나쁘게 평가함(편견 작용) - 소통 능력이 뛰어나면, 다른 역량도 좋은 것으로 판단함
㉮ 학력, 외모, 출신 배경 등 비평가 요소에 의한 영향
㉯ 과거의 성적에 영향받음
㉰ 평가자 자신이 중요시하는 요소가 뛰어나면, 다른 요소도 우수하게 인식
후광 오류로 인해 평가점수가 낮아지는 경우에는 특히 나팔오류(horns effect)라고도 함
인사평가 장면에서 직무 수행의 성과 차원에 대해 비슷한 평가 점수를 줌으로써 발생하는 것이 후광 오류이다. 원인으로는 첫째, 평가자의 지체되는 시간 때문이다. 둘째, 평가자가 피평가자를 잘 모르는 경우 전반적 인상에 따라 평가하게 된다.

② 중심화 경향(관대화 : 엄격화 경향)
  ㉮ 전반적으로 중간을 선호하는 경향(높거나 낮은 점수를 주는 경향)
  ㉯ 직무능력이 아닌 인간관계(혈연, 학연, 지연, 친밀관계 등)에 비중을 두거나, 관찰·기록의 부족으로 인해 평가의 자신감이 부족할 때 자주 나타남
  ㉰ 피평가자를 잘 모르는 경우에 낮은 평가점수를 주는 것을 회피하는 경향이 나타날 수 있음(관대화 경향)
  ㉱ 평가요소의 기준이 불명확할 때도 나타남
③ 대비오차(유사성 효과)
  ㉮ 평가자 본인 또는 특정인, 특히 바로 직전에 평가한 다른 피평가자와 대비해서 판단을 내리는 경향(주관적 관찰로 인한 오류)
  ㉯ 평가자 본인과 유사한 특성(성격, 종교, 가치관 등)이 뛰어나면 우수하게 평가하는 자기중심적 판단성향을 특히 유사성 오류라고 함
  ㉰ 우수관리자가 평가자일 때 자주 나타남
    예) 내가 젊었을 때에는 이러이러했다는 것이 기준이 됨
④ 논리적 착오
  - 평가요소 간의 겉으로 보이는 논리적 일치(탁상공론식 평가로부터 오는 오류)
⑤ 기말효과(최신효과)
  ㉮ 평가 시기의 어떤 임박한 사실에 큰 영향을 받음 – 대개 과거(3~4개월 전)일은 잊어버림 – 평소 피평가자에 대한 업무수행 기록을 남기지 않음
  ㉯ 시뮬레이션이 종료되기 바로 직전의 정보에 큰 비중을 두고 이전에 있었던 많은 정보를 무시하고 판단하는 오류
⑥ 첫인상효과
  ㉮ 처음 5분 정도에 느낀 인상을 근거로 피평가자에 대한 호·불호, 우수·열위, 특정의 이미지 등을 범주화시켜서 평가하는 경향
  ㉯ 평가자가 시간이 흐르면서 얻게 되는 새로운 정보를 객관적으로 수용하기보다는, 먼저 내린 자신의 결정을 확인하고 지지하는 정보를 선택적으로 반응하는 경향이 나타남
⑦ 부정적 정보효과
  - 몇 가지 긍정적인 정보보다는 한 가지 부정적인 정보로부터 더 큰 영향을 받아 판단을 내리는 경향(부정적인 정보가 지닌 가치, 영향력을 과대평가하기 때문)
⑧ 고정관념 효과
  - 면접이이 이상적인 지원자에 대해 자기 나름대로 고정관념을 가지고 있는 경우 응답 내용이나 표준 답안보다도 고정관념과 지원자의 이미지가 일치하는 정도에 따라서 평가하는 경향
    예) 20대가 40대의 패션 코드 → 고루한 성격일 거야
    예) 유명대학 졸업 → 모든 걸 잘 할거야
⑨ 시각단서 효과
  - 지원자가 답변하는 말의 내용보다 지원자의 태도나 동작, 행동 등과 같은 비언어적 시각 단서가 면접관의 평가에 더 큰 영향을 미치는 경향
    예) 메라비언 연구 : 몸짓 55[%], 음색 : 38[%], 말 : 7[%](노먼 라이트 연구)
⑩ 방어적 관념
  - 자기가 알고 있는 사실은 집중적으로 파고들어 가면서도 보고 싶지 않은 것은 외면해 버리는 경향(Perceptional Defence)

15 인간정보처리(human information processing)이론에서 정보량과 관련된 설명이다. 다음 중 옳지 않은 것은?

① 인간정보처리이론에서 사용하는 정보 측정단위는 비트(bit)이다.
② 힉-하이만 법칙(Hick-Hyman law)은 선택반응시간과 자극 정보량 사이의 선형함수 관계로 나타난다.
③ 자극-반응 실험에서 인간에게 입력되는 정보량(자극 정보량)과 출력되는 정보량(반응 정보량)은 동일하다고 가정한다.
④ 정보란 불확실성을 감소시켜 주는 지식이나 소식을 의미한다.
⑤ 자극-반응 실험에서 전달된(transmitted) 정보량을 계산하기 위해서는 소음(noise) 정보량과 손실(loss) 정보량도 고려해야 한다.

답 ③

해설

정보량(amount of information : 情報量)
(1) 자극의 불확실성과 반응의 불확실성은 정보전달이 완벽할 수 없게 한다.
(2) X는 자극의 입력, Y는 반응의 출력을 나타낸 것이고, 중복된 부분은 제대로 전달된 정보량을 나타낸다.

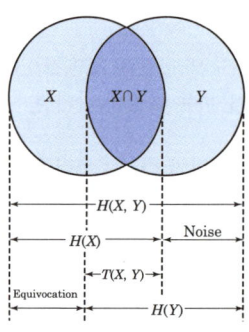

[그림] 정보전달의 개념도

① 정보의 전달량은 다음 식과 같이 나타낼 수 있다.
$T(X, Y) = H(X) + H(Y) - H(X, Y)$
② 정보전달 체계는 완벽하지 못하기 때문에 전달하고자 하는 자극의 정보량, 반응의 정보량, 전달된 정보량이 다를 수 있는데, 이는 Equivocation과 Noise가 존재하기 때문이다.
  ㉮ Equivocation
    전달하고자 의도한 입력 정보량 중 일부가 체계 밖으로 빠져 나간 것을 말한다.
    $Equivocation = H(X) - T(X, Y)$
  ㉯ Noise
    전달된 정보량 속에 포함되지 않았지만 전달체계 내에서 또는 외부에서 생성된 잡음으로 출력 정보량에 포함된다.
    $Noise = H(Y) - T(X, Y)$

16 하인리히(H. Heinrich)의 연쇄성 이론에 관한 설명으로 옳지 않은 것은?

① 연쇄성 이론은 도미노 이론이라고 불리기도 한다.
② 사고를 예방하는 방법은 연쇄적으로 발생하는 사고 원인들 중에서 어떤 원인을 제거하여 연쇄적인 반응을 막는 것이다.
③ 연쇄성 이론에 의하면 5개의 도미노가 있다.
④ 사고 발생의 직접적인 원인은 불안전한 행동과 불안전한 상태다.
⑤ 연쇄성 이론에서 첫 번째 도미노는 개인적 결함이다.

답 ⑤

해설

하인리히(H.W. Heinrich)의 산업재해 도미노 이론
① 제1단계 : 사회적 환경과 유전적 요소(가정 및 사회적 환경의 결함)
② 제2단계 : 개인적 결함
③ 제3단계 : 불안전 상태 및 불안전 행동
④ 제4단계 : 사고
⑤ 제5단계 : 상해(재해)

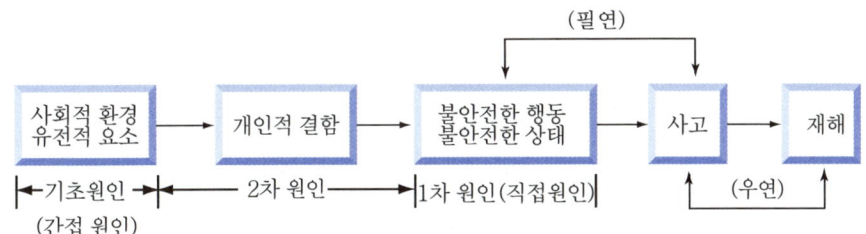

[그림] 사고발생 메커니즘(mechanism)

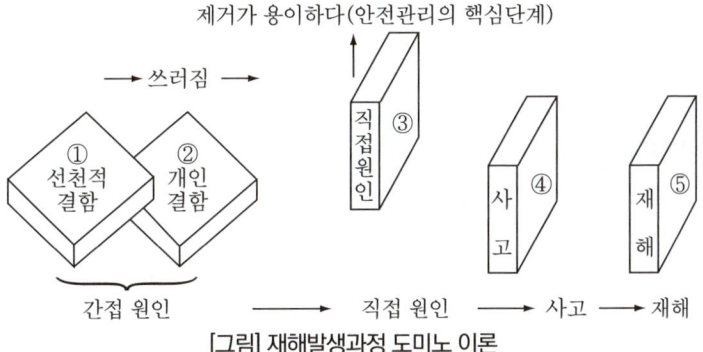

[그림] 재해발생과정 도미노 이론

참고

산업안전일반 p.298(1. 재해발생메커니즘)

합격키

2017년 3월 25일 출제

17 작업장의 적절한 조명수준을 결정하려고 한다. 다음 중 옳은 것을 모두 고른 것은?

> ㄱ. 직접조명은 간접조명보다 조도는 높으나 눈부심이 일어나기 쉽다.
> ㄴ. 정밀 조립작업을 수행할 경우에는 일반 사무작업을 할 때보다 권장조도가 높다.
> ㄷ. 40세 이하의 작업자보다 55세 이상의 작업자가 작업할 때 권장조도가 높다.
> ㄹ. 작업환경에서 조명의 색상은 작업자의 건강이나 생산성과 무관하다.
> ㅁ. 표면 반사율이 높을수록 조도를 높여야 한다.

① ㄱ, ㄴ
② ㄱ, ㄴ, ㄷ
③ ㄱ, ㄷ, ㅁ
④ ㄴ, ㄷ, ㄹ
⑤ ㄱ, ㄴ, ㄷ, ㄹ, ㅁ

답 ②

해설

조명

(1) 전반조명과 국부조명
  ① 전반조명
    조명 기구를 일정한 높이와 간격으로 배치하여 작업장 전체를 균일하게 밝히는 조명방식
  ② 국부조명
    필요한 곳만을 강하게 조명하는 조명법으로 정밀한 작업 또는 시력을 집중시켜줄 수 있는 일에 사용하는 조명방식
(2) 직접조명과 간접조명
  ① 직접조명
    등기구에서 발산되는 광속의 90[%] 이상을 직접 작업면에 투사하는 조명방식

[표] 직접조명의 장·단점

장점	• 조명률이 크므로 소비전력은 간접조명의 1/2~1/3이다. • 설비가 저렴하며 설계가 단순하다. • 효율이 좋다. • 조명기구의 점검, 보수가 용이하다.
단점	• 눈이 부시다. • 빛이 반사되어 물체를 식별하기가 어렵다. • 균일한 조도를 얻기 어렵다.

  ② 간접조명
    등기구에서 발산되는 광속의 90[%] 이상을 천장이나 벽에 투사시켜 이로부터 반사 확산된 광속을 이용하는 조명방식

[표] 간접조명의 장·단점

장점	• 눈부심이 적고 조도가 균일하다. • 그림자가 부드럽다. • 등기구의 사용을 최소화하여 조명 효과를 얻을 수 있다.
단점	• 밝지 않다. • 천장색에 따라 조명 빛깔이 변한다. • 효율성이 떨어진다. • 설비비가 많이 들고 보수가 쉽지 않다.

18 소리와 소음에 관한 설명으로 옳은 것은?

① 인간의 가청주파수 영역은 20,000[Hz]~30,000[Hz]다.

② 인간이 지각한(perceived) 음의 크기는 음의 세기(dB)와 항상 정비례한다.

③ 강력한 소음에 노출된 직후에 발생하는 일시적 청력손실은 휴식을 취하더라도 회복되지 않는다.

④ 우리나라 소음노출기준은 소음강도 90[dB(A)]에 8시간 노출될 때를 허용기준선으로 정하고 있다.

⑤ 소음노출지수가 100[%] 이상이어야 소음으로부터 안전한 작업장이다.

답 ④

해설

소리와 소음

(1) 소음 기준 및 소음노출한계

① 소음 작업 : 1일 8시간 작업을 기준으로 85[dB] 이상의 소음이 발생하는 작업

② 강렬한 소음작업

㉮ 90[dB] 이상의 소음이 1일 8시간 이상 발생하는 작업
㉯ 95[dB] 이상의 소음이 1일 4시간 이상 발생하는 작업
㉰ 100[dB] 이상의 소음이 1일 2시간 이상 발생하는 작업
㉱ 105[dB] 이상의 소음이 1일 1시간 이상 발생하는 작업
㉲ 110[dB] 이상의 소음이 1일 30분 이상 발생하는 작업
㉳ 115[dB] 이상의 소음이 1일 15분 이상 발생하는 작업

③ 충격소음작업

소음이 1초 이상의 간격으로 발생하는 작업
㉮ 120[dB]을 초과하는 소음이 1일 1만회 이상 발생하는 작업
㉯ 130[dB]을 초과하는 소음이 1일 1천회 이상 발생하는 작업
㉰ 140[dB]을 초과하는 소음이 1일 1백회 이상 발생하는 작업

정보제공

산업안전보건기준에 관한 규칙 제512조(정의)

④ 복합소음

㉮ 두 소음 수준차가 10[dB] 이내일 때 : 복합소음 발생
㉯ 같은 소음 수준의 기계 2대일 때 : 3[dB] 소음이 증가하는 현상을 말한다.

합성소음도(전체소음, 여러 소음원 동시 가동 시의 소음도)
$L = 10\log\left(10^{\frac{L_1}{10}} + 10^{\frac{L_2}{10}} + \cdots + 10^{\frac{L_n}{10}}\right)[dB]$ 여기서, L : 합성소음도[dB] $L_1 \sim L_2$: 각 소음원의 소음[dB]

⑤ 은폐현상(Masking 현상)

㉮ 두 음의 차가 10[dB] 이상인 경우 발생한다.
㉯ 높은 음이 낮은 음을 상쇄시켜 높은 음만 들리는 현상이다.

[표] 소음의 노출기준(충격소음 제외)

1일 노출시간(hr)	8	4	2	1	1/2	1/4
소음강도[dB(A)]	90	95	100	105	110	115

주 : 115[dB(A)]를 초과하는 소음 수준에 노출되어서는 안 됨

[표] 충격소음의 노출기준

1일 노출횟수	100	1,000	10,000
충격소음의 강도[dB(A)]	140	130	120

주 : 1. 최대음압수준이 140[dB(A)]를 초과하는 충격소음에 노출되어서는 안 됨
    2. 충격소음이라 함은 최대음압수준에 120[dB(A)] 이상인 소음이 1초 이상의 간격으로 발생하는 것을 말함

(2) 소음과 청력손실
  ① 청력손실
    ㉮ 진동수가 높아짐에 따라 청력손실도 심해진다.
    ㉯ 청력손실의 정도는 노출 소음 수준에 따라 증가한다.
    ㉰ 초기 청력손실은 4,000[Hz]에서 가장 크게 나타난다.
    ㉱ 강한 소음에 대해서는 노출기간에 따라 청력손실이 증가하지만 약한 소음과는 관계가 없다.

> 소음을 내는 기계로부터 거리가 d_2 만큼 떨어진 곳의 소음 계산
>
> $$dB_2 = dB_1 - 20 \times \log\left(\frac{d_2}{d_1}\right) [dB]$$
>
> 소음기계로부터 d_1 떨어진 곳의 소음 : dB_1
> 소음기계로부터 d_2 떨어진 곳의 소음 : dB_2

  ② 음량수준 측정 척도
    ㉮ phone에 의한 음량수준
    ㉯ sone에 의한 음량수준
    ㉰ 인식소음 수준
  ③ 소음 대책
    ㉮ 소음원 통제 : 기계에 고무받침대 부착, 차량에 소음기 부착 등
    ㉯ 소음의 격리 : 씌우개, 방, 장벽, 창문 등으로 격리
    ㉰ 차폐장치, 흡음제 사용
    ㉱ 음향처리제 사용
    ㉲ 적절한 배치(Layout)
    ㉳ 배경음악
    ㉴ 보호구 사용 : 귀마개, 귀덮개
  ④ 난청발생에 따른 조치
    사업주는 소음으로 인하여 근로자에게 소음성 난청 등의 건강장해가 발생하였거나 발생할 우려가 있는 경우에 다음 각 호의 조치를 하여야 한다.
    ㉮ 해당 작업장의 소음성 난청 발생 원인조사
    ㉯ 청력손실을 감소시키고 청력손실의 재발을 방지하기 위한 대책 마련
    ㉰ ㉯에 따른 대책의 이행 여부 확인
    ㉱ 작업전환 등 의사의 소견에 따른 조치

19 산업위생전문가(industrial hygienist)의 주요 활동으로 옳지 않은 것은?

① 근로자 건강영향을 설문으로 묻고 진단한다.
② 근로자의 근무기간별 직무활동을 기록한다.
③ 근로자가 과거에 소속된 공정을 설문으로 조사한다.
④ 구매할 기계장비에서 발생될 수 있는 유해요인을 예측한다.
⑤ 유해인자 노출을 평가한다.

답 ①

해설

산업위생전문가 주요 활동

(1) 윤리강령의 목적 및 책임과 의무
　① 산업위생전문가(Industrial hygienist)는 사업장 내에 존재하는 물리적, 화학적, 생물학적, 인간공학 및 사회·심리적 유해요인의 정성적 유무를 판단할 학문적 배경과 경험은 물론 이를 정량적으로 예측할 수 있는 능력이 있어야 한다. 또한 기업주와 근로자 사이에서 엄격한 중립을 지켜야 한다.
　② 산업위생전문가의 윤리강령(미국산업위생학술원 : AAIH) : 윤리적 행위의 기준
　　㉮ 산업위생전문가로서의 책임
　　　㉠ 성실성과 학문적 실력 면에서 최고 수준을 유지한다.(전문적 능력 배양 및 성실한 자세로 행동)
　　　㉡ 과학적 방법의 적용과 자료의 해석에서 객관성을 유지한다.(공인된 과학적 방법 적용, 해석)
　　　㉢ 전문 분야로서의 산업위생을 학문적으로 발전시킨다.
　　　㉣ 근로자, 사회 및 전문 직종의 이익을 위해 과학적 지식을 공개하고 발표한다.
　　　㉤ 기업체의 기밀은 누설하지 않는다.(정보는 비밀유지)
　　　㉥ 전문적 판단이 타협에 의하여 좌우될 수 있거나 이해관계가 있는 상황에는 개입하지 않는다.
　　㉯ 근로자에 대한 책임
　　　㉠ 근로자의 건강보호가 산업위생전문가의 일차적 책임임을 인지한다.(주된 책임 인지)
　　　㉡ 위험 요인의 측정, 평가 및 관리에 있어서 외부 영향력에 굴하지 않고 중립적(객관적) 태도를 취한다.
　　　㉢ 건강의 유해요인에 대한 정보와 필요한 예방조치에 대해 근로자와 상담(대화)한다.
　　㉰ 기업주와 고객에 대한 책임
　　　㉠ 결과 및 결론을 뒷받침할 수 있도록 정확한 기록을 유지하고 산업위생사업을 전문가답게 전문부서들을 운영 관리한다.
　　　㉡ 기업주와 고객보다는 근로자의 건강보호에 책임을 두어 행동한다.
　　　㉢ 쾌적한 작업환경을 조성하기 위하여 산업위생의 이론을 적용하고 책임있게 행동한다.
　　　㉣ 신뢰를 바탕으로 정직하게 권하고 성실한 자세로 충고하며 결과와 개선점 및 권고사항을 정확히 보고한다.
　　㉱ 일반 대중에 대한 책임
　　　㉠ 일반 대중에 관한 사항은 학술지에 정직하게 사실 그대로 발표한다.
　　　㉡ 적정(정확)하고도 확실한 사실(확인된 지식)을 근거로 전문적인 견해를 발표한다.
　③ 산업안전보건법상 산업보건지도사의 직무(업무)
　　㉮ 작업환경의 평가 및 개선지도
　　㉯ 작업환경 개선과 관련된 계획서 및 보고서의 작성
　　㉰ 근로자 건강진단에 따른 사후관리 지도
　　㉱ 직업성 질병 진단(「의료법」제2조에 따른 의사인 산업보건지도사만 해당한다) 및 예방지도
　　㉲ 산업보건에 관한 조사·연구
　　㉳ 그 밖에 산업보건에 관한 사항으로서 대통령령이 정하는 사항

20 화학물질 급성 중독으로 인한 건강영향을 예방하기 위한 노출기준만으로 옳은 것은?

① TWA, STEL

② Excursion limit, TWA

③ STEL, Ceiling

④ STEL, TLV

⑤ Excursion limit, TLV

답 ③

해설

노출기준의 종류

① 시간가중 평균노출기준(TWA : Time Weighted Average)
- ㉮ 1일 8시간 작업을 기준으로 하여 각 유해인자의 측정치에 발생시간을 곱하여 8시간으로 나눈 값을 말한다.
- ㉯ 산출공식은 다음과 같다.

$$TWA \text{ 환산값} = \frac{C_1 + T_1 + \cdots + C_n T_n}{8}$$

여기서, C : 유해인자의 측정치(단위 : ppm, mg/m³ 또는 개/cm³)
T : 유해인자의 발생시간(단위 : 시간)

② 단시간 노출기준(STEL : Short Term Exposure Limit)
- ㉮ 15분간의 시간가중 평균노출값이다.
- ㉯ 노출농도가 시간가중 평균노출기준(TWA)을 초과하고 단시간 노출기준(STEL) 이하인 경우에는 1회 노출 지속시간이 15분 미만이어야 하고 이러한 상태가 1일 4회 이하로 발생하여야 한다.
- ㉰ 각 노출의 간격은 60분 이상이어야 한다.

③ 최고노출기준(C : Ceiling)
- ㉮ 근로자가 1일 작업시간 동안 잠시라도 노출되어서는 안 되는 기준
- ㉯ 노출기준 앞에 "C"를 붙여 표시한다.

④ 시간가중 평균노출기준(TLV-TWA : ACGIH)
- ㉮ 하루 8시간 주 40시간 동안에 노출되는 평균농도
- ㉯ 작업장의 노출기준을 평가할 때 시간가중 평균농도를 기본으로 함
- ㉰ 이 농도에서는 오래 작업하여도 건강장해를 일으키지 않는 관리지표로 사용
- ㉱ 안전과 위험의 한계로 해석해서는 안 됨
- ㉲ ACGIH에서의 노출 상한선과 노출시간 권고사항
  - TLV-TWA의 3배(30분 이하)
  - TLV-TWA의 5배(잠시라도 노출금지)
- ㉳ 오랜 시간 동안의 만성적인 노출을 평가하기 위한 기준으로 사용

⑤ 단시간 노출기준(TLV-STEL : ACGIH)
- ㉮ 근로자가 자극, 만성 또는 불가역적 조직장애, 사고유발, 응급시 대처능력의 저하 및 작업능률 저하 등을 초래할 정도의 마취를 일으키지 않고 단시간(15분) 노출될 수 있는 기준
- ㉯ 시간가중 평균농도에 대한 보완적인 기준
- ㉰ 만성중독이나 고농도에서 급성중독을 초래하는 유해물질에 적용
- ㉱ 독성작용이 빨라 근로자에게 치명적인 영향을 예방하기 위한 기준

⑥ 천정값 노출기준(TLV-C : ACGIH)
　㉮ 어떤 시점에서도 넘어서는 안 된다는 상한치
　㉯ 항상 표시된 농도 이하를 유지하여야 함
　㉰ 노출기준에 초과되어 노출 시 즉각적으로 비가역적인 반응을 나타냄
　㉱ 자극성 가스나 독작용이 빠른 물질 및 TLV-STEL이 설정되지 않는 물질에 적용
　㉲ 측정은 실제로 순간농도측정이 불가능하며 따라서 약 15분간 측정함
⑦ 장기간 평균 노출기준(LTA)
　발암물질이나 유리규산 등의 농도 평가 시 건강상의 영향을 고려할 때의 노출기준
⑧ SKIN 또는 피부(ACGIH)
　유해화학물질의 노출기준 또는 허용기준에 "피부" 또는 "SKIN"이라는 표시가 있을 경우 그 물질은 피부로 흡수되어 전체 노출량에 기여할 수 있다는 의미
⑨ 단시간 상한값(EL)
　TLV-TWA가 설정되어 있는 유해물질 중에 독성자료가 부족하여 TLV-STEL이 설정되어 있지 않은 물질에 적용될 수 있다.

보충학습

(1) 일반적 정의
　근로자가 유해인자에 노출되는 경우 거의 모든 근로자에게 건강상 나쁜 영향을 미치지 아니하는 수준을 말함
(2) ACGIH 정의
　거의 모든 근로자가 건강상 장해를 입지 않고 매일 반복하여 노출될 수 있다고 생각되는 공기 중 유해인자의 농도 또는 강도(미국)
(3) 특징
　유해요인에 대한 감수성은 개인에 따라 차이가 있으며 노출기준 이하의 작업환경에서도 직업성 질병이 발생되는 경우가 있으므로 노출기준을 직업병 진단에 사용하거나 노출기준 이하의 작업환경이라는 이유만으로 직업성 질병의 이환을 부정하는 근거 또는 반증자료로 사용할 수 없다.
(4) ACGIH(미국정부산업위생전문가 협의회)에서 권고하고 있는 허용농도(TLV) 적용상 주의 사항
　① 대기오염평가 및 지표(관리)에 사용할 수 없다.
　② 24시간 노출 또는 정상 작업시간을 초과한 노출에 대한 독성 평가에는 적용할 수 없다.
　③ 기존의 질병이나 신체적 조건을 판단(증명 또는 반응자료)하기 위한 척도로 사용될 수 없다.
　④ 작업조건이 다른 나라에서 ACGIH-TLV를 그대로 사용할 수 없다.
　⑤ 안전농도와 위험농도를 정확히 구분하는 경계선이 아니다.
　⑥ 독성의 강도를 비교할 수 있는 지표는 아니다.
　⑦ 반드시 산업보건(위생) 전문가에 의하여 설명(해석), 적용되어야 한다.
　⑧ 피부로 흡수되는 양은 고려하지 않은 기준이다.
　⑨ 산업장의 유해조건을 평가하기 위한 지침이며 건강장해를 예방하기 위한 지침이다.
(5) 노출기준(허용농도) 적용에 미치는 영향 인자
　① 근로시간
　② 작업강도
　③ 온열조건
　④ 이상기압
(6) 노출기준에 피부(Skin)표시를 하여야 하는 물질
　① 손이나 팔에 의한 흡수가 몸 전체 흡수에 지대한 영향을 주는 물질
　② 반복하여 피부에 도포했을 때 전신작용을 일으키는 물질
　③ 급성동물실험 결과 피부 흡수에 의한 치사량이 비교적 낮은 물질
　④ 옥탄올 - 물 분배계수가 높아 피부 흡수가 용이한 물질
　⑤ 피부 흡수가 전신작용에 중요한 역할을 하는 물질

21 특수건강진단 결과의 활용으로 옳지 않은 것은?

① 근로자가 소속된 공정별로 분석하여 직무관련성을 추정한다.

② 근로자의 근무시기별로 비교하여 직무관련성을 분석한다.

③ 특수건강진단 대상자가 걸린 질병의 직무 영향을 고찰한다.

④ 직업병 요관찰자 또는 유소견자는 작업을 전환하는 방안을 강구한다.

⑤ 유해인자 노출기준 초과여부를 평가한다.

답 ⑤

해설

제202조(특수건강진단의 실시 시기 및 주기 등) ① 사업주는 법 제130조제1항제1호에 해당하는 근로자에 대해서는 별표 23에서 특수건강진단 대상 유해인자별로 정한 시기 및 주기에 따라 특수건강진단을 실시해야 한다.

② 제1항에도 불구하고 법 제125조에 따른 사업장의 작업환경측정 결과 또는 특수건강진단 실시 결과에 따라 다음 각 호의 어느 하나에 해당하는 근로자에 대해서는 다음 회에 한정하여 관련 유해인자별로 특수건강진단 주기를 2분의 1로 단축해야 한다.

1. 작업환경을 측정한 결과 노출기준 이상인 작업공정에서 해당 유해인자에 노출되는 모든 근로자
2. 특수건강진단, 법 제130조제3항에 따른 수시건강진단(이하 "수시건강진단"이라 한다) 또는 법 제131조제1항에 따른 임시건강진단(이하 "임시건강진단"이라 한다)을 실시한 결과 직업병 유소견자가 발견된 작업공정에서 해당 유해인자에 노출되는 모든 근로자. 다만, 고용노동부장관이 정하는 바에 따라 특수건강진단·수시건강진단 또는 임시건강진단을 실시한 의사로부터 특수건강진단 주기를 단축하는 것이 필요하지 않다는 소견을 받은 경우는 제외한다.
3. 특수건강진단 또는 임시건강진단을 실시한 결과 해당 유해인자에 대하여 특수건강진단 실시 주기를 단축해야 한다는 의사의 소견을 받은 근로자

③ 사업주는 법 제130조제1항제2호에 해당하는 근로자에 대해서는 직업병 유소견자 발생의 원인이 된 유해인자에 대하여 해당 근로자를 진단한 의사가 필요하다고 인정하는 시기에 특수건강진단을 실시해야 한다.

④ 법 제130조제1항에 따라 특수건강진단을 실시해야 할 사업주는 특수건강진단 실시 시기를 안전보건관리규정 또는 취업규칙에 규정하는 등 특수건강진단이 정기적으로 실시되도록 노력해야 한다.

정답근거

산업안전보건법 시행규칙

22 유해물질 측정과 분석에 관한 설명으로 옳은 것은?

① 공기 중 먼지 농도를 표현하는 단위는 ppm이다.

② 공기 채취 펌프와 화학물질 분석기기는 1차 표준기구이다.

③ 미세먼지에서 중금속은 크로마토그래피로 정량한다.

④ 개인시료(personal sample) 채취에 의한 농도는 종합적인 유해인자 노출을 나타낸다.

⑤ 공기 중 유기용제는 대부분 고체 흡착관으로 채취한다.

답 ⑤

해설

유해물질 측정

① "개인시료채취"란 개인시료채취기를 이용하여 가스·증기·분진·흄(fume)·미스트(mist) 등을 근로자의 호흡위치(호흡기를 중심으로 반경 30[cm]인 반구)에서 채취하는 것을 말한다.

② "지역시료채취"란 시료채취기를 이용하여 가스·증기·분진·흄(fume)·미스트(mist) 등을 근로자의 작업행동 범위에서 호흡기 높이에 고정하여 채취하는 것을 말한다.

③ 가스 크로마토그래피 원리 및 적용범위 : 가스 크로마토그래피는 기체시료 또는 기화한 액체나 고체 시료를 운반가스로 고정상이 충진된 칼럼(또는 분리관) 내부를 이동시키면서 시료의 각 성분을 분리·전개시켜 정성 및 정량하는 분석기기로서 허용기준 대상 유해인자 중 휘발성 유기화합물의 분석 방법에 적용한다.

23 작업장에서 기계를 이용한 환기(ventilation)에 관한 설명으로 옳은 것은?

① HVACs(공조시설)는 발암물질을 제거하기 위해 설치하는 환기장치이다.
② 국소배기장치 덕트 크기(size)는 후드 유입 공기량(Q)과 반송속도(V)를 근거로 결정한다.
③ HVACs(공조시설) 공기 유입구와 국소배기장치 배기구는 서로 가까이 설치하는 것이 좋다.
④ HVACs(공조시설)에서 신선한 공기와 환류공기(returned air)의 비는 7:3이 적정하다.
⑤ 국소배기장치에서 송풍기는 공기정화장치 앞에 설치하는 것이 좋다.

답 ②

해설

공기공급 시스템

(1) 개요
① 환기시설에 의해 작업장 내에서 배기된 만큼의 공기를 작업장 내로 재공급하는 시스템을 말한다.
② 효율적인 환기시스템을 운영하기 위해서는 공기공급 시스템이 필요하다.
③ 국소배기장치가 효과적인 기능을 발휘하기 위해서는 후드를 통해 배출되는 양의 공기가 외부로부터 보충되어야 한다.

(2) 공기공급 시스템이 필요한 이유
① 국소배기장치의 원활한 작동을 위하여
② 국소배기장치의 효율 유지를 위하여
③ 작업장 내 음압 발생에 의한 안전사고를 예방하기 위하여
④ 에너지(연료)를 절약하기 위하여
⑤ 작업장 내의 방해기류(교차기류)가 생기는 것을 방지하기 위하여
⑥ 정화되지 않은 외부공기가 작업장 내로 유입되는 것을 방지하기 위해서

(3) 공기공급(Make-up Air)을 위한 고려사항
① 공기의 공급량은 배기량의 약 10[%] 정도가 넘게 이루어져야 한다.
② 공기의 공급은 작업장 내 깨끗한 지역의 공기가 오염물질이 존재하는 지역으로 흐르도록 유지해야 한다.
③ 공기는 바닥에서부터 2.4~3.0[m] 높이인 작업자가 머무는 영역으로 유입되도록 조절해야 한다.
④ 작업자에게 겨울철 공급용 공기의 온도는 18[℃]로 유지하는 것이 바람직하다. 그러나 격심한 작업인 경우에는 16[℃](경우에 따라서는 13[℃]까지 낮게 공급할 수 있다.)
⑤ 공기 유입구는 배출된 오염물질의 재유입을 막을 수 있도록 위치시켜야 한다.

(4) 공기공급(Make-up Air)방법
① 바람에 의한 자연환기
 $Q = K_W \cdot A \cdot V$
 여기서, Q : 건물을 통해서 흐르는 공기[m³/sec]
  K_W : 바람이 들어오는 각도에 따른 계수. 바람이 건물의 창에 경사지게 들어오면 0.3, 수직으로 들어오면 0.5를 적용함
  A : 열린 면적[m²]
  V : 바람의 평균유속[m/sec]

② 중력에 의한 자연환기
 $Q = 0.12 \cdot A \cdot \sqrt{H \Delta T}$
 여기서, A : 건물에서 공기가 들어오는 열려진 입구나 공기가 배출되는 배출구의 면적
  H : 건물에서 공기가 들어오는 열려진 입구와 배출구 사이의 높이
  ΔT : 실내와 실외의 평균온도 차이

24 작업환경측정(유해인자 노출평가) 과정에서 예비조사 활동에 해당하지 않는 것은?

① 여러 유해인자 중 위험이 큰 측정대상 유해인자 선정

② 시료채취전략 수립

③ 노출기준 초과여부 결정

④ 공정과 직무 파악

⑤ 노출 가능한 유해인자 파악

답 ③

해설

예비조사
작업장의 환경관리를 위해 작업장 내 유해인자를 측정하기 전에 예비조사를 실시해야 한다.
① 예비조사 내용(조사항목)
  ㉮ 근로자의 작업특성(작업업무별 근로자수, 작업내용설명, 업무분석 등 파악)
  ㉯ 작업장과 공정특성(공정도면과 공정보고서 활용)
  ㉰ 유해인자의 특성(사용량, 사용시기, 유해성 자료)
② 예비조사 목적
  ㉮ 동일노출그룹(유사노출그룹 : HEG)의 설정
    ㉠ 어떤 동일한 유해인자에 대하여 통계적으로 비슷한 수준(농도, 강도)에 노출되는 근로자 그룹이라는 의미
    ㉡ 작업환경측정 분야에서 유사노출군의 개념이 도입된 배경은 한 작업장 내에 존재하는 근로자 모두에 대해 개인 노출을 평가하는 것이 바람직하나 시간적 경제적 사유로 불가능하여 대표적인 근로자를 선정하여 측정·평가를 실시하고 그 결과를 유사노출군에 적용하고자 하는 것이다.
    ㉢ HEG의 설정방법은 조직, 공정, 작업범주, 공정과 작업내용별로 구분하여 설정한다.
  ㉯ 정확한 시료채취전략 수립
    ㉠ 발생되는 유해인자의 특성을 조사한다.
    ㉡ 작업장과 공정의 특성을 파악한다.
    ㉢ 측정대상, 측정시간, 측정매체 등을 계획한다.
③ 동일노출그룹(HEG) 설정 목적
  ㉮ 시료채취 수를 경제적으로 하는 데 있다.
  ㉯ 모든 작업의 근로자에 대한 노출농도를 평가할 수 있다.
  ㉰ 역학조사 수행 시 해당근로자가 속한 동일노출그룹의 노출농도를 근거로 노출원인 및 농도를 추정할 수 있다.
  ㉱ 작업장에서 모니터링하고 관리해야 할 우선적인 그룹을 결정하기 위함이다.

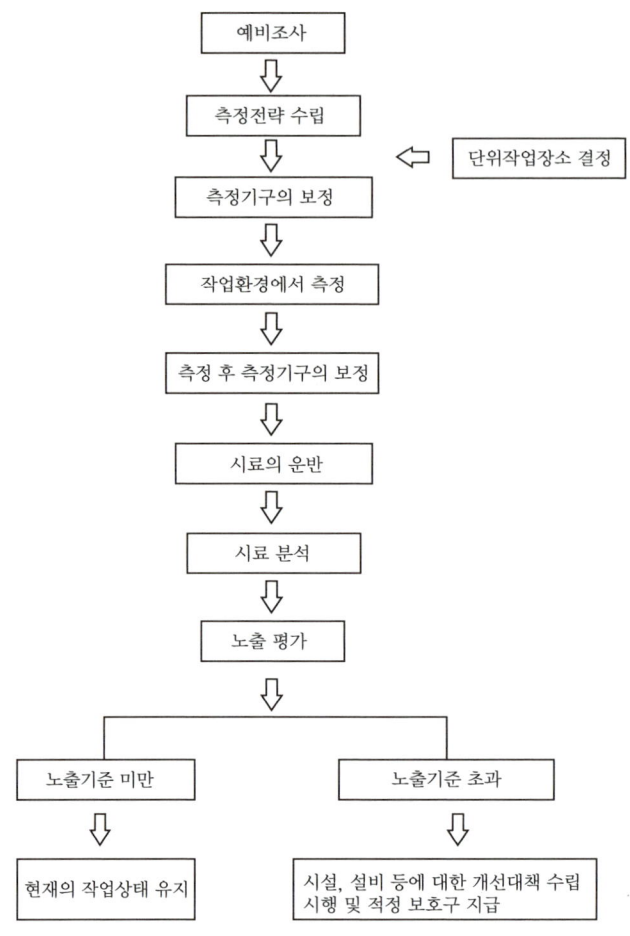

[그림] 작업환경측정 흐름도

25 나노먼지가 주로 발생되는 공정 또는 작업이 아닌 것은?

① 용접
② 유리 용융
③ 선철 용해
④ CNC 가공
⑤ 디젤 연소(diesel combustion)

답 ④

해설

1나노(nano)미터(10^{-9}미터)
① '나노'는 그리스어로 아주 작다는 것을 뜻한다.
② 단위로 사용하는 1나노미터의 준말이다.
③ 1나노미터는 10^{-9}미터(10억분의 1)이다. 이것은 머리카락 두께의 1/50,000에 해당하는 크기이고 수소원자지름의 10배에 해당하는 길이이다.
④ 보통 원자의 크기가 0.2~0.3나노미터(이하 나노라 함)이므로 원자 3개를 일렬로 배열하면 1나노가 되고 전형적인 박테리아 크기의 1/1,000이 된다.

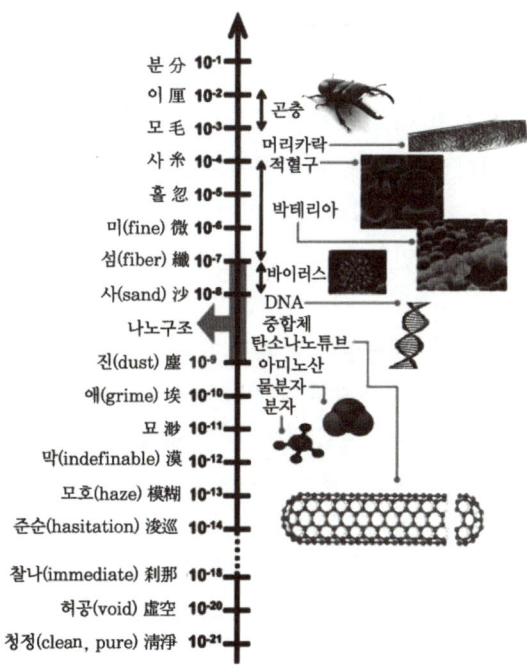

[그림] 서양과 동양의 크기에 관한 용어설명(오른쪽은 대응되는 자연계 사물의 크기)

보충학습

CNC(Computer Numerical Control)
① 컴퓨터 수치제어, 기계를 만드는 기계인 공작기계를 자동화한 것이 NC 공작기계다.
② NC 공작기계는 정밀하게 기계를 가공할 수 있지만 내장된 기능과 방법이 고정돼 간혹 오동작을 일으키기도 한다.
③ CNC 공작기계는 컴퓨터를 내장해 프로그램을 조정할 수 있어 오동작을 크게 줄일 수 있다.

2019년도 3월 30일 필기문제

산업안전지도사 자격시험
제1차 시험문제지

제3과목 기업진단·지도	총 시험시간 : 90분 (과목당 30분)	문제형별 A

| 수험번호 | 20190330 | 성 명 | 도서출판 세화 |

【수험자 유의사항】

1. 시험문제지 표지와 시험문제지 내 **문제형별의 동일여부** 및 시험문제지의 **총면수·문제번호 일련순서·인쇄상태** 등을 확인하시고, 문제지 표지에 수험번호와 성명을 기재하시기 바랍니다.
2. 답은 각 문제마다 요구하는 **가장 적합하거나 가까운 답 1개**만 선택하고, 답안카드 작성 시 시험문제지 **형별누락, 마킹착오**로 인한 불이익은 전적으로 **수험자에게 책임**이 있음을 알려 드립니다.
3. 답안카드는 국가전문자격 공통 표준형으로 문제번호가 1번부터 125번까지 인쇄되어 있습니다. 답안 마킹 시에는 반드시 **시험문제지의 문제번호와 동일한 번호**에 마킹하여야 합니다.
4. **감독위원의 지시에 불응하거나 시험 시간 종료 후 답안카드를 제출하지 않을 경우** 불이익이 발생할 수 있음을 알려 드립니다.
5. 시험문제지는 시험 종료 후 가져가시기 바랍니다.

【안 내 사 항】

1. 수험자는 **QR코드를 통해 가답안을 확인**하시기 바랍니다.
   (※ 사전 설문조사 필수)
2. 시험 합격자에게 '**합격축하 SMS(알림톡) 알림 서비스**'를 제공하고 있습니다.

- 수험자 여러분의 합격을 기원합니다 -

2019년도 3월 30일 필기문제

3. 기업진단·지도

01 직무관리에 관한 설명으로 옳지 않은 것은?

① 직무분석이란 직무의 내용을 체계적으로 분석하여 인사관리에 필요한 직무정보를 제공하는 과정이다.
② 직무설계는 직무 담당자의 업무 동기 및 생산성 향상 등을 목표로 한다.
③ 직무충실화는 작업자의 권한과 책임을 확대하는 직무설계방법이다.
④ 핵심직무특성 중 과업중요성은 직무 담당자가 다양한 기술과 지식 등을 활용하도록 직무설계를 해야 한다는 것을 말한다.
⑤ 직무평가는 직무의 상대적 가치를 평가하는 활동이며, 직무평가 결과는 직무급의 상정에 활용된다.

답 ④

해설

직무특성이론[Job Characteristics Theory, 職務特性理論]
(1) 개요
  ① 핵심직무특성이론(Core Characteristics Model)은 그렉 올드햄(Greg R.Oldham)과 리차드 해크만(J.Richard Hechman)에 의해서 1970년대 후반과 1980년대 초반에 개발된 이론이다.
  ② 직무 성과, 직무 만족과 같은 요인들이 어떻게 직무의 특성에 의해 영향을 받는지를 잘 설명해주는 이론으로서, 올드햄과 해크만은 핵심적인 다섯 가지의 직무특성이 개인의 심리상태에 영향을 미쳐 직무 성과를 결정짓는 요인으로 작용하며, 그 과정에서 개인의 성장욕구가 중요한 변수로서 작용한다고 보았다.
  ③ 직무특성의 조절을 통해 반복적이고 기계적인 직무로부터 비롯되는 직무 불만족 등을 최소화하고 개인적 성취감, 만족감 등을 느낄 수 있도록 하는 데 활용된다.
  ④ 산업심리학 용어로, 직무가 가지고 있는 특성이 개인의 내적 심리상태에 영향을 주어 생산성, 직무 성과 등에 영향을 미친다는 이론이다.
(2) 직무특성 5가지
  ① 기술 다양성(Skill Variety)
    ㉮ 직무를 수행하기 위해 요구되는 기술이 다양할수록 개인은 직무에 대하여 더 의미와 가치가 있는 것으로 느끼며, 자기 효능감을 경험한다.
    ㉯ 항상 같은 업무를 담당하거나 특정 기술만이 요구되는 직무를 한다면 개인은 성장하거나 해당 직무가 의미있다는 느낌을 갖지 못한다.
  ② 과업 정체성(Task Identity)
    ㉮ 직무의 범위로서, 직무가 전체 작업 공정 중 일부만을 담당하는 것인지 전체를 모두 포함하는 것인지와 관련되어 있다.
    ㉯ 전체 과정 중 특정 부분만을 담당할 때보다 전체 과정을 담당할 때 개인은 직무를 더 보람된 것으로 느끼게 된다.
  ③ 과업중요(성)도(Task Significance)
    ㉮ 직무가 고객이나 주변 사람들에게 미치는 영향을 정도로, 이는 조직 내에서의 영향력을 의미하는 것일 수도 있고, 조직을 넘어선 더 큰 영역에서의 영향력일 수도 있다.
    ㉯ 개인은 자신의 직무가 타인에게 더 많은 영향을 미친다고 느낄수록 과업을 중요한 것으로 생각한다.

④ 자율성(Autonomy)
  ㉮ 직무를 담당함에 있어서 주어지는 권한과 독립성의 정도로, 개인은 스스로 직무를 계획, 관리, 조절할 수 있을 때 직무에 대해서 더 많은 의미를 부여한다.
  ㉯ 언제 일을 시작할 것인지, 어떤 과정을 거칠지 등에 대해서 독립성을 가지고 스스로 결정할 수 있을 때, 개인은 업무 성과의 성공이나 실패에 대해서 더 많은 개인적 책임감을 느낀다.
⑤ 피드백(Feedback)
  ㉮ 결과에 대해서 개인이 어느 정도의 지식이나 정보를 가지고 있는지에 관한 것이다.
  ㉯ 업무결과에 대해 구체적이고 명확한 정보를 얻고, 성과 향상을 위해 어떤 행동을 하면 될 지 알 수 있을 때 개인은 생산성을 향상시키는 방향으로 직무를 담당할 수 있다.

(3) 직무특성의 영향
  ① 5가지의 직무특성은 잠재적 동기지수(MPS : Motivating Potential Score)로서, 직무에 대해서 부여하는 의미, 책임감, 직무에 대한 지식과 같은 개인의 심리적 상태에 영향을 미친다.
  ② 구체적으로 기술 다양성과 직무 정체성, 직무 중요성은 직무 의미에 영향을 주며, 자율성은 직무에 대한 책임감, 피드백은 직무 지식에 영향을 미친다.
  ③ 심리적 상태는 다시 직무에 대한 내적 동기, 작업 수행, 결근율, 이직률, 직무 만족도와 같은 직무 성과에 영향을 준다.
  ④ 개인의 성장욕구가 높을수록 다섯가지 직무특성의 효과적 조절을 통한 내적 만족감, 동기부여의 증진이 더 많이 나타난다.

(4) 직무특성 활용
  ① 직무특성이론은 직무특성의 조절을 통하여 개인의 심리상태와 성과를 향상시키는 전략으로서, 산업 및 조직심리학, 행정학, 교육공학 등 다양한 학문 영역과 기업, 기관 등에서 활용되어 왔다.
  ② 기술 다양성을 높이기 위해서 기업에서는 직무능력 향상을 위해 지속적인 교육 및 순환보직을 통한 반복적 업무의 감소, 유사한 업무 단위로 조직을 구성하거나 기획 및 생산의 전 과정을 경험할 수 있는 방식으로의 업무 조정, 직무의 중요도를 조직원이 직접 느낄 수 있도록 고객과 직접 접촉할 수 있는 환경에서의 업무기회 제공, 자율성 향상을 위한 직무권한의 위임, 피드백 향상을 위한 정보 제공 등 다양한 노력을 기울인다.

(5) 직무특성이론의 한계
  ① 직무특성이론은 효과적인 직무설계를 통하여 개인이 직무에 대해서 더 긍정적인 태도를 가지고 성과향상을 이룰 수 있도록 한다는 점에서 의미가 있다.
  ② 개인과 직무 사이의 적합도에 대한 관심을 증폭시키는 계기가 되었다.
  ③ 개인의 내적 상태가 항상 가변적이며 수많은 개인차를 모두 고려하는 것을 불가능하다는 점 등은 한계점으로 지적된다.

결론

핵심직무특성 : 개인적 성취감, 만족감, 개인의 성장욕구가 중요변수

02 노동조합에 관한 설명으로 옳지 않은 것은?

① 직종별 노동조합은 산업이나 기업에 관계없이 같은 직업이나 직종 종사자들에 의해 결성된다.
② 산업별 노동조합은 기업과 직종을 초월하여 산업을 중심으로 결성된다.
③ 산업별 노동조합은 직종 간, 회사 간 이해의 조정이 용이하지 않다.
④ 기업별 노동조합은 동일 기업에 근무하는 근로자들에 의해 결성된다.
⑤ 기업별 노동조합에서는 근로자의 직종이나 숙련 정도를 고려하여 가입이 결정된다.

답 ⑤

해설

기업별 노동조합(企業別 勞動組合, enterprise union)
(1) 개요
　① 기업별 노동조합은 하나의 기업 또는 사업장에 속하는 근로자들이 직종에 관계없이 결합한 노동조합이다.
　② 근로자들의 조합의식이 미약한 가운데 단시일 내에 사용자와 단체교섭을 하기 위해 등장한 조합으로, 동종 산업 내 기업별 규모에 큰 차이가 있고 기업에 따라 근로조건이 크게 다르며 노동력의 이동이 적은 경우에 활용되었다.
　③ 세계 제2차대전 후 종신고용제와 연공가금제가 정착된 일본에서 이용된 형태이다.
(2) 장점
　① 조합결합이 손쉽고 조합원의 참여의식이 강하다.
　② 근로자의 연대의식에 따른 전국적인 대규모의 노사분규가 없다.
　③ 개별기업 내부에서 노동조합과 사용자와의 관계가 긴밀하다.
　④ 기업의 특수성을 반영하여 노사협조가 잘 이루어질 수 있다.
(3) 단점
　① 사용자에 의한 어용화의 위험이 크다.
　② 기업 내 근로자의 직종에 따라 이해관계가 대립되어 조합원의 분열이 심하다.
　③ 근로조건의 개선이 단위조합에 제한되어 기업마다 근로조건이 다르므로 노동이동이 심하다.
　④ 소규모조합으로 노동운동의 전문가를 양성할 수 없다.
　⑤ 단체교섭의 전술이나 전략을 개발하기 어렵다.
　⑥ 단체교섭과 노사협의의 기능이 혼돈되어 사업장 내 분규가 끊이지 않는다.

결론

기업별 노동조합 : 근로자의 직종이나 숙련 정도에 관계없이 결성된 노동조합

참고

2016년 5월 11일(문제 2번)

보충학습

노동조합의 구분
① 직종별 노조 : 특정직종 종사자, 그것도 일정수준 이상의 숙련공만을 조합원으로 조직
② 기업별 노조 : 특정기업 또는 특정사업장에 종사하는 정규직 노동자만으로 조직
③ 산업별 노조 : 일정산업에 속하기만 하면 직종, 연령, 숙련도, 남녀를 구별하지 않고 조직
④ 일반 노조 : 모든 노동자를 대상으로 조직

03 조직구조 유형에 관한 설명으로 옳지 않은 것은?

① 기능별 구조는 부서 간 협력과 조정이 용이하지 않고 환경변화에 대한 대응이 느리다.
② 사업별 구조는 기능 간 조정이 용이하다.
③ 사업별 구조는 전문적인 지식과 기술의 축적이 용이하다.
④ 매트릭스 구조에서는 보고체계의 혼선이 야기될 가능성이 높다.
⑤ 매트릭스 구조는 여러 제품라인에 걸쳐 인적자원을 유연하게 활용하거나 공유할 수 있다.

답 ③

해설

조직구조[組織構造, organizational structure]
① 조직 구성원의 '유형화된 교호작용(patterned interaction)'의 구조를 말한다.
② 조직 구성원들은 조직 목표를 달성하기 위해 서로 협동하면서 끊임없이 상호작용을 계속하는 바, 이러한 계속적인 교호작용 속에서 조직 구성원들의 행위의 유형이 형성된다.
③ 조직 내의 수평적 분화 및 수직적 계층에 따라 다양한 형태를 띤 대표적인 조직구조는 베버(M. Weber)가 제시한 관료제 조직으로 분업화와 집권화 및 공식화 정도가 높은 조직 형태다.
④ 그 밖의 조직구조로는 애드호크라시(adhocracy)·사업부제조직·직능조직·행렬조직 등이 있으며, 기계적 조직과 유기체적 조직으로 나눌 수 있다.
⑤ 조직을 형성하고 있는 여러 요소(要素)들에 의하여 이루어진 관계형(關係型)보다 구체적으로 말하면, 조직구조란 조직 구성원들의 상호관계, 즉 조직 내에서의 권력관계, 지위·계층 관계, 조직 구성원들의 역할 배분·조정의 양태, 조직 구성원들의 활동에 관한 관리체계 등을 통틀어 일컫는 말이다.
⑥ 사회 단위로서의 조직이 갖는 구조는 생물이나 기계의 조직처럼 눈으로 볼 수 있는 것이 아니고 조직의 운영이나 행태를 통해서만 그 존재를 인식할 수 있는 개념상의 존재인 것이다.
⑦ 조직의 구조를 이해하려면 조직을 형성하고 있는 여러 부분 요소들의 역할을 통해 간접적으로 그 존재를 추정할 수밖에 없다.
⑧ 조직의 기본 요소로는 목표·구성원·구조·기술·환경 등을 들 수 있다. 그러고 보면 구조도 역시 조직의 기본 요소 중의 하나이다.
⑨ 구조는 조직의 다른 여러 요소들이 유기적으로 상호작용할 수 있게 잘 배열시켜 놓은 상태라 말할 수 있다.
⑩ 구성원의 배열만을 예로 든다 하더라도 계층제·부서편성·계선과 참모·공식조직과 비공식조직 등을 순열(順列) 또는 조합(組合)으로 배열하면 대단히 복잡 다양하게 전개될 수 있다.
⑪ 조직의 구조는 하나의 집단을 이루고 있는 구성원들의 상호관계에 관한 규범적인 질서를 비롯하여 상호권력관계, 구성원의 행동을 조정(調整)하는 체계이므로 어떤 집단일지라도 그것이 구조화되어 있지 않으면 조직이라 말할 수 없다.
⑫ 엄밀한 의미에 있어서 조직과 집단은 이런 점에서 서로 구별된다.

결론

① 사업별 구조:전문적 지식·기술축적 불가
② 보기 ③은 기능별 구조의 특징

참고

2016년 5월 11일(문제 4번)

> **보충학습**

조직의 종류 및 특징

구분	특징
프로젝트 조직	① 특정 프로젝트를 수행하기 위해서 일시적으로 구성되는 조직 ② 목적지향적이고 목적달성을 위해 기존의 조직보다 효율적이고 유연하게 운영가능 ③ 태스크포스(Task forces)라고도 함
사업부제 조직	① 제품이나 시작, 지역을 기초로 만들어진 조직 ② 다국적 기업들이 보편적으로 채택하여 운영하는 조직형태 ③ 사업부마다 중복된 부서가 있어 자원의 낭비가 심히 커 지나친 경쟁이 유발되어 전체적인 목표달성을 방해할 가능성이 있음
팀 조직	① 의사결정과정을 단순화하여 빠른 대응이 가능하도록 만든 조직 ② 상호보완적인 기술이나 지식을 갖는 구성원이 자율권을 갖고 업무를 수행하도록 한 조직 ③ 신속한 의사결정조직으로 동기부여가 쉬우나 유능한 구성원이 필요
매트릭스형 조직	① 중규모 형태의 기업에서 시장상황에 따라 인적 자원을 효율적으로 활용하는 조직형태 ② 사업부 조직의 단점을 해결하기 위해 기능별, 목적별 부문화를 혼합한 형태 ③ 팀 중심 활동 및 구성원 간의 협동심에 증가하나 역할갈등의 소지를 가지고 있음
위원회 조직	① 집단토의방식을 도입한 조직의 형태 ② 광범위한 정보를 필요로 하거나 참가자의 충분한 사전이해가 있어야 하는 경우에 사용 ③ 시간낭비 및 기동성이 떨어지고 책임소재가 불분명한 것이 단점

04 JIT(Just-In-Time) 생산방식의 특징으로 옳지 않은 것은?

① 간판(kanban)을 이용한 푸시(push) 시스템
② 생산준비시간 단축과 소(小)로트 생산
③ U자형 라인 등 유연한 설비배치
④ 여러 설비를 다룰 수 있는 다기능 작업자 활용
⑤ 불필요한 재고와 과잉생산 배제

답 ①

해설

JIT(적기생산방식)
① JIT는 일본의 도요타자동차사가 원가절감을 통한 생산성 향상을 위해 창안한 독자적인 생산방식이다.
② JIT는 'Just In Time'의 약자로, 필요한 때에 맞추어 물건을 생산·공급하는 것을 의미한다.
③ 제조업체가 부품업체로부터 부품을 필요한 시기에 필요한 수량만큼만 공급받아 재고가 없도록 해주는 재고관리 시스템이다.
④ 도요타 방식은 JIT 실천을 위해 '물건과 정보의 흐름도'라는 그림을 만들어서 활용하고 있다.
⑤ 설비능력과 인력을 미리 준비하는 것이 아니라 제품이 판매되는 속도에 맞춰 설비능력과 인력을 준비해 낭비요소를 없애고 있다.
⑥ 공정간 생산 차질을 빚지 않도록 생산제품의 정보를 간판(看板)에 적어 앞뒤 공정 간 정보를 주고받는 방식(간판방식)으로 진행되어 '간판(看板)방식'이라고도 불린다.
⑦ JIT는 미국 하버드대 경영대학원이 도요타의 성공을 연구하면서 '간판'과 '가이젠'을 일본어 발음대로 표기할 정도로 유명해진 방식으로, 이후 우리나라를 비롯하여 세계의 여러 기업들이 이 방식을 도입했다.

보충학습
① 간판방식 : 앞뒤 공정 정보 교환
② 푸시(push) 시스템 : 한 공정만 정보제공
③ 보기 ①은 풀(pull) 시스템
④ 용어정의
   ㉮ 간판시스템(看板方式, kanban system) : JIT시스템에서 생산을 허가하고 물자를 이동시키는 방법으로 최종조립라인으로 부품을 끌어오는 (pulling) 시스템을 말한다.
   ㉯ 고객 주문에 의해 생산이 시작되며, 부품의 생산과 공급이 후속 공정의 필요에 의해 결정되는 풀(pull)시스템의 자재흐름 체계이다.
   ㉰ 자동화, 작업자의 라인정지 권한 부여, 안돈(andon), 오작동 방지, 5S의 활성화로 일관성 있는 고품질을 달성하고 있는 시스템이다.
   ㉱ 안돈(andon) : 등(lamp)의 의미를 갖는 일본말로서 생산현장에서 작업자들이 도움을 요청할 때 사용되어지는 시각적 관리장치(Visual Control)를 말한다.

합격키
2016년 5월 11일(문제 8번)

05 매슬로우(A. Maslow)의 욕구단계이론 중 자아실현욕구를 조직행동에 적용한 것은?

① 도전적 과업 및 창의적 역할 부여
② 타인의 인정 및 칭찬
③ 화해와 친목분위기 조성 및 우호적인 작업팀 결성
④ 안전한 작업조건 조성 및 고용 보장
⑤ 냉난방 시설 및 사내식당 운용

답 ①

해설

매슬로우의 욕구단계이론
(1) 매슬로우가 1954년 발표한 논문 "동기부여와 인간성(Motive and Personality)"에서 인간욕구의 5단계설을 제시하면서 동기부여와 욕구의 변화단계를 말하였다.
(2) 1970년에 자아초월의 욕구를 추가하여 현재는 매슬로우 인간욕구 6단계설을 제안하였다.
(3) 매슬로우의 인간욕구 6단계설[Maslow's hierarchy of needs(6 categories), 1970]
　① 제1단계:생리적 욕구(Physiological Needs)
　② 제2단계:안전의 욕구(Safety security Needs)
　③ 제3단계:사회적 욕구(Acceptance Needs)
　④ 제4단계:자아의 욕구(Self-esteem Needs)
　⑤ 제5단계:자아실현의 욕구(Self-actualization Needs)
　⑥ 제6단계:자아초월의 욕구(Self-transcendence Needs)

결론
자아초월 = 이타정신 = 남을 배려하는 마음

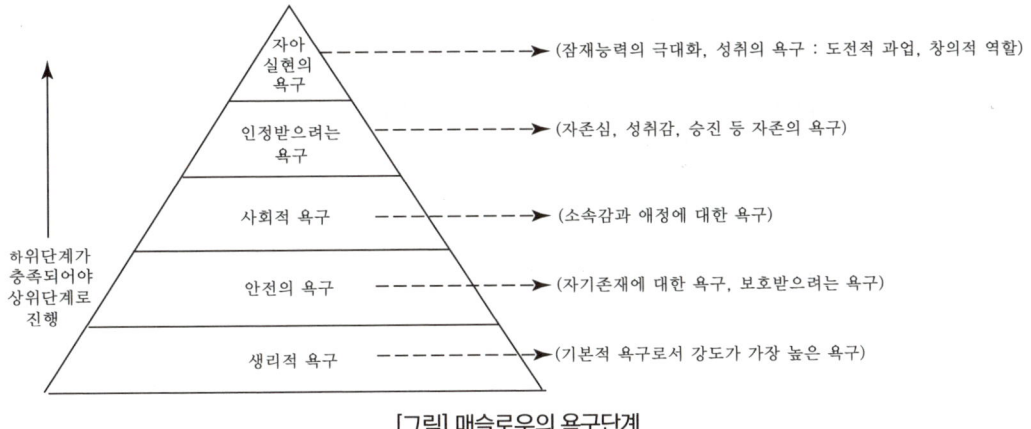

[그림] 매슬로우의 욕구단계

결론
자아실현욕구:도전적 과업, 창의적 역할

06 품질개선 도구와 그 주된 용도의 연결로 옳지 않은 것은?

① 체크시트(check sheet) : 품질 데이터의 정리와 기록

② 히스토그램(histogram) : 중심위치 및 분포 파악

③ 파레토도(Pareto diagram) : 우연변동에 따른 공정의 관리상태 판단

④ 특성요인도(cause and effect diagram) : 결과에 영향을 미치는 다양한 원인들을 정리

⑤ 산점도(scatter plot) : 두 변수 간의 관계를 파악

답 ③

해설

전사적 품질관리(TQC)의 7가지 도구

구분	특징
히스토그램	데이터가 어떤 분포를 하고 있는지를 알아보기 위해 작성(분포도)
파레토그램	불량 등의 발생건수를 분류항목별로 나누어 크기 순서대로 나열(영향도, 하자도)
특성요인도	결과에 원인이 어떻게 관계하고 있는가를 한눈에 알 수 있도록 작성(원인결과도)
체크시트	계수치의 데이터가 분류항목의 어디에 집중되어 있는가를 알아보기 쉽게 나타냄(집중도)
산점도	대응되는 두 개의 짝으로 데이터를 그래프 용지 위에 점으로 나타냄(상관도, 산포도)
층별	집단을 구성하고 있는 데이터를 특징에 따라 몇 개의 부분집단으로 나누는 것(부분집단도)
관리도(Control Chart)	불량발생 건수 등의 추이를 파악하여 목표관리를 행하는 데 필요한 월별 관리선을 설정하여 관리하는 방법

결론

① 파레토도 : 불량 등의 발생건수를 항목별로 나누어 크기순서대로 나열하는 방식
② 보기 ③은 관리도의 특징

07
어떤 프로젝트의 PERT(Program Evaluation and Review Technique) 네트워크와 활동소요시간이 아래와 같을 때, 옳지 않은 설명은?

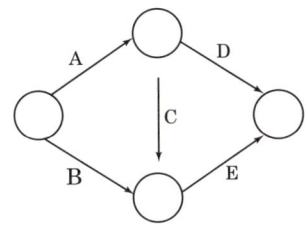

활동	소요시간(日)
A	10
B	17
C	10
D	7
E	8
계	52

① 주경로(crtical path)는 A - C - E이다.
② 프로젝트를 완료하는 데에는 적어도 28일이 필요하다.
③ 활동 D의 여유시간은 11일이다.
④ 활동 E의 소요시간이 증가해도 주경로는 변하지 않는다.
⑤ 활동 A의 소요시간을 5일만큼 단축시킨다면 프로젝트 완료시간도 5일만큼 단축된다.

답 ⑤

해설

PERT
(1) 주경로(CP)찾기(각 경로 중 가장 긴 경로가 CP임)
  ① 경로1) A→D = 17일
  ② 경로2) A→C→E = 28일
  ③ 경로3) B→E = 25일
(2) 활동구간
  ① 주경로(CP)는 A - C - E이다.

  보충설명
  주경로는 전체 작업경로 중 작업소요시간이 가장 긴 구간을 말함. 이 문제의 경우 작업시간이 가장 긴 경로2) A - C - E이다.

  ② 프로젝트를 완료하는 데에는 적어도 28일이 필요하다.

  보충설명
  이프로젝트의 완료시간은 최소한 주경로인 28일 이상이 필요하다.

  ③ 활동 D의 여유시간은 11일이다.

  보충설명
  각 공정별 여유시간은 앞 공정에 영향을 주지 않는 것을 전제로 주경로일만큼의 여유를 가질 수 있다.
  ex) A→D = 17일, A→C→E = 28 ∴ 28 - 17 = 11일

  ④ 활동 E의 소요시간이 증가해도 주경로는 변하지 않는다.

  보충설명
  E공정의 작업소요시간이 증가해도 작업완료일은 증가할 수 있어도 주경로가 변경되지는 않는다.

  ⑤ 활동 A의 소요시간을 5일만큼 단축시키면 프로젝트의 완료시간도 5일만큼 단축된다.

> **보충설명**

A공정을 5일 단축하면 현재 주경로인 경로 2)의 작업소요시간이 23일 단축되어, 주경로가 경로 3)으로 바뀌게 되며, 또한 주경로를 경로 2)로 유지하게 되면 B공정에 최소 3일의 공기가 부족하게 된다. 따라서 E공정에서 단축가능한 작업일수는 경로 3)의 소요일수와 같은 25일이며, 최대 3일까지만 단축이 가능하다.

> **참고**

① PERT : 공사를 진행하기 위한 계획을 작성할 때 어떠한 방법과 어떠한 공정의 진전 방법을 이용해야 인원이나 자재의 낭비를 막고 공정기간을 단축할 수 있는지를 밝히는 공정관리기법으로, 작업순서나 작업이 진행된 정도를 한눈에 알 수 있도록 작성하는데 이것은 공사일정이나 납기를 산출하는 데 자주 이용된다.
② 2017년 3월 25일(문제 5번)

08 공장의 설비배치에 관한 설명으로 옳은 것을 모두 고른 것은?

> ㉠ 제품별 배치(product layout)는 연속, 대량 생산에 적합한 방식이다.
> ㉡ 제품별 배치를 적용하면 공정의 유연성이 높아진다는 장점이 있다.
> ㉢ 공정별 배치(process layout)는 범용설비를 제품의 종류에 따라 배치한다.
> ㉣ 고정위치형 배치(fixed position layout)는 주로 항공기 제조, 조선, 토목건축 현장에서 찾아볼 수 있다.
> ㉤ 셀형 배치(cellular layout)는 다품종 소량생산에서 유연성과 효율성을 동시에 추구할 수 있다.

① ㉠, ㉤
② ㉠, ㉣, ㉤
③ ㉡, ㉢, ㉣
④ ㉠, ㉡, ㉣, ㉤
⑤ ㉠, ㉢, ㉣, ㉤

답 ②

해설

시설배치의 원칙

1. 배치원칙
(1) 바람직한 공장배치란, 불필요한 운반을 지양하고 공간을 최대한 활용하면서 적은 노력으로 빠른 시간에 목적하는 제품을 경제적으로 생산할 수 있도록 설비를 배치하는 것을 말한다.
(2) 설비배치 본래의 목적은 생산 시스템의 효율성을 높이도록 기계, 원자재, 작업자 등의 생산요소와 서비스시설의 배열을 최적화하는 것이며, 설비배치를 할 때에는 다음 6가지 원칙으로 정리해 표현할 수 있다.
  ① 종합적인 조화의 원칙(principle of overall integration)
  ② 최단운반거리의 원칙(principle of minimum distance moved)
  ③ 원활한 흐름의 원칙(principle of flow)
  ④ 공간활용의 원칙(principle of cubic space)
  ⑤ 작업자의 안전도와 만족감의 원칙(principle of satisfaction and safety)
  ⑥ 융통성의 원칙(principle of flexibility)

2. 설비배치의 종류
  (1) 공정별 배치(process layout)
  (2) 제품별 배치(product layout)
  (3) 셀형 배치(cellular layout)
  (4) 혼합형 배치(hybrid layout)
  (5) 위치고정형 배치(fixed position layout)
  (6) U자형 배치(U-Shaped layout)

3. 배치의 특징
제품을 효율적으로 생산하기 위해서는 생산 설비의 효율적인 배치가 중요하다. 효율적인 설비배치란 자재의 흐름이 정체됨 없이 원활하도록 하여 자재의 불필요한 운반을 최소화하고, 공간을 최대한 활용하면서 적은 노력으로 빠른 시간에 목적하는 제품을 생산할 수 있도록 설비를 배치하는 것이다. 일반적으로 설비배치의 방식은 주로 제품의 종류나 그 수량을 고려하여 결정되며, 다음의 세 가지 방식으로 크게 나뉜다.

(1) 제품별 배치(Product Layout)방식
① 생산하려는 제품의 종류는 적지만 생산량이 많은 경우에 주로 사용된다.
② 각 제품별로 완성품이 될 때까지의 공정 순서에 따라 설비를 배열해 부품 및 자재의 흐름을 단순화하는 것이 핵심이다.
③ 이 방식을 활용하면 공정의 흐름에 따라 제품이 생산되므로 자재의 운반 거리를 최소화할 수 있어 전체 공정 관리가 쉽다.
④ 기계 고장과 같은 문제가 발생하면 전체 공정이 지연될 수 있고, 규격화된 제품 생산에 최적화된 설비 및 배치 방식을 사용하기 때문에 제품의 규격이나 디자인이 변경되면 설비배치 방식을 재조정해야 하는 문제가 있다.

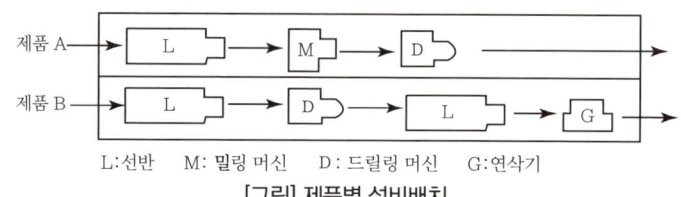

[그림] 제품별 설비배치

[장점]
① 빠른 생산 속도
② 낮은 재고 수준
③ 품목 교체와 자재 운반에 따른 낭비 시간의 제거

[단점]
① 수명이 짧거나 불확실한 제품에 대해 배치를 재설계해야 할지도 모르는 위험의 증대
② 유연성의 감소
③ 수요가 적은 제품/서비스에 대한 낮은 자원가동률

(2) 기능별 배치(Process Layout)방식
① 다양한 종류의 제품들을 소량으로 생산하는 경우에 적합한 방식이다.
② 고객의 요구가 다양하고 제품의 디자인이 수시로 변하는 패션 의류나 규격화가 어려운 특수 부품을 생산하는 공장에서 볼 수 있다.
③ 핵심은 기능의 설비들을 한데 모아 배치한다는 것이다.
④ 기능별 배치를 하게 되면 동일한 설비들을 한곳에 집중시킬 수 있어 설비 관리가 쉽고, 기계 고장과 같은 문제 상황에 융통성 있게 대응할 수 있다.
⑤ 설비에 따라 자재가 이동하므로 자재의 이동 및 대기 시간이 길어질 수 있고, 제품별 공정이 서로 달라서 전체 공정을 관리하기가 쉽지 않다.

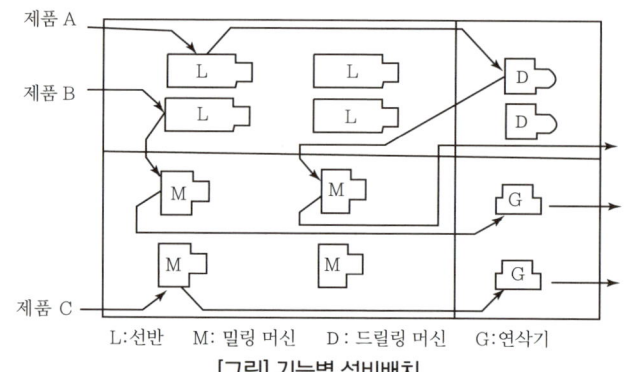

[그림] 기능별 설비배치

(3) 그룹 배치(Group Layout)방식
　① 기능별 배치 방식의 단점을 해소하기 위한 설비배치 방식으로서 다품종 소량생산을 더 효과적으로 수행하기 위해 고안되었다.
　② 핵심은 형태나 공정이 유사한 제품들을 하나의 제품군으로 묶고, 그러한 제품군들이 공통적으로 거치는 설비들을 하나의 설비군으로 묶어 소그룹화된 작업장인 셀(Cell)에 배치하는 것이다.
　③ 하나의 설비군 안에서 특정 제품군에 속한 모든 제품들이 필요한 공정을 거치도록 하기 때문에 공정 흐름의 복잡성을 줄일 수 있다.
　④ 자재의 이동 및 대기 시간을 줄여 생산성을 향상시킬 수 있다.
　⑤ 셀별로 공정이 진행되기 때문에 전체 공정의 관리가 훨씬 수월해진다.

4. 공정별 배치 장단점
(1) 장점
　① 인력과 장비의 범용으로 인한 낮은 자본집약도
　② 새로운 제품의 도입이나 새로운 마케팅 전략에 따른 영향이 작은 높은 유연성
　③ 수요가 적을 경우도 한 생산설비나 종업원이 여러 제품의 생산에 참여함으로써 높은 장비 가동률을 보임
　④ 공정별 배치에서는 여유 능력이 있어야 고객화(customization)된 제품/서비스에 대한 불확실한 수요에 대처가 가능함
　⑤ 전문화된 종업원의 감독
(2) 단점
　① 느린 작업속도
　② 한 제품에서 다른 제품으로 전환하는 과정에서 시간 손실이 큼
　③ 많은 재고가 필요함
　④ 작업 시작에서 종료 시까지의 시간이 길어짐
　⑤ 높은 자재 운반 비용
　⑥ 작업 경로가 분화되고 흐름이 복잡하여 융통성 있는 운반장치가 필요함
　⑦ 생산계획과 통제가 어려움

> **결 론**

① 제품별 배치 : 유연성 감소가 단점
② 공정별 배치 : 인력과 장비를 범용으로 배치
③ 보기 ⓒ : 공정별 배치
④ 보기 ⓒ : 제품별 배치

09 리더십이론의 설명으로 옳은 것을 모두 고른 것은?

㉠ 블레이크(R. Blake)와 머튼(J.Mouton)의 리더십 관리격자모형에 의하면 일(생산)에 대한 관심과 사람에 대한 관심이 모두 높은 리더가 이상적 리더이다.
㉡ 피들러(F.Fiedler)의 리더십상황이론에 의하면 상황이 호의적일 때 인간중심형 리더가 과업지향형 리더보다 효과적인 리더이다.
㉢ 리더 - 부하 교환이론(leader-member exchange theory)에 의하면 효율적인 리더는 믿을 만한 부하들을 내 집단(in-group)으로 구분하여, 그들에게 더 많은 정보를 제공하고, 경력개발 지원 등의 특별한 대우를 한다.
㉣ 변혁적 리더는 예외적인 사항에 대해 개입하고, 부하가 좋은 성과를 내도록 하기 위해 보상시스템을 잘 설계한다.
㉤ 카리스마 리더는 강한 자기 확신, 인사관리, 매력적인 비전 제시 등을 특징으로 한다.

① ㉠, ㉡, ㉣
② ㉠, ㉢, ㉤
③ ㉡, ㉢, ㉣
④ ㉠, ㉡, ㉢, ㉤
⑤ ㉠, ㉢, ㉣, ㉤

답 ②

해설

리더십이론

(1) 피들러의 상황리더십이론(Fiedler's Contingency Theory of Leadership)
① 상황을 고려한 최초의 리더십이론으로 피들러(Fiedler, F. E.)는 과업의 성공적 수행은 이를 이끌어 나가는 리더십의 스타일과 과업이 수행되는 상황의 호의성(favorableness)에 따라 달라진다고 보고 있다.
② Fiedler는 리더십 스타일을 과업지향형(task-oriented)과 관계지향형(relationship-oriented)으로 분류하고 있다.
③ 과업지향형이 리더십 행사의 초점을 과업 자체의 진척과 성취에 맞추고, 여기에 방해되는 일탈행위를 예방하거나 차단하는 데 주력하는 통제형 리더십(controlling leadership) 스타일이라면, 관계지향형은 통솔 하에 있는 부하직원들과의 원만한 관계형성을 통해 과업의 성취를 이끌어 내려는 배려형 리더십(considerate leadership) 스타일을 의미한다.
④ 피들러의 리더십 상황모델에서 리더의 성격특성은 8개 항목(질문)들로 이루어져 있으며 리더십유형은 18개 항목(질문)으로 구성된 LPC(Least Preferred Co-Worker) 설문에 의하여 측정된다.

(2) 변혁적 리더십(Transformational Leadership)
① 변혁적 리더십은 베버(Weber, T.)가 처음 논의를 한 후에 번스(Burns, J. M.), 바스(Bass, B. M.)에 의해 행동리더십 모델로 정립되었다. 이는 거래적 리더(transactional leader)와 대별되는 리더 모델이다.
② 거래적 리더는 하위자에게 각자의 책임과 기대하는 바를 명확하게 제시하며, 각자의 행동에 어떤 대가가 돌아갈 것인지 합의하여 리더십을 발휘한다.
③ 변혁적 리더는 주어진 목적의 중요성과 의미에 대한 하위자의 인식수준을 제고시키고, 하위자가 개인적 이익을 넘어서서 자신과 집단, 조직 전체의 이익을 위해 일하도록 만든다.
④ 하위자의 욕구수준을 매슬로우(Maslow, A. H.)가 제시하였던 상위수준으로 끌어올림으로써 하위자를 근본적으로 변혁시키는 리더이다.
⑤ 거래적 리더십을 발휘하는 리더는 "기대되었던 성과"만을 하위자로부터 얻어내는 반면, 변혁적 리더십을 발휘하는 리더는 하위자로부터 "기대이상의 성과"를 얻어낼 수 있다.

> **보충학습**

관리 그리드(Managerial grid)이론

리더의 행동을 생산에 대한 관심(production concern)과 인간에 대한 관심(people concern)으로 나누고 그리드로 개량화한 이론

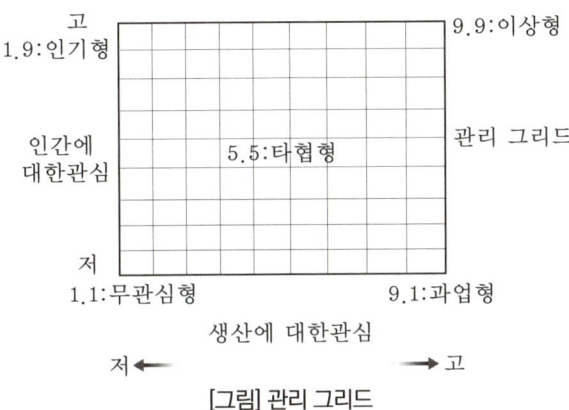

[그림] 관리 그리드

[표] 관리 그리드 5가지 유형

형	구분	특징
1.1형	무관심형	① 생산, 사람에 대한 관심도가 모두 낮음 ② 리더 자신의 직분 유지에 필요한 노력만 함
1.9형	인기형	① 생산, 사람에 대한 관심도가 매우 높음 ② 구성원 간의 친밀감에 중점을 둠
9.1형	과업형	① 생산에 대한 관심도 매우 높음, 사람에 대한 관심도 낮음 ② 업무상 능력을 중시함
5.5형	타협형	① 사람과 업무의 절충형 ② 적당한 수준성과를 지향함
9.9형	이상형	① 구성원과의 공동목표, 상호 의존관계를 중요시함 ② 상호신뢰, 상호존경, 구성원을 통해 과업 달성함

> **참고**

산업안전지도사(3. 기업·진단지도) p.118(3. 관리 그리드의 5가지 유형)

10 산업심리학의 연구방법에 관한 설명으로 옳지 않은 것은?

① 관찰법 : 행동표본을 관찰하여 주요 현상들을 찾아 기술하는 방법이다.

② 사례연구법 : 한 개인이나 대상을 심층 조사하는 방법이다.

③ 설문조사법 : 설문지 혹은 질문지를 구성하여 연구하는 방법이다.

④ 실험법 : 원인이 되는 종속변인과 결과가 되는 독립변인의 인과관계를 살펴보는 방법이다.

⑤ 심리검사법 : 인간의 지능, 성격, 적성 및 성과를 측정하고 정보를 제공하는 방법이다.

답 ④

해설

심리학연구방법

(1) 실험적 연구 : 원인과 결과에 관한 조사연구

실험법(experimental method)은 심리학에서 가장 많이 쓰이는 연구방법이다. 모든 연구는 탐구심을 야기하는 의문에서 시작되며 그 다음에는 그 답을 얻는 실험이 실시된다. 실험이란 실험자가 조작한 독립변인과 종속변인들이 다른 변인들에 영향을 미치는가를 확인하려고 실시되는 매우 통제가 잘된 과학적 절차이다.

① 이론 : 심리학의 이론들은 행동에 관한 철저한 연구와 과학적 관찰이 성립된 후 행동에 관해서 개발된 설명들이다.

② 가설 : 원인과 결과의 예측으로써 연구대상인 한 행동에 관해 가능한 설명이다.

③ 독립변인과 종속변인

㉮ 독립변인이란 실험자가 통제한 변인이며 독립변인의 효과를 확인하려고 피험자에게 실험을 실시하는 행동특징들을 말한다.(•원인 : 독립변인   •결과 : 종속변인)

㉯ 종속변인이란 피험자가 실험 중에 자기의 행동으로 나타내고 독립변인의 변화에 따라 영향을 받은 측정 가능한 행동이다.

④ 실험연구

㉮ 실험연구는 한 집단의 결과와 다른 집단의 결과가 비교될 수 있도록 최소한 두 집단의 피험자들을 필요로 한다.

㉯ 한 집단은 통제 조건이며 독립변인의 영향을 받지 않는다.

㉰ 다른 집단은 실험조건이며 독립변인의 영향을 받는다.

(2) 비 실험적 연구 : 행동들 간의 상관관계를 연구

어떤 경우에는 행동을 실험하기가 힘들다. 그래서 다수의 비 실험적 기교들이 개발되어 연구되었다.

① 관찰법

㉮ 자연 상태에서 사람이나 동물의 행동을 관찰하여 다양한 행동에 대한 정보를 수집하는 것이다.

㉯ 경우에 따라서는 관찰 그 자체가 궁극의 목표일 수도 있겠으나 관찰 연구는 보다 잘 통제된 실험 연구로 발전되는 경우가 많다.

② 조사법(survey method)

㉮ 조사방법들, 즉 검사, 질문지, 그리고 면접 등으로 알고 싶은 것을 '물어보는 것'이다.

㉯ 조사법은 정치적인 여론, 소비자 기호, 인간의 성행동, 건강에 대한 연구 등 많은 부분에서 사용되고 있다.

㉰ 특히 갤럽 여론 조사(Gallup poll)와 미국 인구 통계(U.S.census)가 가장 대표적인 설문조사이다.

③ 사례연구(case history)

㉮ 특정 개인의 생애의 일부를 심층적으로 연구하는 것이다.

㉯ 연구의 관심이 성인 우울증의 아동기 선행요인에 있다면 연구자는 생애 초기의 사건들에 대한 질문으로 연구를 시작할 수 있다.

㉰ 사례사들은 과학적인 목적을 위해 작성된 전기이며, 개인차를 연구하는 심리학자들에게 중요한 데이터이다.

④ 상관관계연구 : 행동의 원인들을 확인할 수 없으나 이런 연구는 변인들 간의 상관관계를 제시한다.

> 보충학습

심리학의 분야(구분)

(1) 기초심리학: 인간의 마음과 행동에 관한 기본적인 사실을 수집, 예측할 수 있는 이론 정립(인간내면의 행동을 연구, 무의식의 세계를 연구)
  ① 생리심리학
  ② 학습심리학
  ③ 성격심리학
  ④ 발달심리학
  ⑤ 사회심리학
  ⑥ 지각심리학

(2) 응용심리학: 기초심리학의 연구결과를 일상적인 삶에 적용하여 삶을 향상시킴(인간행동의 겉면을 연구, 의식의 세계를 연구)
  ① 임상심리학
  ② 상담심리학
  ③ 교육심리학/학교심리학
  ④ 산업 및 조직 심리학
  ⑤ 기타: 범죄심리학, 법정심리학, 생태심리학, 군사심리학, 건축심리학 등

> 결론

실험법: 한 집단은 통제 조건으로 독립변인의 영향을 받지 않는다.
① 원인: 독립변수
② 결과: 종속변수

[표] 장·단점

장점	단점
① 가외변인의 영향을 엄격히 통제할 수 있음 ② 피험자의 무선할당이 가능함 ③ 독립변인을 자유롭게 조작할 수 있음 ④ 정확한 측정이 가능함	① 제한된 상황에서 연구를 하기 때문에 외적 타당도가 낮음 ② 인위적인 환경에서 연구를 하기 때문에 독립변인의 효과가 약하게 나타나거나 실제와 다르게 나타날 수도 있음.

11 일 - 가정 갈등(work-family conflict)에 관한 설명으로 옳지 않은 것은?

① 일과 가정의 요구가 서로 충돌하여 발생한다.

② 장시간 근무나 과도한 업무량은 일 - 가정 갈등을 유발하는 주요한 원인이 될 수 있다.

③ 적은 시간에 많은 것을 해내기를 원하는 경향이 강한 사람은 더 많은 일 - 가정갈등을 경험한다.

④ 직장은 일 - 가정 갈등을 해소시키는 데 중요한 역할을 담당하지 않는다.

⑤ 돌봐 주어야 할 어린 자녀가 많을수록 더 많은 일 - 가정 갈등을 경험한다.

답 ④

해설

일 - 가정 갈등의 배경

① '역할 갈등'이란 한 영역에서 적응하고 효과적으로 기능하려고 학습한 기술이나 가치가 다른 영역에서는 효과적이지 못한 경우를 의미한다.
② 일-가정 갈등의 문제는 현대사회의 변화 속에서 직장과 가정의 책임 역할이 변화하면서 더욱 부각되고 있다.
③ 프론(Frone, 1995)은 서구 직장인의 40~78[%]가 일-가정 갈등을 겪고 있다고 보고했다.
④ 레페티(Reppetti, 1987)는 사람들이 가진 신체적, 정신적, 정서적 자원들이 제한되어 있고 직장과 가정 영역 각각에서 이런 자원들을 조화롭게 사용하지 못함으로써 나타나는 역할 갈등이 일-가정 갈등이라고 했다.
⑤ 1980년대에는 연구자들이 일-가정 갈등을 매우 단순한 시각에서 보았고 이 두 영역 사이의 갈등 해소가 주요한 사회적 관심의 대상으로 떠올랐다.
⑥ 1990년대에는 일-가정 갈등과 가정-일 갈등의 양방향에서 접근하기 시작했으며 2000년대 이후에는 일과 가정의 역할 수행이 기존의 연구에서 지적하는 것처럼 갈등만을 빚는 것이 아니라 상호 이익이 되도록 작용할 수도 있음을 지적하는 연구들이 활발하게 이루어지고 있다.
⑦ 현재의 일-가정 갈등 연구는 가정에 대한 관심과 중요도가 일 못지않게 중요하다는 사회 현실을 반영하고 있다.

[표] 일과 가정의 균형과 갈등

결정 요인	갈등과 균형의 성격	결과/영향
조직요인	주관적 지표	직무만족
업무의 요구 조직문화 내지 업무 풍토 가정의 요구 가정문화	일과 삶 동등한 균형 일 중심적 균형 가정 중심적 균형 일의 삶 방해 또는 전이에 의한 갈등 삶의 일 방해 또는 전이에 의한 갈등	삶 만족 정신 건강/복지 스트레스/질병 직무상의 행태 내지 성과 가정에서의 행태 내지 성과 직장에서 타인에게 미치는 영향 가정에서 타인에게 미치는 영향
개인 요인	객관적 지표	
일에 대한 가치관 성격 에너지 개인적 통제 및 대처 성 연령 생애 및 경력 단계	노동 시간 자유 시간 가족 역할	

결론

직장은 일 - 가정 갈등을 해소시키는 역할을 한다.

12 인간의 정보처리 방식 중 정보의 한 가지 측면에만 초점을 맞추고 다른 측면은 무시하는 것은?

① 선택적 주의(selective attention)

② 분할 주의(divided attention)

③ 도식(schema)

④ 기능적 고착(functional fixedness)

⑤ 분위기 가설(atmosphere hypothesis)

답 ①

해설
선택적 주의 : 한 가지 측면만 초점을 맞추고 다른 측면을 무시

보충학습

인간의 정보처리과정[人間-情報處理過程]

① 인간이 범하는 불안전행동의 구조는 아직 분명하지 않지만, 인간의 행동에는 생리학, 심리학, 인간공학 등이 관련을 가지면서, 그것들은 결국 「인간의 정보처리」라는 것으로 집약된다.

② 정보처리과정을 분석해서 관련되는 여러 가지 조건이나 인자를 정비하는 데 따라서 불안전행동, 특히 오판단, 오조작의 기회를 감소시킬 수 있다.

③ 인간의 정보처리과정은 표시기(정보근원), 감각, 지각, 판단, 응답, 출력, 조작기구로 나누어 생각할 수 있다.

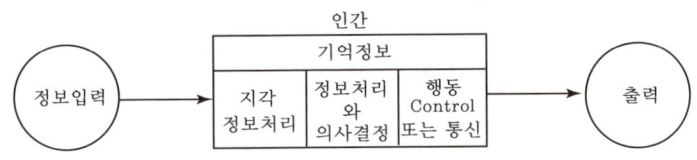

[그림] 인간의 정보처리과정

[표] 일의 난이도에 따른 정보처리 채널(5단계)

구분	특징
반사채널	위급한 상황에 대처하기 위해 대뇌와 관계없이 일어나는 무의식적인 반사
주시하지 않고 처리되는 작업	이미 학습된 간단한 조직행위이며, 동시에 다른 정보처리도 가능한 단계
루틴작업	정보처리 순서를 미리 알고 있는 정상적인 작업(동시에 다른 정보처리 불가능)
동적의지 결정	정보순서를 미리 알지 못하며 상황에 따라 동적인 의지결정이 필요한 조작(비정상적인 작업)
문제해결	미경험상황에 대처하기 위한 창의력이 필요한 조작(보관된 기억만으로는 처리 불가)

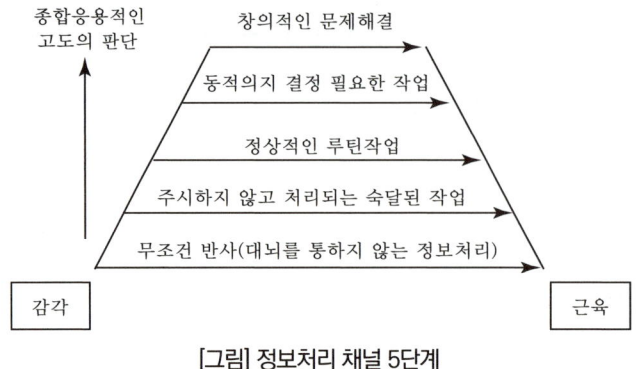

[그림] 정보처리 채널 5단계

13 다음에 해당하는 갈등 해결방식은?

> 근로자가 동료나 관리자와 같은 제3자에게 갈등에 대해 언급하여, 자신과 갈등하는 대상을 직접 만나지 않고 저절로 갈등이 해결되는 것을 희망한다.

① 순응하기 방식(accommodating style) ② 협력하기 방식(collaborating style)
③ 회피하기 방식(avoiding style) ④ 강요하기 방식(forcing style)
⑤ 타협하기 방식(compromising style)

답 ③

해설

회피하기 방식
① 근로자가 동료나 관리자와 같은 제3자에게 갈등에 대해 언급
② 자신과 갈등하는 대상을 직접 만나지 않고 저절로 갈등이 해결되는 것을 희망

참고
Super.D.E의 적응과 역할이론 4가지

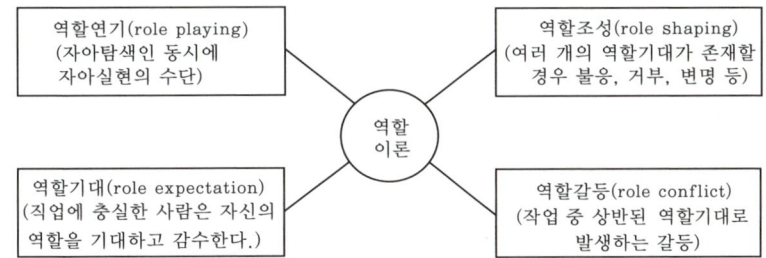

결론
① 회피하기 방식(avoiding style) - 나 lose, 너 lose
② 순응하기 방식(accommodating style) - 나 lose, 너 win

14 직무분석에 관한 설명으로 옳은 것을 모두 고른 것은?

> ㉠ 직무분석 접근 방법은 크게 과업중심(task-oriented)과 작업자중심(worker-oriented)으로 분류할 수 있다.
> ㉡ 기업에서 필요로 하는 업무의 특성과 근로자의 자질을 파악할 수 있다.
> ㉢ 해당 직무를 수행하는 근로자들에게 필요한 교육훈련을 계획하고 실시할 수 있다.
> ㉣ 근로자에게 유용하고 공정한 수행 평가를 실시하기 위한 준거(criterion)를 획득할 수 있다.

① ㉠, ㉡
② ㉡, ㉢
③ ㉡, ㉣
④ ㉠, ㉢, ㉣
⑤ ㉠, ㉡, ㉢, ㉣

답 ⑤

해설

직무분석(job analysis, 職務分析)

(1) 직무분석 항목
 ① 한 사람의 종업원이 수행하는 일의 전체를 직무라고 하며, 인사관리나 조직관리의 기초를 세우기 위하여 직무의 내용을 분석하는 일을 직무분석이라고 한다.
 ② 직무에 대해서 밝혀야 할 항목
  ㉮ 직무내용(목적·개요·방법·순서)
  ㉯ 노동부담(노동의 강도·밀도)
  ㉰ 노동환경(온도·환기·분진·소음·습도·오염)
  ㉱ 위험재해(감전·폭발·화재·고소·재해율·직업병)
  ㉲ 직무조건(체력·지식·경험·자격·개성)
  ㉳ 결과책임(직무를 수행하지 않았을 경우의 인적·물적 손해의 정도)
  ㉴ 지도책임(후진자 지도의 책임)
  ㉵ 감독책임
  ㉶ 권한
 ③ 직무분석의 방법에는 실제담당자에 의한 자기기입(自己記入), 분석자에 의한 관찰, 면접청취, 통계, 측정, 검사 등이 있다.
 ④ 어느 것이나 모두 주도면밀한 준비와 세심한 주의가 필요하다.
 ⑤ 직무분석의 결과는 직무 기술서나 직무 명세서로 종합·정리되어, 채용·승진·배치전환·교육훈련·임금·안전위생 등 인사관리나 직무분담·부서편성·지휘감독 등의 조직관리에 자료를 제공한다.

(2) 직무분석 단계
 ① 직무분석을 위한 행정적 준비
 ② 직무분석의 설계
 ③ 직무에 관한 자료 수집과 분석
 ④ 직무 기술서와 작업자 명세서 작성 및 결과 정리
 ⑤ 각 관련 부서에서 직무분석의 결과 제공
 ⑥ 시간 경과에 따른 직무 변화 발생 시 직무 기술서나 작업자 명세서에 최신 직무 정보를 반영하여 수정

(3) 직무의 역량 모델링(competency modeling)
  ① 역량 모델링(competency modeling)은 원하는 결과를 만들고 성과를 극대화하기 위해 필요한 역량을 체계적으로 추출하여 쓰임에 따라 지식, 기술, 태도, 지적 전략을 포함하는 역량 모델을 정의하고 만드는 활동이다(McLagan, 1989).
    ㉮ 역량 모델링은 특정한 역할을 성공적으로 수행하는 데 중요한 역량을 도출하는 과정이라고 할 수 있다.
    ㉯ 역량 모델은 효과적으로 역할을 수행하고 높은 성과를 창출하는 데 필요한 지식, 기술, 가치 및 행동을 기술하여 체계화한 것으로 모집 및 선발, 성과 관리, 교육 훈련 및 개발, 승진, 보상 및 승계 계획 등과 같은 모든 인적 자본 시스템의 기초 자료를 제공한다.
  ② 맥클레랜드(McClelland, 1973)는 역량(competency) 개념을 처음으로 제안했다. 그는 전통적인 의미의 지능 검사보다 직무에서 실제 성과로 나타나는 역량 평가가 더 의미 있다고 했다. 따라서 적성 검사나 성취도 검사가 업무의 성과 또는 직업에서의 성공을 예측할 수 있지만 개선의 여지가 있기 때문에 고성과자와 평균적인 업무 수행 수준을 보이는 사람들을 비교하여 성공이나 고성과와 관련된 특성을 규명하는 데 초점을 두었다. 이러한 역량은 핵심 역량과 개인 역량으로 구분할 수 있다.
    ㉮ 핵심 역량(core competency)은 조직 내부의 기술이나 단순한 기능을 뛰어넘는 노하우를 포함한 종합적인 강점과 기술력으로서 조직 경쟁력의 원천이라고 할 수 있다.
    ㉯ 개인 역량은 조직 구성원이 각자의 업무에 부여하는 지식, 기술, 태도의 집합체로서 높은 성과를 창출하는 고성과자로부터 일관되게 관찰되는 행동 특성이다.
    ㉰ 역량은 어떤 사람이 보유하고 있는 지식, 기술, 태도를 바탕으로 결과를 내기 위해 취한 행동이라고 할 수 있다(이홍민, 2009).

15 조명과 직무환경에 관한 설명으로 옳지 않은 것은?

① 조도는 어떤 물체나 표면에 도달하는 빛의 양을 말한다.
② 동일한 환경에서 직접조명은 간접조명보다 더 밝게 보이도록 하며, 눈부심과 눈의 피로도를 줄여준다.
③ 눈부심은 시각 정보 처리의 효율을 떨어뜨리고, 눈의 피로도를 증가시킨다.
④ 작업장에 조명을 설치할 때에는 빛의 밝기뿐만 아니라 빛의 배분도 고려해야 한다.
⑤ 최적의 밝기는 작업자의 연령에 따라서 달라진다.

답 ②

해설

조명방법

구분	특징
직접조명	① 조명기구 간단, 효율성 좋고 설치비용 저렴 ② 기구구조에 따라 눈부심 현상, 균일한 조도 얻기 힘들고 강한 음영 생성
간접조명	① 눈부심 현상 없고 조도가 균일 ② 설치가 복잡, 기구효율이 나쁘고 실내입체감이 작아짐
전반조명	① 균등한 조도를 얻기 위해 일정한 간격과 일정한 높이로 광원배치 ② 공장 등에서 많이 사용
국소조명	① 작업면상의 필요한 장소만 높은 조도를 취하는 방법 ② 밝고 어둠의 차가 심해 눈부심 현상이 나타나고 눈의 피로가중
전반·국소 조명 혼합	① 작업면 전반에 적당한 조도 제공 ② 필요한 장소에 높은 조도를 주는 방식

결론

직접조명
① 요구하는 곳 더 밝게 보인다.
② 눈의 피로도가 높다.

16. 다음 중 인간의 정보처리와 표시장치의 양립성(compatibility)에 관한 내용으로 옳은 것을 모두 고른 것은?

㉠ 양립성은 인간의 인지기능과 기계의 표시장치가 어느 정도 일치하는가를 말한다.
㉡ 양립성이 향상되면 입력과 반응의 오류율이 감소한다.
㉢ 양립성이 감소하면 사용자의 학습시간은 줄어들지만, 위험은 증가한다.
㉣ 양립성이 향상되면 표시장치의 일관성은 감소한다.

① ㉠, ㉡
② ㉡, ㉢
③ ㉢, ㉣
④ ㉠, ㉡, ㉣
⑤ ㉠, ㉡, ㉢, ㉣

답 ①

해설

양립성[compatibility, 兩立性]

① 자극들 간의, 반응들 간의, 혹은 자극-반응들 간의 관계가(공간, 운동, 개념적) 인간의 기대에 일치되는 정도를 말한다.
② 양립성 정도가 높을수록, 정보처리 시 정보변환(암호화, 재암호화)이 줄어들게 되어 학습이 더 빨리 진행되고, 반응 시간이 더 짧아지고, 오류가 적어지며, 정신적 부하가 감소하게 된다.

[표] 양립성의 종류

구분	특징
공간적(spatial)양립성	표시장치나 조종장치에서 물리적 형태 및 공간적 배치
운동(movement)양립성	표시장치의 움직이는 방향과 조종장치의 방향이 사용자의 기대와 일치
개념적(conceptual)양립성	이미 사람들이 학습을 통해 알고 있는 개념적 연상
양식(modality)양립성	직무에 알맞은 자극과 응답의 존재에 대한 양립성 예) 소리로 제시된 정보는 말로 반응하게 하고, 시각적으로 제시된 정보는 손으로 반응하는 것이 양립성이 높다.

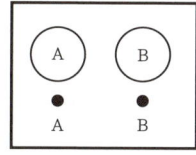
① 공간적 양립성

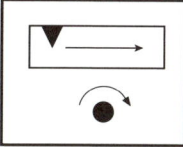
② 운동 양립성

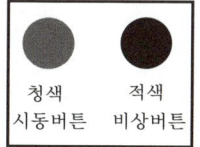
③ 개념적 양립성

[그림] 양립성

결론

① 양립성 감소 시 학습시간은 늘어나고 위험도 증가한다.
② 양립성이 향상되면 일관성은 증가한다.

참고

산업안전지도사(3.기업진단·지도) p.113(4. 양립성)

17
아래 그림에서 평행한 두 선분은 동일한 길이임에도 불구하고 위의 선분이 더 길어 보인다. 이러한 현상을 나타내는 용어는?

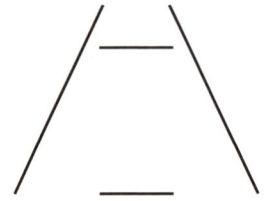

① 포겐도르프(Poggendorff) 착시현상
② 뮬러-라이어(Müller-Lyer) 착시현상
③ 폰조(Ponzo) 착시현상
④ 티체너(Titchener) 착시현상
⑤ 쵤너(Zöllner) 착시현상

답 ③

해설

착시의 종류(현상)

학설	그림	현상
Müller-Lyer의 착시	(a) >—< (b) <—>	(a)가 (b)보다 길게 보인다. 실제 (a) = (b)
Helmholtz의 착시	(a) 세로선 (b) 가로선	(a)는 세로로 길어 보이고, (b)는 가로로 길어보인다.
Hering의 착시	방사선	가운데 두 직선이 곡선으로 보인다.
Köhler의 착시	평행호와 직선	우선 평행의 호(弧)를 본 경우에 직선은 호의 반대반향으로 굽어 보인다.
Poggendorff의 착시	(a)(b)(c) 사선	(a)와 (c)가 일직선상으로 보인다. 실제는 (a)와 (b)가 일직선이다.
Zöllner의 착시	사선이 있는 세로선	세로의 선이 굽어 보인다.

Orbigon의 착시		안쪽 원이 찌그러져 보인다.
Sander의 착시		두 점선의 길이가 다르게 보인다.
Ponzo의 착시		두 수평선부의 길이가 다르게 보인다.

참고

산업안전지도사(3. 기업·진단지도) p.151(2. 착시의 종류)

18 다음 중 산업재해이론과 그 내용의 연결로 옳지 않은 것은?

① 하인리히(H.Heinrich)의 도미노 이론 : 사고를 촉발시키는 도미노 중에서 불안전 상태와 불안전 행동을 가장 중요한 것으로 본다.

② 버드(F.Bird)의 수정된 도미노 이론 : 하인리히(H.Heinrich)의 도미노 이론을 수정한 이론으로, 사고 발생의 근본적 원인을 관리 부족이라고 본다.

③ 아담스(E.Adams)의 사고연쇄반응 이론 : 불안전 행동과 불안전 상태를 유발하거나 방치하는 오류는 재해의 직접적인 원인이다.

④ 리전(J.Reason)의 스위스 치즈 모델 : 스위스 치즈 조각들에 뚫려 있는 구멍들이 모두 관통되는 것처럼 모든 요소의 불안전이 겹쳐져서 산업재해가 발생한다는 이론이다.

⑤ 하돈(W.Haddon)의 매트릭스 모델 : 작업자의 긴장 수준이 지나치게 높을 때, 사고가 일어나기 쉽고 작업 수행의 질도 떨어지게 된다는 것이 핵심이다.

답 ⑤

해설

하돈(W.Haddon)의 매트릭스 모델

① 1960년대에 개발된 '하돈 매트릭스'는 교통사고로 발생하는 상해의 요소를 사고가 진행되기 전후, 그리고 사고 과정에 따라 세분화한다.

② 한 건의 교통사고를 다양한 요소로 세분화하는 건 보다 사고를 막거나 탑승객의 상해를 줄이기 위한 기능을 체계적으로 파악하기 위해서이다.

보충학습

① 하인리히(H.W.Heinrich)의 도미노 이론(사고연쇄성)

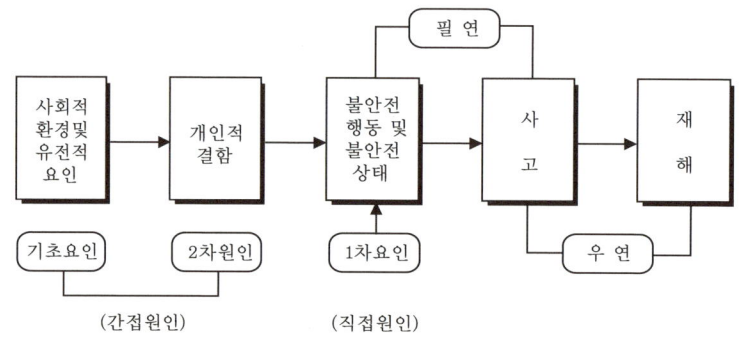

결론

도미노 이론의 핵심은 직접원인을 제거하여 사고와 재해에 영향을 못 미치도록 하는 것

② 버드(Bird)의 최신의 도미노(domino) 이론

[그림] 최신의 재해 연쇄(Frank E. Bird Jr)

> **결론**

이론의 핵심
㉠ 기본원인의 제거(직접원인을 제거하는 것만으로는 재해가 발생한다.)
㉡ 직접원인을 해결하는 것보다 그 근원이 되는 근본원인을 찾아서 유효하게 제어하는 것이 중요

[표] 기본적 원인(배후적 원인) – 기원

기원	내용
개인적 요인	지식 및 기능의 부족, 부적당한 동기부여, 육체적 또는 정신적인 문제 등
작업상의 요인	기계설비의 결함, 부적절한 작업기준, 부적당한 기기의 사용방법, 작업체제 등

③ 아담스(Adams)의 사고 요인과 관리 시스템

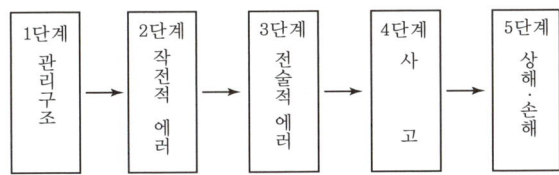

> **결론**

전술적 에러
㉠ 재해의 직접원인을 관리 시스템 내의 불안전 행동과 불안전 상태에 두고 이것을 강조하기 위하여 전술적 에러로 설명
㉡ 전술적 에러는 작전적 에러의 영향으로 발생하며, 이것은 감독자 및 관리자의 관리적인 잘못에 기인한 것으로 아담스는 관리상 잘못으로 인한 개념을 강조

④ 웨버(D.A. Weaver)의 신도미노 이론
작전적 에러와 징후의 개념을 도미노 이론의 연쇄형태에 결합한 이론으로 불안전한 행동과 상태뿐만 아니라 사고와 상해도 모두 작전적 에러의 징후라는 원리를 적용

⑤ 리전(J.Reason)의 스위스 치즈 모델
낱개의 치즈 조각에 만들어진 구멍들이 비슷한 위치에 배열되어야만 관통할 수 있듯이 안전 사고 또한 치즈 구멍과 같이 다양한 위험 요인들이 우연치 않게 동시에 일어날 때 발생한다. 즉, 사고가 일어나는 것은 사실 쉽지 않다는 뜻이다. 안전불감증이 일어나기 쉽다는 것이다.

19 국소배기장치의 환기효율을 위한 설계나 설치방법으로 옳지 않은 것은?

① 사각형관 덕트보다는 원형관 덕트를 사용한다.

② 공정에 방해를 주지 않는 한 포위형 후드로 설치한다.

③ 푸시-풀(push-pull) 후드의 배기량은 급기량보다 많아야 한다.

④ 공기보다 증기밀도가 큰 유기화합물 증기에 대한 후드는 발생원보다 낮은 위치에 설치한다.

⑤ 유기화합물 증기가 발생하는 개방처리조(open surface tank) 후드는 일반적인 사각형 후드 대신 슬롯형 후드를 사용한다.

답 ④

해설

국소배기장치

(1) 구성
 ① 후드(Hood)
 ② 덕트(Duct)
 ③ 공기정화장치(Air cleaner equipment)
 ④ 송풍기(Fan)
 ⑤ 배기덕트(Exhaust duct)

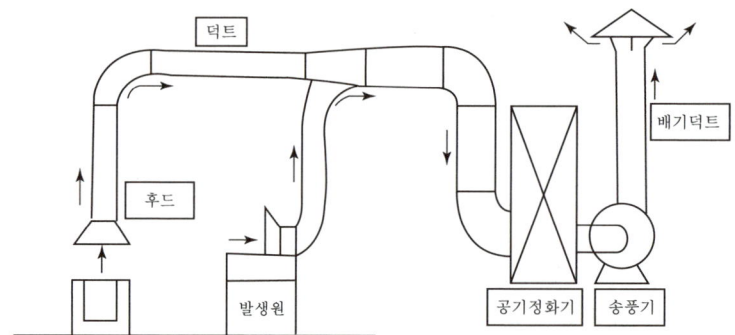

[그림] 국소배기시설의 계통도

(2) 후드(Hood)
  후드는 발생원에서 유해물질을 작업자 호흡영역까지 확산되어 가기 전에 한곳으로 포집하고 흡인하는 장치로 최소의 배기량과 최소의 동력비로 유해물질을 효과적으로 처리하기 위해 가능한 오염원 가까이 설치한다.

[표] 국소배기장치의 후드 및 덕트 설치 요령

구분	특징
후드	① 유해물질이 발생하는 곳마다 설치할 것 ② 유해인자의 발생형태와 비중, 작업방법 등을 고려하여 해당 분진 등의 발산원을 제어할 수 있는 구조를 설치할 것 ③ 후드형식은 가능하면 포위식 또는 부스식 후드를 설치할 것 ④ 외부식 또는 리시버식 후드는 해당 분진 등의 발산원에 가장 가까운 위치에 설치할 것
덕트	① 가능하면 길이는 짧게 하고 굴곡부의 수는 적게 할 것 ② 접속부의 안쪽은 돌출된 부분이 없도록 할 것 ③ 청소구를 설치하는 등 청소하기 쉬운 구조로 할 것 ④ 덕트 내부에 오염물질이 쌓이지 않도록 이송속도를 유지할 것 ⑤ 연결부위 등은 외부공기가 들어오지 않도록 할 것

결론

공기보다 증기밀도가 큰 유기화합물 증기에 대한 후드는 발생원보다 높은 위치에 설치한다.

정보제공

산업안전보건기준에 관한 규칙 [별표 17] 분진작업장소에 설치하는 국소배기장치의 제어풍속

20 산업위생의 목적 달성을 위한 활동으로 옳지 않은 것은?

① 메탄올의 생물학적 노출지표를 검사하기 위하여 작업자의 혈액을 채취하여 분석한다.

② 노출기준과 작업환경측정결과를 이용하여 작업환경을 평가한다.

③ 피토관을 이용하여 국소배기장치 덕트의 속도압(동압)과 정압을 주기적으로 측정한다.

④ 금속 흄 등과 같이 열적으로 생기는 분진 등이 발생하는 작업장에서는 1급 이상의 방진마스크를 착용하게 한다.

⑤ 인간공학적 평가도구인 OWAS를 활용하여 작업자들에 대한 작업 자세를 평가한다.

답 ①

해설

산업보건 허용기준

산업보건 허용기준(Occupational health standards)이라는 용어는 국가 또는 제정기관에 따라 다르며, 우리나라 고용노동부 고시에는 노출기준이라는 용어를 사용

(1) 미국정부산업위생전문가협의회(ACGIH)
  ① 허용기준(TLVs : Threshold Limit Values) : 세계적으로 가장 널리 이용(권고 사항)
  ② 생물학적 노출지수(BEIs : Biological Exposure Indices)
    ㉮ 근로자가 특정한 유해물질에 노출되었을 때 체액이나 조직, 또는 호기 중에 나타나는 반응을 평가함으로써 근로자의 노출 정도를 권고하는 기준
    ㉯ 근로자가 유해물질에 어느 정도 노출되었는지를 파악하는 지표로서, 작업자의 생체 시료에서 대사 산물 등을 측정하여 유해물질의 노출량을 추정하는 데 사용

(2) 미국산업안전보건청(OSHA : Occupational Safety and Health Administration)
  ① PEL 기준 사용(Permissible Exposure Limits)(법적 기준)
  ② PEL 설정 시 건강상의 영향과 함께 사업장에 적용할 수 있는 기술 가능성도 고려한 것
  ③ 우리나라 노동부 성격과 유사함
  ④ 미국 직업안전위생관리국이라고도 함

(3) 미국국립산업안전보건연구원(NIOSH : National Institute for Occupational Safety and Health)
  ① REL 기준 사용(Recommended Exposure Limits)(권고사항)
  ② REL은 오직 건강상의 영향을 예방하는 것을 목적으로 함

(4) 미국산업위생학회(AIHA : American Industrial Hygiene Association) : WEEL 사용

(5) 독일 : MAK 기준사용(Maximal Arbeitsplatz Konzentration)

결론

생물학적 노출지표검사 : 체액이나 호기 중 반응 검사

① 소변 중 메탄올, 아세톤, 메틸에틸케톤, 메틸이소부틸케톤, 2 - 에톡시초산

② 혈액 중 벤젠, 톨루엔, 에탄올, 퍼클로로에틸렌 등

③ 에탄올의 중독증상으로 중추신경억제, 시력장애, 고정되고 확장된 동공, 복통, 구토 등이 있다.

보충학습

[표] OWAS(Ovako Working Posture Analysis System)

개발자	- 핀란드의 Ovako 철강 회사에 적용된 결과를 발표(1977) - 산업안전 분야에서 실용적으로 적용된 초창기 기법
평가방법	- 팔/허리/다리 자세와 작업부하(힘)로 자세를 분류하여 평가
평가결과	- 위험등급을 Action Level 4단계로 평가
주요특징	- 전신의 자세를 대상으로 하여 철강분야 뿐만 아니라 다양한 업종에 적용하기가 유리함 예 제조업, 농작업, 간호작업, 어업 등 - 자세 분류 체계가 단순하여 배우기 쉬움 - 자세 분류가 너무 단순하여 세밀한 분석을 하기가 어려움 부하 평가의 민감도가 낮음 - 고려되지 않은 유해요인 항목이 많음 예 목자세, 손목자세, 진동, 반복성 등

21. 화학물질 및 물리적 인자의 노출기준 중 2018년에 신설된 유해인자로 옳은 것은?

① 우라늄(가용성 및 불용성 화합물)

② 몰리브덴(불용성 화합물)

③ 이브롬화에틸렌

④ 이염화에틸렌

⑤ 라돈

답 ⑤

해설

라돈(Radon)

① 원소주기율표 상에서 6주기 18족에 속하는 비활성기체 중 마지막 원소로 원자번호 86번의 방사성원소이다.
② 원소 기호는 Rn, 녹는점은 -71.15[℃], 끓는점은 -61.85[℃], 밀도는 9.73[kg/m^3]이다.
③ 색깔과 냄새가 없으며 자연계에서는 우라늄(Uranium)과 토륨(Thorium)의 방사능 붕괴로 생성되는 무거운 방사성 기체 원소이다.

참고

(1) 역사
 ① 1898년 퀴리 부부는 라듐이 공기 중에 노출되면 주변의 공기가 방사능을 띤다는 것을 발견하였다.
 ② 1900년 독일의 물리학자 프레드릭 E. 도른이 공기 중 방사능의 원인이 라듐에서 발생하는 방사성기체 때문이라는 사실을 밝혔다.
 ③ 방사성기체는 러더퍼드 등에 의해 비활성기체의 하나임이 확인되었고 에마나티온(Emanation, 원소기호 Em)이라 명명되었다. 이후 이 기체가 유리관(管) 속에서 액화되면 인광(燐光)을 발하는 사실에서, 빛난다는 뜻의 라틴어 'nitere'를 따서 니톤(niton, 원소기호 Nt)이라 이름 붙여졌다.
 ④ 1923년의 국제회의에서 라듐(Radium, 원소기호 Ra)에서 태어났다는 뜻에서 유래하여 라돈(Radon, 원소기호 Rn)이라는 이름이 정식으로 채택되었다.

(2) 위험성
 ① 라돈은 지구상에 흔한 우라늄, 토륨에 의해서 발생되므로, 건물의 미세한 균열이나 노출된 지표에 의해서 지표면의 건물 안이나 지하의 건물 안에서도 발견될 수 있다.
 ② 라돈의 물리적 특성상 공기보다 무겁기 때문에 환기가 잘 되지 않는 밀폐된 공간에서는 라돈이 쉽게 축적될 수 있다. 이렇게 축적된 고농도의 라돈이 호흡을 통해 사람들의 폐에 들어가게 되어 폐암을 일으킨다고 보고되고 있다.
 ③ 현재 비흡연자의 폐암 발생 제1원인으로 라돈이 추정되고 있다. 최근들어, 북미 서구권에서는 라돈이 비흡연자의 제1의 폐암 원인 물질로 판단하여, 실내의 라돈 환경 기준치를 법규로 설정하여 규제하고 있다. 이에 대한 산업도 활발하여 라돈 검출키트와 지표에서 올라오는 라돈을 회수하는 장치 등이 개발되어 사용되고 있다. 최근 우리 나라에서도 각종 건축자재에서 라돈이 발견되고 있으며, 그로 인한 비흡연자의 폐암 발생률이 증가하고 있다.
 ④ 지면으로부터 높이 떨어진 고층건물에서도 라돈이 기준치 이상의 농도가 검출되었는데, 그러한 원인으로는 라돈이 함유된 자재로 건축되었기 때문이라고 분석하고 있다.
 ⑤ 실내에 축적된 라돈의 농도를 줄이기 위해서는 외부 환기를 지속적으로 하여 축적된 라돈을 공기 중으로 희석시켜야 한다.
 ⑥ 공업적인 방법은 우라늄광석을 처리하는 과정에서 생성되는 기체를 포집하여 혼합되어 있는 산소, 이산화탄소, 수증기를 제거하고 액체질소를 이용하여 응축시켜 고체 라돈을 얻는다.

결론

Rn : 2018년 3월 20일 신설된 유해인자

22 공기시료채취 펌프를 무마찰 비누거품관을 이용하여 보정하고자 한다. 비누거품관의 부피는 500[cm³]이었고 3회에 걸쳐 측정한 평균시간이 20초였다면 펌프의 유량(L/min)은?

① 1.0
② 1.5
③ 2.0
④ 2.5
⑤ 3.0

답 ②

해설

펌프의 유량계산
① 500[cm³]=0.5[L]
② 유량=부피×평균시간=$0.5 \times \dfrac{60}{20} = 1.5$[L/min]

결론

단위 적용 기억
① 1[L]=1,000[cm³]
② 0.5[L]=500[cm³]

23 작업장에서 휘발성 유기화합물(분자량 100, 비중 0.8) 1[l]가 완전히 증발하였을 때, 공기 중 이 물질이 차지하는 부피[l]는?(단, 25[℃], 1기압)

① 179.2
② 192.8
③ 195.6
④ 241.0
⑤ 244.5

답 ③

해설

부피계산

(1) 이상기체상태 방정식을 적용

$$PV = \frac{W}{M}RT \qquad V = \frac{WRT}{PM}$$

여기서,
 P : 압력(1[atm])
 V : 부피[l]
 W : 무게(0.8[kg/l] × 1[l] = 0.8[kg] = 800[g])
 M : 분자량(100)
 R : 기체상수(0.08205 $\frac{[l \cdot atm]}{[g \cdot ml \cdot k]}$)
 T : 절대온도(273+25[℃] = 298[k])

(2) $V = \dfrac{WRT}{PM} = \dfrac{800 \times 0.08205 \times 298}{1 \times 100} = 195.6[l]$

24 근로자 건강증진활동 지침에 따라 건강증진활동 계획을 수립할 때, 포함해야 하는 내용을 모두 고른 것은?

> ㉠ 건강진단결과 사후관리조치
> ㉡ 작업환경측정결과에 대한 사후조치
> ㉢ 근골격계질환 징후가 나타난 근로자에 대한 사후조치
> ㉣ 직무스트레스에 의한 건강장해 예방조치

① ㉠, ㉡
② ㉠, ㉣
③ ㉠, ㉢, ㉣
④ ㉡, ㉢, ㉣
⑤ ㉠, ㉡, ㉢, ㉣

답 ③

해설

사업장에서의 근로자 건장증진활동계획 수립·시행, 추진체계, 평가 등

제4조(건강증진활동계획 수립·시행) ① 사업주는 근로자의 건강증진을 위하여 다음 각 호의 사항이 포함된 건강증진활동계획을 수립·시행하여야 한다.
1. 사업주가 건강증진을 적극적으로 추진한다는 의사표명
2. 건강증진활동계획의 목표 설정
3. 사업장 내 건강증진 추진을 위한 조직구성
4. 직무스트레스 관리, 올바른 작업자세 지도, 뇌심혈관계질환 발병위험도 평가 및 사후관리, 금연, 절주, 운동, 영양 개선 등 건강증진활동 추진내용
5. 건강증진활동을 추진하기 위해 필요한 예산, 인력, 시설 및 장비의 확보
6. 건강증진활동계획 추진상황 평가 및 계획의 재검토
7. 그 밖에 근로자 건강증진활동에 필요한 조치

② 사업주는 제1항에 따른 건강증진활동계획을 수립할 때에는 다음 각 호의 조치를 포함하여야 한다.
1. 법 제43조제5항에 따른 건강진단결과 사후관리조치
2. 안전보건규칙 제660조제2항에 따른 근골격계질환 징후가 나타난 근로자에 대한 사후조치
3. 안전보건규칙 제669조에 따른 직무스트레스에 의한 건강장해 예방조치

③ 상시근로자 50명 미만을 사용하는 사업장의 사업주는 근로자건강센터를 활용하여 건강증진활동계획을 수립·시행할 수 있다.

참고

산업안전지도사(3. 기업·진단지도) p.240(제4조 건강증진활동계획 수립·시행)

정보제공

근로자건강증진활동지침 고시 2020-19호(2020. 1. 7.)

25 다음에서 설명하는 화학물질은?

> ○ 2006년에 이 화학물질을 취급하던 ○○동료가 수개월 만에 급성간독성을 일으켜 사망한 사례가 있었다.
> ○ 이 화학물질은 폴리우레탄을 이용해 아크릴 등의 섬유, 필름, 표면코팅, 합성가죽 등을 제조하는 과정에서 노출될 수 있다.

① 벤젠
② 메탄올
③ 노말헥산
④ 이황화탄소
⑤ 디메틸포름아미드

답 ⑤

해설

디메틸포름아미드(DMF)

① 화학식 $(CH_3)_2NCHO$. 포름산아미드의 하나로서 대표적인 극성(極性) 유기용매의 하나. 공업적으로는 메탄올과 암모니아의 반응으로 생성되는 디메틸아민에 나트륨메틸레이트 촉매를 가하여 가압(加壓)하에서 일산화탄소와 반응시켜 제조한다.
② 녹는점 -61[℃], 끓는점 153[℃], 인화점 67[℃]이다.
③ 유기합성에서는 극성화합물의 용매로서 널리 쓰이는 외에 방향족화합물의 핵포르밀화, 기타 활성수소의 포르말치환의 시약으로서 사용된다.
④ 가스크로마토그래피에서는 가스상 탄화수소 분석용의 고정상(固定相) 액체로서 유효하며, 휘발성이 높은 결점이 있으나 활성산화알루미늄을 운반체로 실온에서 사용되고, 극성효과에 의해 끓는점 차이가 작은 프로판-프로필렌, 부텐이성질체 등도 거의 완전히 분리된다.
⑤ 중합체에서는 폴리아크릴로니트릴의 용매이며, 아크릴계 합성섬유에서는 이것을 방사용제(紡絲溶劑)로 쓰는 경우가 많다.
⑥ 석유화학공업에서는 나프타 분해에서 부산물로 생기는 C_4 유분 속의 부타디엔, C_4 유분 속의 이소프렌의 추출용제로 쓰이며, DMF에 의한 추출증류법(GPB법·GPI법)은 세계적으로 우수한 프로세스로서 공업적으로 널리 쓰이고 있다.

산업안전지도사 자격시험
제1차 시험문제지

2020년도 7월 25일 필기문제

제3과목 기업진단·지도	총 시험시간 : 90분 (과목당 30분)	문제형별 A

| 수험번호 | 20200725 | 성 명 | 도서출판 세화 |

【수험자 유의사항】

1. 시험문제지 표지와 시험문제지 내 **문제형별의 동일여부** 및 시험문제지의 **총면수·문제번호 일련순서·인쇄상태** 등을 확인하시고, 문제지 표지에 수험번호와 성명을 기재하시기 바랍니다.
2. 답은 각 문제마다 요구하는 **가장 적합하거나 가까운 답 1개**만 선택하고, 답안카드 작성 시 시험문제지 **형별누락, 마킹착오**로 인한 불이익은 전적으로 **수험자에게 책임**이 있음을 알려 드립니다.
3. 답안카드는 국가전문자격 공통 표준형으로 문제번호가 1번부터 125번까지 인쇄되어 있습니다. 답안 마킹 시에는 반드시 **시험문제지의 문제번호와 동일한 번호**에 마킹하여야 합니다.
4. **감독위원의 지시에 불응하거나 시험 시간 종료 후 답안카드를 제출하지 않을 경우** 불이익이 발생할 수 있음을 알려 드립니다.
5. 시험문제지는 시험 종료 후 가져가시기 바랍니다.

【안 내 사 항】

1. 수험자는 **QR코드를 통해 가답안을 확인**하시기 바랍니다.
   (※ 사전 설문조사 필수)
2. 시험 합격자에게 '**합격축하 SMS(알림톡) 알림 서비스**'를 제공하고 있습니다.

- 수험자 여러분의 합격을 기원합니다 -

3. 기업진단·지도

01 인사평가 방법에 관한 설명으로 옳지 않은 것은?

① 서열(ranking)법은 등위를 부여해 평가하는 방법으로, 평가 비용과 시간을 절약할 수 있다.

② 평정척도(rating scale)법은 평가 항목에 대해 리커트(Likert) 척도 등을 이용해 평가한다.

③ BARS(Behaviorally Anchored Rating Scale) 평가법은 성과 관련 주요 행동에 대한 수행정도로 평가한다.

④ MBO(Management by Objectives) 평가법은 상급자와 합의하여 설정한 목표 대비 실적으로 평가한다.

⑤ BSC(Balanced Score Card) 평가법은 연간 재무적 성과 결과를 중심으로 평가한다.

답 ⑤

해설

균형성과표(BSC : Balanced Score Card)

(1) 개요
① 기업의 전략적 목표를 일련의 성과측정 지표로 전환할 수 있는 종합적인 틀로서 재무적 관점, 고객 관점, 내부프로세스 관점, 학습과 성장 관점의 4개 범주로 구분하여 평가하는 것을 의미한다.
② 균형성과표의 목표와 측정치는 조직의 비전과 전략으로부터 도출되는 것으로, 주주와 고객을 위한 외부적인 측정치와 내부프로세스의 개선 및 학습과 성장이라는 내부적인 측정치 간의 균형, 과거노력의 산출물인 결과 측정치와 미래성과를 창출할 측정치 간의 균형, 객관적으로 정량화되는 재무적 측정치와 주관적인 판단이 요구되는 비재무적 측정치 간의 균형, 재무적 관점에 의한 단기적 성과와 나머지 세 가지 관점에 의한 장기적 성과 간의 균형을 강조하고 있다.
③ 기존의 성과표는 재무적 관점에 대한 것만 존재하였으나, 균형성과표를 통해 다른 관점의 것도 측정하여 상호 간의 균형을 강조하게 되어 균형성과표라고 한다.

(2) 관점비교
① 재무적 관점 : 주주에게 어떻게 보일 것인가를 중요시하는 관점으로, 전략을 실행하여 영업이익이나 순이익 등과 같은 재무 성과가 얼마나 개선되었는지를 측정하는 것이다. 재무적 관점은 성과측정 지표로 영업이익, 투자수익률, 잔여이익, 경제적 부가가치 등을 사용하지만, 판매성장이나 현금흐름 등에도 사용될 수 있다.
② 고객관점 : 고객에게 어떻게 보일 것인가를 중요시하는 관점으로, 전략을 실행하여 고객과 관련된 성과가 얼마나 개선되었는지를 측정하는 것이다. 고객관점은 성과측정 지표로 고객만족도, 시장점유율, 고객수익성 등을 사용한다.
③ 내부프로세스 관점 : 주주나 고객을 만족시키기 위해 어떤 내부프로세스가 탁월해야 하는지를 중요시하는 관점으로, 전략을 실행하여 기업내부에 가치를 창출할 수 있는 프로세스가 얼마나 개선되었는지를 측정하는 것이다.
④ 학습과 성장 관점 : 비전을 달성하기 위해 변화하고 개선하는 능력을 어떤 방법으로 향상시켜야 하는지를 중요시하는 관점으로, 전략을 실행하여 장기적인 성장과 발전을 위해 인적자원과 정보시스템 및 조직의 절차 등이 얼마나 개선되었는지를 측정하는 것이다.

합격키
2014년 4월 12일(문제 2번)

> **보충학습**

1. 현대적 인사평가 방법(절대고과법, 상대고과법)

(1) 행동기준 평가법(BARS : Behaviorally Anchored Rating Scales)
　① 평정척도법과 중요사건 기술법을 혼용하여 보다 정교하게 수정한 기법으로 평가 대상자의 행동을 우수, 평균, 평균이하와 같이 규정하도록 되어 있는 행동기대 평가법과, 서술되어 있는 행동기준을 평가 대상자가 얼마나 자주 보여주는지에 대한 빈도를 측정하는 행동관찰 평가법이 있다.
　② 행동기준 평가법은 평가 대상자의 구체적인 행동을 측정하기 때문에 평가의 객관성과 정확성, 공정성 및 평가자간 신뢰성을 높일 수 있을 뿐만 아니라 평가결과에 대한 피드백이 용이하여 평가 대상자에 대한 교육의 효과도 있다.
　③ 개발에 소요되는 비용과 시간이 상당하고, 평가 대상자가 설문지에 제시된 행동지표의 영향을 받아 다른 행동에 대한 고려가 어렵다는 단점이 있다.

(2) 행동기대 평가법(BES)
　• 평가 대상자의 성과달성에 효과적인 직무행동과 비효과적인 직무행동을 구분하여 단계별로 나열한 후 평가자가 해당하는 항목에 체크하는 방법이다.

(3) 행동관찰 평가법(BOS)
　① 행동기대 평가법에 제시된 성과수준별 패턴에 대한 평가오류를 극복하기 위해 개발된 것으로 평가 대상자의 행동 빈도에 대해 체크하는 방법이다.
　② BARS와 BOS를 각각 별개의 기법으로 구분하여 보는 시각도 있다.

(4) 다면평가
　① 상급자가 하급자를 평가하는 하향식 평가의 단점을 보완하여 상급자에 의한 평가와 함께 평가자 자신, 부하직원, 동료, 고객, 외부전문가 등 다양한 평가자들에 의해 평가 대상자를 평가하는 것을 말한다.
　② 다면평가로 인해 기업 내 의사소통이 활성화되고, 평가 대상자에 대한 평가가 다양한 관점에서 이루어질 뿐만 아니라, 다수에 의한 평가이므로 평가의 신뢰성이 매우 높다는 효과가 있으나, 인기투표로 변질될 가능성이 존재하고, 평가에 많은 시간과 노력이 소요되며, 조직구성원 간의 갈등이 발생할 수 있다는 단점이 존재한다.

2. 척도의 분류
　① 명목척도 : 임의척도
　② 서열척도 : 리커트척도(총화평정법), 거트만척도(누적척도)
　③ 등간척도 : 서스톤척도(등현등간법), 어의차이척도, 스타펠척도
　④ 비율척도

02 노사관계에 관한 설명으로 옳지 않은 것은?

① 우리나라에서 단체협약은 1년을 초과하는 유효기간을 정할 수 없다.

② 1935년 미국의 와그너법(Wagner Act)은 부당노동행위를 방지하기 위하여 제정되었다.

③ 유니언숍제는 비조합원이 고용된 이후, 일정기간 이후에 조합에 가입하는 형태이다.

④ 우리나라에서 임금교섭은 조합 수 기준으로 기업별 교섭형태가 가장 많다.

⑤ 직장폐쇄는 사용자측의 대항행위에 해당한다.

답 ①

해설

단체협약(labor collective agreement : 團體協約)

① 노동조합과 사용자 또는 그 단체 사이의 협정으로 체결되는 자치적 노동법규이다.
② 단체협약은 반드시 서면으로 작성, 양 당사자들이 서명 또는 날인하고 행정관청에 신고하여야 한다.
③ 노동조합법은 공익성의 확보를 위하여 단체협약의 내용 중에 위법 부당한 사실이 있는 경우에는 노동위원회의 의결을 거쳐 이를 변경, 취소할 수 있도록 하고 있다.
④ 인사와 경영에 관한 사항이 단체교섭사항 또는 협약이 될 것인가가 주요쟁점으로 부각되고 있다.
⑤ 단체협약의 유효기간은 2년을 초과할 수 없다.
⑥ 단체협약에서 정한 근로조건 기타 근로자의 대우에 관한 기준(규범적 부분)에 위반하는 취업규칙 또는 근로계약의 부분은 무효이며, 그 무효부분은 단체협약에 정한 기준에 의하고 근로계약에 규정되지 아니한 사항의 경우에도 동일하다.
⑦ 단체협약의 효력확장에 관하여 일반적 구속력과 지역적 구속력으로 나누어 규정하고 있다.

정답근거

노동조합 및 노동관계 조정법

제32조(단체협약의 유효기간) ① 단체협약에는 2년을 초과하는 유효기간을 정할 수 없다.
② 단체협약에 그 유효기간을 정하지 아니한 경우 또는 제1항의 기간을 초과하는 유효기간을 정한 경우에 그 유효기간은 2년으로 한다.
③ 단체협약의 유효기간이 만료되는 때를 전후하여 당사자 쌍방이 새로운 단체협약을 체결하고자 단체교섭을 계속하였음에도 불구하고 새로운 단체협약이 체결되지 아니한 경우에는 별도의 약정이 있는 경우를 제외하고는 종전의 단체협약은 그 효력만료일부터 3월까지 계속 효력을 갖는다. 다만, 단체협약에 그 유효기간이 경과한 후에도 새로운 단체협약이 체결되지 아니한 때에는 새로운 단체협약이 체결될 때까지 종전 단체협약의 효력을 존속시킨다는 취지의 별도의 약정이 있는 경우에는 그에 따르되, 당사자 일방은 해지하고자 하는 날의 6월전까지 상대방에게 통고함으로써 종전의 단체협약을 해지할 수 있다.

보충학습

와그너법(미국)

전국노동 관계법(전국노사관계법 National, Labor Relations Act)은 1935년 미합중국에서 노동자의 권리보호를 목적으로 제정된 법률이다. 이 법안을 제안한 민주당의 상원의원 로버트 퍼디난드 와그너(Robert F.Wagner, 1877~1953)의 이름을 따서, 「와그너법」(Wagner Act)으로 불린다. 고용주에 의한 부당노동행위의 금지를 규정하였다.

03 조직문화 중 안전문화에 관한 설명으로 옳은 것은?

① 안전문화 수준은 조직 구성원이 느끼는 안전 분위기나 안전풍토(safety climate)에 대한 설문으로 평가할 수 있다.

② 안전문화는 TMI(Three Mile Island) 원자력발전소 사고 관련 국제원자력기구(IAEA) 보고서에 의해 그 중요성이 널리 알려졌다.

③ 브래들리 커브(Bradley Curve) 모델은 기업의 안전문화 수준을 병적-수동적-계산적-능동적-생산적 5단계로 구분하고 있다.

④ Mohamed가 제시한 안전풍토의 요인들은 재해율이나 보호구 착용률과 같이 구체적이어서 안전문화 수준을 계량화하기 쉽다.

⑤ Pascale의 7S모델은 안전문화의 구성요인으로 Safety, Strategy, Structure, System, Staff, Skill, Style을 제시하고 있다.

답 ①

해설

안전문화

(1) 안전문화운동
  ① '안전문화'라는 용어는 1986년 소련 체르노빌 원자력 누출사고에 따른 원자력안전자문단(INSAG)의 보고서(Post Accident Review Meeting on the Cher Accident)에서 처음 사용되었다.
  ② 국제원자력자문단은 안전문화의 의미를 "조직과 개인의 자세와 품성이 결집된 것으로 모든 개인의 헌신과 책임이 요구되는 것이다"라고 정의했다.
  ③ 국내에서는 1955년 이전까지 안전문화에 대한 인식부족과 민간주도의 비체계적인 활동에서 1995년 6월 29일 삼풍백화점 붕괴사고 이후 안전에 대한 국민의 관심이 고조되면서 정부 주도로 안전관련 법령이 제정되고, 효율적인 협력체제 구축을 위한 노력 등이 시작되었다.
  ④ 안전문화는 안전제일의 가치관이 충만되어 모든 활동 속에서 "안전"이 체질화되고, 또한 그 가치의 구체적 실현을 위한 행동양식과 사고방식, 태도 등의 총체적 의미를 말한다.

(2) 맥킨지 7S모델
  ① 공유가치(Shared value)
  ② 전략(Strategy)
  ③ 조직구조(Structure)
  ④ 시스템(System)
  ⑤ 구성원(Staff)
  ⑥ 스킬(Skill)
  ⑦ 스타일(Style)이라는 영문자 S로 시작하는 7개 요소로 구성된다.

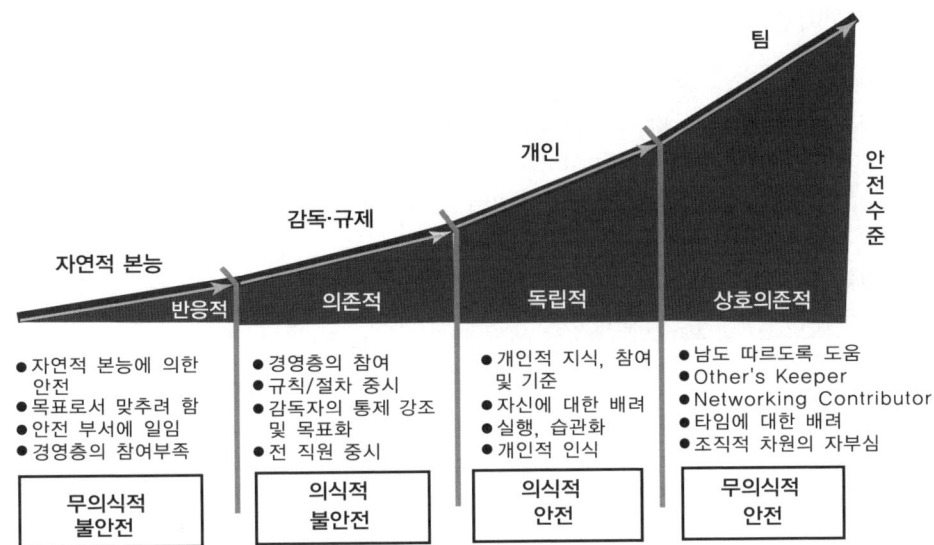

[그림] 브래들리 모델(Bradley Model) 상해율이 낮거나 안전 수준이 높은 조직일수록 상호의존적이고 조직적인 안전활동이 활성화됨(출처:안전경영학 카페_이충호)

04 동기부여이론에 관한 설명으로 옳은 것을 모두 고른 것은?

> ㄱ. 매슬로우(A. Maslow)의 욕구 5단계이론에서 가장 상위계층의 욕구는 자기가 원하는 집단에 소속되어 우의와 애정을 갖고자 하는 사회적 욕구이다.
> ㄴ. 허츠버그(F. Herzberg)의 2요인이론에서 급여와 복리후생은 동기요인에 해당한다.
> ㄷ. 맥그리거(D. McGregor)의 X이론에 의하면 사람은 엄격한 지시·명령으로 통제되어야 조직 목표를 달성할 수 있다.
> ㄹ. 맥클레랜드(D. McClelland)는 주제통각시험(TAT)을 이용하여 사람의 욕구를 성취욕구, 권력욕구, 친교욕구로 구분하였다.

① ㄱ, ㄴ
② ㄱ, ㄹ
③ ㄷ, ㄹ
④ ㄱ, ㄴ, ㄷ
⑤ ㄴ, ㄷ, ㄹ

답 ③

해설

동기부여이론

[표] Maslow의 이론과 Alderfer 이론과의 관계

이론 \ 욕구	저차원적 이론 ←———————→ 고차원적 이론		
Maslow	생리적 욕구, 물리적 측면의 안전욕구	대인관계 측면의 안전욕구, 사회적 욕구, 존경욕구	자아실현의 욕구
Aldefer(ERG이론)	존재욕구(E)	관계욕구(R)	성장욕구(G)

[표] 허츠버그의 위생요인과 동기요인

위생요인(직무환경)	동기요인(직무내용)
회사 정책과 관리, 개인 상호 간의 관계, 감독, 임금, 보수, 작업 조건, 지위, 안전	성취감, 책임감, 안정감, 성장과 발전, 도전감, 일 그 자체(일의 내용)

합격키

① 기업·진단지도 p.136(3. 동기 및 욕구이론)
② 기업·진단지도 p.138(표. Maslow의 이론과 Alderfer 이론과의 관계)
③ 2018년 3월 24일(문제 4번)

05 리더십(leadership)에 관한 설명으로 옳은 것은?

① 리더십 행동이론에서 리더의 행동은 상황이나 조건에 의해 결정된다고 본다.
② 리더십 특성이론에서 좋은 리더는 리더십 행동에 대한 훈련에 의해 육성될 수 있다고 본다.
③ 리더십 상황이론에서 리더십은 리더와 부하 직원들 간의 상호작용에 따라 달라질 수 있다고 본다.
④ 헤드십(headship)은 조직 구성원에 의해 선출된 관리자가 발휘하기 쉬운 리더십을 의미한다.
⑤ 헤드십은 최고경영자의 민주적인 리더십을 의미한다.

답 ③

해설

리더십의 이론

(1) 특성이론
　리더의 기능 수행과 리더로서의 지위 획득 및 유지가 리더 개인의 성격이나 자질에 의존한다고 주장하며, 리더의 성격 특성을 분석·연구한다.

(2) 행동이론
　① 리더가 취하는 행동에 역점을 두고 리더십을 설명하는 이론이다.
　② 행동이론에 입각한 리더는 그 자신의 행동에 따라 집단 성원에 의해 리더로 선정되며, 나아가 리더로서의 역할과 리더십이 결정된다고 한다.

(3) 상황이론
　① 리더에게 초점을 맞추는 것이 아니라 리더가 처해 있는 상황을 강조하고 분석하는 것으로서 상황에 근거해 리더의 가치가 판단된다고 간주한다.
　② 리더의 행동이란 단순히 상황이 만든 것이며, 효율적인 작업 결과도 리더에 의한 것이 아니라 상황에 의한 것으로 본다.

보충학습

리더십의 정의

$L = f(l \cdot f_l \cdot s)$

여기서, L : 리더십(leadership)
　　　　f : 함수(function)
　　　　l : 리더(leader)
　　　　f_l : 추종자(멤버 : follower)
　　　　s : 상황요인(situation variables)

참고

기업·진단지도 p.147(2. 리더십의 이론)

06 수요예측방법에 관한 설명으로 옳은 것은?

① 델파이방법은 일반 소비자를 대상으로 하는 정량적 수요예측방법이다.

② 이동평균법은 과거 수요예측치의 평균으로 예측한다.

③ 시계열분석법의 변동요인에 추세(trend)는 포함되지 않는다.

④ 단순회귀분석법에서 수요량 예측은 최대자승법을 이용한다.

⑤ 지수평활법은 과거 실제 수요량과 예측치 간의 오차에 대해 지수적 가중치를 반영해 예측한다.

답 ⑤

해설

수요예측방법

(1) 델파이법
   ① 델파이법(Delphi)은 예측대상 전문가그룹을 대상으로 여러 차례(최소한 3차례) 질문지를 돌려 그들의 답변을 정리하고, 이 결과를 전문가에게 알려주는 과정을 반복하여 의견을 수렴하는 방법이다.
   ② 일반적으로 시간과 비용이 많이 드는 단점이 있다.
   ③ 예측에 불확실성이 많거나 과거자료가 불충분할 때 사용하는 방법이다.
(2) 단순이동평균법(simple moving average method) : 예측값은 과거 n기간 동안 실제 수요의 산술평균을 활용한다.
(3) 시계열분석법(time series method) : 시계열을 4가지 구성요소로 분해하여 수요를 예측하는 방법이다.
(4) 패널법(panel consensus):다양한 계층의 지식과 경험을 기초로 하고, 관련예측정보를 공유한다.
(5) 소비자조사법(market research) : 설문지 및 전화에 의한 조사, 시험판매 등을 활용하여 예측한다.

합격키

2014년 4월 12일(문제 5번)

07 재고관리에 관한 설명으로 옳지 않은 것은?

① 경제적주문량(EOQ) 모형에서 재고유지비용은 주문량에 비례한다.

② 신문판매원문제(newsboy problem)는 확정적 재고모형에 해당한다.

③ 고정주문량모형은 재고수준이 미리 정해진 재주문점에 도달할 경우 일정량을 주문하는 방식이다.

④ ABC 재고관리는 재고의 품목 수와 재고 금액에 따라 중요도를 결정하고 재고관리를 차별적으로 적용하는 기법이다.

⑤ 재고로 인한 금융비용, 창고 보관료, 자재 취급비용, 보험료는 재고유지비용에 해당한다.

답 ②

해설

단일기간 재고모형(Single-Period Inventory Model)

① 단일기간 재고모형(Single-Period Inventory Model)은 신문, 잡지, 등과 같이 사용기간이 제한되어 있어서 어떤 특정기간 내에 판매되지 않으면 가치가 없어지는 품목이나, 채소, 활어(活魚), 과일 등과 같이 시간이 지남에 따라 신선도가 떨어지거나 부패하는 상품들의 최적주문량을 결정하는 재고모형이다.
② 주문은 그 기간동안 단 1회만 발생하며, 1회 주문에 대한 최적주문량을 결정하는 문제이다.
③ 1회 최적주문량 = 기대이익이 최대가 되는 1회 주문량
　　　　　　　　 = 단위당 품절비용 즉 재고부족비용과 재고과잉비용의 합을 최소로 하는 1회 주문량
④ 단일기간 재고모형을 신문판매원문제(Newsboy Problem)라고도 한다.
⑤ 최적주문량 구하는 방법
　㉮ 기대치(Expected Payoff)기준법　　㉯ 한계분석(Marginal Analysis)

보충학습

1. 확정적 재고모형

(1) 특징 : 재고관련 비용, 수요율, 생산율이 확정적
(2) 가정
　① 수요는 미리 알려져 있고, 일정하며, 균일하게 발생한다.
　② 조달기간이 알려져 있고 일정하다.
　③ 제품의 구입단가는 일정하다.
　④ 주문비용 또는 준비비용은 고정비로서 일정하다.
　⑤ 주문량은 조달기간이 지나면 일시에 전량이 들어온다.
　⑥ 모든 수요는 재고부족 없이 충족된다.

2. EOQ 모형

(1) 해당 품목에 대한 단위 기간 중의 수요는 정확하게 예측할 수 있다.
(2) 주문품의 도착시간이 고정되어야 한다.
(3) 주문품이 끊이지 않고 계속 공급받을 수 있어야 한다.
(4) 재고의 사용량은 일정하다.
(5) 단위당 재고유지비용과 1회 주문비는 주문량에 관계없이 일정하다.
(6) 수량할인은 없다.
(7) 재고부족현상이나 추후에 납품되는 일은 발생하지 않는다.
　① 주문비는 주문량에 상관없이 일정하고, 재고유지비는 평균재고에 비례한다.
　② 품목에 따른 (단위당) 재고 유지비는 일정하다.
　③ 경제적 주문량 공식(아래 식에서 제곱근을 한다.)
　④ 분자 : 2 × 수요량(D) × 주문비용(S)
　⑤ 분모 : 재고유지비용(H) *재고유지비용이란 단위당 단가 × 재고유지비율이다.

08 품질경영기법에 관한 설명으로 옳지 않은 것은?

① SERVQUAL 모형은 서비스 품질수준을 측정하고 평가하는 데 이용될 수 있다.

② TQM은 고객의 입장에서 품질을 정의하고 조직 내의 모든 구성원이 참여하여 품질을 향상하고자 하는 기법이다.

③ HACCP은 식품의 품질 및 위생을 생산부터 유통단계를 거쳐 최종 소비될 때까지 합리적이고 철저하게 관리하기 위하여 도입되었다.

④ 6시그마 기법에서는 품질특성치가 허용한계에서 멀어질수록 품질비용이 증가하는 손실함수 개념을 도입하고 있다.

⑤ ISO 9000 시리즈는 표준화된 품질의 필요성을 인식하여 제정되었으며 제3자(인증기관)가 심사하여 인증하는 제도이다.

답 ④

해설

6시그마 : M Harry & R. Schroeder(1986)

① 6시그마(six sigma)는 단계별 고품질 접근 프로그램으로 3.4[PPM] 수준을 목표로 한다.
② 6시그마는 조직 내 자원낭비 최소화 및 고객만족 최대화를 위해 조직활동을 설계·운영하여 수익을 향상시키려는 비즈니스 프로세스이다.
③ 6시그마의 기본원리 : 품질 좋은 제품이 나쁜 제품보다 비용이 더 적게 소요된다.

[표] SERVQUAL 품질 차원

차원	의미	항목수
신뢰성	약속한 서비스를 믿을 수 있게 수행하는 정도	4
확신성	서비스 제공자의 지식, 정중, 믿음이 서비스를 제공하는 데 적합한 정도	5
공감성	고객에게 개인적인 배려와 관심을 보이는 정도	4
대응성	고객을 기꺼이 돕고 신속한 서비스를 제공하는 정도	5
유형성	시설, 장비, 복종 등의 물리적 요소가 서비스를 제공하는 데 적합한 정도	4

합격키

2014년 4월 12일(문제 4번)

09 식음료 제조업체의 공급망관리팀 팀장인 홍길동은 유통단계에서 최종 소비자의 주문량 변동이 소매상, 도매상, 제조업체로 갈수록 증폭되는 현상을 발견하였다. 이에 관한 설명으로 옳지 않은 것은?

① 공급사슬 상류로 갈수록 주문의 변동이 증폭되는 현상을 채찍효과(bullwhi peffect)라고 한다.
② 유통업체의 할인 이벤트 등으로 가격 변동이 클 경우 주문량 변동이 감소할 것이다.
③ 제조업체와 유통업체의 협력적 수요예측시스템은 주문량 변동이 감소하는 데 기여할 것이다.
④ 공급사슬의 정보공유가 지연될수록 주문량 변동은 증가할 것이다.
⑤ 공급사슬의 리드타임(lead time)이 길수록 주문량 변동은 증가할 것이다.

답 ②

해설

가격변동

(1) 장소에 따른 변동 : 유통(운송)이 복잡할수록 가격이 높아진다.
 ① 운송비, 보관비 등 거리가 멀 경우 비용이 추가된다.
 ② 생산, 판매 장소의 땅값 및 주변에 경쟁 업체가 있을 경우 - 재화의 가격에 영향을 미친다.
 ③ 생산지와 소비지, 생산장소와의 거리의 가격 차이 : 유통비
(2) 가격변동
 ① 시장의 신호등 역할 : 경제 주체들은 가격을 신호로 수요량과 생산량을 결정한다.
 ② 가격 변화에 따른 소비자와 생산자와의 행동 변화
  ㉮ 가격상승 : 소비량(감소), 생산량(증가)
  ㉯ 가격하락 : 소비량(증가), 생산량(감소)
 ③ 채찍효과
  ㉮ 하류(downstream)의 고객주문 정보가 상류(upstream)로 전달되면서 정보가 왜곡되고 확대되는 현상을 말한다.
  ㉯ 소를 몰 때 긴 채찍을 사용하면 손잡이 부분에서 작은 힘이 가해져도 끝부분에서는 큰 힘이 생기는 데에서 유래한 용어이다.

10 스트레스의 작용과 대응에 관한 설명으로 옳지 않은 것은?

① A유형이 B유형 성격의 사람에 비해 스트레스에 더 취약하다.

② Selye가 구분한 스트레스 3단계 중에서 2단계는 저항단계이다.

③ 스트레스 관련 정보수집, 시간관리, 구체적 목표의 수립은 문제중심적 대처 방법이다.

④ 자신의 사건을 예측할 수 있고, 통제 가능하다고 지각하면 스트레스를 덜 받는다.

⑤ 긴장(각성) 수준이 높을수록 수행 수준은 선형적으로 감소한다.

답 ⑤

해설

긴장 수준이 높을수록 수행 수준은 증가한다.

참고

① 2013년 4월 20일(문제 16번)
② 2014년 4월 12일(문제 17번)
③ 2015년 4월 20일(문제 12번)

보충학습

(1) Hams Selye(1920. 오스트리아 내분비학자)의 일반적응
(2) 증후군 3단계
   ① 제1단계 : 경고반응단계
   ② 제2단계 : 저항단계
   ③ 제3단계 : 소진단계

11 김부장은 직원의 직무수행을 평가하기 위해 평정척도를 이용하였다. 금년부터는 평정오류를 줄이기 위한 방법으로 "종업원 비교법"을 도입하고자 한다. 이때 제거 가능한 오류(a)와 여전히 존재하는 오류(b)를 옳게 짝지은 것은?

① a: 후광오류, b: 중앙집중오류
② a: 후광오류, b: 관대화오류
③ a: 중앙집중오류, b: 관대화오류
④ a: 관대화오류, b: 중앙집중오류
⑤ a: 중앙집중오류, b: 후광오류

답 ⑤

해설

후광오류 예
A과장은 근무평정을 할 때 자신의 부하직원 B가 평소 성실하다는 이유로 자신이 직접 관찰하지 않아서 잘 모르는 B의 창의성, 도덕성, 기획력 등을 모두 높게 평가하였다.

유사문제 출제
① 2013년 4월 20일(문제 10번)
② 2015년 4월 20일(문제 1번)
③ 2018년 3월 24일(문제 12, 14번)

12 인사 담당자인 김부장은 신입사원 채용을 위해 적절한 심리검사를 활용하고자 한다. 심리검사에 관한 설명으로 옳지 않은 것은?

① 다른 조건이 모두 동일하다면 검사의 문항 수는 내적일관성의 정도에 영향을 미치지 않는다.

② 반분 신뢰도(split-half reliability)는 검사의 내적 일관성 정도를 보여주는 지표이다.

③ 안면 타당도(face validity)는 검사문항들이 외관상 특정 검사의 문항으로 적절하게 보이는 정도를 의미한다.

④ 준거 타당도(criterion validity)에는 동시 타당도(concurrent validity)와 예측 타당도(predictive validity)가 있다.

⑤ 동형검사 신뢰도(equivalent-form reliability)는 동일한 구성개념을 측정하는 두 독립적인 검사를 하나의 집단에 실시하여 측정한다.

답 ①

해설

내적일관성 신뢰도(internal consistency reliability)
① 검사를 구성하고 있는 부분검사 및 문항들에 대한 피험자 반응의 일관성을 분석하는 신뢰도 추정방법이다.
② 하나의 검사는 여러 개의 부분검사로 이루어져 있고 또 개별문항들 역시 하나의 검사로 보는 전제하에서 신뢰도 추정이 이루어진다.
③ 하나의 검사 안에서의 일관성을 분석하기에 검사-재검사나 동형검사 신뢰도처럼 두 번에 걸친 자료수집이 불필요하다.
④ 검사의 실시가 동일한 구인을 재는 수많은 문항집합에서 특정 내용을 표집하여 피험자 반응을 수집한다는 전제에 기초한다.
⑤ 일관성을 따지는 분석의 단위를 부분검사로 보는 경우는 반분 신뢰도의 방법으로 추정한다.

13 다음에 설명하는 용어는?

> 응집력이 높은 조직에서 모든 구성원들이 하나의 의견에 동의하려는 욕구가 매우 강해, 대안적인 행동방식을 객관적이고 타당하게 평가하지 못함으로써 궁극적으로 비합리적이고 비현실적인 의사결정을 하게 되는 현상이다.

① 집단사고(groupthink)
② 사회적 태만(social loafing)
③ 집단극화(group polarization)
④ 사회적 촉진(social facilitation)
⑤ 남만큼만 하기 효과(sucker effect)

답 ①

해설

용어정의
① 사회적 태만: 집단에 속한 사람들이 공동의 목표를 달성하기 위해 함께 일하는 상황에서 혼자 일할 때보다 노력을 덜 들여 개인의 수행이 떨어지는 현상
② 집단극화: 집단의 의사 결정이 개인의 의사 결정보다 더 극단적인 방향으로 이행하는 현상
③ 사회적 촉진: 다른 사람들이 있을 때, 잘하는 과제를 더 잘하게 되는 현상
④ 남만큼만 하기 효과(sucker effect): 학습능력이 높은 학습자가 자신의 노력이 다른 학생에게 돌아갈까봐 소극적으로 참여

14 용접공이 작업 중에 보호안경을 쓰지 않으면 시력손상을 입는 산업재해가 발생한다. 용접공의 행동특성을 **ABC 행동이론**(선행사건, 행동, 결과)에 근거하여 기술한 내용으로 옳은 것을 모두 고른 것은?

> ㄱ. 보호안경을 착용하지 않으면 편리하다는 확실한 결과를 얻을 수 있다.
> ㄴ. 보호안경 착용으로 나타나는 예방효과는 안전행동에 결정적인 영향을 미친다.
> ㄷ. 미래의 불확실한 이득(시력보호)으로 보호안경의 착용 행위를 증가시키는 것은 어렵다.
> ㄹ. 모범적인 보호안경 착용자에게 공개적인 인센티브를 제공하여 위험행동을 감소하도록 유도한다.

① ㄱ, ㄷ
② ㄴ, ㄹ
③ ㄱ, ㄷ, ㄹ
④ ㄴ, ㄷ, ㄹ
⑤ ㄱ, ㄴ, ㄷ, ㄹ

답 모두정답

해설

인간행동의 ABC모형

① 엘리스의 이론에서 인간의 행동을 이해하는 기본적 틀은 ABC모형이다. 여기에서 A는 인간이 생활하면서 경험하는 외적인 선행사건(Activating event)을, B는 외적인 선행사건을 해석하는 신념체계(Belief system)를, 그리고 C는 외적인 사건에 대하여 신념체계가 작용하여 나타난 정서적, 행동적 결과(Consequence)를 의미한다.

② 모형이 시사하는 바는 일반적으로 사람들은 어떠한 선행사건 때문에 현재 이러저러한 정서적, 행동적 결과가 나타났다고 설명하지만, 현재의 정서적, 행동적 결과의 진정한 원인은 신념체계라는 것이다.

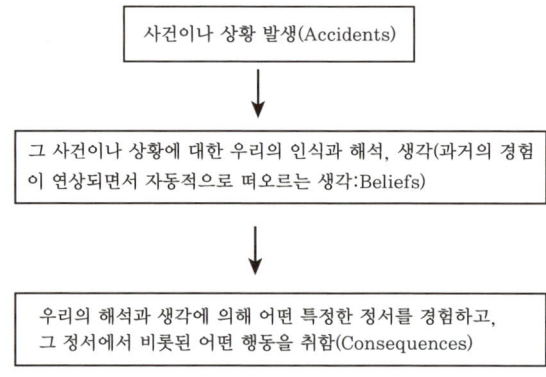

[그림] ABC 행동이론

15 휴먼에러 발생 원인을 설명하는 모델 중, 주로 익숙하지 않은 문제를 해결할 때 사용하는 모델이며 지름길을 사용하지 않고 상황파악, 정보수집, 의사결정, 실행의 모든 단계를 순차적으로 실행하는 방법은? 22. 3. 19 출

① 위반행동 모델(violation behavior model)
② 숙련기반행동 모델(skill-based behavior model)
③ 규칙기반행동 모델(rule-based behavior model)
④ 지식기반행동 모델(knowledge-based behavior model)
⑤ 일반화 에러 모형(generic error modeling system)

답 ④

해설

휴먼에러

(1) Reason의 휴먼에러 분류기법
　① Skill-based Error : 숙련상태에 있는 행동에서 나타나는 에러(Slip, Lapse)
　② Rule-based Mistake : 처음부터 잘못된 규칙을 기억, 정확한 규칙이나 상황에 맞지 않게 잘못 적용
　③ Knowledge-based Mistake : 처음부터 장기기억 속에 지식이 없음, Inference, Analogy로 처리 실패
　④ Violation : 지식을 갖고 있고, 이에 알맞는 행동을 할 수 있음에도 나쁜 의도를 가지고 발생시킨 에러

(2) 라스무센의 SRK기반 프로세스
　① Skill-based behavior(숙련기반행동 모델) : 인지→행동
　　㉮ 숙련자의 작업 및 행동단계
　　㉯ 자동적인 행위 : 인지→행동
　　㉰ 상황이나 자극에서 자동적으로 반응
　　㉱ 무의식에 가까운 단순화로 습관이라 할 수 있음
　　㉲ 속도와 효율성이 높고 특정 자극과 비슷한 경우에도 숙달된 동작을 할 수도 있음
　② Rule-based behavior(규칙기반행동 모델) : 인지→유추→행동
　　㉮ 중급자의 작업 및 행동 단계
　　㉯ 직관적인 행위 : 인지→이전 경험에서 유추→행동
　　㉰ 상황이나 자극에 대해서 형성된 자신만의 규칙을 사용함
　　㉱ 조건 - 반사의 조합으로 이루어짐
　③ Knowledge based behavior(지식 기반 행동 모델) : 인지→해석→사고/결정→행동
　　㉮ 초보자의 작업 및 행동 단계
　　㉯ 분석적인 행위 : 지각→해석→사고 및 결정→행동
　　㉰ 상황이나 자극에 대해서 적절한 규칙이나 정보가 없어 0에서 시작
　　㉱ 새로운 기기를 처음 사용 시 : 지식이 거의 없어 각 과정마다 읽고 시행착오를 거쳐야 함

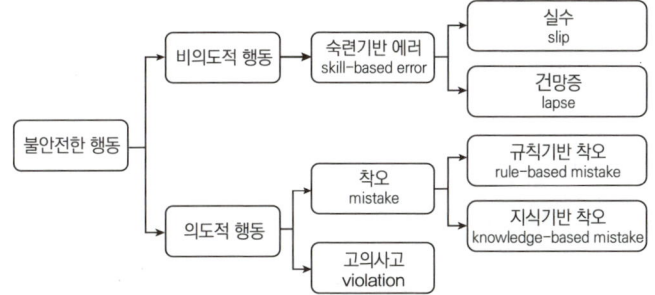

[그림] Rasmussen 행동모델에 의한 Reason의 에러분류

합격키

① 2017년 3월 25일(문제 16번) 출제
② 2023년 4월 1일(문제 15번) 출제

16 소음의 특성과 청력손실에 관한 설명으로 옳지 않은 것은?

① 0[dB] 청력수준은 20대 정상 청력을 근거로 산출된 최소역치수준이다.

② 소음성 난청은 달팽이관의 유모세포 손상에 따른 영구적 청력손실이다.

③ 소음성 난청은 주로 1,000[Hz] 주변의 청력손실로부터 시작된다.

④ 소음작업이란 1일 8시간 작업을 기준으로 85[dBA] 이상의 소음이 발생하는 작업이다.

⑤ 중이염 등으로 고막이나 이소골이 손상된 경우 기도와 골도 청력에 차이가 발생할 수 있다.

답 ③

해설
직업적 청력상실 영향

구분	특징
일시적 난청	① 큰 소리 들은 후 순간적으로 일어나는 청력 저하→일반적으로 수일 휴식 후는 정상 청력 회복 ② Corti씨 기관의 신경발달에 손상→신경의 전도성이 저하되는 비가역적 피로현상
영구적 난청 (소음성 난청)	① Corti씨 기관 내의 유모세포의 불가역적 파괴현상 ② 고주파음에 오랜시간 노출 시에 발생 ③ C5-dip-4,000[Hz]를 중심으로 청력손실이 가장 크다. ④ 4,000[cps] 이상의 높은 음역과 4,500[cps] 이하의 청력 장해
불연속적인 소음으로부터 청력손실	① 간헐적인 소음, 충돌소음, 그리고 충격소음 등을 포함 ② 심한 노출 시 청력상실

참고
산업안전일반 p.220(2. 직업적 청력상실 영향)

보충학습
CPS(Cycle Per Second) = HZ

정답근거
산업안전보건기준에 관한 규칙 제512조(정의)

17 인간의 정보처리과정에 관한 설명으로 옳은 것을 모두 고른 것은?

> ㄱ. 단기기억의 용량은 덩이 만들기(chunking)를 통해 확장할 수 있다.
> ㄴ. 감각기억에 있는 정보를 단기기억으로 이전하기 위해서는 주의가 필요하다.
> ㄷ. 신호검출이론(signal-detection theory)에서 누락(miss)은 신호가 없는데도 있다고 잘못 판단하는 경우이다.
> ㄹ. Weber의 법칙에 따르면 10[kg]의 물체에 대한 무게 변화감지역(JND)이 1[kg]의 물체에 대한 무게 변화감지역보다 더 크다.

① ㄴ, ㄷ
② ㄱ, ㄴ, ㄹ
③ ㄱ, ㄷ, ㄹ
④ ㄴ, ㄷ, ㄹ
⑤ ㄱ, ㄴ, ㄷ, ㄹ

답 ②

해설

신호검출이론
① 고전적 역이론은 불연속적인 절대식역이 존재한다는 것을 가정한다.
② 실제로 자극이 완전히 존재하지 않는 상황은 없고, 설사 그렇다고 하더라도 유기체 내부에는 자발적인 신경흥분이 일어나므로 순수한 자극탐지상황이란 있을 수 없다.
③ 신호검출론에 의하면 유기체는 방해자극(noise)들이 있는 상황에서 신호와 방해자극을 분리하는 감각과정과 반응을 하기 위한 결정과정을 통해서 자극탐지행동을 하게 된다. 예를 들어, 적 비행기의 징후를 찾아내기 위해서 레이더 스크린을 주시하고 있다고 가정해보면, 이 경우 핵심적 과제 또는 임무는 가능한 빨리, 정확하게 적 비행기의 출현을 찾아내는 것이다. 아주 희미한 신호도 탐지해야 하는 동시에 철새의 이동을 비행기로 보는 허위경보도 발동하지 않아야 한다.
④ 방해자극(철새나 아군의 비행기 등)이 클수록 약한 신호(적 비행기)는 탐지하기가 더 어려워진다.
⑤ 자극강도나 피험자의 민감도에 따른 차이가 두 분포의 거리로 나타내어지는데 이를 민감도(sensitivity, d)라 한다.
⑥ 특정 강도의 자극이 출현했을 때, 그 자극이 신호에 의한 것인지 방해자극에 의한 것인지를 결정하기 위해서는 신호와 방해자극 간의 구분을 위한 반응기준(response criterion, β)을 설정하게 된다.
⑦ 기준은 신호가 나타날 확률(probability)과 신호의 탐지가 피험자에게 주는 이해득실에 따라 달라진다.
⑧ 탐지수행은 민감도와 반응기준 두 가지의 영향을 받는다.
⑨ 미약한 신호에도 탐지반응을 빈번하게 하면 적중(hit)도 많아지지만 동시에 허위경보도 많아지고, 보수적인 피험자들은 허위경보는 적지만, 탈루(miss)가 많아진다.
⑩ 신호검출론은 실제적인 레이더 경계상황이나 공장의 제품검사과정, 의사들의 진단결정 등에 나타나는 탐지행동들을 잘 기술해 준다.

보충학습

단기기억[short-term memory, 短期記憶]
① 단기기억은, 감각적 기억에 들어온 환경에 관한 정보 중에서 약간만이 이 단계로 전환되는 기억을 말한다. 많은 정보처리 활동이 단기기억에서 일어나며, 먼저 감각적 기억이 가지고 있는 정보에 대해 어떤 종류의 주사(scanning)를 하는데, 감각기관으로부터 오는 빛이나 소리 그밖에 다른 메시지의 흐름 중에서 몇 개의 특별한 항목에 주의하도록 선택된다.
② 주의하기 위해 선택된 정보가 일정시간 동안 유지되면 어떤 종류의 연습체계(rehearsal system)가 착수되며 이것은 정보의 누설을 방지하고 저장한다. 이런 연습체계를 통해서 단기기억에 남게 되는 정보의 수는 적다.
③ 단기기억에 있는 정보는 간단하고 쉽게 운용되도록 하기 위해 부호화(encoding)하는 방법을 적용한다.
④ 단기기억은 약 7개 항목의 수용능력을 가지고 있으며 다음 단계로 들어가지 않으면 30초 이내에 망각된다.

18 어떤 가설을 받아들이고 나면 다른 가능성은 검토하지도 않고 그 가설을 지지하는 증거만을 탐색해서 받아들이는 현상에 해당하는 것은?

① 대표성 어림법(representativeness heuristic)

② 가용성 어림법(availability heuristic)

③ 과잉확신(overconfidence)

④ 확증편향(confirmation bias)

⑤ 사후확신편향(hindsight bias)

답 ④

해설

가설

① 대표성 어림법: 한동안 일어나지 않았던 일이 자주 일어났던 일보다 앞으로는 더 자주 일어날 것이라는 엉뚱한 믿음을 갖게 되는, 이를 도박사의 오류(gambler's fallacy)라 한다.
   주 도박사의 오류(gambler's fallacy): 한동안 일어나지 않을 일/사건일수록 다음에 일어날 가능성이 높아진다는 잘못된 믿음
② 가용성 어림법: 우리의 기억에 보다 쉽게 떠오르는 사건을 더 자주 일어나는 일로 판단하는 전략
③ 과잉확신: 사람들이 자기의 판단이나 지식 등에 대해 실제보다 과장되게 평가하는 경향
④ 사후과잉 확신편향: 이미 일어난 사건을 그 일이 일어나기 전에 비해서 더 예측 가능한 것으로 생각하는 경향

보충학습

확증편향(確證偏向, Confirmation bias)
① 원래 가지고 있는 생각이나 신념을 확인하려는 경향성이다.
② 흔히 하는 말로 "사람은 보고 싶은 것만 본다"와 같은 것이 바로 확증편향이다.

2020년도 7월 25일 필기문제

19 근로자 건강진단에 관한 설명으로 옳지 않은 것은?

① 납땜 후 기판에 묻어 있는 이물질을 제거하기 위하여 아세톤을 취급하는 근로자는 특수건강진단 대상자이다.

② 우레탄수지 코팅공정에 디메틸포름아미드 취급 근로자의 배치 후 첫 번째 특수 건강진단 시기는 3개월 이내이다.

③ 6개월간 오후 10시부터 다음날 오전 6시 사이의 시간 중 작업을 월 평균 60시간 이상 수행하는 근로자는 야간작업 특수건강진단 대상자이다.

④ 직업성 천식 및 직업성 피부염이 의심되는 근로자에 대한 수시건강진단의 검사항목이 있다.

⑤ 정밀기계 가공작업에서 금속가공유 취급 시 노출되는 근로자는 배치전·특수건강진단 대상자이다.

답 ②

해설

특수건강진단의 시기 및 주기(제202조제1항 관련)

구분	대상 유해인자	시기 (배치 후 첫 번째 특수건강진단)	주기
1	N, N-디메틸아세트아미드 디메틸포름아미드	1개월 이내	6개월
2	벤젠	2개월 이내	6개월
3	1,1,2,2-테트라클로로에탄 사염화탄소 아크릴로니트릴 염화비닐	3개월 이내	6개월
4	석면, 면 분진	12개월 이내	12개월
5	광물성 분진, 목재 분진, 소음 및 충격소음	12개월 이내	24개월
6	제1호부터 제5호까지의 대상 유해인자를 제외한 별표 22의 모든 대상 유해인자	6개월 이내	12개월

합격정보

산업안전보건법 시행규칙 [별표 23]

합격키

2012년 6월 23일(문제 19번)

20 관리대상 유해물질 관련 **국소배기장치 후드의 제어풍속**에 관한 설명으로 옳지 않은 것은?

① 가스 상태 물질 포위식 포위형 후드는 제어풍속이 0.4[m/s] 이상이다.
② 가스 상태 물질 외부식 측방흡인형 후드는 제어풍속이 0.5[m/s] 이상이다.
③ 가스 상태 물질 외부식 상방흡인형 후드는 제어풍속이 1.0[m/s] 이상이다.
④ 입자 상태 물질 포위식 포위형 후드는 제어풍속이 1.0[m/s] 이상이다.
⑤ 입자 상태 물질 외부식 상방흡인형 후드는 제어풍속이 1.2[m/s] 이상이다.

답 ④

해설

관리대상 유해물질 관련 국소배기장치 후드의 제어풍속(제429조 관련)

물질의 상태	후드 형식	제어풍속(m/sec)
가스 상태	포위식 포위형 외부식 측방흡인형 외부식 하방흡인형 외부식 상방흡인형	0.4 0.5 0.5 1.0
입자 상태	포위식 포위형 외부식 측방흡인형 외부식 하방흡인형 외부식 상방흡인형	0.7 1.0 1.0 1.2

[비고]
1. "가스 상태"란 관리대상 유해물질이 후드로 빨아들여질 때의 상태가 가스 또는 증기인 경우를 말한다.
2. "입자 상태"란 관리대상 유해물질이 후드로 빨아들여질 때의 상태가 흄, 분진 또는 미스트인 경우를 말한다.
3. "제어풍속"이란 국소배기장치의 모든 후드를 개방한 경우의 제어풍속으로서 다음 각 목에 따른 위치에서의 풍속을 말한다.
   가. 포위식 후드에서는 후드 개구면에서의 풍속
   나. 외부식 후드에서는 해당 후드에 의하여 관리대상 유해물질을 빨아들이려는 범위 내에서 해당 후드 개구면으로부터 가장 먼 거리의 작업위치에서의 풍속

합격정보

산업안전보건기준에 관한 규칙 [별표 13]

21 산업위생의 범위에 관한 설명으로 옳지 않은 것은?

① 새로운 화학물질을 공정에 도입하려고 계획할 때, 알려진 참고자료를 바탕으로 노출 위험성을 예측한다.

② 화학물질 관리를 위해 국소배기장치를 직접 제작 및 설치한다.

③ 작업환경에서 발생할 수 있는 감염성질환을 포함한 생물학적 유해인자에 대한 위험성평가를 실시한다.

④ 노출기준이 설정되지 않은 물질에 대하여 노출수준을 측정하고 참고자료와 비교하여 평가한다.

⑤ 동일한 직무를 수행하는 노동자 그룹별로 직무특성을 상세하게 기술하고 유사노출그룹을 분류한다.

답 ②

해설

산업위생의 범위
① 작업능력과 작업조건의 연구
② 작업환경과 신체적 최적 환경의 연구
③ 노동력의 재생산과 사회경제적 조건 연구
④ 노동 생리와 정신적 조건 연구
⑤ 연령, 성별, 적성 문제
⑥ 신기술과 건강 피해 연구
⑦ 유해 환경의 영향과 대책 연구
⑧ 생체리듬의 연구
⑨ 노동시간과 교대제 연구

참고

기업진단·지도 p.175(3. 산업위생의 범위)

보충학습

산업위생 활동 순서
(1) 예측
　① 산업위생 활동에서 처음으로 요구되는 활동
　② 기존의 작업환경 측정 및 조건은 물론이고 새로운 물질, 공정, 기계의 도입, 새로운 제품의 생산 및 부산물로 인한 근로자들의 건강장해, 영향을 사전에 예측함
(2) 인지
　① 현존 상황에서 존재 혹은 잠재하고 있는 유해인자의 파악
　② 유해인자 : 물리, 화학, 생물, 인간공학, 공기역학적 인자로 구분
　③ 유해인자의 특성을 구체적으로 파악하는 것으로 Risk Assessment가 이루어져야 함
(3) 측정
　① 작업환경이나 조건의 유해 정도를 구체적으로 정성적 또는 정량적으로 계측하는 것
　② 기계조작에 의한 직독식 방법에서부터 고도의 기술이 요구되는 기기분석까지 다양
　③ 기본적인 물리, 화학, 생물, 미생물학적 지식이 요구됨
　④ 공기 중 유해 화학물질의 측정에 있어서는 정확한 공기시료의 채취가 급선무
(4) 평가
　① 유해인자에 대한 양, 정도가 근로자들의 건강에 어떤 영향을 미칠 것인지를 판단하는 의사결정단계
　② 넓은 의미에서는 측정까지도 포함시킴
　③ 유해정도는 관찰, 인터뷰, 측정에 의해 이루어지며 이렇게 얻어진 값들을 우리나라 노동부의 노출기준, 미국의 ACGIH, TLVs, NOISH의 RELs, OSHA의 PELs 일본의 관리농도, 기타 문헌 값들과 비교함
(5) 관리
　① 유해인자로부터 근로자를 보호하는 모든 수단
　② 공학적 관리, 행정적 관리, 개인보호장구에 의한 관리가 있음
　　㉮ 공학적 관리 : 대체, 격리, 포위, 환기
　　㉯ 행정적 관리 : 작업시간, 작업배치의 조정, 교육 등
　　㉰ 호흡기, 보호구, 장갑, 안전벨트

22 미국산업위생학회에서 산업위생의 정의에 관한 설명으로 옳지 않은 것은?

① 인지란 현재 상황의 유해인자를 파악하는 것으로 위험성평가(Risk Assessment)를 통해 실행할 수 있다.

② 측정은 유해인자의 노출 정도를 정량적으로 계측하는 것이며 정성적 계측도 포함한다.

③ 평가의 대표적인 활동은 측정된 결과를 참고자료 혹은 노출기준과 비교하는 것이다.

④ 관리에서 개인보호구의 사용은 최후의 수단이며 공학적, 행정적인 관리와 병행해야 한다.

⑤ 예측은 산업위생 활동에서 마지막으로 요구되는 활동으로 앞 단계들에서 축적된 자료를 활용하는 것이다.

답 ⑤

해설

미국산업위생학회(AIHA : 1994. American Industrial Hygiene Association)
① 정의 : 근로자나 일반 대중에게 질병, 건강장애와 안녕방해, 심각한 불쾌감 및 능률 저하 등을 초래하는 작업환경 요인과 스트레스를 예측, 측정, 평가하고 관리하는 과학과 기술이다.
② 예측, 인지(확인), 평가, 관리 의미와 동일하다.

참고

기업진단·지도 p.174(3. AIHA의 정의)

23 국가별 노출기준 중 법적 제재력이 없는 것은?

① 독일 GCIHHCC의 MAK
② 영국 HSE의 WEL
③ 일본 노동성의 CL
④ 우리나라 고용노동부의 허용기준
⑤ 미국 OSHA의 PEL

답 ①

해설

(1) 국가별 노출기준 명칭

노출기준 명칭	기관	국가	비고	법적 제한
PEL, AL	OSHA	미국	미국 산업안전보건청	Yes
PREL	NIOSH	미국	미국국립 산업안전보건연구원	No
TLV, BEL	ACGIH	미국	미국정부 산업위생전문가협의회	No
WEEL	AIHA	미국	미국 산업위생학회	No
WEL	BOHS/HSE	영국		No
OEL		스웨덴, 프랑스		-
MAK		독일	기준사용	No
허용기준		대한민국		-

(2) 산업위생 단체
　① ACGIH : American Conference of Governmental Industrial Hygienists(미국정부 산업위생전문가협의회)
　　- 허용기준(TLVs : Threshold Limit Values) - 권고사항
　　- 생물학적 노출지수(BEIs : Biological Exposure Indicis)
　② NIOSH : National Institute for Occupational Safety and Health(미국국립 산업안전보건연구원)
　　- REL(Recommended Exposure Limits)-권고사항
　　- Criteria
　③ AIHA : American Industrial Hygiene Association(미국 산업위생학회)
　　- WEEL(Workplace Environmental Exposure Level)
　④ OSHA : Occupational Safety and Health Administration(미국 산업안전보건청)
　　- PEL(Permissible Exposure Limits) - 법적기준
　⑤ GCIHHCC : The German Commission for the Investigation of Health Hazards of Chemical Compounds in the work area(독일)
　　- MAK(Maximum Allowable Concentration) : 법적 제재력 없음
　⑥ HSE : Health and Safety Executives(영국)
　　-WEL(Workplace Exposure Limit)
　⑦ JSOH : The Japan Society for Occupational Health(일본)
　　- OEL(Occupatonal Exposure Limit)
　⑧ 일본 노동성
　　- CL(Control Limit)

24 산업위생관리의 기본원리 중 작업관리에 해당하는 것은?

① 유해물질의 대체　　② 국소배기 시설
③ 설비의 자동화　　　④ 작업방법 개선
⑤ 생산공정의 변경

답 ④

> **해설**

작업환경관리
(1) 작업환경 개선의 기본원칙
　① 대치　　　② 격리
　③ 환기　　　④ 교육
(2) 작업환경 개선방법
　① 유해한 생산공정의 변경
　② 유해한 작업방법의 변경
　③ 유해성이 적은 원자재로의 대체 사용
　④ 설비의 밀폐
　⑤ 유해물의 발산·비산의 억제
　⑥ 국소배기장치 및 전체환기장치의 설치

> **보충학습**

대표적인 작업개선 방법(예 ECRS)
업무상 문제해결이나 현상 개선을 위해 제거(Eliminate), 결합(Combine), 교환(Rearrange), 단순화(Simplify)라는 네 가지 관점에서 생각하는 기법

25 유기용제의 일반적인 특성 및 독성에 관한 설명으로 옳은 것을 모두 고른 것은?

> ㄱ. 탄소사슬의 길이가 길수록 유기화학물질의 중추신경 억제효과는 증가한다.
> ㄴ. 염화메틸렌이 사염화탄소보다 더 강력한 마취특성을 가지고 있다.
> ㄷ. 불포화탄화수소는 포화탄화수소보다 자극성이 작다.
> ㄹ. 유기분자에 아민이 첨가되면 피부에 대한 부식성이 증가한다.

① ㄱ, ㄴ   ② ㄱ, ㄷ
③ ㄱ, ㄹ   ④ ㄴ, ㄷ
⑤ ㄴ, ㄹ

답 ③

해설

유기용제의 특성
① 유기용제의 일반적인 독성은 첫째로 고농도 폭로 시 마취작용을 들 수 있다.
② 증기 흡수로 말미암아 졸리고 나아가서는 혼수상태에 빠진다. 호흡이 멎을 때도 있고 혈압, 체온이 내려가며 그대로 사망하는 수도 있다.
③ 상태가 가벼울 때는 정신흥분, 나른한 느낌, 두통, 현기증, 가슴이 두근거리고 숨이 가빠지는 수도 있다.
④ 증상은 중추신경계의 호르몬 조절계에 용제가 영향을 주는 결과이다.
⑤ 마취작용 이외의 일반적인 독성으로는 피부, 각막, 결막의 손상을 들 수 있으며 다량의 용제를 흡입했을 때에는 심장, 간장, 신장의 이상을 일으키는 예가 있다.

보충학습

CCl_4(사염화탄소)
(1) 특성
① 사염화탄소는 폐, 신장, 신경계, 간, 점막에 치명적인 손상을 줄 수 있다.
② 많은 양의 사염화탄소에 노출되면, 두통, 어지러움, 피로 등을 수반하며, 음용 시에는 위가 뜨거워짐을 느낀다.
③ 매우 많은 양에 노출 시에는 구토, 복통, 죽음에 이를 수 있다.
④ 쥐(rat)의 경우 반수 치사량(LD_{50})은 경구 독성시 2,350[mg/kg], 피부 독성시 5,070[mg/kg], 증기 독성시 8,000[ppm]이다.
(2) 생산량 규제
① 냉매로 많이 사용되었던 염화불화탄소(chlorofluorocarbon;CFC)가 오존층 파괴 등 환경 오염문제로 사용 규제를 받음에 따라 사염화탄소의 전 세계 생산량도 1980년대 이후 급격히 줄어들었다.
② 우리나라에서 사염화탄소는 취급 제한물질로 지정되어 있음에 따라, 제조, 수입, 사용 시에는 환경청의 영업허가를 받도록 규정되어 있으나, 시험 검사 및 연구용 시약으로 판매하거나 사용하는 경우에는 영업허가를 면제해 주고 있다.

2021년도 3월 13일 필기문제

산업안전지도사 자격시험
제1차 시험문제지

제3과목 기업진단·지도	총 시험시간 : 90분 (과목당 30분)	문제형별 A

| 수험번호 | 20210313 | 성 명 | 도서출판 세화 |

【수험자 유의사항】

1. 시험문제지 표지와 시험문제지 내 **문제형별의 동일여부** 및 시험문제지의 **총면수·문제번호 일련순서·인쇄상태** 등을 확인하시고, 문제지 표지에 수험번호와 성명을 기재하시기 바랍니다.
2. 답은 각 문제마다 요구하는 **가장 적합하거나 가까운 답 1개**만 선택하고, 답안카드 작성 시 시험문제지 **형별누락, 마킹착오**로 인한 불이익은 전적으로 **수험자에게 책임**이 있음을 알려 드립니다.
3. 답안카드는 국가전문자격 공통 표준형으로 문제번호가 1번부터 125번까지 인쇄되어 있습니다. 답안 마킹 시에는 반드시 **시험문제지의 문제번호와 동일한 번호**에 마킹하여야 합니다.
4. **감독위원의 지시에 불응하거나 시험 시간 종료 후 답안카드를 제출하지 않을 경우** 불이익이 발생할 수 있음을 알려 드립니다.
5. 시험문제지는 시험 종료 후 가져가시기 바랍니다.

【안 내 사 항】

1. 수험자는 **QR코드를 통해 가답안을 확인**하시기 바랍니다.
   (※ 사전 설문조사 필수)
2. 시험 합격자에게 **'합격축하 SMS(알림톡) 알림 서비스'**를 제공하고 있습니다.

▲ 가답안 확인

- 수험자 여러분의 합격을 기원합니다 -

2021년도 3월 13일 필기문제

3. 기업진단·지도

01 조직구조 설계의 **상황요인**에 해당하는 것을 모두 고른 것은?

> ㄱ. 조직의 규모 ㄴ. 표준화 ㄷ. 전략
> ㄹ. 환경   ㅁ. 기술

① ㄱ, ㄴ, ㄷ
② ㄱ, ㄴ, ㄹ
③ ㄴ, ㄷ, ㅁ
④ ㄱ, ㄴ, ㄷ, ㄹ
⑤ ㄱ, ㄷ, ㄹ, ㅁ

답 ⑤

해설

조직구조 설계의 상황요인 4가지

(1) 전략(strategy)
　① 전략 - 구조 간 연구(by Chandler) : 제품다각화에 따라 조직구조가 달라진다.
　　　- 제품 다각화(제품의 가짓수) 수준이 낮다면 단순조직, 기능조직 높다면 사업부 조직이 적합하다.
　② 전략유형(by Miles & Snow)
　　㉮ 방어형(defender):한정된 제품 및 서비스 생산에 집중 → 비용 감소 → 기계적(안정성, 효율성 추구)
　　㉯ 탐색형(prospector, 공격형) : 지속적으로 새로운 시장기회 탐색, 신제품과 서비스 실험 → 혁신 중시 → 유기적(유연성 추구)
　　㉰ 분석형(analyzer) : 탐색형 기업에 의해 검증된 이후에 진입 → 모방(안정성, 유연성 추구)
(2) 규모(size)
　조직 규모가 커질수록 복잡성(직위 단계, 부서 수)과 공식화 정도가 높아지고, 집권화 수준이 감소(분권화 증가)
(3) 기술(technology)
　① 우드워드(Woodward)의 연구 : 기술복잡성에 따라 기술을 3가지 유형으로 분류
　　(기술복잡성 : 생산과정의 기계화 정도 = 자동화 수준, 예측가능성 정도)
　　㉮ 단위소량생산(unit production) : 개별주문, 주문생산제품(고객화)
　　㉯ 대량생산(mass production) : 대량 묶음으로 제품생산, 반복적, 일상적
　　㉰ 연속생산(process production) : 연속공정으로 제품생산(표준화)
　　　→ 대량생산기술을 사용하는 조직은 기계적 구조, 단위소량생산이나 연속생산기술을 사용하는 조직에서는 유기적 구조를 가질 때 높은 성과 달성
　② 페로(Perrow)의 연구 : 부서수준의 기술이 조직구조에 미치는 영향을 연구
　　- 기술의 2가지 차원(과업의 다양성 : 예외의 빈도 / 문제의 분석가능성 : 논리적 분석이나 분석적 추론이 가능한가?)을 이용해 기술을 4가지로 분류
　　　장인기술(저/저), 비일상적 기술(고/저), 일상적 기술(저/고), 공학적 기술(고/고)
　　　→ 일상적 기술을 이용하는 조직은 기계적 구조, 비일상적 기술을 이용하는 조직은 유기적 조직의 특성을 지님
　　　(공학적 기술은 다소 기계적, 장인기술은 다소 유기적)
　　　※우드워드와 페로의 연구는 조직이 사용하는 기술에 따라 조직구조가 어떻게 달라지는가를 연구
　③ 톰슨(Thompson)의 연구 : 상호의존성이 조직구조에 미치는 영향 연구
　　(상호의존성 : 과업수행을 위해 다른 부서에 의존하는 정도)
　　㉮ 집합적 상호의존성 : 상호의존성이 거의 없는 상태(ex. 은행) → '중개형 기술'을 사용하는 조직에 존재
　　㉯ 순차적 상호의존성 : 한 부서의 산출이 다른 부서에 투입이 되는 상호의존성(ex. 조립라인) → '연속형 기술'

㉰ 교호적 상호의존성 : 과업 수행을 위해 여러 부서의 활동이 동시에 상호 관련됨(ex. 병원) → '집약형 기술'→ 조직은 다양한 상호의존성을 지닌 기술을 사용하고 있고, 이 기술에 맞는 조정 메커니즘을 지녀야 한다.
④ CIM(Computer intergrated manufacturing, 컴퓨터통합 생산 = 유연생산 시스템)
- 로봇, 기계, 제품디자인, 엔지니어링 분석 같은 제조관련 부문이 통합된 컴퓨터 시스템

(4) 환경(environment)
① 번즈와 스타커의 연구
㉮ 안정적 환경에서는 효율성 추구 → 기계적 조직
㉯ 격동적 환경에서는 유연성 추구 → 유기적 조직
② 로렌스(Lawrence)와 로쉬(Lorsch)의 연구
- 산업이 처한 환경의 불확실성이 높을수록 기업의 분화 정도가 높고, 이를 통합하기 위한 노력도 많다.

02 프렌치(J. French)와 레이븐(B. Raven)의 권력의 원천에 관한 설명으로 옳지 않은 것은?

① 공식적 권력은 특정역할과 지위에 따른 계층구조에서 나온다.
② 공식적 권력은 해당지위에서 떠나면 유지되기 어렵다.
③ 공식적 권력은 합법적 권력, 보상적 권력, 강압적 권력이 있다.
④ 개인적 권력은 전문적 권력과 정보적 권력이 있다.
⑤ 개인적 권력은 자신의 능력과 인격을 다른 사람으로부터 인정받아 생긴다.

답 ④

해설

권력의 원천에 따른 분류

① 지위권력(Position Power)
합법적 권력, 보상적 권력, 강압적 권력, 정보적 권력 등 조직 내에서 자기가 맡은 직무나 직위와 관련하여 공식적으로 부여 받은 권력이다.
  예 사장은 부하들을 승진, 해고할 수 있는 막강한 권력을 갖고 있다.
   → 사장이 갖는 권력은 합법적인 권력이다.

② 개인적 권력(Personal Power)
전문적 권력, 준거적 권력 등 리더의 지식이나 기술 등 실력이 막강하거나, 남을 상대로 논리적 설득력이 강하거나 남을 끌어당기는 매력이 있을 때 사람들이 따른다. 이러한 카리스마적 리더는 희생, 헌신, 용기 등과 연계되어 전설적인 영웅으로 만들어지기도 한다.

[표] 리더의 권력 유형

권력의 원천	내용
강압적 권력	공포에 기반을 둔 권력
합법적 권력	리더가 보유하고 있는 지위에 기반을 둔 권력
보상적 권력	타인에게 보상을 제공할 수 있는 능력에 기반을 둔 권력
전문적 권력	전문적인 기술 및 지식에 기반을 둔 권력
준거적 권력	개인적인 성격특성에 기반을 둔 권력 다른 사람들이 가치가 있다고 지각하는 정보를 가지고 있거나 쉽게 접근 가능하다는 사실에 기반을 둔 권력

03 직무분석과 직무평가에 관한 설명으로 옳지 않은 것은?

① 직무분석은 인력확보와 인력개발을 위해 필요하다.
② 직무분석은 교육훈련 내용과 안전사고 예방에 관한 정보를 제공한다.
③ 직무명세서는 직무수행자가 갖추어야 할 자격요건인 인적특성을 파악하기 위한 것이다.
④ 직무평가 요소비교법은 평가대상 개별직무의 가치를 점수화하여 평가하는 기법이다.
⑤ 직무평가는 조직의 목표달성에 더 많이 공헌하는 직무를 다른 직무에 비해 더 가치가 있다고 본다.

답 ④

해설

직무분석과 직무평가
(1) 직무분석
  ① 직무분석의 개념
    ㉮ 직무분석 : 일의 내용/수행하는 데 필요한 직무수행자의 행동, 육체적 및 정신적 능력에 대한 정보 제공
    ㉯ 요소(Element) : 가장 작은 단위의 일
    ㉰ 과업(Task) : 독립된 목적으로 수행되는 하나의 명확한 작업 활동
    ㉱ 직위(Position) : 한 개인에게 할당되는 업무들을 구성하는 과업, 유사한 과업들의 집합
        직위의 수는 종업원 수에 의해 결정
    ㉲ 직무(Job) : 과업 혹은 과업차원의 유사한 직위의 집단
    ㉳ 직군(Job Family) : 직무들의 집단, 일상적으로 기능에 따라 분류(생산, 재무, 인사, 마케팅)
    ㉴ 직종(Job Category) : 직군 내 혹은 직군 간에 있는 포괄적인 직함
        직종에 따른 직무들의 집단(관리직, 사무직, 보수유지직)
  ② 직무분석의 목적
    ㉮ 인사관리/직무관리/조직관리의 합리
    ㉯ 직무에 관한 개요 : 작업자와 관리자에게 직무 내용과 요구사항 이해시킴
    ㉰ 모집 선발과정에서 자격조건 명시, 취업희망자에게 직무에 관한 필요 정보제공
    ㉱ 상하연결, 보고, 책임, 관리 등 조직관계 명시
    ㉲ 직장훈련, 지도를 포함한 교육훈련에 도움
    ㉳ 조직체 계획과 인사관리 계획에 도움이 되는 자료 제공
    ㉴ 직무설계와 과업관리의 개선에 도움
    ㉵ 직무의 가치평가 자료를 제공, 직무평가를 통해 임금구조의 균형 달성
    ㉶ 경력경로와 진로의 선정 등 경력계획의 기본자료 제공
    ㉷ 노사간의 직무에 대한 상호 이해를 증진
(2) 직무평가
  ① 직무평가의 의의
    ㉮ 직무평가 : 각 직무의 상대적 가치를 정하는 체계적 방법
        (중요성, 곤란도, 위험도, 숙련도, 책임, 난이도, 복잡성, 필요 노력)
    ㉯ 직무분석에 의하여 작성된 직무기술서 또는 직무명세서를 기초
    ㉰ 높은 가치가 인정되는 직무에 대하여 더욱 많은 임금을 책정하는 직무급 제도의 기초
        ⇒ 공정한 임금체계 확립, 인사관리 활동 합리화, 노사간 임금협상 기초

② 직무평가의 방법
  ㉮ 정성적, 비정량적, 비양적 방법(서열법, 분류법)
    ㉠ 서열법(ranking)
      ⓐ 가장 오래되고, 단순한 방법
      ⓑ 직무를 포괄적으로 상호 비교
      ⓒ 순위(Rank)를 매겨 가장 단순한 직무를 최하위, 중요한 직무를 최상위로 뽑음
      ⓓ 비과학적
      ⓔ 평가자가 모든 직무를 잘 알고 있을 경우에만 적용
      ⓕ 신속하게 처리 가능
    ㉡ 분류법(classification)
      ⓐ 서열법에서 발전한 형태
      ⓑ 사전에 만들어 놓은 기준에 맞춰 평가(직무등급명세표)
      ⓒ 직무등급을 직무의 수나 복잡도에 따라 나눔(상, 중, 하 또는 다수 등급)
      ⓓ 공공기관에서 주로 사용
        ♧ 간단, 이해, 저비용
        ♧ 분류의 불명확성, 분류기준 모호성, 직무수가 많거나 내용 복잡시 분류×, 탄력성↓
  ㉯ 정량적 방법(점수법, 요소비교법)
    ㉠ 점수법(point)
      ⓐ 직무의 구성요소를 나눠 점수를 매김
      ⓑ 직무에 공통적인 요소, 과학적, 쌍방의 이해, 직무 내용의 중요한 요소
        ⇒ 숙련(교육, 지식, 판단력)
        ⇒ 노력(창의성, 몰입)
        ⇒ 책임(감독, 설비, 원자재)
        ⇒ 작업조건(위험도, 작업환경)
      ⓒ 경영전체의 중요도, 직무가치의 정도, 평가요소의 신뢰도, 확률도
      ⓓ 로트 제안, 미국/영국 기업에서 사용
      ⓔ 가중점수법과 단순점수법
    ㉡ 요소비교법(factor comparison)
      ⓐ 제안, 점수법 개선
      ⓑ 가장 핵심이 되는 몇 개의 직무를 선정
      ⓒ 각 직무의 평가요소를 기본 직무의 평가요소와 결합하여 비교 ⇒ 모든 직무가치 평가
      ⓓ 직무가치에 따라 임금액을 나누고 이를 평가 점수화
      ⓔ 평가요소별로 직무를 등급화
      ⓕ 평가요소 : 정신적 노력, 숙련, 육체적 노력, 작업환경, 책임
        ♧ 임금의 공정성, 평가 타당성, 신뢰성, 전체 직무 평가에 용이
        ♧ 주관적 판단 개입(서열, 임금 평가요소), 종업원의 수용성을 끌어내기 어려움
    ㉢ 개선법 : 직무평가위원회, 외부전문가 초빙

04 협상에 관한 설명으로 옳지 않은 것은?

① 협상은 둘 이상의 당사자가 최소한 자원을 어떻게 분배할지 결정하는 과정이다.

② 협상에 관한 접근방법으로 분배적 교섭과 통합적 교섭이 있다.

③ 분배적 교섭은 내가 이익을 보면 상대방은 손해를 보는 구조이다.

④ 통합적 교섭은 윈-윈 해결책을 창출하는 타결점이 있다는 것을 전제로 한다.

⑤ 분배적 교섭은 협상당사자가 전체자원(pie)이 유동적이라는 전제하에 협상을 진행한다.

답 ⑤

해설

분배적 교섭

① 한정된 양의 자원을 나누어 가지려고 하는 협상
② 제로섬 상황으로 내가 이득을 보면 상대는 손해를 본다.

보충학습

협상(교섭)의 역사는 전쟁과 중재만큼이나 장구하다.
이 수단은 법적 절차가 등장하기 훨씬 이전부터 조정에 이용됐다.
하지만 협상 기법 자체는 오랫동안 주목받지 못했다.
20세기 후반에 들어와서 비로소 폭넓은 연구 대상이 됐다.

협상이라는 단어를
입에 올리는 사람은
부분적으로라도
합의를 염두에 두고
있는 것이다.
- Jules Cambon
[줄 캉봉, 1845-1935, 프랑스의 정치가, 외교관]

05 노동쟁의와 관련하여 성격이 다른 하나는?

① 파업
② 준법투쟁
③ 불매운동
④ 생산통제
⑤ 대체고용

답 ⑤

해설

노동쟁의의 의의

① 노동쟁의(labor disputes)는 기업의 사용자와 노동조합 사이의 분쟁을 말한다.
② 광의로는 노사 간 주장 불일치로 교섭이 결렬된 상태와 이때 노사가 저마다 자신의 주장을 관철할 목적으로 행하는 행위(실력행사)와 이에 대항하는 행위, 이를테면 우리나라 노동관계법에서 말하는 노동쟁의와 쟁의행위를 포괄하는 개념으로 노사분쟁(union-management disputes)이라고도 한다.
③ 우리 「노동조합 및 노동관계조정법」 제2조에서는 노동쟁의와 쟁의행위에 대해 법률상의 개념을 각각 규정하고 있다.
④ 노동쟁의라 함은 "노동조합과 사용자 또는 사용자단체 간의 임금·근로시간·복지·해고·기타 대우 등 근로조건의 결정에 관한 주장의 불일치로 인하여 발생한 분쟁상태"이다.

보충학습

대체고용금지

① 노조가 결성된 사업장에서 쟁의가 발생했을 경우 쟁의기간 중에 비조합원이나 새로 직원을 채용해서 쟁의에 참여한 조합원의 일자리를 대신하지 못하도록 하는 규정을 가리킨다.
② 노동쟁의 조정법 15조는 사용자의 이 같은 행위를 대체고용금지행위로 규정, 위반 때 1년이하 징역이나 1백만원 이하의 벌금형에 처하도록 하고 있다.
③ 당초 국제노동기구(ILO)가 규정한 노동3권 중 근로자의 단결권과 단체행동권을 보장하기 위해 도입됐다.
④ 대체고용이 가능하면 근로자의 단체행동권이 유명무실해지기 때문이다.
⑤ 노조의 협상력이 강할 경우에는 쟁의발생 때 사용자들의 대응 수단이 직장폐쇄 같은 극단적인 방법밖에 없어 쟁의가 극렬해지거나 장기화되는 문제도 있다.

06 품질경영에 관한 설명으로 옳지 않은 것은?

① 쥬란(J. Juran)은 품질삼각축(quality trilogy)으로 품질 계획, 관리, 개선을 주장했다.
② 데밍(W. Deming)은 최고경영진의 장기적 관점 품질관리와 종업원 교육훈련 등을 포함한 14가지 품질경영 철학을 주장했다.
③ 종합적 품질경영(TQM)의 과제 해결 단계는 DICA(Define, Implement, Check, Act)이다.
④ 종합적 품질경영(TQM)은 프로세스 향상을 위해 지속적 개선을 지향한다.
⑤ 종합적 품질경영(TQM)은 외부 고객만족뿐만 아니라 내부 고객만족을 위해 노력한다.

답 ③

해설

종합적(=전사적) 품질경영(TQM : Total Quality Management)
(1) 품질관리와 품질경영
 ① 품질관리 : 소비자가 요구하는 품질의 제품이나 서비스를 경제적으로 산출하기 위한 수단과 활동
 ② 품질경영 : 최고경영자의 품질방침 하에 고객을 만족시키는 모든 부분의 전사적 활동
(2) 종합적 품질경영
 ① 종합적 품질경영 = 품질경영(QM) + 종합적품질관리(TQC)
 ② 최고경영자의 품질방침에 따라 기업의 모든 구성원들이 품질향상과 내·외부 고객만족을 달성하기 위해 지속적으로 노력하는 품질혁신철학을 일컫는 말(단순한 프로그램이나 절차라기보다는 조직의 기본 생활방식이고 기업문화이자 기업철학임)
 ③ TQM은 고객만족, 종업원 참여, 품질의 지속적 개선을 강조

보충학습

PDCA 사이클(데밍의 수레바퀴)
① PLAN - DO - CHECK - ACT
② 지속적 개선을 적극적으로 실천하는 기업의 팀이 문제해결을 위해 사용하는 기법

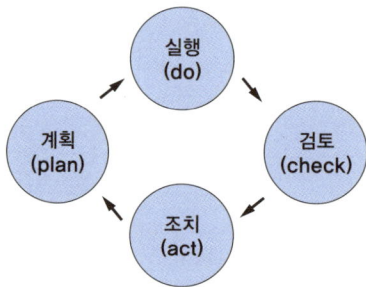

[그림] PDCA 싸이클(Deming wheel)

07 대량고객화(mass customization)에 관한 설명으로 옳지 않은 것은?

① 높은 가격과 다양한 제품 및 서비스를 제공하는 개념이다.

② 대량고객화 달성 전략의 하나로 모듈화 설계와 생산이 사용된다.

③ 대량고객화 관련 프로세스는 주로 주문조립생산과 관련이 있다.

④ 정유, 가스 산업처럼 대량고객화를 적용하기 어렵고 효과 달성이 어려운 제품이나 산업이 존재한다.

⑤ 주문접수 시까지 제품 및 서비스를 연기(postpone)하는 활동은 대량고객화 기법 중의 하나이다.

답 ①

해설

대량고객화(맞춤화)

① 대량이란 의미의 '매스(mass)'와 고객화라는 의미의 '커스터마이제이션(customization)'을 합성한 조어로, 다양한 소비자의 욕구를 충족시키는 동시에 싼 가격으로 대량생산을 한다는 의미다.

② 품종을 다양화·대량화하여 단일 상품을 아주 많이 생산하지 않더라도 회사 전체의 생산량은 대량생산체제와 맞먹는 수준을 유지해 이익을 극대화하는 것이다.

08 6시그마와 린을 비교 설명한 것으로 옳은 것은?

① 6시그마는 낭비 제거나 감소에, 린은 결점 감소나 제거에 집중한다.

② 6시그마는 부가가치 활동 분석을 위해 모든 형태의 흐름도를, 린은 가치 흐름도를 주로 사용한다.

③ 6시그마는 임원급 챔피언의 역할이 없지만, 린은 임원급 챔피언의 역할이 중요하다.

④ 6시그마는 개선활동에 파트타임(겸임) 리더가, 린은 풀타임(전담) 리더가 담당한다.

⑤ 6시그마는 개선 과제는 전략적 관점에서 선정하지 않지만, 린은 전략적 관점에서 선정한다.

답 ②

해설

식스시그마(6σ) (by. 마이켈 해리(Mikel Harry) : 통계적 기법 + 품질개선운동)

(1) 정의
① 프로세스에서 불량과 변동을 최소화하면서 기업의 성공을 달성·유지·최대화하려는 종합적이고 유연한 시스템
② 통계적 품질관리를 기반으로 품질혁신과 고객만족을 달성하기 위하여 전사적으로 실행하는 경영혁신기법이며 제조과정뿐만 아니라 제품개발, 판매, 서비스, 사무업무 등 거의 모든 분야에서 활용 가능함
③ 모든 프로세스의 품질 수준을 6σ를 달성하여 3.4PPM(parts per million) 또는 결함 발생수를 3.4DPMO(defects per million opportunities) 이하로 하고자 하는 품질경영전략 → 불량률이 100만개당 3.4개라는 의미

[표] 6σ의 특징

구 분	내 용
통계적 측정치	• 객관적인 통계적 수치를 사용 • 제품이나 업종, 생산프로세스 등이 상이해도 비교 가능 • 제품공정이나 서비스공정의 적합성, 고객만족도의 달성정도 등 표현 가능
기업전략	• 6σ 수준 향상 → 원가절감·품질개선 → 고객만족 → 경쟁우위 확보
기업철학	• 기업 내의 새로운 사고방식을 도출 • 통계적 숫자를 통하여 기업경영에서 도달하여야 할 목표치를 설정하여 품질에 대한 기업의 철학 실현 가능

[표] 식스시그마 개선 모형(DMAIC)

단계	과정
Define(정의)	• 고객의 니즈를 바탕으로 핵심품질특성(CTQ : critical to quality)은 무엇이며, 이와 관련된 내부프로세스는 무엇인가를 정의 cf. CTQ : 고객입장에서 판단할 때 중요한 품질특성을 의미하며, 집중적인 품질개선 대상 • 문제점과 고객이 원하는 것이 무엇인지를 명확히 파악 • 프로젝트 선정, 프로젝트의 정의, 프로젝트 승인의 단계로 구성
Measure(측정)	• 성과격차에 영향을 미치는 프로세스업무를 계량화 • 성과지표 Y를 결정하고 Y의 현수준을 파악(품질의 현재수준을 파악) • 잠재원인변수 X들을 발굴
Analysis(분석)	• 성과지표 Y에 관련된 자료를 이용하여 프로세스를 분석하여 핵심인자를 찾아내는 것이 목표 • 분석계획 수립, 데이터 분석, 핵심인자들을 선정 • 파레토 도표, 히스토그램 등을 사용하여 데이터를 탐색 • 브레인스토밍이나 원인결과도표 등을 이용해 결함 원인을 파악 • 산점도 같은 것을 사용하여 상관관계를 증명
Improve(개선)	• 문제의 근본원인을 제거하고, 프로세스 개선을 위한 최적 개선안을 선정하고 개선안을 검증 • 통계적 방법을 활용하여 핵심인자의 최적운영 조건을 도출 • 선정된 아이디어를 평가, 최적화, 시험 적용 • 개선안의 실현가능성을 판단
Control(관리)	• 개선 결과를 지속적으로 유지하기 위하여 관리계획을 수립하고 실행하여 문서화 • 관리도를 이용하여 개선결과를 측정하고 관리하는 방안을 마련

[표] 린 생산방식과 6σ의 비교

구분	린 방식	6σ
목표	생산흐름, 낭비의 제거로 생산성 향상	변동감소, 결점제거로 품질향상
강점	리드타임이나 사이클타임 감소	통계적 기법을 사용하여 품질향상
한계점	프로세스를 통계적으로 통제하지 못함	단독으로 프로세스의 속도나 비용을 줄일 수 없음(결점제거에만 초점을 두어서 시간적 경쟁우위가 없음)
린+6σ	린의 빠른 생산성 향상기법과 6시그마의 통계적 품질향상기법이 잘 조화되어 고객만족, 프로세스 속도개선, 비용절감, 품질개선 등의 효과를 얻을 수 있음	

(2) 6σ의 효과
  ① 식스시그마는 그동안 제조업과 서비스업은 물론 행정 분야에도 널리 적용되어 옴. 많은 기업들이 식스시그마를 통해 엄청난 개선 결과를 얻었는데, 이러한 결과는 경영진의 적극적인 리더십과 광범위한 식스시그마 교육훈련 그리고 개선 전문가의 고용을 통해 이루어짐. 식스시그마는 품질향상뿐만 아니라 기업의 순이익 개선에도 기여함
  ② 린 시스템과 상호 보완적으로 사용되면 큰 효과 발휘

09 생산운영관리의 최신 경향 중 **기업의 사회적 책임과 환경경영**에 관한 설명으로 옳은 것을 모두 고른 것은?

> ㄱ. ISO 29000은 기업의 사회적 책임에 관한 국제 인증제도이다.
> ㄴ. 포터(M. Porter)와 크래머(M. Kramer)가 제안한 공유가치창출(CSV : Creating Shared Value)은 기업의 경쟁력 강화보다 사회적 책임을 우선시 한다.
> ㄷ. 지속가능성이란 미래 세대의 니즈(needs)와 상충되지 않도록 현 사회의 니즈(needs)를 충족시키는 정책과 전략이다.
> ㄹ. 청정생산(cleaner production) 방법으로는 친환경원자재의 사용, 청정 프로세스의 활용과 친환경생산 프로세스 관리 등이 있다.
> ㅁ. 환경경영시스템인 ISO 14000은 결과 중심 경영시스템이다.

① ㄱ, ㄴ
② ㄷ, ㄹ
③ ㄹ, ㅁ
④ ㄷ, ㄹ, ㅁ
⑤ ㄱ, ㄷ, ㄹ, ㅁ

답 ②

해설

ISO 14000 : 국제환경규격

보충학습

(1) 공유가치 창출(Creating Shared Valve)
　① 기업의 경제적 가치와 공동체의 사회적 가치를 조화시키는 경영으로, 2011년 마이클 포터가 하버드 비즈니스 리뷰에 처음 제시한 용어다.
　② 사회공헌활동(CSR : Corporate Social Responsibility)이 단순히 돕는 차원에 머무른다는 인식이 커지면서 사회적 약자와 함께 경제적 이윤과 사회적 가치를 함께 만들고 공유하는 공유가치창출(CSV : Created Shared Value) 활동으로 진화하고 있다.
　③ CSV는 CSR과 비슷하지만 '가치 창출'이라는 점에서 가장 큰 차이가 있다. CSR은 선행을 통해 기업의 이윤을 사회에 환원하기 때문에 기업의 수익 추구와는 무관하다. CSV는 기업의 사업 기회와 지역 사회의 필요가 만나는 지점에서 사업적 가치를 창출해 경제적·사회적 이익을 모두 추구한다.
　④ 한편, 2017년 12월 3일 신흥국 진출의 새로운 접근법으로 해당 국가의 사회적 문제를 해결하면서 동시에 기업의 이윤을 추구하는 공유가치창출(CSV) 사업 모델의 성공사례와 전략을 분석한 보고서를 발표했다.

(2) EGS란 Environmental, Social and Governance의 줄임말이다. 해석하면 기업의 환경, 사회, 지배구조라는 뜻이다. 이 3가지 요소를 갖춘 기업은 투자자들에게 인식이 좋아지기 때문에 투자평가에 긍정적인 영향을 끼친다.

[표] ESG평가기준

환경-Environmental	사회-Social	지배구조-Governance
•친환경적인 경영 및 생산방식	•사회적 다양성 확보	•기업의사 결정 구조
•에너지 효율성 향상	•공정한 노동 조건	•윤리적 경영
•탄소 배출 감소	•소비자 보호	•이해관계자의 공정한 대우
•생태계 보전 활동 등		

10 직업 스트레스 모델 중 <u>종단 설계</u>를 사용하여 업무량과 이외의 다양한 직무요구가 종업원의 안녕과 동기에 미치는 영향을 살펴보기 위한 것은?

① 요구 - 통제 모델(Demands - Control model)

② 자원보존이론(Conservation of Resources theory)

③ 사람 - 환경 적합 모델(Person - Environment Fit model)

④ 직무 요구 - 자원 모델(Job Demands - Resources model)

⑤ 노력 - 보상 불균형 모델(Effort - Reward Imbalance model)

답 ④

해설

직업(무) 스트레스 모델

(1) 직무요구 - 통제 모형(모델)
① 모형에 의하면, 적절한 대응수단이 제공되지 않은 상태에서 직무담당자가 과도한 수준의 직무요구에 직면하게 되면, 이는 곧 업무추진 동기의 상실은 물론, 직무긴장과 스트레스, 심지어 불안과 소진 등 매우 부정적인 생리적, 심리적 경험을 초래할 수 있게 된다.
② 결과는 이러한 부정적인 직무경험은 직무만족과 조직몰입의 저하는 물론, 이직의도의 증대 등 해당 조직에 대해서도 여러 면에서 심각한 부정적 영향을 줄 수가 있다.

(2) 직무요구 - 자원모형(모델)
① 일종의 '확장된 직무요구 - 통제모형'(extended JD-C model)이라고 할 수 있는데, 이는 기존의 직무통제 요인 이외에 직무요구와 상호작용하여 여러 가지 부정적인 영향을 경감, 완화시켜 줄 수 있는 다양한 조절요인을 규명해 보고자 하는 시도에서 비롯되었다고 볼 수 있다.
② JD-R 모형의 기본 가정에 따르면, 비록 많은 조직들이 처한 구체적인 직무조건이나 상황이 저마다 조금씩 다르긴 하지만, 이들 조직의 직무특성들은 크게 직무요구(job demands)와 직무자원(job resources)이라는 두 가지 일반적 요인들로 구분해 볼 수 있다.
③ '직무요구'란, JD-C 모형에서도 이미 활용되어 온 개념으로서, '직무담당자로 하여금 직무수행이나 완수를 위해 지속적인 육체적, 정신적 노력을 기울이도록 요구함으로써, 그 결과 해당 직무수행자에게 상당한 생리적, 심리적 희생을 감내하게 만드는 직무특성'을 의미한다.
④ '직무자원'이란, '직무담당자가 자신의 과업목표를 달성해 가는데 기능적인 역할을 하며, 그 과정에서 직무요구의 여러 부정적인 심리적, 생리적 영향을 감소시키는데 기여할 뿐만 아니라, 나아가 개인적인 성장과 학습, 개발을 촉진하는 직무 측면'을 일컫는다.

11 직무분석을 위해 사용되는 방법들 중 정보입력, 정신적 과정, 작업의 결과, 타인과의 관계, 직무맥락, 기타 직무특성 등의 범주로 조직화되어 있는 것은?

① 과업질문지(Task Inventory : TI)
② 기능적 직무분석(Functional Job Analysis : FJA)
③ 직위분석질문지(Position Analysis Questionnaire : PAQ)
④ 직무요소질문지(Job Components Inventory : JCI)
⑤ 직무분석 시스템(Job Analysis System : JAS)

답 ③

해설

직무분석

(1) 정의
① 조직에서 일하는 사람들은 각자 맡은 직무가 있고, 이러한 직무는 일반적으로 개인이 수행하는 과제(task)들의 집합으로 정의된다. 과제는 개별 활동의 집합으로서 직무에서 수행해야 할 목표를 달성하기 위한 가장 기본적인 작업 단위이며 유사한 직무들을 통합하여 직무군(job family)이라고 부른다.
② 조직에서는 구성원을 모집, 선발, 배치 교육하고 인사 평가를 하기 위한 가장 기초적인 정보를 직무분석(job analysis)에서 얻는다. 직무분석은 직무에서 어떤 활동이 이루어지고, 직무를 수행할 때 사용되는 도구나 장비가 무엇이며, 어떠한 환경에서 작업을 하고, 직무 수행에 요구되는 인간적 능력이 어떤 것인지를 알 수 있도록 도와준다. 어떤 목적으로 어떤 방법에 의해 어떤 장소에서 수행하는지 알아내고, 직무를 수행하는 데 요구되는 지식, 능력, 기술, 경험, 책임 등이 무엇인지를 과학적이고 합리적으로 알아내는 것이 직무분석이다.
③ 직무분석은 직무에서 수행하는 과제와 도구, 장비, 작업 요건과 같은 작업이 수행되는 상황, 그리고 작업 수행에 요구되는 인적 요건들에 관한 정보를 제공한다. 직무분석은 이와 같은 자료들을 통해 많은 인사 결정에 필요한 기본적 정보를 제공하기 때문에 조직 내의 인적자원 관리의 가장 핵심적인 기능이며 또한 출발점이라고 할 수 있다.

(2) 용도(예시 : Ash, 1988)
① 직무에서 이루어지는 과제나 활동과 작업 환경을 알아내어 조직 내 직무들의 상대적 가치를 결정하는 직무평가(job evaluation)의 기초 자료를 제공한다.
② 모집 공고와 인사 선발에 활용된다. 직무분석을 통해 각 직무에서 일할 사람에게 요구되는 지식, 기술, 능력 등을 알 수 있기 때문에 직무 종사자의 모집 공고에서 자격 조건을 명시할 수 있고 선발에 사용할 방법이나 검사를 결정할 수 있다.
③ 종업원의 교육 및 훈련에 활용된다. 각 직무에서 이루어지는 활동이 무엇이고 요구되는 지식, 기술, 능력이 무엇인지를 알아야 교육 내용과 목표를 결정할 수 있다.
④ 인사 평가에 활용된다. 직무분석을 통해 직무를 구성하고 있는 요소들을 알아내고 실제 종업원들이 각 요소에서 어떤 수준의 수행을 나타내는지 평가한다. 평가의 결과는 승인, 임금 결정 및 인상, 상여금 지급, 전직 등의 인사 결정에 활용된다.
⑤ 직무에 소요되는 시간을 추정해 해당 직무에 필요한 적정 인원을 산출할 수 있기 때문에 조직 내 부서별 적정 인원 산정이나 향후의 인력수급 계획을 수립할 수 있다.
⑥ 선발된 사람의 배치와 경력 개발 및 진로상담에 활용된다. 선발된 사람들을 적합한 직무에 배치하고 경력 개발에 관한 기초 자료를 제공한다.

(3) 직무분석 방법
① 직무분석에서 직무에 대한 정보를 제공하는 가장 중요한 자원은 현업 전문가(Subject Matter Expert, SME)이다.
② 현업 전문가의 자격 요건이 명확하게 정해져 있는 것은 아니지만, 최소 요건으로서 직무가 수행하는 모든 과제를 잘 알고 있을 만큼 충분히 오랜 경험을 갖고 최근에 종사한 사람이어야 한다(Thompson & Thompson, 1982).

③ 직무를 분석할 때 가장 적절한 정보를 제공할 수 있는 사람은 현재 직무와 관련된 일을 하고 있는 현업 전문가이며, 특히 현재 직무에 종사하고 있는 현직자(job incumbent)이다. 현직자는 자신들의 직무에 관해 가장 상세하게 알고 있기 때문이다.
④ 모든 현직자들이 자신의 직무를 잘 표현할 수 있는 것은 아니므로 직무분석을 위해 정보를 잘 전달할 만한 사람을 선택해야 한다.
⑤ 랜디와 베이시(Landy & Vasey, 1991)는 어떤 현직자가 직무를 분석하는지가 중요하다는 것을 발견했다. 그리고 경험 많은 현직자들이 가장 가치 있는 정보를 제공한다는 것을 알아냈다.
⑥ 현직자들의 언어 능력, 기억력, 협조성과 같은 개인적 특성도 그들이 제공하는 정보의 질을 좌우한다. 또한 만일 현직자가 직무분석을 하는 이유에 관해 의심한다면 그들의 자기방어 전략으로서 자신의 능력이나 일의 문제점을 과장하여 말하는 경향이 있다.

12. 자기결정이론(self-determination theory)에서 내적동기에 영향을 미치는 세 가지 기본욕구를 모두 고른 것은?

> ㄱ. 자율성 ㄴ. 관계성 ㄷ. 통제성
> ㄹ. 유능성 ㅁ. 소속성

① ㄱ, ㄴ, ㄷ
② ㄱ, ㄴ, ㄹ
③ ㄱ, ㄷ, ㅁ
④ ㄴ, ㄷ, ㅁ
⑤ ㄷ, ㄹ, ㅁ

답 ②

해설

자기결정이론

(1) 개요

자기결정이론(自起決定理論, Self-Determination Theory : SDT)은 에드워드 데시(Edward Deci, 1942년~)와 리차드 라이언(Richard Ryan, 1953년~)이 1975년 개인들이 어떤 활동을 내재적인 이유와 외재적인 이유에 의해 참여하게 되었을 때 발생하는 결과는 전혀 다른 결과가 나타남을 바탕으로 수립한 이론을 일컫는다.

(2) 자기결정이론의 이론구성

자기결정이론을 구성하는 네 개의 미니이론으로는 인지평가이론, 유기적 통합이론, 인과지향성이론(Causality Orientation Theory : COT), 기본심리욕구이론(Basic Psychological Needs Theory : BPNT)이 있다. 네 개의 미니이론들은 각각 자기결정성이론의 논리를 보충해주는 역할을 하고 있다.

① 첫째, 인지평가이론은 내재적인 동기를 촉진시키거나 저해하는 환경에 관심을 두고 개인은 적절한 사회환경적 조건에 처할 때 내재 동기가 촉발되고, 유능성, 자율성, 관계성에 대한 기본 심리욕구가 만족될 때 내재 동기가 증진된다고 본다.

② 둘째, 유기적 통합이론은 외적인 이유 때문에 어떤 행동을 해야 하는 상황에 대한 개인의 태도는 전혀 동기가 없는 무동기에서부터 수동적인 복종, 적극적인 개입까지 다양하다고 본다.

③ 셋째, 인과지향성이론은 사회적 환경에 대한 지향성에서의 개인차 즉 무동기적 통제적 자율적 동기 지향성을 기술하기 위해 도입되었으며 개인의 비교적 지속적인 지향성으로부터 경험과 행동을 예측할 수 있게 해준다.

④ 넷째, 기본욕구이론은 개인의 가치 형태와 조절 양식을 심리적 건강과 연결시켜 기술함으로써 개인의 건강이나 심리적 안녕과 동기와 목표 간의 관련성을 시대와 성별, 상황, 문화적 다양성을 넘어서기 위해 도입되었다.

(3) 내재적 동기

자기결정이론은 개인들이 욕구를 행동화하고 선택함으로써 행동을 즐길 수 있으며 이 과정에서 심리적인 안정감을 가지게 된다고 한다. 무엇을 하는가보다 왜 하는지가 더 중요한 선택의 이유가 되는 것이다. 개인들이 어떤 활동을 함에 있어 내재으로 동기화된 경우에는 활동을 하는 데 추가적인 보상이나 유인하거나 강제하는 것이 필요하지 않는데 이는 그 활동자체가 개인들에게 보상이기에 스스로 행동하게 되는 것이다.

① 자율성(autonomy)

자율성은 개인들이 외부의 환경으로부터 압박 혹은 강요 받지 않으며 개인의 선택을 통해 자신의 행동이나 조절을 할 수 있는 상태에서 자신들이 추구하는 것이 무엇인지에 대하여 개인들이 자유롭게 선택할 수 있는 감정을 말한다. 자율성은 개인의 행동과 자기조절을 선택할 수 있으며 감정이나 타인의 의지와 달리 본인의 선택으로 자신의 행동이나 향후 계획을 결정할 수 있는 감정을 의미한다.

자기결정이론에서는 자율성을 외부의 영향력에 의존하지 않는 개념인 독립성과는 다른 개념으로 보고 있다. 자율성과 의존성을 대립관계에 있는 것이 아닌 수직적 관계 즉 일부 겹치는 부분이 있으나 전혀 다른 방향을 보는 것으로 인식하는 것이다. 독립성은 타인과의 관계에서 나타나는 개인 대 개인 간의 문제이지만 자율성은 내적인 것이며 이는 해당 개인의 의지와 선택이 반영되는 것이다. 따라서 자율성의 반대 개념은 타인에 대한 의존성이 아니라 통제되거나 조종당한다고 느끼는 타율성이 옳다는 것이다. 즉, 자율성은 타인에 의존하거나 관계를 분리하는 개념이 아니며 자율성과 독립성은 서로 많은 부분에서 상관이 없는 개념이라고 볼 수 있다. 이 개념에 따라 자율성과 타율성의 4가지 조합이 나오는데 타율적 의존성, 타율적 독립성, 자율적 의존성, 자유적 독립성이 그것이며 자기결정이론에서는 타인에 대한 의존 역시 자유로운 선택에 의한 것으로 판단하여 그 선택이 자율성에 기반한 것으로 보고있다. 때문에 이러한 시각에 따라서 자율성과 선택을 동일하게 평가하지 않는다.

② 유능성(competence)
사람은 누구나 자신이 능력 있는 존재이기를 원하고 기회가 될 때마다 자신의 능력을 향상시키기를 원한다. 또한 이러한 과정에서 너무 어렵거나 쉬운 과제가 아닌 자신의 수준에 맞는 과제를 수행함으로써 본인이 유능함을 지각하고 싶어 하며 이것을 유능성 욕구라고 한다. 행위과정을 통해 개인이 자신이 유능하다고 느끼는 지각에 의한 것이다. 이러한 자신이 유능한 존재임을 인식하는 지각은 유능감으로 표현되기도 하며 이러한 유능성에 대한 욕구는 개인 혼자서는 획득하기는 어려우며 사회적 환경과 서로 상호 작용할 기회가 주어질 때 충족된다고 볼 수 있다. 유능함을 표현하기 위해서는 사회와의 상호작용이 필요하기 때문에 타인 혹은 집단과의 상호 작용이 필요하며 긍정적인 피드백과 자율성의 지지는 개인이 받는 유능성의 욕구를 충족시키며 결과적으로 내재 동기를 증진시키는 효과를 가져온다.

③ 관계성(relatedness)
관계성 욕구는 타인과 안정적 교제나 관계에서의 조화를 이루는 것에서 느끼는 안정성을 의미한다. 관계성 욕구는 타인에게 무언가를 얻거나 사회적인 지위 등을 획득하기 위한 것이 아니며 그 관계에서 나타나는 안정성 그 자체를 지각하는 것이다. 즉 주위 사람에 대한 의미있는 관계를 맺고자 하는 것으로 안정된 관계를 획득하고자 하는 것이며 이를 관계성의 욕구라고 한다.

관계성에 대한 욕구 충족은 유능성이나 자율성 욕구 충족에 비해 내재동기를 확보하는 부분에서 타 조건을 보조하는 역할을 한다. 그러나 외적 원인을 내재화시키는 데 있어서는 핵심적인 역할을 수행하며 타인과의 관계성을 유지하고자 하는 욕구는 개인 간 활동에서 내재동기를 유지하게 하는 데 중요한 것으로 인식되고 있다. 일반적으로 타인에 의해 외재적 동기화된 행동은 개인이 흥미를 가지고 행동하는 것이 아니므로 행동 그 자체로는 흥미롭지 못해 개인이 쉽게 행동을 하려고 하지 않는 경향을 보이나 동기부여를 하는 타인이 자신에게 의미있는 경우에는 타인과의 관계의 안정성을 획득할 수 있는 수단으로 판단하여 오히려 더 쉽게 시작이 가능한 것을 의미한다. 이는 관계성이 타인과 연결되 있다고 느끼는 감정에 기반하기 때문이며 공동체의 소속감 등으로부터 기반하기 때문이다.

(4) 외재적 동기
내재적 동기에 반대되는 개념으로 행동을 하는 개인이 아닌 외부의 사람으로 인하여 외부인의 만족을 위한 것으로 칭찬, 유인요건, 처벌 등이 있으며 외재적 동기를 통한 유인은 개인이 본인의 활동에 낮은 관심과 결과지향적인 태도를 보이게 할 수 있다.

13 반생산적 업무행동(CWB)중 직·간접적으로 조직 내에서 행해지는 일을 방해하려는 의도적 시도를 의미하며 다음과 같은 사례에 해당하는 것은?

> ○ 고의적으로 조직의 장비나 재산의 일부를 손상시키기
> ○ 의도적으로 재료나 공급물품을 낭비하기
> ○ 자신의 업무영역을 더럽히거나 지저분하게 만들기

① 철회(withdrawal)

② 사보타주(sabotage)

③ 직장무례(workplace incivility)

④ 생산일탈(production deviance)

⑤ 타인학대(abuse toward others)

답 ②

해설

CWD(반생산적 업무행동)
(1) 반생산성 업무행동의 정의
　　조직의 재산이나 구성원의 일을 의도적으로 파괴하거나 손상을 입히는 행위
(2) 반생산성 업무행동의 종류
　　① 사람기반 원인
　　② 상황기반 원인
(3) 반생산성 업무행동의 사람기반 원인
　　① 성실성　　② 특성분석
　　③ 자기통제적　　④ 자기애적 성향
(4) 반생산성 업무행동의 상황기반 원인
　　① 규범　　② 스트레스
　　③ 정서적 반응　　④ 외적 통제소재
　　⑤ 불공정성(불평등과 다름)
(5) 반생산성 업무행동의 구분
　　① 심각성　　② 반복가능성
　　③ 가시성

보충학습

사보타주(sabotage)
① 고의적인 사유재산 파괴나 태업 등을 통한 노동자의 쟁의 행위
② 프랑스어의 사보(sabot : 나막신)에서 나온 말로, 중세 유럽 농민들이 영주의 부당한 처사에 항의하여 수확물을 사보로 짓밟은 데서 연유
③ 한국에서는 흔히 태업(怠業)으로 번역하는데, 실제로는 태업보다 넓은 내용이다.
④ 태업은 파업과는 달리 노동자가 고용주에 대해 노무제공을 전면적으로 거부하는 것이 아니라 형식상으로는 취업태세를 취하면서 몰래 작업능률을 저하시키는 것을 말함
⑤ 사보타주는 이러한 태업에 그치지 않고 쟁의 중에 기계나 원료를 고의적으로 파손하는 행위도 포함

14. 터크맨(B.Tuckman)이 제안한 팀 발달의 단계 모형에서 '개별적 사람의 집합'이 '의미 있는 팀'이 되는 단계는?

① 형성기(forming)
② 격동기(storming)
③ 규범기(norming)
④ 수행기(performing)
⑤ 휴회기(adjourning)

답 ③

해설

터크맨의 팀발달의 단계

(1) 개요
미국의 심리학자 부르스 터크만은 60년대 중반에 그룹은 형성기(Forming), 갈등기(Storming), 규범기(Norming), 성취기(Performing)의 단계를 거쳐서 발전한다는 학설을 제시하였다. 그의 학설은 이후 집단내 역동성(Group Dynamic)을 이해하는 데 가장 중요한 도구 중의 하나로 사용되고 있는데 요즘은 조직을 운영하는 임원이나 팀장들이 필수적으로 알아야 할 이론으로 많이 소개되고 있다.

(2) 단계모형

① 형성기(Forming)
그룹형성의 초기단계. 시점상 초기단계일 수도 있지만 사고, 구성원의 변화, 새로운 리더의 등장 등으로 큰 변화를 겪은 그룹은 다시 형성기로 돌아갈 수도 있다. 그룹원의 가장 큰 관심사는 자신의 그룹의 일원으로 받아들여지고, 다른 그룹원과의 불필요한 갈등이나 논쟁을 피하는 것이다. 따라서 팀원들은 상대방에 대해서 공손하고, 튀지 않으려고 노력하는 반면에 도전적이고 갈등을 야기할 가능성이 있는 업무보다는 리스크가 없는 일상적이고 평범한 업무를 더 선호한다. 또한 팀워크를 발휘하려는 노력보다는 개인적인 노력으로 성과를 내려고 하는 경향이 강하다. 그룹원들 중에 경험이 많거나 능력이 뛰어난 인물이 있으면 타인의 모범이 되거나 영향력을 발휘하는 시기이다. 이때 그룹의 리더는 본인이 원하는 그룹의 비전, 목표, 행동 규범을 명확하게 그룹원들에게 제시할 필요가 있다.

② 갈등기(Storming)
그룹원 대부분이 그룹의 환경에 적응하고, 그룹에 대해서 이해하기 시작했다고 여기는 단계. 그룹이나 타인에 대한 불만을 표현하기 시작하고, 그룹원 간의 갈등이 생기기도 한다. 갈등을 싫어하는 그룹원은 이런 분위기에 큰 스트레스를 느끼기 시작한다. 또 일부 그룹원들은 상사의 능력이나 인내의 한계를 시험하는 행동을 하기도 한다. 이럴 때 상사의 행동은 일단은 이런 현상이 그룹의 발전에 꼭 필요한 단계라는 인식을 가지고 부하들이 보이는 부정적인 행동에 대해서 수용적인 자세를 견지하는 것이다. 그리고 인내심을 잃지 않고 그룹이나 상사에게 부정적인 태도를 보이는 부하에게 관심을 가지고 대화를 시도해야 한다. 한편으로는 자신이 리더라는 것을 잊지 말고 부드럽지만 단호한 태도를 유지할 필요가 있다. 이런 상황에서 그룹내 규율을 확립한다고 너무 강경한 입장을 취하면 상사와 부하 간의 신뢰가 깨지고, 상호 방어적인 태도를 취하게 되며, 이런 현상이 계속되면 그 그룹은 지속적으로 형성기와 갈등기에 머물게 될 것이다.

③ 규범기(Norming)
갈등기를 극복한 그룹은 서로를 이해하게 되고 공동의 목표에 대해서 생각하게 된다. 그들은 자발적으로 행동 규범을 만들고, 그룹의 성공을 위해서 노력을 하기 시작한다. 이럴 때 리더의 역할은 한걸음 물러나 그들이 좀더 자발적으로 그룹의 역동성을 발휘할 수 있고, 활발한 의견 교환을 통해서 성과를 높이는 방법을 발견하는 기회를 만들어 주는 것이다. 또한 이 시기에는 그룹원들의 단결이나 분위기에 집중하여 그룹내의 갈등이나 고통이 요구되는 어려운 목표를 피하려는 경향이 있는지 관찰하여 상사가 적절하게 개입하여 그룹이 현실에 안주하지 않고 발전할 수 있는 계기를 만들어 주어야 한다.

④ 성취기(Performing)

그룹 구성원이 융화를 이루고 개인과 그룹이 조화를 이루어 성과를 이루어 내는 단계. 상사의 특별한 관리 감독없이 그룹 구성원이 동기부여가 되고 업무에 대한 지식과 노하우를 갖추게 된다. 어려운 상황에서 팀내의 갈등이 생기기도 하나 구성원들이 자체적으로 이 갈등을 해소하고 발전하는 방법을 터득하게 된다. 이 단계에서 상사는 권한위임과 함께 그룹의 목표, 의사 결정과 수행과정에서 그룹원들을 참여시켜야 하며, 전체 조직내에서 그룹의 위상을 향상시키고, 그룹원들에게 새로운 도전과제를 제시하는 역할을 해야한다.

(3) 결론
① 그룹이 발전하는 단계가 일정하고 순차적이 아니라는 것이다.
② 그룹은 형성기에서 갈등기를 거치지 않고 규범기로 발전할 수도 있고, 성취기에서 최고의 실력을 발휘하던 그룹이 뜻하지 않은 내부적, 외부적 상황으로 팀워크가 깨져서 갈등기로 떨어질 수도 있다.
③ 리더의 역할은 자신의 그룹이 지금 어떤 상황에 있는지 끊임없는 관심을 가지고, 무엇이 자신의 그룹을 더 높은 단계로 발전하게 하는가에 대해 끊임없이 고민해야 한다.

15 스웨인(A.Swain)과 커트맨(H.Cuttmann)이 구분한 인간오류(human error)의 유형에 관한 설명으로 옳지 않은 것은?

① 생략오류(omission error) : 부분으로는 옳으나 전체로는 틀린 것을 옳다고 주장하는 오류
② 시간오류(timing error) : 업무를 정해진 시간보다 너무 빠르게 혹은 늦게 수행했을 때 발생하는 오류
③ 순서오류(sequence error) : 업무의 순서를 잘못 이해했을 때 발생하는 오류
④ 실행오류(commission error) : 수행해야 할 업무를 부정확하게 수행하기 때문에 생겨나는 오류
⑤ 부가오류(extraneous error) : 불필요한 절차를 수행하는 경우에 생기는 오류

답 ①

해설

스웨인(A.D.Swain)의 독립행동에 의한 분류 : 행동의 결과만 가지는 에러

구분	특징
생략에러(Omission error)	필요한 직무나 단계(절차)를 수행하지 않은(생략)에러
착각수행에러(Commission error)	직무나 순서 등을 착각하여 잘못 수행(불확실한 수행)한 에러
순서에러(Sequential error)	직무 수행과정에서 순서를 잘못 지켜(순서착오) 발생한 에러
시간적에러(Time error)	정해진 시간내 직무를 수행하지 못하여(수행지연) 발생한 에러
불필요한 수행에러(Extraneous error)	불필요한 직무 또는 절차를 수행하여 발생한 에러(과잉행동에러)

합격키

① 2015년 4월 20일(문제 17번)
② 2017년 3월 25일(문제 16번)

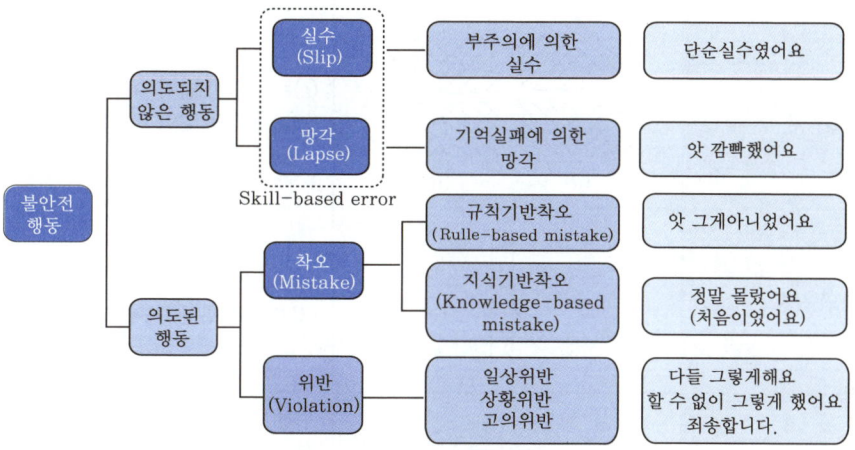

[그림] 인간오류(human error)

16 아래 그림에서 (a)와 (c)가 일직선으로 보이지만 실제로는 (a)와 (b)가 일직선이다. 이러한 현상을 나타내는 용어는?

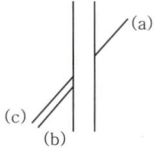

① 뮬러 – 라이어(Müller-Lyer) 착시현상

② 티체너(Titchener) 착시현상

③ 폰조(Ponzo) 착시현상

④ 포겐도르프(Poggendorff) 착시현상

⑤ 쵤너(Zöllner) 착시현상

답 ④

해설

착시

물체의 물리적인 구조가 인간의 감각기관인 시각을 통하여 인지한 구조와 현저하게 일치하지 않은 것으로 보이는 현상

Müller·Lyer의 착시	(a) ><—–< (b) <—–>	(a)가 (b)보다 길게 보인다.
Helmholz의 착시	(a) ‖‖‖ (b) ≡≡≡	(a)는 세로로 길어보이고 (b)는 가로로 길어보인다.
Herling의 착시	(a) (b)	(a)는 양단이 벌어져 보이고 (b)는 중앙이 벌어져 보인다.
Poggendorff의 착시	(a)(c)(b)	(a)와 (c)가 일직선으로 보인다. (실제는 (a)와 (b)가 일직선)
Köhler의 착시	호와 직선	우선 평행의 호를 보고, 바로 직선을 본 경우 직선은 호와의 반대방향으로 휘어져 보인다.(윤곽 착시)

Zöllner의 착시		세로의 선이 수직선인데 휘어져 보인다.

합격키
2019년 3월 30일(문제 17번)

17 산업재해이론 중 하인리히(H. Heinrich)가 제시한 이론에 관한 설명으로 옳은 것은?

① 매트릭스 모델(Matrix model)을 제안하였으며, 작업자의 긴장수준이 사고를 유발한다고 보았다.

② 사고의 원인이 어떻게 연쇄반응을 일으키는지 도미노(domino)를 이용하여 설명하였다.

③ 재해는 관리부족, 기본원인, 직접원인, 사고가 연쇄적으로 발생하면서 일어나는 것으로 보았다.

④ 재해의 직접적인 원인은 불안전행동과 불안전상태를 유발하거나 방치한 전술적 오류에서 비롯된다고 보았다.

⑤ 스위스 치즈 모델(Swiss cheese model)을 제시하였으며, 모든 요소의 불안전이 겹쳐져서 사고가 발생한다고 주장하였다.

답 ②

해설

하인리히(H.W. Heinrich)의 산업재해 도미노 이론

① 제1단계 : 사회적 환경과 유전적 요소(가정 및 사회적 환경의 결함)
② 제2단계 : 개인적 결함
③ 제3단계 : 불안전 상태 및 불안전 행동
④ 제4단계 : 사고
⑤ 제5단계 : 상해(재해)

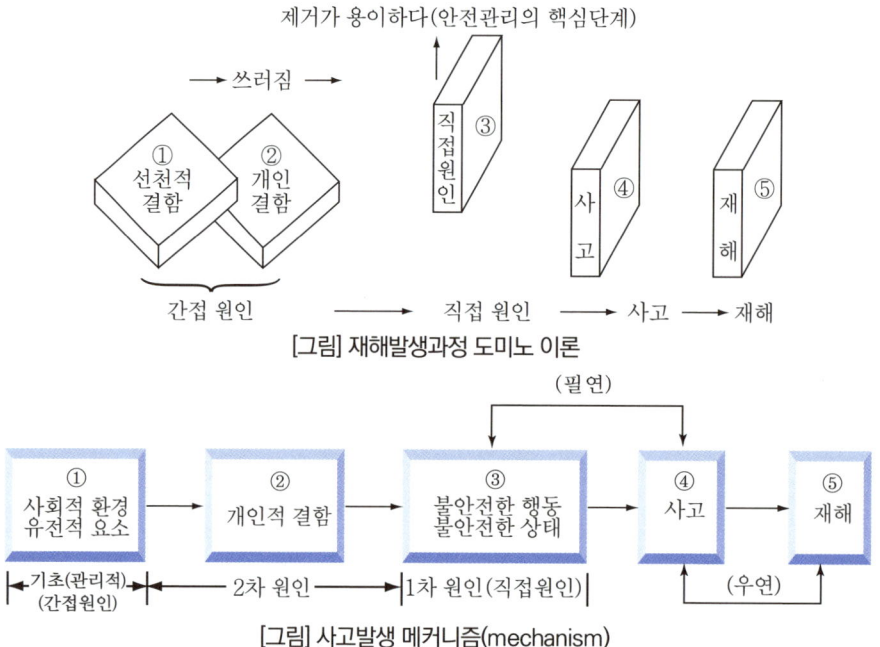

[그림] 재해발생과정 도미노 이론

[그림] 사고발생 메커니즘(mechanism)

18 조직 스트레스원 자체의 수준을 감소시키기 위한 방법으로 옳은 것을 모두 고른 것은?

> ㄱ. 더 많은 자율성을 가지도록 직무를 설계하는 것
> ㄴ. 조직의 의사결정에 대한 참여기회를 더 많이 제공하는 것
> ㄷ. 직원들과 더 효과적으로 의사소통할 수 있도록 관리자를 훈련하는 것
> ㄹ. 갈등해결기법을 효과적으로 사용할 수 있도록 종업원을 훈련하는 것

① ㄱ, ㄴ
② ㄷ, ㄹ
③ ㄱ, ㄴ, ㄹ
④ ㄴ, ㄷ, ㄹ
⑤ ㄱ, ㄴ, ㄷ, ㄹ

답 ⑤

해설

스트레스 대처 원리(Kreitner)

구분	세부내용
상황의 관리	비현실적 마감 일자를 피하라. 자신의 한계를 알고 최선을 다하라. 스트레스 유발 상황과 사람을 식별하고 자신의 노출을 제한하라.
타인에 대한 자신의 개방	자신과 대화가 통하는 사람과 자신의 문제 등을 자유롭게 논하라. 곤란한 상황이라도 가능하면 웃어라.
자신의 조절	하루의 계획을 탄력적으로 설계하라. 한꺼번에 여러 가지 일을 계획하지 마라. 자신의 능력에 따라 보조를 맞추며 여유로운 휴식도 가끔 필요하다. 반응을 하기 전에 생각하라. 분 단위가 아닌 일 단위에 기본을 두고 생활하라.
운동과 긴장, 피로의 해소	적절한 운동을 해라. 규칙적인 휴식과 이완을 하라. 피로 회복을 위한 구체적인 방법을 시도하라.

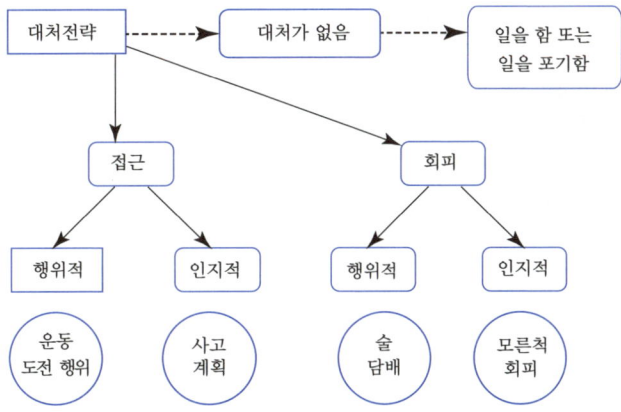

[그림] 스트레스 대처 모형(Roth, Cohen)

19 산업위생의 목적에 해당하는 것을 모두 고른 것은?

> ㄱ. 유해인자 예측 및 관리
> ㄴ. 작업조건의 인간공학적 개선
> ㄷ. 작업환경 개선 및 직업병 예방
> ㄹ. 작업자의 건강보호 및 생산성 향상

① ㄱ, ㄴ, ㄷ ② ㄱ, ㄴ, ㄹ
③ ㄱ, ㄷ, ㄹ ④ ㄴ, ㄷ, ㄹ
⑤ ㄱ, ㄴ, ㄷ, ㄹ

답 ⑤

해설

산업위생의 정의

(1) 미국산업위생학회(AIHA : 194, American Industrial Hygiene Association)의 정의
근로자나 일반 대중에게 질병, 건강장애와 안녕방해, 심각한 불쾌감 및 능률 저하 등을 초래하는 작업환경요인과 스트레스를 예측(Anticipation), 인지(Recognition), 측정, 평가(Evaluation)하고 관리(Control)하는 과학과 기술(Art)이다.

(2) 국제노동기구와 세계보건기구 공동위원회(ILO/WHO : 195)의 정의
① 근로자들의 육체적, 정신적, 사회적 건강을 유지 증진
② 작업조건으로 인한 질병예방 및 건강에 유해한 취업 방지
③ 근로자를 생리적, 심리적으로 적합한 작업환경에 배치

(3) 산업위생의 목적
① 작업환경개선 및 직업병의 근원적 예방
② 작업환경 및 작업조건의 인간공학적 개선
③ 작업자의 건강보호 및 생산성 향상

(4) 산업위생의 범위
① 인적 범위 : 사업장에서 일하는 모든 근로자
제조업의 근로자, 서비스업 종사자, 농어민 등 생산 활동에 참여하여 유해 환경에 노출되는 모든 사람과 사업장의 유해인자가 지역사회에 영향을 준다면 일반 지역사회 주민도 포함됨
② 유해인자 : 직장 또는 지역사회에서 건강이나 안녕에 영향을 미칠 수 있는, 작업장내에서 또는 작업장으로부터 발생하는 물리적, 화학적 및 생물학적 요인을 파악하고, 평가하고, 수용 가능한 기준 이내로 관리하는 응용과학의 한 분야이다. 산업위생은 화학, 생물, 물리, 환경공학 등의 바탕 위에 작업환경의 유해요인을 평가하고 개선대책을 제시할 수 있는 전문분야를 말한다.

20 우리나라 작업환경측정에서 화학적 인자와 시료채취 매체의 연결이 옳은 것은?

① 2-브로모프로판 - 실리카겔관
② 디메틸포름아미드 - 활성탄관
③ 시클로헥산 - 실리카겔관
④ 트리클로로에틸렌 - 활성탄관
⑤ 니켈 - 활성탄관

답 ④

해설

화학적 인자와 시료채취

인자	시료
2-브로모프로판	활성탄관
디메틸포름아미드	실리카겔관
시클로헥산	활성탄관
니켈	막여과지와 패드가 장착된 3단 카세트

보충학습

1. 실리카겔관(Silica gel tube)

(1) 특징
① 실리카겔은 규산나트륨과 황산과의 반응에서 유도된 무정형의 물질이다.
② 극성을 띠고 흡수성이 강하므로 습도가 높을수록 파과되기 쉽고 파과용량이 감소한다.
③ 실리카 및 알루미늄이나 흡착제는 탄소의 불포와 결합을 가진 분자를 선택적으로 흡수한다.(표면에서 물과 같은 극성 분자를 선택적으로 흡수한다.)
④ 실리카겔은 극성 물질을 강하게 흡착하므로 작업장에 여러 종류의 극성물질이 공존할 때는 극성이 강한 물질을 치환하게 된다.

(2) 실리카겔관을 사용하여 채취하기 용이한 시료
① 극성류의 유기용제, 산(무기산 : 불산, 염산)
② 방향족 아민류
③ 아미노에탄올, 아마이드류
④ 니트로벤젠류, 페놀류

(3) 장점
① 극성이 강하여 극성 물질을 채취한 경우 물, 메탄올 등 다양한 용매로 쉽게 탈착한다.
② 탈착용매가 화학분석이나 기기분석에 방해물질로 작용하는 경우는 많지 않다.
③ 활성탄으로 채취가 어려워 아닐린, 오르토-톨루이딘 등의 아민류나 몇몇 무기물질의 채취가 가능하다.
④ 매우 유독한 이황화탄소를 탈착용매로 사용하지 않는다.

(4) 단점
① 친수성이기 때문에 우선적으로 물분자와 결합을 이루어 습도의 증가에 따른 흡착용량의 감소를 초래한다.
② 습도가 높은 작업장에서는 다른 오염물질의 파과용량이 작아져 파과를 일으키기 쉽다.

(5) 실리카겔의 친화력 순서
물 > 알코올류 > 알데하이드류 > 케톤류 > 에스테르류 > 방향족 탄화수소류 > 올레핀류 > 파라핀류

2. 활성탄관

(1) 특징
  ① 활성탄은 탄소함유물질을 탄화 및 활성화하여 만든 흡착능력이 큰 무정형 탄소의 이종으로 다른 흡착제에 비하여 큰 비표면적을 갖는다.
  ② 비교적 높은 습도는 활성탄의 흡착용량을 저하시킨다.
  ③ 공기 중 가스상 물질의 고체포집법으로 이용되는 활성탄관은 유리관 안에 활성탄 100[mg]과 50[mg]을 두 개 층으로 충전하여 양끝을 봉인한 것이다.
  ④ 활성탄관으로 공시료의 처리는 현장에서 관 끝을 깨고 그 끝을 폴리에틸렌 마개로 막아 현장시료와 동일한 방법으로 운반·보관한다.

(2) 활성탄관을 사용하여 채취하기 용이한 시료
  ① 비극성류의 유기용제
  ② 각종 방향족 유기용제(방향족 탄화수소류)
  ③ 할로겐화 지방족 유기용제(할로겐화 탄화수소류)
  ④ 에스테르류, 알코올, 에테르류, 케톤류

(3) 탈착용매
  주로 CS_2가 사용된다.(유독성물질이니 사용의 주의를 요한다.)

(4) 흡착과정
  ① 1단계:오염물질 중 활성탄에 흡착할 수 있는 흡착질 분자들이 흡착제 외부표면으로 이동(느린 반응)
  ② 2단계:흡착제의 거대공극, 중간공극을 통한 확산에 의해 내부의 미세공극 쪽으로 이동(느린 반응)
  ③ 3단계:확산된 흡착질이 미세공극에 채워짐으로써 시료채취 완료(빠른 반응)

(5) 주의사항
  ① 비교적 높은 습도는 활성탄의 흡착용량을 저하시킨다.
  ② 유기용제 증기, 수은 증기와 같이 상대적으로 무거운 증기는 잘 흡착된다.
  ③ 표면의 산화력으로 인해 반응성이 큰 멜캅탄, 알데히드 포집에는 부적합하다.
  ④ 케톤의 경우 활성탄 표면에서 물을 포함하는 반응에 의하여 파과되어 탈착률과 안정성에 부적절하다.
  ⑤ 메탄, 일산화탄소 등은 흡착되지 않는다.
  ⑥ 휘발성이 큰 저 분자량의 탄화수소화합물의 채취효율이 떨어진다.
  ⑦ 끓는점이 낮은 저비점 화합물인 암모니아, 에틸렌, 염화수소, 포름알데히드 증기는 흡착속도가 높지 않아 비효과적이다.
  ⑧ 작업장 공기 중 벤젠 증기를 활성탄관 흡착제로 채취할 때 작업장 공기중에 다량의 페놀이 존재하면 벤젠 증기를 효율적으로 채취할 수 없게 되는 이유는 벤젠과 흡착제와의 결합자리를 페놀이 우선적으로 차지하기 때문이다.

21 노출기준 설정방법 등에 관한 설명으로 옳지 않은 것은?

① 노동으로 인한 외부로부터 노출량(dose)과 반응(response)의 관계를 정립한 사람은 Pearson Norman(1972)이다.
② 노출에 따른 활동능력의 상실과 조절능력의 상실 관계는 지수형 곡선으로 나타난다.
③ 항상성(homeostasis)이란 노출에 대해 적응할 수 있는 단계로 정상조절이 가능한 단계이다.
④ 정상기능 유지단계는 노출에 대해 방어기능을 동원하여 기능장해를 방어할 수 있는 대상성(compensation) 조절기능 단계이다.
⑤ 대상성(compensation) 조절기능 단계를 벗어나면 회복이 불가능하여 질병이 야기된다.

답 ①

해설
Pearson Norman → Thedore Hatch

참고
기업진단·지도 p.262(4. 화학물질 및 물리적 인자의 노출기준)

보충학습
우리나라 노출기준
① 노출기준은 근로시간, 작업강도, 온열조건, 이상기압 등 노출기준에 영향을 끼칠 수 있는 제반요인에 대해 특별히 고려해야 한다.
② 유해인자에 대한 감수성은 개인에 따라 차이가 있음
③ 직업성 질병의 이환을 부정하는 근거 또는 반증 자료, 평가, 관리상의 지표로 사용할 수 없음

22 공기정화장치 중 집진(먼지제거)장치에 사용되는 방법 또는 원리에 해당하지 않는 것은?

① 세정
② 여과(여포)
③ 흡착
④ 원심력
⑤ 전기 전하

답 ③

해설

공기정화장치의 집진장치

(1) 개요
　① 공기 속의 먼지나 매연 등을 제거하는 장치이다.
　② 공기여과기나 공기세척기, 원자력 시설의 배기장치 등이 있다.
　③ 제거하려는 먼지의 크기와 농도에 따라 선택되며, 보통 여과재에 공기를 통과시켜 먼지를 제거하는데, 장치의 성능은 여과재의 종류에 의존한다.

(2) 집진장치
　① 적당한 위생환경(또는 작업환경)을 유지하기 위해 실내의 공기를 정화하는 경우와 오염된 공기를 대기 속으로 배출하기 전에 정화하는 경우가 있다.
　② 공기조화장치 속에 포함되는 공기여과기(에어필터)·공기세척기(에어 와셔) 등은 전자에 속하고, 원자력 시설 등의 배기장치에 설치되는 것은 후자에 속한다.
　③ 작업장에서 나오는 배기 속의 자원을 회수하기 위해 사용되는 집진장치(예를 들면, 귀금속광산의 배기로부터 귀금속 회수)는 공기정화를 주목적으로 한 것은 아니지만 이 속에 포함되는 경우도 있다.

(3) 농도
　① 먼지의 농도가 공기 1[m^3]중 7[mg] 이상일 경우에는 집진(集塵), 그 이하일 경우에는 공기정화의 범위나 보통 사용되고 있는 용어는 이것을 명확하게 구별하고 있지 않다.
　② 인간의 폐에 들어가면 해로운 먼지의 크기는 0.5~5[μm]이다. 독성이 있는 것은 물론 문제 밖의 일이다.
　③ 10[μm] 이상의 것은 육안으로도 보이므로 기분적으로 대단히 불쾌감을 준다. 따라서 공기정화장치는 이 범위의 먼지를 제거할 수 있어야 한다.

(4) 여과방법
　① 공기정화장치는 먼지의 크기와 농도에 대한 목표값에 따라 선택된다.
　② 공기여과기는 직물·종이·유리섬유 등의 여과재(濾過材)에 공기를 통하여 그 속에 들어 있는 먼지를 제거하는 것으로, 여과재의 종류에 따라 성능도 크게 달라진다.
　③ 공기세척기는 공기의 흐름 속에 대량의 물을 내뿜어 먼지를 제거하려는 것이며, 동시에 습도를 가감할 수 있기 때문에 섬유공장 등의 공기조화장치로 널리 사용되고 있다.
　④ 먼지를 대전(帶電)시킨 다음 고전압을 건 극판(極板)에 부착시켜서 세척하는 전기집진기(電氣集塵器)와 악취가 나는 가스나 연기를 흡착하는 활성탄(活性炭) 등이 사용되는 경우도 있다.

23 산업안전보건기준에 관한 규칙상 사업주가 근로자에게 송기마스크나 방독마스크를 지급하여 착용하도록 하여야 하는 업무에 해당하지 않는 것은?

① 국소배기장치의 설비 특례에 따라 밀폐설비나 국소배치장치가 설치되지 아니한 장소에서의 유기화합물 취급업무

② 임시작업인 경우의 설비 특례에 따라 밀폐설비나 국소배기장치가 설치되지 아니한 장소에서의 유기화합물 취급업무

③ 단시간 작업인 경우의 설비 특례에 따라 밀폐설비나 국소배기장치가 설치되지 아니한 장소에서의 유기화합물 취급업무

④ 유기화합물 취급 장소에 설치된 환기장치 내의 기류가 확산될 우려가 있는 물체를 다루는 유기화합물 취급업무

⑤ 유기화합물 취급 장소에서 청소 등으로 유기화합물이 제거된 설비를 개방하는 업무

답 ⑤

해설

제450조(호흡용 보호구의 지급 등) ① 사업주는 근로자가 다음 각 호의 어느 하나에 해당하는 업무를 하는 경우에 해당 근로자에게 송기마스크를 지급하여 착용하도록 하여야 한다.
1. 유기화합물을 넣었던 탱크(유기화합물의 증기가 발산할 우려가 없는 탱크는 제외한다) 내부에서의 세척 및 페인트칠 업무
2. 제424조제2항에 따라 유기화합물 취급 특별장소에서 유기화합물을 취급하는 업무

② 사업주는 근로자가 다음 각 호의 어느 하나에 해당하는 업무를 하는 경우에 해당 근로자에게 송기마스크나 방독마스크를 지급하여 착용하도록 하여야 한다.
1. 제423조제1항 및 제2항, 제424조 제1항, 제425조, 제426조 및 제428조 제1항에 따라 밀폐설비나 국소배기장치가 설치되지 아니한 장소에서의 유기화합물 취급업무
2. 유기화합물 취급 장소에 설치된 환기장치 내의 기류가 확산될 우려가 있는 물체를 다루는 유기화합물 취급업무
3. 유기화합물 취급 장소에서 유기화합물의 증기 발산원을 밀폐하는 설비(청소 등으로 유기화합물이 제거된 설비는 제외한다)를 개방하는 업무

③ 사업주는 제1항과 제2항에 따라 근로자에게 송기마스크를 착용시키려는 경우에 신선한 공기를 공급할 수 있는 성능을 가진 장치가 부착된 송기마스크를 지급하여야 한다.

④ 사업주는 금속류, 산·알칼리류, 가스상태 물질류 등을 취급하는 작업장에서 근로자의 건강장해 예방에 적절한 호흡용 보호구를 근로자에게 지급하여 필요시 착용하도록 하고, 호흡용 보호구를 공동으로 사용하여 근로자에게 질병이 감염될 우려가 있는 경우에는 개인 전용의 것을 지급하여야 한다.

⑤ 근로자는 제1항, 제2항 및 제4항에 따라 지급된 보호구를 사업주의 지시에 따라 착용하여야 한다.

24 산업안전보건법 시행규칙 별지 제85호 서식(**특수·배치전·수시·임시 건강진단 결과표**)의 작성 사항이 아닌 것은?

① 작업공정별 유해요인 분포 실태
② 유해인자별 건강진단을 받은 근로자 현황
③ 질병코드별 질병유소견자 현황
④ 질병별 조치 현황
⑤ 건강진단 결과표 작성일, 송부일, 검진기관명

답 ①

해설

산업안전보건법 시행규칙 [별지 85]

■ 산업안전보건법 시행규칙 [별지 제85호서식]

[ ]특수 [ ] 배치전 [ ]수시 [ ]임시 건강진단 결과표

(제1쪽)

총근로자수	계				실시기간	–		사업장관리번호	
	남					–		사업자등록번호	
	여							업종코드번호	

주요생산품:

	구 분		대상 근로자			건강진단을 받은 근로자			질병 유소견자										직업성 요관찰자		
									계			직업병		작업 관련 질병 (야간작업)		일반질병					
			계	남	여	계	남	여	계	남	여	남	여	남	여	남	여	계	남	여
건강 진단 현황	계	건 수																			
		실인원																			
	야간작업																				
	소 음																				
	이상기압																				
	분진	광물성																			
		석 면																			
		그 밖의 분진																			
	유기화합물																				
	금속	연																			
		수 은																			
		크 롬																			
		카드뮴																			
		그 밖의 금속																			
	산·알카리·가스																				
	진 동																				
	유해광선																				
	기 타																				

질병유소견자 현황	질병코드	계	남	여	질병코드	계	남	여	질병코드	계	남	여	질병코드	계	남	여

	구분 질병별		계	근로 금지 및 제한	작업 전환	근로 시간 단축	근무 중 치료	추적 검사	보호 구 착용	직업병확진의뢰안내	그 밖의 사항
조치 현황	질병유소견자	계									
		남									
		여									
	직 업 병	남									
		여									
	작업 관련 질병(야간작업)	남									
		여									
	일반질병	남									
		여									
	요관찰자	계									
		남									
		여									
	직 업 병	남									
		여									
	작업 관련 질병(야간작업)	남									
		여									
	일반질병	남									
		여									

작성일: 년   월   일

송부일: 년   월   일

검진기관명:

사 업 주: (서명 또는 인)

고용노동부
지방고용노동청(지청)장 귀하

210mm×297mm(일반용지 60g/㎡(재활용품))

(제2쪽)

질병 유소견자 현황

구분	질병코드		질병 유소견자	계	남	여	직력별 1년미만		1~4년		5~9년		10년이상		연령별 30세미만		30~39		40~49		50세이상	
							남	여	남	여	남	여	남	여	남	여	남	여	남	여	남	여
총계																						
일반질병유소견자	소계																					
		A	특정 감염성 질환																				
		B	바이러스성 및 기생충성 질환																				
		C	악성신생물																				
		D	양성신생물 및 혈액질환과 면역장해																				
		E	내분비, 영양 및 대사질환																				
		F	정신 및 행동장해																				
		G	신경계의 질환																				
		H	눈, 눈 부속기와 귀 및 유양돌기의 질환																				
		I	순환기계의 질환																				
		J	호흡기계의 질환																				
		K	소화기계의 질환																				
		L	피부 및 피하조직의 질환																				
		M	근골격계 및 결합조직의 질환																				
		N	비뇨생식기계의 질환																				
		O	임신, 출산 및 산욕																				
		P	주산기에 기원한 특정 병태																				
		Q	선천성기형, 변형 및 염색체 이상																				
		R	그 밖에 증상·징후와 임상검사의 이상 소견																				
		S	손 상																				
		T	다발성 및 그 밖의 손상 중독 및 그 결과																				
		V	운수사고																				
		W	불의의 손상에 대한 그 밖의 요인																				
		X	고온장해 및 자해																				
		Y	가해, 치료의 합병증 및 후유증																				
		Z	건강상태에 영향을 주는 원인																				
직업성질병유소견자	소계																					
	물리적인자에의한장해	110	소음성난청																				
		121	광물성 분진																				
		122	면 분진																				
		123	석면 분진																				
		124	용접 분진																				
		129	그 밖의 분진																				
		130	진동장해																				
		141	고기압																				
		142	저기압																				
		151	전리방사선																				
		152	자외선																				
		153	적외선																				
		154	마이크로파 또는 라디오파																				
		190	그 밖의 물리적 인자에 의한 장해																				
	유기화합물에의한중독	201	노말헥산																				
		202	N,N-디메틸포름아미드																				
		203	메틸부틸케톤																				
		204	메틸에틸케톤																				
		205	메틸이소부틸케톤																				
		206	벤젠																				
		207	사염화탄소																				
		208	아세톤																				
		209	오르토디클로로벤젠																				
		210	이소부틸알코올																				
		211	이소프로필알코올																				
		212	이황화탄소																				
		213	크실렌																				
		214	클로로포름																				
		215	톨루엔																				
		216	1.1.1-트리클로로에탄																				

	번호	명칭													
	217	1.1.2.2-테트라클로로에탄													
	218	트리클로로에틸렌													
	219	벤지딘과 그 염													
	220	염소화비페닐													
	221	콜타르													
	222	톨루엔2,4-디이소시아네이트													
	223	페놀													
	224	포름알데히드													
	299	그 밖의 유기화합물에 의한 장해													
금속류	301	니켈													
	302	망간													
	305	수은													
	306	납													
	307	오산화바나듐													
	308	카드뮴													
	309	크롬													
	399	그 밖의 금속에 의한 장해													
산·알칼리·가스상물질류	402	불화수소													
	403	시안화물													
	404	아황산가스													
	407	염소													
	409	염화수소													
	410	일산화탄소													
	411	질산													
	416	포스겐													
	417	황산													
	418	황화수소													
	419	삼산화비소													
	499	그 밖의 산·알칼리·가스상태류에 의한 장해													
허가대상물질	500	휘발성 콜타르피치(코크스 제조·취급에 의한 장해)													
	501	베릴륨													
	502	염화비닐													
	599	그 밖의 허가대상 물질에 의한 장해													
그 밖의	600	그 밖의 유해인자에 의한 장해													

(제3쪽)

근로자 건강진단 사후관리 소견서[1]

※ 사업주는 특수건강진단·수시건강진단·임시건강진단 결과, 근로금지 및 제한, 작업전환, 근로시간 단축, 직업병 확진 의뢰 안내가 필요하다는 건강진단 의사의 소견이 있는 근로자에 대해서는 「산업안전보건법」 제132조제5항에 따라 건강진단결과를 송부 받은 날로부터 30일 이내에 조치 결과 또는 조치 계획을 지방고용노동관서에 제출해야 하며, 제출하지 않은 경우에는 같은 법 제175조제6항제15호에 따라 300만원 이하의 과태료를 부과하게 됩니다.

사업장명: 실시기간:

공정	성명	성별	나이	근속연수	유해인자	생물학적 노출지표 (참고치)[2]	건강구분	검진소견[3]	사후관리소견[3]	업무수행 적합 여부[3]

년   월   일

건강진단 기관명: 건강진단 의사명: (서명 또는 인)

작성방법

1) 이 법에 해당하는 건강진단 항목만 기재
2) 생물학적 노출지표(BEI) 검사 결과는 해당 근로자만 기재
3) 검진 소견, 사후관리 소견, 업무수행 적합 여부는 요관찰자, 유소견자 등 이상 소견이 있는 검진자의 경우만 적음

25. 화학물질 및 물리적 인자의 노출기준에서 유해물질별 그 표시 내용의 연결이 옳은 것은?

① 인듐 및 그 화합물 - 흡입성

② 크롬산 아연 - 발암성 1A

③ 일산화탄소 - 호흡성

④ 불화수소 - 생식세포 변이원성 2

⑤ 트리클로로에틸렌 - 생식독성 1A

답 ②

해설

노출기준의 설정방법

(1) 인체의 적응과 장애에 대한 이해
  ① Theodore Hatch가 노동으로 인한 외부로부터 노출량(dose)과 반응(response)의 관계를 정립
  ② 항상성(Homeostasis) : 노출에 대해 적응할 수 있는 단계로 정상조절이 가능한 단계
  ③ 정상기능 유지단계 : 노출에 대해 방어기능을 동원하여 기능장애를 방어할 수 있는 단계
  ④ 대상성 조절기능(Compensation) 단계라고도 함
  ⑤ 정상기능 유지단계를 벗어나면 회복이 불가능하여 질병을 야기하는 파탄에 이름

(2) 설정근거

미국 ACGIH에서는 TLVs를 만든 설정근거로 화학물질 구조의 유사성, 동물실험자료, 인체실험자료, 사업장 역학조사를 들고 있음.

  ① 유사한 화학구조를 가진 화학물질 간에는 유사한 독성을 갖는다는 전제하에 노출기준을 설정, 이것은 다른 자료가 없을 경우 갖는 가장 기초적인 단계로 유사한 화학물질 간에도 상당히 다른 독성을 갖는 경우가 있음
  ② 동물실험에서 구한 자료를 토대로 인간에 대한 영향을 외삽법에 의해 적용함. 동물실험은 대개 단기간에 이루어지기 때문에 장기간 저농도에 노출시에는 적용이 어렵고 동물실험결과를 인체에 적용했을 때 전혀 다른 결과가 나오기도 함
  ③ 인체실험방법은 극히 제한적인 경우에만 허용되고 있음.

[표] 화학물질의 노출기준

번호	유해물질 명칭	CAS번호 등
243	불화수소(HF)	[7664-39-3] skin
488	인듐 및 그 화합물	[7440-74-6] 호흡성
491	일산화탄소	[630-08-0] 생식독성 1A
617	트리클로로에틸렌	[79-01-6] 발암성 1A, 생식세포 변이원성 2

참고

기업진단·지도 p.262(4. 화학물질 및 물리적 인자의 노출기준)

산업안전지도사 자격시험
제1차 시험문제지

2022년도 3월 19일 필기문제

제3과목 기업진단·지도	총 시험시간 : 90분 (과목당 30분)	문제형별 A

수험번호	20220319	성 명	도서출판 세화

【수험자 유의사항】

1. 시험문제지 표지와 시험문제지 내 **문제형별의 동일여부** 및 시험문제지의 **총면수·문제번호 일련순서·인쇄상태** 등을 확인하시고, 문제지 표지에 수험번호와 성명을 기재하시기 바랍니다.
2. 답은 각 문제마다 요구하는 **가장 적합하거나 가까운 답 1개**만 선택하고, 답안카드 작성 시 시험문제지 **형별누락, 마킹착오**로 인한 불이익은 전적으로 **수험자에게 책임**이 있음을 알려 드립니다.
3. 답안카드는 국가전문자격 공통 표준형으로 문제번호가 1번부터 125번까지 인쇄되어 있습니다. 답안 마킹 시에는 반드시 **시험문제지의 문제번호와 동일한 번호**에 마킹하여야 합니다.
4. **감독위원의 지시에 불응하거나 시험 시간 종료 후 답안카드를 제출하지 않을 경우** 불이익이 발생할 수 있음을 알려 드립니다.
5. 시험문제지는 시험 종료 후 가져가시기 바랍니다.

【안 내 사 항】

1. 수험자는 **QR코드를 통해 가답안을 확인**하시기 바랍니다.
   (※ 사전 설문조사 필수)
2. 시험 합격자에게 '**합격축하 SMS(알림톡) 알림 서비스**'를 제공하고 있습니다.

▲ 가답안 확인

- 수험자 여러분의 합격을 기원합니다 -

3. 기업진단·지도

01 균형성과표(BSC : Balanced Score Card)에서 조직의 성과를 평가하는 관점이 아닌 것은?

① 재무 관점　　② 고객 관점
③ 내부 프로세스 관점　　④ 학습과 성장 관점
⑤ 공정성 관점

답 ⑤

해설

캐플란(R.Kaplan)과 노턴(D.Norton)의 균형성과표(BSC)
(1) 균형성과표(Balanced Scorecard : BSC)는 전통적인 회계나 재무시각만으로 기업경영을 보지 말고 ① 재무 ② 고객 ③ 내부 프로세스 ④ 학습·성장 등 네 가지 관점 간의 균형잡힌 시각에서 기업경영을 바라보아야 한다는 관리시스템이다.
(2) BSC의 4가지 핵심성공요인
　① 재무 관점 : 우리 회사는 주주들에게 어떻게 보일까?
　② 고객 관점 : 고객들은 우리 회사를 어떻게 보는가?
　③ 기업 내부 프로세스 관점 : 우리 회사는 무엇에서 탁월하여야 하는가?
　④ 성장과 학습의 관점 : 우리 회사는 가치를 지속적으로 개선하고 창출할 수 있는가?

참고
① 2014년 4월 12일(문제 2번) 출제
② 2016년 5월 11일(문제 9번) 출제
③ 2017년 3월 5일(문제 3번) 출제
④ 2020년 7월 25일(문제 1번) 출제

보충학습
BSC 4가지 핵심성공 요인의 특징

구분	특징
재무적 관점	① 일반적인 재무성과 지표 ② ROI, ROA, EVA 등
고객 관점	① 고객만족과 관련된 지표로 제품 가격, 품질, 디자인, 서비스시간, 브랜드 이미지에 대한 추진성과를 측정 ② 시장점유율, 고객유지율, 고객만족도, 고객수익성 등
내부 비지니스 프로세스 관점	① 고객 및 재무적 성과와 밀접한 관계가 있는 중요하고 핵심적인 내부 프로세스에 대한 측정지표 ② A/S 처리시간, 납기평균시간 등
학습과 성장 관점	① 지속적으로 고객관점과 내부처리관점의 측정지표를 개선시킬 수 있는 지표 ② 직원의 만족도, 지식정보 지수, 직원의 전문성 등

산업안전지도사 · 과년도기출문제

02 노사관계에서 숍제도(shop system)를 기본적인 형태와 변형적인 형태로 구분할 때, 기본적인 형태를 모두 고른 것은?

> ㄱ. 클로즈드 숍(closed shop)
> ㄴ. 에이전시 숍(agency shop)
> ㄷ. 유니온 숍(union shop)
> ㄹ. 오픈 숍(open shop)
> ㅁ. 프레퍼렌셜 숍(preferential shop)
> ㅂ. 메인티넌스 숍(maintenance shop)

① ㄱ, ㄴ, ㄷ ② ㄱ, ㄷ, ㄹ
③ ㄱ, ㄷ, ㅂ ④ ㄴ, ㄹ, ㅁ
⑤ ㄴ, ㅁ, ㅂ

답 ②

해설

노동조합의 기본적인 형태(shop system : 숍제도)
(1) 클로즈드 숍(closed shop)
  ① 사용자가 노동조합의 조합원만을 고용할 수 있는 제도이다.
  ② 조합원자격이 고용의 전제조건이 되므로 노동공급을 가장 강력하게 통제할수 있는 제도이다.
(2) 유니온 숍(union shop)
  사용자가 비조합원을 채용할 수는 있지만, 채용된 노동자는 채용 후 일정기간 내에 노동조합에 가입해야 하는 제도이다.
(3) 오픈 숍(open shop)
  ① 사용자는 조합원이든 비조합원이든, 차별을 두지 않고 채용할 수 있으며, 노동조합에의 가입여부는 전적으로 노동자의 의사에 따르는 제도이다.
  ② 노동조합의 안정도에서 보면 가장 취약하다.→ 우리 나라는 대부분 이 제도를 채택
(4) 기타
  ① agency shop : 조합원이든 조합원이 아니든 모든 종업원에게 조합회비를 징수하는 제도이다.
  ② maintenace of membership shop : 조합원이 되면 일정 기간 동안 조합원으로 머물러 있어야 하는 제도이다.
  ③ preferential shop : 채용시 조합원에게 우선권을 주는 제도이다.

보충학습

조합비일괄공제제도(check off system)
조합비의 확보를 통하여 노조의 안정을 유지하기 위한 제도로, 회사의 급여계산시에 조합비를 일괄적으로 공제하여 조합에 인도하는 제도이다. 노동조합은 조합원 2/3 이상의 동의가 있으면 그의 세력확보수단으로 체크오프조항을 들 수 있다. 조합비일괄공제제도는 숍시스템과 더불어 노조의 안정을 유지하기 위한 제도임과 동시에 단체협약의 주요 내용이 된다.

[표]노동조합의 권력확보 과정

구분	주요과제	달성수단
양적인 면	조합원의 확보를 어떻게 할 것인가?	숍제도(shop system)
질적인 면	자금확보를 어떻게 할 것인가?	체크오프제도(check off system)

참고

① 2012년 6월 23일(문제 2번)
② 2016년 5월 11일(문제 2번)

03 홉스테드(G. Hofstede)가 국가 간 문화차이를 비교하는데 이용한 차원이 아닌 것은?

① 성과지향성(performance orientation)
② 개인주의 대 집단주의(individualism vs collectivism)
③ 권력격차(power distance)
④ 불확실성 회피성향(uncertainty avoidance)
⑤ 남성적 성향 대 여성적 성향(masculinity vs feminity)

답 ①

해설

홉스테드(G. Hofstede)의 국가문화간 차이를 이해하는 4가지 차원
① 불확실성 회피(uncertainty avoidance)
② 개인주의-집합주의(individualism-collectivism)
③ 남성성-여성성(masculinity-femininity) : 과업 지향성-인간 지향성
④ 세력차이(power distance, 권력격차) : 사회 계급의 견고성

참고

2013년 3월 19일(문제 15번)

보충학습

G. Hofstede[홉스테드]의 문화차원

홉스테드는 IBM사의 전 세계 지점에 분포되어있는 116,000명의 직원들 대상으로 문화의 차이에 대한 설문조사를 근거로 4개의 문화변수를 발견하였다. 그 후로 아시아권에서 발견되었던 5번째 변수를 추가하여 연구를 진행하여 왔으며 2010년에 6번째 변수를 발견하였다.

① 개인주의-집단주의[individualism vs collectivism]지수로써 한 개인이 가족 또는 집단에 대한 책임보다 개인적인 자유를 중시하고 우선시하는 정도를 나타내는 척도로서, 보통 아시아 국가들은 집단주의로 미국과 유럽은 개인주의 지수가 높은 것으로 나타났다.
② 권력격차 지수[power distance]이다. 사회계층간의 권력의 격차를 나타내는 척도로써 그 사회의 권력의 불평등, 위계적 계층관계의 엄격한 정도를 의미한다.
③ 불확실성 회피지수[uncertainty avoidance]이다.
　이것은 한 사회가 과거의 전통이나 관습 또는 규칙에 의거하여 미래의 불확실성을 회피하려고 하는 정도를 나타낸다.
④ 남성성 지수[masculinity]이다.
　지표는 한 사회가 남녀 간의 역할이 명확히 구분되고 물질적인 부와 권력, 스포츠 등 남성적인 가치를 강조하는 정도를 나타낸다.
⑤ 장기적 지향성[long-term orientation]이다.
　이 지수는 한 사회가 단기적 관점이 아니라 실용적인 미래지향적 장기적 관점을 갖는 정도를 의미한다.
⑥ 방종 대 절제[indulgence vs restraint] 변수이다.
　이는 사회 사람들이 인생을 즐기는 재미를 추구하는 것을 허용하는 정도를 의미하며 방종문화에서는 레저활동등과 같은 개개인의 즐거움을 추구하는 활동이 자유로울 수 있도록 허용하는 경향이 강하며 절제의 문화에서는 개인의 욕망 추구를 사회적 규범으로 통제하거나 규제하는 경향이 강하다.
⑦ 결론 : 홉스테드[Hofstede]의 이론이 문화 간 차이를 규명하고 사용자들의 행동을 예측하는 적절한 도구로 사용되는 이유는 이러한 변수를 중심으로 숫자로 전환할 수 있는 문화변수를 제공하기 때문이다.

04 레윈(K. Lewin)의 조직변화의 과정으로 옳은 것은?

① 점검(checking) - 비전(vision) 제시 - 교육(education) - 안정(stability)
② 구조적 변화 - 기술적 변화 - 생각의 변화
③ 진단(diagonsis) - 전환(transformation) - 적응(adaptation) - 유지(maintenance)
④ 해빙(unfreezing) - 변화(changing) - 재동결(refreezing)
⑤ 필요성 인식 - 전략수립 - 실행 - 해결 - 정착

답 ④

해설

레윈의 조직변화 3단계 과정

(1) 해빙(unfreeze)
① 조직변화 준비단계로 구성원들이 변화의 필요성을 인식하고 저항하지 않으며, 협조할 수 있도록 유도하는 단계이다.
② 변화에 대한 필요성을 명확히 하여 조직 구성원들로 하여금 변화를 인식, 수용하도록 하는 단계

(2) 변화(change)
① 다항한 기법(교육, 참여, 지원, 협상 등)으로 변화를 시도하는 단계
② 조직변화의 추진력이 증가하고 상대적으로 저항력이 감소하여 새로운 정보와 새로운 견해에 바탕을 둔 새로운 태도와 행동이 발전되는 과정

(3) 재동결(refreeze)
변화가 안정적으로 조직 내에 자리잡게 하기 위해 변화를 지원하고 강화시키는 과정

보충학습

레윈(K.Lewin)의 행동법칙

(1) 인간의 행동

$$B = F(P \cdot E)$$

B : Behavior(인간의 행동)
F : Function(함수관계) P·E에 영향을 줄 수 있는 조건
P : Person(연령, 경험, 심신상태, 성격, 지능 등)
E : Environment(심리적 환경 - 인간관계, 작업환경, 설비적 결함 등)

(2) 레윈의 이론
인간의 행동(B)은 인간이 가진 능력과 자질 즉, 개체(P)와 주변의 심리적 환경(E)과의 상호함수관계에 있다.

(3) 인간의 행동은 다양하게 변할 수 있는 인간측 요인 P와 환경측 요인 E에 의해서 나타나는 현상이므로 행동(B)은 항상 변할 수 있다. 따라서 인간행동의 위험성을 예방하기 위해서는 인간측의 요인과 함께 환경 측의 요인도 함께 바로 잡아야 한다.

정보제공

기업진단·지도 p.115(7. K.Lewin의 법칙)

05 하우스(R. House)의 경로 - 목표 이론(path-goal theory)에서 제시되는 리더십 유형이 아닌 것은?

① 지시적 리더십(directive leadership)

② 지원적 리더십(supportive leadership)

③ 참여적 리더십(participative leadership)

④ 성취지향적 리더십(achievement-oriented leadership)

⑤ 거래적 리더십(transactional leadership)

답 ⑤

해설

하우스의 경로-목표이론

(1) 개요
① 하우스는 구조주도 - 배려주도 리더십과 동기부여 기대이론을 결합한 경로 -목표 이론을 제시함.
② 경로 - 목표 이론은 리더의 역할은 부하가 목표에 이르도록 길과 방향을 가르쳐주고 길을 코치해주며 도와주는 것이라고 하였다.
③ 리더는 구성원들이 원하는 보상을 제시하고 목표를 달성하는 방법과 과정(경로)를 명확히 하도록 도와주는 것이다.
④ 핵심은 리더가 부하의 특성과 환경을 파악하고 어떻게 구성원에게 동기를 부여하고 성과를 얻는가 이다. 이 이론은 상황요소들을 포함하였다는 것에 의의가 있다.
⑤ 최근에 개발된 리더십의 상황적합이론이다.

(2) 리더십 분류
상황적 특성에 따라 부하들의 만족감 증대와 조직성과를 거둘 수 있는 리더십 유형을 4가지

구분	특징
지시적(주도적)리더십	- 부하들에게 수행할 과업, 절차, 업무 등을 구체적으로 지시하여 준다. - 목표를 명확하고 구체적으로 일일이 지시한다. - 상과 벌을 명확하게 제시해준다. - 부하들의 업무수준이나 기술이 낮을 경우 효과적이다. - 리더가 강력한 권한을 가진 경우 적합하다.
후원적(지원적)리더십	- 부하들의 욕구를 지지하고 분위기를 조성하는 역할 - 과업이 구조화되어 있다면 적합하다. - 상호협조가 강하게 필요할 경우 적합하다.
참여적 리더십	- 부하들의 의견이나 주장을 가급적 많이 반영시켜 결정하는 행동을 한다. - 구성원간의 정보를 교환하고 상의하여 활용한다. - 부하들의 흥미와 성취 욕구 및 자율성의 욕구가 높은 경우 적합하다.
성취지향적 리더십	- 도전적인 목표를 성취하고 성과를 계속 개선하는 행동을 한다. - 부하들을 신뢰하고 동기를 유발시킨다. - 성과의 우수성을 강조하고 피드백해준다. - 성취욕구가 강하고 도전적인 부하에게 적합하다.

06 재고관리에 관한 설명으로 옳은 것은?

① 재고비용은 재고유지비용과 재고부족비용의 합이다.
② 일반적으로 재고는 많이 비축할수록 좋다.
③ 경제적주문량(EOQ) 모형에서 재고유지비용은 주문량에 비례한다.
④ 1회 주문량을 Q라고 할 때, 평균재고는 Q/3이다.
⑤ 경제적주문량(EOQ) 모형에서 발주량에 따른 총 재고비용선은 역U자 모양이다.

답 ③

해설

재고관리

(1) 재고관리 의의 및 적정재고
  ① 의의
    고객이 필요로 하는 물품을 즉시 제공할 수 있도록 미리 필요한 예상 수요량을 확보하는 일련의 경영활동으로 생산자의 경우에는 제품의 주문에 신속하게 생산을 할 수 있도록 원자재와 부자재를 미리 확보하는 경영활동이다.
  ② 적정재고
    계획적인 자금운용과 유지비용 및 발주비용 감소를 줄이기 위하여 가장 적정한 재고 수준을 유지하는 것을 의미한다.

> 총재고비용 = 구매비용 + 재고유지비가 최소가 되는 발주량

(2) EOQ, FOQ, POQ
  ① EOQ(경제적 주문량)
    주문비용, 재고유지비용 간의 관계를 이용하여 가장 합리적인 주문량을 결정하는 방법이다.
  ② FOQ(고정 주문량)
    매번 동일한 양을 주문하는 방법으로 공급자로부터 항상 일정한 양만큼씩 공급받는 경우에 가장 많이 사용된다.
  ③ POQ(주기적 주문량)
    재고량에 대한 조사를 주기적으로 하고, 필요한 양만큼 주문을 하는 방법으로 일정기간을 설정하여 그 기간 내에 요구하는 소요량을 주문하는 방법이다.

(3) 전자상거래에 있어서 적정재고관리
  ① 자동화된 방법 : 대형 판매점, 백화점 등
  ② 수작업 : 소매점

[표] 품목별 관리기법

품목	내용	관리정도	로트크기	주문주기	안전재고	재고통제
A	가치는 크지만 사용량이 적은 품목	정밀관리	소로트	짧다	소량	Q System
B	가치와 용량이 중간에 속하는 품목	정상관리	중로트	중간	중량	
C	가치는 작지만 사용량은 많은 품목	대강관리	대로트	길다	대량	P system

참고

① 2018년 3월 24일(문제 7번)
② 2020년 7월 25일(문제 7번)

07 품질경영에 관한 설명으로 옳은 것은?

① 품질비용은 실패비용과 예방비용의 합이다.

② R-관리도는 검사한 물품을 양품과 불량품으로 나누어서 불량의 비율을 관리하고자 할 때 이용한다.

③ ABC품질관리는 품질규격에 적합한 제품을 만들어 내기 위해 통계적 방법에 의해 공정을 관리하는 기법이다.

④ TQM은 고객의 입장에서 품질을 정의하고 조직 내의 모든 구성원이 참여하여 품질을 향상하고자 하는 기법이다.

⑤ 6시그마운동은 최초로 미국의 애플이 혁신적인 품질개선을 목적으로 개발한 기업경영전략이다.

답 ④

해설

품질경영과 비용

(1) 품질경영[Quality Management]
  ① 품질경영이란 최고경영자의 리더십 아래 품질을 경영의 최우선 과제로 하는 것이 원칙
  ② 품질경영은 고객만족을 통한 기업의 장기적인 성공은 물론 경영활동 전반에 걸쳐 모든 구성원의 참가와 총체적 수단을 활용하는 전사적, 종합적인 경영관리체계
  ③ 품질경영은 최고경영자의 품질방침을 비롯하여 고객을 만족시키는 모든 부문의 전사적 활동으로서 품질방침 및 계획(quality policy & planning : QP), 품질관리를 위한 실시 기법과 활동(quality control : QC), 품질보증(quality assurance : QA), 활동과 공정의 유효성을 증가시키는 활동(quality improvement : QI) 등을 포함하는 넓은 의미
  ④ 품질경영(QM)은 품질관리(QC)보다 폭넓고 발전적인 개념

(2) 품질비용[Cost of Quality]
  ① 재료비, 인건비, 장비사용비 등 제품 생산의 직접 비용 이외에 불량 감소를 위한 품질관리 활동비용을 기간 원가로 계산하여 관리하는 것
  ② 품질비용을 분석함으로써 품질관리 활동의 개별 효과를 파악함과 동시에 문제점을 발견, 개선 대책을 강구하여 품질관리 활동의 경제성과 효과를 증대시키는 일종의 관리회계적인 성격을 띠고 있는 방법
  ③ Six Sigma의 COPQ(Cost of Poor Quality)와 유사한 개념
  ④ 활동기준원가계산(Activity-based costing : ABC)기업의 중요한 활동에서 프로세스, 품질비용을 추적하여 얻는 재무 및 운영 성과정보를 수집하여 품질비용을 계산하는 데 활용 가능한 방법

(4) 6시그마의 등장 배경
  ① 6시그마 역시 모토롤라의 품질 위기로부터 출발하게 된다.
  ② 1980년대 초 일본의 무선호출기 시장에서 모토롤라가 품질 불량으로 고전을 면치 못하고 위기에 빠지자 이를 타개하기 위한 전략적 시도에서 6시그마가 시작된 것이다.
  ③ 미국의 모든 기업들이 품질을 향상시키기 위해서는 비용이 많이 든다고 믿고 있던 때에 품질 위기에 빠진 모토롤라는 제대로만 한다면 품질 개선이 오히려 비용을 절감할 수 있다는 사실을 인식하게 된다.
  ④ 고품질 제품을 생산하는 데 비용이 더 많이 들지 않고, 오히려 더 적게 든다는 사실을 인식하게 된 것이다.
  ⑤ 최고 품질의 제품 생산자가 최저 비용의 제품 생산자라고 믿게 되었다.

참고

① 2020년 7월 25일(문제 8번)
② 2021년 3월 13일(문제 6번)

08 JIT(Just In Time) 생산시스템의 특징에 해당하지 않는 것은?

① 부품 및 공정의 표준화
② 공급자와의 원활한 협력
③ 채찍효과 발생
④ 다기능 작업자 필요
⑤ 칸반시스템 활용

답 ③

해설

적시관리(JIT : just in time) 시스템

(1) 의의
① JIT시스템은 재고가 생산의 비능률을 유발하는 원인이 되기 때문에 이를 없애야 한다는 사고방식 기법이다.
② 적시에 적량의 필요한 부품을 생산에 공급하도록 하는 생산 또는 재고관리시스템이다.
③ 무재고시스템(zero inventory system), 도요타 생산방식이다.

(2) 수단(목표) : 낭비의 제거
　　JIT시스템의 궁극적인 목적은 비용절감, 재고감소 및 품질향상을 통한 투자수익률의 증대에 있다. 이러한 목적은 낭비를 제거하고 작업자를 생산공정에 더 많이 참여시킴으로써 달성된다.
① JIT생산 : 생산과잉·대기·재고의 낭비 제거
② 소로트생산 : 재고의 낭비 제거
③ 자동화 : 가공 및 동작의 낭비 제거
④ TQC 및 현장개선 : 운반·가공·동작·불량의 낭비 제거

참고
2014년 4월 12일(문제 3번)

보충학습

(1) 공급사슬관리의 특징
① 공급사슬경영 프로세스 중 가장 중요한 것은 고객의 수요변동에 대한 능동적 대응이다.
② 우수 고객 수요에 대한 예측 불가능한 변동에 대한 미진한 대응이 문제가 된다.
　㉮ 공급사슬 내에서 역으로 거슬러 올라갈수록 불확실성 때문에 그 변동폭이 커지게 된다. → 채찍효과(bullwhip effect)
　㉯ 수요변동에 대해 공급이 부응하지 못하면, 각 단계에 재고누적, 재고부족, 주문지체가 발생한다.
　㉰ 채찍효과가 나타나는 이유는 수요변동의 불확실성에 대한 각 개체별 과잉반응 때문이다.
③ 채직효과를 제거하기 위해서는 전체 공급사슬의 실시간 정보공유를 통한 전략적 제휴시스템이 필요하다. → 동기화(synchornization) : 제품에 대한 최종 소비자의 수요는 변동폭이 작지만 공급망을 거슬러 올라갈수록 변동폭이 커지는 현상

(2) JIT(적시생산방식) : Just - in - time(JIT)는 재고를 쌓아 두지 않고서도 필요할 때 적기에 제품을 공급하는 생산방식

(3) CIM(Computer intergrated manufacturing, 컴퓨터 통합생산 시스템) : CIM(Computer intergrated manufacturing)은 컴퓨터 통합 생산 시스템으로 제조, 개발 판매로 연결되는 정보흐름의 과정을 일련의 정보시스템으로 통합한 종합적인 생산관리 시스템

(4) ERP(Enterprise Resource Planning, 전사적 자원관리)
　　기업의 모든 업무 프로세스를 유기적으로 통합, 상호 간에 정보를 실시간 공유하고 활용함으로써 모든 자원을 가장 효율적으로 배분할 수 있게 하고 나아가 기업의 가치를 극대화할 수 있도록 해주는 통합형 업무 시스템

참고
① 2016년 5월 11일(문제 8번)
② 2019년 3월 30일(문제 4번)

2022년도 3월 19일 필기문제

09 1년 중 여름에 아이스크림의 매출이 증가하고 겨울에는 스키 장비의 매출이 증가한다고 할 때, 이를 설명하는 변동은?

① 추세변동
② 공간변동
③ 순환변동
④ 계절변동
⑤ 우연변동

답 ④

해설

시계열의 변동요인 4가지

① 추세변동(trend variation : T)은 기술의 변화, 소비 형태의 변동, 인구 변동, 인플레이션이나 디플레이션 등의 영향을 받아 시계열 자료에 영향을 주는 장기변동 요인이다.
② 계절변동(seasonal variation : S)은 주로 1년을 단위로 발생하는 시계열의 변동 요인이다.
③ 순환변동(cyclical variation : C)은 통상적으로 2년에서 10년의 주기를 가지고 순환하는 시계열의 구성 요소로 중기 변동 요인이다.
④ 불규칙변동(irregular variation : I)은 측정 및 예측이 어려운 오차 변동이다.

참고

2018년 3월 24일(문제 8번)

보충학습

시계열(時系列)이란

(1) 한 사건 또는 여러 사건에 대하여 시간의 흐름에 따라 일정한 간격으로 이들을 관찰하여 기록한 자료를 말한다.
(2) 시계열 자료란 시간과 더불어 관측된 자료로 이는 종단면 자료(longitudinal data)에 해당한다.
  ① 횡단면 자료(cross-sectional data)는 고정된 시간에서 측정된 자료를 의미하며 측정 시간이 고정되어 있는 반면 여러 개의 변수로 구성된다.
  ② 종단면 자료, 즉 시계열 자료는 주가 지수의 경우처럼 매 단위 시간에 따라 측정되어 생성되는데 횡단면 자료에 비하여 상대적으로 적은 수의 변수로 구성된다. 시계열은 어떠한 경제 현상이나 자연 현상에 비하여 상대적으로 적은 수의 변수로 구성된다. 시계열은 어떠한 경제 현상이나 자연 현상에 관한 시간적 변화를 나타내는 자료이므로 어느 한 시점에서 관측된 시계열 자료는 그 이전까지의 자료들에 의존하게 된다. 따라서 시계열분석(時系列分析, time series analysis)을 통한 예측에서는 관측된 과거의 자료들은 분석하여 이를 모형화하고, 이 추정된 모형을 사용하여 미래에 관측될 값들을 예측하게 된다. 시간이 경과함에 따라 기술진보에 의해서 경제 현상들은 성장하게 되고, 농·수산 부문과 연관된 경제 현상은 자연의 영향 특히 계절적 변동으로부터 많은 영향을 받게 된다.

10 업무를 수행 중인 종업원들로부터 현재의 생산성 자료를 수집한 후 즉시 그들에게 검사를 실시하여 그 검사 점수들과 생산성 자료들과의 상관을 구하는 타당도는?

① 내적 타당도(internal validity)

② 동시 타당도(concurrent validity)

③ 예측 타당도(predictive validity)

④ 내용 타당도(content validity)

⑤ 안면 타당도(face validity)

답 ②

해설

타당성(도)
① 타당성(validity)은 시험이 측정하고자 하는 내용 또는 대상을 정확히 검정하는 정도를 나타낸다.
② 시험성적과 어떤 기준치(직무성과의 달성도)를 비교하는 기준관련 타당성(criterion related validity)이 대표적이다.
③ 동시타당성(concurrent validity) : 현직 종업원의 시험성적과 직무성과를 비교하여 선발도구의 타당성을 검사한다.
④ 예측타당성(predictive validity) : 선발시험에 합격한 사람들의 시험성적과 입사 후의 직무성과를 비교하여 타당성을 검사한다.
⑤ 내용타당성(contest validity) : 요구하는 내용을 시험이 얼마나 잘 나타내는가를 검토하는 것으로, 통계적 상관계수가 아닌 논리적 판단으로 검사한다.
⑥ 구성타당성(construct validity) : 시험의 이론적 구성과 가정을 측정하는 정도를 나타낸다.

참고

① 2013년 4월 20일(문제 17번)
② 2014년 4월 12일(문제 12번)

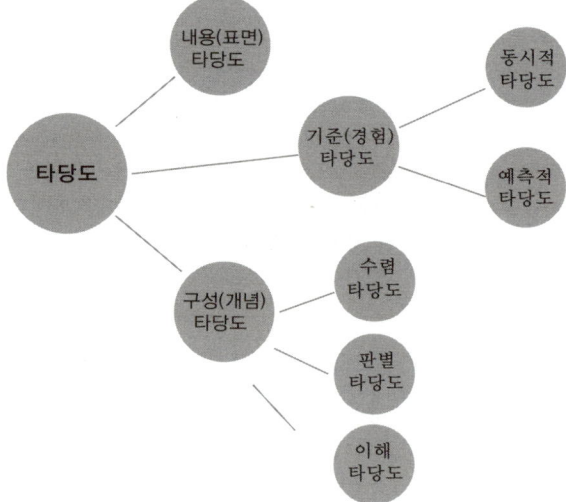

[그림] 타당도의 상관관계

11 직무분석에 관한 설명으로 옳지 않은 것은?

① 직무분석가는 여러 직무 간의 관계에 관하여 정확한 정보를 주는 정보 제공자이다.

② 작업자 중심 직무분석은 직무를 성공적으로 수행하는데 요구되는 인적 속성들을 조사함으로써 직무를 파악하는 접근 방법이다.

③ 작업자 중심 직무분석에서 인적 속성은 지식, 기술, 능력, 기타 특성 등으로 분류할 수 있다.

④ 과업 중심 직무분석 방법의 대표적인 예는 직위분석질문지(Position Analysis Questionnaire)이다.

⑤ 직무분석의 정보 수집 방법 중 설문조사는 효율적이며 비용이 적게 드는 장점이 있다.

답 ④

해설

직무분석 방법

(1) 관찰법(Observation Method)의 특징
 ① 훈련된 직무분석자가 직접 직무수행자를 집중적으로 관찰함으로써 정보를 수집하는 방법이다.
 ② 간단하고 실시하기 쉽기 때문에 육체적 활동과 같이 관찰이 가능한 직무에 적절히 사용될 수 있다.
 ③ 지식업무나 고도의 능력을 필요로 하는 직무일 경우 관찰이 어렵고, 비반복적인 직무일 경우 관찰에 너무 많은 시간이 소요되어 비효율적일 수 있다.
 ④ 체크리스트 혹은 작업표로 기록된다. 관찰자가 관찰할 수 있는 자질과 역량을 갖추었는가가 가장 중요한 관건이 된다.

(2) 면접법(Interview Method)의 특징
 ① 기술된 정보, 기타 사내의 기존 자료나 실무분석을 위해 특별히 제작된 조직도, 업무흐름표(Flow Chart), 업무분담표 등을 자료로 하여 담당자(또는 감독자, 부하, 기타 관계자)를 개별적으로 혹은 집단적으로 면접하여 필요한 분석항목의 정보를 획득하는 방법이다.
 ② 면접을 통해 직접 직무정보를 얻기 때문에 정확하지만, 많은 시간이 소요될 수 있다.

(3) 질문지법(Questionnaire Method)의 특징
 ① 표준화되어 있는 질문지를 통하여 직무담당자가 직접 직무에 관련된 항목을 체크하거나 평가하도록 하는 방법이다.
 ② 비교적 단시일에 직무정보를 수집할 수 있다.

(4) 실제수행법 또는 경험법(Empirical Method) : 직무분석자가 분석대상 직무를 직접 수행해 봄으로써 직무에 관한 정보를 얻는 방법이다.

(5) 중요사건법(Critical Incidents Method) 또는 중요사건서술법
 ① 직무수행과정에서 직무수행자가 보였던 보다 중요한 또는 가치가 있는 행동을 기록해 두었다가 이를 취합하여 분석하는 방법이다.
 ② 직무의 성공적인 수행에 필수적인 행위들을 유사한 범주별로 분류하고 이를 중요도에 따라 점수를 부여한다.
 ③ 직무행동과 직무성과 간의 관계를 직접적으로 파악할 수 있으며 인사고과 척도의 개발이나 교육훈련의 내용을 선정하는 데 유용하게 활용한다.

(6) 워크샘플링법(Work Sampling Method) : 단순한 관찰법을 보다 세련되게 개발한 것으로서 전체 작업 과정 동안 무작위적인 간격으로 많은 관찰을 행하여 직무행동에 관한 정보를 얻는 방법이다.

(7) 그 밖의 직무분석 방법
 ① 두 가지 이상을 결합하여 정보를 수집하는 종합적인 방법(Combination Method)
 ② 작업수행자에게 작업일지를 작성하게 한 다음 직무사이클(Job Cycle)에 따른 작업일지의 내용을 분석하는 작업일지법(Job Diary Method) 등이 있다.

참고

2015년 4월 20일(문제 18번)

보충학습

직위분석설문지

인간속성을 기술하는 약 195개 내외의 진술문으로 구성된 설문지로서 정보입력, 정신과정, 타인과의 관계, 직무맥락, 기타 직무요건 등의 범주로 구분하여 직무의 내용을 파악하는 직무분석방법

[표] 과제 중심형과 작업자 중심형으로 구분한 직무분석 유형

구분	특징
과제 중심 직무분석 (과업 지향적 직무분석)	① 직무수행 과제나 활동이 무엇인지 파악하는 데 초점을 둠 ② 직무기술서 작성 시 중요한 정보 제공 ③ 각 직무에서 이뤄지는 과제나 활동이 서로 다르기 때문에 분석하고자 하는 직무 각각에 대해 표준화된 분석 도구를 만들 수 없음
작업자 중심 직무분석 (작업자 지향적 직무분석)	① 직무 수행에 요구되는 지식, 기술, 능력, 경험 등 작업자 재능에 초점을 둠 ② 직무명세서(작업자명세서)를 작성하는 데 중요한 정보 제공 ③ 인간의 특성이 각 직무에 어느 정도 요구되는지를 분석하는 것이므로 직무에 관계없이 표준화된 분석 도구를 만들기가 비교적 용이함 ④ 과제 중심 직무분석에 비해 폭넓게 활용될 수 있음

12 리전(J. Reason)의 불안전행동에 관한 설명으로 옳지 않은 것은?

① 위반(violation)은 고의성 있는 위험한 행동이다.

② 실책(mistake)은 부적절한 의도(계획)에서 발생한다.

③ 실수(slip)는 의도하지 않았고 어떤 기준에 맞지 않는 것이다.

④ 착오(lapse)는 의도를 가지고 실행한 행동이다.

⑤ 불안전행동 중에는 실제 행동으로 나타나지 않고 당사자만 인식하는 것도 있다.

답 ④

해설

인간의 정보처리 과정에서 발생되는 에러

구분	특징
Mistake(착오)	• 인지과정과 의사결정과정에서 발생하는 에러 • 상황해석을 잘못하거나 틀린 목표를 착각하여 행하는 경우
Lapse(건망증)	• 저장단계에서 발생하는 에러 • 어떤 행동을 잊어버리고 안하는 경우
Slip(실수, 미끄러짐)	• 실행단계에서 발생하는 에러 • 상황(목표)해석은 제대로 하였으나 의도와는 다른 행동을 하는 경우

참고
① 2014년 4월 12일(산업안전일반 문제 18번)
② 2021년 3월 13일(문제 13번)

보충학습
(1) 과오(lapse)
  ① 실수는 의도된 것과 다른 부정확한 행동을 나타내지만, 과오는 어떤 행동을 수행하는 데 실패한 것을 나타낸다.
  ② 과오는 기억의 실패에 기인하며, 작업 기억 과부화와 연관된 지식 기반 착오와는 다르다.
  ③ 전형적인 예로 복사를 마치고 복사기에서 마지막 종이를 빼내는 것을 깜빡 잊는 것과 같은 건망증을 들 수 있다.
(2) 리전의 스위스 치즈 모델
  ① 스위스 치즈 조각들에 뚫려 있는 구멍들이 모두 관통되는 것처럼 모든 요소의 불안전이 겹쳐져서 산업재해가 발생한다는 이론
  ② 사고의 원인으로는 크게 처음 직접적인 원인으로 보여지는 외부요인, 사고를 낸 당사자나 사고발생 시 함께 있던 사람들의 불안전한 행위를 유발하는 조건, 감독의 불안전, 그리고 조직의 시스템과 프로세스가 잘못되어 생기는 실수로 나누어질 수 있다.

[표] 인간의 행동구분

구분	특징
의도적 행동	- 규칙기반실책(rule based mistake) - 지식기반실책(knowledge based mistake) - 고의사고(violation)
비의도적 행동	- 숙련기반의 에러(skill based error)

13 작업동기 이론에 관한 설명으로 옳은 것을 모두 고른 것은?

ㄱ. 기대 이론(expectancy theory)에서 노력이 수행을 이끌어 낼 것이라는 믿음을 도구성(instrumentality)이라고 한다.
ㄴ. 형평 이론(equity theory)에 의하면 개인이 자신의 투입에 대한 성과의 비율과 다른 사람의 투입에 대한 성과의 비율이 일치하지 않는다고 느낀다면 이러한 불형평을 줄이기 위해 동기가 발생한다.
ㄷ. 목표설정 이론(goal-setting theory)의 기본 전제는 명확하고 구체적이며 도전적인 목표를 설정하면 수행동기가 증가하여 더 높은 수준의 과업수행을 유발한다는 것이다.
ㄹ. 작업설계 이론(work design theory)은 열심히 노력하도록 만드는 직무의 차원이나 특성에 관한 이론으로, 직무를 적절하게 설계하면 작업 자체가 개인의 동기를 촉진할 수 있다고 주장한다.
ㅁ. 2요인 이론(two-factor theory)은 동기가 외부의 보상이나 직무 조건으로부터 발생하는 것이지 직무 자체의 본질에서 발생하는 것이 아니라고 주장한다.

① ㄱ, ㄴ, ㅁ
② ㄱ, ㄷ, ㄹ
③ ㄴ, ㄷ, ㄹ
④ ㄴ, ㄹ, ㅁ
⑤ ㄷ, ㄹ, ㅁ

답 ③

해설

기대이론의 특징

기대이론(expectancy theory)은 다른 사람들 간의 동기의 정도를 예측하는 것보다는 한 사람이 서로 다양한 과업에 기울이는 노력의 수준을 예측하는 데 유용하다.

보충학습

Herzberg의 동기·위생이론

① 위생요인(유지욕구) : 인간의 동물적 욕구를 반영하는 것으로 Maslow의 욕구 단계에서 생리적, 안전, 사회적 욕구와 비슷하다.
② 동기요인(만족욕구) : 자아실현을 하려는 인간의 독특한 경향을 반영한 것으로 Maslow의 자아실현 욕구와 비슷하다.

[표] 위생요인과 동기요인

위생요인(직무환경)	동기요인(직무내용)
회사 정책과 관리, 개인 상호간의 관계, 감독, 임금, 보수, 작업 조건, 지위, 안전	성취감, 책임감, 안정감, 성장과 발전, 도전감, 일 그 자체(일의 내용)

참고

① 기업진단·지도 p.136(3. 동기 및 욕구이론)
② 2017년 3월 25일(문제 13번) 출제

14 직업 스트레스 모델에 관한 설명으로 옳지 않은 것은?

① 노력 - 보상 불균형 모델(Effort - Reward Imbalance Model)은 직장에서 제공하는 보상이 종업원의 노력에 비례하지 않을 때 종업원이 많은 스트레스를 느낀다고 주장한다.

② 요구 - 통제 모델(Demands - Control Model)에 따르면 작업장에서 스트레스가 가장 높은 상황은 종업원에 대한 업무 요구가 높고 동시에 종업원 자신이 가지는 업무통제력이 많을 때이다.

③ 직무요구 - 자원 모델(Job Demands - Resources Model)은 업무량 이외에도 다양한 요구가 존재한다는 점을 인식하고, 이러한 다양한 요구가 종업원의 안녕과 동기에 미치는 영향을 연구한다.

④ 자원보존 모델(Conservation of Resources Model)은 자원의 실제적 손실 또는 손실의 위협이 종업원에게 스트레스를 경험하게 한다고 주장한다.

⑤ 사람 - 환경 적합 모델(Person - Environment Fit Model)에 의하면 종업원은 개인과 환경 간의 적합도가 낮은 업무 환경을 스트레스원(stressor)으로 지각한다.

답 ②

해설

직업(무) 스트레스 모델

(1) 직무요구 - 통제 모형
  ① 모형에 의하면, 적절한 대응수단이 제공되지 않은 상태에서 직무담당자가 과도한 수준의 직무요구에 직면하게 되면, 이는 곧 업무추진 동기의 상실은 물론, 직무긴장과 스트레스, 심지어 불안과 소진 등 매우 부정적인 생리적, 심리적 경험을 초래할 수 있게 된다.
  ② 결과는 이러한 부정적인 직무경험은 직무만족과 조직몰입의 저하는 물론, 이직의도의 증대 등 해당 조직에 대해서도 여러 면에서 심각한 부정적 영향을 줄 수가 있다.

(2) 직무요구 - 자원모형
  ① 일종의 '확장된 직무요구 - 통제모형'(extended JD-C model)이라고 할 수 있는데, 이는 기존의 직무통제 요인 이외에 직무요구와 상호작용하여 여러 가지 부정적인 영향을 경감, 완화시켜 줄 수 있는 다양한 조절요인을 규명해 보고자 하는 시도에서 비롯되었다고 볼 수 있다.
  ② JD-R 모형의 기본 가정에 따르면, 비록 많은 조직들이 처한 구체적인 직무조건이나 상황이 저마다 조금씩 다르긴 하지만, 이들 조직의 직무특성들은 크게 직무요구(job demands)와 직무자원(job resources)이라는 두 가지 일반적 요인들로 구분해 볼 수 있다.
  ③ '직무요구'란, JD-C 모형에서도 이미 활용되어 온 개념으로서, '직무담당자로 하여금 직무수행이나 완수를 위해 지속적인 육체적, 정신적 노력을 기울이도록 요구함으로써, 그 결과 해당 직무수행자에게 상당한 생리적, 심리적 희생을 감내하게 만드는 직무특성'을 의미한다.
  ④ '직무자원'이란, '직무담당자가 자신의 과업목표를 달성해 가는데 기능적인 역할을 하며, 그 과정에서 직무요구의 여러 부정적인 심리적, 생리적 영향을 감소시키는데 기여할 뿐만 아니라, 나아가 개인적인 성장과 학습, 개발을 촉진하는 직무 측면'을 일컫는다.

참고

① 2015년 4월 20일(문제 12번)
② 2021년 3월 13일(문제 10번)

15 산업재해의 인적 요인이라고 볼 수 없는 것은?

① 작업 환경

② 불안전행동

③ 인간 오류

④ 사고 경향성

⑤ 직무 스트레스

답 ①

해설

산업재해의 직접 원인
① 물적원인 : 불안전한 상태
  ㉮ 물 자체의 결함
  ㉯ 안전 방호 장치의 결함
  ㉰ 복장, 보호구의 결함
  ㉱ 기계의 배치 및 작업장소의 결함
  ㉲ 작업환경의 결함
  ㉳ 생산공정의 결함
  ㉴ 경계표시 및 설비의 결함
② 인적원인 : 불안전한 행동
  ㉮ 위험장소 접근
  ㉯ 안전장치의 기능 제거
  ㉰ 복장, 기구의 잘못 사용
  ㉱ 기계, 기구의 잘못 사용
  ㉲ 운전중인 기계장치의 손실
  ㉳ 불안전한 속도 조작
  ㉴ 위험물 취급 부주의
  ㉵ 불안전한 상태 방식
  ㉶ 불안전한 자세 동작

> 보충학습

불안전한 행동의 배후요인

분류	구분	특징
인적요인	망각	학습된 행동이 지속되지 않고 소실되는 현상(지속되는 것은 파지)
	소질적 결함	$B=f(P \cdot E)$ 작성배치를 통한 안전관리대책 필요
	주변적 동작	의식외의 동작으로 인한 위험성 노출
	의식의 우회	① 공상 ② 회상 등
	지름길 반응	지름길을 통해 목적장소에 빨리 도달하려고 하는 행위
	생략행위	① 예의 범절과 태만심의 문제 ② 소정의 작업용구 사용 않고 가까이 있는 용구로 변칙사용 ③ 보호구 미착용 ④ 정해진 작업순서를 빠뜨리는 경우 등
	억측판단	자기멋대로 하는 주관적인 판단
	착오(착각)	설비와 환경의 개선이 선결조건
	피로	① 능률의 저하 ② 생체의 타각적인 기능의 변화 ③ 피로의 자각 등의 변화
외적 (환경적) 요인 (4M)	인간관계요인(Man)	인간관계 불량으로 작업의욕침체, 능률저하, 안전의식저하 등을 초래
	설비적(물적)요인 (Machine)	기계설비 등의 물적조건, 인간공학적 배려 및 작업성, 보전성, 신뢰성 등을 고려
	작업적 요인(Media)	① 작업의 내용, 방법, 정보 등의 작업방법적 요인 ② 작업을 실시하는 장소에 관한 작업환경적 요인
	관리적 요인 (Management)	안전법규의 철저, 안전기준, 지휘감독 등의 안전관리 ① 교육훈련 부족 ② 감독지도 불충분 ③ 적성배치 불충분

16 인간의 일반적인 정보처리 순서에서 행동실행 바로 전 단계에 해당하는 것은?

① 자극 ② 지각
③ 주의 ④ 감각
⑤ 결정

답 ⑤

해설

인간의 정보처리과정[人間-情報處理過程]

① 인간이 범하는 불안전행동의 구조는 아직 분명하지 않지만, 인간의 행동에는 생리학, 심리학, 인간공학 등이 관련을 가지면서, 그것들은 결국「인간의 정보처리」라는 것으로 집약된다.
② 정보처리과정을 분석해서 관련되는 여러 가지 조건이나 인자를 정비하는 데 따라서 불안전행동, 특히 오판단, 오조작의 기회를 감소시킬 수 있다.
③ 인간의 정보처리과정은 표시기(정보근원), 감각, 지각, 판단, 응답, 출력, 조작기구로 나누어 생각할 수 있다.

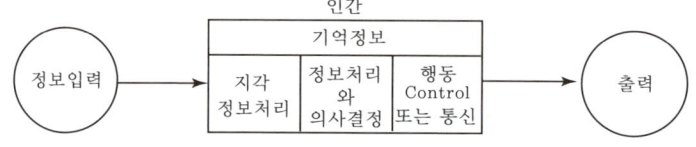

[그림] 인간의 정보처리과정

[표] 인간-기계체계의 인간의 기본기능의 유형

구분	특징
입력(Input)	① 원하는 결과를 얻기 위한 재료(물질 및 물체, 정보, 에너지 등)
감지(Sensing)	① 정보 입수의 과정 ② 인간의 감지기는 - 5관(감각기관) ③ 기계의 감지기는 - 전자, 사진장치, 자동개폐장치, 음파탐지기 등
정보보관 (Information storage)	① 인간 - 기억 ② 기계 - 펀치카드, 자기테이프, 기록, 자료표, 녹음테이프 ③ 저장방법 - 부호화, 암호화
정보처리 및 의사결정 (Information Processing Decision)	① 정보처리란 감지한 정보를 수행하는 여러 종류의 조작을 말한다. ② 인간의 심리적 정보처리 단계 　㉠ 회상　㉡ 인식　㉢ 정리(집적) ③ 프로그램 방법 　㉠ 치차(gear)　㉡ 캠(cam)　㉢ 전기전자회로　㉣ 레버(lever)　㉤ 컴퓨터 ④ 인간의 정보처리 능력의 한계 - 0.5초
행동기능 (Action function)	① 결심, 결정된 결과에 따라 인간은 행동, 기계는 작동함 ② 물리적 행위 - 조정장치작동, 물체물건취급, 이동, 변경, 개조 행위 ③ 통신 행위 - 음성, 신호, 기록, 기호 등의 통신행위
출력 (Output)	① 제품의 변화, 제공된 용역(service), 전달된 통신과 같은 체계의 성과나 결과 ② 문제되는 체계가 많은 부품을 포함한다면 부품 하나의 출력은 다른 부품의 입력으로 작용

참고

2019년 3월 30일(문제 12번)

17 조명의 측정단위에 관한 설명으로 옳은 것을 모두 고른 것은?

> ㄱ. 광도는 광원의 밝기 정도이다.
> ㄴ. 조도는 물체의 표면에 도달하는 빛의 양이다.
> ㄷ. 휘도는 단위 면적당 표면에서 반사 혹은 방출되는 빛의 양이다.
> ㄹ. 반사율은 조도와 광도간의 비율이다.

① ㄱ, ㄷ
② ㄴ, ㄹ
③ ㄱ, ㄴ, ㄷ
④ ㄱ, ㄷ, ㄹ
⑤ ㄱ, ㄴ, ㄷ, ㄹ

답 ③

해설

반사율
① 두 매질의 경계면에 파동(또는 입자)이 입사할 때 반사하는 파동의 강도(또는 입자수)와 입사하는 파동의 강도(또는 입자수)의 비율
② 값은 물질의 종류와 표면의 상태로 결정되며, 일반적으로 금속에서 크다.
예 구리에서는 59[%], 은에서는 95[%] 정도이다.

$$반사율 = \frac{광도(fL)}{조도(fC)} \times 100 = \frac{cd/\mathrm{m}^2 \times \pi}{lux}$$

참고
2018년 3월 24일(문제 17번)

보충학습

(1) 조도(illuminance)
물체의 표면에 도달하는 빛의 밀도
$$조도 = \frac{광도}{(거리)^2}$$
즉, 거리가 증가할 때에 조도는 거리 역자승의 법칙에 따라 감소한다.

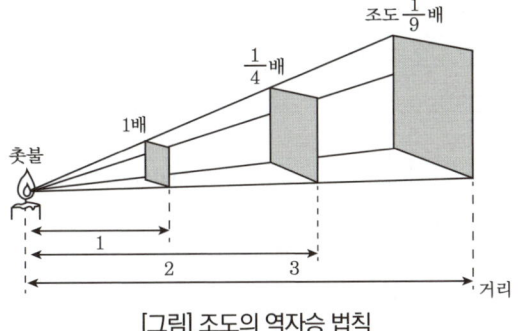

[그림] 조도의 역자승 법칙

(2) 광도
단위면적당 표면에서 반사 또는 방출하는 빛의 양

정보제공
산업안전일반 p.276(2. 조명)

18 아래의 그림에서 a에서 b까지의 선분 길이와 c에서 d까지의 선분 길이가 다르게 보이지만 실제로는 같다. 이러한 현상을 나타내는 용어는?

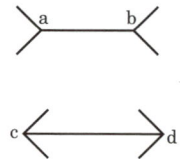

① 포겐도르프(Poggendorf) 착시현상
② 뮬러-라이어(Müller-Lyer) 착시현상
③ 폰조(Ponze) 착시현상
④ 쵤너(Zöllner) 착시현상
⑤ 티체너(Titchener) 착시현상

답 ②

해설

착시
물체의 물리적인 구조가 인간의 감각기관인 시각을 통하여 인지한 구조와 현저하게 일치하지 않은것으로 보이는 현상

[표] 착시의 구분

분류	도해	특징
Müler·Lyer의 착시	(a) (b)	(a)가 (b)보다 길게 보인다.
Helmholtz의 착시	(a) (b)	(a)는 가로로 길어보이고 (b)는 세로로 길어보인다.
Herling의 착시	(a) (b)	(a)는 양단이 벌어져 보이고 (b)는 중앙이 벌어져 보인다.
Poggendorff의 착시	(a) (c) (b)	(a)와 (c)가 일직선으로 보인다.(실제는 (a)와 (b)가 일직선)
Köhler의 착시		우선 평행의 호를 보고, 바로 직선을 본 경우 직선은 호와의 반대방향으로 휘어져 보인다.(윤곽 착시)
Zöller의 착시		세로의 선이 수직선인데 휘어져 보인다.

보충학습

[표] 물건의 정리(군화의 법칙)

분류	내용	도해
근접의 요인	근접된 물건끼리 정리	○○ ○○ ○○ ○○
동류의 요인	가장 비슷한 물건끼리 정리	● ○ ● ○ ● ○
폐합의 요인	밀폐된 것으로 정리	(얼굴 모양)
연속의 요인	연속된 것으로 정리	(a) 직선과 곡선의 교차 (b) 변형된 2개의 조합

참고

2014년 4월 12일(문제 11번) 출제

합격키

2023년 4월 1일(문제 16번) 출제

정보제공

산업심리학 p.151(2. 착시의 종류)

19 유해인자와 주요 건강 장해의 연결이 옳지 않은 것은?

① 감압환경 : 관절 통증

② 일산화탄소 : 재생불량성 빈혈

③ 망간 : 파킨슨병 유사 증상

④ 납 : 조혈기능 장해

⑤ 사염화탄소 : 간독성

답 ②

해설

일산화탄소(CO)

① 유기물이 불완전 연소시에 일산화탄소가 발생한다.

[표] CO가 인체에 미치는 영향

농도	인체의 영향
600~700[ppm]	1시간 노출로 영향을 인지
2,000[ppm](0.2[%])	1시간 노출로 생명이 위험
4,000[ppm](0.4[%])	1시간 이내에 치사

② 일산화탄소(CO)의 특징
  ㉮ 탄소 또는 탄소화합물이 불완전 연소할 때 발생되는 무색무취의 기체
  ㉯ 혈액 중 헤모글로빈과의 결합력이 매우 강하여 체내 산소공급 능력을 방해하므로 대단히 유해함(생체내에서 혈액과 화학작용을 일으켜서 질식을 일으키는 물질)
  ㉰ 정상적인 작업환경 공기에서 CO농도가 0.1[%]로 되면 사람의 헤모글로빈 50[%]가 불활성화됨
  ㉱ CO농도 1[%](10,000[ppm])에서 1분 후에 사망에 이름(COHb : 카복시헤모글로빈 20[%]됨)
  ㉲ 물에 대한 용해도 23[mL/L]
  ㉳ 중추신경계에 강하게 작용하여 사망에 이르게 함
  ㉴ 고용노동부 노출기준은 TWA로 50[ppm]이며 STEL은 400[ppm]임
  ㉵ 산업안전보건규칙상 관리대상 유해물질의 가스상 물질류임

참고

2012년 6월 23일(문제 19번)

20. 우리나라에서 발생한 대표적인 직업병 집단 발생 사례들이다. 가장 먼저 발생한 것부터 연도순으로 나열한 것은?

> ㄱ. 경남 소재 에어컨 부속 제조업체의 세척 작업 중 트리클로로메탄에 의한 간독성 사례
> ㄴ. 전자부품 업체의 2-bromopropane에 의한 생식독성 사례
> ㄷ. 휴대전화 부품 협력업체의 메탄올에 의한 시신경 장해 사례
> ㄹ. 노말-헥산에 의한 외국인 근로자들의 다발성 말초신경계 장해 사례
> ㅁ. 원진레이온에서 발생한 이황화탄소 중독 사례

① ㄱ→ㄴ→ㄷ→ㄹ→ㅁ
② ㄱ→ㅁ→ㄹ→ㄷ→ㄴ
③ ㄹ→ㄷ→ㄴ→ㄱ→ㅁ
④ ㅁ→ㄴ→ㄹ→ㄷ→ㄱ
⑤ ㅁ→ㄹ→ㄷ→ㄴ→ㄱ

답 ④

해설

한국의 산업보건 역사

(1) 1988년
 ① 문송면 군의 사망 : 수은 중독 사망(당시 15세)
 ② 온도계, 형광등 제조회사에서 발생 : 사회적 이슈가 되기 시작

(2) 1991년
 ① 원진레이온(주) : 이황화탄소(CS_2) 중독
 ② 1991년 중독 발견하고 1998년 집단적으로 발생
 ③ 사건 내용
  ㉮ 펄프를 이황화탄소와 적용시켜 비스코레이온을 만드는 공정에서 발생
  ㉯ 중고 기계를 가동하여 많은 오염물질 누출이 주원인이었으며 사용했던 기기나 장비는 직업병 발생이 사회 문제가 되자 중국으로 수출
  ㉰ 작업환경 측정 및 근로자 건강진단을 소홀히 하여 예방에 실패한 대표적인 한국의 예

(3) 연도별 역사
 1926 공장보건위생법 제정
 1953 근로기준법 제정(우리나라 산업위생에 관한 최초의 법령) 공포
 1962 가톨릭의대 산업의학연구소 설립, 근로기준법 시행령(1962년) 제정
 1963 대한산업보건협회 창립, 노정국에서 노동청으로 승격
 1977 근로복지공사 설립 및 부속병원 개설, 국립노동과학연구소 설립
 1981 산업안전보건법 제정 공포
 1986 유해물질의 허용농도 제정
 1987 한국산업안전공단 설립
 1988 문송면 군의 수은 중독 사망(온도계, 형광등 제조회사에서 발생)
 1990 한국산업위생학회 창립
 1991 원진레이온 이황화탄소(CS_2) 중독(1991년 중독 발견하고 1998년 집단적으로 발생)
 1992 작업환경 측정기관에 대한 정도 관리 규정 제정
 1994 2-브로모프로판 생식독성 사례
 2002 대한산업보건협회 12개 산업보건센터 운영
 2022. 2 경남 창원 소재 에어컨 부속자재 제조업체인 두성산업에서 트리클로로메탄에 의한 급성 중독자가 16명 발생

참고
2016년 5월 11일(문제 25번)

21 국소배기장치에 관한 설명으로 옳은 것을 모두 고른 것은?

> ㄱ. 공기보다 무거운 증기가 발생하더라도 발생원보다 낮은 위치에 후드를 설치해서는 안 된다.
> ㄴ. 오염물질을 가능한 모두 제거하기 위해 필요환기량을 최대화한다.
> ㄷ. 공정에 지정을 받지 않으면 후드 개구부에 플랜지를 부착하여 오염원 가까이 설치한다.
> ㄹ. 주관과 분지관 합류점의 정압 차이를 크게 한다.

① ㄱ, ㄴ   ② ㄱ, ㄷ
③ ㄴ, ㄹ   ④ ㄷ, ㄹ
⑤ ㄱ, ㄴ, ㄷ, ㄹ

답 ②

해설

국소배기장치

(1) 구성
　① 후드(Hood)
　② 덕트(Duct)
　③ 공기정화장치(Air cleaner equipment)
　④ 송풍기(Fan)
　⑤ 배기덕트(Exhaust duct)

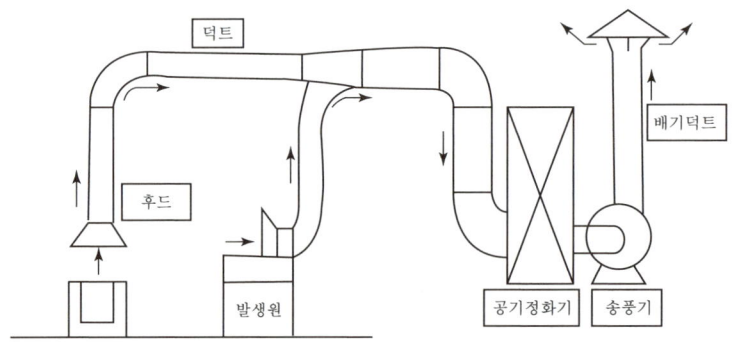

[그림] 국소배기시설의 계통도

(2) 후드(Hood)
　후드는 발생원에서 유해물질을 작업자 호흡영역까지 확산되어 가기 전에 한곳으로 포집하고 흡인하는 장치로 최소의 배기량과 최소의 동력비로 유해물질을 효과적으로 처리하기 위해 가능한 오염원 가까이 설치한다.

(3) 덕트
　① 후드에서 흡인한 유해물질을 공기정화기를 거쳐 송풍기까지 운반하는 송풍관 및 송풍기로부터 배기구까지 운반하는 관을 덕트라 한다.
　② 후드로 흡인한 유해물질이 덕트 내에 퇴적하지 않게 공기정화장치까지 운반하는 데 필요한 최소속도를 반송속도라 한다. 또한 압력손실을 최소화하기 위해 낮아야 하지만 너무 낮게 되면 입자상 물질의 퇴적이 발생할 수 있어 주의를 요한다.

[표] 국소배기장치의 후드 및 덕트 설치 요령

구분	특징
후드	① 유해물질이 발생하는 곳마다 설치할 것 ② 유해인자의 발생형태와 비중, 작업방법 등을 고려하여 해당 분진 등의 발산원을 제어할 수 있는 구조를 설치할 것 ③ 후드형식은 가능하면 포위식 또는 부스식 후드를 설치할 것 ④ 외부식 또는 리시버식 후드는 해당 분진 등의 발산원에 가장 가까운 위치에 설치할 것
덕트	① 가능하면 길이는 짧게 하고 굴곡부의 수는 적게 할 것 ② 접속부의 안쪽은 돌출된 부분이 없도록 할 것 ③ 청소구를 설치하는 등 청소하기 쉬운 구조로 할 것 ④ 덕트 내부에 오염물질이 쌓이지 않도록 이송속도를 유지할 것 ⑤ 연결부위 등은 외부공기가 들어오지 않도록 할 것

결론

공기보다 증기밀도가 큰 유기화합물 증기에 대한 후드는 발생원보다 높은 위치에 설치한다.

정보제공

산업안전보건기준에 관한 규칙 [별표 17] 분진작업장소에 설치하는 국소배기장치의 제어풍속

참고

① 2014년 4월 12일(문제 25번)
② 2019년 3월 30일(문제 19번)
③ 2023년 4월 1일(문제 21번)

22 수동식 시료 채취기(passive sampler)에 관한 설명으로 옳지 않은 것은?

① 간섭의 원리로 채취한다.
② 장점은 간편성과 편리성이다.
③ 작업장 내 최소한의 기류가 있어야 한다.
④ 시료채취시간, 기류, 온도, 습도 등의 영향을 받는다.
⑤ 매우 낮은 농도를 측정하려면 능동식에 비하여 더 많이 시간이 소요된다.

답 ①

해설

측정방법의 종류

(1) 반자동식 채취기에 의한 방법
  ① 굴뚝에서 배출되는 먼지시료를 반자동식 채취기를 이용, 배출가스의 유속과 같은 속도로 시료가스를 흡입(이하 등속흡입)하여 일정온도로 유지되는 실리카 섬유제 여과지에 먼지를 포집한다.
  ② 먼지가 포집된 여과지를 110±5[℃]에서 충분히(1~3시간)건조시켜 부착수분을 제거한 후 먼지의 중량 농도를 계산한다.
  단, 배연탈황시설과 황산미스트에 의해서 먼지농도가 영향을 받은 경우에는 여과지를 160[℃] 이상에서 4시간 이상 건조시킨 후 먼지농도를 계산한다.

(2) 수동식(조립) 채취기에 의한 방법
  ① 수동식 시료채취기는 공기채취용 펌프를 이용하지 않고 작업장에 존재하는 자연적인 기류를 이용하여 확산과 투과라고 하는 물리적인 과정에 의해 공기중 가스상 오염물질을 채취기까지 이동시켜 흡착제에 채취하는 장치이다.
  ② 수동식 시료채취기중 일부는 염소, 암모니아, 아황산가스, 일산화탄소, 수은처럼 단일물질용으로 개발되었지만 유기용제의 증기처럼 여러 성분을 채취하는 것도 개발되었다.

(3) 자동식 채취기에 의한 방법
  ① 굴뚝에서 배출되는 먼지시료를 자동식 채취기를 이용, 등속흡입하여 실리카 섬유제 여과지에 포집한다.
  ② 먼지가 포집된 여과지를 반자동식 채취기와 동일한 방법으로 조작한다.

보충학습

빛의 성질에 대한 영(Young)의 '간섭의 원리'

수면에 물방울이 떨어지면 수면파가 동심원으로 발생한다. 2개의 돌을 동시에 수면에 떨어뜨리면 이웃한 동심원 수면파가 서로 만나 간섭을 하여, 파가 더 커지거나 없어지는 '파의 변화'가 생겨난다. 소리는 음파(音波)라는 파이고, 빛은 광파(光波)라는 파이다. 그러므로 광파(빛)도 만나면 서로 간섭을 하게 된다.

뉴턴은 17세기 말에 빛을 '작은 입자의 흐름'이라 생각했고, 호이겐스는 파동이라고 주장했다. 특히 호이겐스가 1690년에 발표한 "파면상의 모든 지점은 새로운 파원(波源)으로 작용한다."는 '호이겐스의 원리'는 19세기가 시작되기까지 100여년 동안 무시되고 있었다. 그러나 영국의 물리학자 토머스 영(Thomas Young 1773-1829)이 빛의 간섭 현상을 발견하고, 빛의 '간섭의 원리'(Principle of Interference)를 1801년에 발표하면서 호이겐스의 원리는 드디어 완전하게 증명될 수 있었다.

23 화학물질 및 물리적 인자의 노출기준에서 STEL에 관한 설명이다. ( )안의 ㄱ, ㄴ, ㄷ을 모두 합한 값은?

> "단시간노출기준(STEL)"이란 (ㄱ)분의 시간가중평균노출값으로서 노출농도가 시간가중평균 노출기준(TWA)을 초과하고 단시간노출기준 이하인 경우에는 1회 노출 지속시간이 (ㄴ)분 미만이어야 하고, 이러한 상태가 1일 4회 이하로 발생하여야 하며, 각 노출의 간격은 (ㄷ)분 이상이어야 한다.

① 15
② 30
③ 65
④ 90
⑤ 105

답 ④

해설

노출기준(STEL)

- 합한시간＝ㄱ+ㄴ+ㄷ＝15+15+60＝90분

(1) 노출기준의 정의

"노출기준"이란 근로자가 유해인자에 노출되는 경우 노출기준 이하 수준에서는 거의 모든 근로자에게 건강상 나쁜 영향을 미치지 아니하는 기준을 말하며 1일 작업시간 동안의 시간가중 평균노출기준(Time Weighted Average : TWA)와 단시간 노출기준(Short Term Exposure Limit : STEL) 또는 최고 노출기준도(Ceiling : C)으로 표시한다.

① "시간가중 평균노출기준(TWA)"이란 1일 8시간 작업을 기준으로 하여 유해인자의 측정치에 발생 시간을 곱하여 8시간으로 나눈 값을 말하며 산출 공식은 다음과 같다.

$$TWA환산값 = \frac{C_1 \cdot T_1 + C_2 \cdot T_2 + \cdots + C_n \cdot T_n}{8}$$

㈜ C : 유해인자의 측정치(단위 : [ppm], [mg/m³] 또는 [개/cm³])
T : 유해인자의 발생시간(단위 : 시간)

② "단시간 노출기준(STEL)이란 15분간의 시간가중 평균노출값으로서 노출농도가 시간가중 평균노출기준(TWA)을 초과하고 단시간 노출기준(STEL)" 이하인 경우에는 1회 노출 지속시간이 15분 미만이어야 하고, 이러한 상태가 1일 4회 이하로 발생하여야 하며, 각 노출의 간격은 60분 이상이어야 한다.

③ "최고 허용 농도(C)"라 함은 근로자가 1일 작업시간 동안 잠시라도 노출되어서는 안 되는 기준을 말하며, 노출기준 앞에 "C"를 붙여 표시한다.

(2) 노출기준 사용상의 유의 사항

① 각 유해인자의 노출기준은 해당 유해인자가 단독으로 존재하는 경우의 노출기준을 말하며, 2종 또는 그 이상의 유해인자가 혼재하는 경우에는 각 유해인자의 상가작용으로 유해성이 증가할 수 있으므로 혼합물이 2종 이상 혼재하는 경우에 따라 산출하는 노출기준을 사용하여야 한다.

② 노출기준은 1일 8시간 작업을 기준하여 제정된 것이므로 이를 이용할 때에는 근로시간, 작업의 강도, 온열조건, 이상기압 등이 노출기준 적용에 영향을 미칠 수 있으므로 이와 같은 제반 요인을 특별히 고려하여야 한다.

③ 유해인자에 대한 감수성은 개인에 따라 차이가 있으며 노출기준 이하의 작업환경에서도 직업성 질병에 이환되는 경우가 있으므로 노출기준은 직업병 진단에 사용하거나 노출기준 이하의 작업환경이라는 이유만으로 직업성 질병의 이환을 부정하는 근거 또는 반증자료로 사용할 수 없다.

④ 노출기준은 대기오염의 평가 또는 관리상의 지표로 사용할 수 없다.

(3) 적용 범위

① 노출기준은 법 제39조(보건 조치)에 따른 작업장의 유해인자에 대한 작업환경개선기준과 법 제125조에 따른 작업환경측정 결과의 평가기준으로 사용할 수 있다.

② 고시에 유해인자의 노출기준이 규정되지 아니하였다는 이유로 법, 영, 시행규칙 및 산업안전보건기준에 관한 규칙의 적용이 배제되지 아니하며 이와 같은 유해인자의 노출기준은 미국산업위생전문가협회(ACGIH)에서 매년 채택하는 노출기준(TLV)을 준용한다.

참고
① 2012년 6월 23일(문제 23번)
② 2014년 4월 12일(문제 20번)

합격키
2023년 4월 1일(문제 20번) 출제

보충학습

구분	특징
TLV-TWA	하루 8시간, 주 40시간 동안 노출되는 평균농도, 오래작업해도 건강장해를 일으키지 않는 관리지표, 만성적인 노출 평가 기준으로 활용 • ACGIH 노출상한선 1. TLV-TWA 3배 : 30분 이하 2. TLV-TWA 5배 : 잠시라도 노출금지
TLV-STEL	근로자가 문제없이 단시간 (15분) 노출될 수 있는 기준. 만성중독이나 고농도 급성중독 초래 물질에 적용
TLV-C	어떤 시점에도 넘어서는 안된다는 상한지, 초과시 즉각적인 비가역적인 반응

24 라돈에 관한 설명으로 옳지 않은 것은?

① 색, 냄새, 맛이 없는 방사성 기체이다.

② 밀도는 9.73g/L로 공기보다 무겁다.

③ 국제암연구기구(IARC)에서는 사람에게서 발생하는 폐암에 대하여 제한적 증거가 있는 group 2A로 분류하고 있다.

④ 고용노동부에서는 작업장에서의 노출기준으로 600Bq/m³를 제시하고 있다.

⑤ 미국 환경보호청(EPA)에서는 4pCi/L를 규제기준으로 제시하고 있다.

답 ③

해설

라돈(Rn)
① 라돈은 원자번호 86번인 기체 원소로, 비활성 기체족에 속하는 방사성 기체이다.
② 다른 비활성 기체들처럼 반응성이 매우 낮고, 자체의 색이나 냄새가 없는 기체이다.
③ 라돈은 약 3.82일의 반감기를 가지는 방사성 원소이기 대문에 미국 환경보호국(EPA)에서 라돈 기체의 흡입을 흡연 다음의 폐암 요인으로 경고하고 있다.
④ 과거에는 암치료 등의 방사선을 이용한 치료와 가스 누출 탐지 등에 라돈을 이용하였으나, 그 위험성 때문에 현재는 이용하지 않고 있다.
⑤ Rn : 1군 발암물질

보충학습

국제 암 연구기관

국제 암 연구기관(國際癌研究機關, IARC, International Agency for Research on Cancer)은 국제연합세계보건기구 산하의 기관이다.
본부는 프랑스 리옹에 있다. 암의 원인에 관한 연구를 지휘하고 조정하는 역할을 하고 있다.
국제 암 연구 기관에서는 발암물질인지 문제되는 물질들에 대하여 다음과 같이 분류하여 발표하였다.
① Group1(1군) : 확실히 사람에게 암을 일으키는 물질
② Group2A(2A군) : 동물에게서는 발암성 입증자료가 있으나 사람에게서는 발암성이 입증되지 않은 물질(암을 일으키는 개연성이 있는 물질)
③ Group2B(2B군) : 사람에게 암을 일으키는 가능성이 있는 물질
④ Group3(3군) : 사람에게 암을 일으키는 것이 분류가 되지 않은 물질
⑤ Group4(4군) : 사람에게 암을 일으키지 않는 물질

25 세균성 질환이 아닌 것은?

① 파상풍(tetanus)
② 탄저병(anthrax)
③ 레지오넬라증(legionnaires disease)
④ 결핵(tuberculosis)
⑤ 광견병(rabies)

답 ⑤

해설

세균성 질환(細菌性疾患)
의학 세균 감염에 의한 질환, 세균 증식 또는 세균의 독소에 의하여 증상이 일어난다.
(1) 세균과 질병
   ① 질병과 관련된 세균으로는 결핵균, 파상풍균, 콜레라균 등이 있다.
   ② 균들은 체내에 감염되면 빠른 속도로 퍼지며, 공기나 물, 음식 등으로 전염될 가능성이 높기 때문에 위험하다.
   ③ 세균에 따라서는 인간의 신체 중에 어느 부위에 존재하느냐에 따라 병원균이 되기도 하고 병원균이 아닐 수도 있다.
      예) 피부, 구강, 대장, 질 등에 존재하는 균들은 인간과 공생하면서 병을 일으키지 않는다.

세균명	콜레라균	대장균	살모넬라균	포도상구균
병원체				

[그림] 주요 세균의 종류

보충학습

광견병
① 광견병은 광견병 바이러스(rabies virus)를 가지고 있는 동물에게 사람이 물려서 생기는 질병으로 급성 뇌척수염의 형태로 나타난다.
② 광견병은 기본적으로는 동물에게서 발생하는 병이다.
③ 야생에서 생활하는 동물이 광견병 바이러스를 가지고 있으며, 여우, 너구리, 박쥐, 코요테, 흰족제비의 체내에 바이러스가 주로 존재한다.
④ 원숭이에 물려서 바이러스에 감염되는 경우도 있다.
⑤ 쥐, 다람쥐, 햄스터, 기니피그, 토끼 등의 설치류는 광견병 바이러스에 감염되지 않기 때문에 설치류에 의해서 사람에게 광견병이 전염되지는 않는다.

산업안전지도사 자격시험
제1차 시험문제지

2023년도 4월 1일 필기문제

제3과목 기업진단·지도	총 시험시간 : 90분 (과목당 30분)	문제형별 A

수험번호	20230401	성 명	도서출판 세화

【수험자 유의사항】

1. 시험문제지 표지와 시험문제지 내 **문제형별의 동일여부** 및 시험문제지의 **총면수·문제번호 일련순서·인쇄상태** 등을 확인하시고, 문제지 표지에 수험번호와 성명을 기재하시기 바랍니다.
2. 답은 각 문제마다 요구하는 **가장 적합하거나 가까운 답 1개**만 선택하고, 답안카드 작성 시 시험문제지 **형별누락, 마킹착오**로 인한 불이익은 전적으로 **수험자에게 책임**이 있음을 알려 드립니다.
3. 답안카드는 국가전문자격 공통 표준형으로 문제번호가 1번부터 125번까지 인쇄되어 있습니다. 답안 마킹 시에는 반드시 **시험문제지의 문제번호와 동일한 번호**에 마킹하여야 합니다.
4. **감독위원의 지시에 불응하거나 시험 시간 종료 후 답안카드를 제출하지 않을 경우** 불이익이 발생할 수 있음을 알려 드립니다.
5. 시험문제지는 시험 종료 후 가져가시기 바랍니다.

【안 내 사 항】

1. 수험자는 **QR코드를 통해 가답안을 확인**하시기 바랍니다.
   (※ 사전 설문조사 필수)
2. 시험 합격자에게 '**합격축하 SMS(알림톡) 알림 서비스**'를 제공하고 있습니다.

- 수험자 여러분의 합격을 기원합니다 -

3. 기업진단·지도

01 인사평가의 방법을 상대평가법과 절대평가법으로 구분할 때 상대평가법에 속하는 기법을 모두 고른것은?

> ㄱ. 서열법
> ㄴ. 쌍대비교법
> ㄷ. 평정척도법
> ㄹ. 강제할당법
> ㅁ. 행위기준척도법

① ㄱ, ㄴ, ㄷ
② ㄱ, ㄴ, ㄹ
③ ㄱ, ㄷ, ㄹ
④ ㄴ, ㄷ, ㅁ
⑤ ㄴ, ㄹ, ㅁ

답 ②

해설

인사평가방법

1. 상대평가(선별형 인사평가)법
(1) 상대평가의 의의
  ① 상대평가는 비교적 관점에서 평가자가 피평가자의 고과를 다른 사람의 것과 비교하여 평가하는 방법
  ② 항상오류(관대화, 가혹화, 중심화 오류)를 원천 방지할 수 있으나, 구성원의 실력수준을 명확히 파악하기 어렵다는 단점이 존재한다.
    ㉮ 특정 평가자가 다른 평가자들에 비해 피평가자들에게 언제나 높은 점수 혹은 언제나 낮은 점수를 주는 오류를 말한다.
    ㉯ 높은 점수를 주거나 낮은 점수를 주는 것이 언제나 일관적이라는 점에서 항상 오류는 일관적 오류 혹은 규칙적 오류(systematic error)라고 불리기도 한다.
    ㉰ 고과평가 상황에서 항상 오류가 발생하면 피평가자는 어떤 평가자를 만나는지에 따라서 높은 점수를 받기도 하고 낮은 점수를 받기도 하기 때문에 객관적 평가가 이루어지기 어렵게 된다.
(2) 대표적인 평가방법(상대평가법)
  ① 서열법 : 최고성과자부터 차례대로 순서를 정하는 방법으로 평가대상자가 소수일 때 적합
  ② 강제할당법 : 사전에 정해진 정규분포에 따라 일정한 비율로 강제로 서열을 정하는 방법
  ③ 쌍대비교법 : 두사람씩 쌍을 지어 비교하면서 서열을 정하는 기법
(3) 장·단점
  ① 장점은 자원의 효율적인 분배가 가능하고, 평가자의 중심화·관대화 경향 등의 문제를 어느 정도 해결할 수 있다.
  ② 단점은 기업 내 경쟁을 부추겨 동료 간 협력을 저하시키고 조직문화를 약화시킬 수 있다.

2. 절대평가(육성형 인사평가)법
(1) 절대평가의 의의
  ① 절대평가는 다른 구성원의 능력수준에 관계없이 피평가자의 역량과 업적이 요구하는 기준을 어느정도 충족하였는가를 측정하는 방법이다.
  ② 구성원간에 치열하게 경쟁할 필요가 상대적으로 적기에 팀워크에 도움이 되고, 자기개발이나 교육에 활용하기 좋다.
  ③ 객관성이 낮을 경우 평가가 주관적으로 이루어질 수 있고, 제한된 자원을 배분하기 곤란하다는 문제가 있다.

(2) 대표적인 평가방법
  ① 평정척도법 : 특성과 행동을 '평가요소'와 '달성도'를 기준으로 평가하는 방법
  ② 체크리스트법 : 몇 가지 특성이나 행동을 구체적으로 기술한 체크리스트를 바탕으로 평가자가 피평가자의 능력을 기준 표의 등급과 비교하는 방법
  ③ 중요사건 기술법 : 피평가자의 직무와 관련된 효과적이거나 비효과적인 행동을 관찰하여 기록에 남긴 후 평가하는 기법
(3) 장·단점
  ① 장점은 평가기준이 정해져 있기 때문에 평가하기가 쉽고, 자기개발이나 교육에 사용될 수 있다.
  ② 단점은 평가기준을 만들기 위해 시간과 비용이 많이 들고, 강제할당이 없기 때문에 관대화 경향(인플레이션 현상), 제한된 자원의 배분문제가 제기될 수 있다.
(3) 상대평가와 절대평가의 비교
  ① 평가기준의 명확성 여부
    ㉮ "상대평가"의 경우 사람과 사람의 비교이기 때문에 기준이 일정하지 않다.
    ㉯ "절대평가"의 경우 정확한 평가기준의 정립이 필요하다.
  ② 팀워크에 미치는 영향
    ㉮ "상대평가"의 경우 다른 구성원보다 더 높은 성과 달성에 초점을 두고 있기에 팀워크에 부정적인 영향을 미치기도 한다.
    ㉯ "절대평가"의 경우 목표 성과를 팀이 협력하여 달성할 수 있기에 긍정적인 영향을 미친다.
  ③ 평가의 목적
    ㉮ "상대평가"는 주로 승진관리, 보상관리 등에 사용된다.
    ㉯ "절대평가"는 교육훈련, 배치전환 등에 사용된다.
  ④ 평가결과의 조정가능성
    ㉮ "상대평가"의 경우 조정할 경우 타인에게도 영향을 미치기 때문에 조정이 곤란하다.
    ㉯ "절대평가"의 경우 기준에 의해 행해지므로 평가결과의 조정이 비교적 용이하다.
  ⑤ 종업원의 수용성
    ㉮ "상대평가"의 경우 결과가 인적 구성에 따라 달라질 수 있기에 수용성이 낮은 편이다.
    ㉯ "절대평가"의 경우 직능기준에 밀착한 평가가 이루어지므로 수용성이 높다.

02 기능별 부문화와 제품별 부문화를 결합한 조직구조는?

① 가상조직(virtual organization)

② 하이퍼텍스트조직(hypertext organization)

③ 애드호크라시(adhocracy)

④ 매트릭스조직(matrix organization)

⑤ 네트워크조직(network organization)

답 ④

해설

부문화

(1) 부문화 개념
  ① 유사성이나 관련성이 높은 조직의 업무를 통합해 전반적인 조직의 목표를 달성할 수 있도록 하는 조직 설계방법을 가리켜 부문화(departmentalization)라고 한다.
  ② 대표적으로 기능에 따라 생산, 재무, 마케팅, 회계 등으로 통합한 기능 별 부문화가 있다.

(2) 종류
  ① 기능별 부문화(functional departmentalization)
    ㉮ 장점은 구성원의 전문성에 의해 수행되는 업무에 따라 부서를 통합한 방식으로 공통 전문성에 따라 모인 인력으로 규모의 경제를 이룰 수 있다는 장점이 있다.
    ㉯ 단점은 한 분야의 전문성을 개발하기 좋지만 여러 분야의 전문성을 얻기는 힘들다는 단점이 있다.
  ② 제품별 부문화(product departmentalization)는 제품에 따라 구성원을 나누는 방식으로 한 명의 관리자에게 책임을 부여하기 때문에 명확한 성과 책임을 알 수 있다.
  ③ 고객별 부문화(customer departmentalization)의 경우 고객의 유형에 따라 구성원을 나누는 방식으로 고객 특성에 따라 맞춤 응대가 가능하다는 자정에 따라 선택된 방식이다.
  ④ 지역별 부문화(geographical departmentalization)의 경우 지리적인 기준으로 나누어지는 방식으로 다양한 지역에 고객이 있는 경우 선택이 가능하다.
  ⑤ 프로세스별 부문화(process departmentalization)의 경우 제품이 생산되는 과정에 따라 나누어지는 방식으로 제품 품질 향상에 도움이 된다.

(3) 매트릭스 조직(matriz organization)
  ① 매트릭스 조직은 계층적인 기능식 조직에 수평적인 사업주제 조직을 화학적으로 결합한 부문화의 형태로 양자간의 균형을 추구하는 것이다.
  ② 기능식 구조이면서 동시에 사업부제적인 구조를 가진 것이다.
  ③ 조직구조에서 제품과 기능 또는 제품과 지역이 동시에 강조되는 다초점이 필요한 경우에 수평적 연결 메커니즘이 잘 작동되지 않을 때 발생한다.

03 아담스(J. Adams)의 공정성이론에서 투입과 산출의 내용 중 투입이 아닌 것은?

① 시간
② 노력
③ 임금
④ 경험
⑤ 창의성

답 ③

해설

아담스의 공정성 이론(equity theory)

(1) 개요
Adams의 공정성 이론(equity thory)은 조직과 구성원간 사회적 교환을 비교하는 과정에서 불공정성(inequity)이 느껴진다면 공정성을 얻기 위해 동기가 유발된다고 생각하였다.

(2) 이론의 기본입장
   ① 타인과 비교 → 공정여부 → 동기요인으로 작용
      사회적 비교이론의 하나로, 한 개인이 타인에 비해 얼마나 공정한 대우를 받고 있다고 느끼느냐에 따라 행동이 달라진다고 본다.
   ② 자신과 타인의 투입-성과 비율 비교 → 행동 결정
      사람들은 자신이 일을 하기 위해 투입한 것과 이를 통해 얻은 성과의 비율, 즉 투입-성과의 비율을 타인(동료)의 투입-성과 비율에 비교하여 행동을 결정한다.

(3) 만족과 불만족의 유발
   ① 투입-성과 비율이 동등 → 공정함 인식 → 만족함
      투입-성과 비율이 동등할 때 피고용자는 공정한 거래를 하고 있다고 느끼게 되며, 직무에 대해 만족감을 가지게 된다.
   ② 자신의 투입-성과 비율 → 타인의 것보다 크거나 작을때 → 불만
      자신의 투입-성과 비율이 타인의 투입-성과 비율보다 크거나 작을 때 직무에 대하여 불안과 불만을 가지게 된다.

(4) 공정성 비교를 위한 투입과 산출의 의미
   ① 투입에는 시간, 노력(effort), 직무경험, 지위, 나이(창의성) 등이 있다.
   ② 산출에는 임금 및 기타 복지 후생, 승진, 근무환경, 만족감, 조직과 상사의 인정과 지원 등이라고 할 수 있다.

04 집단의사결정기법에 관한 설명으로 옳지 않은 것은?

① 델파이법(Delphi technique)은 의사결정 시간이 짧아 긴박한 문제의 해결에 적합하다.

② 브레인스토밍(brainstorming)은 다른 참여자의 아이디어에 대해 비판할 수 없다.

③ 프리모텀(premortem) 기법은 어떤 프로젝트가 실패했다고 미리 가정하고 그 실패의 원인을 찾는 방법이다.

④ 지명반론자법은 악마의 옹호자(devil's advocate) 기법이라고도 하며, 집단사고의 위험을 줄이는 방법이다.

⑤ 명목집단법은 참여자들 간에 토론을 하지 못한다.

답 ①

해설

델파이법(Delphi Method, Delphi Technique)
① 문제 해결을 위해 다수의 전문가들의 의견을 취합하여 결론을 도출해 내는 방식
② 고비용의 순환적, 간접적 의사소통
③ 진행방법 : 먼저, 의견을 물을 전문가 집단을 구성, 이때, 전문가들은 누가 선택되었는지 서로 알 수 없음
④ 취합한 내용을 각 전문가들에게 발송
⑤ 각각의 전문가들의 의견을 우편이나 전자메일 등 서면으로 수집
⑥ 취합한 내용을 받은 전문가들은 의견을 수정·보완하여 다시 발송
⑦ 전문가들의 의견이 일정한 합의에 수렴할 때까지 반복

보충학습

(1) 명목 진단법(Nominal Group Technique)
  ① 구성원 간의 상호 작용을 제한하여, 개인의 의견이 타인의 의견에 영향을 받지도 주지도 않도록 하는 방식
  ② 같이 모이긴 하지만, 토론과 비평이 허용되지 않기 때문에 '이름뿐인 모임'이라는 뜻에 '명목집단'이라 부름
  ③ 진행방법 : 리더가 문제를 제기하고, 구성원들은 각자의 의견을 작성함
    ㉮ 리더가 구성원들의 의견을 취합함
    ㉯ 의견들을 앞에 높고, 장단점에 대해 토론함(이때부터 토의를 허용, 다만 누구의 의견인지를 알 수 없게)
    ㉰ 구성원들의 투표를 통해 하나의 의견을 선택함
(2) 오스본(Osborn)의 브레인스토밍(Brainstroming)
  ① 한가지 문제에 대해, 각자 떠오르는 생각들을 무작위로 뱉어 내면서 의견을 모으는 방식
  ② 아이디어의 질보다 양이 중요
  ③ 타인의 의견을 방해하거나, 비난하지 않을 것(자유로운 의견 제시)
  ④ 내 의견을 덧붙이거나, 개선 방안을 제시하거나, 여러 의견들을 하나로 합쳐 제시하는 것은 가능
(3) 고든(Gordon)의 고든법(Gordon Method)
  ① 한 가지 문제를 추상화하여, 의사 결정 참여자들이 본래의 문제에 대해 모르는 상황에서 의견 제출
  ② 진행자는 나온 모든 의견을 실제 문제와 연관 지어 생각하고 검토해야 함
  ③ 진행방법 : 진행자만 진짜 문제를 알고 있는 상태에서, 참가자들은 자유롭게 의견 개진
    ㉮ 참가자들이 내는 의견이 주제와 가까워지면, 진행자는 주체를 공개함
    ㉯ 참가자들은 지금까지 낸 의견들을 발전시켜 해결책 모색
(4) 지명 반론자법, 악마의 옹호자(Devil's Advocate)
  ① 의사 결정을 위해 모인 집단을 둘로 나누어, 한 쪽은 찬성 의견을, 나머지는 반대 의견을 지지하도록 정함
  ② 소수(2~3명)의 반론자를 선정하여, 반대 의견만 제시하도록 할당하는 방식
  ③ 반대 의견이 별로 없을 때, 반대 의견을 내기 민감한 주제일 때와 같은 상황에서 사용하기 좋음
  ④ 집단 사고의 방지책으로도 사용할 수 있음

05 부당노동행위 중 근로자가 어느 노동조합에 가입하지 아니할 것 또는 탈퇴할 것을 고용조건으로 하거나 특정한 노동조합의 조합원이 된 것을 고용조건으로 하는 행위는?

① 불이익 대우

② 단체교섭거부

③ 지배·개입 및 경비원조

④ 정당한 단체행동참가에 대한 해고 및 불이익 대우

⑤ 황견계약

답 ⑤

해설

황견계약(黃犬契約 : yellow dog contract)

(1) 개요
　① 황견계약은 '근로자가 어느 노동조합에 가입하지 아니할 것 또는 탈퇴할 것을 고용조건으로 하거나, 특정한 노동조합의 조합원이 될 것을 고용조건으로 하는 행위'(「노동조합 및 노동관계조정법」 제81조제2호)를 말한다.
　② 비열계약, 반조합계약이라고도 한다.
　③ 노동조합 및 노동관계조정법은 이 같은 행위를 사용자의 부당노동행위로서 금지하고 있다.
　④ 노동조합 및 노동관계조정법 제81조제1호에 규정된 불이익 취급이 종업원이 된 자의 노동3권 보장활동을 억압하는 것이라면, 황견계약은 종업원이 되기 전에 단결권 활동을 제한하기 위한 것이라 할 수 있다.
　⑤ 황견계약이 불이익 취급에 이어 부당노동행위로서 금지되고 있는 것은, 이들 양자가 반조합적 행위의 대표적인 것으로 인정되기 때문이다.

(2) 기타내용
　① 황견계약의 체결금지는 원래 태프트하틀리법(Taft-Hartley) 제8조에서 처음으로 법제화되었다.
　② 노동조합법의 명문상으로는 특정조합에의 가입과 탈퇴강제만을 금지대상으로 하고 있는데, 부당노동행위제도는 근로자의 노동3권 보장활동을 저해하는 사용자의 행위를 배제하는 데 그 목적을 두고 있다.
　③ 조합에 가입하더라도 조합활동을 하지 않는다든가 어용조합에의 가입을 고용조건으로 하는 것도 황견계약으로 보는 것이 일반적 견해이다.
　④ 반조합적 조건을 고용조건으로 하는 것은 반드시 신규채용 계약체결시에 약정될 필요는 없다.

(3) 법적인 내용
　① 종업원이 된 후에 고용 계속의 조건으로 약정하는 것도 황견계약이 된다.
　② 황견계약은 「헌법」 제33조제1항의 자주적 단결권 등의 보장과 「민법」 제103조의 공서양속(公序良俗) 규정에 비추어 당연 무효로 본다.
　③ 근로계약 전체가 무효인 것은 아니며, 당해 황견계약 부분만이 무효가 된다.
　④ 황견계약을 근거로 하여 행하여진 해고는 원인 자체가 무효이므로 해고 또한 무효로 다루어지며, 황견계약의 실행 내지는 불이익한 취급이 되는 것으로서 사용자의 부당노동행위가 된다.(출처 : 실무노동용어사전)

06 식스 시그마(Six Sigma) 분석도구 중 품질 결함의 원인이 되는 잠재적인 요인들을 체계적으로 표현해주며, Fishbone Diagram으로도 불리는 것은?

① 린 차트
② 파레토 차트
③ 가치흐름도
④ 원인결과 분석도
⑤ 프로세스 관리도

답 ④

해설

식스시그마(6σ)
① 프로세스 불량과 변동을 최소화하면서 기업의 성공 달성·유지·최대화 하려는 종합적인 유연한 시스템이며 "통계적 기법+품질개선 운동"이다.
② 통계적 품질관리를 기반으로 품질혁신과 고객만족을 달성하기 위하여 전사적으로 실행하는 경영혁신기법이며 제조과정 뿐만 아니라 제품개발, 판매, 서비스, 사무업무 등 거의 모든 분야에서 활용 가능하다.
③ 모든 프로세스의 품질 수준을 6σ를 달성하여 3.4[PPM](parts per milion)또는 결함 발생수를 3.4[DPMO](defects per milion opportunities) 이하로 하고자 하는 품질경영전략 → 불량률(3.4/1,000,000) 불량률(2/1,000,000,000) 등을 목표로 한다.
④ 적용회사 : GE, 모토로라
모토로라 Bill Smith가 착안했고, Mikel Harry가 경영학적으로 정립했다.

참고

어골도(漁骨圖 : 특성요인도)
① 특정 문제의 원인들을 보여주는 도표이다.(원인결과 분석도)
② 어골도는 문제를 일으킬만한 원인과 조건에 이르기까지의 단계를 탐구하고, 문제상황과 익숙한 사람들을 선발하여 문제를 일으킬 가능성이 있는 원인들에 대해서 생각하며, 각각의 원인들을 분석 및 결과를 도출하는데 사용된다.
③ 인과관계 다이어그램 방법(cause-and-effect diagram method)라고도 불리고 전사적품질관리(TQM)에 많이 사용하며, 과거 지향적이면서 부정적인 수행차이를 없애는데 초점을 둔다.
(출처:[네이버 지식백과] 어골도 [漁骨圖] (HRD 용어사전, 2010. 9. 6., (사)한국기업교육학회))

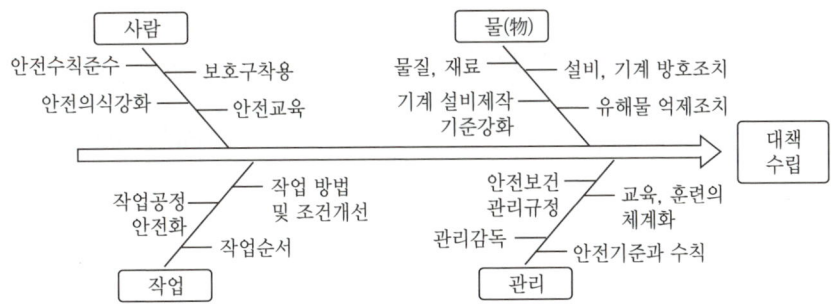

[그림] 특성요인(원인결과분석)도

합격키

2014, 2015, 2016, 2018, 2021년 유사문제 출제

07 수요를 예측하는데 있어 과거 자료보다는 최근 자료가 더 중요한 역할을 한다는 논리에 근거한 **지수평활법**을 사용하여 수요를 예측하고자 한다. 다음 자료의 수요 예측값(F_t)은?

> ○ 직전 기간의 지수평활 예측값(F_{t-1})=1,000
> ○ 평활 상수(α)=0.05
> ○ 직전 기간의 실제값(A_{t-1})=1,200

① 1,005 ② 1,010
③ 1,015 ④ 1,020
⑤ 1,200

답 ②

해설

단순 지수 평활법

① $F_t = F_{t-1} + \alpha(A_{t-1} - F_{t-1}) = \alpha A_{t-1} + (1-\alpha)F_{t-1} = (0.05 \times 1,200) + [(1-0.05) \times 1,000] = 10,010$
② 차기 예측치=당기 예측치+α(당기 실적치-당기 예측치)
   =α×당기 실측치+$(1-\alpha)$×(당기 예측치)
   (α : 지수 평활 계수($0 \le \alpha \le 1$), A_{t-1} : (t-1) 기의 실측치, F_{t-1} : (t-1) 기의 예측치, F_t : t기의 예측기)

보충학습

지수평활법(exponential smoothing)

① 1959년 로버트 구델 브라운(Robert Goodell Brown)이 처음 소개한 지수평활법은 공급망 수요를 예측하는 방법 중 정량적 예측 방법의 하나이다.
② 공급망 수요를 예측하는 것은 이윤 극대화를 가져오므로 매우 중요한 사안인데, 이러한 예측을 위해서 크게 정성적 예측 방법과 정량적 예측 방법을 사용한다.
③ 정성적 예측 방법은 실무자, 전문가 등의 판단에 의존적인 방법이다.
④ 정량적 예측 방법은 과거에 대한 정보, 과거의 시계열 자료 등 수치적인 자료를 이용하여 예측하는 방법이다.
⑤ 지수평활법은 수많은 복잡한 예측 모형에 비해 수식이 단순하여 계산량이 적으며, 예측 능력이 크게 떨어지지 않기 때문에 많은 종류의 수요를 일별, 주별 등 매우 빈번하게 예측해야만 하는 모델을 관리하기에 적합한 예측 방법이다.
⑥ 시계열의 내재 과정(Underlying Process)에 급격한 수준의 변화와 기울기가 발생할 때, 이러한 변화에 신속하게 적응하여 미래를 예측하지 못한다는 단점이 있다.

[네이버 지식백과] 지수평활법 [exponential smoothing] (두산백과 두피디아, 두산백과)

08 재고량에 관한 의사결정을 할 때 고려해야 하는 재고유지 비용을 모두 고른 것은?

ㄱ. 보관설비 비용　　　　ㄴ. 생산준비 비용
ㄷ. 진부화 비용　　　　　ㄹ. 품절비용
ㅁ. 보험비용

① ㄱ, ㄴ, ㄷ　　　　　② ㄱ, ㄴ, ㄹ
③ ㄱ, ㄷ, ㅁ　　　　　④ ㄱ, ㄹ, ㅁ
⑤ ㄴ, ㄷ, ㄹ

답 ③

해설

재고비용
(1) 발주/구매비용(Ordering, procurement cost)
　① 물품의 주문, 구매, 조달과 관련하여 발생되는 비용
　② 가격 및 거래처에 대한 조사비용
　③ 수송비, 하역비, 통관료, 검사 시험비 등
(2) 준비비용(Set-up, production change cost)
　① 특정 제품을 생산하기 위하여 생산공정의 변경이나 가계 및 공구의 교환 등으로 발생되는 비용
　② 준비시간 중 발생되는 기계의 유휴비용, 준비인원의 직접 노무비, 공구비용 등
(3) 재고유지비용(Carrying, Holding cost)
　① 재고를 보관하고 유지하는데 발생되는 비용(보관설비비용)
　② 창고의 임대료, 유지경비, 보관료, 보관보험, 세금 등
　③ 재고자산에 투입된 자금의 금리비용(진부화 비용)
　④ 도난, 변질 등으로 발생된 손실비용
(4) 재고부족비(Shortage, Stockout cost)
　① 품절로 발생되는 일종의 기회비용
　② 손실, 즉 판매기회 및 고객상실의 기회비용으로 주문거절, 긴급조처를 위한 추가비용 등

보충학습

진부화 비용
① 팔리지 않고 오래된 재고는 물리적 손상 또는 유행 경과 등으로 가치가 하락할 수 있는데 이를 '진부화'재고자산이라 표현한다.
② 장기체화, 진부화 재고자산에 대해서는 자선성 검토 이슈가 발생한다.
③ 자산으로 기재한 재고자산이 그만큼의 경제적 가치가 있을지의 여부를 검토하는 것이다.
④ 장기체화, 진부화 등의 요인으로 가치가 하락하게 되는 경우 최초 인식한 자산 금액에서 가치가 하락된 금액만큼은 자산이 아닌 비용으로 반영해야 한다.

09 서비스 수율관리(yield management)가 효과적으로 나타나는 경우가 아닌 것은?

① 변동비가 높고 고정비가 낮은 경우
② 재고가 저장성이 없어 시간이 지나면 소멸하는 경우
③ 예약으로 사전에 판매가 가능한 경우
④ 수요의 변동이 시기에 따라 큰 경우
⑤ 고객특성에 따라 수요을 세분화할 수 있는 경우

답 ①

해설

수율관리(Yield Management)

(1) 개요
 ① 수율관리는 재료생산성을 의미하며 재료비의 이상적 원가를 계산하는과정에서 발생하는 로스를 파악하고 개선에 활용하기 위한 목적으로 사용된다.
 ② 기업의 매출 혹은 수익을 최대화하기 위해서, 공급능력을 적절한 가격과 시점에 적절한 고객에게 할당하는 과정이라 할 수 있다
 ③ 수요를 좀더 예측 가능하게하는 강력한 접근법이 될 수있으며 수율은 자재의 투입에 따른 산출량의결과로서 수율의 높고 낮음을 평가한다.

(2) 산출공식
 ① 수율(yield)=실제수익/잠재수익
 ② 실제수익=실제사용량×실제가격평균
 ③ 잠재수익=가용능력×최대가격

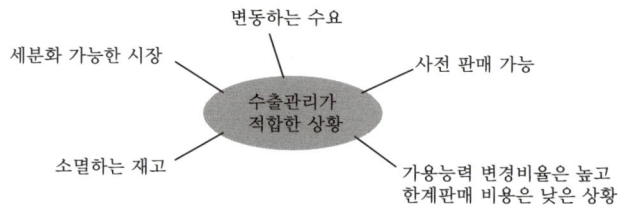

[그림] 수율관리 필요성

(3) 수율관리가 효과적인 경우
 ① 고객그룹별로 수요가 분리될 수 있는 경우
 ② 고정비는 높고 변동비는 낮은 경우
 ③ 재고(잉여공급능력)은 시간이 지나면 사용 불가
 ④ 예약으로 사전판매가 가능한 경우
 ⑤ 수요가 매우 변동성이 높은 경우

(4) 수율관리시스템 운영
 ① 가격책정 구조가 고객이 논리적으로 느껴야하고 가격차 등이 정당화되어야 함
 ② 도착시간, 체류기간, 고객들간의 시간간격에 있어서 변동성에 대처할 수 있어야 함
 ③ 서비스과정을 관리할 수 있어야 함
 ④ 고객에 직접 영향을 주는 초과예약과 가격변동이 발생하는 작업환경에 대한 종업원훈련 실시
 ⑤ 수율관리의 핵심은 수요을 관리할 수 있는 능력

10 오건(D. Organ)이 범주화던 조직시민행동의 유형에서 불평, 불만, 험담 등을 하지 않고, 있지도 않은 문제를 과장해서 이야기 하지 않는 행동에 해당하는 것은?

① 시민덕목(civic virtue)
② 이타주의(altruism)
③ 성실성(conscientiousness)
④ 스포츠맨십(sportsmanship)
⑤ 예의(courtesy)

답 ④

해설

조직시민 행동

(1) 조직시민 행동의 동기
　① 조직관심 동기 : 구성원은 자신이 속한 조직이 잘되기를 바라고 조직에 대한 자부심을 가지고 있는 경우
　② 친사회적인 동기 : 인간은 기본적으로 남을 돕고 다른 사람과 좋은 관계를 맺고자 희망하기 때문
　③ 인상관리 동기 : 조직내에서 자신의 좋은 면을 보여주어 후에 어떠한 보상을 얻고자 하는 동기를 의미한다.

(2) 조직시민행동의 유형
　① 이타적 행동 : 이해타산이 아니라 순수한 의도로 조직 내 타인을 돕는 행동
　　예 업무량이 많은 동료를 도와준다든가, 결근한 동료의 일을 처리해 주는 행동, 주로 조직내 타인을 대상으로 많이 일어나지만, 조직외부인 고객, 원재료, 공급자 등에게도 일어난다.
　② 양심적 행동 : 조직에서 요구하는 규정 이상의 수준을 지키려는 행동을 의미함
　　회사의 규정의 빈틈을 이용하여 개인의 편의나 이익을 챙기지 않으면서도 규정에서 요구하는 수준 이상을 준수하고자 하며, 사회적 룰이나 양심에 맞는 행동을 하는 경우를 말함
　　예 갑작스럽게 병이 났거나 교통사고를 당한 와중에도 정상적으로 출근하려고 노력하는 모습 등
　③ 예의 행동 : 직무수행과 관련하여 갈등이 발생할 수 있는 가능성을 미리 막으려고 노력하는 행동
　　예 동료의 직무관련 권한을 침해하지 않는 다든지, 어떤 의사결정을 하기 전에 관련되는 다른 사람들과 상의하는 등이 이에 포함됨(향후 좋지 않은 일이 발생할 가능성을 미리 줄이는 행동)
　④ 공익적 행동 : 조직생활에 관심을 갖고 적극적으로 참여하는 행동을 말한다.
　　예 조직에서 주관하는 행사에 적극적으로 참석하는 것. 조직의 아이디어 회의에 적극적인 토론참여 등
　⑤ **스포츠맨십** : 회사에 대하여 불평불만을 하지 않고, 개인적으로 감내할 수 있는 조직 내 문제점을 과장하지 않는 태도
　　예 조직의 결정이 자신에게 불리한 점이 있음에도 불구하고 이를 수용하는 태도

[그림] 시민행동의 유형

읽을거리

조직시민행동

조직시민행동은 직책의 요구를 초과하여 종업원이 추가적으로 행하는 긍정적인 행동을 의미한다. 예를 들어 부서에 대해 건설적으로 진술하거나 타인의 작업에 대해 개인적인 관심을 표현하면서 개선을 위해 제안하거나 신입사원의 훈련을 자처하고 경영규칙을 준수하면서 그 정신을 존중하는 것이 조직시민행동이라고 할 수 있다. 여기서 종업원들은 조직에 대해서 긍정적인 인식을 지니고 있으며 다른 동료와도 더욱 긍정적인 관계를 형성한다. 관리자는 이러한 행동을 보여 주는 종업원을 더욱 선호할 것이다.

11 직업 스트레스에 관한 설명으로 옳지 않은 것은?

① 비르(T. Beehr)와 프랜즈(T. Franz)는 직업 스트레스를 의학적 접근, 임상·상담적 접근, 공학심리학적 접근, 조직심리학접 접근 등 네 가지 다른 관점에서 설명할 수 있다고 제안하였다.

② 요구-통제 모델(Demands-Control Model)은 업무량 이외에도 다양한 요구가 존재한다는 점을 인식하고, 이러한 다양한 요구가 종업원의 안녕과 동기에 미치는 영향을 연구한다.

③ 자원보존 이론(Conservation of Resources Theory)은 종업원들은 시간에 걸쳐 자원을 축적하려는 동기를 가지고 있으며, 자원의 실제적 손실 또는 손실의 위협이 그들에게 스트레스를 경험하게 한다고 주장하였다.

④ 셀리에(H. Selye)의 일반적 적응증후군 모델은 경고(alarm), 저항(resistance), 소진(exhaustion)의 세 가지 단계로 구성된다.

⑤ 직업 스트레스 요인 중 역할 모호성(role ambiguity)은 종업원이 자신의 직무기능과 책임이 무엇인지 불명확하게 느끼는 정도를 말한다.

답 ②

해설

Karasek의 직무요구-통제모형

① 초기의 직무요구-자원 모형은 Karasek(1979)가 제안한 직무요구-통제 모형(Job Demand-Control Model)에 기반을 둔 분석의 틀에서 출발하였다.

② 직무요구-통제 모형은 업무과부하, 예기치 않는 업무, 인적 갈등을 포함한 심리적 스트레스 요인을 직무요구라고 정의하였다. 근무시간 동안 수행하는 업무에 대한 종업원 개인의 통제력을 직무통제라고 정의하였다.

③ 직무요구와 직무통제가 각각의 작용을 하는 것이 아니라 서로 상호작용을 하고 있으며, 직무요구가 직무스트레스에 영향을 주는 것에 직무통제가 신체적, 정신적 악영향에의 완충 역할을 한다고 제시하였다.

④ Karasek의 직무요구-통제 모형은 결과의 예측을 위해 직무요구와 직무재량권이 상호작용을 통해 결합하여 높은 통제와 낮은 요구의 결합은 낮은 긴장을 발생시키고, 낮은 통제와 높은 요구의 결합은 높은 긴장으로 이어진다는 것으로 그림과 같다.

⑤ 이론 모형들은 모두 Hackman & Oldman(1974)이 제안한 직무특성 모형(Job Characteristic Model)에 기초한 것으로서 직무설계와 성과 간의 관계에서 직무담당자의 내적 동기부여 및 만족 간의 관계를 규명하기 위한 것으로 특히, 직무특성 모형에서 Hackman et al.(1976)이 제시한 다섯 가지 핵심특성들(기술 다양성, 과업 정체성, 과업 중요성, 직무 자율성 및 과업 피드백)은 조직 구성원들이 수행하는 직무 자체와 관련된 변수로서 직무요구-자원 모형에서 직무 자원의 개념으로 새롭게 분류되고 있다.

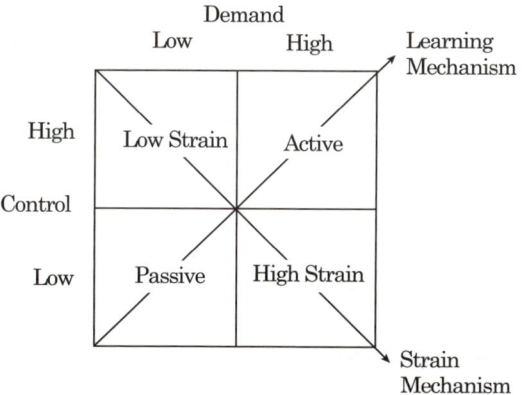

(출처 : Karasek Jr, R. A.(1979) "Job demands, job decision latitude, and mental strain: Implications for job redesign". Administrative science quarterly, 285-308.)

12 직무만족을 측정하는 대표적인 척도인 직무기술 지표(Job Descriptive Index : JDI)의 하위 요인이 아닌 것은?

① 업무
② 동료
③ 관리 감독
④ 승진 기회
⑤ 작업 조건

답 ⑤

해설

직무만족에 영향을 미치는 내·외적 요인 및 측정도구

(1) 내재적 요인
  ① 먼저 내재적 요인에는 직무를 수행하는 그 사람 자체에 대한 개인적인 특성과 직무 자체에 대한 특성이 포함된다.
  ② 개인적 특성에는 기분과 정서, 성격, 자기효능감, 개인역량 등이 있다.
  ③ 직무 자체에 대한 특성에는 직무독립성, 직무에 대한 관심, 성공적인 직무수행, 기술의 적용, 직무에 대한 몰입 등이 있다.
(2) 외재적 요인
  ① 직무만족의 외재적 요인 직무 그 자체보다는 직무를 둘러싼 환경적 요인에 관련된 것이다.
  ② 보상, 고용안정, 안전한 근무여건, 감독 및 상사와의 관계, 동료관계, 승진 등이 있으며 이 6가지는 실무적으로 직무만족도 조사에서 많이 활용되는 조사결과에 따라 근로자들이 가장 중요하다고 생각하는 외재적 요인들을 바탕으로 한 것이다.
(3) 측정 도구
  ① 직무 만족을 측정하는 도구는 주요 관심사가 정서적 측면인지 인지적 측면인지에 따라 달라진다. 대부분의 측정방법은 자기 보고식 질문지에 의존한다.
  ② 직무만족을 활용하는 연구자는 연구의 목적과 내용 그리고 연구대상에 따라 크게 전반적인 직무만족도를 측정할 필요가 있는지 아니면 요인 별 직무만족도를 측정할 필요가 있는지를 확인할 필요가 있다.
  ③ 스미스등(Smith et al, 1969)의 직무기술지표(JDI)는 직무, 급여, 승진, 감독 및 동료 등의 다섯가지 요인으로 구분하여 72개 설문문항으로 측정하고 있는데, 직무(Work)에 대해서는 18문항으로 측정하고 있다.
  ④ JDI의 경우 직무의 구체적인 내용에 대해서 측정하는 것이 아니라 직무에 대해 '반복적인(routine)', '환상적인(fascinating)' 등과 같은 형용사적인 표현에 대해 '예', '아니오', '잘 모르겠다' 는 3가지로 응답하도록 되어 있다.
  ⑤ 직무자체에 대한 만족도, 즉 내재적 직무특성요인인 직무다양성, 자율성, 책임, 일자체와 관련해서는 Hackman & Oldham(1975)의 직무진단조사(JDS), Weiss et al.(1969)의 미네소타만족설문지(MSQ) 등이 있다.
  (참고자료 출처 : 위키백과)

읽을거리

(1) 직무만족의 개요
직무 만족(職務 滿足, job satisfaction)은 개인이 직무와 관련된 평가의 결과로 얻을 수 있는 감정의 상태를 나타내는 용어이다.
(2) 연구
  ① 직무 만족에 대한 연구는 호손효과연구로부터 시작되었다고 할 수 있다.
  ② 호손효과연구는 본래 물리적 환경이 노동자들의 성과에 미치는 영향을 보고자 실시되었다. 그런데 물리적 환경요소보다 자신이 연구대상자라는 인식이 행동에 영향을 미치는 '호손효과(Hawthorne effect)'가 발견되었다.
  ③ 사람들이 임금뿐만이 아닌 다른 목적들을 위해 일을 한다는 강력한 증거로 작용하며, 학자들이 직무 만족의 다른 변인들을 탐색하는 시발점이 되었다.
  ④ 1930년대부터는 종종 노동자 대상의 익명 조사를 통한 직업 만족도 평가가 일어났다. 노동자들의 태도에 비로소 관심을 갖기 시작한 것이다.
  ⑤ 1934년 Uhrbrock은 노동자들의 태도를 평가하기 위해 새롭게 개발된 태도 측정 기술을 사용하였다.

⑥ 1935년 Hoppock은 직업 그 자체, 직장 동료 및 상관과의 관계에 의해서 영향 받는 직무 만족 연구를 시행했다.
⑦ 1950년대 말에는 직무만족, 직무태도, 직무성과 등에 대한 연구를 토대로 Herzberg의 2-요인 이론(two-factor)이 제시되었다.
⑧ Herzberg는 만족과 불만족이 두개의 독립적인 개념임을 전제한 후, 직무만족과 불만족이 나타나게 되는 선행요인을 연구하였다. 그 후 직무만족에 영향을 미치는 요인들을 정리하여 동기요인(motivation)이라 이름하였고 직무 불만족에 영향을 미치는 요인들을 집합적으로 위생요인(hygiene factor)이라고 명명하였다.
⑨ Herzberg가 정의한 동기요인에는 급여, 감시와 감독, 회사의 정책과 행정, 감독자(상사)와의 인간관계, 하급자와의 인간관계, 동료와의 인간관계, 작업조건, 개인생활 요소들, 직위, 직장의 안정성 등이 있다.

13 해크만(J. Hackman)과 올드 햄(G. Oldham)의 직무특성 이론은 5개의 핵심 직무특성이 중요 심리상태라고 불리는 다음 단계와 직접적으로 연결된다고 주장하는데, '일의 의미감(meaning fulness)경험'이라는 심리상태와 관련있는 직무특성을 모두 고른 것은?

> ㄱ. 기술 다양성　　　　　ㄴ. 과제 피드백
> ㄷ. 과제 정체성　　　　　ㄹ. 자율성
> ㅁ. 과제 중요성

① ㄱ, ㄷ
② ㄱ, ㄷ, ㅁ
③ ㄴ, ㄹ, ㅁ
④ ㄷ, ㄹ, ㅁ
⑤ ㄴ, ㄷ, ㄹ, ㅁ

답 ②

해설

직무 특성 모델
(1) Hackman과 Oldham에 의해 만들어진 직무 특성 모델(Job characteristics model)은 직무 특성들이 어떻게 직업 성과를 가져오는지에 대해 연구하는데 널리 사용된다.
(2) 다섯 가지의 직무 특성과 세 가지 직무수행자의 심리적 상태들, 그리고 직무만족을 포함한 네 가지 성과변수들로 구성되어 있다.

다섯 가지 직무 특성에는
① 기능(술) 다양성(skill variety) : 많은 수의 다른 기술과 재능을 요구하는 정도
② 과업 정체성(task identity) : 전체적이고, 동일하다고 증명할 수 있는 한 작업 부분의 완성을 요하는 정도
③ 과업 중요성(task significance) : 직무가 다른 사람들에 대하여 가지고 있다고 믿는 영향의 정도
④ 자율성(autonomy) : 작업장, 작업중단, 과업할당과 같은 의사결정에서의 자유, 독립성, 재량이 주어지는 정도
⑤ 과업 피드백(task feedback) : 성과의 효율성에 대한 명료하고 직접적인 정보를 제공하는 정도가 그것이다.
(3) 다섯 가지 주요 직무 특성들은 합쳐져서 직무의 Motivating Potential Score(MPS)를 이루게 되는데 이것은 직무가 얼마나 한 직원의 태도와 행동에 영향을 끼치는가를 알게 해주는 지표로 사용된다. 이들을 상호 결합하여 설계하면, 세 개의 심리적 상태가 직무수행자들 사이에 일어난다.
(4) 직무에 대하여 느끼게 되는 의미성, 직무에 대한 책임감, 직무수행 결과에 대한 지식이 그것이다. 개인이 이러한 심리적 상태를 경험하게 되면 결과적으로 내재적인 작업동기와 직무만족은 높아지고 작업의 질이 상승하며 이직률과 결근율이 저하된다.(참고문헌 : 위키백과)

14 브룸(V. Vroom)의 기대 이론(expectancy theory)에서 일정 수준의 행동이나 수행이 결과적으로 어떤 성과를 가져올 것이라는 믿음을 나타내는 것은?

① 기대(expectancy)
② 방향(direction)
③ 도구성(instrumentality)
④ 강도(intensity)
⑤ 유인가(valence)

답 ①,③

해설

기대 이론(expectancy theory : 期待理論)
① 브룸에 의하면 모티베이션(motivation)은 유의성(valence)·수단(도구성 : instrumentality)·기대(expectancy)의 3요소에 의해 영향을 받는다.
② 유의성은 특정 보상에 대해 갖는 선호의 강도이다.
③ 수단은 어떤 특정한 수준의 성과를 달성하면 바람직한 보상이 주어지리라고 믿는 정도를 말한다.(도구성)
④ 기대는 어떤 활동이 특정 결과를 가져오리라고 믿는 가능성을 말하는 것으로, 모티베이션의 강도 = 유의성 × 기대 × 수단으로 나타낼 수 있다.

참고

기업진단·지도 p.137(합격날개 : 합격예측)

합격키

① 2012년 6월 2일(문제 16번) 출제
② 2014년 4월 12일(문제 14번) 출제

산업안전지도사 · 과년도기출문제

15 라스뮈센(J. Rasmussen)의 수행수준 이론에 관한 설명으로 옳은 것은?

① 실수(slip)의 기본적인 분류는 3가지 주제에 대한 것으로 의도형성에 따른 오류, 잘못된 활성화에 의한 오류, 잘못된 촉발에 의한 오류이다.
② 인간의 행동을 숙련(skill)에 바탕을 둔 행동, 규칙(rule)에 바탕을 둔 행동, 지식(knowledge)에 바탕을 둔 행동으로 분류한다.
③ 오류의 종류로 인간공학적 설계오류, 제작오류, 검사오류, 설치 및 보수오류, 조작오류, 취급오류를 제시한다.
④ 오류를 분류하는 방법으로 오류를 일으키는 원인에 의한 분류, 오류의 발생 결과에 의한 분류, 오류가 발생하는 시스템 개발단계에 의한 분류가 있다.
⑤ 사람들의 오류를 분석하고 심리수준에서 구체적으로 설명할 수 있는 모델이며 욕구체계, 기억체계, 의도체계, 행위체계가 존재한다.

답 ②

해설

라스뮈센의 3가지 휴먼에러
① 지식기반착오(Konowledge based Mistake) : 무지로 발생하는 착오
② 규칙기반착오(Rule-base Mistake) : 규칙을 알지 못해 발생하는 착오
③ 숙련기반착오(Skill-base Mistake) : 숙련되지 못해 발생하는 착오

보충학습

인간오류의 5가지 모형

구분	특징
착각(Illusion)	감각적으로 물리현상을 왜곡하는 지각 오류
착오(Mistake)	상황해석을 잘못하거나 목표를 잘못 이해하고 착각하여 행하는 인간의 실수로 위치, 순서, 패턴, 형상, 기억오류 등 외부적 요인에 의해 나타나는 오류
실수(Slip)	의도는 올바른 것이었지만, 행동이 의도한 것과는 다르게 나타나는 오류
건망증(Lapse)	일련의 과정에서 일부를 빠뜨리거나 기억의 실패에 의해 발생하는 오류
위반(Violation)	정해진 규칙을 알고 있음에도 의도적으로 따르지 않거나 무시한 경우에 발생하는 오류

합격키

① 2017년 3월 25일(문제 16번) 출제
② 2020년 9월 25일(문제 15번) 출제

16 착시를 크기 착시와 방향 착시로 구분하는 경우, 동일한 물리적인 길이와 크기를 가지는 선이나 형태를 다르게 지각하는 크기 착시에 해당하지 않는 것은?

① 뮬러 - 라이어(Müller-Lyer) 착시
② 폰조(Ponzo) 착시
③ 에빙하우스(Ebbinghaus) 착시
④ 포겐도르프(Poggendorf) 착시
⑤ 델뵈프(Delboeuf) 착시

답 ④

해설

착시의 종류(현상)

구분	그림	현상
Müller-Lyer의 길이착시	(a) (b)	(a)가 (b)보다 길게 보인다. 실제 (a) = (b)
Helmholtz의 분할착시	(a) (b)	(a)는 세로로 길어 보이고, (b)는 가로로 길어 보인다.
Hering의 착시		가운데 두 직선이 곡선으로 보인다.
Köhler의 착시 (윤곽착오)		우선 평행의 호(弧)를 본 경우에 직선은 호의 반대반향으로 굽어 보인다.
Poggendorf의 기하학적 광학 착시	(a) (c) (b)	(a)와 (c)가 일직선상으로 보인다. 실제는 (a)와 (b)가 일직선이다.
Zöller의 방향 착시		세로의 선이 굽어 보인다.
Orbigon의 착시		안쪽 원이 찌그러져 보인다.
Sander의 착시		두 점선의 길이가 다르게 보인다.
Ponzo의 기하학적 광학 착시		두 수평선부의 길이가 다르게 보인다.

Tichener의 착시 Ebbinghaus의 착시	○○○ ○●○ ○○○　○●○ ○○○	같은 크기의 원이지만 달라보인다.
델뵈우프 Delboeuf 착시	◉　●	가운데 있는 두 개의 검은 원은 같은 크기이지만 오른쪽 원이 더 커보인다.

> **참고**
> 기업진단·지도 p.151(2. 착시의 종류)

> **합격키**
> ① 2014년 4월 12일(문제 11번) 출제
> ② 2022년 3월 19일 출제

17 집단(팀)에 관한 다음 설명에 해당하는 모델은?

> ◦ 집단이 발전함에 따라 다양한 단계를 거친다는 가정을 한다.
> ◦ 집단발달의 단계로 5단계(형성, 폭풍, 규범화, 성과, 해산)를 제시하였다.
> ◦ 시간의 경과에 따라 팀은 여러 단계를 왔다 갔다 반복하면서 발달한다.

① 캠피온(Campion)의 모델
② 맥그래스(McGrath)의 모델
③ 그래드스테인(Gladstein)의 모델
④ 해크만(Hackman)의 모델
⑤ 터크만(Tuckman)의 모델

답 ⑤

해설

Tuckman's Model(팀발달모델)
(1) 제1단계 : 형성(Forming)-탐색기
  ① 팀이 처음 구성되는 시기로 모든것이 불확실한 상태
  ② 팀원은 서로를 탐색하는 중
  ③ 팀의 목표와 문제에 대해 상대적인 이해가 부족
  ④ 리더는 팀원들이 서로 이해하고, 신뢰할 수 있도록 팀을 단결시킨다. 그러기 위해선 팀의 기본 규칙을 세운다.
(2) 제2단계 : 격동(폭풍 : Storming)-준비기
  ① 팀이 꾸려지면서 같은 소속이라는 것을 인정하면서도 타협이 되지 않아서 내부적인 갈등이 높은 시기
  ② 과업, 제도와 관련하여 서로 이해가 엇갈리는 시기
  ③ 리더는 혼란스러운 이 단계에 각 개인 및 차이에 대한 포용력이 필요
  ④ 타협과, 양보로 규칙, 제도를 정해야 한다.
(3) 제3단계 : 표준화(규범화 : Norming)-형성기
  ① 집단의 목표, 규칙, 가치, 행동, 방법 등이 만들어진다.
  ② 서로 협력하며 자신들의 행동을 서로에게 맞추면서 좋은 관계를 가지는 시기
  ③ 문제해결과 그룹의 조화를 위한 의식적인 노력, 동기부여
  ④ 리더는 팀이 좀 더 자율적이 되도록 노력
(4) 제4단계 : 수행(성과 : Performing)-실행기
  ① 집단의 목표에 총력을 기울이는 시기
  ② 부적절한 갈등 또는 외부 감독이 필요없으며 작업을 부드럽고 효과적으로 마무리
  ③ 팀이 큰 갈등 없이 가장 잘 운영되는 시기
  ④ 팀원들은 서로를 잘 이해함으로써, 어떻게 자신들의 역량을 잘 조화시켜 팀의 목표를 함께 성취
(5) 제5단계 : 해산(Adjouring)
  ① 프로젝트가 완료되면 팀은 해체
  ② 공식적으로 해체하기도 하고, 서서히 소멸하기도 한다.

18 산업재해이론 중 아담스(E. Adams)의 사고연쇄 이론에 관한 설명으로 옳은 것은?

① 관리구조의 결함, 전술적 오류, 관리기술 오류가 연속적으로 발생하게 되며 사고와 재해로 이어진다.

② 불안전상태와 불안전행동을 어떻게 조절하고 관리할 것인가에 관심을 가지고 위험해결을 위한 노력을 기울인다.

③ 긴장 수준이 지나치게 높은 작업자가 사고를 일으키기 쉽고 작업수행의 질도 떨어진다.

④ 작업자의 주의력이 저하하거나 약화될 때 작업의 질은 떨어지고 오류가 발생해서 사고나 재해가 유발되기 쉽다.

⑤ 사고나 재해는 사고를 낸 당사자나 사고발생 당시의 불안전행동, 그리고 불안전 행동을 유발하는 조건과 감독의 불안전 등이 동시에 나타날 때 발생한다.

답 ①, ②

해설

애드워드 아담스의 사고연쇄반응

(1) 사고연쇄반응 5단계

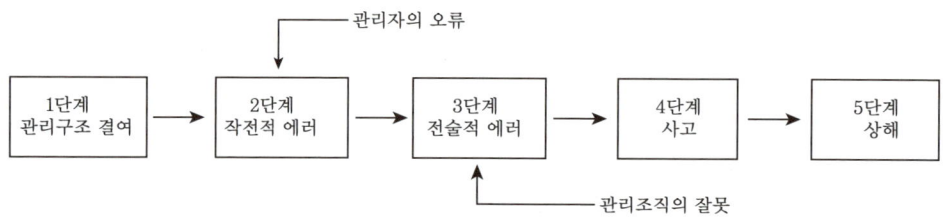

(2) 단계별 특징
① 관리구조 결여 : 회사의 조직 운영, 방침과 관련된 사항
② 작전적 에러 : 감독자 및 관리자의 관리적인 잘못에 기인
③ 전술적 에러 : 불안전한 행동 및 불안전한 상태
④ 사고 : 아차사고를 포함함(물적사고)
⑤ 상해 또는 손실 : 인적 부상과 물질적 손해 포함

합격키
① 2013년 4월 20일 산업안전일반 출제
② 2014년 4월 12일 산업안전일반 출제

19 다음은 산업위생을 연구한 학자이다. 누구에 관한 설명인가?

> ○ 독일의사
> ○ "광물에 대하여(De Re Metallica)" 저술
> ○ 먼지에 의한 규폐증 기록

① Alice Hamilton ② Percival Pott
③ Thomas Percival ④ Georgius Agricola
⑤ Pliny the Elder

답 ④

해설

외국의 산업위생 역사
① Hippocrates : 납중독(최초 기록 직업병)
② pliny : 방광막 먼지 마스크 사용
③ Galen : 산증기의 유해성
④ Paracelsus : 모든 화학물질은 독물
⑤ Agricola : "광물에 대하여"(독일 의사)
⑥ Ramazzini : 산업보건의 시조
⑦ Baker : 사이다 공장에서 납 의한 복통
⑧ Pott : 굴뚝청소부의 직업성 음낭암
⑨ Hamiliton : 미국 최초 산업위생학자
⑩ Bismark : 공장재해보험법
⑪ Rudolf Virchow : 근대 병리학 시조
⑫ Loriga : 레이노드 현상

참고

기업진단·지도 p.175(1. 외국의 산업위생 역사)

20. 화학물질 및 물리적 인자의 노출기준에 관한 설명으로 옳지 않은 것은?

① "최고노출기준(C)"이란 근로자가 1일 작업시간동안 잠시라도 노출되어서는 아니 되는 기준이다.

② 노출기준을 이용할 경우에는 근로시간, 작업의 강도, 온열조건, 이상기압도 고려하여야 한다.

③ "Skin"표시물질은 피부자극성을 뜻하는 것은 아니며, 점막과 눈 그리고 경피로 흡수되어 전신 영향을 일으킬 수 있는 물질이다.

④ 발암성 정보물질의 표기는 화학물질의 분류·표시 및 물질안전보건자료에 관한 기준에 따라 1A, 1B, 2로 표기한다.

⑤ "단시간노출기준(STEL)"이란 15분간의 시간가중평균노출값으로서 노출농도가 시간가중평균노출기준(TWA)을 초과하고 단시간노출기준(STEL)이하인 경우에는 1회 노출 지속시간이 15분 미만이어야 하고, 이러한 상태가 1일 3회 이하로 발생하여야 하며, 각 노출의 간격은 45분 이상이어야 한다.

답 ⑤

해설

화학물질 및 물리적 인자의 노출기준

① "시간가중평균값(TWA, Time-Weighted Average)"이란 1일 8시간 작업을 기준으로 한 평균노출농도로서 산출공식은 다음과 같다.

$$TWA 환산값 = \frac{C_1 \cdot T_1 + C_1 \cdot T_1 + \cdots + C_n \cdot T_n}{8}$$

주) C : 유해인자의 측정농도(단위 : ppm, mg/m³ 또는 개/cm³)
　　T : 유해인자의 발생시간(단위 : 시간)

② "단시간 노출값(STEL, Short-Term Exposure Limit)"이란 15분 간의 시간가중평균값으로서 노출 농도가 시간가중평균값을 초과하고 단시간 노출값 이하인 경우에는 ① 1회 노출 지속시간이 15분 미만이어야 하고, ② 이러한 상태가 1일 4회 이하로 발생해야 하며, ③ 각 회의 간격은 60분 이상이어야 한다.

③ "등"이란 해당 화학물질에 이성질체 등 동일 속성을 가지는 2개 이상의 화합물이 존재할 수 있는 경우를 말한다.

④ C(최고노출기준) : 근로자가 작업시간 중 잠시라도 노출되어서는 안되는 기준(농도)

⑤ Skin 또는 피부 : 피부로 흡수되어 전체 노출량에 기여

참고

기업진단·지도 p.188(1. 허용농도의 정의)

정답근거

산업안전보건법 시행규칙 [별표 19] 비고

합격키

① 2012년 6월 23일(문제 23번) 출제
② 2014년 4월 12일(문제 20번) 출제
③ 2022년 3월 19일(문제 23번) 출제

21 근로자건강진단 실무지침에서 화학물질에 대한 생물학적 노출지표의 노출기준 값으로 옳지 않은 것은?

① 노말-헥산 : [소변 중 2.5-헥산디온, 5[mg/L]]

② 메틸클로로포름 : [소변 중 삼염화초산, 10[mg/L]]

③ 크실렌 : [소변 중 메틸마뇨산, 1.5[g/g creal]]

④ 톨루엔 : [소변 중 o-크레졸, 1[mg/g creal]]

⑤ 인듐 : [혈청 중 인듐, 1.2[μg/L]]

답 ④

해설

BEI(생물학적 노출지표)

(1) 생물학적 노출지표 시기
  ① 수시(discretionary) : 하루 중 아무 때(At anytime)나 시료를 채취
  ② 주말(end of the workweek) : 목요일이나 금요일 또는 4-5일간의 연속작업의 작업 종료 2시간 전 부터 직후(After four or five consecutive working days with exposure)까지 채취
  ③ 당일(end of shift) : 당일 작업 종료 2시간 전부터 직후(As soon as possible after exposure ceases)까지 채취
  ④ 작업 전(prior to shift) : 작업을 시작하기 전(16 hours after exposure ceases)에 채취

(2) 생물학적 노출지표 항목
  ① 1차 지표물질은 건강진단의 1차 항목에 포함되어 있어 반드시 실시하여야 하는 노출지표물질
  ② 2차 지표물질은 2차 항목 검사 시 필요하다고 인정되는 경우에 실시할 수 있는 노출지표물질

[표] 생물학적 노출지표의 지표물질명 및 노출기준값

차수	종류	유해물질명	검체	시기	지표물질명	노출기준
1차	유기화합물	크실렌	소변	당일	메틸마뇨산	1.5[g/g creal]
1차	유기화합물	톨루엔	소변	당일	마뇨산	2.5[g/g creal]
1차	유기화합물		소변	당일	o-크레졸	0.8[mg/g creal]

합격정보
고용노동부고시 2020. 1. 15(제2020-60호)

읽을거리
KOSHA GUIDE H-216-2022
생물학적 노출지표(BEI) 검사 안내 및 검체수거 확인서

1. 생물학적 노출지표(BEI)란?
  혈액, 소변, 호기가스 등 생체시료로부터 유해물질 그 자체, 또는 유해물질의 대사산물 또는 생화학적 변화산물 등 생물학적 노출물질을 분석하는 검사를 말한다.

2. 시료채취 시기의 준수
  검사항목에 따라 제시된 채취시기를 준수하지 않으면 작업 중 유해인자 노출 정도를 정확히 반영하지 못함으로 각별한 주의를 해야 한다.

3. 시료채취 방법

① 소변 채취용기에 성명을 기입한다.	② 종이컵에 중간소변을 2/3 정도 받는다.	③ 종이컵 소변을 소변채취용기에 10[ml] 정도 받고 뚜껑을 꽉 닫는다.
	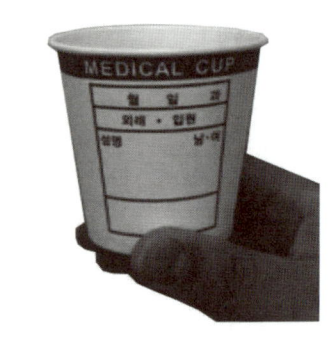	

★ 소변채취 시 원활한 소변 채취를 위해 시료채취 2시간 전에 배뇨를 하지 않는다.
★ 소변채취 시에는 오염되는 것을 방지하기 위해 주의를 하고, 손을 깨끗이 닦은 후 채취를 한다.

4. 시료보관방법
   ① 시료는 일반적으로 4[℃] 이하 냉장 보관하고, 분석 시간이 5일 이상일 경우에는 -20[℃] 이하 냉동보관 한다.
   ② 채취한 시료는 직사광선이나 열에 장시간 노출되지 않도록 주의한다.

※ 시료 채취 시기
   ① 당일(당일 작업 종료 2시간 전부터 직후까지) : N, N-디메틸아세트아마이드, 디메틸포름아미드, 1,2-디클로로프로판, 크실렌, 톨루엔, n-헥산 등
   ② 주말(4-5일간의 연속작업의 작업 종료 시간 2시간 전부터 직후까지) : 메틸클로로포름, 트리클로로에틸렌, 퍼클로로에틸렌 등
   ③ 작업전(작업을 시작하기 전) : 수은

합격정보

산업안전보건법 시행규칙 [별표 24] 특수건강진단·배치전건강진단·수시건강진단의 검사항목(제206조 관련)

22. 후드 개구부 면에서 제어속도(capture velocity)를 측정해야 하는 후드 형태에 해당하는 것은?

① 외부식 후드
② 포위식 후드
③ 리시버(receiver)식 후드
④ 슬롯(slot) 후드
⑤ 캐노피(canopy) 후드

답 ②

해설

분진작업장소에 설치하는 국소배기장치의 제어풍속(안전보건규칙 제609조 관련)

① 안전보건규칙 제607조 및 제617조제1항 단서에 따라 설치하는 국소배기장치(연삭기, 드럼 샌더(drum sander) 등의 회전체를 가지는 기계에 관련되어 분진작업을 하는 장소에 설치하는 것은 제외한다)의 제어풍속

분진작업 장소	제어풍속(미터/초)			
	포위식 후드의 경우	측방 흡인형	하방 흡인형	상방 흡인형
암석등 탄소원료 또는 알루미늄박을 체로 거르는 장소	0.7	-	-	-
주물모래를 재생하는 장소	0.7	-	-	-
주형을 부수고 모래를 터는 장소	0.7	1.3	1.3	-
그 밖의 분진작업장소	0.7	1.0	1.0	1.2

비고
1. 제어풍속이란 국소배기장치의 모든 후드를 개방한 경우의 제어풍속으로서 다음 각 목의 위치에서 측정한다.
   가. 포위식 후드에서는 후드 개구면
   나. 외부식 후드에서는 해당 후드에 의하여 분진을 빨아들이려는 범위에서 그 후드 개구면으로부터 가장 먼 거리의 작업위치

② 안전보건규칙 제607조 및 제617조제1항 단서의 규정에 따라 설치하는 국소배기장치 중 연삭기, 드럼 샌더 등의 회전체를 가지는 기계에 관련되어 분진작업을 하는 장소에 설치된 국소배기장치의 후드의 설치방법에 따른 제어풍속

후드의 설치방법	제어풍속(미터/초)
회전체를 가지는 기계 전체를 포위하는 방법	0.5
회전체의 회전으로 발생하는 분진의 흩날림방향을 후드의 개구면으로 덮는 방법	5.0
회전체만을 포위하는 방법	5.0

비고
제어풍속이란 국소배기장치의 모든 후드를 개방한 경우의 제어풍속으로서, 회전체를 정지한 상태에서 후드의 개구면에서의 최소풍속을 말한다.

산업안전지도사 · 과년도기출문제

참고
① 2014년 4월 12일(문제 25번) 출제
② 2019년 3월 30일(문제 19번) 출제
③ 2022년 3월 19일(문제 21번) 출제

정답근거
산업안전보건기준에 관한 규칙 [별표 17]

23 카드뮴 및 그 화합물에 대한 특수건강진단 시 제1차 검사항목에 해당하는 것은?(단, 근로자는 해당 작업에 처음 배치되는 것은 아니다.)

① 소변 중 카드뮴
② 베타 2 마이크로글로불린
③ 혈중 카드뮴
④ 객담세포검사
⑤ 단백뇨정량

답 ③

해설

특수건강진단 · 배치전건강진단 · 수시건강진단의 검사항목(제206조 관련)

[표] 금속류(20종)

유해인자	제1차 검사항목	제2차 검사항목
카드뮴 [7440-43-9] 및 그 화합물 (Cadmium and its compounds)	(1) 직업력 및 노출력 조사 (2) 주요 표적기관과 관련된 병력조사 (3) 임상검사 및 진찰 　① 비뇨기계 : 요검사 10종, 혈압 측정, 전립선 증상 문진 　② 호흡기계 : 청진, 흉부방사선(후전면), 폐활량검사 (4) 생물학적 노출지표 검사: 혈중 카드뮴	(1) 임상검사 및 진찰 　① 비뇨기계 : 단백뇨정량, 혈청 크레아티닌, 요소질소, 전립선특이항원(남), 베타 2 마이크로글로불린 　② 호흡기계 : 흉부방사선(측면), 흉부 전산화 단층촬영, 객담세포검사 (2) 생물학적 노출지표 검사 : 소변 중 카드뮴

보충학습

산업안전보건법 시행규칙 [별표 24]〈개정 2022. 8.18〉

24. 근로자 건강진단 실시기준에서 유해요인과 인체에 미치는 영향으로 옳지 않은 것은?

① 니켈 - 폐암, 비강암, 눈의 자극 증상
② 오산화바나듐 - 천식, 폐부종, 피부습진
③ 베릴륨 - 기침, 호흡곤란, 폐의 육아종 형성
④ 카드뮴 - 만성 폐쇄성 호흡기 질환 및 폐기종
⑤ 망간 - 접촉성 피부염, 비중격 점막의 괴사

답 ⑤

해설

유해요인과 인체에 미치는 영향

유해요인			인체에 미치는 영향	예 방
1. 화학적 인자	유기 화합물		- 눈, 피부, 호흡기 점막의 자극 증상 - 농도에 따라 다양한 정도의 마취되기전 증상이 나타난다. 즉, 어지러움증, 두통, 도취감(흥분), 피로, 졸음, 구역, 지남력 상실, 가슴통증에 이어 흡수농도가 증가 되면 점차적으로 의식을 잃을 수 있다. - 만성 피로 시에는 감각 혹은 운동기능 이상, 기억력저하, 피로, 신경질, 불안 등의 신경계통의 장해를 유발하기도 한다.	- 유기용제가 들어있는 통은 필요할 때 이외에는 반드시 마개 혹은 뚜껑으로 막아 놓는다. - 작업장에서는 흡연이나 음식물의 섭취를 금하고 작업이 끝난 후에는 작업복으로 갈아입고 세면을 한다. - 인체에 유기용제 증기가 흡입되지 않도록 유의하며, 유기용제용 방독마스크, 보호장갑 및 작업복 등 개인보호구를 반드시 착용한다.
	금 속 류	수은	- 식욕부진, 두통, 전신권태, 경미한 몸 떨림, 불안, 호흡곤란, 화학성 폐렴, 입술부위의 창백, 메스꺼움, 설사, 정신장애 증세를 보이고 피부의 알레르기화, 기억상실, 우울증세를 나타낼 수 있다. 그리고 피부흡수를 통해 전신독성을 나타낼 수 있다.	- 용기는 반드시 밀폐해 둔다. - 송기마스크 또는 방독마스크, 보호의, 불침투성 보호앞치마, 보호장갑, 보호장화를 착용하고 작업한다.
		연 · 4 알 킬 연	- 연이 체내에 흡수되면 초기에는 피로를 느끼고, 잠이 잘 안 오며 팔 다리의 통 증, 식욕감퇴 등의 증세가 나타날 수 있으며 계속하여 체내에 흡수되는 납이 증가하면 갑자기 배가 아프거나 관절에 통증이 느껴질 수 있으며, 어지럽고 손발에 힘이 약해지는 증세가 올 수 있음. - 4알킬연은 무기연화합물보다 독성이 강하며, 호흡기로 흡수되어 주로 중추신경계통에 작용하고 간과 골수, 신장, 뇌 등에 장해를 준다. - 급성증상 : 무기연과는 달리 중추신경계의 증상이 강하게 나타나는데 노출 수 일 후엔 불안, 흥분, 근육연축, 망상, 환상이 일어나고 혈압저하, 체질저하, 맥박수가 감소한다.	- 음식물을 골고루 섭취하고 흡연, 과음을 삼가며 적당한 운동으로 체력을 유지함. - 개인위생(식사전 세수, 방독마스크 착용, 작업복 세탁 등)을 철저히 지키고 근본적으로 납이 체내에 들어오는 것을 예방하는 것이 바람직함. - 화기접근을 금한다. - 누설의 유무를 매일 1회이상 점검한다. - 작업은 교대로 실시(1일 노출시간을 가급적 단축)한다. - 송기마스크 또는 유기가스용 방독면, 보호장갑, 보호장화, 보호의 등을 착용하고 작업한다.
		카 드 뮴	- 만성적으로 노출되면 신장장해, 만성 폐쇄성 호흡기 질환 및 폐기종을 일으키며 골격계장해와 심혈관계 장해도 일으키는 것으로 알려져 있다. - 기침, 가래, 콧물, 후각이상, 식욕부진, 구토, 설사, 체중감소 등이 나타나고 앞니나 송곳니, 치은부에 연한 황색의 환상 색소침착을 볼 수 있다..	- 작업장의 공기중 카드뮴 농도를 낮게 유지하고 작업장을 청결하게 한다. - 작업장 내에서 식사나 흡연은 절대 금물이며 작업복은 자주 갈아입는다. - 적절한 보호구(방진마스크, 보호장갑 등)를 착용하고 작업한다.

유해요인			인체에 미치는 영향	예 방
1. 화학적 인자	금속류	망간	- 수면방해, 행동이상, 신경증상, 발음부정확 등	- 보호구 착용을 철저히 한다. - 환기를 철저히 한다. - 작업수칙을 철저히 지킨다. - 호흡기 질환, 신경질환, 간염, 신장염이 있는 근로자는 해당 업무에 종사하지 않도록 한다.
		오산화바나듐	- 눈물이 나옴, 비염, 인두염, 기관지염, 천식, 흉통, 폐염, 폐부종, 피부습진 등	
		니켈	- 폐암, 비강암, 눈의 자극증상, 발한, 메스꺼움, 어지러움, 경련, 정신착란 등	
	산 및 알카리류		- 심한 호흡기 자극으로 일시적으로 숨이 막히고 기침이 난다. - 피부를 바늘로 찌르는 듯한 통증이 생긴다. - 화상을 입을 수 있다. - 장기 노출 시에는 치아부식증 및 기관지 등에 만성적인 염증이 생길 수 있다.	- 마스크를 착용한다. - 방수된 보호의, 고무장갑, 보호면을 착용하여 피부접촉을 방지한다. - 보호용 안경을 착용한다.
	가스상 물질류		- 대부분 가스상으로 호흡기를 통하여 인체에 들어와 건강장해를 일으키며 이외에도 피부나 경구적으로도 침입될 수 있는 물질이 많고 일반적으로 신경 장해(마취작용), 피부염 등이 일어날 수 있다. - 짧은 기간 동안 많은 양에 노출되면 눈, 코, 목, 피부 및 점막 등을 자극한다.	- 화기에 주의한다. - 작업환경에서 발생한 가스,흄, 분진 등은 유해가스용 방독마스크, 보호의, 장갑 등을 착용하고 필요 시, 세수, 샤워 등 개인위생을 잘 지킨다. - 유해물 등이 저장장소에서 유출되지 않도록 철저히 보관, 관리한다.
	영제88조에 의한 허가 대상 물질	석면	- 만성장해로서는 석면폐 등을 일으킬 수 있고 기침, 담 등 기관지염 증상을 수반하고 호흡곤란, 심계항진 등을 호소하며, 폐암 및 중피종이 발생할 수 있으므로 발암물질로 규정하고 있다.	- 방진마스크, 보안경을 착용한다. - 작업 후 목욕을 실시한다. - 작업복은 작업 시에만 착용하고 작업 후에는 반드시 갈아 입는다. - 석면취급 근로자는 반드시 금연하여야 한다.
		베릴륨	- 기관지염, 폐염, 접촉성 피부염, 기침, 호흡곤란, 폐의 육아종 형성	- 보호구 착용을 철저히 한다. - 환기를 철저히 한다. - 작업수칙을 철저히 지킨다. - 호흡기 질환, 신경질환, 간염, 신장염이 있는 근로자는 해당 업무에 종사하지 않도록 한다.
		비소	- 접촉성 피부염, 비중격 점막의 괴사, 다발성신경염 등	
2. 분진			- 광물성분진 : 진폐증의 자·타각증상이나 소견은 호흡기계에서 비롯된 호흡 곤란, 기침, 담액과다, 흉통, 혈담, 피로 등의 증상이 나타난다. - 면분진 : 특징적인 자각증상인 월요증상(Monday disease)은 흉부압박감, 가슴통증, 호흡곤란, 기침 등인데 특히 월요일에 심하며 주말에 이를수록 점차 경미하여 진다(월요일에는 면분진에 노출되지 않는 것을 전제로 한다).	- 발진 공정의 습식화 및 분진억제 대책을 수립, 시행한다. - 발진원 포위 격리 및 밀폐 등을 실시한다. - 방진마스크를 반드시 착용하고 작업한다.

유해요인		인체에 미치는 영향	예방
3. 물리적 인자	소음	- 불쾌감, 정신피로를 발생시켜서 재해를 증가시킬 수 있고 작업능률을 저하, 청력장해를 초래할 수 있다. - 청력장해는 일시적인 난청인 경우와 영구적으로 오는 난청 2가지의 경우가 있다. 영구적인 난청(직업성난청)은 높은 소음에 장기간 노출될 때 회복되지 않는 내이성 난청의 일종이며, 나중에는 말소리까지도 침범 당하여 잘 듣지 못한다.	- 소음발생이 큰 기계, 기구를 교체하거나 격리시킨다. - 발생원에 대한 방음흡음시설 설치(칸막이 등) 등을 한다. - 작업 시에는 귀마개, 귀덮개 등 차음보호구 착용을 생활화 한다.
	진동	- 국소진동이 직접 수지부에 가하여져 수지부 혈관 및 관절에 기계적 공진현상을 일으켜 말초장해를 유발하며 중추, 말초, 골관절 장해를 일으킨다. 즉 손가락의 창백현상, 손가락의 감각이상, 투통, 감작 등의 증상을 일으킨다.	- 진동흡수 장갑을 착용하고 작업한다. - 공구의 보수관리를 철저히 한다. - 작업시간을 단축한다.
	자외선	- 피부의 홍반현상, 색소침착, 각막의 부종과 괴사, 피부암 등을 일으킬 수 있다. - 용접 시에 발생되는 자외선은 각막결막염과 노출된 피부에 장해를 일으키며, 불활성가스 또는 금속 아크용접 등은 강력한 자외선을 발생하며 눈 및 피부에 화상을 입히는 일이 많다.	- 유해광선 장해를 예방하는 근본원칙은 방사선 발생원의 격리, 산란선 누선방지 등 방사선의 피폭방지에 있어 필름밧지(film badge) 또는 포켓선량계로 피폭량을 측정한다. - 피부보호의, 보호안경, 보호장갑, 안전모(방열용) 등 개인보호구를 착용한다.
	이상기압	- 압에서는 가스가 혈액 속에 용해되어 있다가 급격한 감압으로, 특히 질소가 혈관과 조직 내에 기포를 형성하고 혈관이 약한 부위에 따라 피부의 가려움 및 근육통, 관절통, 호흡곤란, 시력장해, 반신불수 등을 일으킨다.	- 수심에 따른 체재시간의 한도와 적절한 감압법을 엄수하여야 한다. - 고기압 환경에 부적절한 고령자, 결핵천식 등의 만성호흡기 질환자, 심맥관계 이상 자. 만성부비강염, 중이염, 골관절 이상 자 등은 그 작업을 하지 않도록 하여야 한다.
4. 야간작업		- 야간작업은 뇌심혈관질환의 위험을 증가시키며, 생체리듬의 불균형으로 인해 수면장애가 발생할 수 있고, 소화성궤양과 같은 위장관질환을 유발할 수 있다. 또한 유방암과의 관련으로 인해 국제암연구소(IARC)에서 2A 등급으로 지정되어 있다.	- 뇌심혈관질환과 관련된 위험요인을 관리하기 위한 생활습관요법을 실천한다. - 교대근무 일정을 바람직한 형태로 설계하며, 필요시 야간작업 중에 수면시간을 제공한다. - 심혈관질환, 중추신경장해, 조혈기계질환, 생식기계 기능이상 등이 있는 경우 야간작업 배치 전 업무 적합성 평가를 실시한다.

정답근거

근로자 건강 진단 실시기준(별지 제5호 서식 뒷쪽)

25. 작업환경측정 대상 유해인자에는 해당하지만 특수건강진단 대상 유해인자가 아닌 것은?

① 디에틸아민 ② 디에틸에테르
③ 무수프탈산 ④ 브롬화메틸
⑤ 피리딘

답 ①

해설

1. 작업환경 측정 대상 유해인자

(1) 화학적 인자
  ① 유기화합물(114종) ② 금속류(24종)
  ③ 산 및 알카리류(17종) ④ 가스상태 물질류(15종)
  ⑤ 영 제88조에 따른 허가 대상 유해물질(12종) ⑥ 금속가공유[Metal working fluids(MWFs) 1종]

(2) 물리적 인자(2종)
  ① 8시간 시간가중평균 80[dB] 이상의 소음 ② 안전보건규칙 제558조에 따른 고열

(3) 분진(7종)
  ① 광물성 분진(Mineral dust)
    ㉮ 규산(Silica)
      ㉠ 석영(Quartz ; 14808-60-7 등)
      ㉡ 크리스토발라이트(Cristobalite ; 14464-46-1)
      ㉢ 트리디마이트(Trydimite ; 15468-32-3)
    ㉯ 규산염(Silicates, less than 1[%] crystalline silica)
      ㉠ 소우프스톤(Soapstone ; 14807-96-6)
      ㉡ 운모(Mica ; 12001-26-2)
      ㉢ 포틀랜드 시멘트(Portland cement ; 65997-15-1)
      ㉣ 활석(석면 불포함)[Talc(Containing no asbestos fibers) ; 14807-96-6]
      ㉤ 흑연(Graphite ; 7782-42-5)
    ㉰ 그 밖의 광물성 분진(Mineral dusts)
  ② 곡물 분진(Grain dusts) ③ 면 분진(Cotton dusts)
  ④ 목재 분진(Wood dusts) ⑤ 석면 분진(Asbestos dusts ; 1332-21-4 등)
  ⑥ 용접 흄(Welding fume) ⑦ 유리섬유(Glass fibers)

(4) 그 밖에 고용노동부장관이 정하여 고시하는 인체에 해로운 유해인자
  ※ 비고 : "등"이란 해당 화학물질에 이성질체 등 동일 속성을 가지는 2개 이상의 화합물이 존재할 수 있는 경우를 말한다.

정답근거

산업안전보건법 시행규칙 [별표 21]

2. 특수건강진단 대상 유해인자(제201조 관련)

(1) 화학적 인자
  ① 유기화합물(109종) : 디메틸포름아미드(Dimethylformamide ; 68-12-2)
  ② 금속류(20종)
  ③ 산 및 알카리류(8종)
  ④ 가스상태 물질류(14종)
  ⑤ 금속가공유(Metal working fluids); 미네랄 오일 미스트(광물성 오일, Oil mist, mineral)

(2) 분진(7종)
　① 곡물 분진(Grain dusts)
　② 광물성 분진(Mineral dusts)
　③ 면 분진(Cotton dusts)
　④ 목재 분진(Wood dusts)
　⑤ 용접 흄(Welding fume)
　⑥ 유리 섬유(Glass fiber dusts)
　⑦ 석면 분진(Asbestos dusts ; 1332-21-4 등)

(3) 물리적 인자(8종)
　① 안전보건규칙 제512조제1호부터 제3호까지의 규정의 소음작업, 강렬한 소음작업 및 충격소음작업에서 발생하는 소음
　② 안전보건규칙 제512조제4호의 진동작업에서 발생하는 진동
　③ 안전보건규칙 제573조제1호의 방사선
　④ 고기압
　⑤ 저기압
　⑥ 유해광선
　　㉮ 자외선　㉯ 적외선　㉰ 마이크로파 및 라디오파

(4) 야간작업(2종)
　① 6개월간 밤 12시부터 오전 5시까지의 시간을 포함하여 계속되는 8시간 작업을 월 평균 4회 이상 수행하는 경우
　② 6개월간 오후 10시부터 다음날 오전 6시 사이의 시간 중 작업을 월 평균 60시간 이상 수행하는 경우
　　※ 비고 : "등"이란 해당 화학물질에 이성질체 등 동일 속성을 가지는 2개 이상의 화합물이 존재할 수 있는 경우를 말한다.

[정답근거]
산업안전보건법 시행규칙 [별표 22]

[보충학습]

디에틸 아민
CAS NO. 109-89-7

신호어
위험

유해·위험 문구
고인화성 액체 및 증기
삼키면 유해함
피부와 접촉하면 유독함
피부에 심한 화상과 눈 손상을 일으킴

예방조치 문구
예방
열·스파크·화염·고열로부터 멀리하시오-금연
용기를 단단히 밀폐하시오.
스파크가 발생하지 않는 도구만을 사용하시오.
정전기 방지 조치를 취하시오.
이 제품을 사용할 때에는 먹거나, 마시거나 흡연하지 마시오.

대응
삼켜서 불편함을 느끼면 의료기관(의사)의 진찰을 받으시오.
삼켰다면 입을 씻어내시오. 토하게 하려 하지 마시오.
흡입하면 신선한 공기가 있는 곳으로 옮기고 호흡하기 쉬운 자세로 안정을 취하시오.
눈에 묻으면 몇 분간 물로 조심해서 씻으시오.
가능하면 콘택트렌즈를 제거하시오. 계속 씻으시오.

저장
용기는 환기가 잘 되는 곳에 단단히 밀폐하여 저장하시오.
환기가 잘 되는 곳에 보관하고 저온으로 유지하시오.
잠금장치가 있는 저장장소에 저장하시오.

폐기
(관련법규에 명시된 내용에 따라) 내용물 용기를 폐기하시오.

공급자 정보 :

SAFETY ENGINEER

Note

산업안전지도사 자격시험
제1차 시험문제지

2024년도 3월 30일 필기문제

제3과목 기업진단·지도	총 시험시간 : 90분 (과목당 30분)	문제형별 A

수험번호	20240330	성 명	도서출판 세화

【수험자 유의사항】

1. 시험문제지 표지와 시험문제지 내 **문제형별의 동일여부** 및 시험문제지의 **총면수·문제번호 일련순서·인쇄상태** 등을 확인하시고, 문제지 표지에 수험번호와 성명을 기재하시기 바랍니다.
2. 답은 각 문제마다 요구하는 **가장 적합하거나 가까운 답 1개**만 선택하고, 답안카드 작성 시 시험문제지 **형별누락, 마킹착오**로 인한 불이익은 전적으로 **수험자에게 책임**이 있음을 알려 드립니다.
3. 답안카드는 국가전문자격 공통 표준형으로 문제번호가 1번부터 125번까지 인쇄되어 있습니다. 답안 마킹 시에는 반드시 **시험문제지의 문제번호와 동일한 번호**에 마킹하여야 합니다.
4. **감독위원의 지시에 불응하거나 시험 시간 종료 후 답안카드를 제출하지 않을 경우** 불이익이 발생할 수 있음을 알려 드립니다.
5. 시험문제지는 시험 종료 후 가져가시기 바랍니다.

【안 내 사 항】

1. 수험자는 QR코드를 통해 가답안을 확인하시기 바랍니다.
   (※ 사전 설문조사 필수)
2. 시험 합격자에게 '합격축하 SMS(알림톡) 알림 서비스'를 제공하고 있습니다.

▲ 가답안 확인

- 수험자 여러분의 합격을 기원합니다 -

3. 기업진단·지도

01 테일러(F. Taylor)의 과학적 관리법(scientific management)에 관한 설명으로 옳은 것을 모두 고른 것은?

> ㄱ. 고임금 고노무비 ㄴ. 개방체계
> ㄷ. 차별성과급 제도 ㄹ. 시간연구
> ㅁ. 작업장의 사회적 조건 ㅂ. 과업의 표준

① ㄱ
② ㄴ, ㅁ
③ ㄱ, ㄷ, ㅂ
④ ㄴ, ㄹ, ㅁ
⑤ ㄷ, ㄹ, ㅂ

답 ⑤

해설

테일러의 과학적 관리법
(1) 프레드릭 윈슬로우 테일러(Frederick Winslow Taylor)의 1911년 책 "과학적 관리법"
  ① 테일러의 핵심 아이디어 중 하나는 과학적인 직원 선발과 교육이 중요
  ② 관리자가 각 직원의 능력과 적성에 따라 과학적으로 선발하고 교육해야 한다고 제안
  ③ 직원들이 업무에 적합하고 최고의 성과를 낼 수 있도록 보장
(2) 시간 및 동작 연구
  ① 테일러는 업무 프로세스를 분석하고 최적화하기 위해 시간 및 동작 연구라는 개념을 도입
  ② 작업을 가장 작은 구성 요소로 나누고 각 단계를 수행하는 가장 효율적인 방법을 결정할 것을 주장
  ③ 접근 방식은 불필요한 움직임을 없애고 낭비를 줄여 궁극적으로 생산성을 높이는 것을 목표
(3) 공정한 보상
  ① 테일러는 공정한 보상은 근로자의 생산량과 고용주의 이익 모두를 기준으로 이루어져야 한다고 주장
  ② 근로자가 더 높은 생산성을 위해 더 높은 임금을 받아 노사 간에 공정하고 상호 이익이 되는 관계를 만들어야 한다.

보충학습

테일러의 이론
(1) 개요
  ① 테일러는 근로자 생산성 향상이 관리자와 국가의 핵심 관심사라는 점부터 언급한다.
  ② 시어도어 루스벨트 미국 대통령의 말을 인용하며 국가 효율성의 중요성에 대해 설명
  ③ 직무에 적합한 인재를 찾는 데 그치지 않고 체계적인 교육에 집중해야 한다고 강조
  ④ 테일러는 비효율성의 주요 원인이 널리 퍼져있는 '경험 법칙'에 따른 업무 방식에 있다고 주장
  ⑤ 일상적인 행위의 비효율성을 강조하고, 체계적인 관리를 옹호
  ⑥ 모든 인간 활동에 적용 가능한 과학적 원리에 기반한 최상의 관리가 가능하다는 것을 입증
(2) 과학적 관리의 기초
  ① 테일러는 산업 시설에서 만연한 '군인화' 또는 고의적으로 느리게 일하는 문제에 대해 논의하고 경영의 주요 목표는 고용주와 직원 모두의 번영을 보장하는 것이어야 한다고 주장

② 테일러는 비효율성의 세 가지 원인으로
　　㉠ 생산량 증가가 실업으로 이어질 것이라는 믿음
　　㉡ 군인화를 조장하는 결함이 있는 관리 시스템
　　㉢ 비효율적인 기존 방식
③ 가장 효율적인 업무 방식을 결정하기 위해 동작 및 시간 연구의 중요성을 강조
(3) 과학적 관리의 원칙
① 기존의 경험 법칙을 대체하여 업무의 각 요소에 대한 과학을 개발
　㉠ 전통적인 관리는 표준화되지 않은 방법과 개인적인 판단에 의존합니다. 반면 과학적 관리는 과학적 방법을 사용하여 가장 표율적인 업무 수행 방법을 결정
　㉡ 작업을 연구하고 가장 효율적인 방법을 문서화하여 직원들에게 가르쳐야 하고 이는 기존의 '경험 법칙' 방식을 대체
② 직원을 과학적으로 선발, 교육, 개발
　㉠ 직원은 특정 업무에 대한 능력을 기준으로 선발해야 한다.
　㉡ 일단 선발된 직원은 가능한 한 가장 효율적인 방식으로 업무를 수행할 수 있도록 교육을 받아야 한다.
③ 개발된 과학과 업무가 일치하도록 직원들과 협력
　㉠ 경영진은 계획 및 교육과 같은 더 많은 책임을 맡아서 근로자가 실행에만 집중할 수 있도록 해야함
　㉡ 테일러는 위의 원칙으로 과학적 관리를 구현하면 근로자의 행복, 임금 상승, 기업의 이익 증가, 모두의 번영으로 이어질 것이라고 믿음
(4) 테일러 과학적 관리법 장점
① 효율적 향상 : 테일러의 방법, 특히 시간 및 동작 연구는 작업을 수행하는 가장 효율적인 방법을 찾아 생산성을 높이는 것을 목표로 한다.
② 표준화 : 각 작업을 수행하는 '최선의 방법'을 정립함으로써 전반적으로 일관된 방법과 표준이 마련되어 변동성과 오류가 줄어든다.
③ 명확한 역할과 책임 : 과학적 관리법은 경영진과 작업자 간의 명확한 역할과 책임 분담을 지지한다.
④ 과학적 접근 : 체계적인 연구와 관찰을 통해 보다 객관적이고 데이터에 기반한 관리 방식을 도입한다.
⑤ 더 높은 임금 : 테일러는 효율성을 높이면 기업이 근로자에게 더 많은 임금을 지급할 수 있고, 이는 임금과 생활 수준 향상으로 이어질 수 있다고 믿었다.
(5) 테일러 과학적 관리법 단점
① 지나친 단순화 : 비평가들은 테일러의 방식이 복잡한 작업을 지나치게 단순화하여 개인의 기술과 창의성의 역할을 축소한다고 주장
② 비인간화 : 효율성과 업무 최적화에 초점을 맞추다 보면 직원들이 기계의 톱니바퀴처럼 느껴져 업무 만족도가 떨어질 수 있다.
③ 변화에 대한 저항 : 근로자들은 효율성 향상이 일자리 감소로 이어질 것을 우려해 테일러의 방식에 저항하는 경우가 많다.
④ 좁은 초점 : 테일러의 원칙은 주로 효율성과 생산성에 초점을 맞추기 때문에 근로자의 복지, 직무 만족도, 조직 문화와 같은 다른 중요한 요소는 희생되는 경우가 많다.
⑤ 현대적 맥락에서는 구식 : 일부에서는 산업 시대에 개발된 테일러의 원칙이 오늘날의 지식 기반 및 서비스 지향 산업에 완전히 적용되지 않을 수 있다고 주장
(6) 테일러 과학적 관리법 비판 및 논쟁
① "과학적 관리법"은 출간되자마자 다양한 비평적 반응을 받았으며, 일부에서는 테일러를 선구자라고 칭송
② 몇몇 비평가들은 테일러가 효율성에만 집중한 나머지 직원들의 소진과 불만을 초래할 수 있다고 주장했으며, 또한 테일러의 원칙이 노동자들을 기계에 불과한 존재로 만들어 그들을 비인간화한다고 생각
③ 효율성에만 초점을 맞추다 보니 업무 만족도나 창의성 같은 다른 중요한 직장 내 요소들이 무시되었다고 생각
④ 시간이 지나면서 테일러의 아이디어는 널리 받아들여졌고 다양한 사업 분야의 경영 관행에 큰 영향을 미쳤다.
⑤ 본질적으로 "과학적 관리법"은 직장에서의 생산성에 대찬 체계적이고 분석적인 접근 방식을 도입했다는 점에서 획기적이었으며 테일러의 원칙은 향후 경영 및 조직 행동 연구의 토대로 마련했다.

02. 조직에서 생산적 행동(Productive behavior)과 반생산적 행동(Counterproductive work behavior: CWB)에 관한 설명으로 옳지 않은 것은?

① 조직시민행동(Organizational Citizenship Behavior: OCB)은 생산적 행동에 속한다.
② OCB는 친사회적 행동이며 역할 외 행동이라고도 한다.
③ 일탈행동(Deviance)은 CWB에 속하지만 조직에 해로운 행동은 아니다.
④ 조직시민행동은 OCB I(Individual)와 OCB-O(Organizational)로 분류되기도 한다.
⑤ CWB는 개인적 범주와 조직적 범주로 분류할 수 있다.

답 ③

해설

생산적 행동과 반생산적 행동

(1) 생산적 행동
① 조직이 목표를 달성하기 위해서는 개별 구성원이 보유한 핵심역량 혹은 객관적인 숙련 수준을 통해 자신의 직무를 수행해야만 함
② 영리조직에서의 경우 개인들의 낮은 직무수행이 누적되어 쌓이게 되면 전체 조직을 하루아침에 파산에 이르게 할 수도 있기 때문에 이 부분에 많은 관심을 가져야 함
③ 개개인들이 직무수행을 제대로 할 경우 이는 조직의 생산성을 높여주게 될 것이며 이 결과 국가경제에도 도움이 될 것임

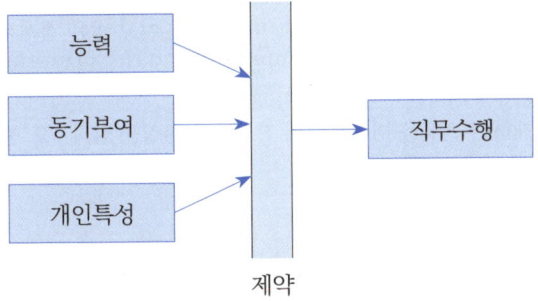

[그림] 직무수행을 위한 능력, 동기부여, 개인특성

[표] Big Five의 영역과 특징

영역	특징
외향성	사교, 명랑, 적극, 대화 좋아함
정서적 안정성	침착, 인내, 안정, 조용
포용성	양보, 동조, 화평, 포용, 협조, 신뢰
신중성	집중, 신중, 전력투구, 완전, 성취
경험의 개방성	새로움, 호기심, 혁신, 예술, 상상, 변화

[표] 8가지 조직제약 분야

직무관련 정보	직무를 위해 필요한 자료와 정보
도구와 장비	컴퓨터와 트럭과 같이 직무를 위해 필요한 도구, 장비, 연장, 기계류
재료와 공급	목재나 종이와 같이 직무를 위해 필요한 재료를 공급
예산지원	직무를 수행하는 데 필요하며 자원획득을 위한 금전적 지원
요구된 서비스와 타인으로부터의 도움	타인들로부터의 도움 가능성
작업준비	직무를 위한 KSAOs
시간 이용가능성	직무수행을 위해 이용할 수 있는 적정 시간의 양
작업환경	건물의 기후나 같은 직무환경의 물리적 특징

(2) 종업원의 반생산적 행동
　① 대규모 조직에서 하루의 일상 중에 어떤 사람들은 지각을 하거나 하루를 무단 결근하는 사람이 있으며, 습관적으로 지각하는 사람이 있는가하면, 어떤 사람은 그 직장을 영구히 떠나려는 사람들이 종종 있게 됨.(일탈행동 혹은 반생산적 행동)
　② 종업원의 결근, 지각, 이직, 공격행동, 노조의 불법적인 사보타지 등이 반생산적 행동에 속함

> 참고

불법사보타지(sabot : 프랑스 나막신)
① 반생산적 행동인 공격행동 중 하나가 바로 다른 작업자에 대해 공격을 행하는 불법적인 사보타지임.
② 사보타지란 불법파업으로서 조직에게 심각한 피해를 미침은 물론이고 많은 경제적 비용을 초래함.
③ 부하들은 그들의 상사를 공격의 목표로 삼는 경우가 일반적이며, 상사에 의해 부정적인 직무수행평가를 받았을 때 행동으로 옮기는 경우가 많음.
④ 장비나 도구, 물적 자산에 대하여 손상을 미침으로써 직접적인 손실을 입히기도 하며, 생산성 손실로 인한 간접적인 손실을 야기하기도 함.

> 보충학습

조직시민행동
(1) 조직시민행동(OCB)이란 조직에 의해 공식적으로 규정되어 있지는 않지만 종업원 스스로 행하는 조직기능에 긍정적으로 영향을 미치는 자발적 행동으로 간주하고 있음.
(2) 조직시민행동은 다른 동료들을 돕고, 역할 외의 과업을 자발적으로 수행하고, 부서나 조직발전을 위해 창의적인 아이디어를 제안하며, 시간을 낭비하지 않으려는 행동 등이 포함됨.
(3) 스미스(C. A. Smith) 오르간(D. W. Organ)과 니어(P. J. Near)는 직무와 직접관련이 없으면서 공식적으로 주어지지도 않는 직무 외 행동이 오히려 장기적으로 볼 때 직무의 성과나 조직의 휴효성에 밀접하게 연계되어 있음을 밝히고 있음.
(4) OCB를 구성하는 요소로는 이타성, 양심성, 예의성, 시민정신 및 스포츠맨십 등 5가지가 아주 일반적인 주장임.
　① 이타성이란 조직관련과업이나 문제 중 다른 사람에게 도움을 주는 사려 깊은 행동이면서 잠재적으로는 조직전체의 능률을 증가시키는 친사회적 행동을 말함.
　② 양심성은 조직 구성원들에게 최소한의 범위 안에서 어떤 역할을 수행하도록 하고, 고용조건에 어긋나지 않는 범위 내에서 작업에 참여하며, 청결의 유지와 향상을 위해 노력하는 행동임.
　③ 예의성이란 의사결정이나 몰입에 영향을 주는 당사자들의 행동과 조직내에서 발생하기 쉬운 문제들을 사전에 막으려는 행동임.
　④ 시민정신이란 회의에 참여하여 논의하고 조직의 정치적 활동에 책임을 지는 행동임.
　⑤ 스포츠맨쉽이란 불평, 불만 및 고충 등을 자발적으로 참고 승복하는 행동임

03 직무평가에 관한 설명으로 옳은 것을 모두 고른 것은?

ㄱ. 직무평가 대상은 직무 자체임
ㄴ. 다른 직무들과의 상대적 가치를 평가
ㄷ. 직무수행자를 평가
ㄹ. 종업원의 기업목표달성 공헌도 평가
ㅁ. 직무의 중요성, 난이도, 위험도의 반영

① ㄱ, ㄷ
② ㄱ, ㄴ, ㄹ
③ ㄱ, ㄴ, ㅁ
④ ㄷ, ㄹ, ㅁ
⑤ ㄴ, ㄷ, ㄹ, ㅁ

답 ③

해설

직무평가

(1) 개요
① 직무평가(職務評價, job evaluation)란 경영조직에 있어서 개개의 직무의 상대적 가치를 평가하여 모든 직무를 직무가치체계로 종합하는 것을 말한다.
② 직무평가의 목적은 경영에 있어서 직무의 상대적 유용성을 측정하여 공평하고 합리적인 임금관리를 행할 뿐 아니라 합리적인 직무분류를 함으로써 승진경로나 배치기준을 명확히 하여 종업원의 배치·이동·승진·훈련 등을 효과적으로 수행하며 종업원에 대한 공정한 인사관리를 기하려는 데에 있다.

(2) 직무평가의 방법 4가지
① 서열법(序列法) 또는 등급법 : 직무를 그 곤란도와 책임도의 면에서 상호 비교하여 수행의 난이(難易)순으로 배열하여 등급을 정하는 방법이다.
② 분류법 : 이 방법은 평가하고자 하는 직무를 그 곤란도와 책임도의 면에서 종합적으로 관찰하여 등급정의에 따라 적당한 등급으로 편입하는 방법이다.
③ 점수법 : 직무의 상대적 가치를 점수로 표시하는 방법이다.
④ 요소비교법(要素比較法) : 직무의 상대적 가치를 임금액으로 평가하는 특징을 가지고 있다.

04 노동쟁의조정에 관한 설명으로 옳지 않은 것은?

① 노동쟁의조정은 노동위원회가 담당한다.

② 노동쟁의조정은 조정, 중재, 긴급조정 등이 있다.

③ 노동쟁의조정 방법에 있어서 임의조정제도는 허용되지 않는다.

④ 확정된 중재내용은 단체협약과 동일한 효력을 갖는다.

⑤ 노동쟁의조정 중 조정은 노동위원회에서 조정안을 작성하여 관계당사자들에게 제시하는 방법이다.

답 ③

해설

노동쟁의 조정

(1) 노동쟁의의 의의와 유형
  ① 노동쟁의의 뜻
    노동쟁의는 노동관계 당사자(노동조합과 사용자 또는 사용자 단체) 간에 근로조건(임금, 근로시간, 복지, 해고, 기타 대우 등)의 결정에 관한 주장의 불일치로 인하여 발생한 분쟁상태를 말한다.
  ② 쟁의 조정의 원리
    ㉮ 자주적 해결의 원칙
    ㉯ 신속한 처리의 원칙, 공정성의 원칙
    ㉰ 공익성의 원칙 : 국민경제에 중대한 영향을 주거나 공익을 해진다고 인정될 때에는 국가가 개입한다.
    ㉱ 우리나라의 경우 임의조정제도가 기본이다.
  ③ 쟁의 조정의 유형
    ㉮ 조정 : 노동위원회에 설치된 조정위원회가 관계 당사자의 의견을 청취한 뒤 조정안을 작성하여 노사 쌍방에게 그 수락을 권고하는 형식의 조정방법.
    ㉯ 중재 : 노동위원회에 설치된 중재위원회가 노동쟁의의 해결 조건을 정한 해결안(중재재정)을 작성하고 당사자는 무조건 그 해결안에 구속되는 조정방법.

(2) 노동쟁의 조정의 방법
  ① 조정의 요건과 개시
    ㉮ 노동관계 당사자의 일방이 노동쟁의 조정을 신청한 때 시작한다.
    ㉯ 고용노동부장관이 긴급조정의 결정을 한 때 시작한다.
  ② 중재
    ㉮ 임의중재 : 관계 당사자의 신청이 있을 때 중재 절차가 개시되는 중재
    ㉯ 강제중재 : 관계 당사자의 신청 없이 강제적으로 중재 절차가 개시되는 중재
  ③ 긴급조정
    ㉮ 긴급조정은 고용노동부장관의 결정에 의한 강제로 개시되는 조정이다.
    ㉯ 긴급조정의 결정이 공포되면 관계 당사자는 즉시 쟁의행위를 중지하여야 한다.
    ㉰ 긴급조정의 실질적 요건

보충학습

쟁의행위

(1) 쟁의행위의 의의
  노동관계 당사자가 그 주장을 관철할 목적으로 행하는 행위와 이에 대항하는 행위로서 업무의 정상적인 운영을 저해하는 행위를 말한다.

(2) 노동자 측의 쟁의행위
   ① 동맹파업 : 노동자가 단결하여 근로조건의 유지 및 개선을 달성하기 위하여 집단적으로 노무의 제공을 거부하는 쟁의행위이다.
   ② 태업 : 노동자들이 단결해서 의식적으로 작업 능률을 저하시키는 것이다. (예 : 불량품 생산, 서비스 질의 저하, 생산품 양의 감소 등)
   ③ 준법투쟁 : 보안, 안전, 근무규정 등을 필요 이상으로 엄정하게 준수하여 작업 능률을 의식적으로 저하시키는 행위를 말한다.
   ④ 불매동맹 : 사용자의 제품을 구매 또는 시설을 거부하여 압력을 가하는 것을 말한다.
   ⑤ 생산관리 : 노동자들이 단결하여 사업장 또는 공장을 점거하여 사용자의 지휘를 거부하고 조합 간부의 지휘 하에 노무를 제공하는 행위를 말한다. (부당한 쟁의행위)
   ⑥ 피케팅 : 근로 희망자(파업 비참가자)들의 사업장 또는 공장의 출입을 저지하고 파업 참여에 협력할 것을 요구하는 행위를 말한다.

(3) 사용자 측의 대항행위
   ① 조업계속
      - 노동조합원 이외의 노동자(비노조원)를 사용해서 조업을 계속할 수 있다.
      - 노동조합이 쟁의행위를 행하고 있는 단계에서 신규로 노동자를 채용해서 조업을 계속할 수는 없다.
   ② 직장폐쇄
      - 노동자 집단을 생산 수단에 접근하는 것을 차단하고 노동자의 노동력 수령을 거부하는 행위를 말한다.
      - 직장폐쇄는 노동조합이 쟁의행위를 개시한 이후에만 가능하다.

05 조직설계에 영향을 미치는 기술유형을 학자들이 제시한 것이다. ( )에 들어갈 내용으로 옳은 것은?

> · 우드위드(J. Woodward): 소량단위 생산기술, (ㄱ), 연속공정생산기술
> · 페로우(C. Perrow): 일상적 기술, 비일상적 기술, (ㄴ), 공학적 기술
> · 톰슨(J. Thompson): (ㄷ), 연속형 기술, 집약형 기술

① ㄱ: 대량생산기술, ㄴ: 장인기술, ㄷ: 중개형 기술
② ㄱ: 대량생산기술, ㄴ: 중개형 기술, ㄷ: 장인기술
③ ㄱ: 중개형 기술, ㄴ: 장인기술, ㄷ : 대량생산기술
④ ㄱ: 장인기술, ㄴ: 중개형 기술, ㄷ : 대량생산기술
⑤ ㄱ: 장인기술, ㄴ: 대량생산기술, ㄷ : 중개형 기술

답 ①

해설

조직설계에 영향을 미치는 상황변수

(1) 환경
　① 반즈와 스토커

구분	기계식 조직	유기적 조직
환경	단순, 안정적, 자원많음	복잡, 변동성, 자원적음
구조	경직, 수직적, 불확실성 낮음, 권한 집중	탄력, 수평적, 불확실성 높음, 분권화

　② 로렌스와 로쉬 : 분화와 통합
(2) 기술
　① 우드워드 : 기술복잡성에 따라 구분
　　단위생산기술, 대량생산기술, 연속공정 생산기술
　② 페로우 : 과업의 다양성과 분석가능성에 따라 구분

과업다양성	분석가능성	네가지 기술유형
낮음	높음	일상적 기술(은행)
낮음	낮음	기능적 기술(공예)
높음	높음	공학적 기술(회계, 법률)
높음	낮음	비일상적 기술(첨단과학컨설팅)

　③ 톰슨 : 부서간 상호의존성에 따라 구분
　　중개형(의존성 낮음), 연속형(중간), 집중형(의존성 높음)

(3) 규모 : 조직 구성원의 수는 조직구조에 영향

(4) 전략
   ① 마일즈와 스노우 : 공격형 vs 방어형 → 절충안으로 분석형 전략
     ㉮ 공격형 : 혁신 = 유기적 구조
     ㉯ 방어형 : 현상유지 = 기계적 구조
   ② 포터 : 차별화 vs 원가우위 → 절충안으로 집중화
     ㉮ 차별화 : 창의적, 유기적 조직 : 위험감수, 재량권 부여
     ㉯ 원가우위 : 효율성추구, 기계식 조직 : 표준화, 감독과 관리

06 수요예측 방법 중 주관적(정성적) 접근방법에 해당하지 않는 것은?

① 델파이법
② 이동평균법
③ 시장조사법
④ 자료유추법
⑤ 판매원 의견종합법

답 ②

해설

수요예측(需要豫測 : Demand Forecast)

1. 수요예측(Demand Forecast)의 개요
    수요예측이란 미래의 일정 기간에 대한 기업의 제품이나 서비스의 수요를 예측하는 것으로 수요예측은 대상기간에 따라 단기, 중기, 장기로 구분할 수 있다. 단기예측은 6개월 이내의 월/주/일별 예측으로 세부적으로 구분되며, 중기 예측은 6개월에서 2년 정도의 기간을 대상으로 한다. 그리고 장기예측은 2년 이상의 기간을 대상으로 예측하게 된다. 수요예측의 대상은 제품에 대한 것 또는 해당 지역에 대한 것 등이 있다. 이러한 수요예측을 통해 생산설비의 공정설계, 설비설치, 일정수립 등의 총괄적인 계획과 재고관리 등에 활용할 수 있다.

2. 정성적 기법
    정성적 예측기법은 주로 중장기 예측에 적용되는 기법으로 경제, 정치, 사회, 기술 등의 외부환경요인의 변화에 따라 시장 잠재력이 변화되므로 과거의 자료가 불충분하거나 주관적 판단 또는 의견에 기초하여 수요를 예측할 수 밖에 없는 상황에서 사용한다. 일반적으로 경영자의 판단이나 전문가의 지식과 경험에 입각하여 수요를 예측하는 기법이다. 정성적 예측기법을 사용하게 되면 시간과 비용이 많이 들며, 단기보다는 중, 장기 예측에 사용하는 경우가 많다.

    (1) 델파이법(Delphi method)
    예측 대상에 대한 전문가 그룹(위원회 등)을 선정한 다음, 전문가들에게 여러차례 설문지를 돌려 의견을 수렴함으로써 예측치를 구하는 방법이다. 일반적으로 예측에 불확실성이 크거나 과거 자료가 없는 경우에 사용하고 시간과 비용이 많이 들어가는 방법이다. 델파이법은 원래 기술예측 방법으로 개발되었고 현재에는 시장에 대한 전략, 신제품 개발, 설비설치 계획 등을 위한 장기예측이나 기술 예측에 적합한 방식이다. 델파이는 신탁으로 유명한 아폴로 신전이 자리잡고 있던 고대 그리스의 도시 이름에서 따온 명칭이다.
    델파이법의 특징은 다수 의견이나 유력자의 의견에 편향되지 않도록 전문가들을 한자리에 모으지 않은 상태에서 각자의 견해를 밝히고 이를 종합하여 피드백과정을 거쳐 의견을 좁혀나가는 방식이다. 다른 주관적인 예측보다 정확도가 높은 것으로 평가되는 방법이다. 하지만, 분석하는데 시간이 많이 소요되며 설문지 작성에도 어려움이 있다.

    (2) 시장조사법(Market research)
    정성적 기법 중 가장 계량적이고 객관적인 방법으로 소비자로부터 직접 수요에 관한 정보를 얻으려는 방법이며 시간과 비용이 가장 많이 들지만, 단기예측시 비교적 정확한 예측이 가능한 병법입니다. 설문지, 직접 인터뷰, 전화, 우편, 이메일, 시험시장 등을 통해 제품에 대한 잠재적 고객의 반응을 조사함으로 수요를 예측한다.

    (3) 패널동의법(Panel consensus)
    경영자, 판매원, 소비자 등으로 패널을 구성하여 자유롭게 의견을 제시하게 함으로써 예측치를 구하는 방법이다. 다양한 계층의 지식과 경험을 기초로 관련된 수요를 예측한다. 단 패널 토론이 자유롭지 못한 경우, 적합한 결과를 얻기가 어렵다. 비용이 저렴한 반면에 정확도가 떨어지는 방법이다.

    (4) 역사적 유추법 (Historical analogy)
    신제품의 경우와 같이 과거 자료가 없을 때 이와 비슷한 기존 제품이 과거에 시장에서 어떻게 도입기, 성장기, 성숙기의 제품수명주기를 거치면서 수요가 성장해 갔는가에 입각하여 수요를 유추하는 방법이다.

(5) 전문가 의견법, 집단 의견법
상위층의 경영자들이 모여서 집단적으로 행하는 예측 기법으로 보통 장기계획이나 신제품 개발을 위해서 사용하지만, 영향력 있는 인물에 의해 편향될 수 있거나 공동의 예측으로 책임감이 결여될 수 있어 다른 예측 기법과 병행하여 사용하는 것이 좋다.

(6) 수명주기 유추법
과거의 자료가 없는 품목 또는 신제품의 수요를 예측하려 할 때 과거의 상황이 미래에도 유사하게 전재된다는 가정하에 이 품목과 비슷한 품목의 제품 수명주기 상의 수요 변화 (도입기, 성장기, 성숙기를 거치면서 어떻게 변화 한지)를 보고 유추하고 예측하는 방법이다.

3. 정량적 기법

(1) 시계열 분석기법(Time series analysis)
① 시간에 따라 변화하는 어떤 현상을 일정한 시간간격으로 관찰할 때 얻어지는 일련의 관측치로 일별, 주별, 월별 배출자료 등이 있다.
② 과거의 시계열 자료 (역사적 수요)에 입각하여 미래 수요를 예측할 수 있습니다. 주로 단기 또는 중기예측에 사용된다.
③ 종류 : 단순이동 평균법, 가중이동 평균법, 지수평활법, 최소자승법, 박스·젠킨스법

(2) 시계열 분해법 – 계절지수법
단순한 이동평균법이나 추세분석법 또는 지수평활법과는 달리 시계열 자료는 변동요인(추세, 순환, 계절, 우연)의 혼합으로 이루어져 있기에 시계열 자료를 형성하고 있는 변동요소들을 찾아내어 시계열 자료를 그 요소들로 표현하여 예측하는 방법이다. 구성요소를 분해하여 계절지수를 반영함으로 좀 더 정확한 예측을 시도하는 예측 기법이다. 시계열 분해법을 적용하기 위해서는 시간의 흐름에 따라 수요에 관한 최신 자료를 정기적으로 분석에 포함시켜 단위가간의 수요를 계산하고, 조정된 계절지수를 갱신하여 새로운 추세식을 유도하게 된다.

(3) 추세 분석법(Trend Analysis)
시계열 자료가 장기적으로 어떤 경향을 나타내고 있는가를 추세라고 한다. 시계열이 증가하는 경향인지, 감소하는 경향인지를 알아보고 그 움직임이 선형인지, 어떤 함수관계로 나타내는지를 찾는 방법이다. 즉, 시계열을 잘 관통하는 추세선을 구한 다음 그 추세선으로 미래 수요를 예측하는 방법이다. 두 변수간의 인과관계를 조사, 수요량 예측은 최소 자승법을 이용한다. 실제치와 직선 추세선상의 예측치와의 오차 자승의 합이 최소가 되도록 구한다.

(4) 인과형 모형(Causal Relationship method)
수요와 밀접하게 관련되어 있는 변수들과 수요와의 인과관계를 분석하여 미래 수요를 예측한다. 주로 중기 또는 장기 예측에 사용된다. 인과형 모형에서는 수요를 종속변수로 수요에 영향을 미치는 요인들을 독립변수로 놓고 양자의 관계를 여러가지 모형으로 파악하여 수요를 예측한다.

07 총괄생산계획 기법 중 휴리스틱 계획기법에 해당하지 않는 것은?

① 선형계획법
② 매개변수에 의한 생산계획
③ 생산전환 탐색법
④ 서어치 디시즌 룰(search decision rule)
⑤ 경영계수이론

답 ①

해설

휴리스틱(heuristics) 계획기법

(1) 경영계수법(mangaement coefficient method)
경영자들의 의사결정은 일관성만 있다면 아주 좋다는 가정에 입각하여, 경영자들이 과거에 내린 총괄생산계획에 관한 의사결정들을 다중회귀분석하여 생산수준과 고용수준을 결정하는 규칙을 이끌어내는 기법이다.

(2) 탐색결정규칙(SDR : Search Decision Rule)
일반적인 비용구조를 가진 총괄생산 계획 문제에 대해 먼저 하나의 가능해를 구한 다음, 이로부터 총비용을 감소시키는 방향으로 점점 더 개선된 해를 찾아가는 기법이다. Taubert가 개발했으며, 컴퓨터를 이용한다.

보충학습

휴리스틱

① 휴리스틱(heuristics) 또는 발견법(發見法)이라 한다.
② 불충분한 시간이나 정보로 인하여 합리적인 판단을 할 수 없거나, 체계적이면서 합리적인 판단이 굳이 필요하지 않은 상황에서 사람들이 빠르게 사용할 수 있게 보다 용이하게 구성된 간편추론의 방법이다.

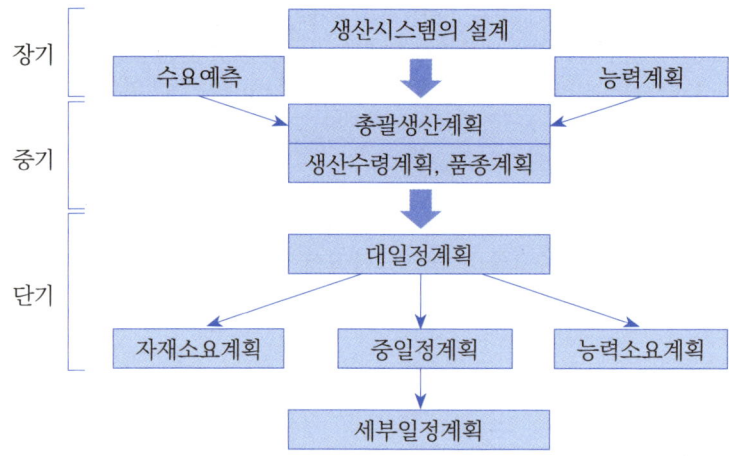

[그림] 휴리스틱 계획기법

보충학습

총괄생산계획을 위한 기법

(1) 도시법

도표를 이용하여 총괄생산계획의 여러 대안을 개발한 다음 이들의 총비용을 계산·비교하여 최선의 대안을 선택하는 기법이다.

(2) 수리적 모형

① 선형계획모형(LP) : 총괄생산계획의 각종 결정변수와 관련 비용 간의 관계를 선형으로 가정하고, 여러 제약조건하에서 총비용을 최소화하는 최적해를 구하는 방법이다.

② 수송모형 : 선형계획모형보다 단순한 특수 형태로서, 고용수준을 일정하게 유지하며 채용과 해고가 없는 경우에만 사용된다.

③ 선형결정규칙(LDR : Linear Decision Rule) : 2차 비용함수를 가정하고 총비용을 최소화하는 생산율 및 작업자 수를 결정하는 선형규칙을 도출한다.

08 다음은 신 QC 7가지 도구 중 무엇에 관한 설명인가?

> 문제를 해결하는 활동에 필요한 실시사항을 시계열적인 순서에 따라 네트워크로 나타낸 화살 표 그림을 이용하여 최적의 일정계획을 위한 진척도를 관리하는 방법

① 친화도
② 계통도
③ PDPC법(Process Decision Program Chart)
④ 애로우 다이어그램
⑤ 매트릭스 다이어그램

답 ④

해설

신 QC 7가지 도구

① 친화도 (Affinity Diagram), KJ법
  : 언어 데이터로 포착하여 아이디어나 문제 사이의 관계 또는 상대적 중요성을 명확히 하는 방법
② 연관도법 (Relationship Diagrm)
  ㉮ 문제점과 요인 간의 인과 관계를 명확히 하기 위한 도구
  ㉯ 1,2차 원인으로 전개함으로써 주요 원인을 파악하는 방법 (특성요인도 변형형태)
③ 매트릭스도법 (Matrix Diagram)
  ㉮ 짝이 되는 요소를 찾아내서 행과 열로 배치하여 그 교점에 각 요소의 관련유무 및 정도를 표시함으로 문제 해결을 효과적으로 추진하는 방법
  ㉯ 원인과 결과 사이의 관계, 목표와 방법 사이의 관계를 밝히고 나아가 이들 관계의 상대적 중요를 나타내기 위해 사용
④ 매트릭스 데이터 해석법 (Matrix Data Analysis), 주성분 분석법
  ㉮ 매트릭스도에 있어서 요소 간의 관련이 정량화된 경우 배열된 데이터를 도상으로 판단하기 좋게 정리하는 방법
  ㉯ 유일한 정량적 데이터 해석
⑤ 계통도(Tress Diagram)
  : 목적·목표를 달성하기 위한 최적 수단·방책을 계통적으로 전개함으로써 문제의 중점을 명확히 아는 방
⑥ PDPC (Process Decision Program Chart), 과정 결정 계획도
  : 사태의 진정과 더불어 여러가지 결과가 상정되는 문제에 대해 바람직한 결과에 이르는 과정 정하는 방법
⑦ 애로우 다이어그램 (Arrow Diagram)
  : 최적의 일정 계획을 세워 효율적으로 진척을 관리하는 방법 (일종 PERT/CPM)

보충학습

품질관리(QC : Quality Control) 도구
① 품질은 4M 즉 재료(Material), 장비(Machine), 작업방법(Method), 작업자(Man)를 대상으로 지속적인 개선이 요구된다.
② 품질관리(QC) 7가지 도구는, "적은 데이터로부터 가능한 한 신뢰성이 높은 객관적인 정보를 얻는데 가장 유효한 수단" 품질의 개발, 개선, 관리의 제 활동에 대한 유용한 도구로 데이터의 기초적인 정리 방법으로 널리 쓰이며, 품질관리를 하는데 있어서 가장 필수적인 통계적 방법

[표] 품질관리 (QC) 7가지 도구

구분	QC 7가지 도구
1	특성요인도(Cause and Effect Diagram)
2	히스토그램(Histogram)
3	체크시트(Check Sheet)
4	층별(Stratification)
5	파레토 도표(Pareto Diagram)
6	산포도(Scatter Diagram)
7	그래프와 프로세스 관리도(Graph & Process Control Charts)

보충학습

품질 경영철학의 변천

구분	특징	변천
테일러 (Taylor)	• 과학적 관리의 원칙·직능식 조직의 도입, 표준적인 작업방법, 표준시간이 작업순서에 따라 정리되어 있는 작업지도 표 활용 • 과업달성을 촉진하기 위한 차별 성과급 제도	책임의 분리는 산출물의 품질을 감시하는 독립된 검사부서를 만들게 되는 결과
슈와트 (Shewhart)	• 생산제품의 경제적 품질관리 "관리도(control chart)" 개발(1930년대)	샘플링과 관리도에 대한 연구
데밍 (Deming)	• 통계적 품질관리(SQC)의 사용 제창 (1950년대)	① 설계품질, ② 적합품질, ③ 판매 및 서비스 기능의 품질 '14가지 지침'과 '7가지 치명적 병폐' 1951년 '데밍상' 창설
쥬란 (Juran)	• '품질비용(cost of quality)' 개념 1954년, 경영적 QC의 필요성 주장	예상/평가/실패비용 ① 품질계획 ② 품질통제 ③ 품질개선
파이겐바움 (Feigenbaum)	• 종합적 품질관리(TQC)	마케팅, 기술, 생산 및 서비스가 가장 경제적으로 소비자를 충분히 만족시킬 수 있도록 품질개발, 품질유지 및 품질향상에 관한 조직 내 품질관련 노력 통합
필립 크로스 비 (P.B.Crosby)	• 무결점 경영(zero-defect) 프로그램 창안	4가지 절대원칙(Absolute of QM) ① 요구에의 적합성 ② 검사가 아닌 예방·최초에 올바르게 하자는 것 ③ 성과의 표준은 무결점(완전무결, ZD) ④ 품질의 척도는 품질비용
이시가와 박사	• CWQC(Company Wide Quality Control) : 전사적 품질관리	QC분임조를 적극 활용, 전원이 참여하는 일본형 TQC
TQM(Total Quality Management) : 전사적 품질경영		1982년 PL법 제정 1987년 MBNQA(Malcom Baldrige National Quality Qward) wpwjd

09 도요타 생산방식의 주축을 이루는 JIT(Just In Time) 시스템의 장점에 해당되지 않는 것은?

① 한정된 수의 공급자와 친밀한 유대관계를 구축한다.

② 미래의 수요예측에 근거한 기본일정계획을 달성하기 위해 종속품목의 양과 시기를 결정한다.

③ JIT 생산으로 원자재, 재공품, 제품의 재고수준을 줄인다.

④ 유연한 설비배치와 다기능공으로 작업자 수를 줄인다.

⑤ 생산성의 낭비제거로 원가를 낮추고 생산성을 향상시킨다.

답 ②

해설

JIT 생산시스템

① JIT(Just in time)의 약자로 필요한 것을 필요한 때에 필요한 만큼만 만드는 생산시스템이다.
② 일반적으로 재고가 생산의 비능률을 유발하기 때문에 재고를 최대한 없애려는 기법으로 적시생산방법이며 도요타의 생산방식으로 유영하다.
③ 도요타 자동차는 JIT 생산 관리시스템을 개발하여 철저하게 현장중심으로 운영
④ 도요타는 JIT 생산시스템을 개발하는데 있어서 4가지 근거를 기반으로 하였다.
㉠ 생산양이 줄더라도 생산성을 올려야 한다.
㉡ 필요한 것을 필요한 때에 필요한 만큼만 만든다.
㉢ 다기능으로 일의 흐름을 만든다.
㉣ JIT는 늦어도 빨라도 안된다. 즉 JIT는 철저한 낭비제거의 사상과 기술이라고 볼 수 있다.

10 유용성이 높은 인사 선발 도구에 관한 설명으로 옳지 않은 것은?

① 예측변인(predictor)의 타당도가 커질수록 전체 집단의 평균적인 준거수행(criterion)에 비해 합격한 집단의 평균적인 준거수행은 높아진다.

② 선발률(selection ratio)이 낮을수록 예측변인의 가치는 커진다.

③ 기초율(base rate)이 높을수록 사용한 선발 도구의 유용성 수준은 높아진다.

④ 선발률과 기초율의 상관은 0이다.

⑤ 예측변인의 점수와 준거수행으로 이루어진 산점도(scatter plot)가 1사분면은 높고 3사분면은 낮은 타원형을 이룬다.

답 ③,④

해설

인적선발도구

(1) 선발률 = $\dfrac{\text{선발인력}}{\text{총지원자}}$ (선발률 1이하여야 의미가 있음)

- 선발률과 예측변인의 가치 관계는 선발률이 낮을수록 예측변인의 가치가 더 커진다.

(2) 타당도 = $\dfrac{\text{채용 후 직무 수행 성공자}}{\text{선발인력}}$

- 시험 등 선발도구로서, 타당도가 높아야 효용성이 높아짐
  ① 내용 타당도 : 평가자 기준에서 검사 문항 내용이 적절한지 판단
  ② 안면 타당도 : 수험자 기준에서 검사 타당성 판단
  ③ 준거 타당도 : 특정 준거집단과의 관련성 판단[예측타당도(미래) vs 동시타당도(현재)]
  ④ 구성 타당도 : 심리평가 검사 구성 또는 특성 반영 판단

(3) 기초율 = $\dfrac{\text{채용 후 직무 수행 성공자}}{\text{총 지원자}}$ (기초율 100[%] 라면 선발도구 사용 의미가 없다)

11 집단 또는 팀(team)에 관한 설명으로 옳지 않은 것은?

① 교차기능팀(cross functional team)은 조직 내의 다양한 부서에 근무하는 사람들로 이루어진 팀이다.

② '남만큼만 하기 효과(sucker effect)'는 사회적 태만(social loafing)의 한 현상이다.

③ 제니스(Janis)의 모형에서 집단사고(groupthink)의 선행요인 중 하나는 구성원들 간 낮은 응집성과 친밀성이다.

④ 다른 사람의 존재가 개인의 성과에 부정적 영향을 미치는 것을 사회적 억제(social inhibition)라고 한다.

⑤ 높은 집단 응집성은 그 집단에 긍정적 효과와 부정적 효과를 준다.

답 ③

해설

제니스(Janis)가 주장한 집단사고(groupthink) 예방전략

① 조직에서 결정하는 사안에 대해서 외부 인사들이 재평가할 수 있는 체계를 구축

② 최고 의사결정자는 대안 탐색 단계마다 참여자 중 한 명에게 악역을 맡겨 다수의견에 반대되는 의견을 강제로 개진하게 함

③ 집단적 의사결정에서 의사결정 단위를 2개 이상으로 나눔

보충학습

집단사고(group-think)

조직 내 사회적 압력으로 인하여 비판적인 사고가 억제되고 판단능력이 저하되어 잘못된 의사결정에 도달하는 현상 (높은 응집성의 친밀성이 높다)

12 내적(intrinsic) 동기와 외적(extrinsic) 동기의 특징과 관계를 체계적으로 다루는 동기이론으로 옳은 것은?

① 앨더퍼(Alderfer)의 ERG이론

② 아담스(Adams)의 형평이론(cquity theory)

③ 로크(Locke)의 목표설정이론(goal-setting theory)

④ 맥클레란드(McClelland)의 성취동기이론(need for achievement theory)

⑤ 리안(Ryan)과 디시(Deci)의 자기결정이론(self-determination theory)

답 ⑤

해설

자기결정이론

① 자기결정은 Deci와 Ryan이 제안한 개념으로 외재적인 보상이나 압력 보다는 자율적으로 자신의 행동을 결정하기를 바라는 욕구에 의해서 동기화 된다는 이론이다. 여기서 이들은 사람들 행동의 원인 소재가 외부에 있을 때보다 내부에 있을 때 동기유발이 더 잘 되고 행동을 적극적으로 수행하려 한다고 주장한다.

② 자기결정 이론에서는 외재적 동기가 사회화 과정을 거치면서 점차 내면화 : 아동들이 사회화 과정을 거치면서 부모나 교사 등으로부터 획득한 사회에서 가치 있는 것으로 인정되는 가치관이나 태도, 행동 등을 자신의 가치 체계 속에 통합시켜 자신의 가치관, 태도, 행동 등을 변화시키는 과정

③ 내면화 되어 내재적 동기로 변화된다고 가정한다. 따라서 직접적인 외재적 보상이나 내재적 흥미가 없는 과제를 수행하기도 한다는 것이다. 이러한 관점에서 Deci, Ryan은 내적-외적이라는 이분법적으로 개념화하지 않고, 외적 통제에서부터 내적인 자기 결단에 이르는 하나의 연속 체계로 개념화하였다.

13 산업심리학의 연구방법에 관한 설명으로 옳은 것은?

① 내적 타당도는 실험에서 종속변인의 변화가 독립변인과 가외변인(extraneous variable)의 영향에 따른 것이라고 신뢰하는 정도이다.

② 검사-재검사 신뢰도를 구할 때는 .역균형화(counterbalancing)를 실시한다.

③ 쿠더 리차드슨 공식 20(Kuder-Richardson formula 20)은 검사 문항들 간의 내적 일관성 정도를 알려준다.

④ 내용타당도와 안면타당도는 동일한 타당도이다.

⑤ 실험실 실험(laboratory experiment)보다 준실험 (quasi experiment)에서 통제를 더 많이 한다.

답 ③

해설

쿠더-리처드슨 신뢰도, KR-20, KR-21

(1) KR 신뢰도
 ① 문항 내적 동질성 신뢰도를 추정하는 방법 중의 하나
 ② 한 검사 내에서 문항에 대한 반응이 얼마나 일관성(합치성) 있는지를 변산적 오차로 계산하는 신뢰도 지수의 하나
 ③ KR-20 : 문항점수가 0과 1로만 계산될 때(이분점수) 적용하는 공식
 ④ KR-21 : 문항점수가 연속변수이며 문항의 난이도가 같다는 가정하에 적용하는 공식

(2) KR-20
 ① G.F.Kuder와 M.W.Richardson이 1937년에 개발한 공식
 ② 반분신뢰도 추정방법이 일관적인 신뢰도를 산출하지 못하는 문제 해결
 ③ 각 문항점수의 분산을 사용하여 측정의 일관성을 추정하며 이분문항에 사용

$$r = \frac{K}{K-1}\left[1 - \frac{\sum_{i=1}^{K} p_i q_i}{\sigma_X^2}\right]$$

보충학습

① 내적타당도 : 양적연구의 목적 : 1. 인과관계규명 2. 일반화 3. 이것을 가지고 예측하고 통제하기 위해 양적연구를 한다. 의도적으로 모형을 만든다. 가설을 세운다. 모형을 만든 독립변수와 종속변수가 제대로 잘 설정되어 있는지, 타당한지를 규명하는 것이 내적타당도이다. 개입의 효과성을 확인하기 위해 확보해야 하는 요소, 조사결과에 대한 대안적 설명 가능성 정도.
② 외적타당도 : 조사 결과의 일반화 정도. 모형 바깥에서도 적용을 해도 그것이 먹혀들어가는가? 일반화. 외적 타당도
③ 내적타당도와 외적타당도와의 관계 : 둘 다 좋으면 좋은데 둘 다 높이기가 힘들다. 상호상충관계이다. 부적관계이다. 하나가 올라가면 하나는 내려가는 것이 일반적이다.
 예 인과관계를 높이기 위해서는 표본의 크기가 작을수록 좋다. 하지만 표본이 많으면 다은 의견이 많아져서 부정적인 면이 점점 많아진다. 일반화를 높이기 위해서는 표본이 많아야 하기 때문에 둘의 관계는 반대의 관계인 것이다. 내적타당도는 외적타당도를 위한 필요조건이지 충분조건은 아니다.
④ 검사효과 : 테스트, 측정, 검사, 시험 효과
 검사-재검사법에서 검사효과가 나타난다. 사전검사를 할 때 발생
⑤ 주시험효과 : 사전검사×사후검사(사전검사를 기억하고 사후검사에 영향을 미침) 내적타당도를 저하시킴
⑥ 상호작용시험효과 검사와 개입의 상호작용 효과 : 사전검사가 독립변수 자체에 영향을 주는 경우을 말한다. 사전검사 → ×(영향을 독립에 미침) 사후검사/외적타당도를 저하시킨다. 일반화가 떨어짐
 예 사회복지공동모금회의 tv광고가 인지도에 미치는 영향을 측정하는 경우, 광고를 노출시키기 전에 사회복지공동모금회에 대한 '인지도를 먼저 측정하게 되면'나중에 그 광고에 노출될 때보다 주의를 기울이게 되어 광고의 효과가 더욱 커질 수 있다.

⑦ 도구효과

　사전검사와 사후검사에서 사용된 척도나 검사자 또는 연구자를 달리하여 사용한 것이 종속변수에 영향을 주는 경우
　例 연구자의 화술이나 태도, 기술 등이 달라지게 되면 측정 결과에 상당한 차이가 발생할 수 있다.

⑧ 통계적 회귀 : 극단적 상황의 집단을 조사의 대상으로 선정할 때 발생한다. 시간이 지날수록 모집단의 평균 값으로 수렴하는 경향을 보이는 것을 말한다.
　例 사전검사에서 우울점수가 '지나치게 높은 5명'의 노인을 선정하여 프로그램을 진행할 때

⑨ 실험대상의 상실, 또는 실험 대상의 변동, 중도 탈락, 연구의 대상 상실 : 중도이탈, 종속변수에 영향을 준다.

14 라스뮈센(Rasmussen)의 인간행동 분류에 관한 설명으로 옳은 것을 모두 고른 것은?

> ㄱ. 숙련기반행동(skill-based behavior)은 사람이 충분히 습득하여 자동적으로 하는 행동을 말한다.
> ㄴ. 지식기반행동(knowledge-based behavior)은 입력된 정보를 그때마다 의식적이고 체계적으로 처리해서 나타난 행동을 말한다.
> ㄷ. 규칙기반행동(rule based behavior)은 친숙하지 않은 상황에서 기억 속의 규칙에 기반한 무의식적 행동을 말한다.
> ㄹ. 수행기반행동(commission based behavior)은 다수의 시행착오를 통해 학습한 행동을 말한다.

① ㄱ, ㄴ
② ㄴ, ㄹ
③ ㄷ, ㄹ
④ ㄱ, ㄴ, ㄷ
⑤ ㄱ, ㄷ, ㄹ

답 ①

해설

라스뮈센의 인간의 행동 3가지

원자력 안전 분야의 인간공학자인 라스무센은 인간의 행동을 3단계로 구분했다.

① 숙련 기반 행동(Skill Based Behovior)
  외부에서 들어오는 자극을 감각 후 즉시 실행되는 것으로, 보행이나 단순 조립 작업 등과 같이 거의 무의식 수준에서 실행되는 행동들이다.

② 규칙 기반 행동(Rule Based Behovior)
  외부 자극을 지각하는 과정을 거쳐 머릿속에 있는 'IF~THEN~'과 규칙(Rule)을 적용해 실행되는 행동들이다. '산소 농도 18[%] 이하인 밀폐된 공간에서 작업할 때는 공기 호흡기를 착용한다'와 같은 규칙을 적용해 개인보호구를 착용하는 행동 등은 규칙 기반 행동의 예이다.

③ 지식 기반 행동(knowledge Based Behavior)
  가장 고도의 정신 활동이 관여하는 것으로 자신이 알고 있는 모든 'IF~THEN~' 규칙을 적용해도 쉽게 해결책이 나오지 않는 경우, 유추나 추론 등의 복잡한 지적 과정을 거쳐 행동한다. 처음 보는 기계를 매뉴얼 없이 조작해야 할 경우, 머릿속에서는 복잡한 판단 과정을 거쳐 기계를 조작하는 데 이러한 행동 영역이 지식기반 행동에 해당된다.

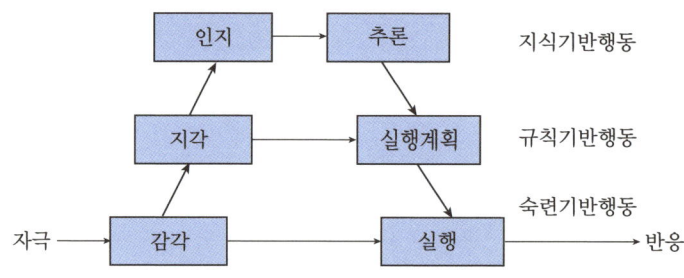

[그림] 라스무센의 인간행동 3단계 모델

보충학습

리즌의 불안전행동 유형 4가지

① 제임스 리즌(James Reason)은 라스무센의 인간 행동 3단계를 사용해 불안전 행동 원인을 아래 그림과 같이 분류했다.
② 리즌은 불안전 행동을 우선 의도되지 않은 행동과 의도된 행동으로 나누었다. 의도되지 않은 행동은 숙련 기반 행동에서 주로 나타나는 것으로 기억을 못해 발생하는 망각, 주의를 기울이지 못해 발생한 단순한 실수가 있다.
③ 반면에 의도된 행동에 따른 불안전행동으로는 규칙을 제대로 정확히 알지 못해 발생하는 규칙 기반 착오와 규칙을 전혀 몰랐기 때문에 발생하는 지식 기반 착오 등이 있다.
④ 가장 최악의 것은 알면서도 불안전 행동을 하는 것으로 이런 것들을 위반이라고 한다. 위반 행동은 일상 위반, 상황 위반, 특수 위반 행동으로 나뉜다.

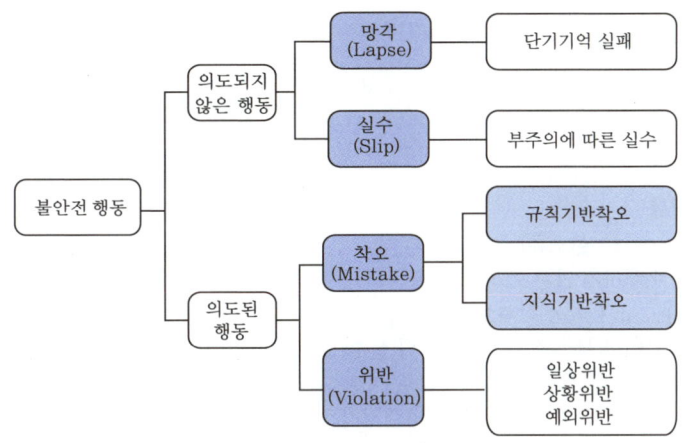

[그림] 불안전 행동의 분류

[표] 불안전 행동의 내용과 근로자 반응

인적오류			내용	근로자의 반응 예
비의도적 행동	숙련기반 오류 (skill based error)	망각(Lapse)	단기 기억의로의 회상 및 기억 불능	깜박했어요
		실수(Slip)	부주의 등에 의한 단순 오류	단순 실수였어요
의도적 행동	착오 (mistoke)	규칙 기반 착오 (rule based mistake)	규칙의 잘못된 적용 혹은 잘못된 규칙 학습	앗, 그게 아니었나요?
		지식 기반 착오 (knowledge based mistake)	추론, 유추 등의 인지적 과정에서 발생하는 오류	앗, 전혀 몰랐어요.
	위반 (violation)	일상적 위반 (routine violation)	평상 시 작업 규칙과 절차 등을 위반	평소 다들 이렇게 해요
		상황적 위반 (situational violation)	특수한 상황(시간 압박 등)에서 규칙을 위반	급해서 그랬어요.
		예외적 위반 (exceptional violation)	생소한 상황에서 문제를 해결하고자 규칙을 어기는 위반	이렇게라도 해보려고 했어요

합격키

① 2017년 3월 25일(문제 16번) 출제
② 2020년 9월 25일(문제 15번) 출제
③ 2023년 4월 1일(문제 15번) 출제

산업안전지도사 · 과년도기출문제

15 스웨인(Swain)이 분류한 휴먼에러 유형에 해당하는 것을 모두 고른 것은?

> ㄱ. 조작에러(performance error)
> ㄴ. 시간에러(time error)
> ㄷ. 위반에러(violation error)

① ㄱ, ㄴ
② ㄴ
③ ㄷ, ㄹ
④ ㄱ, ㄴ, ㄷ
⑤ ㄱ, ㄷ, ㄹ

답 ②

해설

인적에러의 분류(심리적 분류)
① 생략에러(Omission Error, 누설오류)
　필요한 직무나 단계를 수행하지 않은 에러
② 착각수행에러(Commission Error, 작위오류)
　직무나 순서 등을 착각하여 잘못 수행한 에러, 작위 실수(불확실한 수행)
③ 순서에러(Sequential Error, 순서오류)
　직무 수행과정에서 순서를 잘못 지켜 발생한 에러(순서착오)
④ 시간적 에러(Time Error, 시간오류)
　정해진 시간내 직무를 수행하지 못하여 발생한 에러(수행지연)
⑤ 과잉행동에러(Extraneous Error, 과잉행동오류)
　불필요한 직무 또는 절차를 수행하여 발생한 에러

참고

미국의 심리학자인 스웨인(A.D.Swain)은 원자력발전소의 휴먼에러 유형을 조사하는 과정에서 휴먼에러를 인간행동(Behaviour)의 관점에서 분류하는 방법을 주장하였다. 휴먼에러를 작업수행에 필요한 행동을 하는 과정에서 발생하는 에러와 작업수행에 불필요한 행동을 한 경우의 에러로 분류하였다.

보충학습

리즌(Reason)의 휴먼에러의 분류

비의도적 행동		의도적 행동	
숙련기반에러		착오(Mistake)	고의(Violation)
실수(Slip)	건망증(Lapse)	1) 규칙기반착오 (rule Based Mistake)	
		2) 지식기반착오 (Knowledge Based Mistake)	

16 인간의 뇌파에 관한 설명으로 옳지 않은 것은?

① 델타(δ)파는 무의식, 실신 상태에서 주로 나타나는 뇌파이다.
② 세타(θ)파는 피로나 졸림 등의 상태에서 주로 나타나는 뇌파이다.
③ 알파(α)파는 편안한 휴식 상태에서 주로 나타나는 뇌파이다.
④ 베타(β)파는 적극적으로 활동할 때 주로 나타나는 뇌파이다.
⑤ 오메가(Ω)파는 과도한 집중과 긴장 상태에서 주로 나타나는 뇌파이다.

답 ⑤

해설

인간의 뇌파

① 알파(α), 베타(β), 감마(γ), 세타(θ) 파동의 명명은 그리스 문자를 사용하여 뇌파의 다양한 주파수 대역을 구분하기 위해 도입되었다.(Ω파는 존재하지 않는다.)
② 구분은 뇌파의 특정 주파수 범위가 뇌의 특정 활동이나 상태와 연관되어 있음을 나타내기 위해 사용된다.

[표] 뇌파의 다양한 의미

뇌 파	주파수	정신상태
델타파	0.5~3[Hz]	숙면, 간질, 정신박약 등
세타파	4~7[Hz]	정서불안, 졸음상태, 얕은 수면
알파파	8~12[Hz]	안정, 명상, 무념무상, 폐안
SMR파	12~15[Hz]	주의 집중 상태, 스트레스 감소
베타파	15~30[Hz]	약간 스트레스를 동반한 일상적 사고, 통상 긴장상태에서 일을 처리하고 있는 상태
감마파	30[Hz]	극도로 긴장한 상태, 매우 복잡한 정신 기능을 수행

17 면적에 관련한 착시현상으로 옳은 것은?

① 뮬러-라이어(Muller-Lyer) 착시
② 폰조(Ponzo) 착시
③ 포겐도르프(Poggendorf) 착시
④ 에빙하우스(Ebbinghaus) 착시
⑤ 죌너(Zollner) 착시

답 ④

해설

에빙하우스의 착시(Ebbinghaus illusion)
① 같은 회색이라도 검은바탕에 있을 때가 흰 바탕에 있을 때보다 더 밝아 보인다.
② 같은 크기의 원도 작은 원들에 둘러싸여 있을 때가 큰 원들에 둘러싸여 있을 때보다 더 커 보이나 이러한 현상을 두고 에빙하우스의 착시(Ebbinghaus illusion)라고 한다.
③ 에빙하우스의 착시(Ebbinghaus illusion)는 상대적 크기 인식의 착시로, 우리가 있는 그대로를 보는 것이 아니라 주변에 있는 것들을 함께 고려해 상대적으로 보고 있음을 의미한다.

참고

1901년 실험 심리학 교과서에 에드워드 터치너(Edward B. Titchener)가 영어권에 이러한 환상적인 착시에 대한 소개로 대중화되었다. 기억과 망각에 대한 실험 연구분야를 개척한 독일의 심리학자인 헤르만 에빙하우스(Hermann Ebbinghaus 1850~1909)가 착시에 대한 연구를 통해 일부 착시현상(Optica illusion)을 발견하였는 데 이를 에빙하우스의 착시(Ebbinghaus illusion)라고 소개하였다.

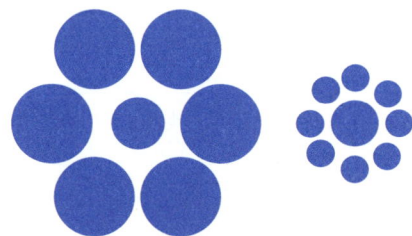

[그림] 에빙하우스 착시

보충학습

(1) 착시
물체의 물리적인 구조가 인간의 감각기관인 시각을 통하여 인지한 구조와 현저하게 일치하지 않은것으로 보이는 현상

[표] 착시의 구분

분류	도해	특징
Müler·Lyer의 착시	(a) (b)	(a)가 (b)보다 길게 보인다.
Helmholtz의 착시	(a) (b)	(a)는 가로로 길어보이고 (b)는 세로로 길어보인다.

분류	도해	특징
Herling의 착시	(a) (b)	(a)는 양단이 벌어져 보이고 (b)는 중앙이 벌어져 보인다.
Poggendorff의 착시	(a) (c) (b)	(a)와 (c)가 일직선으로 보인다.(실제는 (a)와 (b)가 일직선)
Köhler의 착시		우선 평행의 호를 보고, 바로 직선을 본 경우 직선은 호와의 반대방향으로 휘어져 보인다.(윤곽 착시)
Zöller의 착시		세로의 선이 수직선인데 휘어져 보인다.

(2) 물건의 정리(군화의 법칙)

분류	내용	도해
근접의 요인	근접된 물건끼리 정리	
동류의 요인	가장 비슷한 물건끼리 정리	
폐합의 요인	밀폐된 것으로 정리	
연속의 요인	연속된 것으로 정리	(a) 직선과 곡선의 교차 (b) 변형된 2개의 조합

참고
① 2014년 4월 12일(문제 11번) 출제
② 2023년 4월 1일(문제 16번) 출제

정보제공
산업심리학 p.151(2. 착시의 종류)

18 신체와 환경의 열교환 종류에 관한 설명으로 옳지 않은 것은?

① 대류(convection)는 피부와 공기의 온도 차이로 생긴 기류를 통해서 열을 교환 하는 것이다.

② 반사(reflection)는 피부에서 열이 혼합되면서 열전달이 발생하는 것이다.

③ 증발(evaporation)은 땀이 피부의 열로 가열되어 수증기로 변하면서 열교환이 발생하는 것이다.

④ 복사(radiation)는 전자파에 의해 물체들 사이에서 일어나는 열전달 방법이다.

⑤ 전도(conduction)는 신체가 고체나 유체와 직접 접촉할 때 열이 전달되는 방법이다.

답 ②

해설

신체와 환경 열교환의 종류
① 대류(convection) : 피부와 공기의 온도 차이로 생긴 기류를 통해서 열교환
② 증발(evaporation) : 땀이 피부의 열로 가열되어 수증기로 변하면서 열교환
③ 복사(radiation) : 전자파에 의해 물체들 사이에서 일어나는 열전달
④ 전달(conduction) : 신체가 고체나 유체와 직접 접촉할 때 열전달

보충학습

(1) 신체 열함량 변화량
$\triangle S = (M-W) \pm R \pm C - E$
(M : 열발생량, W : 수행한 일, R : 복사 열교환량, C : 대류 열교환량, E : 증발 열발산량)

(2) 온도지수
  ① 실효온도(effective temperature)
    - 온도, 습도 및 공기유동이 인체에 미치는 열 효과를 하나의 수치로 통합한 경험적 감각지수
    - 상대습고 100%일 때의 건구온도에서 느끼는 것과 동일한 온감
  ② Oxford지수
    - WD(습건)지수라고도 하며 습구, 건구 온도의 가중 평균치
    - WD=0.85W(습구온도)+0.15D(건구온도)
  ③ 습구흑구온도지수(WBGT) (13년 기출)
    - 옥외 WBGT=0.7×자연습구온도(NWB)+0.2흑구온도(GT)+0.1×건구온도(DT)
    - 옥내 WBGT=0.7×자연습구온도(NWB)+0.3흑구온도(GT)

19 산업안전보건기준에 관한 규칙에서 정하고 있는 **특별관리물질**이 아닌 것은?

① 디메틸포름아미드(68-12-2), 벤젠(71-43-2), 포름알데히드(50-00-0)

② 납(7439-92-1) 및 그 무기화합물, 1-브로모프로판(106-94-5), 아크릴로니트릴(107-13-1)

③ 아크릴아미드(79-06-1), 포름아미드(75-12-7), 사염화탄소(56-23-5)

④ 트리클로로에틸렌(79-01-6), 2-브로모프로판(75-26-3), 1,3-부타디엔(106 99 0)

⑤ 니트로글리세린(55 63-0), 트리에틸아민(121-44-8), 이황화탄소(75-15-0)

답 ⑤

해설

특별관리물질

(1) 관리대상유해물질

근로자에게 상당한 건강장해를 일으킬 우려가 있어 법 제39조에 따라 건강장해를 예방하기 위한 보건상의 조치가 필요한 원재료·가스·증기·분진·흄, 미스트로서 별표12에서 정한 유기화합물, 금속류, 산·알칼리류, 가스상태 물질류를 말한다.

(2) 특별관리물질

「산업안전보건법 시행규칙」 별표18 제1호 나목에 따른 발암성 물질, 생식세포 변이원성 물질, 생식독성 물질 등 근로자에게 중대한 건강장해를 일으킬 우려가 있는 물질로 별표12에서 특별관리물질로 표기된 물질을 말한다.

(관리대상 유해물질 중 특별히 더 위험한 물질 → 특별관리물질)

합격정보

① 산업안전보건기준에 관한 규칙 제420조(정의)
② 산업안전보건기준에 관한 규칙 [별표2] 관리대상 유해물질의 종류

[그림] 관리대상유해물질/특별관리물질의 관계

산업안전지도사 · 과년도기출문제

20 **화학물질 및 물리적 인자의 노출기준**에서 노출기준 사용상의 유의사항으로 옳지 않은 것은?

① 각 유해인자의 노출기준은 해당 유해인자가 단독으로 존재하는 경우의 노출기준이다.

② 노출기준은 1일 8시간 작업을 기준으로 하여 제정된 것이다.

③ 노출기준은 직업병진단에 사용하거나 노출기준 이하의 작업환경이라는 이유만으로 직업성질병의 이환을 부정하는 근거 또는 반증자료로 사용하여서는 아니 된다.

④ 노출기준은 대기오염의 평가 또는 관리상의 지표로 사용하여서는 아니 된다.

⑤ 상승작용을 하는 화학물질이 2종 이상 혼재하는 경우에는 유해인자별로 각각 독립적인 노출기준을 사용하여야 한다.

답 ⑤

해설

특별관리물질 노출기준(제3조)

① 각 유해인자의 노출기준은 당해 유해인자가 단독으로 존재하는 경우의 노출기준을 말하며, 2종 또는 그 이상의 유해인자가 혼재하는 경우에는 각 유해인자의 상가작용으로 유해성이 증가할 수 있으므로 제6조의 규정에 의하여 산출하는 노출기준을 사용하여야 한다.

② 노출기준은 1일 8시간 작업을 기준으로 하여 제정된 것이므로 이를 이용할 때에는 근로시간, 작업의 강도, 온열조건, 이상기압등이 노출기준 적용에 영향을 미칠 수 있으므로 이와같은 제반요인에 대한 특별한 고려를 하여야 한다.

③ 유해인자에 대한 감수성은 개인에 따라 차이가 있으며 노출기준 이하의 작업환경에서도 직업성 질병에 이환되는 경우가 있으므로 노출기준을 직업병진단에 사용하거나 노출기준 이하의 작업환경이라는 이유만으로 직업성질병의 이환을 부정하는 근거 또는 반증자료로 사용할 수 없다.

④ 노출기준은 대기오염의 평가 또는 관리상의 지표로 사용할 수 없다.

보충학습1

제6조(혼합물) ① 화학물질이 2종이상 혼재하는 경우 혼재하는 물질간에 유해성이 인체의 서로 다른 부위에 작용한다는 증거가 없는 한 유해작용은 가중되므로 노출기준은 다음식에 의하여 산출하는 수치가 1을 초과하지 아니하는 것으로 한다.

$$\frac{C_1}{T_1} + \frac{C_2}{T_2} + \cdots\cdots + \frac{C_n}{T_n}$$

㈜ C : 화학물질 각각의 측정치
  T : 화학물질 각각의 노출기준

② 제1항의 경우와는 달리 혼재하는 물질간에 유해성이 인체의 서로 다른 부위에 유해작용을 하는 경우에는 유해성이 각각 작용하므로 혼재하는 물질중 어느 한 가지라도 노출기준을 넘는 경우 노출기준을 초과하는 것으로 한다.

보충학습2

상호작용

구분	특징
상가작용	두 유해인자의 독성의 합만큼 독성 결과를 나타내는 작용 / (3+3=6) ㉠ 일반적인 화학물질
상승작용	두 유해인자의 독성합보다 결과가 커짐을 나타내는 작용 / (3+3=20) ㉠ 에탄올과 사염화탄소 등
길항작용	두 유해인자가 서로의 작용을 방해하는 것 / (3+3=0) ㉠ 페노바비탈과 디란틴 등
가승작용 (잠재작용)	독성이 없는 물질을 독성이 있는 물질과 혼합하면 독성이 강해지는 작용 / (3+0=10) ㉠ 이소프로필알코올과 사염화탄소 등

21. 작업환경측정 및 정도관리 등에 관한 고시에서 정하는 용어의 정의로 옳지 않은 것은?

① "정확도"란 일정한 물질에 대해 반복측정·분석을 했을 때 나타나는 자료 분석치의 변동크기가 얼마나 작은가 하는 수치상의 표현을 말한다.

② "직접채취방법"이란 시료공기를 흡수, 흡착 등의 과정을 거치지 아니하고 직접 채취대 또는 진공채취병 등의 채취용기에 물질을 채취하는 방법을 말한다.

③ "호흡성분진"이란 호흡기를 통하여 폐포에 축적될 수 있는 크기의 분진을 말한다.

④ "흡입성분진"이란 호흡기의 어느 부위에 침착하더라도 독성을 일으키는 분진을 말한다.

⑤ "고체채취방법"이란 시료공기를 고체의 입자층을 통해 흡입, 흡착하여 해당 고체입자에 측정하려는 물질을 채취하는 방법을 말한다.

답 ①

해설

용어정의

① "정도관리"란 법 제126조제2항에 따라 작업환경측정·분석 결과에 대한 정확성과 정밀도를 확보하기 위하여 작업환경측정기관의 측정·분석능력을 확인하고, 그 결과에 따라 지도·교육 등 측정·분석능력 향상을 위하여 행하는 모든 관리적 수단을 말한다.

② "정확도"란 분석치가 참값에 얼마나 접근하였는가 하는 수치상의 표현을 말한다.

③ "정밀도"란 일정한 물질에 대해 반복측정·분석을 했을 때 나타나는 자료 분석치의 변동크기가 얼마나 작은가 하는 수치상의 표현을 말한다.

합격정보

작업환경측정 및 정도 관리 등에 관한 고시 제2조(정의)

22 작업환경측정 및 정도관리 등에 관한 고시에서 정하는 시료채취에 관한 설명으로 옳은 것은?

① 8명이 있는 단위작업 장소에서는 평균 노출근로자 2명 이상에 대하여 동시에 개인 시료채취 방법으로 측정한다.

② 개인 시료채취 시 동일 작업근로자수가 20명을 초과하는 경우에는 매 5명당 1명 이상 추가하여 측정하여야 한다.

③ 개인 시료채취 시 동일 작업근로자수가 50명을 초과하는 경우에는 최대 시료채취 근로자수를 10명으로 조정할 수 있다.

④ 지역 시료채취 방법으로 측정을 하는 경우 단위작업장소 내에서 1개 이상의 지점에 대하여 동시에 측정하여야 한다.

⑤ 지역시료 채취 시 단위작업 장소의 넓이가 50평방미터 이상인 경우에는 매 30 평방미터마다 1개 지점 이상을 추가로 측정하여야 한다.

답 ⑤

해설

제19조(시료채취 근로자수)

① 단위작업 장소에서 최고 노출근로자 2명 이상에 대하여 동시에 개인 시료채취 방법으로 측정하되, 단위작업 장소에 근로자가 1명인 경우에는 그러하지 아니하며, 동일 작업근로자수가 10명을 초과하는 경우에는 매 5명당 1명 이상 추가하여 측정하여야 한다. 다만, 동일 작업근로자수가 100명을 초과하는 경우에는 최대 시료채취 근로자수를 20명으로 조정할 수 있다.

② 지역 시료채취 방법으로 측정을 하는 경우 단위작업장소 내에서 2개 이상의 지점에 대하여 동시에 측정하여야 한다. 다만, 단위작업 장소의 넓이가 50평방미터 이상인 경우에는 매 30평방미터마다 1개 지점 이상을 추가로 측정하여야 한다.

합격정보

작업환경측정 및 정도 관리 등에 관한 고시 제19조(시료채취 근로자 수)

23 다음 설명에 해당하는 중금속은?

> · 중독의 임상증상은 급성 복부 산통의 위장계통 장해, 손처짐을 동반하는 팔과 손의 마비가 특징인 신경근육계통의 장해, 주로 급성 뇌병증이 심한 중추신경계동의 장해로 구분할 수 있다.
> · 적혈구의 친화성이 높아 뼈조직에 결합된다.
> · 중독으로 인한 빈혈증은 heme의 생합성 과정에 장해가 생겨 혈색소량이 감소하고 적혈구의 생존기간이 단축된다.

① 크롬 ② 수은
③ 납   ④ 비소
⑤ 망간

답 ③

해설

Pb(납 : 연)
① 회백색의 연한 금속
② 융점 : 327.4도, 비점 : 1,750도, 비중 : 11.4
③ 600도 부근에서 연의 증기가 발생
④ 일반적인 연의 용해작업은 500도를 넘지 않으므로 연의 증기보다는 산화연의 분진이 문제
⑤ 연의 용접 또는 고연의 회수작업시 연의 증기에 의해 중독 발생

보충학습

(1) Hg(수은) : 미나마타 병
  ① 은백색의 금속
  ② 상온에서 액체로 존재
  ③ 증기압이 낮아 공기 중 노출위험이 크다.
  ④ 3가지 형태 : 금속수은, 무기수은, 유기수은

(2) Cr(크롬)
  ① 단단하면서 부서지기 쉬운 회색 금속
  ② 여러 형태의 산화화합물로 존재
  ③ 2가 크롬은 불안정하고, 3가 크롬은 매우 안정된 상태로 존재, 6가 크롬염은 3가로 환원
  ④ 도금, 피혁제조, 색소, 방부제, 약품제조업 및 기타 제조업에서 노출
  ⑤ 스테인레스 아크 용접시에도 크롬에 노출될 수 있다.

(3) As(비소)
  ① 급성중독 : 경구 섭취(삼산화비소)
    ㉮ 소화기 증상/증후 : 구역, 구토, 복통, 혈변, 간비대
    ㉯ 경련, 혼수, 순환허탈(cardiac collapse), 사망
    ㉰ 말초신경염(회복 수주일 후) : 대칭적, 하지 > 상지
    ㉱ Mee's line(수주 후) : 손톱, 흰색의 횡선

② 만성중독
　㉮ 피부질환
　㉯ 말초신경염
　㉰ 암 : 폐암, 백혈병, 림프종, 간의 혈관육종
　㉱ 태반통과 : 태아 독성(저체중아, 선천성 기형)

(4) Mn(망간)
　① 부서지기 쉬운 회색 금속
　② 융점 1247도, 비점 2090도
　③ 철강제조에서 직업적 노출
　④ 합금제조, 도자기, 유리의 제조, 안료 및 색소 제조, 용접 등

보충학습

일본 4대 공해병

일본 4대 공해병은 일본 기업들이 산업폐기물을 부적절하게 관리하여 일어난 환경오염이 원인이 된 대표적인 질환 네 가지를 일컫는 용어이다. 1912년 이타이이타이병이 발견되며 최초로 공해병 사태가 발생했으며, 1950년대와 1960년대에 걸쳐 세 건의 공해병 사태가 발생했다.
미나마타병과 니가타 미나마타병은 동일한 공해물질로 인해 발생하였으며 사건이 발생한 지역이 달라 구분하여 부르고 있다.

명칭	관련지역	원인	원천	년도
이타이이타이병	도야마현	카드뮴 중독	미쓰이 광산 제련소	1912년
미나마타병	구마모토현	메틸수은	신일본질소회사	1956년
니가타 미나마타병	니가타현	메틸수은	쇼와전공	1965년
욧카이치 천식	미에현	이산화황	석유콤비나트 등	1961년

피해자들과 시민 사회는 환경오염 사태에 책임이 있는 기업들을 대상으로 소송을 진행하고, 보도 및 출판 등 다양한 활동을 통해 비판의 목소리를 높였다. 1971년 일본 환경성이 창설되고, 환경오염에 대한 대중의 인식이 향상되었으며, 관련 산업체가 변화를 위해 노력한 결과 1970년대 이후에는 유사한 사건이 감소했다. 또한 관련된 불법 행위법 및 민법이 개정되는 초석이 되어 오늘날 기술관련 재해에 대한 배상에 관련된 각종 소송의 선례가 되었다.

24 포름알데히드에 관한 설명으로 옳은 것을 모두 고른 것은?

ㄱ. 자극성 냄새가 나는 무색기체이다.
ㄴ. 호흡기를 통해 빠르게 흡수되고 피부접촉에 의한 노출은 극히 적다.
ㄷ. 대사경로는 포름알데히드 → 포름산 → 이산화탄소이다.
ㄹ. 생물학적 모니터링을 위한 생체지표가 많이 존재하며 발암성은 없다.

① ㄱ, ㄹ
② ㄴ, ㄷ
③ ㄱ, ㄴ, ㄷ
④ ㄱ, ㄷ, ㄹ
⑤ ㄱ, ㄴ, ㄷ, ㄹ

전항 정답

해설

포름알데히드(Formaldehyde)
① 멸균제, 방부제, 화학반응 중간체등 가정용 및 산업용의 다양한 용도로 사용되는 화학물질이다.
② 실온에서 매우 반응성이 큰 기체로 기화하며 눈, 코 점막에 강한 자극성을 지닌다.
③ 강한 반응성으로 DNA, 단백질 및 지질에 비특이적인 중합 반응을 유발할 수 있으며 비록 최기형성에 관한 결론은 확실하지 않지만 돌연변이원으로 작용할 수 있다.
④ 강한 반응성은 영화적 상상을 통해 영화 "괴물"의 모티프로서 사용되기도 하였다.
⑤ 직접 접촉에 의한 자극, 작업 중 혹은 가정에서 사용 중에 발생하는 기체에 의한 노출에 의해 다양한 독성이 나타날 수 있으며 포름알데히드의 용도가 매우 다양하기 때문에 매우 흔히 독성 노출이 보고되는 물질이다.
⑥ 포름알데히드는 물에서 자연적으로 중합되기 때문에 대부분 시판품에는 중합반응을 제한하기 위해 메탄올을 포함하고 있다. 따라서 포름알데히드 시판품을 섭취하였을 경우에는 메탄올 독성에도 동시에 대처해야 한다.

25 산업안전보건법령상 근로자 건강진단의 종류가 아닌 것은?

① 특수건강진단

② 배치전건강진단

③ 건강관리카드 소지자 건강진단

④ 종합건강진단

⑤ 임시건강진단

답 ④

해설

건강진단의 종류

제209조(건강진단 결과의 보고 등) ① 건강진단기관이 법 제129조부터 제131조까지의 규정에 따른 건강진단을 실시하였을 때에는 그 결과를 고용노동부장관이 정하는 건강진단개인표에 기록하고, 건강진단을 실시한 날부터 30일 이내에 근로자에게 송부해야 한다.

② 건강진단기관은 건강진단을 실시한 결과 질병 유소견자가 발견된 경우에는 건강진단을 실시한 날부터 30일 이내에 해당 근로자에게 의학적 소견 및 사후관리에 필요한 사항과 업무수행의 적합성 여부(특수건강진단기관인 경우만 해당한다)를 설명해야 한다. 다만, 해당 근로자가 소속한 사업장의 의사인 보건관리자에게 이를 설명한 경우에는 그렇지 않다.

③ 건강진단기관은 건강진단을 실시한 날부터 30일 이내에 다음 각 호의 구분에 따라 건강진단 결과표를 사업주에게 송부해야 한다.

1. 일반건강진단을 실시한 경우 : 별지 제84호서식의 일반건강진단 결과표
2. 특수건강진단·배치전건강진단·수시건강진단 및 임시건강진단을 실시한 경우 : 별지 제85호서식의 특수·배치전·수시·임시건강진단 결과표

④ 특수건강진단 기관은 특수건강진단·수시건강진단 또는 임시건강진단을 실시한 경우에는 법 제134조제1항에 따라 건강진단을 실시한 날부터 30일 이내에 건강진단 결과표를 지방고용노동관서의 장에게 제출해야 한다. 다만, 건강진단개인표 전산입력자료를 고용노동부장관이 정하는 바에 따라 공단에 송부한 경우에는 그렇지 않다.

⑤ 법 제129조제1항 단서에 따른 건강진단을 한 기관은 사업주가 근로자의 건강보호를 위하여 건강진단 결과를 요청하는 경우 별지 제84호서식의 일반건강진단 결과표를 사업주에게 송부해야 한다.

정답근거

① 산업안전보건법 시행규칙 제209조
② 산업안전보건법 제137조(건강관리카드)

2025년도 3월 29일 필기문제

산업안전지도사 자격시험
제1차 시험문제지

제3과목 기업진단·지도	총 시험시간 : 90분 (과목당 30분)	문제형별 A

수험번호	20250329	성 명	도서출판 세화

【수험자 유의사항】

1. 시험문제지는 단일 형별(A형)이며, 답안카드 형별 기재란에 표시된 형별(A형)을 확인하시기 바랍니다. 시험문제지의 **총면수, 문제번호 일련순서, 인쇄상태** 등을 확인하시고, 문제지 표지에 수험번호와 성명을 기재하시기 바랍니다.
2. 답은 각 문제마다 요구하는 **가장 적합하거나 가까운 답 1개**만 선택하고, 답안카드 작성 시 시험문제지 **형별누락, 마킹착오**로 인한 불이익은 전적으로 **수험자에게 책임**이 있음을 알려 드립니다.
3. 답안카드는 국가전문자격 공통 표준형으로 문제번호가 1번부터 125번까지 인쇄되어 있습니다. 답안 마킹 시에는 반드시 **시험문제지의 문제번호와 동일한 번호**에 마킹하여야 합니다.
4. **감독위원의 지시에 불응하거나 시험 시간 종료 후 답안카드를 제출하지 않을 경우** 불이익이 발생할 수 있음을 알려 드립니다.
5. 시험문제지는 시험 종료 후 가져가시기 바랍니다.

【안 내 사 항】

1. 수험자는 **QR코드를 통해 가답안을 확인**하시기 바랍니다.
 (※ 사전 설문조사 필수)
2. 시험 합격자에게 **'합격축하 SMS(알림톡) 알림 서비스'**를 제공하고 있습니다.

▲ 가답안 확인

- 수험자 여러분의 합격을 기원합니다 -

3. 기업진단·지도

01 헤크만과 올드햄(J.Hackman & G.Oldhan)이 제시한 직무특성 모형에서 **작업성과에 대한 경험적 책임(experienced responsibility)에 영향을 미치는 핵심직무차원은?**

① 자율성
② 피드백
③ 과업정체성
④ 과업의 결합
⑤ 종업원의 성장욕구

답 ①

해설

직무특성이론(헤크만과 올드햄)

(1) 의의
헤크만과 올드햄은 직무의 특성이 종업원의 심리상태에 영향을 주어 궁극적으로 개인의 동기부여, 직무만족, 조직성과에 긍정적 영향을 줄 수 있다

[표] 5가지 직무특성

구분	특징
기술다양성	직무를 수행하기 위해 요구되는 기술 종류의 다양성을 말하며, 기술다양성이 높은 직무는 종업원이 수행하는 직무의 폭이 넓음. 기술다양성을 증진시키기 위해 '직무확대'를 추구
과업정체성	직무가 독립적으로 완결되는 것을 확인할 수 있는 정도로 직무의 시작부터 끝까지 모두 담당하면 과업정체성이 높은 것. 직무의 일부분만 시행하는 것은 과업정체성이 낮은 직무이다.
과업중요성	생명을 다루는 의사와 같이 직무가 타인에 중대한 영향을 끼치는 정도
자율성	직무에 대해 자신이 느끼는 책임감과 사용가능한 일의 재량권을 의미
피드백	직무의 성과와 효과성에 대한 정확한 정보를 얻을 수 있는 정도로, 피드백을 잘 받을 수 있는가의 정도

유사문제 출제
① 2012년 6월 2일
② 2014년 4월 12일
③ 2018년 3월 24일
④ 2023년 4월 1일

[표] 심리상태 및 성과

구분		심리상태		성과
기술다양성	⇒	직무의 의미감	⇒	1. 낮은 이직률 2. 직무만족도 증가 3. 높은 내적동기 부여 4. 업무성과 향상 5. 낮은 결근율
과업정체성				
과업중요성				
자율성	⇒	직무의 책임감		
피드백	⇒	직무수행 결과에 대한 지식		

(2) 동기부여 잠재점수 = $\dfrac{\text{기술 다양성} + \text{과업 정체성} + \text{과업 중요성}}{3} \times \text{자율성} \times \text{피드백}$

> **읽을거리**

등장배경은 제2차 세계대선 이후 영국의 한 탄광회사에서 신기계 도입 이후 분업화와 표준화가 진행되면서 종업원 개인의 업무 강도는 완화했으나 불만과 결근율이 증가하고 생산은 별로 증가하지 않았다.

타비스톡 연구팀은 신기술 도입으로 기존에 형성됐던 인간적 관계나 규범이 깨졌기 때문이라고 진단하고 과거에 존 재하던 역할관계와 작업방식을 살려둔 채 신기술을 서서히 도입할 것을 제안하고 생산성이 오르고 불만은 줄었다.

이들의 연구결과는 조직의 기술적시스템과 인간관계시스템은 서로 적절하게 조화되어야 하며, 조직 내 과업이나 역할관계를 변화시킬 때는 인간관계나 집단적 규범을 혼란시키지 말고 정신적으로 시도해야 한다는 사실을 알려주고 있다.

02 인력의 수요와 공급을 예측하는 기법들 중에서 수요예측 기법을 모두 고른 것은?

> ㄱ. 회귀분석　　　　　　ㄴ. 기능목록 분석
> ㄷ. 대체도 분석　　　　　ㄹ. 델파이법

① ㄱ, ㄴ　　　　② ㄱ, ㄷ
③ ㄱ, ㄹ　　　　④ ㄴ, ㄷ
⑤ ㄴ, ㄹ

답 ③

해설

수요 예측 기법(Demand Forecasting Techniques)

수요 예측은 미래의 제품 또는 서비스에 대한 수요를 예측하는 과정으로, 재고 관리, 생산 계획, 마케팅 전략 수립 등에 필수적인 역할을 한다.

(1) 시계열 분석(Time Series Analysis)
　① 이동 평균법(Moving Average Method)
　　과거의 수요 데이터를 평균하여 미래 수요를 예측한다. 주로 수요 변동이 비교적 안정적인 경우 사용된다.
　② 지수 평활법(Exponential Smoothing Method)
　　최근 데이터를 더 중시하여 과거 데이터를 가중 평균하여 수요를 예측합니다. 과거 데이터의 중요도가 시간이 지남에 따라 지수적으로 감소하도록 가중치를 부여한다.
　③ ARIMA 모델(Auto-Regressive Integrated Moving Average)
　　시계열 데이터에서 자기 회귀와 이동 평균을 결합한 모델로, 복잡한 패턴을 가진 수요 데이터를 예측하는 데 적합하다.

(2) 인과 분석(Causal Analysis)
　① 회귀 분석(Regression Analysis)
　　독립 변수(예 가격, 광고 지출, 경제 지표 등)와 종속 변수(예 수요) 간의 관계를 모델링하여 수요를 예측한다.
　② 경제 계량 모델(Econometric Models)
　　경제 지표(예 GDP, 금리, 인플레이션 등)와 수요 간의 상관 관계를 분석하여 수요를 예측한다.

(3) 정성적 예측 기법 (Qualitative Forecasting Techniques)
　① 델파이 기법(Delphi Method)
　　전문가 그룹이 반복적으로 의견을 제시하고 조정하여 합의된 예측을 도출한다. 불확실한 시장 상황이나 혁신적인 제품의 수요 예측에 유용하다.
　② 시장 조사(Market Research)
　　소비자 조사, 설문 조사, 인터뷰 등을 통해 얻은 정성적 데이터를 바탕으로 수요를 예측한다.

(4) 시뮬레이션 기법(Simulation Techniques)
  ○ 몬테카를로 시뮬레이션(Monte Carlo Simulation)
    다양한 입력 변수를 무작위로 변화시키며 수천 번의 시뮬레이션을 수행하여 수요의 확률 분포를 예측한다. 복잡한 시장 상황이나 다수의 변수가 존재하는 경우에 사용된다.

(5) 머신 러닝 및 AI 기반 기법(Machine Learning and AI-Based Techniques)
  ① 기계 학습 모델(Machine Learning Models)
    인공신경망(ANN), 랜덤 포레스트(Random Forest), 서포트 벡터 머신(SVM) 등을 사용하여 대규모 데이터에서 패턴을 학습하고 수요를 예측한다.
  ② 딥 러닝 모델(Deep Learning Models)
    LSTM(Long Short-Term Memory), CNN(Convolutional Neural Networks) 등을 활용하여 시계열 데이터나 비정형 데이터를 분석하고, 복잡한 수요 예측 문제를 해결한다.

> 보충학습

공급예측 기법
① 기능 목록 분석
② 대체도 분석

> 유사문제 출제

2024년 3월 30일

03 단체교섭의 유형 중 특정 기업 또는 사업장 단위로 조직된 노동조합이 해당 기업의 사용자 대표와 교섭하는 것은?

① 통일교섭
② 공동교섭
③ 집단교섭
④ 대각선 교섭
⑤ 기업별 교섭

답 ⑤

해설

단체교섭

(1) 단체교섭(團體交涉 : collective bargaining)의 개요
① 근로자 단체인 노동조합과 사용자(또는 그 단체)가 임금. 노동시간, 근로조건 등에 관한 결정을 내리기 위해 행하는 교섭이다.
② 단체교섭의 결과는 단체협약으로 체결되었고, 법에 의해 단체교섭과 노사협의회에서 결정할 사항이 구별되어 있는데, 단체교섭은 임금, 노동시간, 근로조건 등이 노사간 이해가 대립되는 것을 다루게 되어 있고, 노사협의회에서는 생산성의 향상, 근로자 복지, 고충의 처리 등에 주요 대상이다.

(2) 단체교섭의 유형
① 기업별 교섭 : 기업의 사용자 대표×기업노조
② 집단교섭 : 복수의 기업×복수기업의 노조
③ 통일교섭 : 사용자단체×산별(직업별) 노조
④ 대각선 교섭 : 기업×상위노조
⑤ 공동교섭 : 기업×기업노조+상위노조

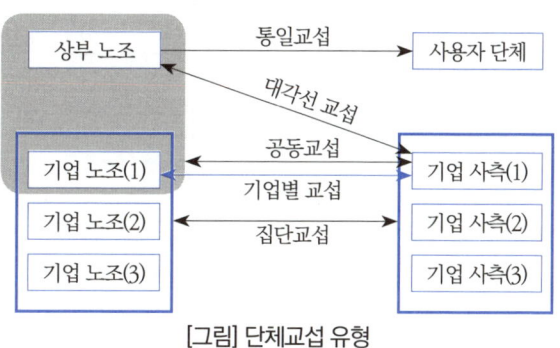

[그림] 단체교섭 유형

04 민쯔버그(H. Mintzberg)가 제시한 조직의 5가지 구성부문(parts)으로 옳지 않은 것은?

① 핵심운영 부문(operating core)
② 매트릭스 부문(matrix)
③ 전략 부문(strategic apex)
④ 기술전문가 부문(technostructure)
⑤ 지원스탭 부문(support staff)

답 ②

해설

헨리 민츠버그(Henry Mintzberg)의 조직 5가지 주요 구성 요소

민쯔버그(H.Mintzberg)는 조직구조를 조직의 어느 부분이 강조되느냐에 따라
① 기술지원부문 또는 기술전문가 부문(기계적 관료제)
② 일반지원부문 또는 지원스탭 부문(애드호크라시)
③ 전략경영부문(단순구조)
④ 중간관리부문(사업부제)
⑤ 생산핵심부문 또는 핵심운영 부문(전문적 관료제)으로 구분하였다.

[표] 5가지 구성요소

구분	단순구조	사업부제 구조	전문적 관료제 구조	기계적 관료제 구조	에드 호크라시 구조
구심점	최고경영 부문, 전략경영 부문	중간라인 부문	핵심운영 부문	기술전문가 부문	지원스탭 부문
조직구조	집권화, 직접관리 유기적 조직	분권화, 공식화 기계적 조직	분권화, 복잡성, 공식화 기계 + 유기	단순, 분권화, 공식화 기계적 조직	복집공 유기적 조직
G	신송, 통제용이 빠른 의사결정	위험분산, 다각화 중간관리자 육성	전문성, 재량권	효율성, 표준화	유연, 창의 신속 환경 대응
B	최고경영자 역량 권력남용	부문최적화 거시적, 전사적	느린 의사결정 전문가층관리자마찰	느린 환경대응 창의, 유연×	느린 의사결정 역할 모호, 갈등
적합환경	단순, 동태적 신생 소규모조직	차별화, 다각화 성국한 조직	복잡, 안정적 복잡한 대규모기업	단순, 안전적 성숙한 대규모조직	복잡, 동태 혁신 필요한 조직

참고

헨리 민츠버그(Henry Mintzberg, 1939년 9월 2일 ~)

캐나다 맥길대학교의 경영학과 교수로, 국제 경영학계에서 높은 평가를 받는 학자이다. 그는 61년 맥길대학교에서 학사 학위를, 68년 MIT에서 박사학위를 받은 후 지금까지 자신의 고향이기도 한 캐나다 몬트리올에 있는 맥길 대학교에서 50년동안 교수 생활을 해왔다. 민츠버그는 경영자, 기업 조직, 전략 경영, 경영 교육 등 기업 경영의 다양한 주제들을 탐구해 왔고, 무려 15권이 넘는 저서와 150편에 가까운 논문을 발표했다. 민츠버그는 주류 경영학계에서 주장했던 내용들을 때로는 정면으로 반박하면서 경영자들에게 완전히 새로운 관점을 제시하곤 했다. 이를테면 그는 합리성과 논리성으로 포장된 분석 중심의 사고를 경계하면서 경영자의 역할에서 '좌뇌와 우뇌의 조화'를 강조하였고, 조직의 5대 구성요소에 대해 밝혔다. 이 때문에 민츠버그의 연구 결과가 처음 발표된 당시에는 항상 논란이 있었지만, 세월이 흐른 후 그의 연구는 대부분 긍정적인 평가를 받고 있다.

05 피들러(F. Fiedler)의 상황적합이론에 관한 설명으로 옳지 않은 것은?

① 상황요인 3가지는 리더-부하관계, 과업구조, 리더의 직위권력이다.

② LPC(least preferred coworker) 척도는 함께 일하기가 가장 싫었던 동료를 평가 하는 것이다.

③ 리더에게 호의적인 상황에서는 과업지향적 리더십이 효과적이다.

④ LPC 점수가 낮으면 관계지향적 리더로 여겨진다.

⑤ 상황에 따라 효과적인 리더십 스타일이 다를 수 있음을 보여준다.

답 ④

해설

피들러의 상황리더십 이론

① 1960년대 상황론적 접근법은 프레드 피들러(Fred Fiedler)에 의해 개발된 상황이론이다.
② 리더의 성격특성은 LPC(Least Preferred Co-Worker)설문에 의해서 측정된다.

[표] LPC설문지

구분	점수	구분	점수
쾌활한 사람	8 7 6 5 4 3 2 1	쾌활하지 못한 사람	
친절하고 다정한 사람	8 7 6 5 4 3 2 1	불친절하고 다정하지 않은 사람	
거절을 잘하는 사람	1 2 3 4 5 6 7 8	수용적인 사람	
긴장하고 있는 사람	1 2 3 4 5 6 7 8	긴장을 풀고 여유 있는 사람	
거리를 두는 사람	1 2 3 4 5 6 7 8	친근한 사람	
냉담한 사람	1 2 3 4 5 6 7 8	다정한 사람	
지원적인 사람	8 7 6 5 4 3 2 1	적대적인 사람	
따분한 사람	8 7 6 5 4 3 2 1	흥미를 잘 느끼는 사람	
싸우기를 좋아하는 사람	1 2 3 4 5 6 7 8	화목하고 잘 조화하는 사람	
우울한 사람	1 2 3 4 5 6 7 8	늘 즐거워하는 사람	
서슴치 않고 개방적인 사람	8 7 6 5 4 3 2 1	주저하고 폐쇄적인 사람	
험담을 잘하는 사람	1 2 3 4 5 6 7 8	너그럽고 관대한 사람	
신뢰를 할 수 없는 사람	1 2 3 4 5 6 7 8	신뢰할 만한 사람	
사려깊은 사람	8 7 6 5 4 3 2 1	사려깊지 못한 사람	
심술궂고 비열한 사람	1 2 3 4 5 6 7 8	점잖고 신사적인 사람	
마음에 맞는 사람	8 7 6 5 4 3 2 1	마음에 맞지 않는 사람	
성실하지 않은 사람	1 2 3 4 5 6 7 8	성실한 사람	
친절한 사람	8 7 6 5 4 3 2 1	불친절한 사람	
			총점

③ 당신의 점수가 64점 이상이면 관계지향적 스타일이고 57점 이하이면 과업지향적 스타일이다.

06 수요예측 기법에 관한 설명으로 옳지 않은 것은?

① 시계열분석법은 수요의 과거 패턴이 미래에도 그대로 지속된다는 가정에 근거를 두는 정량적 기법이다.
② 시계열분석법의 4가지 변동요소는 추세(trend), 주기(cycle), 계절성(seasonality), 불규칙성(randomness)이다.
③ 자료유추법은 유사제품의 수요를 참고하여 예측하는 정량적 기법이다.
④ 인과형 예측법은 수요에 영향을 미치는 원인변수를 분석하여 예측 값을 추정 하는 정량적 기법이다.
⑤ 델파이법은 전문가의 식견과 경험을 기초로 하는 정성적 기법이다.

답 ③

해설

수요예측

(1) 개요
① 수요예측이란 한 회사의 제품이 미래에 얼마나, 어디에서 팔릴 것인가 가늠하는 것이다.
② 수요예측은 여러가지 계획 수립에 기초가 된다.
③ 소비자들의 다양한 욕구 변화와 빠른 기술 개발로 인해서 수요 예측은 쉽지 않다.

(2) 수요예측의 원리
① 예측치와 실제치는 거의 일치하지 않는다.
② 개별 제품보다 제품 그룹의 예측치가 더욱 정확하다.
③ 장기예측보다 단기예측의 경우 더욱 정확하다.

(3) 질적 방법은 수요예측을 빨리 해야 할 때, 과거 자료에 신빙성이 없을 때 주로 사용한다.
① 시장조사법
주로 설문지나 고객 인터뷰를 통한 자료를 가지고 고객의 선호도나 제품에 대한 요구사항을 알아볼 수 있다. 비용과 시간이 많이 들어가 수요변화예측에 유용한 방법이다. 하지만 설문지 내용이나 인터뷰 질문이 왜곡되거나 기업 위주로 만들어진 경우 잘못된 수용예측결과가 나올 수 있다.
② 전문가합의법
패널합의법이라고도 불리는 이 방법은 제품이나 마케팅, 소비자 심리학 등의 전문가를 통해 미래의 수요를 예측한다. 주의할 사항은 전문가 집단 중에서 말발이 좋은 사람이 자기주장대로 밀고 간다면 결과가 왜곡될 수 있다.
③ 판매원 종합 의견법
각 지역에 대해서 잘 알고 있는 현지 판매원들을 중심으로 해당 지역의 사회적 특성을 감안할 수 있는 방법이다. 단점으로는 판매원이 예상 수요만큼 팔아야 하기 때문에 예측치를 적게 부를 수 있다.
④ 자료유추법
과거에 대한 마땅한 자료가 없는 경우 사용하는 방법이다. 주로 신제품 출시 때 예측하는 방법으로 기존 제품과 비슷한 제품의 과거 자료를 활용해 예측한다. (유사제품의 수요 참고하여 예측하는 정성적 기법)

⑤ 델파이법

이는 전문가합의법의 진화된 방법이다. 기존 전문가합의법은 서로 회의를 통해서 결과를 도출하지만, 델파이법은 전문가 집단을 구성하여 하나의 통일된 결과를 얻을 때까지 질문을 계속해 일치되는 결과가 나올 때까지 반복하는 방법이다. 전문가끼리 서로 만나지 않아서 전문가합의법의 단점을 보완할 수 있다.

(4) 시계열 분석

시간 순서대로 정렬된 데이터에서 의미 있는 요약과 통계정보를 추출하는 방식이다. 수요 예측을 하는 방법은 크게 전기수요법, 이동평균법, 지수평활법으로 구분된다.

① 전기수요법

전기수요법은 시계열 중에 가장 최근의 실제치를 바로 다음 기간의 예측치로 사용한다.

② 이동평균법

이동평균법은 시계열 속에 있는 단기의 불규칙 변동을 고르게 하는 방법이다.
크게 단순이동평균법과 가중이동평균법으로 나뉜다.
단순이동평균법은 가까운 과거의 일정기간에 해당하는 시계열의 평균값을 바로 다음 기간의 예측치로 사용하는 방법이다. 보통 3개월, 6개월, 1년 등의 평균치를 사용해 다음 기간의 수요량을 예측한다.
가중이동평균법은 단순이동평균법과 비슷하지만 더욱 가까운 실제치에는 높은 가중치를 주고, 먼 과거의 실제치에는 낮은 가중치를 부여하는 방법이다. 가중치의 비중은 사람이 결정해 주관적인 요소가 반영되어 있다.

③ 지수평활법

지수평활법은 가장 가까운 과거의 자료에 가장 큰 가중치를 부여하는 단수지수평활법이 있다. 다다음 기간의 수요를 예측하는 방정식은 $F_t = F_{t-1} + Alhpa(A_{t-1} - F_{t-1})$이다.
F_t는 t 기간의 예측치, A_{t-1}은 t-1 기간의 실제치, Alhpa는 평활계수를 의미한다. (단, 평활계수는 0~1 사이의 값만 가진다.)

(5) 인과형 방법

① 어느 제품의 판매량(종속변수)은 그 제품의 가격, 광고비, 품질관리비, 가처분소득, 인구 등 독립변수의 함수이다. 독립변수와 종속변수의 관계를 수학적으로 규명하면 독립변수의 값에 따라 종속변수의 값을 예측할 수 있다.
② 인과형 방법에서는 수요를 회귀분석을 통해서 구한다. 단순회귀방정식이라 불리는 Y=a+bX를 통해서 독립변수와 종속변수의 관계를 증명한다.
③ 방정식의 계수는 최소자승법을 활용해서 구한다.

$$b = \frac{n\Sigma XY - \Sigma X \Sigma Y}{n\Sigma X^2 - (\Sigma X)^2}$$

$$a = \frac{\Sigma Y - b\Sigma X}{n}$$

유사문제 출제

2024년 3월 30일

07 자재소요계획 (material requirement planning)의 입력 자료를 모두 고른 것은?

> ㄱ. 자재명세서(bill of material)
> ㄴ. 계획발주량(planned order release)
> ㄷ. 주생산일정계획(master production scheduling)
> ㄹ. 재고기록철(inventory record file)
> ㅁ. 예외보고서 (exception report)

① ㄱ, ㄴ, ㅁ ② ㄱ, ㄷ, ㄹ
③ ㄱ, ㄹ, ㅁ ④ ㄴ, ㄷ, ㄹ
⑤ ㄴ, ㄷ, ㅁ

답 ②

해설

MRP(자재 소요 계획) 시스템

(1) 주생산일정계획
   ① 최종 제품의 기간별 생산종료 시점과 제품 수량을 나타내는 계획으로, 사용 가능한 자원과 완료 시점이 합리적이어야 한다.
   ② 일반적으로 주 단위로 작성되지만, 생산 환경에 따라 일 또는 월 단위로 작성되기도 한다.

(2) 자재명세서(BOM)
   ① 완제품을 생산하는 데 필요한 원재료 및 부분품을 명시한 상세 내역이다.
   ② 각 원·부자재의 품명과 수량, 상하관계를 표기하는데, MRP를 달성하는 데 필요한 원·부자재 총 소요량을 계산하는 데 필요하다.

(3) 재고상태기록철
   재고상태기록철은 기업이 보유한 모든 재고의 입출고 현황과 재고 상태를 기록하는데 계획기간 동안 내 발주 상황과 생산 수량에 관한 사항이 포함되어야 한다.
   ① 총 소요량 : 입고예정재고 + 안전재고 – (현재 재고 – 할당된 재고)
   ② 순 소요량 : 총 소요량 – 현재 재고 – 입고 예정 재고 + 할당된 재고 + 안전재고

08 6시그마에 관한 설명으로 옳지 않은 것은?

① 품질수준을 높이기 위해 공정의 산포보다 평균에 더 초점을 맞춘다.
② 6시그마의 시그마는 데이터의 산포를 나타내는 표준편차를 의미한다.
③ 통계기법을 사용하여 품질혁신을 달성하기 위한 전사적 품질경영 활동이다.
④ 추진 로드맵은 정의(define), 측정(measure), 분석(analyze), 개선(improve), 통제(control)의 5단계로 구성된다.
⑤ 제조업 중심으로 개발된 기법이나 서비스업에도 적용 가능하다.

답 ①

해설

6시그마

(1) 개요
① 6시그마는 모토로라가 등록한 상표이다.
② 시그마(σ)는 원래 정규분포에서 표준편차를 나타내며 6 표준편차인 100만 개 중 3.4개의 불량률(Defects per million opportunities, DPMO)을 추구한다는 의미에서 나온 말이다.
③ 실제로 ±6 시그마 수준은 10억 개 중 2개의 불량(0.002ppm 불량률)으로써, 6시그마는 불량 제로를 추구하는 말이다.

(2) 방법론
① 6시그마에는 두 가지 주요한 방법론이 있는데 DMAIC과 DMADV이다. 이 두 가지는 원래 W. 에드워드 데밍의 계획(P)-실행(D)-점검(C)-행동(A) 싸이클 이론에서 영향을 받은 것이다.
② DMAIC은 주로 기존의 프로세스를 향상시키기 위해 쓰이고 DMADV는 새로운 제품을 만들거나 예측가능하고 결함이 없는 성능을 내는 디자인을 만들기 위한 목적으로 쓰인다.

(3) DMAIC의 5단계
① 정의(Define) : 기업 전략과 소비자 요구 사항과 일치하는 디자인 활동의 목표를 정한다.
② 측정(Measure) : 현재의 프로세스 능력, 제품의 수준, 위험 수준을 측정하고 어떤 것이 품질에 결정적 영향을 끼치는 요소(CTQs, Criticals to qualities)를 밝혀낸다.
③ 분석(Analyze) : 디자인 대안, 상위 수준의 디자인을 만들기 그리고 최고의 디자인을 선택하기 위한 디자인 가능성을 평가하는 것을 개발하는 과정이다.
④ 개선(Improve) : 바람직한 프로세스가 구축된 수 있도록 시스템 구성 요소들을 개선한다.
⑤ 관리(Control) : 개선된 프로세스가 의도된 성과를 얻도록 투입 요소와 변동성을 관리한다.

(4) DMADV의 5단계
① 정의(Define) : 기업 전략과 소비자 요구 사항과 일치하는 디자인 활동의 목표를 정한다.
② 측정(Measure) : 현재의 프로세스 능력, 제품의 수준, 위험 수준을 측정하고 어떤 것이 품질에 결정적 영향을 끼치는 요소(CTQs, Criticals to qualities)를 밝혀낸다.
③ 분석(Analyze) : 디자인 대안, 상위 수준의 디자인을 만들기 그리고 최고의 디자인을 선택하기 위한 디자인 가능성을 평가하는 것을 개발하는 과정이다.
④ 디자인(Design) : 세부 사항, 디자인의 최적화, 디자인 검증을 위한 계획을 하는 단계를 말한다. 여기서 시뮬레이션 과정이 필요하다.
⑤ 검증(Verify) : 디자인, 시험 작동, 제품개발 프로세스의 적용과 프로세스 담당자로의 이관 등에 관련된 단계이다.

09 공급사슬관리에 관한 설명으로 옳은 것은?

① 채찍효과(bullwhip effect)는 수요변동이 공급사슬의 상류(공급자)에서 하류(최종 소비자)로 이동하면서 증폭되는 현상이다.

② 크로스도킹 (cross-docking)은 물류창고에 입고되는 상품을 장기간 보관하여 소매점에 배송하는 물류시스템이다.

③ 공급자 재고관리 (vendor managed inventory)는 공급자의 재고 보충책임을 구매자에게 이전하는 전략이다.

④ CPFR(Collaborative Planning, Forecasting, and Replenishment)은 공급자와 구 매자가 제품의 수요예측과 판매 및 재고 보충계획까지 함께 수립하는 방법이다.

⑤ 지연 차별화(delayed differentiation)는 제품의 세부사양을 결정짓는 부품을 먼저 생산한 다음 공동부품을 생산하는 전략이다.

답 ④

해설

공급사실 관리(SCM)

(1) 개요
① 공급사슬관리(Supply Chain Management, SCM)는 제품 또는 서비스가 공급자로부터 최종 소비자에게 전달되는 모든 과정을 효과적으로 관리하여 비용을 절감하고 고객 만족을 극대화하는 전략적 접근이다.
② 과정은 원자재 조달, 생산, 유통, 물류, 재고 관리, 정보 흐름 관리 등을 포함한다.

(2) 공습사슬관리의 주요 구성 요소
 ① 계획(Planning)
  수요 예측 및 자원 계획을 통해 효율적인 공급사슬 전략 수립
  목표 : 수요와 공급의 균형 유지, 비용 최소화, 서비스 수준 최적화
 ② 소싱(Sourcing)
  적합한 공급업체를 선정하고 계약 체결
  공급업체 관리 및 관계 구축
  재료 품질, 납기, 비용을 고려하여 최적화
 ③ 생산(Production)
  원자재를 제품으로 변환하는 제조 활동
  생산 공정의 효율성 및 품질 관리
 ④ 배송(Delivery)
  물류 관리 및 제품의 고객 전달
  운송 수단 선정, 유통 네트워크 최적화, 배송 시간 단축
 ⑤ 반품(Returns)
  불량품, 과잉 재고 등 반품 관리
  고객 만족을 유지하며 재고를 효율적으로 처리

(3) 용어정의
① 채찍효과(bull whip)
㉮ 소비자 수요의 작은 변화가 도매·유통·제조·원자재 공급업체에 커다란 영향을 끼칠 수 있다는 경제 용어
㉯ 소비자 수요 변동폭은 크지 않디만 소매상, 도매상, 제조업자, 원자재 공급자 등의 공급사슬을 거슬러 올라갈수록 변동 폭이 크게 확대되는 현상이다.
㉰ 수요 정보가 정확히 전달되지 않아 소매업자나 도매상 제조업자 들이 과잉 재고를 떠안게 돼는 현상이 벌어지기도 한다.

② 크로스도킹(Cross Docking)
㉮ 창고나 물류센터에서 수령한 상품을 재고로 보관하는 것이 아니라 즉시 배송할 준비를 하는 물류시스템을 의미한다.
㉯ 유통업체나 도매배송업체, 항만터미널운영업체의 물류현장에서 발생할 수 있는 비생산적인 재고를 제거하고자 하는 것이 그 목적이다.

③ VMI(Vender Managed Inventory : 공급자에 의한 재고관리)
㉮ 제조업체(또는 공급업자 도매배송센터)가 소매점의 물건움직임을 보면서 생산 및 수송 을 하게 되며 팔리지 않는 상품을 운반하거나 보관하는 불필요성을 줄일 수 있고 발주 업무를 생략할 수 있다.
㉯ 상품보충에 대한 책임이 제조업체 또는 공급업체, 도매배송센터에 있으며, 제조업체(공급자)가 발주확정 후 바로 유통업체로 상품배송이 이루어진다.

④ 지연차별화
㉮ 연기란 배송업체가 재고를 배송에 투입할 때 발생하는 의도적인 지연입니다.
㉯ 지연 차별화라고도 하는 이 전략은 "기업이 재고를 획기적으로 줄이는 동시에 고객 서비스를 개선할 수 있도록 하는 적응형 공급망 전략"이다.

⑤ CPFR
㉮ CPFR은 공급업체와 고객(소매업체 또는 제조업체)이 협력하여 수요 예측, 판매 계획, 재고 보충을 최적화하는 공급망 관리 방식이다.
㉯ 목표 : 공급망 전반에서 수요와 공급을 일치시켜 비용을 절감하고, 재고 관리 효율을 높이며, 매출을 극대화하는 것
㉰ 특징 : 실시간 데이터 공유, 협업 기반 의사 결정, 지속적인 성과 평가
㉱ 단계 : 1.협업 관계 설정 → 2.공동 비즈니스 계획 → 3.수요 예측 → 4.판매 계획
5.주문 생성 → 6.주문 이행 → 7.예외 분석 → 8.성과 평가 및 개선

10 직업 스트레스 과정을 여러 개의 요소(facet)로 나눌 수 있다고 제안한 비어와 뉴먼(T. Beehr & I. Newman) 모델의 구성 요소가 아닌 것은?

① 개인 요소(personal facet)

② 시간 요소(time facet)

③ 환경 요소(environment facet)

④ 과정 요소(process facet)

⑤ 경제 요소(economy facet)

답 ⑤

해설

비어와 뉴먼의 모델 구성요소
① 개인 요소
② 시간 요소
③ 환경 요소
④ 과정 요소
⑤ 인적 요소
⑥ 인적결과 요소
⑦ 적응적 반응요소

11 직무분석에서 사용하는 직위분석 설문지(Position Analysis Questionnaire)의 주요 차원이 아닌 것은?

① 신체 과정(body processes)
② 정보 입력(information input)
③ 타인과의 관계(relationships with other persons)
④ 작업 결과(work output)
⑤ 직무 맥락(job context)

답 ①

해설

직위분석 질문지법(PAQ : position analysis questionnaire)

(1) 개념
맥코믹(E.J. McCormick)에 의해 개발된 것으로 작업자 활동과 관련된 187개 항목과 임금관련 7개 항목을 포함하여 총 194개의 항목으로 구성된 질문지로서 작업에 대한 표준화된 정보를 수집하는 대표적인 방법이다.

(2) 내용
6개 범주 ① 정보의 투입(35), ② 정신적 과정(14), ③ 작업산출(49), ④ 타인과의 관계(36), ⑤ 작업환경 및 직무상황(19), ⑥ 기타(41)로 구성된다.

(3) 장점과 단점
① 구조화된 직무분석기법들 중에서 직위분석설문지는 다른 것보다 더욱 철저히 연구된 것이며, 변형 없이도 넓은 범위의 직무에 사용가능하고 많은 자료에 대한 비교를 가능케 한다.
② 직위분석설문지는 선발과 직무분류 용도로 널리 활용되고 있다.
③ 인사평가와 교육훈련용도로는 활용되지 않는다.
④ 이유는 설문지는 매우 다양한 직무를 쉽게 분석할 수 있고 직무평가용도로 널리 활용되지만 성과표준이나 훈련내용을 설문지의 점수로부터 도출해내기 어렵기 때문이다.

12 동기에 관한 이론적 접근 중에서 엘더퍼(C. Alderfer)의 ERG 이론이 해당 되는 것은?

① 행동적 이론(behavioral theory)

② 인지과정 이론(cognitive process theory)

③ 욕구기반 이론(need-based theory)

④ 자기결정 이론(self-determination theory)

⑤ 직무기반 이론(job-based theory)

답 ③

해설

ERG 이론

(1) 개요

① ERG 이론은 1972년 심리학자 C.Alderfer가 인간의 욕구에 대해 매슬로의 욕구단계이론을 발전시켜 주장한 이론이다.
② 인간의 욕구를 중요도 순으로 계층화했다는 점에서는 매슬로의 욕구단계이론과 동일하게 정의하지만, 그 단계를 5개에서 3개로 줄여 제시하였다는 점과 직접 조직 현장에 들어가 연구를 실행했다는 점에서 차이를 보인다.

(2) 특징

① 존재욕구(Existence needs)

구분	특징
내용	기본적인 욕구로 음식, 공기, 물, 임금 그리고 작업조건과 같은 것에 대한 욕구
예	배고픔, 갈증, 안식처 등과 같은 생리적, 물질적 욕망으로서 봉급과 쾌적한 물리적 작업 조건과 같은 물질적 욕구가 이 범주에 속한다. 이 존재욕구는 매슬로우의 생리적 욕구와 물리적 측면의 안전욕구에 해당한다고 할 수 있다.

② 관계욕구(Relatedness needs)

구분	특징
내용	의미있는 사회적, 개인적 인간관계 형성에 의해서 충족될 수 있는 욕구
예	직장에서 타인과의 대인관계, 가족, 친구 등과의 관계와 관련되는 모든 욕구를 포괄한다. 관계욕구는 매슬로의 안전욕구와 사회 욕구, 그리고 존경욕구의 일부를 포함한다고 볼 수 있다.

③ 성장욕구(Growth needs)

구분	특징
내용	개인의 생산적이고 창의적인 공헌에 의해서 충족될 수 있는 욕구
예	개인의 창조적 성장, 잠재력의 극대화 등과 관련된 모든 욕구를 가리킨다. 이러한 욕구는 한 개인이 자기 능력을 극대화할 뿐만 아니라 능력개발을 필요로 하는 일에 종사함으로써 욕구충족이 가능한 것이다. 이 성장욕구는 매슬로의 자아실현 욕구와 존경욕구에 해당한다고 할 수 있다.

[표] 주장자에 따른 욕구의 정의 차이

구분	매슬로	앨더퍼	맥클리랜드	허즈버그
생리적 욕구	생리적 욕구	존재욕구		위생요인
	안전의 욕구			
정신적 욕구	사회적 욕구	관계욕구	친화욕구	동기요인
	존경의 욕구		성취욕구	
	자아실현의 욕구	성장욕구	권력욕구	

13 다음의 설문 문항들이 측정하고자 하는 것은?

> ○ 이 조직은 나에게 개인적 의미를 많이 부여해 준다.
> ○ 가까운 미래에 이 조직을 그만두게 된다면 이는 나에게 비용이 너무 많이 드는 일이다.
> ○ 내가 지금 이 조직을 그만둔다면 죄책감을 느끼게 될 것이다.

① 직무 만족(job satisfaction)

② 조직 몰입(organizational commitment)

③ 조직 정의(organizational justice)

④ 조직 동일시(organizational identification)

⑤ 조직지지 지각(perceived organizational support)

답 ②

해설

설문 문항 설명

① 이 조직은 나에게 개인적 의미를 많이 부여해 준다
  정서적 몰입에 대한 설문이다. 그런데 조직과 개인의 정체성을 연결 짓고 있는데 조직동일시에도 사용 될 수 있지만 조직에 대한 애착과 몰입에 묻는 조사에도 사용 될 수 있다.
② 가까운 미래에 이 조직을 그만두게 된다면 이는 나에게 비용이 너무 많이 드는 일이다.
③ 유지적 몰입에 대한 설문이다. 경제적으로 손실을 초래한다고 느끼는가를 측정하는 내용인데 조건제시 없이 한 번에 분류한다는 건 개인적으로는 어렵다.
④ 내가 지금 이 조직을 그만둔다면 죄책감을 느끼게 될 것이다.
  규범적 몰입에 대한 설문으로 도덕성과 책임감을 묻는 질문인데 이직과 조직에 대한 이미지를 묻는 조사에도 사용될 수 있다고 보여진다.

① 조직지지 지각 → 조직이 나를 지지한다고 느끼는 정도
↓
② 조직동일시와 조직정의 → 조직과의 정체성 연결 및 공정성 인식
↓
③ 조직몰입과 직무만족 → 조직에 몰입하고 직무에 만족하는 결과

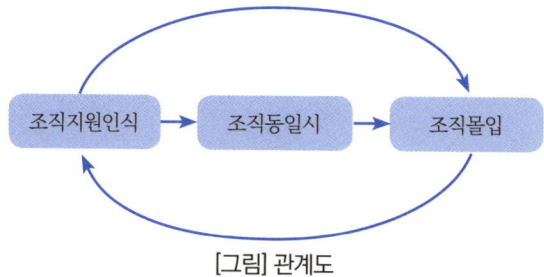

[그림] 관계도

14 다음 그림이 제시하는 집단효과성 모델은?

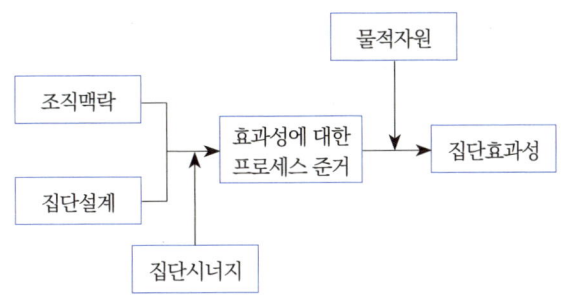

① 캠피온(Campion) 모델
② 그래드스테인(Gladstein) 모델
③ 터크만(Tuckman) 모델
④ 맥그래스(McGrath) 모델
⑤ 해크만(Hackman) 모델

답 ⑤

해설

집단효과성 모델

(1) Campion 모델
① 마이클 A. 캠피온(Michael A. Campion)과 그의 동료들은 팀의 구조와 프로세스에 중점을 둔 팀 설계 모델을 개발했다. 이 모델은 팀 멤버 간의 상호작용, 역할 분배, 목표 설정, 커뮤니케이션 전략 등을 포함한 일련의 권장 사항을 제시한다.
② Campion 모델은 팀 멤버의 다양성, 역할의 명확성, 목표의 일관성 등이 팀의 성과에 어떻게 영향을 미치는지에 대해 설명하며, 효과적인 팀 설계를 위한 가이드라인을 제공한다.

(2) Gladstein 모델
① 데이비드 L. 글래드스틴(David L. Gladstein)은 팀 내외부의 환경과 리더십이 팀의 효과성에 미치는 영향을 연구했다.
② Gladstein 모델은 팀 리더의 행동과 외부 환경이 팀 프로세스에 어떻게 영향을 미치는지를 중심으로 하며, 이러한 프로세스가 최종적으로 팀의 성과에 어떻게 기여하는지를 설명한다.
③ 특히 팀 리더의 커뮤니케이션 능력과 환경적 요인이 팀의 성공에 중요함을 강조한다.

(3) Tuckman 모델
① 집단 발달의 5단계 모델은 브루스 터크만에 의해 제안. 1965년에 처음 소개된 이 이론은 팀이나 집단
  ㉮ 형성(Forming) 단계에서 시작
  ㉯ 폭풍(Storming)
  ㉰ 규범화(Norming)
  ㉱ 성과(Performing)를 거쳐 마지막으로
  ㉲ 해산(Adjourning)의 단계까지 발달하는 과정을 설명한다.
② 팀 작업과 집단 내 상호작용에 대한 이해를 돕기 위해 널리 사용

(4) McGrath 모델
① 조셉 E. 맥그래스(Joseph E. McGrath)는 팀의 작업을 수행하는 과정에 초점을 맞춘 모델을 개발했다.
② McGrath의 "Time, Interaction, and Performance (TIP)" 이론은 팀이 시간에 따라 어떻게 발달하며, 상호작용과 성과 사이의 관계를 어떻게 형성하는지를 설명한다.
③ McGrath는 팀의 작업을 4가지 주요 유형(생성, 선택, 협상, 집행)으로 분류하고, 각 유형의 작업이 팀 상호작용과 성과에 어떻게 영향을 미치는지를 분석한다.

(5) Hackman 모델
① J. Richard Hackman은 팀의 구성과 팀의 조건이 팀의 효과성을 어떻게 결정하는지에 대한 모델을 개발했다.
② Hackman의 모델은 팀의 성과, 구성원의 개인적 성장 및 복지, 팀의 지속 가능성 등 세 가지 주요 결과를 중심으로 한다. Hackman은 팀의 효과성을 최대화하기 위해 명확한 목표 설정, 역할 분배, 적절한 리더십, 개방적인 커뮤니케이션, 구성원의 기술 및 능력을 강조한다.
③ 조직 내에서 팀을 설계하고 관리하는 데 있어 구체적인 행동 지침을 제공한다.
④ Hackman은 팀이 효과적으로 기능하기 위해 필요한 다섯 가지 핵심 조건을 제시한다.
  ㉮ 실제 팀으로서의 구성 : 팀이 명확한 경계를 가지고, 안정적인 멤버십을 유지해야 한다.
  ㉯ 명확하고 동기 부여가 되는 방향 : 팀 목표가 분명하고, 멤버들에게 동기를 부여해야 한다.
  ㉰ 적절한 구조 : 역할과 책임이 명확하고, 적절한 기술과 능력을 갖추어야 한다.
  ㉱ 지원적인 조직 맥락 : 팀이 필요로 하는 리소스, 정보, 시스템의 지원을 받아야 한다.
  ㉲ 공유적인 리더십과 팀워크 : 팀 내에서 리더십이 공유되며, 구성원 간의 협력과 커뮤니케이션이 잘 이루어져야 한다.

15. 제니스(I. Janis)가 제시한 집단사고(groupthink)가 발생할 가능성이 높은 상황을 모두 고른 것은?

> ㄱ. 집단이 외부로부터 고립되어 있을 때
> ㄴ. 리더가 민주적일 때
> ㄷ. 집단의 응집력이 낮을 때
> ㄹ. 외부로부터 위협이 있을 때

① ㄱ, ㄴ
② ㄱ, ㄹ
③ ㄷ, ㄹ
④ ㄱ, ㄴ, ㄷ
⑤ ㄴ, ㄷ, ㄹ

답 ②

해설

집단사고

(1) 개요
① 1972년, 미국의 심리학자 어빙 제니스(Irving Janis)가 피그만 침공이 실패한 이유를 분석하는 과정에서 만들어낸 개념으로, 보통 집단사고는 "응집력이 높은 집단의 사람들은 만장일치를 추진하기 위해 노력하며, 다른 사람들이 내놓은 생각들을 뒤엎으려고 노력하는 일종의 상태"를 말하는 학문적인 용어
② 보통 외부로부터 고립되어 충분한 토의가 이뤄질 수 없는 경우라든가 구성원의 스트레스가 쌓일 때 집단이 응집하여 집단사고로 이어질수 있으며, 지시적인 리더십 혹은 사회적 배경과 관념의 동질성이 높을 때 자주 발생한다.

(2) 집단사고의 환경
① 잘못불가의 환상 – 자신의 집단이 절대로 잘못될리 없다는 생각
② 합리화의 환상 – 내외부의 경고를 무시하기 위해 자신들의 주장을 집단적으로 합리화를 해버린다.
③ 도덕성의 환상 – 자신들이 도덕적으로 우월하다고 보이는 현상
④ 적에 대한 상동적인 태도 – 적은 자기 집단들보다 약하다고 생각한다.
⑤ 동조압력 – 상대를 자기 집단에 굴복시킨다.
⑥ 자기검열 – 아무도 시키지 않지만 집단이 싫어할까봐 말을 알아서 검열한다.
⑦ 만장일치의 환상 – 무조건 만장일치가 돼야 된다고 생각하는 현상
⑧ 자기보호, 집단 초병 – 집단화목을 깨뜨릴 부정적 정보로부터 집단을 보호한다.

(3) 예방책
집단사고를 예방하기 위해서 지도자급은 발언을 막기도 하고, 외부 인사를 반드시 회의에 참여시키기도 하며, 고의적으로 의견의 대립을 조장하기도 하고, 필요한 경우에는 악마의 대변인이란 제도를 사용하기도 한다.

유사문제 출제
2024년 3월 30일

16 위험감수성 (Danger Sensitivity)에 영향을 미치는 주된 요인으로 옳지 않은 것은?

① 체험적 경험　　　　　　② 인지적 정보
③ 지각적 경험　　　　　　④ 교육적 정보
⑤ 정서적 경험

전항 정답

해설

위험감수성에 대한 4가지 구성 요인
　① 체험 및 관찰적 경험과 정보
　② 인지적 경험과 정보
　③ 지각적 경험과 정보
　④ 정서적 경험과 정보

출처

2018 안전심리학[학지사] p.23~24 이순열, 이순철, 박길수 공저

17 특정 상황과 부분적으로 결합되는 친근한 정보에 사로잡히면서 발생하는 인간 오류는?

① 포획 오류(capture error)

② 양식 오류(mode error)

③ 연합 오류(associative error)

④ 완료후 오류(post-completion error)

⑤ 연상활성화 오류(association activation error)

답 ①, ③, ⑤

해설

인간 오류 유형

구분	기본 개념	핵심요인
포획 오류 (capture error)	익숙한 행동 패턴이나 습관적인 행동이 유사한 상황에서 자동적으로 실행되면서 발생하는 오류	습관적 행동
양식 오류 (mode error)	현재의 시스템 모드(상태)를 잘못 이해해서 잘못된 조작을 하는 오류	다른 기능(모드)
연합 오류 (associative error)	특정한 정보가 기존의 연관된 기억과 혼합되어 잘못된 판단을 하게 되는 오류	기존 연관 기억
완료후 오류 (post-completion error)	어떤 작업이 끝난 후 후속 단계를 빠트리는 오류	마지막 작업
연상 활성화 오류 (association activation error)	특정 개념이 활성화 되면서 관련 없는 정보까지 잘못 연관지어 발생하는 오류	관련 정보

유사문제 출제

① 2017년 3월 25일
② 2020년 9월 25일
③ 2023년 4월 1일
④ 2024년 3월 30일

18 노만(D. Norrman)의 스키마 이론에서 실수(slip)의 기본적 분류에 해당하는 것을 모두 고른 것은?

ㄱ. 의도형성에 따른 오류
ㄴ. 제어방식에 기인한 오류
ㄷ. 잘못된 활성화에 의한 오류
ㄹ. 잘못된 촉발에 의한 오류

① ㄱ, ㄷ
② ㄴ, ㄹ
③ ㄱ, ㄴ, ㄷ
④ ㄱ, ㄴ, ㄹ
⑤ ㄴ, ㄷ, ㄹ

답 ②, ④

해설

의도적인 오류인 mistakes와 비의도적 오류 slip

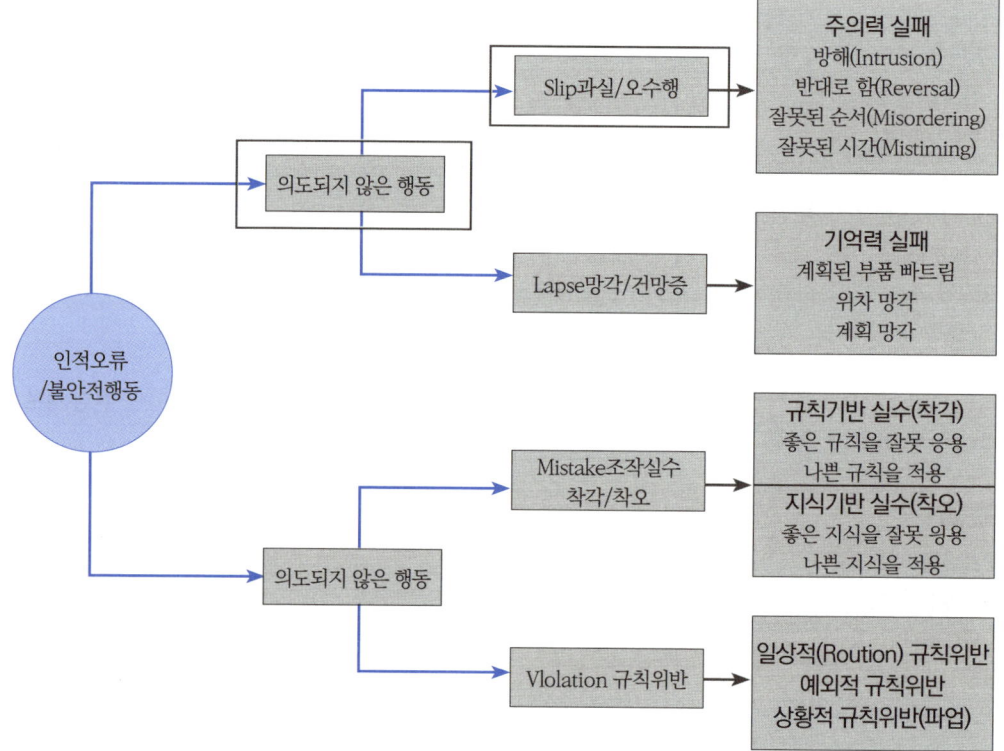

유사문제 출제

① 2017년 3월 25일
② 2020년 9월 25일
③ 2023년 4월 1일
④ 2024년 3월 30일

19 현재 국내 작업환경측정 대상이면서 물리적 유해인자로 옳은 것은?

① 분진
② 고열
③ 진동
④ 전리방사선
⑤ 미스트(mist)

답 ②

해설

물리적 인자(2종)

① 8시간 시간가중평균 80dB 이상의 소음
② 안전보건규칙 제558조에 따른 고열

합격정보

산업안전보건법 시행규칙 [별표 21] 작업환경측정 대상 유해인자

보충학습

제558조(정의) 이 장에서 사용하는 용어의 뜻은 다음과 같다.
1. "고열"이란 열에 의하여 근로자에게 열경련·열탈진 또는 열사병 등의 건강장해를 유발할 수 있는 더운 온도를 말한다.
2. "한랭"이란 냉각원(冷却源)에 의하여 근로자에게 동상 등의 건강장해를 유발할 수 있는 차가운 온도를 말한다.
3. "다습"이란 습기로 인하여 근로자에게 피부질환 등의 건강장해를 유발할 수 있는 습한 상태를 말한다.

유사문제 출제

2023년 4월 1일

20. 산업안전보건기준에 관한 규칙상 관리대상 유해물질에 관한 물질상태, 후드 형식, 제어풍속이 옳게 연결된 것은?

① 가스 - 외부식 측방흡인형 - 0.4m/sec 이상

② 가스 - 외부식 상방흡인형 - 0.8m/sec 이상

③ 입자 - 포위식 포위형 - 0.6m/sec 이상

④ 입자 - 외부식 상방흡인형 - 1.2m/sec 이상

⑤ 가스 - 외부시 하방흡인형 - 0.4m/sec 이상

답 ④

해설

관리대상 유해물질 관련 국소배기장치 후드의 제어풍속(제429조 관련)

물질의 상태	후드 형식	제어풍속(m/sec)
가스 상태	포위식 포위형	0.4
	외부식 측방흡인형 외부식 하방흡인형	0.5 0.5
	외부식 상방흡인형	1.0
입자 상태	포위식 포위형 외부식 측방흡인형	0.7 1.0
	외부식 하방흡인형	1.0
	외부식 상방흡인형	1.2

비고

1. "가스 상태"란 관리대상 유해물질이 후드로 빨아들여질 때의 상태가 가스 또는 증기인 경우를 말한다.
2. "입자 상태"란 관리대상 유해물질이 후드로 빨아들여질 때의 상태가 흄, 분진 또는 미스트인 경우를 말한다.
3. "제어풍속"이란 국소배기장치의 모든 후드를 개방한 경우의 제어풍속으로서 다음 각 목에 따른 위치에서의 풍속을 말한다.
   가. 포위식 후드에서는 후드 개구면에서의 풍속
   나. 외부식 후드에서는 해당 후드에 의하여 관리대상 유해물질을 빨아들이려는 범위 내에서 해당 후드 개구면으로부터 가장 먼 거리의 작업위치에서의 풍속

합격정보

산업안전보건기준에 관한 규칙 [별표 13]

유사문제 출제

① 2014년 4월 12일
② 2019년 3월 30일
③ 2022년 3월 19일
④ 2023년 4월 1일

21. 고용노동부 고시에 따른 화학물질의 노출기준(TWA)으로 옳지 않은 것은?

① 납 및 그 무기화합물 : 0.05mg/m³

② 니켈(불용성 무기화합물) : 0.2mg/m³

③ 망간 및 무기 화합물 : 1mg/m³

④ 인듐 및 그 화합물 : 0.5mg/m³

⑤ 주석(유기화합물) : 0.1mg/m³

답 ④

해설

화학물질의 노출기준

일련번호	유해물질의 명칭		화학식	노출기준				비고 (CAS번호 등)
	국문표기	영문표기		TWA		STEL		
				ppm	mg/m³	ppm	mg/m³	
488	인듐 및 그 화합물	Indium & compounds, as In(Indium & compounds as Fume) (Respirable fraction)	In	-	0.01	-	-	[7440-74-6] 호흡성

합격정보

고용노동부 고시 제2020-48호[별표 1]

유사문제 출제

2023년 4월 1일

22 암모니아를 작업환경측정·분석 기술지침에 따라 측정을 실시할 때 분석기기와 검출기로 옳은 것은?

① GC - 불꽃이온화검출기
② GC - 전자포획검출기
③ HPLC - 자외선 검출기
④ HPLC - 전기화학검출기
⑤ IC - 전도도검출기

답 ⑤

해설

KOSHA GUIDE A-176-2019 　암모니아에 대한 작업환경측정·분석 기술지침

(1) 목적
이 지침은 산업안전보건법 시행규칙 제150조(유해인자 허용기준)의 규정에 따른 허용기준 설정 대상 유해인자와 제193조(작업환경측정 대상 작업장 등)의 규정에 따른 작업환경측정 대상 유해인자 중 암모니아에 대한 측정 및 분석을 수행할 때 정확성 및 정밀성을 유지하기 위하여 필요한 제반 사항에 대하여 규정함을 목적으로 한다.

(2) 이온크로마토그래피(IC)
① 이온 크로마토그래피는 이온교환수지로 충진 된 컬럼을 이용하여 분석물을 분리하고 전기 전도도 검출기를 사용하여 전도도를 측정한다.
② 전도율을 측정할 때 서프레서를 사용하면 용리액의 배경 전도도를 저하시키고 이온성 물질을 감도 높게 검출할 수 있다.
③ 전기 전도도 검출기가 이온 성분의 머무름 시간과 전도도의 증가에 따른 피크를 인식하여 전기적인 신호로 전환한다.

23 화학물질 및 물리적 인자의 노출기준에서 정보물질의 표기 내용에 해당하는 물질은?

> ○ 시험동물에서 발암성 증거가 충분히 있거나, 시험동물과 사람 모두에서 제한된 발암성 증거가 있는 물질
> ○ 생식세포 변이원성(1B)에 해당하는 물질

① 2-부톡시에탄올
② 디메틸포름아미드
③ 불화수소
④ 1,2-에폭시프로판
⑤ 벤조트리클로라이드

답 ④

해설

노출기준 정보물질 표기

생식세포 변이원성 정보물질의 표기는 「화학물질의 분류표시 및 물질안전보건자료에 관한 기준」에 따라 다음과 같이 표기함
  ① 1A : 사람에게서의 역학조사 연구결과 양성의 증거가 있는 물질
  ② 1B : 다음 어느 하나에 해당하는 물질
    ㉮ 포유류를 이용한 생체내(in vivo) 유전성 생식세포 변이원성 시험에서 양성
    ㉯ 포유류를 이용한 생체내(in vivo) 체세포 변이원성 시험에서 양성이고, 생식세포에 돌연변이를 일으킬 수 있다는 증거가 있음
    ㉰ 노출된 사람의 정자 세포에서 이수체 발생빈도의 증가와 같이 사람의 생식세포 변이원성 시험에서 양성
  ③ 다음 어느 하나에 해당되어 생식세포에 유전성 돌연변이를 일으킬 가능성이 있는 물질
    ㉮ 포유류를 이용한 생체내(in vivo) 체세포 변이원성 시험에서 양성
    ㉯ 기타 시험동물을 이용한 생체내(in vivo) 체세포 유전독성 시험에서 양성이고, 시험관내(in vitro) 변이원성 시험에서 추가로 입증된 경우
    ㉰ 포유류 세포를 이용한 변이원성시험에서 양성이며, 알려진 생식세포 변이원성 물질과 화학적 구조활성 관계를 가지는 경우

합격정보

화학물질 및 물리적 인자의 노출기준(주 : 3.)

보충학습

1,2-에폭시프로판(1,2-epoxypropane)

CAS번호 : 75-56-9, 분자식 : C_3H_6O, 분자량 : 58.08, 비중 : 0.830(20℃), 녹는점 : -112℃, 끓는점 : 34.2℃, 증기압 : 445 mmHg(20℃), 인화점 : -37℃(밀폐계), 폭발상한값(UEL) : 38.5%, 폭발하한값(LEL) : 2.1%, 물에 대한 용해도 : 40.5%(5℃). 방향성 무색 액체로 인화성과 휘발성이 매우 강하다. 폴리우레탄 및 폴리에스테르 섬유의 원료나 알킬 알콜 및 세제 등과 같은 화학제품의 원료 물질로 사용된다. 단독 또는 이산화탄소와 함께 과일 등 다양한 식품의 훈증제로도 사용된다. 눈과 피부에 대한 자극이 있으며 비강암과 같은 건강장해를 일으킬 수 있다. 노동부의 노출기준 (노동부고시 제2002-8호, 화학물질 및 물리적 인자 노출기준)은 8시간 시간가중 평균농도(TWA)로 20ppm이며 '작업환경측정 대상' 보건규칙상 '관리대상유해물질'의 '유기화합물'이다. 미국산업위생전문가협의회(ACGIH)의 노출기준(2004 TLV)은 8시간 시간가중 평균농도(TWA)로 2ppm이고 동물에 대한 발암성이 확인된 물질군(A3)에 포함되어 있다.

24. 국소배기장치에서 후드 개구면 속도를 균일하게 분포시키는 방법으로 옳지 않은 것은?

① 피토관(pitot tube) 사용

② 경사접합부(taper)와 플레넘(plenum) 사용

③ 차폐막(baffle) 사용

④ 슬롯(slot) 사용

⑤ 분리날개(splitter vanes) 설치

답 ①

해설

후드 입구의 공기흐름을 균일하게 하는 방법(후드 개구면 면속도를 균일하게 분포시키는 방법)

① 테이퍼(taper : 경사접합부) 설치 : 경사각은 60도 이내로 설치

② 분리날개(splitter vanes) : 후드 개구부를 몇 개로 나누어 유입하는 형식, 부식 및 유해물질 축적의 단점

③ 슬롯(slot) 사용

④ 차폐막 이용

유사문제 출제

① 2014년 4월 12일

② 2019년 3월 30일

③ 2022년 3월 19일

④ 2023년 4월 1일

보충학습

피토관(Tube de Pitot , Pitotrohr , Pitot tube)

① 18세기초 프랑스의 공학자 피토(H. Pitot, 1695-1771)에 의해 개발된 유속측정장치

② 매우 간단한 원리로 만들어져 비행기의 속력측정 등에 널리 쓰인다.

25 화학물질 및 물리적 인자의 노출기준에서 용어 정의 및 노출기준에 관한 설명으로 옳지 않은 것은?

① "노출기준"이란 근로자가 유해인자에 노출되는 경우 노출기준 이하 수준에서는 거의 모든 근로자에게 건강상 나쁜 영향을 미치지 아니하는 기준을 말한다.

② "최고노출기준(C)"이란 근로자가 1일 작업시간동안 잠시라도 노출되어서는 아니 되는 기준을 말한다.

③ 가스 및 증기의 노출기준 표시단위는 ppm이다.

④ 노출기준은 1일 작업시간동안의 시간가중평균노출기준(TWA), 단시간노출기준 (STEL), 최고노출기준(C) 으로 표시한다.

⑤ 내화성세라믹섬유의 노출기준 표시단위는 mg/m³이다.

답 ⑤

해설

용어정의

① "노출기준"이란 근로자가 유해인자에 노출되는 경우 노출기준 이하 수준에서는 거의 모든 근로자에게 건강상 나쁜 영향을 미치지 아니하는 기준을 말하며, 1일 작업시간동안의 시간가중평균노출기준(Time Weighted Average, TWA), 단시간노출기준(Short Term Exposure Limit, STEL) 또는 최고노출기준(Ceiling, C)으로 표시한다.

② "시간가중평균노출기준(TWA)"이란 1일 8시간 작업을 기준으로 하여 유해인자의 측정치에 발생시간을 곱하여 8시간으로 나눈 값을 말하며, 다음 식에 따라 산출한다.

$$\text{TWA환산값} = \frac{C_1 \cdot T_1 + C_2 \cdot T_2 + \cdots\cdots + C_n \cdot T_n}{8}$$

주 C : 유해인자의 측정치(단위 : ppm, mg/m³ 또는 개/cm³)

T : 유해인자의 발생시간(단위 : 시간)

③ "단시간노출기준(STEL)"이란 15분간의 시간가중평균노출값으로서 노출농도가 시간가중평균노출기준(TWA)을 초과하고 단시간노출기준(STEL) 이하인 경우에는 1회 노출 지속시간이 15분 미만이어야 하고, 이러한 상태가 1일 4회 이하로 발생하여야 하며, 각 노출의 간격은 60분 이상이어야 한다.

④ "최고노출기준(C)"이란 근로자가 1일 작업시간동안 잠시라도 노출되어서는 아니 되는 기준을 말하며, 노출기준 앞에 "C"를 붙여 표시한다.

유사문제 출제

① 2012년 6월 23일
② 2014년 4월 12일
③ 2022년 3월 19일
④ 2023년 3월 1일

합격정보

화학물질 및 물리적 인자의 노출기준 제2조(정의)

[표] 내화성세라믹섬유(RCFs) 노출기준 개정안

물질명	현행	개정안
내화성세라믹섬유	미 규정	0.2f/cc

부록

- 참고문헌 및 자료
- 답안카드

산업안전지도사

참고문헌 및 자료

1. Campbell, A., M., $Alexander, M. 1995.
2. ORP연구소, 직무능력중심 채용과 NCS, ORP 연구소, 2016.
3. 고명훈, 생산관리시스템, 선학출판사, 2003.
4. 공민선, 기업정리력, 라온북, 2015.
5. 공업진흥청, ISO/IEC 인증제도에 관한 이론과 실제, 공업진흥청, 1995.
6. 권혁기외, 인전자원관리, 도서출판청람, 2015.
7. 김두환외 6인, 안전관리대사전, 한국안전연구원, 1993.
8. 김민준, 신인전자원관리, 법학사, 2016.
9. 김병석외 1인, 시스템안전공학, 형설출판사, 2006.
10. 김병진외 3인, 산업안전관리(공통), 한국산업안전공단, 1995.
11. 김병철, 프로젝트관리의 이해, 도서출판세화, 2010.
12. 김영재외, 경영학개론, 한올출판사, 2017.
13. 김원경, 전략적인전자원관리, 형설출판사, 2005.
14. 김태경, 지금당장 경영학 공부하라, 한빛비즈, 2014.
15. 나기현, 전략적인전자원관리, 부산외국어대학교출판부, 2014.
16. 독학사학위연구소, 인전자원관리, (주)시대고시기획, 2017.
17. 李炯秀, 電氣安全工學槪論, 신광문화사, 1993.
18. 문용갑외, 조직갈등관리, 학지사, 2016.
19. 박재희외, 인간공학, 한경사, 2010.
20. 박필수, 産業安全管理論, 중앙경제사, 1993.
21. 서광석, 산업위생관리기사, 도서출판대학서림, 2004.
22. 서영민, 산업위생관리기사, 성안당, 2012.
23. 서창호외, 산업위생관리기술사 기출문제 예상문제해설, 한솔아카데미, 2017.
24. 손희주역, 심리학에 속지말라, 부키, 2014.
25. 양성환, 인간공학, 형설출판사, 2006.
26. 염경철, 품질경영기사, 성안당, 2013.
27. 염영하, 표준기계공작법, 동명사, 1997.
28. 오병권외4인, 인간과 환경, 경기도교육청, 2006.
29. 윤두열, 인전자원관리론, 무역경영사, 2016.
30. 이근희, 인간공학, 창지사, 1985.
31. 이덕수, 위험물기능장필기, (주)시대고시기획, 2015.
32. 이덕수외 1인, 위험물기능사필기, 도서출판 책과상상, 2015.
33. 이순룡외, 생산운영관리, 법문사, 2016.
34. 이영순외3인, 화공안전공학, 대영사, 1994.
35. 이우헌외, 경영학원론, 신영사, 2017.
36. 이종대, 알기쉬운산업보건학, 고려의학, 2004.
37. 이평원, 행정조직관리, 청목출판사, 2016.
38. 이헌, 생산관리, GS인터버전, 2016.
39. 日本總合安全研究所, FTA安全工學, 機電研究社, 2007.
40. 정병용외1인, 현대인간공학, 민영사, 2005.
41. 정순진, 경영학연습, 법문사, 2010.
42. 정일구, 도요다처럼 생산하고 관리하고경영하라, 시대의창, 2008.
43. 정재수, 산업안전보건, 한국산업인력공단, 2002.
44. 정재수, 건설안전기사 실기작업형, 도서출판세화, 2025
45. 정재수, 건설안전기사 실기필답형, 도서출판세화, 2025

46. 정재수, 건설안전기사 필기, 도서출판세화, 2025
47. 정재수, 건설안전기술사, 도서출판세화, 2025
48. 정재수, 건설안전산업기사 필기, 도서출판세화, 2025
49. 정재수, 고등학교 산업안전공학, 서울교과서, 2015
50. 정재수, 기계안전기술사, 도서출판세화, 2025
51. 정재수, 산업보건지도사필기1.2.3., 도서출판세화, 2025
52. 정재수, 산업안전기사 실기작업형, 도서출판세화, 2025
53. 정재수, 산업안전기사 실기필답형, 도서출판세화, 2025
54. 정재수, 산업안전기사필기, 도서출판세화, 2025
55. 정재수, 산업안전기사필기동영상, 한국방송통신대학교, 2025
56. 정재수, 산업안전산업기사필기, 도서출판세화, 2025
57. 정재수, 산업안전지도사실기(건설), 도서출판세화, 2025
58. 정재수, 산업안전지도사실기(기계), 도서출판세화, 2025
59. 정재수, 산업안전지도사필기1.2.3., 도서출판세화, 2025
60. 정재수, 재난안전방재 관계법규, 도서출판세화, 2015
61. 정재수, 전기안전기술사200점, 도서출판세화, 2025
62. 정재수, 화공안전기술사200점, 도서출판세화, 2025
63. 주상윤, 산업심리학, 울산대학출판부, 2009.
64. 진종순외, 조직형태론, 대영문화사, 2016.
65. 편집부, 보건산업100년사, 보건신문사, 2016.
66. 한국고시회편집부, NCS(국가직무능력표준) NHIS 국민건강보험공단NCS직업기초능력평가, 한국고시회, 2016.
67. 한국능률협회, 안전보건경영시스템 추진 실무과정, 한국능률협회, 1999.
68. 한국방재학회, 재난관리론, 도서출판구미서관, 2014.
69. 한국산업안전공단, 건설업 공종별 위험성 평가 모델, 한국산업안전공단, 2007.
70. 한국산업안전공단, 산업재해에방 기술에 관한 연구, 한국산업안전공단, 2000.
71. 한국산업안전공단, 전기작업의 안전, 한국산업안전공단, 1993.
72. 한국산업안전학회, 불안전한 행동 인간특성에 관한연구, 한국산업안전학회, 1996.
73. 한국산업인력공단, 국가직무능력표준생산관리(공정관리), 진한엠엔비, 2015.
74. 한국산업인력공단, 국가직무능력표준생산관리(구매조달), 진한엠엔비, 2015.
75. 한국산업인력공단, 국가직무능력표준생산관리(자재관리), 진한엠엔비, 2015.
76. 한국생산성본부, 생산자동화 성공사례집, 한국생산성본부, 1999.
77. 한국표준협회, 표준화, 한국표준협회, 1999.
78. 한국표준협회, 품질경영, 한국표준협회, 1999.
79. 한돈희, 산업보건위생, 동화기술교역, 2011.
80. 한돈희외, 산업보건위생, 신광문화사, 2013.
81. 홍성수역, 생산관리, 새로운제안, 2007.
82. Naver 통합검색, 2021.

적 먹 국가자격시험답안지[전문자격팀] 5지 (1p)1P 전 2015.0901

(　　　)년도 제(　　)회 (　　　　　)국가전문자격시험 답안카드

성 명

교시(차수) 기재란			
(　　)교시·차	①	②	③

문제지 형별 기재란		
(　　　)형	Ⓐ	Ⓑ

선 택 과 목 1

선 택 과 목 2

수 험 번 호							
⓪	⓪	⓪	⓪	⓪	⓪	⓪	⓪
①	①	①	①	①	①	①	①
②	②	②	②	②	②	②	②
③	③	③	③	③	③	③	③
④	④	④	④	④	④	④	④
⑤	⑤	⑤	⑤	⑤	⑤	⑤	⑤
⑥	⑥	⑥	⑥	⑥	⑥	⑥	⑥
⑦	⑦	⑦	⑦	⑦	⑦	⑦	⑦
⑧	⑧	⑧	⑧	⑧	⑧	⑧	⑧
⑨	⑨	⑨	⑨	⑨	⑨	⑨	⑨

감독위원 확인
㊞

1	① ② ③ ④ ⑤	21	① ② ③ ④ ⑤	41	① ② ③ ④ ⑤	61	① ② ③ ④ ⑤	81	① ② ③ ④ ⑤	101	① ② ③ ④ ⑤	121	① ② ③ ④ ⑤
2	① ② ③ ④ ⑤	22	① ② ③ ④ ⑤	42	① ② ③ ④ ⑤	62	① ② ③ ④ ⑤	82	① ② ③ ④ ⑤	102	① ② ③ ④ ⑤	122	① ② ③ ④ ⑤
3	① ② ③ ④ ⑤	23	① ② ③ ④ ⑤	43	① ② ③ ④ ⑤	63	① ② ③ ④ ⑤	83	① ② ③ ④ ⑤	103	① ② ③ ④ ⑤	123	① ② ③ ④ ⑤
4	① ② ③ ④ ⑤	24	① ② ③ ④ ⑤	44	① ② ③ ④ ⑤	64	① ② ③ ④ ⑤	84	① ② ③ ④ ⑤	104	① ② ③ ④ ⑤	124	① ② ③ ④ ⑤
5	① ② ③ ④ ⑤	25	① ② ③ ④ ⑤	45	① ② ③ ④ ⑤	65	① ② ③ ④ ⑤	85	① ② ③ ④ ⑤	105	① ② ③ ④ ⑤	125	① ② ③ ④ ⑤
6	① ② ③ ④ ⑤	26	① ② ③ ④ ⑤	46	① ② ③ ④ ⑤	66	① ② ③ ④ ⑤	86	① ② ③ ④ ⑤	106	① ② ③ ④ ⑤		
7	① ② ③ ④ ⑤	27	① ② ③ ④ ⑤	47	① ② ③ ④ ⑤	67	① ② ③ ④ ⑤	87	① ② ③ ④ ⑤	107	① ② ③ ④ ⑤		
8	① ② ③ ④ ⑤	28	① ② ③ ④ ⑤	48	① ② ③ ④ ⑤	68	① ② ③ ④ ⑤	88	① ② ③ ④ ⑤	108	① ② ③ ④ ⑤		
9	① ② ③ ④ ⑤	29	① ② ③ ④ ⑤	49	① ② ③ ④ ⑤	69	① ② ③ ④ ⑤	89	① ② ③ ④ ⑤	109	① ② ③ ④ ⑤		
10	① ② ③ ④ ⑤	30	① ② ③ ④ ⑤	50	① ② ③ ④ ⑤	70	① ② ③ ④ ⑤	90	① ② ③ ④ ⑤	110	① ② ③ ④ ⑤		
11	① ② ③ ④ ⑤	31	① ② ③ ④ ⑤	51	① ② ③ ④ ⑤	71	① ② ③ ④ ⑤	91	① ② ③ ④ ⑤	111	① ② ③ ④ ⑤		
12	① ② ③ ④ ⑤	32	① ② ③ ④ ⑤	52	① ② ③ ④ ⑤	72	① ② ③ ④ ⑤	92	① ② ③ ④ ⑤	112	① ② ③ ④ ⑤		
13	① ② ③ ④ ⑤	33	① ② ③ ④ ⑤	53	① ② ③ ④ ⑤	73	① ② ③ ④ ⑤	93	① ② ③ ④ ⑤	113	① ② ③ ④ ⑤		
14	① ② ③ ④ ⑤	34	① ② ③ ④ ⑤	54	① ② ③ ④ ⑤	74	① ② ③ ④ ⑤	94	① ② ③ ④ ⑤	114	① ② ③ ④ ⑤		
15	① ② ③ ④ ⑤	35	① ② ③ ④ ⑤	55	① ② ③ ④ ⑤	75	① ② ③ ④ ⑤	95	① ② ③ ④ ⑤	115	① ② ③ ④ ⑤		
16	① ② ③ ④ ⑤	36	① ② ③ ④ ⑤	56	① ② ③ ④ ⑤	76	① ② ③ ④ ⑤	96	① ② ③ ④ ⑤	116	① ② ③ ④ ⑤		
17	① ② ③ ④ ⑤	37	① ② ③ ④ ⑤	57	① ② ③ ④ ⑤	77	① ② ③ ④ ⑤	97	① ② ③ ④ ⑤	117	① ② ③ ④ ⑤		
18	① ② ③ ④ ⑤	38	① ② ③ ④ ⑤	58	① ② ③ ④ ⑤	78	① ② ③ ④ ⑤	98	① ② ③ ④ ⑤	118	① ② ③ ④ ⑤		
19	① ② ③ ④ ⑤	39	① ② ③ ④ ⑤	59	① ② ③ ④ ⑤	79	① ② ③ ④ ⑤	99	① ② ③ ④ ⑤	119	① ② ③ ④ ⑤		
20	① ② ③ ④ ⑤	40	① ② ③ ④ ⑤	60	① ② ③ ④ ⑤	80	① ② ③ ④ ⑤	100	① ② ③ ④ ⑤	120	① ② ③ ④ ⑤		

마킹주의	바르게 마킹 : ● 잘 못 마킹 : ⊗, ⊙, ⓥ, ◎, ⦶, ⊖

(예 시) →

성 명
홍 길 동

교시(차수) 기재란	
( )교시·차	① ② ③
문제지 형별 기재란	
( )형	Ⓐ Ⓑ
선 택 과 목 1	
선 택 과 목 2	

수험번호							
0	1	3	2	9	8	0	1
●	⓪	⓪	⓪	⓪	⓪	●	⓪
①	●	①	①	①	①	①	●
②	②	②	●	②	②	②	②
③	③	●	③	③	③	③	③
④	④	④	④	④	④	④	④
⑤	⑤	⑤	⑤	⑤	⑤	⑤	⑤
⑥	⑥	⑥	⑥	⑥	⑥	⑥	⑥
⑦	⑦	⑦	⑦	⑦	⑦	⑦	⑦
⑧	⑧	⑧	⑧	⑧	●	⑧	⑧
⑨	⑨	⑨	⑨	●	⑨	⑨	⑨

감독위원 확인
김 길㊞ 동

수험자 유의사항

1. 시험 중에는 통신기기(휴대전화 · 소형 무전기 등) 및 전자기기(초소형 카메라 등)를 소지하거나 사용할 수 없습니다.
2. 부정행위 예방을 위해 시험문제지에도 수험번호와 성명을 반드시 기재하시기 바랍니다.
3. **시험시간이 종료되면 즉시 답안작성을 멈춰야** 하며, 종료시간 이후 계속 답안을 작성하거나 감독위원의 답안카드 제출지시에 불응할 때에는 당해 시험이 무효처리 됩니다.
4. 기타 감독위원의 정당한 지시에 불응하여 타 수험자의 시험에 방해가 될 경우 퇴실조치 될 수 있습니다.

답안카드 작성 시 유의사항

1. 답안카드 기재 · 마킹 시에는 **반드시 검정색 사인펜을 사용**해야 합니다.
2. 답안카드를 잘못 작성했을 시에는 카드를 교체하거나 수정테이프를 사용하여 수정할 수 있습니다.
   그러나 불완전한 수정처리로 인해 발생하는 전산자동판독불가 등 불이익은 수험자의 귀책사유입니다.
   – 수정테이프 이외의 수정액, 스티커 등은 사용 불가
   – 답안카드 왼쪽(성명 · 수험번호 등)을 제외한 '답안란'만 수정테이프로 수정 가능
3. 성명란은 수험자 본인의 성명을 정자체로 기재합니다.
4. 해당차수(교시)시험을 기재하고 해당 란에 마킹합니다.
5. 시험문제지 형별기재란은 시험문제지 형별을 기재하고, 우측 형별마킹난은 해당 형별을 마킹합니다.
6. 수험번호란은 숫자로 기재하고 아래 해당번호에 마킹합니다.
7. 시험문제지 형별 및 수험번호 등 마킹착오로 인한 불이익은 전적으로 수험자의 귀책사유입니다.
8. 감독위원의 날인이 없는 답안카드는 무효처리 됩니다.
9. 상단과 우측의 검은색 띠(▮▮▮) 부분은 낙서를 금지합니다.

부정행위 처리규정

시험 중 다음과 같은 행위를 하는 자는 당해 시험을 무효처리하고 자격별 관련 규정에 따라 일정기간 동안 시험에 응시할 수 있는 자격을 정지합니다.

1. 시험과 관련된 대화, 답안카드 교환, 다른 수험자의 답안 · 문제지를 보고 답안 작성, 대리시험을 치르거나 치르게 하는 행위, 시험문제 내용과 관련된 물건을 휴대하거나 이를 주고받는 행위
2. 시험장 내외로부터 도움을 받아 답안을 작성하는 행위, 공인어학성적 및 응시자격서류를 허위기재하여 제출하는 행위
3. 통신기기(휴대전화 · 소형 무전기 등) 및 전자기기(초소형 카메라 등)를 휴대하거나 사용하는 행위
4. 다른 수험자와 성명 및 수험번호를 바꾸어 작성 · 제출하는 행위
5. 기타 부정 또는 불공정한 방법으로 시험을 치르는 행위

저자약력

정재수(靑波 : 鄭再琇)

인하대학교 공학박사/GTCC명예교육학 박사/한양대학교 공학석사/공학사/문학사/각종국가고시 출제, 검토, 채점, 감독, 면접위원역임/매경TV/EBS/KBS라디오 출연 및 강사/중소기업진흥공단 강사/대한산업안전협회 강사/호원대학교/신성대학교/대림대학교/수원대학교 외래교수/울산대학교/군산대학교/한경대학교 등 특강/한국폴리텍Ⅱ대학 산학협력단장, 평생교육원장, 산학기술연구소장, 디자인센터장/한국폴리텍 대학 교수/한국폴리텍대학남인천캠퍼스 학장/대한민국산업현장 교수/(사)대한민국에너지상생포럼 집행위원장/(사)한국안전돌봄서비스협회 회장/(사)대한민국 청렴코리아 공동대표/협성대학교 IPP 추진기획단 특별위원/인천광역시 새마을문고 및 직장·공장 회장/GTCC대학교 겸임교수/ISO 국제선임심사원/산업안전 우수 숙련기술자/한국방송통신대학교 및 한국 폴리텍 대학 공동 선정 동영상 강의

저서
- 산업안전공학(도서출판 세화)
- 건설안전기술사(도서출판 세화)
- 건설안전기사(필기, 실기 필답형, 실기 작업형)(도서출판 세화)
- 산업보건지도사 시리즈(도서출판 세화)
- 공업고등학교안전교재(서울교과서)
- 한국방송통신대학과 한국폴리텍대학 선정 동영상 촬영
- 기계안전기술사(도서출판 세화)
- 산업안전기사(필기, 실기 필답형, 실기 작업형)(도서출판 세화)
- 산업안전지도사 시리즈(도서출판 세화)
- 산업안전보건(한국산업인력공단)
- 산업안전보건동영상(한국산업인력공단) 등 60여권 저술

상훈
대한민국 근정 포장/국무총리 표창/행정자치부 장관표창/
300만 인천광역시민상 수상 및 효행표창 등 7회 수상/인천광역시 교육감 상 수상/남동구 자원봉사상 수상
Vision2010교육혁신대상수상/2018년 대한민국청렴대상수상/30년이상봉사 새마을기념장 수상/몽골옵스 주지사 표창 수상

출강기업(무순)
삼성(전자, 건설, 중공업, 조선, 물산)/현대(건설, 자동차, 중공업, 제철)/대우(건설, 자동차, 조선), SK(정유, 건설)/GS건설/에스원(S1)/두산(건설, 중공업), 동부(반도체), POSCO건설, 멀티캠퍼스, e-mart, CJ 등 100여기업/이상 안전자격증특강

산업안전지도사 – 과년도 문제(14개년)
([Ⅲ] 기업진단 · 지도)

5판 6쇄 발행	2025. 5. 11.	2판 3쇄 발행	2022. 4. 10.
4판 5쇄 발행	2025. 1. 23.	1판 2쇄 발행	2022. 2. 10.
3판 4쇄 발행	2023. 10. 5.	1판 1쇄 발행	2021. 5. 10.

지은이   정재수
펴낸이   박 용
펴낸곳   도서출판 세화
주소   경기도 파주시 회동길 325-22(서패동 469-2)
영업부   (031)955-9331~2
편집부   (031)955-9333
FAX   (031)955-9334
등록   1978. 12. 26 (제 1-338호)

정가   **27,000**원
ISBN   978-89-317-1332-9   13530

파손된 책은 교환하여 드립니다.
본 도서의 내용 문의 및 궁금한 점은 더 정확한 정보를 위하여 저자분에게 문의하시고, 저희 홈페이지 수험서 자료실이나 저자 이메일에 문의바랍니다.
저자 정재수(jjs90681@naver.com)

산업안전, 건설안전, 기술사, 지도사 등 안전자격증취득 준비는 이렇게 하세요

기초부터 차근차근 다져나가는 것이 중요합니다.
이론 습득을 정확히 한 후 과년도 기출문제 풀이와 출제예상문제로 반복훈련하십시오.

기사·산업기사

STEP 1 | 기초이론 | **기사 산업기사 필기** : 과목별 필수요점 및 이론 학습과 출제예상문제 풀이로 개념잡고 최근 과년도 기출문제 풀이로 유형잡는 필기 수험 완벽 대비서

⬇

STEP 2 | 기출문제풀이 | **기사 산업기사 필기과년도** : 과년도 기출문제를 상세한 백과사전식 문제풀이로 필기 수험 출제경향을 미리 알고 대비할 수 있는 최고·최상의 수험준비서

⬇

STEP 3 | 실기대비 | **실기 필답형** : 요점 및 예상문제 합격작전과 과년도기출문제 풀이로 준비하는 실기 필답형시험 완벽 대비서

⬇

STEP 4 | 실전테스트 | **실기 작업형** : 요점 및 예상문제 합격작전과 과년도기출문제 풀이로 준비하는 실기 작업형시험 완벽 대비서

지도사·기술사

STEP 1 | 공통필수 | **1차 필기** : 과목별 필수요점과 출제예상문제 풀이 및 과년도 기출문제 풀이로 준비하는 1차 필기시험 완벽 대비서

⬇

STEP 2 | 전공필수 | **2차 필기** : 전공별 필수요점과 출제예상문제 풀이 및 과년도 기출문제 풀이로 준비하는 2차 필기시험 완벽 대비서 (기술사 STEP 1,2 동시)

⬇

STEP 3 | 실기 | **3차 면접** : 각 자격증별 면접의 시작부터 면접 사례까지, 심층면접 대비를 위한 면접합격 가이드

건설안전

「일품」 건설안전기사 필기, 건설안전산업기사 필기

2색 컬러 B5_합격요점 포함 [필기수험 대비 01]
- 본서의 요점정리는 간단하고 명료하게 구체적으로 표현을 했다.
- 본서는 최근 심도있게 거론이 되고 있는 출제예상문제를 빠짐없이 수록하여 타 교재와 차별화가 되도록 구성하였다.
- 건설안전기사(산업기사) 자격 취득의 결론은 본서의 요점과 예상문제 합격작전으로 합격을 보장할 수 있도록 엮었다.
- 최근까지 출제된 과년도 출제 문제를 수록하여 수험준비에 만전을 기하였다.

「일품」 건설안전기사필기 과년도, 건설안전산업기사필기 과년도

2색 컬러 B5_계산문제총정리, 미공개문제 포함 [필기수험 대비 02]
- 제1회의 해설에서 이해하지 못했다면 제2, 제3의 문제해설을 통하여 반드시 이해할 수 있도록 하였다.
- 한 문제(1항목)를 이해하여 열 문제(10항목)를 해결할 수 있게 구성하였다.
- 건설안전기사(산업기사) 자격취득의 결론은 본서의 문제와 해설의 합격작전으로 합격을 보장할 수 있도록 엮었다.
- 최근까지 출제된 과년도 출제 문제를 수록하여 수험준비에 만전을 기하였다.

「일품」 건설안전(산업)기사실기필답형, 건설안전(산업)기사실기작업형

2색 컬러 B5_최종정리 포함 [실기수험 대비 01] | _전면컬러 B5 [실기수험 대비 02]
- 본서의 요점정리는 간단하고 명료하게 구체적으로 표현을 했다.
- 본문의 요점에서 이해하지 못했다면 예상문제 합격작전에서 반드시 이해할 수 있도록 하였다.
- 한 문제(1항목)를 이해하면 열 문제(10항목)를 해결할 수 있도록 구성하였다.
- 참고 및 고시 등을 수록하여 단원마다 중요점을 재강조하였다.
- 본서는 최근 심도있게 거론이 되고 출제가 예상되는 모든 문제를 빠짐없이 수록하여 타 교재와 차별화가 되도록 구성하였다.
- 건설안전 자격취득의 결론은 본서의 요점과 예상문제 합격작전이 합격을 보장한다.

산업안전지도사

「일품」 산업안전지도사 1차필기

총 3단계로 구성 _1색 B5 [1차 필기수험 대비]
- [I] 산업안전보건법령, [II] 산업안전 일반, [III] 기업진단 · 지도, 산업안전지도사(과년도)
- 본서의 요점정리는 간단하고 명료하게 구체적으로 표현을 했다.
- 본문의 요점에서 이해하지 못했다면 출제예상문제에서 반드시 이해할 수 있도록 하였다.
- 본서는 최근 심도있게 거론이 되고 있는 출제예상문제를 빠짐없이 수록하여 타 교재와 차별화가 되도록 구성하였다.
- 산업안전지도사 자격 취득의 결론은 본서의 요점과 예상문제 합격작전으로 합격을 보장할 수 있도록 엮었다.

「일품」 산업안전지도사 2차 전공필수 및 3차 면접

총 4과목 중 택1 _1색 B5 [2차 전공필수수험 대비]
- 본서의 요점정리는 간단하고 명료하게 구체적으로 표현을 했다.
- 본문의 요점에서 이해하지 못했다면 출제예상문제에서 반드시 이해할 수 있도록 하였다.
- 산업안전지도사 자격 취득의 결론은 본서의 요점과 예상문제 · 실전모의시험 합격작전으로 합격을 보장할 수 있도록 엮었다.

산업안전

「일품」 산업안전기사 필기, 산업안전산업기사 필기

2색 컬러 B5_합격요점 포함 [필기수험 대비 01]

- 본서의 요점정리는 간단하고 명료하게 구체적으로 표현을 했다.
- 본서는 최근 심도있게 거론이 되고 있는 출제예상문제를 빠짐없이 수록하여 타 교재와 차별화가 되도록 구성하였다.
- 산업안전기사(산업기사) 자격 취득의 결론은 본서의 요점과 예상문제 합격작전으로 합격을 보장할 수 있도록 엮었다.
- 최근까지 출제된 과년도 출제 문제를 수록하여 수험준비에 만전을 기하였다.

「일품」 산업안전기사필기 과년도, 산업안전산업기사필기 과년도

2색 컬러 B5_계산문제총정리, 미공개문제 포함 [필기수험 대비 02]

- 제1회의 해설에서 이해하지 못했다면 제2, 제3의 문제해설을 통하여 반드시 이해할 수 있도록 하였다.
- 한 문제(1항목)를 이해하여 열 문제(10항목)를 해결할 수 있게 구성하였다.
- 산업안전기사(산업기사) 자격취득의 결론은 본서의 문제와 해설의 합격작전으로 합격을 보장할 수 있도록 엮었다.
- 최근까지 출제된 과년도 출제 문제를 수록하여 수험준비에 만전을 가하였다.

「일품」 산업안전(산업)기사실기필답형, 산업안전(산업)기사실기작업형

2색 컬러 B5_최종정리 포함 [실기수험 대비 01] | **_전면컬러 B5** [실기수험 대비 02]

- 본서의 요점정리는 간단하고 명료하게 구체적으로 표현을 했다.
- 본문의 요점에서 이해하지 못했다면 예상문제 합격작전에서 반드시 이해할 수 있도록 하였다.
- 한 문제(1항목)를 이해하면 열 문제(10항목)를 해결할 수 있도록 구성하였다.
- 참고 및 고시 등을 수록하여 단원마다 중요점을 재강조하였다.
- 본서는 최근 심도있게 거론이 되고 출제가 예상되는 모든 문제를 빠짐없이 수록하여 타 교재와 차별화가 되도록 구성하였다.
- 산업안전 자격취득의 결론은 본서의 요점과 예상문제 합격작전이 합격을 보장한다.

기술사

「일품」 기계안전기술사, 건설안전기술사, 화공안전기술사, 전기안전기술사

1색 B5 [기술사 필기수험 대비]

- 본서의 요점정리는 간단하게 명료하게 구체적으로 표현을 했다.
- 본문의 요점에서 이해하지 못했다면 출제예상문제에서 반드시 이해할 수 있도록 하였다.
- 본서는 최근 심도있게 거론이 되고 있는 출제예상문제를 빠짐없이 수록하여 타 교재와 차별화가 되도록 구성하였다.
- 기술사 자격 취득의 결론은 본서의 요점과 예상문제 합격작전으로 합격을 보장할 수 있도록 엮었다.
- 최근까지 출제된 과년도 출제 문제를 수록하여 수험준비에 만전을 기하였다.

기술사 200점

「일품」 기계안전기술사, 건설안전기술사, 화공안전기술사, 전기안전기술사

1색 B5 [기술사 필기수험 대비]

- 본서의 요점정리는 간단하고 명료하게 구체적으로 표현을 했다.
- 본문의 요점에서 이해하지 못했다면 출제예상문제에서 반드시 이해할 수 있도록 하였다.
- 본서는 최근 심도있게 거론이 되고 있는 시사성문제 및 모범답안을 빠짐없이 수록하여 타 교재와 차별화가 되도록 구성하였다.
- 기술사 자격 취득의 결론은 본서의 요점과 예상문제 합격작전으로 합격을 보장할 수 있도록 엮었다.
- 최근까지 출제된 과년도 출제 문제를 수록하여 수험준비에 만전을 기하였다.

안전관리 수험서의 대표기업

도서출판 세화

기사 · 산업기사

「일품」 건설안전분야 수험서

우리나라 국내 각종 안전관리자격증 수험에 대비하려면 이러한 내용들을 학습해야 합니다. 대부분의 내용이 자격증 취득에 많은 도움을 주도록 알찬 내용들로 꾸며져 있습니다. 추천감수: 대한산업안전협회 기술안전이사 공학박사 이백현

건설안전기사 필기 | 건설안전산업기사 필기 | 건설안전기사필기 과년도 | 건설안전산업기사필기 과년도 | 건설안전(산업)기사실기 필답형 | 건설안전(산업)기사실기 작업형

「일품」 산업안전분야 수험서

산업안전기사 필기 | 산업안전산업기사 필기 | 산업안전기사필기 과년도 | 산업안전산업기사필기 과년도 | 산업안전(산업)기사실기 필답형 | 산업안전(산업)기사실기 작업형

지도사 · 기술사

「일품」 산업안전지도사 수험서

1차 필기   **2차 전공필수**   **3차 면접**

[Ⅰ] 산업안전보건법령 | [Ⅱ] 산업안전 일반 | [Ⅲ] 기업진단·지도 | 기계안전공학 | 건설안전공학

안전분야 베스트셀러 34년 독보적 판매 / 최신 기출문제 수록

「일품」 기술사 200(300)점 수험서   「일품」 기술사 수험서

기계안전기술사 300점 | 건설안전기술사 300점 | 화공안전기술사 200점 | 전기안전기술사 200점 | 기계안전기술사 | 건설안전기술사

www.sehwapub.co.kr 에서 주문하세요!!